MBA
MPA MPAcc
MEM

总第14版

联考与经济类

鑫全工作室

联考 逻辑精点 基础篇

鑫全工作室图书策划委员会 编

主 编 赵鑫全

参 编 熊师路 李一平 段 凯

王浩宇 师晓童 乔俊皓

崔 琳

LIANKAO
2023
SHUXUEJINGDIAN

北京理工大学出版社
BEIJING INSTITUTE OF TECHNOLOGY PRESS

图书在版编目（CIP）数据

逻辑精点：精点教材 MBA、MPA、MPAcc、MEM 联考与
经济类联考／赵鑫全主编．—北京：北京理工大学出
版社，2021.12
　　ISBN 978-7-5763-0604-0

　　Ⅰ.①逻…　　Ⅱ.①赵…　　Ⅲ.①逻辑–研究生–入学考
试–自学参考资料　　Ⅳ.①B81

　　中国版本图书馆 CIP 数据核字（2021）第 254158 号

出版发行／北京理工大学出版社有限责任公司
社　　　址／北京市海淀区中关村南大街 5 号
邮　　　编／100081
电　　　话／（010）68914775（总编室）
　　　　　　（010）82562903（教材售后服务热线）
　　　　　　（010）68944723（其他图书服务热线）
网　　　址／http：//www.bitpress.com.cn
经　　　销／全国各地新华书店
印　　　刷／文畅阁印刷有限公司
开　　　本／787 毫米×1092 毫米　1/16
印　　　张／32.5　　　　　　　　　　　　　　　责任编辑／张晓蕾
字　　　数／832 千字　　　　　　　　　　　　　文案编辑／张晓蕾
版　　　次／2021 年 12 月第 1 版　2021 年 12 月第 1 次印刷　　责任校对／周瑞红
定　　　价／99.00 元　　　　　　　　　　　　　责任印制／李志强

配套服务使用说明

一、官方答疑

答疑小程序

扫描上方二维码或微信下滑
搜索"考研有问必答"小程序

专为考研学子开设的公益答疑频道，每天会有老师在线回复疑问，及时答疑解惑；另设置专属 VIP 一对一名师答疑，可直接与名师互动；如遇问题请及时咨询技术老师，QQ：342218140。

二、专业备考指导

考生可扫描下方二维码获得专业老师的专业咨询建议和备考指导。

MPAcc 官方微博

MBA 官方微博

物流与工业工程官方微博

396 经济类官方微博

三、视频课程

扫描封面二维码，观看视频课程。

四、图书勘误

扫描下方二维码获取图书勘误。

五、投诉建议

全国统一投诉热线：400－807－7070。如果遇其他学习服务问题，也可以在新浪微博@ 鑫全讲堂-赵鑫全，或@ 考研大熊老师进行投诉。

丛 书 序

这是一套针对管理类联考、经济类联考等专业学位硕士研究生入学考试应试备考的必备丛书。本套丛书由专业学位硕士联考命题研究中心成员和命题专家联合编写，具有三大特点：

一、国内专业学位硕士联考命题研究中心成员倾心打造

本套丛书作者均是从专业学位硕士联考命题研究中心中精心挑选的国内一流辅导教师。他们具有丰富的管理类与经济类联考辅导经验，从 2009 年开始，就致力于研究专业学位硕士面向应届本科生招生之后的命题趋势，既有对考试命题规律进行研究的丰富经验，又有丰富的教学经验，能够将课堂与学生互动的疑问全部在本书编写时进行有针对性的讲解，更能满足广大考生对于个性化问题的需求。

二、完全依据专业学位硕士考试大纲和最新命题趋势编写

本套丛书完全根据专业学位硕士考试大纲进行编写，对专业学位硕士联考往年考试的真题进行分类整理，根据考生学习的逻辑规律将考试大纲中要求的应试能力和应试技巧与历年真题进行梳理，形成行之有效的考试复习思路。在真题分类的基础上，对核心考点进行专项讲解，并且配备符合考试大纲要求的相关经典练习题，帮助考生充分理解和掌握核心考点，并且通过经典习题的配套练习，达到专业学位硕士考试所需的能力。

三、提供完整的科学复习体系，一站式解决各个阶段的备考难题

《逻辑精点》《写作精点》（管理类 199 科目与经济类 396 科目考生均适用），《数学精点》（管理类联考），《数学精点》（经济类联考）系列图书科学讲解考试大纲中要求的全部核心考点，并配备相关习题进行训练，力图做到"滴水不漏"，全面覆盖命题点。

《管理类联考综合能力冲刺 10 套卷》《管理类联考综合能力考前预测五套卷》和《经济类联考综合能力冲刺 10 套卷》《经济类联考综合能力考前预测 4 套卷》严格按照全新的考试大纲和最新命题趋势，结合热点考点及重点难点考点进行精心设计，凝聚众多作者多年的教学、辅导、命题研究的心血和智慧，考点分布合理，试卷难度略高于真题难度。

精点系列教材是伴随着专业学位硕士联考改革的不断深化进行的，能够紧扣最新的考试大纲和命题规律，能够把握考生尤其是应届考生对于高分的需求，能够通过阶梯化学习训练有效地帮助考生稳步提升应试能力，能够充分调动考生的学习积极性，调整考生的复习方法，能够在短时间内最大限度地提升考生的成绩。

希望考生根据自己的需求制订合理的复习计划，在参考本系列丛书的基础上，真正做到吃透每一本书中的每一个考点，真正掌握专业硕士联考的核心，相信大家一定能在考试中取得自己理想的成绩。

希望经过我们的不懈努力和众多专业学位硕士联考专家、辅导教师们的倾心奉献，广大考生在专业学位硕士备考的道路上能一帆风顺，金榜题名。

丛书编委会

前　言

在多年管理类（工商管理硕士、会计硕士等）和经济类（金融硕士、资产评估硕士等）专业学位硕士全国联考逻辑科目考试辅导工作中，我更多地了解和理解了考生的难点、困惑、需求和突破点。帮助考生快速提高成绩、少走弯路，是写作本书最直接的动机和愿望。

本书适合报考管理类专业硕士（综合 199 科目逻辑科）和经济类专业硕士（综合 396 科目逻辑科）的考生使用。本书在练习题设计特别是模拟题设计方面根据两类专业硕士考试要求的不同分别设计了不同的内容。

逻辑科目考试的内容主要分为形式逻辑、论证逻辑和分析推理。关于逻辑科目考试的辅导书，并不少见，大多基于两个方向。一个方向立足于逻辑的基本理论和方法，用复杂的逻辑语言和繁杂的逻辑公式讲解相关的考试点，考生往往不太满意这种方法。因为学习的时间有限，考生无法熟练地掌握相关知识点，更不要说在考场上熟练地运用。另一个方向基本放弃上述的做法，强调的是解题的技巧，常常是用一些很特殊的方法获取考生的认可。但是，这种应试方法更难取得很好的成绩，原因是一些方法具有很大的局限性，并没有得到普遍的检验。因此，在考试过程中，考生往往"既没有了技巧，也找不到方法"。

本书综合近年来的逻辑科目考试辅导思路，强调"重视基础、总结规律、抓住核心、快速应答"的应试策略，采用循序渐进的方式，提高考生的应试能力。

本书主要分为**基础篇、强化篇和冲刺模拟篇**三个部分，可供考生在基础阶段、强化阶段和冲刺阶段学习。基础篇和强化篇分别针对形式逻辑、分析推理及论证逻辑进行详解，形式逻辑以判断以及判断间的关系为重点，强化训练考生形式推理能力，确保这部分在考试时不丢分；分析推理以解题突破口及基本推理规则为核心，训练考生信息分析能力和综合推理能力，确保这部分的解题速度与正确率；论证逻辑重点讲解论证基本方法及基本题型的解题思路，确保考生拥有最贴近近几年命题趋势的论证思路及方法。冲刺模拟篇主要是规整考生应试思路，使之逐步掌握以不变应万变的应试技巧。

对本书的使用方法做以下说明。

✼ **知识详解**：本书基本罗列出此类逻辑考试的知识点，并对考核角度进行了详细的分析。基础篇，以基本知识点为核心，进行详细的分析和讲解；强化篇，以历年考点为中心，大多以口诀的形式，将考生需掌握的知识转化为应试能力；冲刺模拟篇，以精编习题的方式提高考生的解题速度和解题技巧。

✼ **每课一练**：每个知识点和考点后都附有一些经典习题，每题都有详细的解析，通过该环节，可以提升考生运用知识点的能力。

✼ **每课一考**：内容设计类似于每课一练，难度高于每课一练，供考生在第二轮复习中巩固使用，同时每题都有详细的解析。

✼ **精点解析**：本部分旨在点拨相应的考点及技巧，便于考生仔细体会命题人的出题思路及作者的分析角度。

✳ **模拟试题**：本书 2 套模拟试题均配有详细的视频解析，关注鑫全工作室官方微信号（xinquangzs），发送"逻辑精点"+"模拟试卷号"，如发送"逻辑精点 01"即可查看模拟试题第一套完整的视频解析。

考生在使用本书之前，请先做应试指导中的考生自测。根据测试结果判断个人逻辑应试的实际能力及知识结构的缺陷。同时根据个人实际情况选择本书的相关内容进行学习。

考生在使用本书过程中，如有疑问，可登录新浪微博@鑫全讲堂-赵鑫全、@考研大熊老师，或者关注赵鑫全老师微信公众号"zhaoxinquan139"以及熊师路老师微信公众号"大熊老师"。作者将及时给考生答疑解惑。

赵鑫全

2021 年 11 月

目　录

导　学　篇 1

基　础　篇 29

联考大纲

2023精点教材 MBA、MPA、MPAcc、
MEM联考与经济类联考逻辑精点

1 管理类专业学位联考(199科目)
  综合能力考试大纲

2 经济类专业学位联考(396科目)
  综合能力考试大纲

联考大纲

通 过比较研究管理类专业学位和经济类专业学位联考大纲，我们可以发现二者的异同点。这两类专业学位考试都由三部分组成。第一部分：数学基础。前者主要考核初等数学内容，全部是选择题；后者主要考核高等数学内容，由选择题构成。第二部分：逻辑推理。二者的考核内容完全一样，前者注重形式逻辑的考核，后者注重论证逻辑的考核；前者30题，后者20题，都由选择题组成。第三部分：中文写作。二者的考核内容完全一样，均由论证有效性分析（要求600字）和论说文（要求700字）组成。

对具体大纲，考生可以详细研究以下内容。

1 管理类专业学位联考（199科目）综合能力考试大纲

Ⅰ．考试性质

综合能力考试是为高等院校和科研院所招收管理类专业学位硕士研究生（主要包括MBA/MPA/MPAcc/MEM/MTA等专业联考）而设置的具有选拔性质的全国招生考试科目，其目的是科学、公平、有效地测试考生是否具备攻读专业学位所必需的基本素质、一般能力和培养潜能，评价的标准是高等学校本科毕业生所能达到的及格或及格以上水平，以利于各高等院校和科研院所在专业上择优选拔，确保专业学位硕士研究生的招生质量。

Ⅱ．考查目标

1. 具有运用数学基础知识、基本方法分析和解决问题的能力。
2. 具有较强的分析、推理、论证等逻辑思维能力。
3. 具有较强的文字材料理解能力、分析能力以及书面表达能力。

Ⅲ．考试形式和试卷结构

一、试卷满分及考试时间

试卷满分为200分，考试时间为180分钟。

二、答题方式

答题方式为闭卷、笔试。不允许使用计算器。

三、试卷内容与题型结构

数学基础　　　　　　　75分，有以下两种题型：

　　问题求解　　　　　15小题，每小题3分，共45分

　　条件充分性判断　　10小题，每小题3分，共30分

逻辑推理　　　　　　30 小题，每小题 2 分，共 60 分

中文写作　　　　　　2 小题，其中论证有效性分析 30 分，论说文 35 分，共 65 分

Ⅳ. 考查内容

一、数学基础

综合能力考试中的数学基础部分主要考查考生的运算能力、逻辑推理能力、空间想象能力和数据处理能力，通过问题求解和条件充分性判断两种形式来测试。

试题涉及的数学知识范围有：

（一）算术

1. 整数

（1）整数及其运算

（2）整除、公倍数、公约数

（3）奇数、偶数

（4）质数、合数

2. 分数、小数、百分数

3. 比与比例

4. 数轴与绝对值

（二）代数

1. 整式

（1）整式及其运算

（2）整式的因式与因式分解

2. 分式及其运算

3. 函数

（1）集合

（2）一元二次函数及其图像

（3）指数函数、对数函数

4. 代数方程

（1）一元一次方程

（2）一元二次方程

（3）二元一次方程组

5. 不等式

（1）不等式的性质

（2）均值不等式

（3）不等式求解

一元一次不等式（组），一元二次不等式，简单绝对值不等式，简单分式不等式。

6. 数列、等差数列、等比数列

（三）几何

1. 平面图形

（1）三角形

（2）四边形（矩形、平行四边形、梯形）

（3）圆与扇形

2. 空间几何体

（1）长方体

（2）圆柱体

（3）球体

3. 平面解析几何

（1）平面直角坐标系

（2）直线方程与圆的方程

（3）两点间距离公式与点到直线的距离公式

（四）数据分析

1. 计数原理

（1）加法原理、乘法原理

（2）排列与排列数

（3）组合与组合数

2. 数据描述

（1）平均值

（2）方差与标准差

（3）数据的图表表示

直方图，饼图，数表。

3. 概率

（1）事件及其简单运算

（2）加法公式

（3）乘法公式

（4）古典概型

（5）伯努利概型

二、逻辑推理

综合能力考试中的逻辑推理部分主要考查考生对各种信息的理解、分析、判断和综合，以及相应的推理、论证、比较、评价等逻辑思维能力，不考查逻辑学的专业知识。试题内容涉及自然、社会和人文等各个领域，但不考查相关领域的专业知识。

（一）概念

1. 概念的种类

2. 概念之间的关系

3. 定义

4. 划分

（二）判断

1. 判断的种类

2. 判断之间的关系

（三）推理

1. 演绎推理

2. 归纳推理

3. 类比推理

4. 综合推理

（四）论证

1. 论证方式分析

2. 论证评价

（1）加强

（2）削弱

（3）解释

（4）其他

3. 谬误识别

（1）混淆概念

（2）转移论题

（3）自相矛盾

（4）模棱两可

（5）不当类比

（6）以偏概全

（7）其他谬误

三、写作

综合能力考试中的中文写作部分主要考查考生的分析论证能力和文字表达能力，通过论证有效性分析和论说文两种形式来测试。

1. 论证有效性分析

论证有效性分析试题的题干为一篇有缺陷的论证，要求考生分析其中存在的问题，选择若干要点，评论该论证的有效性。

本类试题的分析要点是：论证中的概念是否明确，判断是否准确，推理是否严密，论证是否充分等。

文章要求分析得当，理由充分，结构严谨，语言得体。

2. 论说文

论说文的考试形式有两种：命题作文、基于文字材料的自由命题作文。每次考试为其中一种形式。要求考生在准确、全面地理解题意的基础上，对命题或材料所给观点进行分析，表明自己的观点并加以论证。

文章要求思想健康，观点明确，论据充足，论证严密，结构合理，语言流畅。

2 经济类专业学位联考（396 科目）综合能力考试大纲

Ⅰ. 考试性质

经济类综合能力考试是为高等院校和科研院所招收金融硕士、应用统计硕士、税务硕士、国际商务硕士、保险硕士和资产评估硕士而设置的具有选拔性质的全国招生考试科目，其目的是科学、公平、有效地测试考生是否具备攻读相关专业学位所必需的基本素质、一般能力和培养潜能，评价的标准是高等学校本科毕业生所能达到的及格或及格以上水平，以利于各高等院校和科研院所在专业上择优选拔，确保专业学位硕士研究生的招生质量。

Ⅱ. 考查目标

1. 具有运用数学基础知识、基本方法分析和解决问题的能力。
2. 具有较强的逻辑分析和推理论证能力。
3. 具有较强的文字材料理解能力和书面表达能力。

Ⅲ. 考试形式和试卷结构

一、试卷满分及考试时间

试卷满分为 150 分，考试时间为 180 分钟。

二、答题方式

答题方式为闭卷、笔试。不允许使用计算器。

三、试卷内容与题型结构

数学基础	35 小题，每小题 2 分，共 70 分
逻辑推理	20 小题，每小题 2 分，共 40 分
写作	2 小题，其中论证有效性分析 20 分，论说文 20 分，共 40 分

Ⅳ. 考查内容

一、数学基础

综合能力考试中的数学基础部分主要考查考生对经济分析常用数学知识中的基本概念和基本方法的理解和应用。

试题涉及的数学知识范围有：

（一）微积分部分

一元函数微分学、一元函数积分学；多元函数的偏导数、多元函数的极值。

（二）概率论部分

分布和分布函数的概念；常见分布；期望值和方差。

（三）线性代数部分

线性方程组；向量的线性相关和线性无关；行列式和矩阵的基本运算。

二、逻辑推理

综合能力考试中的逻辑推理部分主要考查考生对各种信息的理解、分析、综合和判断，并进行相应的推理、论证、比较、评价等逻辑思维能力。试题内容涉及自然、社会的各个领域，但不考查相关领域的专业知识，也不考查逻辑学的专业知识。

试题涉及的内容主要包括：

（一）概念

1. 概念的种类

2. 概念之间的关系

3. 定义

4. 划分

（二）判断

1. 判断的种类

2. 判断之间的关系

（三）推理

1. 演绎推理

2. 归纳推理

3. 类比推理

4. 综合推理

（四）论证

1. 论证方式分析

2. 论证评价

（1）加强

（2）削弱

（3）解释

（4）其他

3. 谬误识别

（1）混淆概念

（2）转移论题

（3）自相矛盾

（4）模棱两可

（5）不当类比

（6）以偏概全

（7）其他谬误

三、写作

综合能力考试中的写作部分主要考查考生的分析论证能力和文字表达能力，通过论证有效性分析和论说文两种形式来测试。

1. 论证有效性分析

论证有效性分析试题的题干为一篇有缺陷的论证，要求考生分析其中存在缺陷与漏洞，选择若干要点，围绕论证中的缺陷或漏洞，分析和评述论证的有效性。

论证有效性分析的一般要点是：概念特别是核心概念的界定和使用是否准确并前后一致，有无明显的逻辑错误，论证的论据是否支持结论，论据成立的条件是否充分等。

文章根据分析评论的内容、论证程度、文章结构及语言表达给分。要求内容合理、论证有力、结构严谨、条理清楚、语言流畅。

2. 论说文

论说文的考试形式有两种：命题作文、基于文字材料的自由命题作文。每次考试为其中一种形式。要求考生在准确、全面地理解题意的基础上，对材料所给观点或命题进行分析，表明自己的态度、观点并加以论证。文章要求思想健康、观点明确、材料充实、结构严谨完整、条理清楚、语言流畅。

导学篇

2023精点教材 MBA、MPA、MPAcc、
MEM联考与经济类联考逻辑精点

1 大纲解读

逻辑推理题的测试形式为单项选择题，要求考生从给定的 5 个选项中，选择 1 个作为正确答案。其中管理类联考综合能力中逻辑试题的数量为 30 题，每题 2 分，共 60 分；经济类联考综合能力中逻辑试题的数量为 20 题，每题 2 分，共 40 分。

逻辑推理试题的内容虽然涉及自然和社会各个领域，但并非考察这些领域的专业知识，也不考察考生对逻辑学专业知识的掌握程度，而是测试考生对各种信息的理解、分析、判断、综合并进行相应的推理、论证与评价等的逻辑思维能力。考生按照本书介绍的规则和方法进行学习，即可轻松应对。

2 试题特点介绍

2.1 应试不需要专业的背景知识

命题者所关心的推理内容遍及所有领域：科学与医药，伦理与法律，政治与商务，运动与博弈，直至平凡的日常生活。其中所使用的多种多样的推理，都是命题者感兴趣的。但是命题者所关心的不是这些论证的题材，而始终是它们的形式（form）与品质（quality），目的在于帮助考生学会如何检验与评价论证。也就是说，考生无需任何学科、专业的特定知识，并且不要借助自己熟悉的专业知识来应对，而应着重从逻辑推理的角度来思维。

 一般计算机逻辑器件成本正以每年 25% 的比例下降，而此种计算机存储器件成本则以每年 40% 的比例下降。如果成本下跌的比例在 3 年内不变，3 年后一般的计算机存储器件成本下降的数量要比一般逻辑器件成本下降的数量更大。

关于以下哪一项的准确信息在评价以上结论的准确性方面最有用？

A. 今后 3 年内计划购买的逻辑器件和存储器件的数量。

B. 一般的逻辑器件和存储器件实际收取的价格。

C. 不同厂家的逻辑器件和存储器件的相对耐用性。

D. 不同厂家的逻辑器件和存储器件的兼容性。

E. 一般计算机系统所需逻辑器件和存储器件的平均数量。

► 【精点解析】

解析：考生不需要有"计算机逻辑器件""计算机存储器件"以及"成本"的背景知识便可选出本题的正确答案。甚至考生可以这样看待题干：X 以 25% 的比例下降，Y 以 40% 的比例下降。如果下降比例在 3 年内不变，3 年后 Y 下降的数量比 X 下降的数量更大。

常用思路 题干论证显然存在"百分比谬误"，通常来讲，只有依据"基数"，才能考察百分数的意义。如：我们不能由"中国经济增长率高于美国"从而断定"中国经济总量高于美国"。题干论证要想成立，则需要补充百分数的基数，也就是 B 选项，只有明确它们原有的价格，才可以判断题干结论是否准确。

快解思路 结论中的核心是"成本"，选项中与"成本"有关的是 A、B 和 E。A 选项限定的论证范围是"3 年内"，题干论证范围是"3 年后"，淘汰。E 选项的"平均数量"在题干中没有，淘汰。直接选 B，这个技巧叫"话题相关—论证范围一致"，相关解题技巧我们在后面的章节中会有详细解释。

答案：**B**。

2.2 应试重形式，轻内容

试题更多由逻辑推理出发，而不是从题干文字的含义出发，考生应该更多地去关注题干的逻辑形式和规则，而不是具体的内容和含义，因此不要过多纠缠在题干和选项内容的真实性上。如下题：

例题 02 所有的猴子都是香蕉，海豚是猴子，所以海豚是香蕉。

如果题干为真，下面哪个选项一定是真的？

A. 海豚是猴子，海豚爱香蕉，所以，所有的猴子都爱香蕉。

B. 海豚不是香蕉，但海豚确实是猴子，所以"所有的猴子都是香蕉，并且天上白云飘"这句话是假的。

C. 老虎吃海豚，海豚吃香蕉，所以，老虎吃海豚和香蕉。

D. 香蕉长在白云上，海豚吃香蕉，所以海豚跟着白云飘。

E. 香蕉吃海豚，海豚长在白云上，所以香蕉追着白云跑。

▶ **【精点解析】**

解析：因为根据相关逻辑知识：如果 P∧Q，则 R。

选项 B，"海豚不是香蕉" = ¬R，则可知¬P∨¬Q。又因为"海豚确实是猴子" = Q，所以¬P，即"所有的猴子都是香蕉"为假，则"所有的猴子都是香蕉"∧"天上白云飘"必然为假（P∧Q，联言判断任何一个肢为假，则该判断为假）。

快解思路 我们判断"张三是好人"的真假，如果是真，就是"张三是好人"；如果是假，就是"张三不是好人"。我们发现，二者都有原判断动词"是"，因此，本题干快速判断的方法就是：题干关于"是"的判断，选项中只有 B 针对"是""不是"进行判断，直接选。而 A 则不行，正如"张三是好人"真假判断依据绝对不会是"张三爱好人"。

答案：**B**。

2.3 应试需要快速阅读，抓住关键信息

逻辑考试的题目难度不大，但量很大。每道题有一定的阅读量，然而具体分配给每道题的时间只有 1 分钟左右。因此，如何快速阅读，抓取关键信息，找出答案，是对考生的一个重要的能力考查点。

例题 03 杰桑，这位 5 世纪的青藏高原上英勇的武士，因被副将所出卖而离开拉萨，最后神秘地消失了。杰桑的行为，并且也只有他的行为与格鲁王几乎完全吻合。因此，<u>杰桑一定是传奇中格鲁王的历史原型</u>。

以上论述至少还需要一个前提，以下哪个选项能够成为这样的前提？

A. 现代历史学家考证了杰桑的行为比 5 世纪任何国王的行为都更卓越。

B. 格鲁王的故事并不是完全虚构的，而是有历史人物和历史事件作基础的。

C. 杰桑的副将是最初的格鲁王传说的作者。

D. 关于 5 世纪的传说通常润饰了 5 世纪贵族生活的真实情况，增加了它的浪漫色彩。

E. 后人对历史事件的记忆总是不如对建立在这些真实事件上的传说的记忆准确持久。

▶ **【精点解析】**

解析： 如果考生能够紧紧抓住题干中画线的部分，就能够很快选出正确答案。题干全都围绕"杰桑一定是传奇中格鲁王的历史原型"这一结论论证，"历史原型"就是我们解题的关键信息，我们补充的前提就是要保证"格鲁王的故事"有真实历史事件作基础，否则题干结论就无法成立。

"杰桑，这位 5 世纪的青藏高原上英勇的武士，因被副将所出卖而离开拉萨，最后神秘地消失了"则属于非关键信息，在阅读的时候可以一带而过。关于抓住关键信息的方法，本书在论证推理相关章节中会有详细的说明。

答案：B。

2.4　应试不可轻视逻辑基础知识

我们面对的毕竟是逻辑考试，而不是中文阅读理解，更不是脑筋急转弯，适当地掌握逻辑知识，借助推理规则，能够达到事半功倍的效果。特别是在近些年的考试中，形式逻辑的推理规则占了很大的比例，因此，掌握推理规则对考生而言显得越发重要。

 以下哪项是最无助于破译这份密码的？

A. 知道英语中元音字母出现的频率。

B. 知道英语中两字母结合在一起出现的频率。

C. 知道英语中绝大多数军事专用词汇。

D. 知道密码中奇数数字相对于偶数数字的出现频率接近于英语中 R 相对于 E 的出现频率。

E. 知道密码中的数字 3 表示英语字母 A。

▶ **【精点解析】**

解析： 没有题干，你能选出答案吗？当然可以。

C 选项和 E 选项都表示确定的信息，也就是必然发生的信息，最有利于破译密码。A 选项、B 选项和 D 选项表示的是概率，其结果是或然发生，而非必然发生，自然不利于破译密码。

D 选项则是"……频率接近于……频率"，相对于 A 选项、B 选项其更无助于密码的破译。这些需要考生对逻辑命题有一定的理解。解题时间 10 秒钟。

答案：D。

现在再看题干吧：

一个密码破译员截获了一份完全由阿拉伯数字组成的敌方传递军事情报的密码，并且确悉密码中每个阿拉伯数字表示且只表示一个英文字母。

3 命题方向解读

　　根据联考大纲及近年考试的试题特点，联考的试题可以分为三大命题方向，其一：形式逻辑，重点考查考生对于逻辑推理基本规则的应用，以及考生对于基本概念的理解和认知能力，属于考试中规则性很强的一类试题；其二：分析推理，重点考查考生对于复杂信息的分析能力，以及结合多个前提条件联合推理的能力；其三：论证逻辑，重点考查考生的批判性思维能力，以及对论证关系的识别能力、分析能力及评价能力。下面，我们通过举例介绍这三个部分的命题特点。

3.1 形式逻辑命题特点

 请判断下列推理是否成立，并说明理由？
（1）某班同学或者喜欢物理，或者喜欢化学，现在该班同学张三不喜欢物理，所以，张三一定喜欢化学。
（2）或者张三考上重点大学，或者李四考上重点大学，现在张三考上重点大学，所以，李四一定没考上重点大学。
（3）如果考上研究生，那么初试一定过线。现在张三初试过线了，所以，张三一定考上研究生。
（4）有的财务总监是注册会计师，所以，有的财务总监不是注册会计师。

　▶【精点解析】
　　（1）或者喜欢物理，或者喜欢化学，那就意味着该班的学生物理和化学至少要喜欢一个，如果张三不喜欢物理，那么就一定要喜欢化学，否则就无法满足至少喜欢一个。故（1）推理是正确的。
　　（2）或者张三考上重点大学，或者李四考上重点大学，那就意味着张三和李四至少有一个考上了重点大学，如果张三考上了，此时已经满足了两个人至少考上一个，那么无论李四是否考上都不影响，李四没考上就是可能发生，而不是一定发生。故（2）推理是错误的。

 考生注意，"或者 P，或者 Q"表示的逻辑含义是"P 和 Q 至少有一个要发生"，如果已知 P 发生，那么 Q 也可能发生，也可能不发生；如果 P 不发生，那么 Q 一定会发生。考生理解"或"判断，"否定必肯定，肯定不确定"这一规则，再遇见类似的推理时，即可快速得出结果。

　　（3）考上研究生的人，一定是初试过线的人。此时就意味着，如果初试没过线的人，一定是没考上研究生的人；但是张三初试过线了，若复试不合格，也不能考上研究生。也就是说，张三初试过线了，可能考上了，也可能没考上。故（3）的推理是错误的。

 考生注意，"如果 P，那么 Q"表示的逻辑含义是"P 发生时，则 Q 一定发生＝Q 不发生时，P 一定不发生；但 Q 发生时，P 可能发生，也可能不发生"，考生理解这个规则，遇见类似的推理时，即可快速得出结果。

　　（4）有的财务总监是注册会计师，可能只有一部分财务总监是注册会计师，此时有的财务总监不是注册会计师；但也可能所有的财务总监都是注册会计师，此时就没有财务总监不是注册会计师。故（4）的推理是错误的。

精点提示　考生注意，"有的 S 是 P"为真时，"有的 S 不是 P"的真假是不确定的。考生理解这个规则，遇到类似的推理时，即可快速得出结果。

例题06

如果风很大，我们就会放飞风筝。

如果天空不晴朗，我们就不会放飞风筝。

如果天气很暖和，我们就会放飞风筝。

假定上面的陈述属实，如果我们现在正在放飞风筝，则下面的哪项也必定是真的？

Ⅰ．风很大。　　　　　　Ⅱ．天空晴朗。　　　　　　Ⅲ．天气暖和。

A. 仅Ⅰ。　　　　　　　B. 仅Ⅰ、Ⅲ。　　　　　　C. 仅Ⅲ。

D. 仅Ⅱ。　　　　　　　E. Ⅰ、Ⅱ、Ⅲ。

▶ **【精点解析】**

考生可将题干的信息符号化：①风很大（P1）→放飞风筝（Q1）；②天空不晴朗（P2）→不会放飞风筝（Q2）；③天气很暖和（P3）→放飞风筝（Q3）。

将放飞风筝代入①，满足了 Q1 发生，此时 P1 是否发生不确定，也就是风很大无法确定真假；

将放飞风筝代入②，满足了 Q2 不发生，此时 P2 一定不发生，也就是天空一定晴朗；

将放飞风筝代入③，满足了 Q3 发生，此时 P3 是否发生不确定，也就是天气很暖和无法确定真假。

观察选项可知，答案选 D。

精点提示　考生注意，一旦掌握了推理的规则，只需按照固定的规则，即可快速解题。上述内容只是列举出形式逻辑考试所涉及的部分规则，考生可结合基础篇的知识点和强化篇的考点进行复习，即可完全解决这类试题。

3.2　分析推理命题特点

【例题07-08】（2018 年管理类联考第 54-55 题）

某校四位女生施琳、张芳、王玉、杨虹与四位男生范勇、吕伟、赵虎、李龙进行中国象棋比赛。他们被安排在四张桌上，每桌一男一女对弈，四张桌从左到右分别记为 1、2、3、4 号，每对选手需要进行四局比赛。比赛规定：选手每胜一局得 2 分，和一局得 1 分，负一局得 0 分。前三局结束时，按分差大小排列，四对选手的总积分分别是 6：0、5：1、4：2、3：3。已知：

（1）张芳跟吕伟对弈，杨虹在 4 号桌比赛，王玉的比赛桌在李龙比赛桌的右边；

（2）1 号桌的比赛至少有一局是和局，4 号桌双方的总积分不是 4：2；

（3）赵虎前三局总积分并不领先他的对手，他们也没有下成过和局；

（4）李龙已连输三局，范勇在前三局总积分上领先他的对手。

例题07　根据上述信息，前三局比赛结束时谁的总积分最高？

A. 杨虹。　　　B. 施琳。　　　C. 范勇。　　　D. 王玉。　　　E. 张芳。

例题08　如果下列有位选手前三局均与对手下成和局，那么他（她）是谁？

A. 施琳。　　　B. 杨虹。　　　C. 张芳。　　　D. 范勇。　　　E. 王玉。

▶ **【精点解析】**

考生乍一看这一道题目，会发现题干的信息量非常大，要求出四个男生和四个女生的分组情况，还需要求出分别对应的桌子编号、比分等信息。但考生一定不要误入歧途，命题人在命题时，原本也没有要求考生求解出全部的结果，此时可结合问题进行求解，寻找与问题最相关的条件进行推理即可。

例题 7 的问题，要求解"总积分最高的人是谁"，此时可优先考虑从比分是"6：0"的条件入手，也就是满足有一个人 3 胜 0 负，他（她）的对手是 0 胜 3 负，条件（4）指出李龙连输 3 局，那么李龙就满足了 0 胜 3 负，也就是本题实际要求的就是哪个女生与李龙同一组比赛。此时结合条件（1）"王玉的比赛桌在李龙比赛桌的右边"可得：①王玉（女生）没有与李龙对阵；②"李龙不在 4 号桌"，所以杨虹（女生）没有与李龙对阵；由于"张芳跟吕伟对弈"，所以张芳（女生）没有与李龙对阵；通过排除法可知，与李龙对阵的女生是施琳，即施琳总积分最高。答案选 B。

例题 8 的问题，要求解"前三局均下成和局"，也就是求"比分是 3：3"的是哪一组？由题干条件（3）可知三场都是和局者不是赵虎；由题干条件（4）可知三场都是和局者不是李龙，不是范勇。因此，根据排除法可知，只能是吕伟，由此及条件（1）可推断另一和局者是张芳。答案选 C。

考生注意，本部分试题命题非常灵活，考生一定要掌握基本的推理方法，养成良好的解题习惯，按照考试的要求进行训练，这样才能提升解题的速度与正确率。

3.3 论证逻辑命题特点

例题 09

（2013 年管理类联考第 44 题）

足球是一项集体运动，若想不断取得胜利，每个强队都必须有一位核心队员。他总能在关键场次带领全队赢得比赛。友南是某国甲级联赛强队西海队队员。据某记者统计，在上赛季参加的所有比赛中，有友南参赛的场次，西海队胜率高达 75.5%，另有 16.3% 的平局，8.2% 的场次输球；而在友南缺阵的情况下，西海队胜率只有 58.9%，输球的比率高达 23.5%。该记者由此得出结论，友南是上赛季西海队的核心队员。

以下哪项如果为真，最能质疑该记者的结论？

A. 上赛季友南上场且西海队输球的比赛，都是西海队与传统强队对阵的关键场次。

B. 西海队队长表示："没有友南我们将失去很多东西，但我们会找到解决办法。"

C. 本赛季开始以来，在友南上阵的情况下，西海队胜率暴跌 20%。

D. 上赛季友南缺席且西海队输球的比赛，都是小组赛中西海队已经确定出线后的比赛。

E. 西海队教练表示："球队是一个整体，不存在有友南的西海队和没有友南的西海队。"

▶ 【精点解析】

步骤 1：质疑属于论证评价方式中比较常见的一种，也就是哪个选项最能证明题干的结论没法成立，考生要紧扣题干的论证关系进行质疑。

步骤 2：紧扣记者的结论。前提：每个强队都必须有一位核心队员。他总能在关键场次带领全队赢得比赛。→结论：友南是上赛季西海队的核心队员。

步骤 3：分析论证关系，可知，若得到结论，前提需补充：友南在关键场次能带领全队赢得比赛。A 选项对此进行质疑，为最佳选项。B、E 为个人（队长、教练）的主观判断，通常对客观事实的针对性较弱。C 选项，本赛季关上赛季何事？显然论证范围不一致。D 选项缺失了"关键场次"的界定，选项作用不明。答案选 A。

例题 10　（2019 年管理类联考第 27 题）

据碳-14 检测，卡皮瓦拉山岩画的创作时间最早可追溯到 3 万年前。在文字尚未出现的时代，岩画是人类沟通交流、传递信息、记录日常生活的主要方式。于是今天的我们可以在这些岩画中看到：一位母亲将孩子举起嬉戏，一家人在仰望并试图碰触头上的星空……动物是岩画的另一个主角，比如巨型犰狳、马鹿、螃蟹等。在许多画面中，人们手持长矛，追逐着前方的猎物。由此可以推断，此时的人类已经居于食物链的顶端。

以下哪项如果为真，最能支持上述推断？

A. 岩画中出现的动物一般是当时人类捕猎的对象。

B. 能够使用工具使得人类可以猎杀其他动物，而不是相反。

C. 对星空的敬畏是人类脱离动物、产生宗教的动因之一。

D. 3 万年前，人类需要避免自己被虎豹等大型食肉动物猎杀。

E. 有了岩画，人类可以将生活经验保留下来供后代学习，这极大地提高了人类的生存能力。

▶ 【精点解析】

步骤 1：支持属于论证评价方式中比较常见的一种，也就是哪个选项最能证明题干的结论能够成立，考生要紧扣题干的论证关系进行加强。

步骤 2：紧扣题干的推断。题干从事实：人们手持长矛，追逐前方猎物→推断：3 万年前的人类已经居于食物链的顶端。

步骤 3：分析选项。B 选项直接指出：人类可以猎杀动物，而动物却不能猎杀人类，可得出人类处于食物链的顶端，选项支持题干事实与推断之间的关系，最能支持。A 选项迷惑性很大，岩画描述人类捕杀动物，但是否也存在动物猎杀人类的可能呢？如果不能完全排除这种可能，那就不能断定人类处于食物链的顶端。注意 B 选项"而不是相反"，考生认真体会理解这两个选项的差别。D 选项，说明人类并非处于食物链的顶端，起到质疑的作用。C 和 E 与题干的论证关系不一致，故答案选 B。

精点提示　考生注意，论证逻辑需要考生仔细体会论证关系以及评价的力度强弱，可结合基础篇和强化篇的相关内容进行深入学习。

4　考生自测

4.1　测试说明

1）如果测试分数在 50 分以上，可以直接进入强化篇学习，但须做好考点的查漏补缺。

2）如果测试分数在 40~50 分，需要整体复习，但是可以不用做"每课一练"的练习，其他部分的内容还需要认真对待。

3）如果测试分数在 40 分以下，需要认真对待本书的每一部分内容。

4）本测试根据逻辑科目考试考点要求分为形式逻辑、论证逻辑和分析推理三部分，每题的具体考点也详细列出，考生可以根据个人测试的实际情况，选择相关知识点进行学习。

4.2　测试题

时间：45 分钟　　　　　　　　　　　　　　　　　　　　**得分：**

本测试题共 30 小题，每小题 2 分，共 60 分，请从下面每小题所列的 5 个备选答案中选取出 1 个，多选为错。

1. 要成为某种乐器演奏家，一个人必须练习。如果一个人每天练习某种乐器 3 个小时，他们将最终成为这种乐器的演奏家。所以，如果一个人是某一种乐器的演奏家，那么这个人必然至少每天练习 3 个小时。

   以下哪项最恰当地描述了上述推理的缺陷？

   A. 它的结论没有把每天练习 3 小时而没有成为乐器演奏家的人考虑在内。

   B. 它的结论没有把每天练习不到 3 小时也有可能成为乐器演奏家的人考虑在内。

   C. 这个结论没有考虑如果一个人每天不至少练习 3 个小时的话，这个人就不能成为演奏家。

   D. 这个结论没有考虑到并不是所有的音乐教师都主张每天练习 3 个小时。

   E. 这个结论没有考虑到很少有人有足够的空余时间每天花 3 小时来练习。

2. 2015 年 7 月 14 日，欧元区经过艰难的谈判，希腊债务危机暂时得到平息。如果希腊债务危机得不到解决，将会对欧元区的经济产生负面影响。但希腊只有进行广泛改革，才能重返经济发展的道路。希腊或者减少福利，或者实现经济大幅发展，否则，债务危机将是难解之题。

   如果以上陈述为真，则以下哪项陈述必然为真？

   A. 如果希腊减少福利，或者实现了经济大幅发展，则可以解决债务危机。

   B. 如果希腊债务危机得到合理解决，就不会对欧元区的经济产生负面影响。

   C. 如果希腊要解决债务危机，但还无法实现经济大幅发展，就必须减少福利。

   D. 如果希腊不减少福利，或者不能实现经济大幅发展，将会对欧元区的经济产生负面影响。

   E. 如果不能重返经济发展道路，希腊就必须进行广泛改革。

3. 每个国家都有自己的国花，代表着独特的民族精神，已知石榴，扶桑，丁香，莲花，香石竹五种花卉，是埃及，利比亚，坦桑尼亚，苏丹，摩洛哥的国花（顺序不定），且有以下条件：

   （1）只有苏丹的国花不是扶桑，摩洛哥的国花才不是香石竹。

   （2）苏丹的国花是丁香和扶桑之一。

   （3）如果利比亚的国花是石榴，那么摩洛哥的国花是莲花，或者苏丹的国花不是丁香。

   （4）如果利比亚的国花不是石榴，或者埃及的国花不是莲花，那么苏丹的国花是香石竹。

   根据以上信息，哪句诗对应的是坦桑尼亚的国花？

   A. 殷勤解却丁香结，纵放繁枝散诞香。　　　　B. 仰观眩晃目生晕，但见晓色开扶桑。

   C. 庭中忽见安石榴，叹息花中有真色。　　　　D. 红白莲花开共塘，两般颜色一般香。

   E. 宝髻傋簪石竹花，温泉分得洗铅华。

4. 近十年来，移居清河界森林周边地区生活的居民越来越多。环保组织的调查统计表明，清河界森林中百灵鸟的数量近十年来呈明显下降的趋势。但是恐怕不能把这归咎于森林周边地区居民的增多，因为森林的面积并没有因为周边居民人口的增多而减少。

   以下哪项如果为真，最能削弱题干的论证？

   A. 警方每年都接到报案，来自全国各地的不法分子无视禁令，深入清河界森林捕猎。

   B. 清河界森林的面积虽没减少，但由于几个大木材集团公司的乱砍滥伐，森林中树木的数量锐减。

C. 清河界森林周边居民丢弃的生活垃圾吸引了越来越多的乌鸦，这是一种专门觅食百灵鸟卵的鸟类。

　　D. 清河界森林周边的居民大都从事农业，只有少数人经营商业。

　　E. 清河界森林中除百灵鸟的数量近十年来呈明显下降的趋势外，其余的野生动物生长态势良好。

5. 烟草业仍然是有利可图的。在中国，尽管今年吸烟者中成人的人数减少了，但烟草生产商销售的烟草总量却还是增加了。

　　以下哪项不能用来解释烟草销售量的增长和吸烟者中成人人数的减少？

　　A. 今年开始吸烟的妇女数量多于戒烟的男子数量。

　　B. 今年开始吸烟的少年数量多于同期戒烟的成人数量。

　　C. 今年非吸烟者中咀嚼烟草及嗅鼻烟的人多于戒烟者。

　　D. 今年和往年相比，那些有长年吸烟史的人平均消费了更多的烟草。

　　E. 今年中国生产的香烟中用于出口的数量高于往年。

6. 某公司计划从甲、乙、丙、丁、戊、己 6 个人中选拔 4 人作为管培生进行重点培养，已知：

　　(1) 乙和甲至少要选拔一人。

　　(2) 若选拔甲，则选择丙但不能选拔丁。

　　(3) 若选拔乙，则选拔丁但不能选拔戊。

　　如果该公司最终决定选拔戊，则以下哪项是不可能的？

　　A. 选拔甲。　　B. 选拔丙。　　C. 不选拔乙。　　D. 不选拔丁。　　E. 不选拔己。

7. 新疆北鲵是一种濒危珍稀动物，1840 年由沙俄探险家首次发现，此后一百多年不见踪影，1989 年在新疆温泉县重新被发现。但资料显示，自 1989 年以后的 15 年间，新疆北鲵的数量减少了一半。有专家认为，新疆北鲵的栖息地原是当地的牧场，每年夏季在草原随处走动的牛羊会将其大量踩死，因而造成其数量锐减。

　　以下哪项为真，将对上述专家的观点提出最大的质疑？

　　A. 1997 年"温泉新疆北鲵自然保护区"建立，当地牧民保护新疆北鲵的意识日益提高。

　　B. 近年来雨水减少，地下水位下降，新疆北鲵赖以栖息的水源环境受到影响。

　　C. 新疆北鲵是一种怕光的动物，白天大多躲在小溪的石头下，也避开了牛羊的踩踏。

　　D. 新疆北鲵的栖息地位于山间，一般游人根本无法进入。

　　E. 新疆北鲵的栖息地后来才形成牧场。

8. 交通部科研所最近研制了一种自动照相机，凭借其对速度的敏锐反应，当且仅当违规超速的汽车经过镜头时，它会自动按下快门。在某条单向行驶的公路上，在一个小时中，这样的一架照相机共摄下了 50 辆超速汽车的照片。从这架照相机出发，在这条公路前方的 1 公里处，一批交通警察于隐蔽处进行目测超速汽车能力的测试。在上述同一个小时中，某个警察测定，共有 25 辆汽车超速通过。由于经过自动照相机的汽车一定经过目测处，因此，可以推定，这个警察的目测超速汽车的准确率不高于 50%。

　　要使题干的推断成立，以下哪项是必须假设的？

　　A. 在该警察测定为超速的汽车中，包括在照相机处不超速而到目测处超速的汽车。

　　B. 在该警察测定为超速的汽车中，包括在照相机处超速而到目测处不超速的汽车。

　　C. 在上述一个小时中，在照相机前不超速的汽车，到目测处不会超速。

　　D. 在上述一个小时中，在照相机前超速的汽车，都一定超速通过目测处。

　　E. 在上述一个小时中，通过目测处的非超速汽车一定超过 25 辆。

9~10 题基于以下题干：

　　某公司的 7 个部门财务部、生产部、销售部、研发部、人事部、采购部和质检部从西到东呈"一"字设置，这 7 个部门的排列符合下列条件：

（1）质检部不设置在最西边，也不设置在最东边。

（2）财务部设置在从西到东的第四个位置。

（3）销售部和财务部相邻。

（4）采购部设置在财务部和销售部以东，并且在生产部以西。

9. 如果研发部在财务部西侧且与财务部相邻，则以下哪项必为假？

A. 人事部和质检部相邻。　　B. 人事部和研发部相邻。　　C. 采购部和生产部相邻。

D. 采购部和销售部相邻。　　E. 研发部和质检部相邻。

10. 如果人事部设置在财务部以东，那么以下哪两个部门必然相邻？

A. 财务部和采购部。　　B. 生产部和人事部。　　C. 销售部和研发部。

D. 研发部和质检部。　　E. 人事部和采购部。

11. 某记者在视察多支 MBA 球队以后认为：所有季后赛球队都在大城市，所有乐透区球队都不在大城市，有自己独立的球馆都曾获得状元签。然而，有些季后赛球队也具有自己独立的球馆。

以下哪项为真，最能够对某记者的观点提出质疑？

A. 乐透区球队都不曾获得状元签。　　B. 乐透区球队都曾获得状元签。

C. 季后赛球队都曾获得状元签。　　D. 曾获得状元签的都是乐透区球队。

E. 乐透区球队都不是季后赛球队。

12. 一项实验中，研究者对被试者进行了身体活动水平的调查，分析了他们平均每天坐着的时间。结果显示，每天坐的时间过长（超过 5 小时）与大脑内侧颞叶缩小密切相关，即使其他时间身体达到了很高的活动水平，也无法改变颞叶缩小的趋势。因此，久坐会对人的记忆力产生影响。

以下哪项最可能是上述研究者论断的假设？

A. 有些记忆力较差的人不常运动，更喜欢宅在家里。

B. 大部分帕金森患者出现记忆力的持续衰退和颞叶缩小的状况。

C. 大脑内侧颞叶区域包含海马回，而这一部位与记忆的形成有关。

D. 各年龄段群体中，久坐对年轻人记忆力的影响大于中老年人。

E. 年龄越大的人，越习惯于久坐，进而记忆力也会逐渐退化。

13. 某公司年底的晋升方案已经确定张强、王霞、李明、赵云中至少有一人晋升。这四人对晋升结果的预测如下：

张强："如果王霞晋升，我也会晋升。"

王霞："我晋升，李明没有晋升。"

李明："张强或者王霞没晋升。"

赵云："王霞和李明至少一个没晋升。"

后来事实证明，他们四人中只有一个人预测准确。

根据以上陈述，以下哪项一定为真？

Ⅰ. 王霞晋升。　　Ⅱ. 张强晋升。　　Ⅲ. 李明晋升。

A. 只有Ⅰ。　　B. 只有Ⅱ。　　C. 只有Ⅰ和Ⅲ。

D. 只有Ⅱ和Ⅲ。　　E. Ⅰ、Ⅱ和Ⅲ。

14. 甲：鸟尽弓藏，兔死狗烹。

乙：不对！鸟不尽弓不藏，兔不死狗不烹。

以下哪项与上述论证结构最为相似？

A. 甲：树欲静而风不止，子欲养而亲不待。

乙：不对！树静风止，子养亲待。

  B. 甲：水落石出，云开月明。

    乙：不对！水不落石不出，云不开月不明。

  C. 甲：见利忘义，背信弃义。

    乙：不对！不忘义不见利，不弃义不背信。

  D. 甲：破镜重圆，久别重逢。

    乙：不对！破镜不需重圆，久别不需重逢。

  E. 甲：形单影只，势孤力薄。

    乙：不对！并非形单影只，并非势孤力薄。

15. 某市 2021 年的人口发展报告显示，该市常住人口 1170 万。其中常住外来人口 440 万，户籍人口 730 万。从区级人口分布情况来看，该市 G 区常住人口 240 万，居各区之首；H 区常住人口 200 万，位居第二；同时，这两个区也是吸纳外来人口较多的区域，两个区常住外来人口 200 万，占全市常住外来人口的 45% 以上。

根据以上陈述，可以得出以下哪项？

  A. 该市 G 区的户籍人口比 H 区的常住外来人口多。

  B. 该市 H 区的户籍人口比 G 区的常住外来人口多。

  C. 该市 H 区的户籍人口比 H 区的常住外来人口多。

  D. 该市 G 区的户籍人口比 G 区的常住外来人口多。

  E. 该市其他各区的常住外来人口都没有 G 区或 H 区的多。

16. 作家"八月长安"关于文章的表达方式有这样的构思：

  （1）记叙和描写至多使用一种；

  （2）说明、记叙和抒情至少使用一种；

  （3）描写、说明、议论至少使用两种；

  （4）如果使用描写，那么就不能使用抒情。

根据以上构思，可以得出以下哪项？

  A. 至多使用了三种表达方式。   B. 描写、抒情至少使用了一种。

  C. 至少要使用三种表达方式。   D. 说明、记叙至少使用了一种。

  E. 一定要使用议论这种表达方式。

17. 王女士：报社和杂志社依靠刊登广告的收入降低了每份报纸和杂志的单价，也就是说，如果不刊登广告，现在的报纸和杂志的单价要高得多。因此，购买报纸和杂志的读者从出版物刊登广告中获得了经济利益。

李先生：你的说法不能成立。谁来支付那些看来导致报纸、杂志降价的广告的费用？到头来还不是消费者，包括购买报纸、杂志的消费者。因为厂家通过提高产品的价格把广告费用摊到了消费者的身上。

以下哪项如果为真，能够有力地削弱李先生对王女士的反驳？

  A. 由于物价上涨，全年度报纸、杂志的价格比去年有较大上涨。

  B. 在各种广告形式中，电视广告的效果要优于出版物广告。

  C. 近年来，采用报纸、杂志做广告的厂家越来越多，广告费用也越来越高。

  D. 报纸、杂志刊登广告影响了这些出版物的总体质量和可读性，有很大一批读者对此表示不满。

  E. 总体上说，各厂家的广告支出是一个常量，它们有选择地采取广播、电视、报纸、杂志、街面广告牌、邮递印刷品等各种形式。

18. 在大型游乐公园里，现场表演是刻意用来引导人群流动的。午餐时间的表演是为了减轻公园餐馆的压力；傍晚时间的表演则有一个完全不同的目的：鼓励参观者留下来吃晚餐。表面上不同时间的表演有不同的目的，但这背后，却有一个统一的潜在目标。

以下哪一选项作为本段短文的结束语最为恰当？

A. 尽可能地减少各游览点的排队人数。

B. 吸引更多的人来看现场表演，以增加利润。

C. 最大限度地避免由于游客出入公园而引起交通阻塞。

D. 在尽可能多的时间里最大限度地发挥餐馆的作用。

E. 尽可能地招徕顾客，希望他们再次来公园游览。

19~20 题基于以下题干：

"立春""春分""立夏""夏至""立秋""秋分""立冬""冬至"是我国二十四节气中的八个节气，"凉风""广莫风""明庶风""条风""清明风""景风""阊阖风""不周风"是八种节风。上述八个节气与八种节风之间一一对应。已知：

(1)"立秋"对"凉风"。

(2)"冬至"对应"不周风""广莫风"之一。

(3)若"立夏"对应"清明风"，则"夏至"对应"条风"或者"立冬"对应"不周风"

(4)若"立夏"不对应"清明风"或者"立春"不对应"条风"，则"冬至"对应"明庶风"。

19. 根据上述信息，可以得出以下哪项？

A. "秋分"不对应"明庶风"。　　　　　　B. "立冬"不对应"广莫风"。

C. "夏至"不对应"景风"。　　　　　　　D. "立夏"不对应"清明风"。

E. "春分"不对应"阊阖风"。

20. 若"春分"和"秋分"两节气对应的节风在"明庶风"和"阊阖风"之中，则可以得出以下哪项？

A. "春分"对应"阊阖风"。　　　　　　　B. "秋分"对应"明庶风"。

C. "立春"对应"清明风"。　　　　　　　D. "冬至"对应"不周风"。

E. "夏至"对应"景风"。

21. 当所学的新知识相对于原有的认知结构为上位关系，即原有知识是从属观念，而新学习的知识是总括性观念，这样的学习即为上位学习。相反，如果新知识与原有知识是下位关系，则为下位学习。而如果新知识仅仅是由原知识的相关内容合理组合构成的，不能与原有某些特定的内容构成上位关系或下位关系，那么，这时的学习就是同位学习。

根据上述定义，下列属于上位学习的是哪一项？

A. 学生先学习平行四边形再学习矩形。

B. 在学完所有的内容之后进行总复习。

C. 先学习理论知识，再进行实践技能的操作。

D. 教师为讲解某语法结构，先举了很多例句。

E. 学完《中国近代史纲要》后，进行易错题总结。

22. 一个夜总会的管理者需要安排夜总会中一周的音乐演出，包括五种类型的音乐：摇滚、流行、爵士、民谣、古典音乐。该夜总会每周的周二、周三、周四、周五和周六五个晚上每晚演出两场，音乐的安排遵从下列条件：

(1) 每种类型的音乐必须在第一场安排一次，也必须在第二场安排一次。

(2) 演出流行的晚上一定要演出古典音乐。

（3）流行一定是周二的第一场。

（4）爵士一定为周六的第一场或第二场，但第一场和第二场不能同时为爵士。

（5）民谣不在周四演出，民谣不在周五演出。

（6）摇滚不在周六演出。

如果爵士安排在周四，那么哪项一定正确？

A. 流行是星期三的首场演出。　　　　　　B. 民谣是星期三的首场演出。

C. 摇滚是星期四的首场演出。　　　　　　D. 爵士是星期四的首场演出。

E. 古典音乐是星期五的首场演出。

23. 有些外科手术需要一种特殊类型的线带，使外科伤口缝合达到 10 天，这是外科伤口需要线带的最长时间。D 型带是这种线带的一个新品种。D 型带的销售人员声称，D 型带将会提高治疗功效，因为 D 型带的黏附时间是目前使用的线带的两倍长。

以下哪项如果成立，最能说明 D 型带销售人员所做声明中的漏洞？

A. 大多数外科伤口愈合大约需要 10 天。

B. 大多数外科线带是从医院而不是从药店得到的。

C. 目前使用的线带的黏性足够使伤口缝合 10 天。

D. 现在还不清楚究竟是 D 型带还是目前使用的线带更有利于皮肤的愈合。

E. D 型带对已经预先涂上一层药物的皮肤的黏性只有目前使用的线带的一半好。

24. 大城市的公共交通部门正在赤字中挣扎。乘客总抱怨汽车晚点和运输工具出毛病，服务种类的减少，以及票价高于他们过去习惯于支付的水平。由于上述所有原因，以及汽油的价格并未高至令人不敢问津的水平，所以公共交通车的乘客有所减少，更进一步增加了赤字。

下面哪一项关于公交乘客数量与汽油价格的关系的陈述最为上面文字所支持？

A. 随着汽油价格的上升，公交乘客数也上升。

B. 即使汽油价格上升，公交乘客数仍继续下降。

C. 如果汽油价格升至令人不敢问津的水平，公交乘客数将上升。

D. 大多数公交乘客不用汽油，因此，汽油价格波动不可能影响公交乘客。

E. 汽油的价格总是足够低，这使得私人交通比公共交通便宜，因此，汽油价格的波动不太可能影响公交乘客数。

25. 为了改变城市大气污染的问题，湖州市政府决定上马一项园林绿化工程，政府有关部门在调研论证的基础上，就特色树种的选择问题形成了如下几项决定：

（1）樟树、柳树至少选择一种；

（2）如果不种桂树，那么就要种雪松；

（3）如果种柳树，那么就要种桃树；

（4）桃树、雪松至少要舍弃一样；

（5）除非不种樟树，否则种桂树。

如果上述断定都是真的，该市最可能选择的特色树种是？

A. 柳树和桃树。　　　　　　B. 樟树和桂树。　　　　　　C. 雪松和柳树。

D. 雪松和桃树。　　　　　　E. 樟树和桃树。

26. 一词当然可以多义，但一词的多义应当是相近的。例如，"帅"可以解释为"元帅"，也可以解释为"杰出"，这两个含义是相近的。由此看来，把"酷（cool）"解释为"帅"实在是英语中的一种误用，应当加以纠正，因为"酷（cool）"在英语中的初始含义是"凉爽"，和"帅"丝毫不相及。

以下哪项是题干的论证所必须假设的？

A. 一个词的初始含义是该词唯一确切的含义。

B. 除了"cool"以外，在英语中不存在其他的词具有不相关的多种含义。

C. 语词的多义将造成思想交流的困难。

D. 英语比汉语更容易产生语词歧义。

E. 语言的发展方向是一词一义，用人工语言取代自然语言。

27. 某电影节的颁奖典礼上将会颁发7个最受瞩目的奖项，即：最佳男、女主角奖，最佳男、女配角奖，最佳编剧奖，最佳导演奖以及最佳影片奖。

(1) 每次颁发一个奖，每个奖项只有1位获奖者（最佳影片奖没有获奖者）。

(2) 最佳导演奖不是第一个颁发。

(3) 最佳影片奖最后一个颁发。

(4) 相邻奖项的获奖人性别不同。

若最佳男主角奖与最佳导演奖为同一位获奖者，则以下哪项可能为真？

A. 第1个颁发最佳女主角奖，第3个颁发最佳导演奖。

B. 第2个颁发最佳男配角奖，第4个颁发最佳女主角奖。

C. 第3个颁发最佳编剧奖，第6个颁发最佳导演奖。

D. 第2个颁发最佳女配角奖，第5个颁发最佳女主角奖。

E. 第3个颁发最佳导演奖，第5个颁发最佳女配角奖。

28. 一般来说，塑料极难被分解，即使是较小的碎片也很难被生态系统降解，因此它造成的环境破坏十分严重。近期科学家发现，一种被称为蜡虫的昆虫能够降解聚乙烯，而且速度极快。如果使用生物技术复制蜡虫降解聚乙烯，将能够帮助我们有效清理垃圾填埋厂和海洋中累积的塑料垃圾。

以下哪项如果为真，不能支持上述结论？

A. 世界各地的塑料垃圾的主要成分是聚乙烯。

B. 蜡虫的确能够破坏聚乙烯塑料的高分子链。

C. 聚乙烯被蜡虫降解后的物质对环境的影响尚不明确。

D. 现有科技手段能够将蜡虫降解聚乙烯的酶纯化出来。

E. 复制蜡虫降解聚乙烯的技术已经相当成熟，能够产生规模效益。

29~30题基于以下题干：

江海大学的校园美食节开幕了，某女生宿舍有5人积极报名参加此次活动，她们的姓名分别为金粲、木心、水仙、火珊、土润。举办方要求，每位报名者只做一道菜品参加评比，但需自备食材。限于条件，该宿舍所备食材仅有5种：金针菇、木耳、水蜜桃、火腿和土豆，要求每种食材只有2人选用，每人又只能选用2种食材，并且每人所选食材名称的第一个字与自己的姓氏均不相同。已知：

(1) 如果金粲选水蜜桃，则水仙不选金针菇；

(2) 如果木心选金针菇或土豆，则她也须选木耳；

(3) 如果火珊选水蜜桃，则她也须选木耳和土豆；

(4) 如果木心选火腿，则火珊不选金针菇。

29. 根据上述信息，可以得出以下哪项？

A. 木心选用水蜜桃、土豆。　　　　B. 水仙选用金针菇、火腿。

C. 土润选用金针菇、水蜜桃。　　　D. 火珊选用木耳、水蜜桃。

E. 金粲选用木耳、土豆。

30. 如果水仙选用土豆，则可以得出以下哪项？

　　A. 木心选用金针菇、水蜜桃。　　　　B. 金粲选用木耳、火腿。

　　C. 火珊选用金针菇、土豆。　　　　　D. 水仙选用木耳、土豆。

　　E. 土润选用水蜜桃、火腿。

🔑 考生自测参考答案

序　号	答　案	知识点与考点	序　号	答　案	知识点与考点
1	B	形式逻辑-假言判断	16	D	形式逻辑-假言判断
2	C	形式逻辑-假言判断	17	E	论证逻辑-削弱
3	A	分析推理-对应	18	D	论证逻辑-推结论
4	C	论证逻辑-削弱	19	B	分析推理-对应
5	A	论证逻辑-解释	20	E	分析推理-对应
6	E	分析推理-分组	21	D	论证逻辑-定义
7	C	论证逻辑-削弱	22	E	分析推理-排序+分组
8	D	论证逻辑-假设	23	C	论证逻辑-逻辑漏洞
9	B	分析推理-排序	24	C	论证逻辑-支持
10	D	分析推理-排序	25	B	形式逻辑-假言综合推理
11	D	形式逻辑-直言判断	26	A	论证逻辑-假设
12	C	论证逻辑-假设	27	C	分析推理-排序
13	C	分析推理-真话假话	28	C	论证逻辑-支持
14	B	形式逻辑-结构相似	29	C	分析推理-综合推理
15	A	分析推理-数据分析	30	B	分析推理-综合推理

🔑 考生自测答案解析

1. 答案 B。

题干信息	前提：每天练习某种乐器 3 个小时→成为某种乐器的演奏家。 结论：某一种乐器的演奏家→至少每天练习 3 个小时。
解析	显然题干论证混淆了充分条件和必要条件，题干中"每天练习某种乐器 3 个小时"是"成为某种乐器的演奏家"的充分条件，此时并没有考虑每天练习不到 3 小时也能成为乐器演奏家的人，结论中却变成了必要条件，忽略了每天练习不到 3 小时也可能成为乐器演奏家的人。

2. 答案 C。

题干信息	①不解决债务危机（P1）→对欧元区经济产生负面影响（Q1） ②重返经济发展的道路（P2）→进行广泛改革（Q2） ③解决债务危机（P3）→减少福利∨实现经济大幅发展（Q3）

（续）

选项	解析	结果
A	肯定 Q3，什么也推不出。	淘汰
B	¬P1→¬Q1，可能为真。	淘汰
C	肯定 P3，得到"减少福利∨实现经济大幅发展"，又根据"无法实现经济大幅发展"，得到"减少福利"（相容选言判断，否定必肯定），一定为真。	**正确**
D	选项未能否定 Q3（注：选言判断的矛盾形式是联言判断），故不能否定 P3。	淘汰
E	¬P2→Q2，可能为真。	淘汰

3. 答案 **A**。

题干信息	①摩洛哥的国花不是香石竹→苏丹的国花不是扶桑； ②苏丹的国花是丁香∨苏丹的国花是扶桑； ③利比亚的国花是石榴→摩洛哥的国花是莲花∨苏丹的国花不是丁香； ④利比亚的国花不是石榴∨埃及的国花不是莲花→苏丹的国花是香石竹。 ⑤独特的民族精神，意味着每个国家的国花只有一种，每一种花也只对应一个国家。

解题步骤

第一步	观察题干，本题属于没有确定信息的假言判断综合推理，故此时优先考虑从重复最多的元素"苏丹"入手，同时结合假言推理规则，构建肯定 P 推出肯定 Q；否定 Q 推出否定 P 的模型，此时结合题干条件发现，只能优先考虑①和④的 Q 位。
第二步	由于条件②只给出了两种可能，也就是苏丹的国花一定不是香石竹，由此结合④可知：利比亚的国花是石榴∧埃及的国花是莲花（确定事实）；将"利比亚的国花是石榴"代入③可得：摩洛哥的国花是莲花∨苏丹的国花不是丁香。 由于已知埃及的国花是莲花，根据否定必肯定的原则进一步可知：苏丹的国花不是丁香，进一步结合②可得：苏丹的国花是扶桑（确定事实）。 此时再将"苏丹的国花是扶桑"代入①可得：摩洛哥的国花是香石竹（确定事实）。
第三步	由上述步骤，结合剩余法思想可知，剩下的坦桑尼亚的国花是丁香（确定事实）。故答案选 A。

4. 答案 **C**。

森林面积没有减少，百灵鸟数量下降	⟶	百灵鸟数量下降与周边居民人口增多无关

选项	解析	结果
A	"各地的不法分子"与"周边居民"关系非常小，论证主体发生变化，通常很难削弱论证。	淘汰
B	不能削弱论证，说明和居民人口的增多无关，有别的原因。	淘汰
C	建立间接关系，说明和居民人口的增多有关系，削弱论证。	**正确**
D	没有涉及题干论证关系。	淘汰
E	说明百灵鸟数量下降可能在于自身，外界影响因素较小，因为其他野生动物没有变化。	淘汰

5. 答案 **A**。

矛盾点一：成人吸烟人数减少了	矛盾	矛盾点二：烟草的销售量增加了	
选项	**解析**		**结果**
A	二者同属于成人，选项反驳了前提"成人吸烟人数减少了"。		正确
B	说明总的吸烟人数在增长，解释了题干矛盾。		淘汰
C	吸烟者的消费减少，非吸烟者的消费增加，解释了题干矛盾。		淘汰
D	吸烟人数减少，但是部分吸烟者的消费量在增加，解释了题干矛盾。		淘汰
E	本国吸烟人数在减少，但是国外的消费量却在增加，解释了题干矛盾。		淘汰

6. 答案 **E**。

题干信息	①选拔乙∨选拔甲； ②选拔甲→选拔丙∧不选拔丁； ③选拔乙→选拔丁∧不选拔戊； ④选拔戊（确定信息）。

	解题步骤
第一步	观察题干，本题属于有确定信息的分组题目，即题干要求从 6 人中选拔 4 人，不选拔 2 人。将确定信息代入题干推理即可得出答案。
第二步	将确定信息④代入③可得：选拔戊→不选拔乙。再将"不选拔乙"代入①可得：选拔甲。再将"选拔甲"代入条件②可得：选拔丙∧不选拔丁。
第三步	由上一步可知，不选拔的人为乙、丁（即不选拔两人）；此时，已经满足题干所要求的 6 人中不选拔 2 人，此时除了不选拔的乙、丁，剩下的 4 人都要选拔，也就是：丙、戊、甲、己都要选拔。观察选项，一定为假的选项是 E。

7. 答案 **C**。

题干论证：牛羊踩踏→新疆北鲵数量锐减		
选项	**解析**	**结果**
A	牧民保护意识提高并不能说明题干因果关系不存在。	淘汰
B	水源环境受到影响，属于"他因"削弱，但力度较弱。"水源环境"对于新疆北鲵的数量影响究竟有多大，不得而知。	淘汰
C	直接削弱结论中的论证关系，并不是牛羊踩踏导致数量减少，即"因果无关"，力度大于选项 B。	正确
D	与题干论证因果关系无关。	淘汰
E	与题干论证因果关系无关。	淘汰

8. 答案 **D**。

照相机共摄下了 50 辆超速的汽车的照片，同一个小时中，某警察测定，共有 25 辆超速汽车通过	→	警察的目测超速汽车的准确率不高于 50%

（续）

选项	解析	结果
A	如果该项成立，则无法推断警察的目测准确率，因为实际样本可能超出了推断依据的原始样本。（考生注意题干核心是"超速"）	淘汰
B	不必要假设。因为需要补充的前提是警察目测正确的汽车小于或者等于25辆，该选项只是强调了小于，因此不能作为必要条件。	淘汰
C	无法判断警察的目测准确率，注意选项核心词是"不超速"，与题干明显不一致。	淘汰
D	必要的假设。否则，如果在照相机前超速的汽车，到目测处并不超速，则通过目测处的超速汽车就可能少于50辆，则上述警察的目测准确率就可能高于50%。	正确
E	不必要，与题干论证无关。	淘汰

9. 答案 **B**。

题干信息	①质检部不在最西边，也不在最东边。 ②财务部设置在从西到东的第四个位置。 ③销售部与财务部相邻。 ④（财务部｜销售部）……采购部……生产部。（"（｜）"代表相邻但顺序不定） ⑤研发部｜财务部（"｜"表示相邻）。

解题步骤

第一步	明确本题题型为"排序题"。可优先从"跨度大"和"确定"的条件入手。
第二步	联合条件③、④和⑤可得，研发部｜财务部｜销售部……采购部……生产部，结合条件②可得，由于财务部设置在从西到东的第四个位置，所以采购部和生产部分别设置在第六和第七个位置，如下表所示：

1	2	3	4	5	6	7
		研发部	财务部	销售部	采购部	生产部

根据条件①可得，质检部不在最西边，因此质检部在第二个位置，人事部在第一个位置，答案选 B。

10. 答案 **D**。

题干信息	①质检部不在最西边，也不在最东边。 ②财务部设置在从西到东的第四个位置。 ③销售部与财务部相邻。 ④财务部/销售部……采购部……生产部。（"/"代表相邻但顺序不定） ⑤财务部……人事部。

解题步骤

第一步	明确本题题型为"排序题"。可优先从"跨度大"和"确定"的条件入手。
第二步	联合条件②、③、④和⑤可得，由于财务部设置在第四个位置且财务部以东只有三个部门，因此销售部设置在第三个位置，又根据条件①可得，质检部不在最西边，因此质检部在第二个位置，研发部在第一个位置，答案选 D。

11. 答案 **D**。

题干信息	①季后赛球队→大城市；②乐透区球队→不在大城市；③有自己独立的球馆→曾获得状元签；④有的季后赛球队⇒自己独立的球馆。

解题步骤	
第一步	联合③和④可得⑤，有的季后赛球队⇒有自己独立的球馆⇒曾获得状元签。
第二步	联合①和②可得⑥，季后赛球队→大城市→不是乐透区球队。
第三步	联合⑤（⑤需先换位）和⑥可得，有的曾获得状元签⇒有自己独立的球馆⇒季后赛球队⇒大城市⇒不是乐透区球队。D 选项恰好与之矛盾，最能削弱。

12. 答案 **C**。

题干信息	前提：久坐的时间过长与大脑内侧颞叶缩小密切相关。→结论：久坐对人的记忆力产生影响。	
选项	**解析**	**结果**
A	久坐未必需要保证一定是"宅在家里"，上班的白领在办公室一样会"久坐"。	淘汰
B	选项割裂题干关系，很可能是帕金森病症导致了"记忆力衰退"和"颞叶缩小"，削弱。	淘汰
C	选项直接搭桥建立关系，说明颞叶缩小与人的记忆力有关，符合题干隐含的假设。	正确
D	题干没有涉及年龄层次，不需要保证"久坐"对于年轻人记忆力的影响大于中老年人，考生试想，倘若是久坐对于中老年人记忆力的影响大于年轻人是否也可以呢？	淘汰
E	选项构建的论证关系是：年龄大→久坐→记忆力退化，说明是年龄大对记忆力退化的影响最大，而非久坐，削弱题干论证。	淘汰

13. 答案 **C**。

题干信息	①张强、王霞、李明、赵云中至少有一人晋升。 ②张强：王霞晋升→张强晋升。 ③王霞：王霞晋升∧李明没晋升。 ④李明：张强没晋升∨王霞没晋升。 ⑤赵云：王霞没晋升∨李明没晋升。

解题步骤	
第一步	真假话题，首先考虑的思路就是在句子之间"找关系"。
第二步	根据观察②和④至少有一真，因为四人中只有一句真话，所以③和⑤都为假，因此王霞和李明都晋升了，而张强是否晋升无法得知。因此答案选 C。

14. 答案 B。

题干信息	题干论证结构如下： 甲：A→B，C→D。 乙：不对！¬ A→¬ B，¬ C→¬ D。	
选项	**解析**	**结果**
A	甲：A∧B，C∧D。 乙：不对！A∧¬ B，C∧¬ D。和题干论证结构不一致。	淘汰
B	甲：A→B，C→D。 乙：不对！¬ A→¬ B，¬ C→¬ D。和题干论证结构一致。	**正确**
C	甲：A→B，C→D。 乙：不对！¬ B→¬ A，¬ D→¬ C。和题干论证结构不一致。	淘汰
D	该选项中甲说的话，本身没有推理关系，故和题干论证结构不一样。	淘汰
E	该选项中甲说的话，本身没有推理关系，故和题干论证结构不一样。	淘汰

15. 答案 A。

	解题步骤
第一步	本题属于数据划分类型的题型，主要考查考生对于划分标准及概念的理解。首先明确划分的维度有：常住人口分为户籍人口和外来人口；区域涉及 G 和 H 两个区。
第二步	列表将题干的数量关系表示如下： |	G 区	H 区 | |---|---|---|
户籍人口	A	B
外来人口	C	D	 ①G 区常住人口 240 万，即 A+C＝240。 ②H 区常住人口 200 万，即：B+D＝200。 ③G 区和 H 区的常住外来人口 200 万，即 C+D＝200。
第三步	由①-③可得，A+C－（C+D）＝A－D＝40，因此可知 A>D。观察选项可知，也就是 G 区的户籍人口多于 H 区的外来人口，因此答案选 A。

16. 答案 D。

	解题步骤
第一步	符号化题干信息： ①不记叙∨不描写。 ②说明∨记叙∨抒情。 ③描写、说明、议论至少使用两种。 ④描写→不抒情。
第二步	题干没有确定信息，因此，考虑从重复项最多的"描写"入手。 　　假设选择描写，代入条件①可得：描写→不记叙。结合条件④描写→不抒情，可得：描写→不记叙∧不抒情。代入条件②可得一定要选说明，不矛盾。 　　假设不选择描写，代入条件③可得：说明∧议论，不矛盾。 　　根据以上可知选描写得出选说明，不选描写也可得出选说明；此时根据"两难推理"可得说明一定为真，可推出"说明∨记叙"为真，因此，答案选 D。

17. 答案 E。

题干信息	李先生对王女士反驳的论证： 前提：厂家提高产品价格把广告费用摊到消费者身上，购买报纸和杂志的读者也是广告费用的分摊者。 结论：购买报纸和杂志的读者不能从广告中获得经济利益。	
选项	**解析**	**结果**
A	报纸、杂志的价格不涉及广告费用，和题干论证关系无关。	淘汰
B	广告的效果不涉及题干论证关系。	淘汰
C	广告费用高低不能说明购买报纸和杂志的读者是否能从广告中获得经济利益。	淘汰
D	出版物的质量和可读性不涉及题干论证关系。	淘汰
E	广告支出是一个常量，意思是即便不通过报纸和杂志刊登也会通过其他方式，所以厂家把广告刊登到报纸和杂志上相比于刊登到其他地方就会降低每份报纸和杂志的单价，而消费者分摊的费用是不变的，这样就会使购买报纸和杂志的读者从广告中获得经济利益。该选项针对的是论证关系：购买报纸和杂志的读者是否能从广告中获得经济利益。	正确

18. 答案 D。

解释	信息①：现场表演是刻意用来引导人群流动的。 信息②：午餐时间的表演是为了减轻公园餐馆的压力。 信息③：傍晚时间表演的目的是鼓励参观者留下来吃晚餐。 综合信息①、②、③可知，不管采取何种方式都与餐馆有关。因此答案选 D。

19. 答案 B。

题干信息	①八个节气与八种节风之间一一对应。 ②"立秋"对应"凉风"。 ③"冬至"要么对应"不周风"，要么对应"广莫风"。 ④"立夏"对应"清明风"→"夏至"对应"条风"∨"立冬"对应"不周风"。 ⑤"立夏"不对应"清明风"∨"立春"不对应"条风"→"冬至"对应"明庶风"。

	解题步骤
第一步	观察问题发现，问题中没有给出附加条件，故本题可从题干已知条件得出结果，故首先寻找确定信息。观察发现②属于确定信息，但无法与其他条件联合推理，故优先从重复的信息"冬至"入手。由条件③可知"冬至"一定不对应"明庶风"，代入条件⑤可得"立夏"对应"清明风"∧"立春"对应"条风"，此时 19 题可排除 D 选项。
第二步	由上一步结果可知"立夏"对应"清明风"，代入④可得："夏至"对应"条风"∨"立冬"对应"不周风"。结合上一步结果"立春"对应"条风"可得"夏至"一定不对应"条风"，根据相容选言判断否定一个必肯定另一个的推理原则，进而可得"立冬"对应"不周风"，此时观察发现重复项为"不周风"，因此将"立冬"对应"不周风"代入③可得"冬至"对应"广莫风"。观察选项可知 19 题答案选 B。

20. 答案 E。

	解题步骤
第一步	由上题可知，此时确定的对应关系有五组："立夏"对应"清明风"；"立春"对应"条风"；"立冬"对应"不周风"；"冬至"对应"广莫风"；"立秋"对"凉风"。此时还剩 3 个节气、3 种节风。20 题的附加条件指出"春分"和"秋分"对应"明庶风"和"阊阖风"两个中的一个，此时结合剩余法思想，还剩一个节气是"夏至"，还剩一种节风"景风"，进而可快速得出"夏至"对应"景风"，答案选 E。考生一定注意，"剩余法"思想是近几年命题的重点，一定仔细体会，不熟悉的考生可学习《逻辑精点》强化篇相关内容。

熟练掌握对应题列表法的同学，也可列表进行推理。

结合已知条件②"立秋"对应"凉风"与上一步中推出的确定对应关系，可列出如下表格：

	立春	春分	立夏	夏至	立秋	秋分	立冬	冬至
凉风	×	×	×	×	√②	×	×	×
广莫风	×	×	×	×	×	×	×	√
明庶风	×			×			×	×
条风	√	×	×	×	×	×	×	×
清明风	×	×	√	×	×		×	×
景风	×		×		×		×	×
阊阖风	×			×			×	×
不周风	×	×	×	×	×	×	√	×

此时结合问题中的附加条件，"春分"和"秋分"两节气对应的节风在"明庶风"和"阊阖风"之中，可知，夏至不对应"明庶风"和"阊阖风"，此时"夏至"只能对应"景风"，"春分"和"秋分"具体对应"明庶风"和"阊阖风"二者中的哪一个，无法判断，此时将题干对应关系补充完整如下表：

	立春	春分	立夏	夏至	立秋	秋分	立冬	冬至
凉风	×	×	×	×	√②	×	×	×
广莫风	×	×	×	×	×	×	×	√
明庶风	×		×	×	×		×	×
条风	√	×	×	×	×	×	×	×
清明风	×	×	√	×	×	×	×	×
景风	×	×	×	√	×	×	×	×
阊阖风	×		×	×	×		×	×
不周风	×	×	×	×	×	×	√	×

根据上述表格可知，夏至对应"景风"，因此，20 题答案选 E。

21. 答案 D。

题干信息	①新知识包含原有知识时，属于上位学习。 ②原有知识包含新知识时，属于下位学习。 ③新知识与原有知识不形成包含关系，仅仅是合理组合，属于同位学习。

（续）

选项	解析	结果
A	"平行四边形"到"矩形"的学习，平行四边形的知识包含矩形，属于下位学习。	淘汰
B	"所有内容"到"总复习"，没有明确的包含关系，只是简单的综合整理，属于同位学习。	淘汰
C	"理论知识"到"实践操作"，没有包含关系，属于同位学习。	淘汰
D	"例句"到"语法"，语法包含了例句的总括性观念，属于上位学习。	正确
E	《中国近代史纲要》到"易错题总结"，没有明确的包含关系，属于同位学习。	淘汰

22. 答案 **E**。

题干信息	①每种类型的音乐必须在第一场安排一次，也必须在第二场安排一次。 ②流行→古典音乐。 ③流行：周二第一场。 ④爵士：周六第一场或第二场，但不能同时为爵士。 ⑤民谣≠周四；民谣≠周五。 ⑥摇滚≠周六。

解题步骤	
第一步	本题属于排序+分组结合的试题，属于综合考法，是最近几年考试命题的热点。首先明确分组情况可得，5 种类型的音乐，每种安排 2 场，共 10 场。
第二步	观察条件③属于确定信息，故结合②可知，流行与古典同组，并且流行在周二第一场，古典在周二第二场。
第三步	题干附加条件"爵士安排在周四"属于确定信息，代入条件④可知另一场爵士安排在周六；由于周二是流行和古典，故结合条件⑤可知，民谣≠周二、民谣≠周四、民谣≠周五，可得：民谣只能在周三和周六。
第四步	根据上一步可知，流行和古典同组，因此流行和古典不与其他类型的音乐同组，即：流行和古典≠周四，≠周六（有爵士），流行和古典≠周三，≠周六（有民谣），因此，根据剩余法，流行和古典只能在周二和周五，结合①可得：流行只能在周五的第二场，古典只能在周五的第一场，因此答案选 E。

23. 答案 **C**。

D 型带的黏附时间是目前使用的线带的两倍长	→→→	D 型带将会提高治疗功效

选项	解析	结果
A	"伤口愈合"与"伤口缝合"不同，因此选项与题干无关。	淘汰
B	选项与销售人员的声明无关。	淘汰
C	选项正确，说明销售人员的声明将没有实际意义，也就无法谈论其是否具有提高功效的作用。（考生注意揣摩"提高"一词在该论证中的作用）	正确

(续)

选项	解析	结果
D	"还不清楚"对销售人员的声明亦无法做出判断，即便反驳，力度也较弱。	淘汰
E	"已经预先涂上一层药物的皮肤"，考生注意当论证范围由"一般"缩小为"特殊"时，其反驳力度较小。	淘汰

24. 答案 **C**。

题干信息	由于公交车的各种问题以及汽油价格并未高至令人不敢问津的水平，所以公交车的乘客数量有所减少。	
选项	解析	结果
A	选项 A 未必成立，因为汽油价格如果没有上升到令人不敢问津的水平，那么许多人还是乘自己的小车，这样公交车的乘客数量未必上升。	淘汰
B	选项 B 与题干信息相反。	淘汰
C	公交车的乘客数量有所减少的部分原因是因为有些乘客还可以乘自己的小车。选项 C 指出，如果汽油价格上升至令人不敢问津的水平，公交车的乘客数量将上升，这是因为许多原来可以乘自己的小车的人也只好乘公交车了。	正确
D	"不可能"过于绝对。	淘汰
E	由于汽油价格并未高至令人不敢问津的水平，所以公交车的乘客数量有所减少，所以汽油价格波动会影响公交乘客数。	淘汰

25. 答案 **B**。

	解题步骤
第一步	整理题干信息： ①种樟树∨种柳树。 ②不种桂树→种雪松。 ③种柳树→种桃树。 ④不种桃树∨不种雪松。 ⑤种樟树→种桂树。
第二步	题干信息均为真时，故可优先考虑将"或"变"推"。将题干信息④转化为：⑥种雪松→不种桃树。将题干信息①转化为：⑦不种樟树→种柳树。
第三步	题干没有确定信息，可优先考虑两难推理的思路。联合题干信息②⑥③⑦可得：⑧不种桂树→种雪松→不种桃树→不种柳树→种樟树。
第四步	将⑤逆否等价为：不种桂树→不种樟树。联合⑧，根据两难推理规则"P→Q，P→¬Q，所以¬P为真"可得种桂树为真。
第五步	由于题干问最可能为真，因此选项中一定要有"桂树"，因此答案选 B。

26. 答案 **A**。

题干信息	"酷（cool）"在英语中的初始含义是"凉爽"，和"帅"丝毫不相及，把"酷（cool）"解释为"帅"是英语中的一种误用。

（续）

选项	解析	结果
A	如果一个词的初始含义并不是该词唯一确切的含义，那么，"帅"完全可能是"酷"（cool）的另一个确切含义，因此，该选项是必要假设。	正确
B	假设过度，即便除"cool"之外，英语中还存在具有不相关多种含义的词，也不能说明"cool"本身不是一种误用（请考生想一想，认真理解题干"初始含义"一词）。	淘汰
C	与题干论证关系无关。	淘汰
D	与题干论证关系无关。	淘汰
E	与题干论证关系无关。	淘汰

27. 答案 **C**。

题干信息	①每次颁发一个奖，每个奖项只有 1 位获奖者（最佳影片奖没有获奖者）。 ②最佳导演奖不是第一个颁发。 ③最佳影片奖最后一个颁发。 ④相邻奖项的获奖人性别不同。 ⑤最佳男主角奖与最佳导演奖为同一位获奖者。 本题属于排序题，由于题干正向推理时可能性较多，推理困难，且问题问"可能真"，因此可考虑代入选项排除法。	
选项	解析	结果
A	若第 1 个颁发最佳女主角奖，第 3 个颁发最佳导演奖，根据条件④可知，第 3 个和第 5 个奖的获奖者均为女性，此时与题干条件⑤相矛盾（最佳导演奖的获奖者为男性），排除。	淘汰
B	若第 2 个颁发最佳男配角奖，根据条件④可推知，第 1 个和第 3 个获奖者都为女性，此时第 4 个获奖者就不能是女性，选项与条件④矛盾，排除。	淘汰
C	若第 3 个颁发最佳编剧奖，第 6 个颁发最佳导演奖，根据条件⑤可知，最佳导演奖的获奖者为男性，结合条件④可推知，最佳编剧奖的获奖者为女性，此时与题干条件均不矛盾，可能为真。	正确
D	若第 2 个颁发最佳女配角奖，第 5 个颁发最佳女主角奖，则与题干条件④相矛盾，排除。	淘汰
E	若第 3 个颁发最佳导演奖，第 5 个颁发最佳女配角奖，根据条件⑤可知，最佳导演奖的获奖者为男性，此时与题干条件④相矛盾，排除。	淘汰

28. 答案 **C**。

题干信息	本题属于"方法可行"类问题，首先确定"方法"和"目的"。 方法：使用生物技术复制蜡虫降解聚乙烯； 目的：有效清理垃圾填埋厂和海洋中累积的塑料垃圾。	
选项	解析	结果
A	选项指出方法可行，能支持。	淘汰
B	选项指出方法可行，能支持。	淘汰

（续）

选项	解析	结果
C	选项强调的是"对环境的影响"，不等于题干强调的"对垃圾的影响"，不能支持。	正确
D	选项指出方法可行，能支持。	淘汰
E	选项指出方法可行，能支持。	淘汰

29. 答案 **C**。

30. 答案 **B**。

题干信息	共有 5 人，5 种食材。每人只能选 2 种，并且每种食材也只能被 2 个人选用，即将 5 种食材分成 10 份（每种 2 份），每人 2 份，平均分完。而且食材第一个字还不能与自己姓氏相同。 金选水蜜桃→水不选金针菇 木选（金针菇∨土豆）→木选木耳 火选水蜜桃→火选（木耳∧土豆） 木选火腿→火不选金针菇

第一步	根据每人选择的食材第一个字不能与自己姓氏相同，可得下表：

人名＼食材	金针菇	木耳	水蜜桃	火腿	土豆
金	×				
木		×			
水			×		
火				×	
土					×

第二步	根据木心不能选择木耳，结合（2）可知，木心不选木耳→木心（不选金针菇∧不选土豆）。根据（3）可知，若火珊选择水蜜桃，则火珊需选择三种食材，与题干矛盾，所以火珊一定不选择水蜜桃。补充表格如下：

人名＼食材	金针菇	木耳	水蜜桃	火腿	土豆
金	×				
木	×	×			×
水			×		
火			×	×	
土					×

由表格可知，木心选择水蜜桃和火腿。结合（4）可得，火珊不选择金针菇。

（续）

第三步					

食材\人名	金针菇	木耳	水蜜桃	火腿	土豆
金	×				
木	×	×	√	√	×
水			×		
火	×		×	×	
土					×

由表格可知，火珊选择木耳和土豆。根据题干"每种食材只能有两个人选择"，可得金针菇被水仙和土润选择。因为水仙选择金针菇，结合（1）可知，金粲不选择水蜜桃，水蜜桃只能被土润选择，所以土润选择金针菇和水蜜桃。29 题选择 C。

食材\人名	金针菇	木耳	水蜜桃	火腿	土豆
金	×		×		
木	×	×	√	√	×
水	√		×		
火	×	√	×	×	√
土	√		√		×

第四步					

如果水仙选择土豆，则知水仙不选择木耳和火腿。所以木耳和火腿都被金粲选择，完善表格如下，30 题选择 B。

食材\人名	金针菇	木耳	水蜜桃	火腿	土豆
金	×	√	×	√	×
木	×	×	√	√	×
水	√	×	×	×	√
火	×	√	×	×	√
土	√	×	√	×	×

基 础 篇

2023精点教材 MBA、MPA、MPAcc、
MEM联考与经济类联考逻辑精点

知识点——索引

为帮助考生快速掌握逻辑应试的基本方法和基本技巧，本书在考试大纲的指导下，结合历年真题的命题趋势，归纳总结出逻辑考试的三大命题方向，分别是：（1）形式逻辑，重点考查考生对于逻辑推理基本规则的应用，以及考生对于基本概念的理解和认知能力，属于考试中规则性很强的一类试题；（2）分析推理，重点考查考生对于复杂信息的分析能力，以及结合多个前提条件联合推理的能力；（3）论证逻辑，重点考查考生的批判性思维能力，以及对论证关系的识别能力、分析能力及评价能力。考生通过学习基础篇的相关知识点，可使得强化篇的学习事半功倍。

第1章 形式逻辑基础入门

1 判 断

判断是对事物情况有所断定的思维形式。判断一般满足两个特征：①有所断定；②具有真假值。比如："逻辑学是自然科学"就属于判断，①对逻辑学的范畴进行了断定，②该判断为假。

1.1 判断与语句

（1）同一个判断可以用不同的语句表达。

①任何力量都不能阻挡中国人民圆梦步伐。

②没有力量是能阻挡中国人民圆梦步伐的。

③能阻挡中国人民圆梦步伐的力量是没有的。

④难道有能阻挡中国人民圆梦步伐的吗？

精点提示： 以上语句为同一判断。

（2）并非所有的语句都能表示判断。

陈述句（陈述一件事情的句子）直接表示判断。如：人工智能是研究使计算机来模拟人的某些思维过程和智能行为的学科。

一般的疑问句（提出一个问题的句子）不直接表示判断。如："注册会计师的报名条件是什么？"只提出问题，无所断定。

 反问句直接表示判断。如："难道青年人不应当奋发向上吗？"答案无须讲，该句表达青年人应当奋发向上，其直接表示判断。

祈使句（对别人提出请求和要求的句子）一般不表示判断。如：请给我一杯茶。

感叹句可表示判断。如：多美啊，北京的早晨！感叹句仅表达情感时不表示判断。如：啊！大海！

（3）用同一个语句可以表达几个不同的判断。

例如，"爸爸不在了"这句话，可以表示"爸爸已经离开了某个地方"，也可以表示"爸爸已经去世了"。

1.2　判断的种类

用连续划分的方法，可以把判断作如图 1 所示的分类：

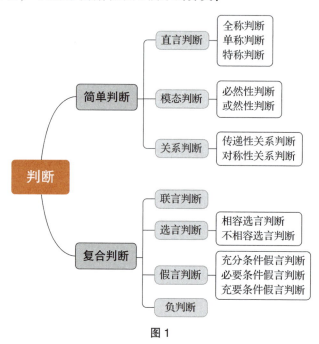

图 1

2　简单判断

2.1　直言判断

2.1.1　直言判断的标准形式

直言判断主要是针对特定范围内的对象是否具有某种属性的判断。

例：有的　　父母　　不　　娇惯孩子。
　　（范围）（对象）（否定）（属性）

"父母"在直言判断中被称为对象，一般用 S 表示，"娇惯孩子"在直言判断中被称为属性，一般用 P 表示。而针对父母这个对象的范围就可能存在三种可能：①全部的对象，即"所有"，一般表示为"全称"；②部分对象（如本例），即至少有一个、至多全部的范围，一般表示为"有的"；③明确的一个对象，即"某个"，一般表示为"单称"。针对"父母"这个对象是否满足这个属性就存在两种可能：①具有这种属性，肯定的判定，一般表示为"是"；②不具有这种属性，否定的判定，一般表示为"不"。

"有的"在逻辑推理中表示至少有一个（一些）、至多全部，因此"有的"为真时，无法判断具体有多少。

知识点 1 直言判断的标准形式

标准式	简 称	示 例
全称肯定判断	所有 S 都是 P	所有的树都结果。
全称否定判断	所有 S 都不是 P	所有自私自利的人都不受尊重。
特称肯定判断	有的 S 是 P	有的梅花是白色的。
特称否定判断	有的 S 不是 P	有的食物并不可口。
单称肯定判断	这个 S 是 P	地球是圆的。
单称否定判断	这个 S 不是 P	长江不是世界上最长的河流。

考试时，表示全称、特称、单称的词项未必都是标准式，因此需要掌握其他的常见表达：

（1）全称：所有、都、全部、任何、一切、凡是、每一个等。

（2）特称：有的、有些、部分、大多数、极少数、至少一个、百分数（50%）等。

（3）单称：某个、这个、秦始皇等明确的一个对象。

知识点 2 直言判断的非标准形式

非标准表达	标准表达	示例
没有（一个）S 不（是）P	所有 S 都是 P	我们班里没有一个同学不努力学习。 =我们班所有同学都是努力学习的。
没有 S 是 P	所有 S 都不是 P	没有人是十全十美的。 =所有的人都不是十全十美的。
S 不都是 P	有的 S 不是 P	我们班的同学不都是考会计硕士的。 =我们班有的同学不是考会计硕士的。
S 不都不是 P	有的 S 是 P	真心付出不都不被人理解。 =有的真心付出被人理解。

庖丁解牛

例题 01 请将下列判断转换成标准式。

（1）没有人是一座孤岛。

（2）没有人是不犯错误的。

（3）MBA 考生不都是从事工商管理工作的。
（4）交通法规不都不被人们严格遵守。
（5）所有的成就不都是唾手可得的。
（6）所有的文学作品不都不是现实主义作品。

► **【精点解析】**
（1）根据没有（一个）S 是 P＝所有 S 都不是 P；可转化为：所有人都不是一座孤岛。
（2）根据没有（一个）S 不是 P＝所有 S 都是 P；可转化为：所有的人都是犯错误的。
（3）根据 S 不都是 P＝有的 S 不是 P；可转化为：有的 MBA 考生不是从事工商管理工作的。
（4）根据 S 不都不是 P＝有的 S 是 P；可转化为：有的交通法规被人们严格遵守。
（5）根据 S 不都是 P＝有的 S 不是 P；可转化为：有的成就不是唾手可得的。
（6）根据 S 不都不是 P＝有的 S 是 P；可转化为：有的文学作品是现实主义作品。

2.1.2　直言判断的对当方阵

知识点　3　直言判断的对当方阵

直言判断之间的对当方阵，是指 S 和 P 位置一致的四种判断之间的真假关系，考试时，只需要知道其中一个判断的真假，就能根据这个"对当方阵"快速得出其他判断的真假。

直言判断的"对当方阵"，如下图所示：

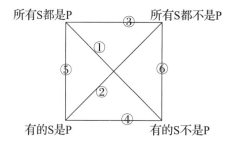

下面我们逐一分析：
（1）矛盾关系
矛盾关系如上图中对角线的①和②两种关系。即：①"所有 S 都是 P"和"有的 S 不是 P"；②"所有 S 都不是 P"和"有的 S 是 P"。具有矛盾关系的两个判断，不能同时为真，也不能同时为假。

应试口诀：必一真一假。一个真来另必假，一个假来另必真。

应试技巧：当"所有 S 都是 P"为真时，"有的 S 不是 P"一定为假；当"所有 S 都是 P"为假时，"有的 S 不是 P"一定为真；反之亦然。

（2）上反对关系
上反对关系如上图中③的一种关系。即："所有 S 都是 P"和"所有 S 都不是 P"。具有上反对关系的两个判断，不能同时为真，但却可以同时为假。

应试口诀：至少有一假。一个真来另必假，一个假来另不知。

应试技巧：当"所有 S 都是 P"为真时，"所有 S 都不是 P"一定为假；当"所有 S 都是 P"为假时，"所有 S 都不是 P"无法判断真假；反之亦然。

（3）下反对关系

下反对关系如上图中④的一种关系。即："有的S是P"和"有的S不是P"。具有下反对关系的两个判断，不能同时为假，但却可以同时为真。

应试口诀：至少有一真。一个真来另不知，一个假来另必真。

应试技巧：当"有的S是P"为真时，"有的S不是P"无法判断真假；当"有的S是P"为假时，"有的S不是P"一定为真；反之亦然。

（4）包含关系

包含关系如上图中的⑤和⑥两种关系。即：⑤"所有S都是P"和"有的S是P"；⑥"所有S都不是P"和"有的S不是P"。

应试口诀：上真推下真，下假推上假。下真上不确定，上假下不确定。

应试技巧：当"所有S都是P"为真时，"有的S是P"为真；当"有的S是P"为假时，"所有S都是P"为假；而当"所有S都是P"为假时，"有的S是P"无法判断真假；当"有的S是P"为真时，"所有S都是P"无法判断真假。

规则精点1

简单判断规则-1：对当方阵

①矛盾关系：必一真一假

②上反对关系：至少有一假

③下反对关系：至少有一真

④包含关系：上真→下真，下假→上假

庖丁解牛

例题 02 已知下列"对当方阵"某阵角判断的真假值，请根据直言判断的对当方阵，指出与其主、谓项相同的其他三种直言判断的真假情况：

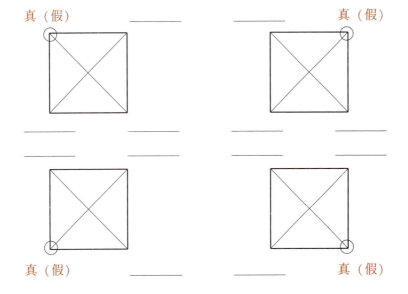

► 【精点解析】

真（假）　　　假（不确定）　　　假（不确定）　　　真（假）

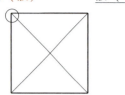 

真（不确定）　　假（真）　　　假（真）　　　真（不确定）

不确定（假）　　假（真）　　　假（真）　　　不确定（假）

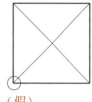

真（假）　　不确定（真）　　不确定（真）　　真（假）

小试牛刀

例题 03	所有跨国企业都会选择多元化发展。 如果上述断定为真，则以下哪项一定为真？ Ⅰ. 没有一家跨国企业会选择多元化发展。 Ⅱ. 跨国企业不都会选择多元化发展。 Ⅲ. 跨国企业不都不会选择多元化发展。 Ⅳ. 字节跳动这家跨国企业会选择多元化发展。 A. 仅Ⅰ和Ⅱ。　　　B. 仅Ⅱ和Ⅳ。　　　C. 仅Ⅲ和Ⅳ。 D. 仅Ⅲ。　　　　　E. Ⅱ、Ⅲ和Ⅳ。

► 【精点解析】

题干信息	已知，所有（S：跨国企业）都会（P：选择多元化发展），即：所有 S 都是 P 为真（也就是已知对当方阵的左上角为真，来判断选项的真假）。可作图如下： 已知（√）　　　Ⅰ（×） Ⅲ（√）　　　Ⅱ（×）

选项	解析	结果
Ⅰ	根据"没有一个 S 是 P＝所有 S 都不是 P"，选项＝所有 S 都不是 P，在对当方阵的右上角，由上图对当方阵可知，选项一定为假。	一定假

（续）

选项	解析	结果
Ⅱ	根据"S不都是P＝有的S不是P"，选项＝有的S不是P，在对当方阵的右下角，由上图对当方阵可知，选项一定为假。	一定假
Ⅲ	根据"S不都不是P＝有的S是P"，选项＝有的S是P，在对当方阵的左下角，由上图对当方阵可知，选项一定为真。	一定真
Ⅳ	字节跳动属于单称，"所有……都是……"为真时，可以推出"单称……是……"为真，因此，该项一定为真。	一定真
答案	**C**	

例题 04

积土成山，风雨兴焉；积水成渊，蛟龙生焉。这句话告诉我们："所有成功都不是一蹴而就的。"

如果上述断定为真，则以下哪项一定真？

Ⅰ．没有一个成功不是一蹴而就的。

Ⅱ．有些成功不是一蹴而就的。

Ⅲ．考上研究生这个成功不是一蹴而就的。

Ⅳ．并非所有成功都是一蹴而就的。

A. 仅Ⅰ和Ⅱ。　　　　　B. 仅Ⅲ和Ⅳ。　　　　　C. Ⅰ、Ⅱ和Ⅲ。

D. Ⅱ、Ⅲ和Ⅳ。　　　　E. Ⅰ、Ⅱ、Ⅲ和Ⅳ。

▶【精点解析】

题干信息	已知，所有（S：成功）都不是（P：一蹴而就的），即：所有S都不是P为真（也就是已知对当方阵的右上角为真，来判断选项的真假）。可作图如下： Ⅰ（×）　　　已知（√） （方阵图） （×）　　　Ⅱ、Ⅳ（√）

选项	解析	结果
Ⅰ	根据"没有一个S不是P＝所有S都是P"，选项＝所有S都是P，在对当方阵的左上角，由上图对当方阵可知，选项一定为假。	一定假
Ⅱ	选项＝有的S不是P，在对当方阵的右下角，由上图对当方阵可知，选项一定为真。	一定真
Ⅲ	"考上研究生这个成功"属于单称，"所有……都不是……"为真时，可以推出"单称……不是……"为真，因此，该项一定为真。	一定真
Ⅳ	选项＝并非"所有S都是P"，即"所有S都是P"为假，也就是它的矛盾"有的S不是P"为真。选项在对当方阵的右下角，由上图对当方阵可知，选项一定为真。	一定真
答案	**D**	

例题 05　某体育记者在奥运会上观察发现，有的篮球运动员是健步如飞的。

如果该记者的发现为真，则以下哪项不能确定真假？

Ⅰ. 所有篮球运动员都是健步如飞的。

Ⅱ. 没有一个篮球运动员是健步如飞的。

Ⅲ. 篮球运动员不都是健步如飞的。

Ⅳ. 没有一个篮球运动员不是健步如飞的。

A. 仅Ⅰ和Ⅲ。　　　　B. 仅Ⅱ和Ⅲ。　　　　C. 仅Ⅱ和Ⅳ。

D. Ⅰ、Ⅲ和Ⅳ。　　　E. Ⅰ、Ⅱ、Ⅲ和Ⅳ。

▶ 【精点解析】

题干信息	已知，有的（S：篮球运动员）是（P：健步如飞的），即：有的 S 是 P 为真（也就是已知对当方阵的左下角为真，来判断选项的真假）。可作图如下： Ⅰ、Ⅳ（？）　　　Ⅱ（×） 已知（√）　　　Ⅲ（？）	
选项	**解析**	**结果**
Ⅰ	选项＝所有 S 都是 P，在对当方阵的左上角，由上图对当方阵可知，选项不确定。	不确定
Ⅱ	根据"没有一个 S 是 P＝所有 S 都不是 P"，选项＝所有 S 都不是 P，在对当方阵的右上角，由上图对当方阵可知，选项一定假。	一定假
Ⅲ	根据"S 不都是 P＝有的 S 不是 P"，选项＝有的 S 不是 P，在对当方阵的右下角，由上图对当方阵可知，选项不确定。	不确定
Ⅳ	根据"没有一个 S 不是 P＝所有 S 都是 P"，选项＝所有 S 都是 P，在对当方阵的左上角，由上图对当方阵可知，选项不确定。	不确定
答案	**D**	

例题 06　古代的神话传说构建了我们和古人思想上的桥梁。通过精卫填海，我们了解到古人坚韧不拔的品质；通过夸父逐日，我们感受到古人对于理想的持之以恒；通过水漫金山，我们领悟到古人对于爱情的向往。但一位老者告诉我们："神话故事不都是真实的。"

如果上述断定为真，则以下哪项不能确定真假？

Ⅰ. 没有一个神话故事是真实的。

Ⅱ. 大多数神话故事不是真实的。

Ⅲ. 所有神话故事都是真实的。

Ⅳ. 精卫填海这个神话故事不是真实的。

A. 仅Ⅰ和Ⅲ。　　　　B. 仅Ⅱ和Ⅳ。　　　　C. Ⅰ、Ⅱ和Ⅳ。

D. Ⅰ、Ⅱ和Ⅲ。　　　E. Ⅰ、Ⅱ、Ⅲ和Ⅳ。

► 【精点解析】

题干信息	已知，根据"S不都是P=有的（S：神话故事）不是（P：真实的）"，即：有的S不是P为真（也就是已知对当方阵的右下角为真，来判断选项的真假）。可作图如下： Ⅲ（×）　　　　Ⅰ（？） （？）　　　　已知（√）

选项	解析	结果
Ⅰ	根据"没有一个S是P=所有S都不是P"，选项=所有S都不是P，在对当方阵的右上角，由上图对当方阵可知，选项不确定真假。	不确定
Ⅱ	由于"有的"表达的范围是"至少有一个，至多全部"，是一个不确定的范围，故无法判断"大多数"的真假。因此，选项不确定真假。	不确定
Ⅲ	选项=所有S都是P，在对当方阵的左上角，由上图对当方阵可知，选项一定为假。	一定假
Ⅳ	"精卫填海这个神话故事"属于单称，由于"有的"为真时，无法判断"单称"的真假，因此，该项无法判断真假。	不确定
答案	**C**	

2.1.3　直言判断的换位推理

换位推理就是在直言判断推理中，将S和P的位置互换，进行推理。下面将对直言判断常见的四种形式的换位规则进行说明：

知识点 4　直言判断的换位规则

【4-1】全称用单箭头"→"表示推理，只可逆否，不可换位。

（1）所有S都是P，即：S→P=￢P→￢S。

（2）所有S都不是P，即：S→￢P=P→￢S。

【4-2】特称用双箭头"⇒"表示推理，只可换位，不可逆否。

（1）有的S是P，即：有的S⇒P=有的P⇒S。

（2）有的S不是P，即：有的S⇒￢P=有的￢P⇒S。

【4-3】"全称"为真时，可判断"特称"为真。

即：S→P为真时，可知：①有的S⇒P为真；②有的P⇒S为真。

【4-4】"特称"为真时，若不构成矛盾关系，则无法判断"全称"情况。

上述规则用欧拉图解释如下，考生可仔细体会：

（1）所有 S 都是 P。欧拉图形式有两种，推理规则解释如下：

"**所有 S 都是 P**"的欧拉图形式	**S 和 P 的关系**	推理形式
I.	S 包含于 P，属于 S 一定属于 P，但属于 P 不一定属于 S。	S→P
II.	S 等于 P，属于 S 一定属于 P，属于 P 一定属于 S。	

推理规则：S→P 为真时，可取逆否等价，但不可换位。也就是说，S→P 为真时，可得¬P→¬S 为真，但 P→S 无法判断真假。

精点提示：所有 S 都不是 P＝所有 S 都是非 P＝S→¬P，规则与"所有 S 都是 P"一致。

（2）有的 S 是 P。欧拉图形式有四种，推理规则解释如下：

"**有的 S 是 P**"的欧拉图形式	**S 和 P 的关系**	推理形式
I.	四种情况下，能确定的是 S 与 P 一定存在某部分是重合的，也就是说有的 S 一定属于 P，也存在有的 P 一定属于 S。因此可得出结论：有的 S 是 P＝有的 P 是 S。 但有的¬P 可能是 S，如图Ⅳ；也可能是¬S，如图Ⅱ。因此不能取逆否等价，也就是说不能从有的 S 是 P 得出有的¬P 是¬S。	有的 S⇒P
II.		
III.		
IV.		

推理规则：有的 S⇒P 为真时，可换位，但不可取逆否等价。也就说，有的 S⇒P 为真时，可得有的 P⇒S 为真，但有的¬P⇒¬S 无法判断真假。

精点提示：有的 S 不是 P＝有的 S 是非 P＝有的 S⇒¬P，规则与"有的 S 是 P"一致。

▶ 规则精点2 ◀

简单判断规则-2：换位技巧

　　"所有"（单箭头）：可逆否，不可换位

　　"有的"（双箭头）：可换位，不可逆否。

庖丁解牛

例题 07

已知判断"所有的神仙都是长生不老的"为真，请判断以下判断的真假？
(1) 所有长生不老的都是神仙。
(2) 所有长生不老的都不是神仙。
(3) 赤脚大仙这个神仙不是长生不老的。
(4) 有的长生不老的不是神仙。
(5) 长生不老的不都不是神仙。

▶ 【精点解析】

题干信息	已知"所有神仙（S）都是长生不老的（P）"＝神仙（S）→长生不老的（P）为真。	
选项	解析	结果
(1)	由于"S→P"为真时，"P→S"无法判断真假（见知识点4-1）。选项＝长生不老（P）→神仙（S），故不能确定真假。	不确定
(2)	根据"所有"可逆否的规则（见知识点4-1），"P→¬S＝S→¬P"，故选项＝神仙（S）→不是长生不老（¬P），与题干构成上反对关系，根据对当方阵的规则（见知识点3），当题干为真时，选项一定为假。	一定假
(3)	"赤脚大仙这个神仙"属于单称，由于"所有……都是……"为真时，可得："单称……是……"为真，"单称……不是……"为假，故选项一定为假。	一定假
(4)	选项＝有的长生不老（P）⇒不是神仙（¬S），S包含于P时为真，S＝P时为假，故无法判断真假，考生复习"所有S都是P"的欧拉图形式即可快速判断。	不确定
(5)	S→P为真时，可得：有的P⇒S为真（见知识点4-3）。此时选项＝有的长生不老的是神仙＝有的P⇒S，故一定为真。考生注意"S不都不是P"＝"有的S是P"。	一定真

例题 08

已知判断"有的哺乳动物是胎生的"为真，请判断以下判断的真假？
(1) 有的胎生的是哺乳动物。
(2) 有的胎生的不是哺乳动物。
(3) 所有的胎生的都是哺乳动物。
(4) 所有的胎生的都不是哺乳动物。
(5) 鸭嘴兽这个胎生的是哺乳动物。

▶ 【精点解析】

题干信息	已知，"有的哺乳动物（S）⇒胎生（P）"为真。

（续）

选项	解析	结果
（1）	由"有的 S⇒P"换位可得（见知识点 4-2），选项一定为真。	一定真
（2）	由"有的 S⇒P"换位可得"有的 P⇒S"（见知识点 4-2），选项 = 有的 P⇒¬S，与之构成下反对关系（见知识点 3），故无法判断真假。	不确定
（3）	选项 = P→S，与题干不构成矛盾，由知识点 4-4 可得，故选项无法判断真假。	不确定
（4）	由"有的 S⇒P"换位可得"有的 P⇒S"（见知识点 4-2），选项 = P→¬S，选项与之矛盾（见知识点 3），一定为假。	一定假
（5）	"鸭嘴兽"属于单称，在已知"有的……是……"为真时，由于无法确定"鸭嘴兽"是否在"有的"范围内，故此时无法判断真假。	不确定

2.1.4　直言判断的综合推理

直言判断的综合推理主要是指题干有多个前提联合进行推理时，需要将题干的推理串联起来进行快速解题。

知识点 5　直言判断的综合推理常见结构

【5-1】前提：A→B；B→C。结论：A→C。

例如：所有 MBA 学生都是有工作经验的，所有有工作经验的都是有实践能力的，因此，所有 MBA 学生都是有实践能力的。

【5-2】前提：A→B；有的 C⇒A。结论：有的 C⇒B。

例如：所有失去的都会以另一种方式归来，有的美好也会失去，因此，有的美好会以另一种方式归来。

【5-3】前提：A→B；有的 C⇒¬B。结论：有的 C⇒¬A。

例如：所有乐观的人都有进取心态，有的青年没有进取心态，因此，有的青年不是乐观的人。

结合以上结构，可得结构【5-4】及结构【5-5】。

【5-4】前提：A→B；B→C。有的 D⇒A。结论：有的 D⇒A⇒B⇒C。

【5-5】前提：A→B；B→C。有的 D⇒¬C。结论：有的 D⇒¬C⇒¬B⇒¬A。

庖丁解牛

例题 09　守望相助，风"豫"同"州"，鸿星尔克在 2021 年夏天对于河南的驰援再次引发了国人对于国货的骄傲与自豪，越来越多的人也希望国货可以走出国门，走向世界。经验告诉我们：所有驰名中外的产品都具有良好的市场形象，所有具有良好市场形象的产品都具有过硬质量，而所有具有过硬质量的产品都具有个性化的设计。

如果上述断定为真，请判断下列选项的真假？

（1）所有驰名中外的产品都具有个性化的设计。

（2）有的具有过硬质量的产品是驰名中外的产品。

（3）没有一个具有良好市场形象的产品具有个性化的设计。

（4）所有不具有个性化设计的产品都不是驰名中外的产品。

（5）没有一个具有个性化设计的产品不是驰名中外的。

► 【精点解析】

题干 信息	整理题干信息： ①驰名中外的产品→具有良好的市场形象； ②具有良好市场形象的产品→具有过硬质量； ③具有过硬质量的产品→具有个性化设计。	
解题步骤		
第一步	联合①②③可得：④驰名中外的产品→具有良好的市场形象→具有过硬质量→具有个性化设计（见知识点5-1）。	
第二步	分析选项，判断真假。	
选项	**解析**	**结果**
（1）	选项＝驰名中外的产品→具有个性化设计。由结论④可直接得出，因此，选项一定为真。	一定真
（2）	根据"S→P"为真时，可得出：有的P⇒S为真。故由④"驰名中外的产品→具有过硬质量"为真可得：有的具有过硬质量⇒驰名中外的产品为真（见知识点4-3）。	一定真
（3）	由结论④可得：具有良好的市场形象（S）→具有个性化设计（P）。选项＝具有良好市场形象的产品（S）→不具有个性化设计（¬P）。选项与之构成上反对关系（见知识点3），故选项一定假。	一定假
（4）	由结论④可得：驰名中外的产品（S）→具有个性化设计的产品（P）。选项＝不具有个性化设计的产品（¬P）→不是驰名中外的产品（¬S）。与④构成逆否等价的关系，故选项一定真（见知识点4-1）。	一定真
（5）	由结论④可得：驰名中外的产品（S）→具有个性化设计的产品（P）。选项＝具有个性化设计的产品（P）→驰名中外的产品（S），由于"所有"只能逆否，不能换位，故选项无法判断真假。（见知识点4-1）。	不确定

例题 10 某票务平台研究发现，所有引起观众共鸣的电影都是具有高票房的电影，所有高票房的电影都选择在节假日上映，而有的动作片是引起观众共鸣的电影。

如果上述断定为真，请判断下列选项的真假？

（1）有的选择在节假日上映的电影是动作片。

（2）所有动作片都没有选择在节假日上映。

（3）有的没有高票房的电影是动作片。

（4）选择在节假日上映的电影不都是动作片。

（5）动作片不都是选择在节假日上映的电影。

▶ **【精点解析】**

题干信息	整理题干信息： ①引起观众共鸣的电影→高票房的电影； ②高票房的电影→选择在节假日上映； ③有的动作片⇒引起观众共鸣的电影。

解题步骤	
第一步	联合①和②，可得：④引起观众共鸣的电影→高票房的电影→选择在节假日上映（见知识点 5-1）。
第二步	联合③④可得：⑤有的动作片⇒引起观众共鸣的电影⇒高票房的电影⇒选择在节假日上映（见知识点 5-4）。

选项	解析	结果
（1）	选项可由结论⑤换位得出（见知识点 4-2），故选项一定为真。	一定真
（2）	由结论⑤可得出：有的动作片（S）⇒选择在节假日上映（P），选项＝动作片（S）→没有选择在节假日上映（¬P），与之构成矛盾关系（见知识点 3），故选项一定为假。	一定假
（3）	由结论⑤可得出：有的动作片（S）⇒高票房的电影（P），选项可换位＝有的动作片（S）⇒不是高票房的电影（¬P），选项与之构成下反对关系（见知识点 3），故选项无法判断真假。	不确定
（4）	由结论⑤可得出：有的动作片⇒选择在节假日上映的电影，可换位＝有的选择在节假日上映的电影（S）⇒动作片（P），选项＝有的选择在节假日上映的电影（S）⇒不是动作片（¬P），选项与之构成下反对关系（见知识点 3），故选项无法判断真假。	不确定
（5）	由结论⑤可得出：有的动作片（S）⇒选择在节假日上映的电影（P），选项＝有的动作片（S）⇒不是选择在节假日上映的电影（¬P），选项与之构成下反对关系（见知识点 3），故选项无法判断真假。	不确定

例题 11　截止到 2021 年 5 月份，全球吸烟人数已高达 11 亿。但随着各国政策与吸烟危害的普及，越来越多的烟民开始尝试戒烟。已知，所有戒烟成功的人都具有良好的自制力，所有具有良好自制力的人都没有焦虑症，有的男性戒烟者患有焦虑症。

如果上述断定为真，请判断下列选项的真假？

（1）有的男性戒烟者具有良好的自制力。

（2）有的戒烟成功的人是男性戒烟者。

（3）所有戒烟成功的人都不是男性戒烟者。

（4）有的没有戒烟成功的人是男性戒烟者。

（5）所有男性戒烟者都是戒烟成功的人。

► **【精点解析】**

题干信息	整理题干信息： ①戒烟成功的人→具有良好自制力； ②具有良好自制力的人→没有焦虑症； ③有的男性戒烟者⇒有焦虑症。

解题步骤

第一步	联合①和②，可得：④戒烟成功的人→具有良好自制力→没有焦虑症（见知识点5-1）。
第二步	联合③④可得：⑤有的男性戒烟者⇒有焦虑症⇒不具有良好自制力⇒戒烟不成功（见知识点5-5）。
第三步	分析选项，判断真假。

选项	解析	结果
（1）	由结论⑤可得出：有的男性戒烟者（S）⇒不具有良好自制力（P），选项=有的男性戒烟者（S）⇒具有良好自制力（¬P），与之构成下反对关系（见知识点3），因此，选项无法判断真假。	不确定
（2）	由结论⑤可得出：有的男性戒烟者（S）⇒戒烟不成功的人（P），选项可换位=有的男性戒烟者（S）⇒戒烟成功的人（¬P），选项与之构成下反对关系（见知识点3），因此，选项无法判断真假。	不确定
（3）	由结论⑤可得出：有的男性戒烟者（S）⇒戒烟不成功的人（P），选项可逆否=男性戒烟者（S）→戒烟不成功的人（P），选项与之构成包含关系，下真上不知（见知识点3），故选项不确定。	不确定
（4）	选项可由结论⑤换位得出（见知识点4-2），故选项一定为真。	一定真
（5）	由结论⑤可得：有的男性戒烟者（S）⇒戒烟不成功的人（P），选项=男性戒烟者（S）→戒烟成功的人（¬P），选项与之构成矛盾关系（见知识点3），故选项一定为假。	一定假

小试牛刀

 例题 12　某网站调查研究发现，所有环保企业代表都支持减少风景区开发的政策，而所有热爱旅游的人都不支持减少风景区开发的政策。

如果上述网站的调查发现为真，则以下哪项一定为真？

A. 所有热爱旅游的人都不是环保企业代表。

B. 有的环保企业代表热爱旅游。

C. 有的不热爱旅游的人不是环保企业代表。

D. 所有热爱旅游的人都是环保企业代表。

E. 所有不支持减少风景区开发政策的人都是热爱旅游的人。

► 【精点解析】

题干信息	①环保企业代表→支持减少风景区开发政策； ②热爱旅游的人→不支持减少风景区开发政策。 联合条件①②可得： ③环保企业代表→支持减少风景区开发政策→不是热爱旅游的人。	
选项	解析	结果
A	选项=热爱旅游的人→不是环保企业代表，可由结论③逆否得出，故选项一定为真。	**正确**
B	由③可得：环保企业代表（S）→不是热爱旅游的人（P），选项=有的环保企业代表（S）⇒热爱旅游（¬P），与结论③构成矛盾关系，故选项一定为假。	淘汰
C	由③只能得出：有的不热爱旅游的人（S）⇒是环保企业代表（P）为真，而选项=有的不热爱旅游的人（S）⇒不是环保企业代表（¬P），选项与之构成下反对关系，故选项无法判断真假。	淘汰
D	由③可得：热爱旅游的人（S）→不是环保企业代表（P），选项=热爱旅游的人（S）→是环保企业代表（¬P），与之构成上反对关系，故选项一定为假。	淘汰
E	由②可得，由于"所有"只能逆否，不能换位，故选项不能确定真假。	淘汰
答案	**A**	

例题 13

某记者调查 2021 年全运会的羽毛球比赛时发现，有的参加小组赛的球队参加了附加赛，所有参加附加赛的球队都参加了预选赛，所有参加预选赛的球队都参加了淘汰赛。

根据上述信息，以下哪项一定为假？

A. 有的参加小组赛的球队参加了淘汰赛。

B. 有的参加附加赛的球队没有参加小组赛。

C. 所有参加附加赛的球队都参加了淘汰赛。

D. 所有参加预选赛的球队没参加小组赛。

E. 所有参加预选赛的球队都参加了附加赛。

► 【精点解析】

题干信息	整理题干信息： ①有的参加小组赛的球队⇒参加了附加赛； ②参加附加赛的球队→参加了预选赛的球队； ③参加预选赛的球队→参加了淘汰赛。 联合条件②③可得：④参加附加赛的球队→参加了预选赛→参加了淘汰赛。 联合条件①②③可得：⑤有的参加了小组赛的球队⇒参加了附加赛⇒参加了预选赛⇒参加了淘汰赛。	
选项	解析	结果
A	选项=有的参加了小组赛⇒参加了淘汰赛，可由⑤直接得出，故选项一定为真。	淘汰
B	由①换位可得：有的参加了附加赛的球队（S）⇒参加了小组赛（P）；选项=有的参加附加赛（S）⇒没参加小组赛（¬P），与之构成下反对关系，故选项无法判断真假。	淘汰

（续）

选项	解析	结果
C	选项=参加附加赛的球队→参加淘汰赛，可由④直接得出，故选项一定为真。	淘汰
D	由④换位可得：有的参加了预选赛的球队（S）⇒参加了小组赛（P），选项=参加预选赛（S）→没参加小组赛（¬P），与之构成矛盾关系，故选项一定为假。	**正确**
E	选项=参加预选赛的球队→参加了附加赛，由于"所有"只能逆否，不能换位，故选项无法判断真假。	淘汰
答案	**D**	

2.2　模态判断

模态判断主要是反映事物情况存在或发展的必然性或可能性的判断。模态判断包含"必然"或"可能"等模态词。包含"必然"的判断称为"必然性判断"；包含"可能"的判断称为"或然性判断"。

因此，模态判断的标准形式有如下四种：

①必然 P。（明天必然下雨）

②必然不 P。（明天必然不下雨）

③可能 P。（明天可能下雨）

④可能不 P。（明天可能不下雨）

知识点　6　模态判断的对当方阵

模态判断"必然 P""必然非 P""可能 P""可能非 P"在真假方面存在着必然性的制约关系。用一个正方图形来表示，该正方图形被称为模态方阵，如下图所示。

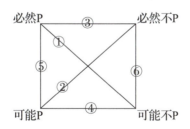

下面我们逐一分析：

（1）矛盾关系

矛盾关系如图中对角线的①和②两种关系。即：①"必然 P"和"可能不 P"；②"必然不 P"和"可能 P"。具有矛盾关系的两个判断，不能同时为真，也不能同时为假。

应试口诀：*必一真一假，一个真来另必假，一个假来另必真。*

应试技巧：当"必然 P"为真时，"可能不 P"一定为假；当"必然 P"为假时，"可能不 P"一定为真；反之亦然。

（2）上反对关系

上反对关系如图中③的一种关系。即："必然 P"和"必然不 P"。具有上反对关系的两个判断，不能同时为真，但却可以同时为假。

应试口诀：至少有一假。一个真来另必假，一个假来另不知。

应试技巧：当"必然 P"为真时，"必然不 P"一定为假；当"必然 P"为假时，"必然不 P"无法判断真假；反之亦然。

（3）下反对关系

下反对关系如图中④的一种关系。即："可能 P"和"可能不 P"。具有下反对关系的两个判断，不能同时为假，但却可以同时为真。

应试口诀：至少有一真。一个真来另不知，一个假来另必真。

应试技巧：当"可能 P"为真时，"可能不 P"无法判断真假；当"可能 P"为假时，"可能不 P"一定为真；反之亦然。

（4）包含关系

包含关系如图中的⑤和⑥两种关系。即：⑤"必然 P"和"可能 P"；⑥"必然不 P"和"可能不 P"。

应试口诀：上真推下真，下假推上假。下真上不确定，上假下不确定。

应试技巧：当"必然 P"为真时，"可能 P"为真；当"可能 P"为假时，"必然 P"为假。而当"必然 P"为假时，"可能 P"无法判断真假；当"可能 P"为真时，"必然 P"无法判断真假。

知识点 7　模态判断的等价变形

（1）不可能 = 必然不 = 一定不

例如：冠军不可能是北清大学 = 冠军必然不是北清大学 = 冠军一定不是北清大学

（2）不必然 = 可能不 = 不一定 = 未必

例如：外星人不必然存在 = 外星人可能不存在 = 外星人不一定存在 = 外星人未必存在

庖丁解牛

例题 14　如果"新生力量必然战胜腐朽力量"为真，则以下哪项一定为真？

Ⅰ．新生力量可能战胜腐朽力量。

Ⅱ．新生力量必然不战胜腐朽力量。

Ⅲ．新生力量一定不战胜腐朽力量。

Ⅳ．新生力量可能不战胜腐朽力量。

A．Ⅰ　　　　　B．Ⅱ　　　　　C．Ⅲ　　　　　D．Ⅳ　　　　　E．Ⅱ、Ⅲ和Ⅳ

► 【精点解析】

题干 信息	已知"新生力量必然战胜腐朽力量=必然P"为真，由此可作图如下： 已知（√）　　　　　Ⅱ、Ⅲ（×） Ⅰ（√）　　　　Ⅳ（×）

选项	解析	结果
Ⅰ	选项 = 可能P，由上图可知，一定真。	一定真
Ⅱ	选项 = 必然不P，由上图可知，一定假。	一定假
Ⅲ	由"一定不=必然不"可知选项 = 必然不P，由上图可知，一定假。	一定假
Ⅳ	选项 = 可能不P，由上图可知，一定假。	一定假
答案	**A**	

例题 15 根据模态判断的对当关系，下列推理正确的是？

Ⅰ．小李可能是山东人，所以小李不一定是山东人。

Ⅱ．张华可能去杭州，所以，张华不必然去杭州。

Ⅲ．这件作品的设计者必然是个左撇子，所以这件作品的设计者可能是个左撇子。

Ⅳ．陈珊不可能在图书馆，所以陈珊可能不在图书馆。

A．Ⅰ和Ⅱ。　　　　B．Ⅱ和Ⅲ。　　　　C．Ⅲ和Ⅳ。

D．Ⅰ、Ⅱ和Ⅲ。　　E．Ⅱ、Ⅲ和Ⅳ。

► 【精点解析】

选项	解析	结果
Ⅰ	不一定 = 可能不，因此，"可能P"和"可能不P"属于下反对关系，一个真来另不知，推理不正确。	不正确
Ⅱ	不必然 = 可能不。"可能P"和"可能不P"属于下反对关系，一个真来另不知，推理不正确。	不正确
Ⅲ	"必然P"和"可能P"属于包含关系，上真推下真，因此，必然P→可能P，推理一定正确。	正确
Ⅳ	不可能 = 必然不，"必然不P"和"可能不P"属于包含关系，上真下必真。因此，必然不P→可能不P，推理一定正确。	正确
答案	**C**	

小试牛刀

例题 16 据卫星提供的最新气象资料表明，原先预报的明年北方地区的持续干旱不一定出现。以下哪项最接近于上文中气象资料所表明的含义？

    A. 明年北方地区的持续干旱可能不出现。

    B. 明年北方地区的持续干旱可能出现。

    C. 明年北方地区的持续干旱一定不出现。

    D. 明年北方地区的持续干旱出现的可能性比不出现大。

    E. 明年北方地区的持续干旱不可能出现。

▶ **【精点解析】**

    题干为模态判断，根据等式"不一定＝不必然＝可能不"，即：明年北方地区的持续干旱可能不出现，可判断答案为 A。考生注意：B 选项与题干是方阵的下反对关系，至少有一真，当"可能不 P"为真，"可能 P"无法判断真假；E 选项是"不可能"，等于"必然不"，淘汰。

    答案选 **A**。

2.3 关系判断

    关系判断是断定事物与事物之间关系的判断。如："老王和老张是朋友""黄河在长江之北""钝角大于锐角""资产阶级剥削无产阶级"等都是关系判断。

知识点 8 对称性关系

对称性关系		
类型	定义	示例
对称关系	甲对乙有某种关系，乙对甲也具有同样的关系	邻居（甲是乙的邻居，乙一定也是甲的邻居）、相等、同学、同乡等
反对称关系	甲对乙有某种关系，而乙对甲不具有此种关系	大于（五大于三，但三一定不大于五）、高于、早于、包含、剥削、压迫等
半对称关系	甲对乙具有某种关系，而乙对甲不必然具有此种关系	认识（甲认识乙，乙未必认识甲）、理解、爱慕、喜欢、佩服、想念等

庖丁解牛

例题 17 张刚十分尊重李明，所以李明也十分尊重张刚。以下哪项与上述推理所犯的逻辑谬误相似？

    A. 赵雷和吴刚是同学，所以吴刚和赵雷是同学。

B. 钱雨比孙健高，所以孙健比钱雨高。

C. 小杰对小达充满厌恶，所以小达也对小杰充满厌恶。

D. 甲比乙晚到，所以乙比甲晚到。

E. a 平行于 b，所以 b 平行于 a。

▶ 【精点解析】

题干信息	"张刚十分尊重李明"，并不意味着"李明也十分尊重张刚"，因为尊重属于半对称关系，题干的推理错误是：将"半对称关系"误以为"对称关系"。	
选项	解析	结果
A	选项中的"同学"属于对称关系，推理没有错误，排除。	淘汰
B	选项中的"A 比 B 高"属于反对称关系，与题干推理的逻辑谬误不一致，排除。	淘汰
C	选项中的"厌恶"属于半对称关系，与题干推理的逻辑谬误一致，正确。	正确
D	选项中的"A 比 B 晚到"属于反对称关系，与题干推理的逻辑谬误不一致，排除。	淘汰
E	选项中的"平行"属于对称关系，推理没有错误，排除。	淘汰
答案	**C**	

知识点 9 传递性关系

传递性关系		
类型	定义	示例
传递关系	甲对乙有某种关系，乙对丙有某种关系，而甲对丙同样具有此种关系	篮球大于排球，排球大于乒乓球，则篮球大于乒乓球
反传递关系	甲对乙有某种关系，乙对丙也有此种关系，而甲对丙不具有此种关系	甲是乙的父亲，乙是丙的父亲，而甲一定不是丙的父亲
半传递关系	甲对乙有某种关系，乙对丙也有此种关系，而甲对丙不必然具有此种关系	甲认识乙，乙认识丙，而甲可能认识、也可能不认识丙

庖丁解牛

 例题 18

在篮球比赛中，山东队战胜了湖北队，湖北队战胜了北京队，因此山东队一定能战胜北京队。

以下哪项与上述推理所犯的逻辑谬误相似？

A. 太阳比地球大，地球比月球大，因此太阳一定比月球大。

B. 甲信任乙，乙信任丙，因此甲一定信任丙。

C. 张珊比李斯的收入高，李斯比王武的收入高，因此张珊的收入一定比王武高。

D. 老王是王磊的哥哥，王磊是小王的哥哥，因此老王一定是小王的哥哥。

E. 在某个时刻，小丽在思念小红，小红在思念小芳，因此小丽很可能在思念小芳。

▶ 【精点解析】

题干信息	由于"战胜"属于半传递关系，故题干结论不一定成立。	
选项	解析	结果
A	由于"物体的大小"属于传递关系，故选项与题干不一致。	淘汰
B	由于"信任"属于半传递关系，故选项结论不一定成立，与题干谬误一致。	正确
C	由于"收入的高低"属于传递关系，故选项与题干不一致。	淘汰
D	由于"年龄的大小"属于传递关系，故选项与题干不一致。	淘汰
E	由于"信任"属于半传递关系，故选项结论不一定成立。但考生注意选项用"很可能"表述，就属于正确的推理，与题干不一致。	淘汰
答案	**B**	

小试牛刀

例题 19　没有人爱每一个人；牛郎爱织女；织女爱每一个爱牛郎的人。
如果以上陈述为真，则下列哪项不可能为真？
Ⅰ．每一个人都爱牛郎。
Ⅱ．每一个人都爱一些人。
Ⅲ．织女不爱牛郎。
A. 仅Ⅰ。　　　　B. 仅Ⅱ。　　　　C. 仅Ⅲ。
D. 仅Ⅰ和Ⅱ。　　E. Ⅰ、Ⅱ和Ⅲ。

▶ 【精点解析】

如果Ⅰ成立，则结合"织女爱每一个爱牛郎的人"可知"织女爱每一个人"，这与题干"没有人爱每一个人"不可能同时为真，故Ⅰ不可能真。

"没有人爱每一个人"等于"所有人都不会爱每一个人"，若所有人只是爱其中一部分人，也符合所有人都不会爱所有人，因此Ⅱ可能真。

"牛郎爱织女"，"爱"是一个半对称关系，则织女可能爱牛郎，也可能不爱牛郎。因此Ⅲ可能真。

答案选 **A**。

▶ 每课一练（1）

⏱ 时间：20分钟　　　　　　　　　　　　　　　　　　　　　　　得分：

本测试题共有10小题，每小题2分，共20分。请从下面每小题所列的5个备选答案中选取出1个，多选为错。

【题01】税务局发现某公司有一些职工偷税漏税。

如果上述断定为真，则以下哪项无法判断真假？

Ⅰ．这个公司没有职工不偷税漏税。

Ⅱ．这个公司有些职工没有偷税漏税。

Ⅲ．这个公司所有职工都没有偷税漏税。

A. 仅Ⅰ。　　　　　　　B. 仅Ⅱ。　　　　　　　C. 仅Ⅰ和Ⅱ。

D. 仅Ⅰ和Ⅲ。　　　　　E. 仅Ⅱ和Ⅲ。

【题02】每周一调频电台的节目部都会评议听众对电台节目发表意见的主动来信。一周该电台收到了50封赞扬电台新闻和音乐节目的信和10封批评晚间电影评论节目的信，根据这些信息，节目部主管认为，既然有听众不喜欢电影评论节目，那就肯定有人喜欢它，所以，他决定将该节目继续办下去。

以下哪项指出了节目部主管在做出决定的过程中存在的问题？

A. 他没有认识到人们更喜欢写批评的信，而不是表扬的信。

B. 他不能从有些人不喜欢电影评论节目的事实中引申出有人喜欢它。

C. 他没有考虑到所收到的表扬信和批评信在数目上的差异。

D. 他没有考虑到新闻节目和电影评论节目之间的关系。

E. 他没有等到至少收到50封批评电影评论节目的信时再做决定。

【题03】记者汤姆分析了近十届美国总统的各种讲话和报告，发现其中有不少谎话。因此，汤姆推断：所有参加竞选美国总统的政治家都是不诚实的。

以下哪项和汤姆推断的意思是一样的？

A. 不存在不诚实的参加竞选美国总统的政治家。

B. 不存在诚实的参加竞选美国总统的政治家。

C. 所有政治家都是不诚实的。

D. 不是所有参加竞选美国总统的政治家都是诚实的。

E. 有些参加竞选美国总统的政治家是诚实的。

【题04】在中唐公司的中层干部中，王宜获得了由董事会颁发的特别奖。

如果上述断定为真，则以下哪项断定不能确定真假？

Ⅰ．中唐公司的中层干部都获得了特别奖。

Ⅱ．中唐公司的中层干部都没有获得特别奖。

Ⅲ．中唐公司的中层干部中，有人获得了特别奖。

Ⅳ．中唐公司的中层干部中，有人没获得特别奖。

A. 只有Ⅰ。　　　　　　B. 只有Ⅲ和Ⅳ。　　　　C. 只有Ⅱ和Ⅲ。

D. 只有Ⅰ和Ⅳ。　　　　E. Ⅰ、Ⅱ和Ⅲ。

【题05】 美国人不都爱橄榄球，但巴西人都不爱橄榄球。

如果已知上述第一个断定为真，第二个断定为假，则以下哪项据此不能确定真假？

Ⅰ. 美国人都爱橄榄球，有的巴西人也爱橄榄球。

Ⅱ. 有的美国人爱橄榄球，有的巴西人不爱橄榄球。

Ⅲ. 美国人都不爱橄榄球，巴西人都爱橄榄球。

A. 只有Ⅰ。　　　　B. 只有Ⅱ。　　　　C. 只有Ⅲ。

D. 只有Ⅱ和Ⅲ。　　　　E. Ⅰ、Ⅱ和Ⅲ。

【题06】 古罗马的西塞罗曾说："优雅和美不可能与健康分开。"意大利文艺复兴时代的人道主义者洛伦佐巴拉强调说，健康是一种宝贵的品质，是"肉体的天赋"，是大自然的恩赐。他写道："很多健康的人并不美，但没有一个美的人是不健康的。"

以下各项都可以从洛伦佐巴拉的论述中推出，除了？

A. 有些不美的人是健康的。　　　　B. 有些美的人不是健康的。

C. 有些健康的人是美的。　　　　D. 没有一个不健康的人是美的。

E. 有的美的人是健康的。

【题07】 小王、小李、小张准备去爬山。天气预报说，今天可能下雨。围绕天气预报，三个人争论起来。

小王："今天可能下雨，那说明今天不一定不下雨，我们还是去爬山吧。"

小李："今天可能下雨，那就表明今天要下雨，我们还是不去爬山了吧。"

小张："今天可能下雨，只是表明今天不下雨不具有必然性，去不去爬山由你们决定。"

对天气预报的理解，以下哪项是正确的？

A. 小王和小张正确，小李不正确。　　　　B. 小王正确，小李和小张不正确。

C. 小李正确，小王和小张不正确。　　　　D. 小张正确，小王和小李不正确。

E. 三人都不正确。

【题08】 在接受治疗的腰肌劳损患者中，有人只接受理疗，也有人接受理疗与药物双重治疗。前者可以得到与后者相同的预期治疗效果。对于上述接受药物治疗的腰肌劳损患者来说，此种药物对于获得预期的治疗效果是不可缺少的。

如果上述断定为真，则以下哪项一定为真？

Ⅰ. 对于一部分腰肌劳损患者来说，要配合理疗取得治疗效果，药物治疗是不可缺少的。

Ⅱ. 对于一部分腰肌劳损患者来说，要取得治疗效果，药物治疗不是不可缺少的。

Ⅲ. 对于所有腰肌劳损患者来说，要取得治疗效果，理疗是不可缺少的。

A. 只有Ⅰ。　　　　B. 只有Ⅱ。　　　　C. 只有Ⅲ。

D. 只有Ⅰ和Ⅱ。　　　　E. Ⅰ、Ⅱ和Ⅲ。

【题09】 某高校为开阔学生的逻辑思维，特开设公共选修课《逻辑学》。熊老师讲授完直言判断这个章节后，留下的课后作业如下：

Ⅰ. 有的人不是骗子，所以，有的骗子不是人。

Ⅱ. 凡有成就的人都是勤奋的人，所以，勤奋的人都是有成就的人。

Ⅲ. 不想当将军的士兵不是好士兵，所以，好士兵都是想当将军的士兵。

Ⅳ．不搞阴谋诡计的人不是野心家，所以，有的非野心家不搞阴谋诡计。

以上哪些推理关系是正确的？

A．Ⅰ和Ⅱ。　　　　B．Ⅰ和Ⅲ。　　　　C．Ⅲ和Ⅳ。

D．Ⅰ、Ⅱ和Ⅲ。　　E．Ⅱ、Ⅲ和Ⅳ。

【题 10】 赵甲、钱乙、孙丙、李丁都在大学本科期间学习过逻辑，四个人就以下四个推理展开讨论：

Ⅰ．凡是正派人都是光明磊落的，所以，不光明磊落的人都不是正派人。

Ⅱ．所有生物都是有机物，所以，有些无机物不是生物。

Ⅲ．不劳动者不得食，所以，有些不得食者是不劳动者。

Ⅳ．有些工艺品不是不出售的，所以，有些出售的不是非工艺品。

赵甲说：四个推理不都是有效的。

钱乙说：四个推理不都是不有效的。

孙丙说：四个推理没有一个是不有效的。

李丁说：四个推理没有一个是有效的。

如果上述陈述为真，以下哪项一定为真？

A．赵甲和李丁的话是对的。　　B．赵甲和钱乙的话是对的。

C．钱乙和孙丙的话是对的。　　D．四个人都是对的。

E．四个人都不对。

🔑 每课一练 (1)答案及解析

【题 01】 答案 **C**。

题干信息	已知：有些（S：职工）是（P：偷税漏税的），即有的 S 是 P 为真。 Ⅰ（?）　　　　　Ⅲ（×） 已知（√）　　　　Ⅱ（?）

选项	解析	结果
Ⅰ	选项＝所有 S 都是 P，由上图对当方阵可知，选项不确定。	不确定
Ⅱ	选项＝有的 S 不是 P，由上图对当方阵可知，选项不确定。	不确定
Ⅲ	选项＝所有 S 都不是 P，由上图对当方阵可知，选项一定假。	一定假

【题 02】 答案 **B**。

由"有的（S：听众）不是（P：喜欢电影评论节目）"为真时，推不出"有的 S 是 P"一定为真。二者是下反对关系，一个真，另一个无法判断真假。

【题 03】答案 B。

题干信息	汤姆的推断：所有参加竞选美国总统的政治家都是不诚实的。与汤姆的推断一致可理解为与汤姆的推断等价。	
选项	**解析**	**结果**
A	选项等价于"所有参加竞选美国总统的政治家都是诚实的"，与汤姆的推断不一样。考生注意，没有……不……＝所有……都是……。	淘汰
B	选项等价于"所有参加竞选美国总统的政治家都是不诚实的"，与汤姆的推断一样。考生注意，"不存在"可理解为"没有"，没有……＝所有……都不是……。	正确
C	不涉及参加竞选，不符合。	淘汰
D	选项等价于"有的参加竞选美国总统的政治家是不诚实的"，与汤姆推断不一样。考生注意，"所有……都不是……"为真时，可以推出"有的……不是……"为真，但不等价于"有的……不是……"。	淘汰
E	选项与汤姆的推断矛盾，不符合。	淘汰

【题 04】答案 D。

题干信息	由"中层干部王宜获得了特别奖"为真，可得"有的（S：中层干部）是（P：获得了特别奖）"为真。可作图如下：

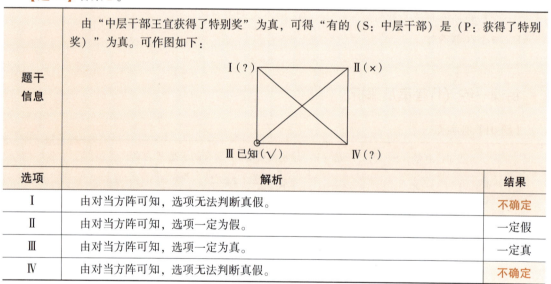

选项	**解析**	**结果**
I	由对当方阵可知，选项无法判断真假。	不确定
II	由对当方阵可知，选项一定为假。	一定假
III	由对当方阵可知，选项一定为真。	一定真
IV	由对当方阵可知，选项无法判断真假。	不确定

【题 05】答案 D。

题干信息	已知：①"有的（S：美国人）不是（P：爱橄榄球）"为真；②"所有（S：巴西人）都不是（P：爱橄榄球）"为假。由此可作图如下：

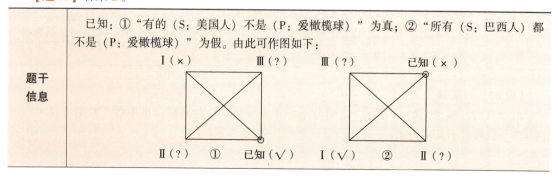

（续）

选项	解析	结果
Ⅰ	由图①可得"美国人都爱橄榄球"一定为假；由图②可得"有的巴西人爱橄榄球"一定为真。题干中"但"，表示"且"，故整个判断为假（见知识点11）。	一定假
Ⅱ	由图①可得"有的美国人爱橄榄球"不确定；由图②可得"有的巴西人不爱橄榄球"不确定。故整个判断不能确定真假。	不能确定
Ⅲ	由图①可得"所有美国人都不爱橄榄球"不确定；由图②可得"所有巴西人都爱橄榄球"不确定。故整个判断不能确定真假。	不能确定

【题06】答案 B。

题干信息	①有的（S1：健康的人）是（P1：不美）= 有的 S1⇒P1。 ②没有一个美的人是不健康的 = 所有（S2：美的人）都是（P2：健康的）= S2→P2。	
选项	解析	结果
A	选项由信息①换位可得，故一定为真。	淘汰
B	选项与信息②矛盾，故一定为假。	正确
C	由 S2→P2 为真，可得：有的 P2⇒S2 为真，故根据②可得选项一定为真。	淘汰
D	选项 = 不健康的人→不美，由②逆否可得选项一定为真。	淘汰
E	由 S2→P2 为真，可得：有的 S2⇒P2 为真，故根据②可得选项一定为真。	淘汰

【题07】答案 A。

题干判断"今天可能下雨"，小王的断定为"今天不一定不下雨 = 今天可能下雨"，理解正确；小李从今天可能下雨推出今天事实上下雨，理解不正确；小张的断定为"不下雨不具有必然性 = 不必然不下雨 = 今天可能下雨"，理解正确。

【题08】答案 D。

题干信息	①有的人只接受理疗，有的人接受理疗与药物双重治疗；②只接受理疗和接受理疗与药物双重治疗的效果相同；③对于接受药物治疗与理疗双重治疗的腰肌劳损患者来说，此种药物对于获得预期的治疗效果是不可缺少的。	
选项	解析	结果
Ⅰ	对于接受双重治疗的患者而言，药物治疗就是不可缺少的。	正确
Ⅱ	对于只接受理疗的患者来说，药物治疗不是不可缺少的。	正确
Ⅲ	不能得出，可能存在第三种治疗方式，如：只接受药物治疗。考生注意，两个"有的"加起来未必等于"所有"，不要犯"非黑即白"的错误。	淘汰

【题09】答案 C。

选项	解析	结果
Ⅰ	选项的推理形式为：有的人（S）⇒不是骗子（P），所以，有的骗子（¬P）⇒不是人（¬S）。由于"有的"只能换位，不能逆否，故推理不正确。	不正确

（续）

选项	解析	结果
Ⅱ	选项的推理形式为：有成就的人（S）→勤奋的人（P），所以，勤奋的人（P）→有成就的人（S）。由于"所有"只能逆否，不能换位，故推理不正确。	不正确
Ⅲ	选项的推理形式为：不想当将军的士兵（S）→不是好士兵（P），所以，好士兵（￢P）→想当将军的士兵（￢S）。由于"所有"只能逆否，不能换位，故推理正确。	正确
Ⅳ	选项的推理形式为：不搞阴谋诡计的人（S）→不是野心家（P），所以，有的非野心家（P）⇒不搞阴谋诡计的人（S）。由于"S→P"为真时，可得有的P⇒S为真，故推理正确。	正确

【题10】答案 C。

	解题步骤
第一步	判断四个推理的有效性。 推理Ⅰ可表示为：S（正派人）→P（光明磊落）为真。所以￢P（不光明磊落）→￢S（不是正派人）。由于"所有"能逆否，故推理正确。
第二步	推理Ⅱ可表示为：S（生物）→P（有机物）为真，所以有的￢P（无机物）⇒￢S（不是生物）。由于S（生物）→P（有机物）为真时，可得：￢P（无机物）→￢S（不是生物），进而可得有的￢P（无机物）⇒￢S（不是生物）为真。推理正确。考生注意，此时，有机物一定不是无机物。
第三步	推理Ⅲ可表示为：S（不劳动者）→P（不得食）为真，所以有的P（不得食）⇒S（不劳动者）为真。由于"所有"为真时，能推出"有的"为真，故推理正确。
第四步	推理Ⅳ可表示为：有的S（工艺品）⇒P（出售）为真，所以，有的P（出售）⇒S（工艺品）为真。由于"有的"能换位，故推理正确。考生注意，双重否定等于肯定。
第五步	由于四个推理都是正确的，由此可知，钱乙和孙丙的论述为真。因此答案选C。

▶ 每课一考（1）✅

🕐 时间：30分钟　　　　　　　　　　　　　　　　　　　　得分：

本测试题共有10小题，每小题2分，共20分。请从下面每小题所列的5个备选答案中选取出1个，多选为错。

【题01】 东南大学某班级"财务成本会计"课程结束后，赵老师说：我们班同学不都没有及格。

如果赵老师的断定为真，则以下哪项一定为真？

Ⅰ. 有的同学及格了。

Ⅱ. 所有同学都没有及格。

Ⅲ. 并非全班同学都没有及格。

Ⅳ. 并非有的同学没有及格。

A. Ⅰ和Ⅱ。　　　　　　B. Ⅰ和Ⅲ。　　　　　　C. Ⅱ和Ⅲ。

D. Ⅰ、Ⅱ和Ⅲ。　　　　E. Ⅱ、Ⅲ和Ⅳ。

【题02】 根据模态判断的对当关系，下列推理正确的是？

Ⅰ. 明天不可能不停电，所以明天必然停电。

Ⅱ. 苏州人不必然会讲普通话，所以，苏州人可能会讲普通话。

Ⅲ. 卢老师可能不住在二楼，所以，卢老师不可能住在二楼。

Ⅳ. 今年元旦不可能下雪，所以，今年元旦不下雪是必然的。

A. Ⅰ和Ⅳ。　　　　　　B. Ⅱ和Ⅲ。　　　　　　C. Ⅲ和Ⅳ。

D. Ⅰ、Ⅱ和Ⅲ。　　　　E. Ⅱ、Ⅲ和Ⅳ。

【题03】 某地区有些得到国家特殊政策的国有企业仍然未扭亏为盈，这让区委书记格外着急。

以下哪项论断最符合以上论述的基本思想？

A. 该地区得到国家特殊政策的国有企业都没有盈利，区委书记为此着急。

B. 该地区得到国家特殊政策的国有企业没有亏损，不需要扭亏，区委书记不必着急。

C. 该地区没有得到国家特殊政策的国有企业都有盈利，区委书记对它们放心。

D. 该地区的非国有企业都有盈利，即使没有盈利，区委书记也不着急。

E. 该地区所有不盈利的企业都让区委书记着急，尤其是其中的试点单位。

【题04】 某学术会议正在举行分组会议，某一组有八人出席。分组会议主席问大家原来各自认识与否。结果是全组中仅有一个人认识小组中的三个人，有三个人认识小组中的两个人，有四个人认识小组中的一个人。

若以上统计是真实的，则最能得出以下哪项结论？

A. 会议主席认识小组的人数最多，其他的人相互认识的少。

B. 此类学术会议是第一次召开，大家都是生面孔。

C. 有些成员所说的认识可能仅是在电视中或报告会上见过而已。

D. 虽然会议成员原来的熟人不多，但原来认识的都是至交。

E. 通过这次会议，小组成员都相互认识了，以后开会就可以直呼其名了。

【题05】 一些杰出说唱歌手是具有艺术细胞的，所有杰出说唱歌手都是天赋异禀的，一些杰出说唱歌手是高收入者，有些高收入者是没有文化的人。

根据以上陈述，以下哪项不一定为真？

A. 有些高收入者是杰出说唱歌手。

B. 有些杰出说唱歌手不是没有艺术细胞的。

C. 所有不是天赋异禀的都不是杰出说唱歌手。

D. 有些高收入者不是天赋异禀的。

E. 有些天赋异禀的是高收入者。

【题 06】每个人都有梦想，但不一样的是，有的人只梦，有的人敢想。

根据上述陈述，以下哪项一定为真？

A. 有的只梦的人没有梦想。

B. 有的敢想的人有梦想。

C. 大多数人都没有梦想。

D. 面对梦想，有的人不只是梦。

E. 面对梦想，有的人不敢想。

【题 07】学校的教授们有一些是足球迷。学校的预算委员会的成员们一致要求把学校的足球场改建为一个科贸写字楼，以改善学校的收入状况。所有的足球迷都反对将学校的足球场改建成科贸写字楼。

如果以上陈述均为真，下列哪项也必为真？

A. 学校所有的教授都是学校预算委员会的成员。

B. 学校有的教授不是学校预算委员会的成员。

C. 有的学校预算委员会成员是足球迷。

D. 并不是所有的学校预算委员会的成员都是学校的教授。

E. 有的足球迷是学校预算委员会的成员。

【题 08】所有天使投资人都具有敏锐的观察力，所有具有敏锐的观察力人都能发现独角兽企业，而有的企业家不能发现独角兽企业。

如果上述断定为真，则以下哪项一定为真？

A. 所有企业家都不是天使投资人。

B. 有的企业家具有敏锐的观察力。

C. 有的天使投资人不能发现独角兽企业。

D. 有的企业家不是天使投资人。

E. 所有能发现独角兽企业的人都是天使投资人。

【题 09】藏獒是世界上最勇猛的狗，一只壮年的藏獒能与 5 只狼搏斗。所有的藏獒都对自己的主人忠心耿耿，而所有对自己主人忠心耿耿的狗也为人所珍爱。

如果以上陈述为真，以下陈述都必然为真，除了？

A. 有些为人所珍爱的狗不是藏獒。

B. 任何不为人所珍爱的狗都不是藏獒。

C. 有些世界上最勇猛的狗为人所珍爱。

D. 有些忠实于自己主人的狗是世界上最勇猛的狗。

E. 有些藏獒为人所珍爱。

【题 10】所有爱喝普洱茶的人都钟爱茶艺文化的研究，不了解茶性的人都不会钟爱茶艺文化的研究，而没有一个了解茶性的人不懂得茶叶的品质特点。

如果上述断定为真，则以下哪项一定为真？

A. 不爱喝普洱茶的人都不会钟爱茶艺文化的研究。

B. 钟爱茶艺文化研究的人都不了解茶性。

C. 有些爱喝普洱茶的人不懂得茶叶的品质特点。

D. 有些不了解茶性的人懂得茶叶的品质特点。

E. 爱喝普洱茶的人都懂得茶叶的品质特点。

每课一考（1）答案及解析

【题01】答案 B。

题干信息	已知，"我们班同学不都没有及格=有的（S：同学）是（P：及格）"为真。由此可作图如下： Ⅳ（?）　　　　　　Ⅱ（×） Ⅰ、Ⅲ 已知（√）　　　　　（?）	
选项	**解析**	**结果**
Ⅰ	选项=有的 S 是 P，由上图可知，一定为真。	**一定真**
Ⅱ	选项=所有 S 都不是 P，由上图可知，一定为假。	一定假
Ⅲ	选项=有的同学及格了，即有的 S 是 P，由上图可知，一定为真。	**一定真**
Ⅳ	选项=所有同学都及格了，即所有 S 都是 P，由上图可知，不确定。	不确定

【题02】答案 A。

选项	解析	结果
Ⅰ	不可能=必然不，因此，不可能不=必然。	**正确**
Ⅱ	不必然=可能不。可能不 P 和可能 P 属于下反对关系，一个真来另不知。	不正确
Ⅲ	不可能=必然不。可能不和必然不属于包含关系，下真上不确定。	不正确
Ⅳ	不可能=必然不，因此不可能下雪=必然不下雪。	**正确**

【题03】答案 E。

题干信息	①有的（S：得到国家特殊政策的国有企业）是（P：未扭亏为盈）。 ②题干态度：区委书记格外着急。	
解题步骤		
第一步	根据题干态度可快速排除 B、C、D，这三个选项均为"不着急"，与题干态度不一致。	
第二步	A 选项虽然态度与题干一致，但属于"所有 S 都是 P"的形式，故不符合题干；E 选项态度与题干一致，形式为"有的 S 是 P"，与题干相符。考生注意，此时"尤其是其中的试点单位"就应理解为"有的国有企业（试点单位）未扭亏为盈（不盈利）"。	

【题 04】答案 C。

步骤一：本题考查考生对于关系判断中的对称性关系的理解。

步骤二："认识"关系本身就属于半对称性关系，即：你认识我，我可能认识你，也可能不认识你，因此如果彼此互相认识，认识关系一定是偶数；若认识关系是奇数，就存在单方面的认识关系。

步骤三：题干中"一个人认识小组中的三个人"说明有三组认识关系；"有三个人认识小组中的两个人"说明有六组认识关系；"有四个人认识小组中的一个人"说明有四组认识关系。认识关系一共有十三组，属于奇数，因此存在单方面的认识关系，因此答案选 C。

【题 05】答案 D。

题干信息	①有的杰出说唱歌手⇒具有艺术细胞 = 有的具有艺术细胞⇒杰出说唱歌手 ②杰出说唱歌手→天赋异禀的 ③有的杰出说唱歌手⇒高收入者 = 有的高收入者⇒杰出说唱歌手 ④有的高收入者⇒没有文化的人 = 有的没有文化的人⇒高收入者	
选项	**解析**	**结果**
A	由③换位可得，选项一定为真。	淘汰
B	由①可得，选项一定为真。	淘汰
C	由②逆否可得，选项一定为真。	淘汰
D	联合②和③可得，有的高收入者（S）⇒天赋异禀的（P），选项 = 有的 S ⇒ ¬P，与之构成下反对关系，一个真来另不知。	**正确**
E	联合②和③可得，有的高收入者⇒杰出说唱歌手⇒天赋异禀的，因此选项一定为真。	淘汰

【题 06】答案 B。

题干信息	①人→有梦想 ②有的人⇒只梦 ③有的人⇒敢想 联合条件①③，可得④有的敢想⇒人⇒有梦想。 联合条件①②，可得⑤有的只梦⇒人⇒有梦想。	
选项	**解析**	**结果**
A	选项与信息⑤互为下反对关系，无法确定其真假。	淘汰
B	选项与信息④的推理一致。	**正确**
C	选项与条件①互为矛盾关系，一定为假。	淘汰
D	选项 = 有的人 ⇒ 不只梦，与条件②互为下反对关系，无法确定其真假。	淘汰
E	选项 = 有的人 ⇒ 不敢想，与条件③互为下反对关系，无法确定其真假。	淘汰

【题07】答案 B。

题干信息	①有的教授⇒足球迷；②预算委员会的成员→把学校的足球场改建为一个科贸写字楼；③足球迷→反对将学校的足球场改建成科贸写字楼。

解题步骤	
第一步	联合②和③可得：④足球迷→反对将学校的足球场改建成科贸写字楼→不是预算委员会的成员。
第二步	再结合①和④可得：⑤有的教授⇒足球迷⇒反对将学校的足球场改建成科贸写字楼→不是预算委员会的成员。故答案选 B。
第三步	分析其他选项。

选项	解析	结果
A	选项=教授→学校预算委员会的成员，与⑤构成矛盾，故一定为假。	淘汰
C	选项=有的足球迷⇒学校预算委员会的成员，与④构成矛盾关系，故一定为假。	淘汰
D	选项=有的学校预算委员会的成员⇒不是教授，由于"有的"不能逆否，结合⑤可知，选项无法判断真假。	淘汰
E	与 C 一致。	淘汰

【题08】答案 D。

题干信息	①天使投资人→具有敏锐的观察力 ②具有敏锐的观察力→发现独角兽企业 ③有的企业家⇒不能发现独角兽企业

解题步骤	
第一步	由①和②可得，④天使投资人→具有敏锐的观察力→发现独角兽企业（见知识点5-1）。
第二步	由③和④可得，⑤有的企业家⇒不能发现独角兽企业⇒不具有敏锐的观察力⇒不是天使投资人（见知识点5-5），由此可直接推出 D 选项。
第三步	为帮助考生打好基础，现将其他选项分析如下。

选项	解析	结果
A	由⑤可得，有的（S：企业家）⇒（P：不是天使投资人），选项=S→P，与之构成包含关系（见知识点3），故无法判断真假。	淘汰
B	由⑤可得，有的（S：企业家）⇒（P：不具有敏锐的观察力），选项=有的S→￢P，与之构成下反对关系（见知识点3），故无法判断真假。	淘汰
C	由④可得，（S：天使投资人）→（P：发现独角兽企业），选项=有的S⇒￢P，与之构成矛盾关系（见知识点3），故一定假。	淘汰
E	由④可得，（S：天使投资人）→（P：发现独角兽企业），选项=P→S，故无法判断真假（见知识点4-1）。	淘汰

【题 09】答案 A。

题干信息	①藏獒→世界上最勇猛的狗 ②藏獒→对自己的主人忠心耿耿 ③对自己主人忠心耿耿的狗→为人所珍爱

解题步骤	
第一步	联合②和③可得：④藏獒→对自己的主人忠心耿耿→为人所珍爱。
第二步	根据 S→P 为真时，可得有的 P→S 为真，由①可得：有的世界上最勇猛的狗⇒藏獒。进而再联合④可得：⑤有的世界上最勇猛的狗⇒藏獒⇒对自己主人忠心耿耿⇒为人所珍爱。

选项	解析	结果
A	由④可得：有的为人所珍爱的狗⇒藏獒，但选项＝有的为人所珍爱的狗⇒不是藏獒，与之构成下反对关系，故一个真来另不知，无法判断真假。	正确
B	由④逆否可得：不为人所珍爱的狗→不是藏獒，选项一定为真。	淘汰
C	由⑤可直接得出，一定为真。	淘汰
D	由⑤换位可得出，一定为真。	淘汰
E	由⑤可直接得出，一定为真。	淘汰

【题 10】答案 E。

解题步骤	
第一步	整理题干推理。 ① 爱喝普洱茶的人→钟爱茶艺文化的研究 ② 不了解茶性的人→不钟爱茶艺文化的研究＝钟爱茶艺文化研究的人→了解茶性 ③ 了解茶性的人→懂得茶叶的品质特点（"没有一个……不"等价于"所有……都"）
第二步	由①②和③可得，④爱喝普洱茶的人→钟爱茶艺文化的研究→了解茶性→懂得茶叶的品质特点（见知识点 5-1），由此可直接推出 E 选项正确。
第三步	为帮助考生打好基础，现将其他选项分析如下：

选项	解析	结果
A	结合条件①，选项＝不爱喝普洱茶的人→不钟爱茶艺文化的研究＝钟爱茶艺文化的研究（P）→爱喝普洱茶的人（S），由于"所有"只能逆否，不能换位，故无法判断真假（见知识点 4-1）。	淘汰
B	结合条件②，选项＝钟爱茶艺文化研究的人（S）→不了解茶性（¬P），与②构成上反对关系，故一定假（见知识点 3）。	淘汰
C	结合条件④，选项＝有的爱喝普洱茶的人（S）⇒不懂得茶叶的品质特点（¬P），与④构成矛盾关系（见知识点 3），故一定假。	淘汰
D	结合条件④，选项可先换位＝有的懂得茶叶的品质特点的人（P）⇒不了解茶性（¬S），与④不构成矛盾关系（见知识点 3），故无法判断真假。	淘汰

3　复合判断

3.1　联言判断

知识点 **10**　**联言判断的定义及标志词**

3.1.1　联言判断的定义

联言判断是多个真实判断同时并存的判断。如：中国女排是世锦赛冠军和奥运会冠军。这个判断表示两种情况同时存在：① 中国女排是世锦赛冠军；②中国女排是奥运会冠军。

> 联言判断的标准式是：　P　　并且　　　Q（干判断表示为：P∧Q）
>
> 肢判断：P　联结词：并且　肢判断：Q

3.1.2　联言判断的常用标志词

【提示】联言判断的逻辑联结词是进行综合推理的基础，一定要熟记：

参考例句①将下表中的形式化部分补齐：

例句	标志词	形式化
①会计硕士是专业学位并且硕士学位。	并且	会计硕士是专业学位∧会计硕士是硕士学位
②华为和格力都是民族企业。	和	
③权利和义务二者兼得。	兼得	
④沈南鹏既是创业者，又是投资人。	既……又……	
⑤擦肩而过	而	
⑥短视频可以"短"，但版权保护不能"短"。	但	
⑦文化 IP 打造虽然容易赚取流量，但是要尊重知识产权。	虽然……但是……	
⑧研究生复试不但考查英语水平，而且考查专业课能力。	不但……而且……	

▶ 【精点解析】
②华为是民族企业∧格力是民族企业
③权利∧义务
④沈南鹏是创业者∧沈南鹏是投资人
⑤擦肩∧过
⑥短视频可以"短"∧版权保护不能"短"

⑦文化 IP 打造容易赚取流量∧文化 IP 打造要尊重知识产权

⑧研究生复试考查英语水平∧研究生复试考查专业课能力

知识点　11　联言判断的推理

根据 P∧Q 的定义，需要满足多个真实的判断同时并存的判断，可知：

【11-1】肢判断推干判断

①若 P 和 Q 均为真，则 P∧Q 为真。

②若 P 和 Q 有一假，或二者均假，则 P∧Q 为假。

【11-2】干判断推肢判断

③若 P∧Q 为真，可推断 P 和 Q 均为真。

④若 P∧Q 为假，可推断 P 和 Q 不是均为真，即 P 和 Q 至少有一个是假的。

可总结如下真值表：

肢判断（P）	肢判断（Q）	干判断（P∧Q）
真	真	真
真	假	假
假	真	假
假	假	假

▶ **规则精点 3** ◀

复合判断规则-1：联言判断

（1）肢→干：全真方真，一假则假。

（2）干→肢：真则全真，假则至少一假。

例题 20　根据联言判断规则，判断下述推理？（真、假、不确定）

（1）如果 P 是真的，那么 P 且 Q _____。

（2）如果 P 是假的，那么 P 且 Q _____。

（3）如果 P 且 Q 是真的，那么 P _____，Q _____。

（4）如果 P 且 Q 是假的，那么 P _____，Q _____。

（5）如果 P 且 Q 是假的，P 是真的，那么 Q _____。

（6）如果 P 且 Q 是假的，P 是假的，那么 Q _____。

▶ **【精点解析】**

（1）不确定；（2）假；（3）真；真；（4）不确定；不确定；（5）假；（6）不确定。

例题 21　"华为既是民族企业又是智能终端提供商"为真。

根据以上信息无法确定以下哪项的真假？

A. 华为是民族企业。　　　　　B. 华为是智能终端提供商。

C. 华为不是民族企业。　　　　D. 华为不是智能终端提供商。

E. 华为 5G 通信技术遥遥领先。

▶ 【精点解析】

题干信息	①华为是民族企业（P）∧华为是智能终端提供商（Q）为真。 根据联言判断规则，可以推出： ②华为是民族企业（P）、华为是智能终端提供商（Q）为真； ③华为不是民族企业（¬P）、华为不是智能终端提供商（¬Q）为假。		
选项	解释		结果
A	选项＝华为是民族企业（P），一定为真。		淘汰
B	选项＝华为是智能终端提供商（Q），一定为真。		淘汰
C	选项＝华为不是民族企业（¬P），一定为假。		淘汰
D	选项＝华为不是智能终端提供商（¬Q），一定为假。		淘汰
E	选项不涉及题干信息，所以不能确定真假。		正确
答案	E		

3.2 相容选言判断

知识点 12 相容选言判断的定义及标志词

3.2.1 相容选言判断的定义

相容选言判断是在几种可能的事物情况中至少有一种情况存在的判断。如：明天或者刮风，或者下雨。明天可能发生的情况有三种：①明天刮风但没下雨；②明天没刮风但下雨；③明天既刮风又下雨。

相容选言判断的标准式是：或者 P 或者 Q（干判断表示为：P∨Q）

肢判断：P　　联结词：　肢判断：Q

或者……或者……

3.2.2 相容选言判断的常用标志词

【提示】相容选言判断的逻辑联结词是进行综合推理的基础，一定要熟记：

参考例句①将下表中的形式化部分补齐：

例句	标志词	形式化
①一个品位高雅的人或者乐山，或者乐水。	或者……或者……	高雅的人乐山∨高雅的人乐水
②明天的股市，可能涨停，也可能跌停。	可能……也可能……	

（续）

例句	标志词	形式化
③他能成功，也许靠的是实力，也许靠的是运气。	也许……也许……	
④明天的天气，不是刮风，就是下雨。	不是……就是……	
⑤这次选拔赛，张珊和李斯至少有一个能进决赛。	至少有一个	

▶ 【精点解析】

②明天股市涨停 ∨ 明天股市跌停

③他能成功靠的是实力 ∨ 他能成功靠的是运气

④明天的天气是刮风 ∨ 明天的天气是下雨

⑤这次选拔赛，张珊能进决赛 ∨ 李斯能进决赛

知识点 13 相容选言判断的含义

相容选言判断的含义	
P∨Q 示例：或者报考双一流院校，或者报考双一流学科专业。	
第一层	或者报考双一流院校（P）；或者报考双一流学科专业（Q）；或者双一流院校和双一流专业都报考（P∧Q）。 【提示】是哪个不确定。
第二层	双一流院校、双一流学科专业至少有一个报考。 【提示】至少有一个是=P∨Q。
第三层	如果报考双一流院校（P），则报考双一流学科专业（Q）不确定；如果不报考双一流院校（¬P），则报考双一流学科专业（Q）。 如果报考双一流学科专业（Q），则报考双一流院校（P）不确定；如果不报考双一流学科专业（¬Q），则报考双一流院校（P）。 【提示】否定必肯定，肯定不确定。

知识点 14 相容选言判断的推理

根据 P∨Q 的定义，P∨Q 发生，则需要满足 P、Q 至少有一个发生，可知：

【14-1】 肢判断推干判断

①若 P、Q 有一个真，或二者均为真，则 P∨Q 为真。

②若 P 和 Q 均为假，则 P∨Q 为假。

【14-2】 干判断推肢判断

③若 P∨Q 为真，可推出存在只有 P 真、只有 Q 真和 P、Q 均为真三种可能性，但谁真不确定。

④若 P∨Q 为假，表明 P 和 Q 均不为真，即 P 假并且 Q 假。

可总结如下真值表：

肢判断（P）	肢判断（Q）	干判断（P∨Q）
真	真	真
真	假	真
假	真	真
假	假	假

▶ 规则精点 4 ◀

复合判断规则-2：相容选言判断

(1) 肢→干：全假方假，一真则真。

(2) 干→肢：假则全假，真则至少一真。

(3) 否定必肯定，肯定不确定。

庖丁解牛

例题 22　根据相容选言判断规则，判断下述推理？（真、假、不确定）

(1) 如果 P 是真的，那么 P 或 Q _____。

(2) 如果 P 是假的，那么 P 或 Q _____。

(3) 如果 P 或 Q 是假的，那么 P _____，Q _____。

(4) 如果 P 或 Q 是真的，那么 P _____，Q _____。

(5) 如果 P 或 Q 是真的，P 是真的，那么 Q _____。

(6) 如果 P 或 Q 是真的，P 是假的，那么 Q _____。

▶ **【精点解析】**

(1) 真；　(2) 不确定；　(3) 假；假；　(4) 不确定；不确定；　(5) 不确定；

(6) 真。

小试牛刀

例题 23　已知判断"盲盒的爆火或者利用了人们的猎奇心理，或者赶上了文化产业爆发的风口"为真，以下哪项一定为真？

A. 盲盒的爆火利用了人们的猎奇心理。

B. 盲盒的爆火赶上了文化产业爆发的风口。

C. 盲盒的爆火利用了人们的猎奇心理，并且赶上了文化产业爆发的风口。

D. 盲盒的爆火利用了人们的猎奇心理，但是没有赶上文化产业爆发的风口。

E. 盲盒的爆火如果没有赶上文化产业爆发的风口，那么利用了人们的猎奇心理。

▶ 【精点解析】

题干信息	盲盒的爆火利用了人们的猎奇心理（P）∨盲盒的爆火赶上了文化产业爆发的风口（Q）	
选项	**解释**	**结果**
A	选项=盲盒的爆火利用了人们的猎奇心理（P），无法判断其真假（相容选言判断的干判断为真，不能确定其肢判断的真假）。	淘汰
B	选项=盲盒的爆火赶上了文化产业爆发的风口（Q），无法判断其真假。	淘汰
C	选项=盲盒的爆火利用了人们的猎奇心理（P）∧赶上了文化产业爆发的风口（Q），无法判断其真假。	淘汰
D	选项=盲盒的爆火利用了人们的猎奇心理（P）∧没有赶上文化产业爆发的风口（¬Q），无法判断其真假。	淘汰
E	选项=没有赶上文化产业爆发的风口（¬Q）→利用了人们的猎奇心理（P），一定为真（相容选言判断否定必肯定）。	正确
答案	**E**	

例题 24

近日，漫威反派"交叉骨"扮演者费兰克在一档美国脱口秀节目中透露："下一任美国队长将是黑人，或者是女性。"

若费兰克说的为真，且下一任美国队长不是黑人，那么下面哪项判断为真？

A. 下一任美国队长不是女性。　　B. 下一任美国队长是女性。
C. 下一任美国队长既是黑人也是女性。　　D. 下一任美国队长既不是黑人也不是女性。
E. 以上各项均不能确定真假。

▶ 【精点解析】

解题步骤	
第一步	①下一任美国队长是黑人（P）∨下一任美国队长是女性（Q） ②下一任美国队长不是黑人（¬P）
第二步	联合条件①和②，由于条件②否定了下一任美国队长是黑人（P），将其代入到条件①中可得，下一任美国队长是女性（Q）一定为真（相容选言判断否定必肯定）。
答案	**B**

例题 25

张华"五一"假期准备去厦门的鼓浪屿。如果上述陈述为真，以下哪项一定真？

A. 张华"五一"假期准备在家学习。
B. 张华"五一"假期准备去厦门的鼓浪屿和厦门科技馆。
C. 张华"五一"假期或者准备去厦门的鼓浪屿，或者准备去厦门的科技馆。
D. 张华"五一"假期准备去厦门的鼓浪屿和厦门的八市。
E. 张华"五一"假期不准备去厦门的鼓浪屿，也不准备去厦门的科技馆。

▶ 【精点解析】

题干信息	张华"五一"假期准备去厦门的鼓浪屿（P）

（续）

选项	解释	结果
A	选项不涉及题干信息，不能确定真假。	淘汰
B	选项=去厦门的鼓浪屿（P）∧去厦门科技馆（Q），虽然P为真，但由于题干不涉及去厦门科技馆（Q）的信息，所以无法判断选项的真假。（对于联言判断而言，若有一个肢判断为真，另一个肢判断不确定，则干判断为不确定）	淘汰
C	选项=去厦门的鼓浪屿（P）∨去厦门的科技馆（Q），一定真。（考生注意：尽管题干不涉及去厦门的科技馆（Q）的信息，但对于相容选言判断而言，有一个肢判断为真，干判断就为真）	正确
D	选项=去厦门的鼓浪屿（P）∧去厦门的八市（M），由于题干不涉及去厦门的八市（M）的信息，所以无法判断选项的真假。	淘汰
E	选项=不去厦门的鼓浪屿（¬P）∧不去厦门科技馆（¬Q），由于¬P为假，故整个联言判断为假。	淘汰
答案	**C**	

3.3 不相容选言判断

知识点 15 不相容选言判断的定义及标志词

3.3.1 不相容选言判断的定义

不相容选言判断是只能有一个选言肢为真的选言判断。如："这届金像奖影帝要么是梁家辉，要么是梁朝伟"就意味着：金像奖的影帝可能是梁家辉，也可能是梁朝伟，并且只能是一个人，不存在两个人都得奖的可能。

> 不相容选言判断的标准式是：要么　P　要么 Q（干判断表示为：P∀Q）
>
> 肢判断：P　　联结词：　肢判断：Q
>
> 要么……要么……

3.3.2 相容选言判断的常用标志词

【提示】不相容选言判断的逻辑联结词是进行综合推理的基础，一定要熟记：

参考例句①将下表中的形式化部分补齐：

例句	标志词	形式化
①要么战胜困难，要么被困难压倒。	要么……要么……	被困难战胜∀被困难压倒
②爆款产品的打造可能依靠质量，可能依靠营销，二者必居其一。	……二者必居其一……	
③本次 CBA 联赛总冠军从辽宁队和广东队中择一产生。	……择一……	

▶ 【精点解析】
②爆款产品的打造依靠质量 ∀ 爆款产品的打造依靠营销
③CBA 联赛总冠军是辽宁队 ∀ CBA 联赛总冠军是广东队

知识点 16　不相容选言判断的推理

根据 P∀Q 的定义，需要满足 P、Q 有且只有一个发生，可知：

【16-1】肢判断推干判断

①若 P、Q 一真一假，则 P∀Q 为真。

②若 P 和 Q 都为真或都为假，则 P∀Q 为假。

【16-2】干判断推肢判断

③若 P∀Q 为真，可推出存在只有 P 真、只有 Q 真两种可能性，但谁真不确定。

④若 P∀Q 为假，表明 P 和 Q 都为真，或者 P 和 Q 都为假两种可能性。

可总结如下真值表：

肢判断（P）	肢判断（Q）	干判断（P∀Q）
真	真	假
真	假	真
假	真	真
假	假	假

▶ 规则精点 5 ◀

复合判断规则-3：不相容选言判断

（1）肢→干：一真一假方为真，同真同假则为假。

（2）干→肢：真则只有一真，谁真不知。

（3）否定必肯定，肯定必否定。

例题 26　根据不相容选言判断规则，判断下述推理？（真、假、不确定）

（1）如果 P 是真的，那么 P 要么 Q _____。

（2）如果 P 是假的，那么 P 要么 Q _____。

（3）如果 P 要么 Q 是假的，那么 P _____，Q _____。

（4）如果 P 要么 Q 是真的，那么 P _____，Q _____。

（5）如果 P 要么 Q 是真的，P 是真的，那么 Q _____。

（6）如果 P 要么 Q 是真的，P 是假的，那么 Q _____。

▶ 【精点解析】
（1）不确定；　（2）不确定；　（3）不确定；不确定；　（4）不确定；不确定；
（5）假；　（6）真。

例题 27　已知判断"AI 给老照片上色要么是技术革新，要么是一场骗局"为真，以下哪项一定为真？

A. AI 给老照片上色是技术革新。

B. AI 给老照片上色是一场骗局。

C. AI 给老照片上色是技术革新但不是一场骗局。

D. AI 给老照片上色是一场骗局但不是技术革新。

E. 如果 AI 给老照片上色不是一场骗局，那么是技术革新。

► 【精点解析】

题干信息	AI 给老照片上色是技术革新（P）∀ AI 给老照片上色是一场骗局（Q）	
选项	解释	结果
A	选项＝AI 给老照片上色是技术革新（P），无法判断其真假（对于不相容选言判断而言，若干判断为真，无法判断其肢判断的真假）。	淘汰
B	选项＝AI 给老照片上色是一场骗局（Q），无法判断其真假。	淘汰
C	选项＝AI 给老照片上色是技术革新（P）∧ AI 给老照片上色不是一场骗局（¬ Q），无法判断其真假。	淘汰
D	选项＝AI 给老照片上色不是技术革新（¬ P）∧ AI 给老照片上色是一场骗局（Q），无法判断其真假。	淘汰
E	选项＝AI 给老照片上色不是一场骗局（¬ Q）→AI 给老照片上色是技术革新（P），一定为真（不相容选言判断否定必肯定）。	正确
答案	E	

例题 28　若"要么超人能拯救世界，要么蝙蝠侠能拯救世界"为真，并且蝙蝠侠能拯救世界，那么下面哪项判断为真？

A. 超人不能拯救世界。　　　　B. 超人能拯救世界。

C. 两人都能拯救世界。　　　　D. 两人都不能拯救世界。

E. 以上各项均不能确定真假。

► 【精点解析】

	解题步骤
第一步	①超人能拯救世界（P）∀ 蝙蝠侠能拯救世界（Q） ②蝙蝠侠能拯救世界（Q）
第二步	联合条件①和②，由于条件②肯定了蝙蝠侠能拯救世界（Q），将其代入到条件①中可得，超人不能拯救世界（¬ P）一定为真（不相容选言判断肯定必否定）。
答案	A

知识点 17　相容选言判断与不相容选言判断的区别

相容选言判断与不相容选言判断的区别		
	P∨Q	P∀Q
数字表示	1，2	1
逻辑联结词	或者……或者……，可能……可能……，也许……也许……，不是……就是……，至少有一个	要么……要么……，有且只有一个，二者必居其一，……择一……
逻辑含义	至少其一	必有其一
推理口诀	否定必肯定，肯定不确定	否定必肯定，肯定必否定

知识点 18　联言判断与选言判断的矛盾与数字表示

【18-1】 问题识别：一定假、不可能为真、不赞同、不同意、没有兑现承诺、最能反驳、最能削弱等带有否定含义的问题出现时，优先考虑矛盾。

【18-2】 联言判断与选言判断的矛盾与数字表示

判断	数字表示	对应矛盾判断	对应矛盾判断的数字表示	常考公式
P∧Q	2	¬P∨¬Q	0、1	¬（P∧Q）=¬P∨¬Q
P∨Q	1、2	¬P∧¬Q	0	¬（P∨Q）=¬P∧¬Q
P∀Q	1	（P∧Q）∨（¬P∧¬Q）	0、2	¬（P∀Q）=（P∧Q）∨（¬P∧¬Q）

 我们将 P、Q 视为两个事件，两个事件都发生用数字 2 表示，只发生一个用数字 1 表示，都不发生用 0 表示；至少有一个发生=1，2，至少有一个不发生=0，1；原判断+矛盾判断=全集=0，1，2。考生一定要熟悉掌握各判断的矛盾判断及常考公式变形。

例题 29　已知判断"赵川不但能力强，而且品行好"为假，以下哪项一定为真？
　A. 或者赵川能力不强，或者赵川品行好。
　B. 如果赵川能力强，那么他品行不好。
　C. 赵川能力不强，品行也不好。
　D. 如果赵川能力不强，那么他品行也不好。
　E. 赵川要么能力强，要么品行好。

► 【精点解析】

题干信息	由题干"赵川能力强（P）∧赵川品行好（Q）"为假，可得"赵川能力不强（¬P）∨赵川品行不好（¬Q）"为真。(见知识点18) 由此可知：①P：赵川能力强（不确定）。②Q：赵川品行好（不确定）。③¬P：赵川能力不强（不确定）。④¬Q：赵川品行不好（不确定）。	
选项	解析	结果
A	选项=¬P∨Q，由于¬P和Q均无法判断真假，因此选项无法判断真假。	淘汰
B	选项=P→¬Q，根据相容选言判断"否定必肯定"的规则，否定"¬P"（即P）能推出肯定"¬Q"，因此选项一定为真。	正确
C	选项=¬P∧¬Q，当¬P∨¬Q为真时，可能¬P和¬Q同时为真，但却不必然为真 (见知识点14)，故选项无法判断真假。	淘汰
D	选项=¬P→¬Q，根据相容选言判断"肯定不确定"的规则，肯定"¬P"不能推出肯定"¬Q"，因此选项可能为真。	淘汰
E	选项=P∨Q，当¬P∨¬Q为真时，可能P和Q一真一假，但也可能都假 (见知识点14)，故选项无法判断真假。	淘汰
答案	**B**	

例题 30 已知判断"小王或者喜欢红茶，或者喜欢花茶"为假，则以下哪项一定为真？

A. 要么小王喜欢红茶，要么小王喜欢花茶。

B. 小王喜欢红茶，或者小王喜欢花茶。

C. 要么小王不喜欢红茶，要么小王不喜欢花茶。

D. 小王喜欢红茶，也喜欢花茶。

E. 小王喜欢红茶，或者不喜欢花茶。

► 【精点解析】

题干信息	根据¬（P∨Q）=¬P∧¬Q的公式，由题干"小王喜欢红茶（P）∨小王喜欢花茶（Q）"为假，可知"小王不喜欢红茶（¬P）∧小王不喜欢花茶（¬Q）"为真。(见知识点18) 即：①P：小王喜欢红茶（假）。②Q：小王喜欢花茶（假）。 ③¬P：小王不喜欢红茶（真）。④¬Q：小王不喜欢花茶（真）。	
选项	解析	结果
A	选项=P∀Q，由题干可得P和Q均为假，此时选项为假。	淘汰
B	选项=P∨Q，由题干可得P和Q均为假，此时选项为假。	淘汰
C	选项=¬P∀¬Q，由题干可得¬P和¬Q均为真，此时选项为假。	淘汰
D	选项=P∧Q，由题干可得P和Q均为假，此时选项为假。	淘汰
E	选项=P∨¬Q，由题干可得¬Q为真，选项就为真。(见知识点14)	正确
答案	**E**	

例题 31 某经营户违反经营条例，执法人员向他宣布，"要么罚款，要么停业，两者必居其一。"他表示不同意。

如果他坚持自己意见的话，以下哪项断定是他在逻辑上必须同意的？

A. 罚款但不停业。

B. 停业但不罚款。

C. 既不停业也不罚款。

D. 如果不能做到既不停业也不罚款，就必须接受既罚款又停业。

E. 或者不罚款，或者不停业。

► **【精点解析】**

题干信息	整理题干信息： 经营户不同意执法人员的话，即执法人员话语的矛盾：并非（罚款 ∀ 停业）=（罚款 ∧ 停业）∨（不罚款 ∧ 不停业）	
选项	解释	结果
A	选项=罚款 ∧ 不停业，并非执法人员话语的矛盾。	淘汰
B	选项=停业 ∧ 不罚款，并非执法人员话语的矛盾。	淘汰
C	选项=不停业 ∧ 不罚款，并非执法人员话语的矛盾。考生注意：P ∀ Q 的矛盾为（P ∧ Q）∨（¬ P ∧ ¬ Q），而非¬ P ∧ ¬ Q。	淘汰
D	选项=¬（不罚款 ∧ 不停业）→（罚款 ∧ 停业），为上述执法人员话语的矛盾。	正确
E	选项=不罚款 ∨ 不停业，并非执法人员话语的矛盾。	淘汰
答案	**D**	

3.4　假言判断

假言判断是断定一事物存在与发生是另一事物存在与发生的条件的判断。例如：如果你爱我，那么娶我。这个判断可能有这四种情况：①你爱我为真时，能否判断娶我为真？②你爱我为假时，能否判断娶我为假？③娶我为真时，能否判断你爱我为真？④娶我为假时，能否判断你爱我为假？

3.4.1　假言判断的定义、标准式及标志词

知识点 19　假言判断的定义、标准式及标志词

【19-1-1】 什么是充分条件？

充分条件表示一个条件发生，另一个条件一定发生。也就是说，有了一个条件为真，那么一定能得出另外一个条件一定为真。充分条件有两个最明显的特点：①有此条件必有此结果；②无此条件有无此结果不确定。

精点提示： 充分：有它一定行，没它未必不行。不充分：有它也不行。

【19-1-2】 充分条件的标准式

充分条件表示一个条件发生，另一个条件一定发生。也就是说有 P 发生一定有 Q 发生，即如果 P 为真，那么 Q 为真。因此，充分条件的标准式可理解为：

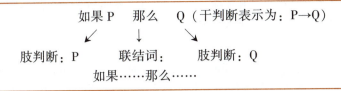

如果P　那么　Q（干判断表示为：P→Q）

肢判断：P　　　联结词：　　肢判断：Q

如果……那么……

【19-1-3】 充分条件常见的标志词

【提示】 假言判断充分条件的逻辑联结词是进行综合推理的基础，一定要熟记：

参考例句① 将下表中的形式化部分补齐：

例句	标志词	形式化
①如果天下雨，那么地上湿。	如果P，那么Q	天下雨→地上湿
②只要付出，就会有回报。	只要P，就Q	
③所有中国人都是爱国的。	所有P都是Q	
④你若安好，则是晴天。	若P，则Q	
⑤一见到他，就把信交给他。	一P，就Q	
⑥男人是有担当的。	P是Q	
⑦付出一定有回报。	P一定Q	

▶ **【精点解析】**

②付出→有回报

③中国人→爱国

④安好→晴天

⑤见到他→把信交给他

⑥男人→有担当

⑦付出→有回报

▶ 规则精点6 ◀

复合判断规则-4：假言判断形式化

（1）19-1-1：充分条件有它一定行，没它不知道。

（2）19-1-2：充分条件前推后，谁充分谁在箭头前。看见充分条件的标志词，就直接把"→"从左往右，进行推理即可。

庖丁解牛

例题32 张强和赵梅是青梅竹马，张强一直对赵梅倾心爱慕。这天，张强对赵梅说："自从有了你，生命里都是奇迹。"赵梅看透了张强的心思，对他说："现在你没有我了。"

如果上述陈述为真，那么以下哪项一定为真？

A. 张强的生命里，今后可能还有奇迹。　　　B. 张强的生命里，今后一定没有奇迹。

C. 张强的生命里，今后一定有奇迹。　　D. 张强的生命里，今后不可能有奇迹。

E. 张强的生命里，今后不可能没有奇迹。

► **【精点解析】**

"自从有了你，生命里都是奇迹"，说明"有了你"是"生命里是奇迹"的充分条件，而赵梅的回答是"你没有我"，根据充分条件的定义"有它一定行，没它不知道"可推知，张强的生命里有可能有奇迹，答案选 A。

例题 33 　甲、乙、丙三人讨论"木秀于林，风必摧之"这一原则所包含的意义。

甲说："木秀于林，风必摧之，意味着风必摧之，则一定是木秀于林。"

乙说："木秀于林，风必摧之，意味着木秀于林，则一定是风摧之。"

丙说："木秀于林，风必摧之，意味着木秀于林，则可能是风摧之。"

以下哪项结论是正确的？

A. 甲的意见正确，乙和丙的意见不正确。　　B. 乙和丙的意见正确，甲的意见不正确。

C. 甲和丙的意见正确，乙的意见不正确。　　D. 乙的意见正确，甲和丙的意见不正确。

E. 丙的意见正确，甲和乙的意见不正确。

► **【精点解析】**

"木秀于林，风必摧之"，即"木秀于林"是"风摧之"的充分条件，进而可知"木秀于林→风摧之"，乙的话与题干的意思正好相符合。甲的话则等价于"风摧之→木秀于林"，与题干的意思不相同。题干由"木秀于林"必然能推出"风摧之"，而非可能，所以丙的话与题干的意思不相同。答案选 D。有的考生会在这个知识点上有迷惑。因为，"必然"真可以推出"可能"真，但推不出是等价（考生好好想想），含义相等要求是等价。

【19-2-1】 什么是必要条件？

必要条件表示一个条件不发生，另一个条件一定不发生。也就是说，有了一个条件为假，那么能得出另外一个条件一定为假。必要条件有两个最明显的特点：①无此条件必无此结果；②有此条件有无此结果不确定。

精点提示：　　必要：没它一定不行，有它未必行。不必要：没它也行。

【19-2-2】 必要条件的标准式

必要条件表示一个条件不发生，另一个条件一定不发生。也就是说没有 Q 发生，一定没有 P 发生，即只有 Q 为真，P 才为真。因此，必要条件的标准式可理解为：

$$
\begin{array}{ccc}
\text{只有 Q} & \text{才} & \text{P（干判断表示为：Q←P）} \\
\downarrow & \downarrow & \downarrow \\
\text{肢判断：Q} & \text{联结词：} & \text{肢判断：P} \\
& \text{只有……才……} &
\end{array}
$$

【19-2-3】 必要条件常见的标志词

【提示】 假言判断必要条件的逻辑联结词是进行综合推理的基础，一定要熟记：

参考例句①将下表中的形式化部分补齐：

例句	标志词	形式化
①只有活着，才有权利说话。	①只有 Q，才 P	有权利说话→活着
②没有共产党，没有新中国。	②没有 Q，没有 P	
③不经历风雨，不能见彩虹。	③不 Q，不 P	
④人必须努力拼搏，爱才有所附丽。	④必须 Q，才 P	
⑤除非通过初试，才能参加复试。	⑤除非 Q，才 P	
⑥一心为公是为人民服务的前提。	⑥Q 是 P 的前提	
⑦感情是婚姻的基础。	⑦Q 是 P 的基础	
⑧永不言败是成功的先决条件。	⑧Q 是 P 的先决条件	

▶ 【精点解析】

②新中国→共产党

③见彩虹→经历风雨

④爱有所附丽→努力拼搏

⑤参加复试→通过初试

⑥为人民服务→一心为公

⑦婚姻→感情

⑧成功→永不言败

▷ 规则精点 7 ◁

复合判断规则-4：假言判断形式化

（1）19-2-1：必要条件没有它一定不行，有它不知道。

（2）19-2-2：必要条件后推前，谁必要谁在箭头后。看见必要条件的标志词，就直接把"→"从右往左，符号化即可。

庖丁解牛

例题
34

柏拉图学园的门口竖着一块牌子"不懂几何者不得入内"。这天，来了一群人，他们都是懂几何的人。

如果牌子上的话得到准确的理解和严格的执行，那么以下哪项一定为真？

A. 他们可能不会被允许进入。　　B. 他们一定不会被允许进入。

C. 他们一定会被允许进入。　　D. 他们不可能被允许进入。

E. 他们不可能不被允许进入。

▶ 【精点解析】

"不懂几何者不得入内"，只能说明"懂几何"是"入内"的必要条件，根据必要条件的定义"没它一定不行，有它未必行"，因此懂几何的人可能不会被允许进入，答案选 A。

例题
35

甲、乙、丙三人讨论"不劳动者不得食"这一原则所包含的意义。

甲说："不劳动者不得食，意味着得食者可以不劳动。"

乙说："不劳动者不得食，意味着得食者必须是劳动者。"

丙说："不劳动者不得食，意味着得食者可能是劳动者。"

以下哪项结论是正确的？

A. 甲的意见正确，乙和丙的意见不正确。　　B. 乙和丙的意见正确，甲的意见不正确。

C. 甲和丙的意见正确，乙的意见不正确。　　D. 乙的意见正确，甲和丙的意见不正确。

E. 丙的意见正确，甲和乙的意见不正确。

▶ 【精点解析】

"不劳动者不得食"，即劳动是得食的必要条件，也就是"得食→劳动"，乙的话正好是这个意思。甲的话意思是"得食且非劳动"与题干矛盾。题干由得食必然推出劳动，而非可能。所以丙的意思不是题干的意思。答案选 D。有的考生会在这个知识点上有迷惑。因为，"必然"真可以推出"可能"真，但推不出是等价（考生好好想想），含义相等要求是等价。

【19-2-4】 特殊的标志词"否则"

【提示】 否则 = "否定" + "则"，因此需要否定之后再推理，也就是："否定" + "→"。

参考例句①将下表中的形式化部分补齐：

标准式	例句	关联词	形式化
¬P→Q =¬Q→P	①除非买房，否则离婚。	① 除非 Q，否则 P。	不买房→离婚=不离婚→买房
	②涨工资，否则辞职。	②P，否则 Q。	

▶ 【精点解析】

②不涨工资→辞职=不辞职→涨工资

▶ 规则精点 8 ◀

复合判断规则-4：假言判断形式化

（3）19-2-4："否则"即：否定+则，否了往后推。

【19-2-5】 "除非"看作炮灰词

参考例句①将下表中的形式化部分补齐：

例句	标志词	形式化
①博士，除非本校毕业的硕士。	①P，除非 Q=¬P→Q	不是博士→本校毕业硕士=不是本校毕业硕士博士
②若要人不知，除非己莫为	②若 P，除非 Q=P→Q	
③除非初试过线，才能参加复试。	③只有 Q，才 P=P→Q	

▶ 【精点解析】

①考生注意："P，除非 Q"，其实是"（否则）P，除非 Q"的省略结构；"P，否则 Q"，其实是"（除非）P，否则 Q"的省略结构。因此，"除非 Q，否则 P" = "除非 P，否则 Q"，推理形式为：¬P→Q=¬Q→P。

②人不知→己莫为=己为→人知

③参加复试→初试过线=初试不过线→不参加复试

▶ 规则精点9 ◀

复合判断规则-4：假言判断形式化

（4）19-2-5："除非"一般看作炮灰词，若有其他假言标志词出现时，以其他假言标志词为准，若没有其他假言标志词出现时，则优先考虑省略"否则"的推理。

【19-3-1】什么是充要条件？

充分必要条件（简称充要条件），就是既是充分的，又是不可缺少的条件。有了它就有某结果，没有它就没有某结果。如：只要并且只有三角形的三边相等，三角才相等。就意味着：如果三边相等一定三角相等；如果三角相等一定三边也相等；如果三边不相等，三角一定也不相等；如果三角不相等，三边也一定不相等。

 充要条件的特点是：有此条件必有此结果，无此条件必无此结果。简言之：有之则必然，无之必不然。

【19-3-2】充要条件的标准式

充要条件表示，一个条件发生，另一个条件一定发生，并且一个条件不发生，另一个条件一定不发生。也就是说，P 是 Q 的充分条件，并且 P 是 Q 的必要条件。因此充要条件的标准式可理解为：

【19-3-3】充要条件常见的标志词

【提示】 假言判断充要条件的逻辑连接词是进行综合推理的基础，一定要熟记：

参考例句①将下表中的形式化部分补齐：

例句	标志词	形式化
①心情好，当且仅当拿奖学金。	①P 当且仅当 Q。	心情好＝拿奖学金
②法院判决离婚的唯一前提是夫妻感情破裂。	②P 是 Q 的唯一前提。	

▶ **【精点解析】**
②法院判决离婚＝夫妻感情破裂

▶ 规则精点10 ◀

复合判断规则-4：假言判断形式化

（5）19-3-3：充要条件作相等。充要条件＝"充分"＋"必要"，用"＝"表示。

例题 36 将下列语句形式化，写出逻辑推理关系。

（1）贱人就是矫情。

（2）只要有付出，就会有回报。

（3）天若有情天亦老。

（4）一取得点成绩，他就开始趾高气昂。

（5）好男人都有担当。

（6）只有经历艰难困苦，才能玉汝于成。

（7）不到黄河心不死。

（8）你必须很努力，才能看起来毫不费力。

（9）除非调查，否则没有发言权。

（10）上班去，否则不给你钱花。

（11）不熬夜，除非必要的时候。

（12）若要人不闻，除非己莫言。

▶ 【精点解析】

（1）贱人→矫情 = 不矫情→不是贱人

（2）有付出→有回报 = 没有回报→没有付出

（3）天有情→天老 = 天不老→天无情

（4）取得点成绩→趾高气昂 = 不趾高气昂→没取得成绩

（5）好男人→有担当 = 没担当→不是好男人

（6）玉汝于成→经历艰难困苦 = 不经历艰难困苦→不玉汝于成

（7）心死→到黄河 = 没到黄河→心不死

（8）能看起来毫不费力→很努力 = 不努力→不能看起来毫不费力

（9）有发言权→调查 = 没有调查→没有发言权

（10）给你钱花→上班 = 不上班→不给你钱花

（11）熬夜→必要的时候 = 不必要的时候→不熬夜

（12）人不闻→己莫言 = 己言→人闻

3.4.2　假言判断的推理

知识点　20　假言判断的推理规则

充分条件与必要条件假言判断的推理，需要转化为标准式之后进行推理，现通过下面的例子进行说明。

例如：如果 X>5（P），那么 X>3（Q）为真时，推理形式如下表：

推理	推理形式	结果	解释
①X>5→X>3	P→Q	一定为真	大于 5 的数一定大于 3。
②X≤5→X>3	¬P→Q	可能为真	不大于 5 的数可能大于 3，也可能小于 3，如 4 和 2。
③X≤5→X≤3	¬P→¬Q	可能为真	

（续）

推理	推理形式	结果	解释
④X≤3→X≤5	￢Q→￢P	一定为真	不大于3的数一定不大于5。
⑤X>3→X>5	Q→P	可能为真	大于3的数可能不大于5，也可能大于5，如
⑥X>3→X≤5	Q→￢P	可能为真	4和6。

 精点提示　假言判断标准式：P→Q 的推理规则如下：

（1）针对 P 而言，只能肯定 P 一定推出肯定 Q，否定 P 什么也推不出（推不出必然为真的结论）。

（2）针对 Q 而言，只能否定 Q 一定推出否定 P，肯定 Q 什么也推不出（推不出必然为真的结论）。

▶ 规则精点 11 ◀

复合判断规则-5：逆否规则

肯前推肯后，否后推否前，其余推理均不确定。

庖丁解牛

例题 37　已知判断"只要专注研发，就会有所突破"为真，以下哪项与上述判断表述的一致？

（1）若专注研发，则会有所突破。

（2）除非专注研发，才会有所突破。

（3）专注研发一定会有所突破。

（4）不专注研发，除非有所突破。

（5）不专注研发，不会有所突破。

▶ **【精点解析】**

题干信息	根据标志词"只要P，就Q=P→Q"，题干推理为：专注研发（P）→有所突破（Q）	
选项	**解释**	**结果**
（1）	根据标志词"若P，则Q=P→Q"，选项=专注研发→有所突破，与题干一致。	一致
（2）	根据标志词"除非Q，才P=P→Q"，选项=有所突破→专注研发，与题干不一致。	不一致
（3）	根据标志词"P一定Q=P→Q"，选项=专注研发→有所突破，与题干一致。	一致
（4）	根据标志词"P，除非Q=￢P→Q"，选项=专注研发→有所突破，与题干一致。	一致
（5）	根据标志词"不Q，不P=P→Q"，选项=有所突破→专注研发，与题干不一致。	不一致

例题 38　已知"只有发生重大违法违规行为，上市公司才会退出股市"为真，判断下列选项是否与已知表述的一致？

(1) 必须发生重大违法违规行为，上市公司才会退出股市。

(2) 一旦发生重大违法违规行为，上市公司就会退出股市。

(3) 发生重大违法违规行为，除非上市公司退出股市。

(4) 所有发生重大违法违规行为的上市公司都会退出股市。

(5) 除非上市公司会退出股市，否则发生重大违法违规行为。

▶ **【精点解析】**

题干信息	根据标志词"只有 Q，才 P=P→Q"，题干推理为：上市公司退出股市（P）→发生重大违法违规行为（Q）	
选项	**解释**	**结果**
(1)	根据标志词"必须 Q，才 P=P→Q"，选项＝上市公司退出股市→发生重大违法违规行为，与题干一致。	一致
(2)	根据标志词"一旦 P，就 Q=P→Q"，选项＝发生重大违法违规行为→上市公司退出股市，与题干不一致。	不一致
(3)	根据标志词"P，除非 Q=¬ P→Q"，选项＝不发生重大违法违规行为→上市公司退出股市，与题干不一致。	不一致
(4)	根据标志词"所有 P 都是 Q=P→Q"，选项＝发生重大违法违规行为→上市公司退出股市，与题干不一致。	不一致
(5)	根据标志词"除非 Q，否则 P=¬ P→Q"，选项＝不发生重大违法违规行为→上市公司退出股市，与题干不一致。	不一致

例题 39　如果没有爱情的来临，那么我们的人生又怎么会完美。

如果以上陈述为真，则以下哪项与题干表述完全一致？

A. 如果我们的人生会完美，那么有爱情的来临。

B. 除非没有爱情的来临，否则我们的人生又怎么会完美。

C. 只有我们的人生完美，才会有爱情的来临。

D. 若我们的人生不完美，则没有爱情的来临。

E. 除非没有爱情的来临，人生才不会完美。

▶ **【精点解析】**

题干信息	没有爱情的来临（P）→我们的人生不会完美（Q）

（续）

选项	解释	结果
A	选项=我们的人生会完美（¬Q）→有爱情的来临（¬P）＝没有爱情的来临（P）→我们的人生不会完美（Q），与题干一致。	正确
B	选项=有爱情的来临（¬P）→我们的人生不会完美（Q），与题干不一致。	淘汰
C	选项=有爱情的来临（¬P）→我们的人生会完美（¬Q），与题干不一致。	淘汰
D	选项=我们的人生不会完美（Q）→没有爱情的来临（P），与题干不一致。	淘汰
E	选项=我们的人生不会完美（Q）→没有爱情的来临（P），与题干不一致。	淘汰
答案	**A**	

例题 40　只有植树种草，才能防止水土流失。

根据上述陈述，可以推出以下哪项？

A. 如果植树种草，就能防止水土流失。

B. 若没有防止水土流失，则植树种草。

C. 防止水土流失是植树种草的基础。

D. 若防止水土流失，则说明没有植树种草。

E. 如果没有植树种草，就不能防止水土流失。

▶ 【精点解析】

题干信息	防止水土流失（P）→植树种草（Q）	
选项	解释	结果
A	选项=植树种草（Q）→防止水土流失（P），与题干不一致。	淘汰
B	选项=没有防止水土流失（¬P）→植树种草（Q），与题干不一致。	淘汰
C	选项=植树种草（Q）→防止水土流失（P），与题干不一致。	淘汰
D	选项=防止水土流失（P）→没有植树种草（¬Q），与题干不一致。	淘汰
E	选项=没有植树种草（¬Q）→没有防止水土流失（¬P）＝防止水土流失（P）→植树种草（Q），与题干一致。	正确
答案	**E**	

例题 41　孔子说：己所不欲，勿施于人。

下面哪一个选项不是上面这句话的逻辑推论？

A. 只有己所欲，才能施于人。　　　　B. 若己所欲，则施于人。

C. 除非己所欲，否则不施于人。　　　D. 凡施于人的都应该是己所欲的。

E. 如果施于人，必为己所欲。

▶ 【精点解析】

题干信息	施于人（P）→己所欲（Q）	
选项	解释	结果
A	选项=施于人（P）→己所欲（Q），与题干的逻辑推论相同。	淘汰

（续）

选项	解释	结果
B	选项＝己所欲（Q）→施于人（P），与题干的逻辑推论不相同。	正确
C	选项＝施于人（P）→己所欲（Q），与题干的逻辑推论相同。	淘汰
D	选项＝施于人（P）→己所欲（Q），与题干的逻辑推论相同。	淘汰
E	选项＝施于人（P）→己所欲（Q），与题干的逻辑推论相同。	淘汰
答案	**B**	

▶ 规则精点 12 ◀

复合判断规则-6：传递性规则

单箭头，找重复，重复项一左一右可串联。

例：A→B，B→C；即：A→B→C。

小试牛刀

例题 42　如果程序设计没有问题，那么说明硬件有故障，如果输入正确，那么硬件没有故障。根据上述陈述，以下哪项一定为真？

A. 如果程序设计有问题，那么硬件没有故障。

B. 如果程序设计有问题，那么输入不正确。

C. 如果程序设计没有问题，那么输入不正确。

D. 如果程序设计没有问题，那么输入正确。

E. 如果输入不正确，那么硬件有故障。

▶ **【精点解析】**

题干信息	①程序设计没有问题→硬件有故障 ②输入正确→硬件没有故障＝硬件有故障→输入不正确 联合信息①②可得： ③程序设计没有问题（P1）→硬件有故障（Q1/P2）→输入不正确（Q2）	
选项	解释	结果
A	选项＝程序设计有问题（¬P1）→硬件没有故障（¬Q1），与信息①不一致，无法判断其真假。	淘汰
B	选项＝程序设计有问题（¬P1）→输入不正确（Q2），与信息③不一致，无法判断其真假。	淘汰
C	选项＝程序设计没有问题（P1）→输入不正确（Q2），与信息③一致，一定真。	正确
D	选项＝程序设计没有问题（P1）→输入正确（¬Q2），与信息③不一致，无法判断其真假。	淘汰
E	选项＝输入不正确（Q2）→硬件有故障（P2），与信息②不一致，无法判断其真假。	淘汰
答案	**C**	

例题 43

只有消除贫困，社会经济才能发展。若改善了民生，则社会经济就能发展。如果没有逐步实现共同富裕，贫困就没有消除。

根据上述信息，以下哪项不能推出？

A. 如果改善了民生，则逐步实现了共同富裕。

B. 如果逐步实现了共同富裕，则改善了民生。

C. 如果贫困没有消除，则没有改善民生。

D. 如果社会经济发展了，则消除了贫困。

E. 如果没有逐步实现共同富裕，则社会经济没有发展。

► 【精点解析】

题干 信息	①社会经济发展→消除贫困 ②改善民生→社会经济发展 ③没有逐步实现共同富裕→没有消除贫困＝消除贫困→逐步实现共同富裕 联合条件①②③可得： ④改善民生（P1）→社会经济发展（Q1/P2）→消除贫困（Q2/P3）→逐步实现共同富裕（Q3）		
选项	**解释**	**结果**
A	选项＝改善民生（P1）→逐步实现共同富裕（Q3），与条件④一致，能推出。	淘汰
B	选项＝逐步实现共同富裕（Q3）→改善民生（P1），与条件④不一致，不能推出。	正确
C	选项＝贫困没有消除（¬Q2）→没有改善民生（¬P1）＝改善民生（P1）→消除贫困（Q2），与条件④一致，能推出。	淘汰
D	选项＝社会经济发展（P2）→消除贫困（Q2），与条件④一致，能推出。	淘汰
E	选项＝没有逐步实现共同富裕（¬Q3）→社会经济没有发展（¬P2）＝社会经济发展（P2）→逐步实现共同富裕（Q3），与条件④一致，能推出。	淘汰
答案	**B**	

例题 44

为了胎儿的健康，孕妇一定要保持身体健康。为了保持身体健康，她必须摄取足量的钙质，同时，为了摄取足量的钙质，她必须喝牛奶。

如果上述断定为真，则以下哪项必定是真的？

A. 如果孕妇不喝牛奶，胎儿就会出现健康问题。

B. 摄取了足量的钙质，孕妇就会身体健康。

C. 孕妇喝牛奶，她就会身体健康。

D. 孕妇喝牛奶，胎儿就会发育良好。

E. 孕妇不喝牛奶，胎儿也可以很健康。

► 【精点解析】

题干 信息	整理题干信息： 胎儿健康（P1）→孕妇保持身体健康（Q1／P2）→摄取足量的钙质（Q2／P3）→喝牛奶（Q3）	
选项	**解释**	**结果**
A	选项属于否定 Q3，推出否定 P1，符合假言推理规则。	正确

（续）

选项	解释	结果
B	选项肯定 Q2，推不出 P2，不能确定选项真假。	淘汰
C	选项肯定 Q3，推不出 P2，不能确定选项真假。	淘汰
D	选项肯定 Q3，推不出 P1，不能确定选项真假。	淘汰
E	选项相当于 P1∧¬ Q3，与题干矛盾，一定为假。	淘汰
答案	**A**	

3.4.3　假言判断的矛盾与等价

知识点　21　假言判断的矛盾判断与等价判断

【21-1-1】 充分/必要条件假言判断的矛盾判断

例如，董事长说：如果销售 1000 万，那么提拔你当销售经理。这句话在什么时候是假的呢？很显然在销售了 1000 万，但是却没有提拔你当销售经理的时候是假的。因此假言判断 P→Q 的矛盾判断是 P∧¬ Q。

由于充分条件"如果 P，那么 Q"等于必要条件"只有 Q，才 P"，二者的推理都是 P→Q，因此二者的矛盾和等价形式是一样的。

【21-1-2】 充要条件假言判断的矛盾判断

要掌握充要条件的推理，需理解充要条件表示 P 是 Q 的充分条件且 P 是 Q 的必要条件，即：P=Q 即 P→Q∧Q→P。因此 P=Q 的矛盾判断是：¬（P→Q∧Q→P）=¬（P→Q）∨¬（Q→P）=（P∧¬ Q）∨（Q∧¬ P）。

▶ **规则精点 13** ◀

复合判断规则-7：假言判断矛盾判断

假言判断：P→Q 与 P∧¬ Q 互为矛盾。

【注】 假言判断找矛盾需满足以下 3 点：①中间符号需为"且"；②P 取肯定；③Q 取否定。

庖丁解牛

例题 **45**　教育专家李教授指出，每个人在自己的一生中，都要不断地努力，否则就会像龟兔赛跑的故事一样，一时跑得快并不能保证一直领先。如果你本来基础好又能不断努力，那你肯定能比别人更早取得成功。

如果李教授的陈述为真，以下哪项一定为假？

A. 小王本来基础好并且能不断努力，但也可能比别人更晚取得成功。

B. 不论是谁，只有不断努力，才可能取得成功。

C. 只要不断努力，任何人都可能取得成功。

D. 一时不成功并不意味着一直不成功。

E. 人的成功是有衡量标准的。

► 【精点解析】

李教授的陈述：本来基础好又能不断努力（P）→比别人更早取得成功（Q），其矛盾判断一定为假，即：本来基础好又能不断努力（P）∧不比别人更早取得成功（¬Q）。因此答案选A。

例题 46　陈先生在鼓励他孩子时说道："不要害怕暂时的困难和挫折，不经历风雨怎么见彩虹？"他孩子不服气地说："您说得不对。我经历了那么多风雨，怎么就没见到彩虹呢？"

陈先生孩子的回答最适宜用来反驳以下哪项？

A. 如果想见到彩虹，就必须经历风雨。　　B. 只要经历了风雨，就可以见到彩虹。

C. 只有经历风雨，才能见到彩虹。　　D. 即使经历了风雨，也可能见不到彩虹。

E. 即使见到了彩虹，也不是因为经历了风雨。

► 【精点解析】

题干信息	整理题干信息： 经历了风雨（P）∧没见到彩虹（¬Q） 矛盾＝经历了风雨（P）→见到彩虹（Q）	
选项	解释	结果
A	选项＝见到彩虹（Q）→经历风雨（P），并非题干矛盾。	淘汰
B	选项＝经历风雨（P）→见到彩虹（Q），与题干矛盾一致。	正确
C	选项＝见到彩虹（Q）→经历风雨（P），并非题干矛盾。	淘汰
D	选项＝经历了风雨（P）→可能没见到彩虹（可能¬Q），并非题干矛盾。	淘汰
E	选项＝见到彩虹（Q）→不经历风雨（¬P），并非题干矛盾。	淘汰
答案	**B**	

【21-2-1】充分/必要条件假言判断的等价判断

逻辑推理的基本原则，当原命题为真时，矛盾命题一定为假，此时矛盾命题如果再取矛盾，就跟原命题是等价了，P∧¬Q的矛盾判断是¬P∨Q，因此假言判断P→Q的等价判断是¬P∨Q。

 "假言判断"的矛盾形式是"联言判断"，等价形式是"相容选言判断"。考生应认真掌握各判断间的关系，不要混淆它们的形式。

【21-2-2】充要条件假言判断的等价判断

根据原命题与矛盾命题的矛盾等价的原则，P＝Q＝¬〔（P∧¬Q）∨（Q∧¬P）〕＝¬（P∧¬Q）∧¬（Q∧¬P）＝（¬P∨Q）∧（¬Q∨P）。

◢ 规则精点14 ◣

复合判断规则-8：假言判断等价原则

假言判断可变"或"：P→Q与¬P∨Q互为等价。

【注】假言判断找等价需满足以下3点：①中间符号需为"或"；②P取否定；③Q取肯定。

例题 47

从"首届中国国际进口博览会"的企业互动可以看出，现在人们越来越重视企业产品的质量与售后服务。某专家认为：除非产品质量通过相关认证，否则不能入驻进口博览会。

根据上述专家的观点，以下哪项一定为真？

A. 或者不能入驻进口博览会，或者产品质量没有通过相关认证。

B. 或者不能入驻进口博览会，或者产品质量通过相关认证。

C. 如果产品质量通过相关认证，就能入驻进口博览会。

D. 或者能入驻进口博览会，或者产品质量没有通过相关认证。

E. 或者能入驻进口博览会，或者产品质量通过相关认证。

▶ 【精点解析】

题干信息	整理题干信息： 根据标志词"除非 Q，否则 P = ¬ P→Q"，可将题干转化为：能入驻进口博览会（P）→产品质量通过相关认证（Q）= 不能入驻进口博览会（¬ P）∨产品质量通过相关认证（Q）。	
选项	**解释**	**结果**
A	选项 = 不能入驻进口博览会（¬ Q）∨产品质量没有通过相关认证（¬ Q），当 ¬ P∨Q 为真时，¬ P 和 ¬ Q 均无法判断，故 ¬ P∨¬ Q 可能真。	淘汰
B	选项 = 不能入驻进口博览会（¬ P）∨产品质量通过相关认证（Q），与题干等价，一定为真。	**正确**
C	选项 = 产品质量通过相关认证（Q）→能入驻进口博览会（P），与题干推理不一致，可能为真。	淘汰
D	选项 = 能入驻进口博览会（P）∨产品质量没有通过相关认证（¬ Q），当 ¬ P∨Q 为真时，P 和 ¬ Q 均无法判断，故 P∨¬ Q 可能真。	淘汰
E	该项 = 能入驻进口博览会（P）∨产品质量通过相关认证（Q），当 ¬ P∨Q 为真时，P 和 Q 均无法判断，故 P∨Q 可能真。	淘汰
答案	**B**	

 例题 48

除非对重污染企业采取强制管理措施，否则雾霾不会缓解。

如果以上判断为真，可能出现的情况是？

Ⅰ. 雾霾得到缓解，但对重污染企业采取强制管理措施。

Ⅱ. 雾霾不会得到缓解，并且对重污染企业采取强制管理措施。

Ⅲ. 雾霾得到缓解，同时对重污染企业没有采取强制管理措施。

Ⅳ. 雾霾没有得到缓解，但对重污染企业没有采取强制管理措施。

A. Ⅰ和Ⅱ。　　　　　B. Ⅱ和Ⅲ。　　　　　C. Ⅲ和Ⅳ。

D. Ⅰ、Ⅱ和Ⅲ。　　　　E. Ⅰ、Ⅱ和Ⅳ。

▶ 【精点解析】

题干信息	整理题干信息： 根据标志词"除非 Q，否则 P = ¬P→Q"，可将题干转化为：雾霾得到缓解（P）→对重污染企业采取强制管理措施（Q）=雾霾不会缓解（¬P）∨对重污染企业采取强制管理措施（Q）。		
选项	解释		结果
Ⅰ	选项=雾霾得到缓解（P）∧对重污染企业采取强制管理措施（Q），可能为真。		可能真
Ⅱ	选项=雾霾不会得到缓解（¬P）∧对重污染企业采取强制管理措施（Q），可能为真。		可能真
Ⅲ	选项=雾霾得到缓解（P）∧对重污染企业没有采取强制管理措施（¬Q），一定假。		一定假
Ⅳ	选项=雾霾没有得到缓解（¬P）∧对重污染企业没有采取强制管理措施（¬Q），可能为真。		可能真
答案	**E**		

例题 49

在恐龙灭绝 6500 万年后的今天，地球正面临着又一次物种大规模灭绝的危机。截止到 20 世纪末，全球大约有 20% 的物种灭绝。现在，大熊猫、西伯利亚虎、北美玳瑁、巴西红木等许多珍稀物种面临着灭绝的危险。有三位学者对此作了预测。

学者一：如果大熊猫灭绝，则西伯利亚虎也将灭绝；

学者二：如果北美玳瑁灭绝，则巴西红木不会灭绝；

学者三：或者北美玳瑁灭绝，或者西伯利亚虎不会灭绝。

如果三位学者的预测都为真，则以下哪项一定为假？

A. 大熊猫和北美玳瑁都将灭绝。　　　B. 巴西红木将灭绝，西伯利亚虎不会灭绝。

C. 大熊猫和巴西红木都将灭绝。　　　D. 大熊猫将灭绝，巴西红木不会灭绝。

E. 巴西红木将灭绝，大熊猫不会灭绝。

▶ 【精点解析】

题干信息	整理题干信息： ①学者一：如果大熊猫灭绝，则西伯利亚虎也将灭绝=大熊猫灭绝→西伯利亚虎灭绝 ②学者二：如果北美玳瑁灭绝，则巴西红木不会灭绝=北美玳瑁灭绝→巴西红木不灭绝 ③学者三：或者北美玳瑁灭绝，或者西伯利亚虎不会灭绝=西伯利亚虎灭绝→北美玳瑁灭绝
解题步骤	
第一步	观察题干中重复概念："西伯利亚虎灭绝"和"北美玳瑁灭绝"分别重复两次，尝试将重复出现的概念连接起来，如下： 大熊猫灭绝→西伯利亚虎灭绝→北美玳瑁灭绝→巴西红木不灭绝
第二步	可得：大熊猫灭绝→巴西红木不灭绝。其矛盾判断"大熊猫灭绝∧巴西红木灭绝"一定为假。
答案	**C**

3.5　负判断

负判断由两部分构成：肢判断和否定联结词。被否定的判断叫负判断的肢判断，否定肢判断的逻辑词叫否定联结词。

负判断的标准形式是：并非 P（¬P）。其他常用形式还有"并不是 P""非 P""P 是假的"等。

 负判断与它的原判断是矛盾关系（即不能同真也不能同假，必有一真一假），原判断假则负判断真，原判断真则负判断假。反之亦然。

知识点　22　常见负判断等价变形

（1）直言判断的负判断

原判断	负判断	示例
所有 S 都是 P	并非所有 S 都是 P＝有的 S 不是 P	并非所有人都自私＝有的人不自私
所有 S 都不是 P	并非所有 S 都不是 P＝有的 S 是 P	并非所有人都不自私＝有的人是自私的
有的 S 是 P	并非有的 S 是 P＝所有 S 都不是 P	并非有的人自私＝所有人都不自私
有的 S 不是 P	并非有的 S 不是 P＝所有 S 都是 P	并非有的人不自私＝所有人都自私

（2）联言判断与选言判断的负判断

原判断	负判断	示例
$P \wedge Q$	并非 $P \wedge Q = \neg P \vee \neg Q$	并非这次事故既有天灾又有人祸＝这次事故或者没有天灾或者没有人祸
$P \vee Q$	并非 $P \vee Q = \neg P \wedge \neg Q$	并非有钱或有权＝没有钱并且没有权
$P \veebar Q$	并非 $P \veebar Q = (P \wedge Q) \vee (\neg P \wedge \neg Q)$	并非要么去北京，要么去上海＝或者既不去北京又不去上海，或者既去北京又去上海

（3）假言判断的负判断

原判断	负判断	示例
$P \rightarrow Q$	并非如果 P，那么 $Q = P \wedge \neg Q$	并非（如果张三数学好，他就能考上工程硕士）＝张三数学好但是他并没有考上工程硕士
$Q \leftarrow P$	并非只有 Q，才 $P = P \wedge \neg Q$	并非（只有李四贪污，他才会犯大错误）＝李四不贪污，他也犯大错误
$P \leftrightarrow Q$	并非只要而且只有 P 才 $Q = (P \wedge \neg Q) \vee (\neg P \wedge Q)$	并非（当且仅当喜鹊叫，才有客人来）＝喜鹊叫但没有客人来，或者喜鹊不叫但是客人也来了

例题 50 请给出下列负判断的等值判断。

（1）并非所有的物体都是固体。

（2）并非所有的金属都不是液体。

（3）并非有的人是生而知之的。

（4）并非只有摩擦，才能生热。

（5）并非物美价廉。

（6）并非所有的干部都称职。

（7）并非有的人是长生不老的。

（8）并非才貌双全。

（9）并非李四光是诗人。

（10）并非善有善报、恶有恶报。

▶ **【精点解析】**

（1）有的物体不是固体。

（2）有的金属是液体。

（3）所有的人都不是生而知之的。

（4）生热，但是没摩擦。

（5）或者物不美，或者价不廉。

（6）有的干部不称职。

（7）所有的人都不是长生不老的。

（8）或者没有才，或者没有貌。

（9）李四光不是诗人。

（10）或者善没有善报，或者恶没有恶报。

▶ 每课一练（2）

🕐 **时间：20分钟**   得分：

本测试题共有 10 小题，每小题 2 分，共 20 分。请从下面每小题所列的 5 个备选答案中选取出 1 个，多选为错。

【题01】"只有知人善任，才能人尽其才。"以下诸项都准确表达了上述断定的含义，除了？
A. 除非知人善任，否则不能人尽其才。
B. 如果不知人善任，那么不能人尽其才。
C. 如果能人尽其才，说明一定知人善任。
D. 知人善任，是能人尽其才的必不可少的条件。
E. 只要知人善任，就一定能人尽其才。

【题02】如果吃早饭，则会保证肠胃健康；如果不吃早饭，则会导致低血糖。如果晚饭吃得过饱，则会引起高血脂；而如果不吃晚饭或者吃得太少，也会导致低血糖。
以上陈述为真，又知老王的血糖不低，则可以推出以下各项结论，除了哪项？
A. 老王的肠胃健康。   B. 老王吃早饭了。
C. 老王吃晚饭了。   D. 老王血脂较高。
E. 老王晚饭吃得不是太少。

【题03】人生之路不可能事事尽人意。对于人们来说，实现个人利益最大化，成全所有人和问心无愧不可能都做到。
如果上述断定为真，以下哪项不可能是假的？
A. 如果能够实现个人利益最大化，那么就不能够做到问心无愧。
B. 如果成全所有人和问心无愧都没有做到，那么就能够实现个人利益最大化。
C. 如果没有实现个人利益最大化，那么成全所有人和问心无愧至少有一个能够做到。
D. 如果能够实现个人利益最大化，那么成全所有人和问心无愧都没有做到。
E. 如果实现个人利益最大化和问心无愧都能做到，那么就不可能成全所有人。

【题04】许多国家首脑在出任前并没有丰富的外交经验，但这并没有妨碍他们做出成功的外交决策。外交学院的教授告诉我们，丰富的外交经验对于成功的外交决策是不可缺少的。但事实上，一个人，只要有高度的政治敏感、准确的信息分析能力和果断的个人勇气，就能很快地学会如何做出成功的外交决策。对于一个缺少以上三种素养的外交决策者来说，丰富的外交经验没有什么价值。
如果上述断定为真，则以下哪项一定为真？
A. 外交学院的教授比任前的国家首脑具有更多的外交经验。
B. 具有高度的政治敏感、准确的信息分析能力和果断的个人勇气，是一个国家首脑做出成功的外交决策的必要条件。
C. 丰富的外交经验，对于国家首脑做出成功的外交决策来说，既不是充分条件，也不是必要条件。
D. 丰富的外交经验，对于国家首脑做出成功的外交决策来说，是必要条件，但不是充分条件。
E. 在其他条件相同的情况下，外交经验越丰富，越有利于做出成功的外交决策。

【题05】国有企业每年都必须向主管部门申报贸易计划，并按照计划开展工作。东海集团和华联集团都是国有外贸型企业，两个集团最多有一个实现了创外汇计划。

由此不可能推出以下哪项？

A. 东海集团和华联集团都没实现创外汇计划。

B. 东海集团和华联集团至少有一个没有实现创外汇计划。

C. 如果东海集团实现了创外汇计划，那么华联集团就一定没有实现创外汇计划。

D. 如果华联集团实现了创外汇计划，那么东海集团就一定没有实现创外汇计划。

E. 东海集团和华联集团都实现了创外汇计划。

【题06】刑警杨某从某个杀人现场勘察完毕回到局里。门卫老张问他结果怎么样，杨某说已经调查出杀人犯到过现场。老张知道杨刑警在调侃他，因为根本无须杨某告诉，他就知道：如果某人是杀人犯，那么案发时他一定在现场。

依据门卫老张的话，我们可以推知以下哪项？

A. 如果张三案发时在现场，那么他就是杀人犯。

B. 如果李四案发时不在现场，那么他就不是杀人犯。

C. 如果王五案发时不在现场，那么他就是杀人犯。

D. 尽管赵六案发时不在现场，但仍有可能是杀人犯。

E. 除非钱二案发时在现场，否则他一定是杀人犯。

【题07】语言在人类的交流中起着重要的作用。如果一种语言是完全有效的，那么，其基本语音的每一种可能的组合都能够表达有独立意义和可以理解的词。但是，如果人类的听觉系统接收声音信号的功能有问题，那么，并非基本语音每一种可能的组合都能够成为有独立意义和可以理解的词。

如果上述断定为真，则以下哪项一定为真？

A. 如果人类的听觉系统接收声音信号的功能正常，那么一种语言的基本语音的每一种可能的组合都能够成为有独立意义和可以理解的词。

B. 如果人类的听觉系统接收声音信号的功能有问题，那么语言就不可能完全有效。

C. 语言的有效性导致了人类交流的实用性。

D. 人体的听觉系统是人类交流最重要的部分。

E. 如果基本语音每一种可能的组合都能够成为有独立意义和可以理解的词，则该语言完全有效。

【题08】麦老师：只有博士生导师才能担任学校"高级职称评定委员会"评委。

宋老师：不对。董老师是博士生导师，但不是"高级职称评定委员会"评委。

宋老师的回答说明他将麦老师的话错误地理解为以下哪项？

A. 有的"高级职称评定委员会"评委是博士生导师。

B. 董老师应该是"高级职称评定委员会"评委。

C. 只要是博士生导师，就是"高级职称评定委员会"评委。

D. 并非所有的博士生导师都是"高级职称评定委员会"评委。

E. 董老师不是学科带头人，但他是博士生导师。

【题09】真诚是一种智慧，一种才能，一种武器，而无关道德。它是心智成熟的一个必备素质，即使是恶人，也只有那些秉持真诚原则的恶人，才能成为"巨恶"。

根据以上信息，则以下哪项一定为真？

A. 一个人除非真诚，才不可能心智成熟。

B. 你要做到心智成熟，否则不可能真诚。

C. 只有心智成熟的人，才不真诚。

D. 一个人或者心智成熟，或者不真诚。

E. 除非真诚，否则不可能心智成熟。

【题 10】 李老师说："并非丽丽考上了清华大学并且明明没有考上南京大学。"
如果李老师说的为真，则以下哪项可能为真？

Ⅰ. 丽丽考上了清华大学，明明考上了南京大学。

Ⅱ. 丽丽没考上清华大学，明明没考上南京大学。

Ⅲ. 丽丽没考上清华大学，明明考上了南京大学。

Ⅳ. 丽丽考上了清华大学，明明没考上南京大学。

A. 仅Ⅰ和Ⅱ。　　　　B. 仅Ⅱ和Ⅲ。　　　　C. 仅Ⅱ和Ⅳ。

D. Ⅰ、Ⅱ、Ⅲ和Ⅳ。　E. 仅Ⅰ、Ⅱ和Ⅲ。

每课一练（2）答案及解析

【题 01】 答案 **E**。

题干信息	根据"只有 Q，才 P"，题干可转化为：能人尽其才（P）→知人善任（Q）=不知人善任（¬Q）→不能人尽其才（¬P）。	
选项	解析	结果
A	选项=能人尽其才→知人善任=P→Q，与题干一致。	淘汰
B	选项=不知人善任→不能人尽其才=¬Q→¬P，与题干一致。	淘汰
C	选项=能人尽其才→知人善任=P→Q，与题干一致。	淘汰
D	选项=能人尽其才→知人善任=P→Q，与题干一致。（提示：Q 是 P 必不可少的条件=P→Q）	淘汰
E	选项=知人善任→能人尽其才=Q→P，与题干不一致。	**正确**

【题 02】 答案 **D**。

	解题步骤
	解题步骤
第一步	整理题干信息：①P1：吃早饭→Q1：肠胃健康。②P2：不吃早饭→Q2：低血糖。③P3：晚饭吃得过饱→Q3：高血脂。④P4：不吃晚饭∨吃得太少→Q4：低血糖。⑤老王血糖不低。
第二步	联合①②⑤可得：老王血糖不低→吃早饭→肠胃健康。可推出 A 和 B。
第三步	联合④⑤可得：老王血糖不低→吃晚饭∧吃得不太少。可推出 C 和 E。
第四步	D 选项推不出。联合④⑤可得：吃晚饭∧并非吃得太少。并非吃得太少不意味吃得过饱，无法肯定③中的 P3，进而就推不出 Q3。

【题03】答案 E。

题干信息	题干 = ¬（实现个人利益最大化 ∧ 成全所有人 ∧ 问心无愧）= 没有实现个人利益最大化（M）∨ 没有成全所有人（N）∨ 没有做到问心无愧（R）。	
选项	**解析**	**结果**
A	选项前半句 = 如果¬M。那么应该推出 N∨R 为真，无法得出 R 为真。	淘汰
B	选项前半句 = 如果没有成全所有人∧没有做到问心无愧 = N∧R。肯定不确定，故推不出¬M。	淘汰
C	选项前半句 = 如果没有实现个人利益最大化（M）。肯定不确定，故推不出¬N∨¬R。	淘汰
D	选项前半句 = 如果¬M。那么应该推出 N∨R 为真，无法得出 N∧R 为真。	淘汰
E	选项前半句 = 实现个人利益最大化（¬M）∧问心无愧（¬R）。否定必肯定，能推出没有成全所有人（N）。	**正确**

【题04】答案 C。

	解题步骤
第一步	考生需理解必要条件的实质：没有 Q 必然没有 P 即是必要，没有 Q 同时也有 P 即是不必要。"许多国家首脑在出任前并未有丰富的外交经验，但这并没有妨碍他们做出成功的外交决策"，说明丰富的外交经验对于做出成功的外交决策不是必要条件。
第二步	考生需理解充分条件的实质：有 P 必然有 Q 即是充分，有 P 同时没有 Q 即是不充分。"对于一个缺少以上三种素养的外交决策者来说，丰富的外交经验没有什么价值"，说明有丰富的外交经验也不能做出成功的外交决策，丰富的外交经验对于做出成功的外交决策不是充分条件。
第三步	由此可知，丰富的外交经验对于做出成功的外交决策既不是充分条件也不是必要条件。考生注意，充分必要条件的考点是考试中的难点，一定要把握假言判断各条件关系内涵进行解题。

【题05】答案 E。

题干信息	至多有一个实现了创外汇计划，就意味着至少有一个没有实现创外汇计划，即：东海集团没实现创外汇计划（P）∨华联集团没实现创外汇计划（Q）。	
选项	**解析**	**结果**
A	P∨Q 为真时，P∧Q 可能为真，可能推出。	淘汰
B	选项属于 P∨Q，与题干等价，一定为真，能推出。	淘汰
C	P∨Q 为真时，¬P→Q 一定为真，能推出。	淘汰
D	P∨Q 为真时，¬Q→P 一定为真，能推出。	淘汰
E	选项属于¬P∧¬Q，与题干矛盾，一定为假，推不出。	**正确**

【题 06】答案 B。

题干信息	某人是杀人犯（P）→这个人案发时在现场（Q）	
选项	解释	结果
A	选项＝张三案发时在现场（Q）→张三是杀人犯（P），与题干不一致。	淘汰
B	选项＝李四案发时不在现场（﹁Q）→李四不是杀人犯（﹁P）＝李四是杀人犯（P）→李四案发时在现场（Q），与题干一致。	正确
C	选项＝王五案发时不在现场（﹁Q）→王五是杀人犯（P），与题干不一致。	淘汰
D	选项＝赵六是杀人犯（P）∧赵六案发时不在现场（﹁Q），与题干不一致。	淘汰
E	选项＝钱二案发时不在现场（﹁Q）→钱二是杀人犯（P），与题干不一致。	淘汰

【题 07】答案 B。

题干信息	一种语言是完全有效的（P1）→其基本语音的每一种可能的组合都能够表达有独立意义和可以理解的词（Q1/P2）→人类的听觉系统接收声音信号的功能没有问题（Q2）。	
选项	解析	结果
A	选项＝Q2→P2，不符合假言判断推理规则。	淘汰
B	选项＝﹁Q2→﹁P1，符合假言判断推理规则。	正确
C	题干不涉及相关信息，故无法判断真假。	淘汰
D	题干不涉及相关信息，故无法判断真假。	淘汰
E	选项＝Q1→P1，不符合假言判断推理规则。	淘汰

【题 08】答案 C。

	解题步骤
第一步	整理题干推理： 麦老师："高级职称评定委员会"评委→博士生导师。 宋老师：﹁"高级职称评定委员会"评委∧博士生导师。
第二步	宋老师的矛盾命题："高级职称评定委员会"评委∨﹁博士生导师＝博士生导师→"高级职称评定委员会"评委，即为 C 项。题干中的宋老师将麦老师讲的充分条件错误理解为必要条件。

【题 09】答案 E。

题干信息	根据标志词"Q 是 P 的必备素质"，可将题干信息转化为：心智成熟（P）→真诚（Q）＝心智不成熟（﹁P）∨真诚（Q）。	
选项	解析	结果
A	该项＝不可能心智成熟→真诚＝﹁P→Q，可能真（即不确定）。	淘汰
B	该项＝心智不成熟→不真诚＝﹁P→﹁Q，可能真。	淘汰
C	该项＝不真诚→心智成熟＝﹁Q→P，可能真。	淘汰

（续）

选项	解析	结果
D	该项＝心智成熟∨不真诚＝P∨¬Q。考生注意，当¬P∨Q为真时，P和¬Q均无法判断真假，因此P∨¬Q可能真。	淘汰
E	该项＝心智成熟→真诚＝P→Q，一定真。（提示：除非Q，否则不P＝P→Q）	正确

【题10】答案 **E**。

题干信息	并非丽丽考上了清华大学并且明明没有考上南京大学＝丽丽没考上清华大学（P）∨明明考上了南京大学（Q）。P∨Q为真，表示至少有一个为真，不能确定P、Q的真假。	
选项	解析	结果
Ⅰ	选项属于¬P∧Q的形式，可能为真。	正确
Ⅱ	选项属于P∧¬Q的形式，可能为真。	正确
Ⅲ	选项属于P∧Q的形式，可能为真。	正确
Ⅳ	选项属于¬P∧¬Q的形式，与题干矛盾，一定为假。	淘汰

▶ 每课一考（2）

🕐 时间：20分钟　　　　　　　　　　　　　　　　　　　　　　得分：

本测试题共有 10 小题，每小题 2 分，共 20 分。请从下面每小题所列的 5 个备选答案中选取出 1 个，多选为错。

【题 01】最困难的事情是正确认识自己。只有正确认识自己，才能不断进步。或者不断进步，或者一事无成。不能听取客观的评价，就不能正确认识自己。

如果上述陈述为真，以下哪项一定为真？

A. 若一事无成，就不能正确认识自己。

B. 只要听取客观的评价，就能不断进步。

C. 如果人能够不断进步，那就不会一事无成。

D. 或者能不断进步，或者能听取客观的评价。

E. 只有能够听取客观评价，才能不一事无成。

【题 02】东山市威达建材广场每家商店的门边都设有垃圾桶。这些垃圾桶的颜色是绿色或红色。

如果上述断定为真，则以下哪项一定为真？

Ⅰ. 东山市有一些垃圾桶是绿色的。

Ⅱ. 如果东山市的一家商店门边没有垃圾桶，那么这家商店不在威达建材广场。

Ⅲ. 如果东山市的一家商店门边有一个红色垃圾桶，那么这家商店是在威达建材广场。

A. 只有Ⅰ。　　　　　　　　B. 只有Ⅱ。　　　　　　　　C. 只有Ⅰ和Ⅱ。

D. 只有Ⅰ和Ⅲ。　　　　　　E. Ⅰ、Ⅱ和Ⅲ。

【题 03】世界乒乓球锦标赛男子团体赛的决赛前，S 国的教练在排兵布阵，他的想法是：如果 4 号队员的竞技状态好，并且伤势已经痊愈，那么让 4 号队员出场；只有 4 号队员不能出场，才派 6 号队员出场。

如果决赛时 6 号队员出场，则以下哪一项肯定为真？

A. 4 号队员伤势比较重。　　　　　B. 4 号队员的竞技状态不好。

C. 6 号队员没有受伤。　　　　　D. 如果 4 号队员伤已痊愈，那么他的竞技状态不好。

E. 以上答案都不正确。

【题 04】实现伟大梦想从来都不是在风平浪静、一马平川中顺利进行的，其必然是在应对挑战、化解风险中艰难奋进的。只有在遇见一系列复杂的矛盾和难题时沉着应对才能深刻认识到发展起来以后的问题并不比不发展的时候少，而如果在遇见一系列复杂的矛盾和难题时沉着应对，那么就能实现伟大梦想。

如果上述陈述为真，则以下哪项一定为真？

A. 如果能深刻认识到发展起来以后的问题并不比不发展的时候少，就能在应对挑战、化解风险中艰难奋进。

B. 如果实现伟大梦想，那么能在遇见一系列复杂的矛盾和难题时沉着应对。

C. 若没有在应对挑战、化解风险中艰难奋进，则能深刻认识到发展起来以后的问题并不比不发展的时候少。

D. 若没有在遇见一系列复杂的矛盾和难题时沉着应对，则在应对挑战、化解风险中艰难奋进。

E. 若不能深刻认识到发展起来以后的问题并不比不发展的时候少，则不能实现伟大梦想。

【题05】如果有谁没有读过此份报告，那么或者是他对报告的主题不感兴趣，或者是他对报告的结论持反对态度。

如果上述断定是真的，则以下哪项也一定是真的？

Ⅰ. 一个读过此份报告的人，一定既对报告的主题感兴趣，也对报告的结论持赞成态度。

Ⅱ. 一个对报告的主题感兴趣，并且对报告的结论持赞成态度的人，一定读过此份报告。

Ⅲ. 一个对报告的主题不感兴趣，并且对报告的结论持反对态度的人，一定没有读过此份报告。

A. 只有Ⅰ。　　　　　B. 只有Ⅱ。　　　　　C. 只有Ⅲ。

D. 只有Ⅰ和Ⅲ。　　　E. Ⅰ、Ⅱ和Ⅲ。

【题06】我国已故著名逻辑学家金岳霖小时候听到"金钱如粪土""朋友值千金"这样两句话后，发现有逻辑问题，因为它们可推出"朋友如粪土"的荒唐结论。

既然"朋友如粪土"这个结论不成立，于是从逻辑上可以推出以下哪项？

A. "金钱如粪土"这一说法是假的。

B. 如果朋友确实值千金，那么金钱并非如粪土。

C. "朋友值千金"这一说法是真的。

D. "金钱如粪土""朋友值千金"这两句话都真。

E. "金钱如粪土""朋友值千金"这两句话都假。

【题07】如果马来西亚航空公司的客机没有发生故障，也没有被恐怖组织劫持，那就一定是被导弹击落了。如果客机被导弹击落，一定会被卫星发现。如果卫星发现客机被导弹击落，一定会向媒体公布。

如果要得到"飞机被恐怖组织劫持了"这一结论，需要补充以下哪项？

A. 客机没有被导弹击落。

B. 没有导弹击落客机的报道，客机也没有发生故障。

C. 客机没有发生故障。

D. 客机发生了故障，没有导弹击落客机。

E. 客机没有发生故障，卫星发现客机被导弹击落。

【题08】孟子曰："吾闻之也：有官守者，不得其职则去；有言责者，不得其言则去。我无官守，我无言责也，则吾进退，岂不绰绰然有余裕哉？"

根据上述陈述，可以推出以下哪项？

A. 若不去，则说明无官守。　　　B. 若不去，则说明无言责。

C. 只有有官守且不得其职，才去。　D. 如果不去且有官守，那么得其职。

E. 不得其职不得其言。

【题09】某电商平台推出 A，B，C 三款产品，这三款产品中至少有一款会在 6 月 18 号之前上线。而且：（1）如果 A 产品上线，那么 B 产品一定要上线。（2）要上线的产品必须先注册，经过三天的认证期后才能上线。（3）产品 C 在 6 月 17 号才申请注册。

根据上述情况，以下哪项一定为真？

A. A 产品上线。　　　　B. B 产品上线。　　　　C. C 产品上线。

D. A 和 B 产品上线。　　E. A 和 C 产品都不能上线。

【题 10】一个国家如果没有芯片产业的关键技术，则该国的芯片产业将受制于人，如果一个国家芯片产业受制于人，就不会拥有完整的芯片产业链。只要拥有完整的芯片产业链，一个国家才会拥有话语权。

根据上述陈述，以下哪项一定为真？

A. 如果一个国家芯片产业不受制于人，那么不会拥有话语权。

B. 如果一个国家有芯片产业的关键技术，那么就拥有话语权。

C. 如果一个国家有芯片产业的关键技术，那么就拥有完整的芯片产业链。

D. 如果一个国家拥有完整的芯片产业链，那么不会拥有话语权。

E. 如果一个国家拥有话语权，说明有芯片产业的关键技术。

🔑 每课一考（2）答案及解析

【题 01】 答案 **E**。

题干信息	①不断进步→正确认识自己。 ②不断进步∨一事无成。 ③不能听取客观的评价→不能正确认识自己。 联合①、②和③可推得：④不会一事无成→不断进步→正确认识自己→听取客观的评价。	
选项	**解释**	**结果**
A	选项否定了条件④中的 P 位，无法得出确定为真的信息。	淘汰
B	选项肯定了条件④中的 Q 位，无法得出确定为真的信息。	淘汰
C	选项肯定了条件④中的 Q 位，无法得出确定为真的信息。	淘汰
D	选项=不能不断进步→能听取客观评价，其否定了条件④中的 P 位，无法得出确定为真的信息。	淘汰
E	选项与条件④的推理一致，一定为真。	**正确**

【题 02】 答案 **B**。

题干信息	东山市威达建材广场每家商店的门边（P）→有垃圾桶（Q1/ P2）→绿色∨红色（Q2）	
选项	**解析**	**结果**
Ⅰ	根据 P∨Q 的含义，我们无法确定垃圾桶颜色，它们可以都是绿色，也可以都是红色，考生想一想。	可能真
Ⅱ	选项否定 Q1，可推出否定 P1，一定为真。	**一定真**
Ⅲ	有一个红色垃圾桶，肯定 Q2，什么也推不出。	可能真

【题03】答案 D。

	解题步骤
第一步	整理题干信息：①4号队员的竞技状态好∧伤势已经痊愈（P1∧P2）→4号队员出场（Q1）；②6号队员出场（P3）→4号队员不能出场（Q2）；③6号队员出场（确定的事实）。
第二步	将③代入②，肯定P3可推出肯定Q2：4号队员不能出场。再将4号队员不能出场代入①，否定Q1，可得：¬P1∨¬P2。
第三步	分析选项。根据相容选言判断"否定一个，必肯定另一个"的原则，可得：4号队员伤已痊愈→竞技状态不好。因此可得答案选D。

【题04】答案 A。

题干信息	①实现伟大梦想（P1）→在应对挑战、化解风险中艰难奋进（Q1）。 ②深刻认识发展起来以后的问题并不比不发展的时候少（P2）→遇见一系列复杂的矛盾和难题时沉着应对（Q2）。 ③遇见一系列复杂矛盾和难题时沉着应对（P3）→实现伟大梦想（Q3）。

	解题步骤
第一步	联合条件①②③可知：深刻认识发展起来以后的问题并不比不发展的时候少（P2）→遇见一系列复杂的矛盾和难题时沉着应对（Q2/P3）→实现伟大梦想（Q3/P1）→在应对挑战、化解风险中艰难奋进（Q1）。
第二步	分析选项。

选项	解释	结果
A	选项＝P2→Q1，与题干推理一致，一定为真。	正确
B	选项＝Q3→P3，与题干推理不一致，无法判断其真假。	淘汰
C	选项＝¬Q1→P2，与题干推理不一致，无法判断其真假。	淘汰
D	选项＝¬P3→Q1，与题干推理不一致，无法判断其真假。	淘汰
E	选项＝¬P2→¬Q3，与题干推理不一致，无法判断其真假。	淘汰

【题05】答案 B。

题干信息	有谁没有读过此份报告（P）→他对报告的主题不感兴趣（M）∨他对报告的结论持反对态度（N）。

选项	解释	结果
Ⅰ	选项＝¬P→¬M∧¬N，与题干的推理不一致。	不确定
Ⅱ	选项＝¬M∧¬N→¬P，与题干互为逆否等价。	一定真
Ⅲ	选项＝M∧N→P，与题干的推理不一致。	不确定

【题 06】答案 B。

解题步骤	
第一步	整理题干推理：金钱如粪土∧朋友值千金（P）→朋友如粪土（Q）
第二步	朋友如粪土不成立，就意味着否定 Q，可推出否定 P，即"金钱不如粪土∨朋友不值千金"。
第三步	根据相容选言判断"否定必肯定"的原则可得"朋友值千金→金钱不如粪土"一定为真。因此答案选 B。因为 P∨Q 为真时，推不出 P 和 Q 的真假，故排除 A 和 C。因为"或"为真时，推不出"且"为真，故排除 D 和 E。

【题 07】答案 B。

解题步骤	
第一步	整理题干信息：没有发生故障∧没有被劫持（P1）→被导弹击落（Q1/P2）→被卫星发现（Q2/P3）→向媒体公布（Q3）。
第二步	想得到"飞机被劫持"，首先否定 Q3，没有向媒体公布，可得¬ P1，发生故障∨被劫持，再否定"发生故障"，可得到"飞机被劫持"。故答案为 B。

【题 08】答案 D。

题干信息	①有官守者∧不得其职→去。②有言责者∧不得其言→去。	
选项	**解释**	**结果**
A	选项=不去→无官守，题干条件①逆否等价为：不去→无官守∨得其职；由于相容选言判断干为真时，无法判断各个肢的真假，由此选项的真假无法判断。	淘汰
B	选项=不去→无言责，题干条件②逆否等价为：不去→无言责∨得其言；由于相容选言判断干为真时，无法判断各个肢的真假，由此选项的真假无法判断。	淘汰
C	选项=去→有官守∧不得其职，与题干条件①的推理不一致，由此选项的真假无法判断。	淘汰
D	选项=不去→有官守→得其职=去∨无官守∨得其职=有官守∧不得其职→去（相容选言判断"否定必肯定"），选项与条件①的推理一致，由此一定为真。	**正确**
E	选项=得其言→得其职，由于题干条件①和②无法进行联合，由此选项的真假无法判断。	淘汰

【题 09】答案 B。

解题步骤	
第一步	整理题干信息：①A 产品上线→B 产品上线。②产品上线→注册∧经过三天的认证期。③产品 C 在 6 月 17 号申请注册。④A 产品∨B 产品∨C 产品至少有一款在 6 月 18 号之前上线

（续）

	解题步骤
第二步	联合条件②和④，若产品 C 要在 6 月 18 号之前上线，必须"注册∧经过三天的认证期"，即产品 C 最晚要在 6 月 15 号进行注册，结合条件③可推知，产品 C 不能在 6 月 18 号之前上线（没有经过三天认证期）。根据条件①，若 B 产品不上线，则 A 产品就不能上线，此时与条件④矛盾，因此 B 产品一定会上线，答案选 B。

【题 10】答案 E。

题干信息	①没有芯片产业的关键技术→芯片产业受制于人 ②芯片产业受制于人→不会拥有完整的芯片产业链 ③拥有话语权→拥有完整的芯片产业链 联合条件①②③可得： ④拥有话语权（P）→拥有完整的芯片产业链（Q）→芯片产业不受制于人（M）→拥有芯片产业的关键技术（N）	
选项	**解释**	**结果**
A	选项=芯片产业不受制于人（M）→不会拥有话语权（¬P），与条件④不一致，无法判断其真假。	淘汰
B	选项=拥有芯片产业的关键技术（N）→拥有话语权（P），与条件④不一致，无法判断其真假。	淘汰
C	选项=拥有芯片产业的关键技术（N）→拥有完整的芯片产业链（Q），与条件④不一致，无法判断其真假。	淘汰
D	选项=拥有完整的芯片产业链（Q）→不会拥有话语权（¬P），与条件④不一致，无法判断其真假。	淘汰
E	选项=拥有话语权（P）→拥有芯片产业的关键技术（N），与条件④一致，一定为真。	正确

分析推理主要考查考生对于题干信息的理解分析能力，以及相应的综合推理能力，在近五年的考试中，分值比重越来越大，试题的灵活度和难度也逐年增加。为了帮助考生更好地应对分析推理题，我们在此为大家归纳分析推理的一般解题思想，便于大家快速掌握分析推理的一般解题方法。

第2章　分析推理基础入门

知识点　23　分析推理基本解题思想

分析推理是近些年考试的重点内容，该部分重在分析，在下笔推理之前能分析出最佳解题思路便可达到事半功倍的效果。分析推理部分最初的学习重心应该是理清楚解题思路，而非拿到题目下手就做。

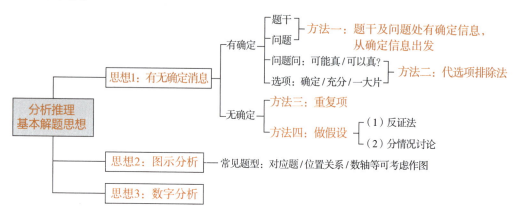

分析推理基本解题思想思维导图

解题思想1　区分确定信息与不确定信息

做分析推理时，常常需要考生能够快速识别题干中的条件究竟属于确定信息还是不确定信息。确定信息一般是可以直接用的，它一般存在于：（1）题干信息；（2）问题中的附加条件；（3）选项。故我们首先要抓住题干的确定信息，进而快速解题。

1. 确定信息：确定信息表示唯一的一种可能，不存在其他可能。

信息类别	常见逻辑表达	示例
确定信息	单件：P	已知"事实上，张三考上了北大"为真，就属于确定信息。
	联言判断：$P \wedge Q$	已知"张三考上北大且李四考上人大"为真，就可推出确定的事实：张三考上北大，李四考上人大。
	必然 P	已知"今天，必然下雨"。

2. 不确定信息：不确定信息表示可能性不唯一，存在多种可能。

信息类别	常见逻辑表达	示例
不确定信息	假言判断 （$P \rightarrow Q$）	已知："如果张三考上北大，那么李四考上人大"为真，则此时张三是否考上北大，也无从得知。
	不相容选言判断 （$P \veebar Q$）	已知："要么张三考上北大，要么李四考上人大"为真，则此时无法推出"张三考上北大"，也推不出"李四考上人大"。
	相容选言判断 （$P \vee Q$）	已知："或者张三考上北大，或者李四考上人大"为真，则此时无法推出"张三考上北大"，也推不出"李四考上人大"。
	特称判断 （有的）	已知："甲、乙、丙有的人是上海人"为真，则此时无法推出"甲、乙、丙中谁是上海人"，也推不出"甲、乙、丙中具体几个上海人"。 【精点提示】甲、乙、丙有的人是上海人＝甲是上海人 $\vee$ 乙是上海人 $\vee$ 丙是上海人（即："有的"与"或"可以相互转化）

方法一：从确定信息入手

在解决分析推理问题中，可优先考虑识别确定信息与不确定的信息。若题干和问题处有确定信息，此时可优先从确定信息出发代入推理。

庖丁解牛

例题 51　一位编辑正在考虑报纸理论版稿件的取舍问题。有 E、F、G、H、J、K 六篇论文可供选择。考虑到文章的内容、报纸的版面等因素：

（1）如果采用论文 E，那么不能用论文 F 但要用论文 K；

（2）只有不用论文 J，才能用论文 G 或论文 H；

（3）如果不用论文 G，那也不用论文 K；

（4）论文 E 是向名人约的稿件，不能不用。

以上各项如果为真，下面哪项一定是真的？

A. 采用论文 E，但不用论文 H。　　　　B. G 和 H 两篇文章都用。

C. 不用论文 J，但用论文 K。　　　　　D. G 和 J 两篇文章都不用。

E. 情况复杂，无法判断。

▶ 【精点解析】

题干信息	①采用 E→不采用 F∧采用 K； ②采用 G∨采用 H→不采用 J； ③不采用 G→不采用 K＝采用 K→采用 G； ④采用 E。（确定信息）

解题步骤

第一步	由于题干存在确定信息，因此解题思路是将确定信息代入推理。
第二步	将确定信息④代入到题干条件中，并根据假言判断首尾相连的规则进行串联： 采用 E $\xrightarrow{\text{条件①}}$ 不采用 F∧采用 K $\xrightarrow{\text{条件③}}$ 采用 G $\xrightarrow{\text{条件②}}$ 不采用 J
第三步	综上所述，不采用 F、J，采用 E、K、G，因此答案选 C。
答案	**C**

 例题 52　某个科研团队进行地质研究，有 6 个课题进行选择：喀斯特地貌、花岗岩地貌、熔岩地貌、雅丹地貌、丹霞地貌、河谷地貌。考虑时间、经费、人员身体状况等因素，有如下相关条件：

（1）熔岩地貌和河谷地貌中至少要选一处。

（2）如果不选喀斯特地貌或者不选花岗岩地貌，则不能选熔岩地貌。

（3）如果不选喀斯特地貌，也就不能选雅丹地貌。

（4）只有研究丹霞地貌，才能研究河谷地貌。

如果由于气候原因，这个团队不选丹霞地貌，以下哪项一定为真？

A. 该团选喀斯特地貌和河谷地貌。　　　　B. 该团选喀斯特地貌市而不选花岗岩地貌。

C. 该团选熔岩地貌和雅丹地貌。　　　　　D. 该团选花岗岩地貌和熔岩地貌。

E. 该团选熔岩地貌不选花岗岩地貌。

▶ 【精点解析】

题干信息	①选熔岩地貌∨选河谷地貌。 ②不选喀斯特地貌∨不选花岗岩地貌→不选熔岩地貌。 ③不选喀斯特地貌→不选雅丹地貌。 ④选河谷地貌→选丹霞地貌。 ⑤不选丹霞地貌。（确定信息）

解题步骤

第一步	由于题干存在确定信息，因此解题思路是将确定信息代入推理。
第二步	将确定信息⑤代入到题干条件中，并根据假言判断首尾相连的规则进行串联： 不选丹霞地貌 $\xrightarrow{\text{条件④}}$ 不选河谷地貌 $\xrightarrow{\text{条件①}}$ 选熔岩地貌 $\xrightarrow{\text{条件②}}$ 选喀斯特地貌∧选花岗岩地貌。
第三步	综上所述，该团队选熔岩地貌、喀斯特地貌和花岗岩地貌，不选丹霞和河谷地貌，是否选雅丹地貌无法确定，因此答案选 D。
答案	**D**

小试牛刀

例题 53　（2018 年管理类联考第 30 题）

某工厂有一员工宿舍住了甲、乙、丙、丁、戊、己、庚 7 人，每人每周需轮流值日一天，且每天仅安排一人值日。他们值日的安排还需满足以下条件：

（1）乙周二或周六值日；

（2）如果甲周一值日，那么丙周三值日且戊周五值日；

（3）如果甲周一不值日，那么己周四值日且庚周五值日；

（4）如果乙周二值日，那么己周六值日。

根据以上条件，如果丙周日值班，则可以得出以下哪项？

A. 甲周日值班。　　　B. 乙周六值班。　　　C. 丁周二值班。

D. 戊周二值班。　　　E. 己周五值班。

▶ 【精点解析】

题干信息	①乙周二值日∨乙周六值日； ②甲周一值日→丙周三值日∧戊周五值日； ③甲周一不值日→己周四值日∧庚周五值日； ④乙周二值日→己周六值日。
解题步骤	
第一步	问题中的附加条件"丙周日值班"为确定条件，从确定信息出发，代入题干，根据重复词项依次推理即可。
第二步	将"丙周日值班"代入条件②可得：甲不是周一值日；将"甲不是周一值日"代入条件③可得：己周四值日∧庚周五值日；将"己周四值日"代入条件④可得：乙不是周二值日；将"乙不是周二值日"代入条件①可得：乙周六值日。
答案	**B**

例题 54　（2018 年管理类联考第 47 题）

江南园林拟建松、竹、梅、兰、菊 5 个园子。该园林拟设东、南、北 3 个门，分别位于其中 3 个园子。这 5 个园子的布局满足如下条件：

（1）如果东门位于松园或菊园，那么南门不位于竹园；

（2）如果南门不位于竹园，那么北门不位于兰园；

（3）如果菊园在园林的中心，那么它与兰园不相邻；

（4）兰园与菊园相邻，中间连着一座美丽的廊桥。

根据以上信息，可以得出以下哪项？

A. 兰园不在园林的中心。　　　B. 菊园不在园林的中心。

C. 兰园在园林的中心。　　　　D. 菊园在园林的中心。

E. 梅园不在园林的中心。

▶ 【精点解析】

题干信息	①东门位于松园∨东门位于菊园→那么南门不位于竹园； ②南门不位于竹园→北门不位于兰园； ③菊园在园林的中心→菊园与兰园不相邻； ④兰园与菊园相邻（确定信息）。

解题步骤	
第一步	条件④"兰园与菊园相邻"为确定条件，根据有确定从确定信息出发，可将确定信息直接代入题干，根据重复词项依次推理即可。
第二步	将确定条件④菊园与兰园相邻代入条件③，根据逆否命题可得：菊园不在园林的中心。
答案	**B**

 （2015 年管理类联考第 37 题）

10 月 6 日晚上，张强要么去电影院看电影，要么去拜访朋友秦玲。如果那天晚上张强开车回家，他就没去电影院看电影，只有张强事先与秦玲约定，张强才能拜访她，事实上，张强不可能事先约定。

根据上述陈述，可以得出以下哪项结论？

A. 那天晚上张强没有开车回家。　　B. 张强那天晚上拜访了朋友。

C. 张强晚上没有去电影院看电影。　　D. 那天晚上张强与秦玲一起看电影了。

E. 那天晚上张强开车去电影院看电影。

▶ 【精点解析】

解题步骤	
第一步	符号化题干信息： ①去电影院看电影∨去拜访朋友秦玲； ②张强开车回家→张强没去电影院看电影； ③张强拜访秦玲→张强事先与秦玲约定； ④张强不可能事先约定（确定信息）。
第二步	先将信息④代入信息③，根据假言判断否定 Q 位推出否定 P 位的规则可得：张强不能拜访秦玲。再代入信息①，根据不相容选言判断一个假来另必真，可得：张强去电影院看电影；再代入信息②，根据假言判断否定 Q 位推出否定 P 位的规则可得：张强没有开车回家。
答案	**A**

方法二：代选项排除法

在解决分析推理问题中，若题干和问题处没有确定信息，可作如下处理：（1）当问题是"可能真/可以真"这种不确定的问法时，可优先考虑排除一定假的选项；（2）当选项"确定/充分"时，可考虑从选项出发，采取代选项排除的方法。

庖丁解牛

例题56　在一次有六支队伍甲、乙、丙、丁、戊、己参赛的乒乓球比赛中，四个球迷在赛前进行了谁将获得冠军的猜测。

球迷甲说:"甲、乙、丙都不可能得冠军。"

球迷乙说:"冠军不是丁,就是戊。"

球迷丙说:"冠军不可能是己。"

球迷丁说:"如果冠军不是甲,就是乙。"

比赛结果证明这四个人的猜测只有一个人是对的。

那么下面哪个结论可能真呢?

A. 冠军是甲队。　　　　B. 冠军是乙队。　　　　C. 冠军是丁队。

D. 冠军是戊队。　　　　E. 冠军是己队。

► 【精点解析】

题干信息	①不甲∧不乙∧不丙＝丁∨戊∨己; ②丁∨戊; ③不己＝甲∨乙∨丙∨丁∨戊; ④不甲→乙＝甲∨乙; ⑤四个猜测中1真3假。 由于题干问题问"可能真"且选项"确定"(冠军只有一个),因此优先考虑代入选项排除法。		
选项	**解释**		**结果**
A	若冠军是甲队,则①、②为假,③、④为真,此时真假情况为2真2假,与⑤矛盾。		淘汰
B	若冠军是乙队,则①、②为假,③、④为真,此时真假情况为2真2假,与⑤矛盾。		淘汰
C	若冠军是丁队,则①、②和③为真,④为假,此时真假情况为3真1假,与⑤矛盾。		淘汰
D	若冠军是戊队,则①、②和③为真,④为假,此时真假情况为3真1假,与⑤矛盾。		淘汰
E	若冠军是己队,则①为真,②、③和④为假,此时真假情况为1真3假,与⑤不矛盾。		**正确**
答案	**E**		

例题 57

某天,同班级的小赵、小钱、小孙、小李、小周在谈论各自喜欢的电视频道。已知:小赵不喜欢新闻频道,喜欢艺术频道的和小李不同岁,小钱比喜欢艺术频道的年龄大,喜欢财经频道的和小周不是来自同一个地方,小孙喜欢教育频道。

根据上述资料可以推出小赵、小钱、小孙、小李、小周分别喜欢哪些频道?

A. 纪实频道、艺术频道、教育频道、新闻频道、财经频道。

B. 新闻频道、财经频道、教育频道、纪实频道、艺术频道。

C. 纪实频道、教育频道、艺术频道、新闻频道、财经频道。

D. 纪实频道、新闻频道、教育频道、财经频道、艺术频道。

E. 财经频道、艺术频道、教育频道、新闻频道、纪实频道。

▶ 【精点解析】

题干信息	①小赵不喜欢新闻频道。 ②喜欢艺术频道的和小李不同岁（即：小李不喜欢艺术频道）。 ③小钱比喜欢艺术频道的年龄大（即：小钱不喜欢艺术频道）。 ④喜欢财经频道的和小周不是来自同一个地方（即：小周不喜欢财经频道）。 ⑤小孙喜欢教育频道。 由于题干正向推理比较困难而选项充分，因此可优先考虑代选项排除法。		

选项	解释	结果
A	选项与条件④矛盾。	淘汰
B	选项与条件①矛盾。	淘汰
C	选项与条件⑤矛盾。	淘汰
D	选项与题干信息均不矛盾。	**正确**
E	选项与条件③矛盾。	淘汰
答案	**D**	

小试牛刀

例题 58（2019 年管理类联考第 30 题）

某单位拟派遣 3 名德才兼备的干部到西部山区进行精准扶贫。报名者踊跃，经过考察，最终确定了陈甲、傅乙、赵丙、邓丁、刘戊、张己 6 名候选人。根据工作需要，派遣还需要满足以下条件：

（1）若派遣陈甲，则派遣邓丁但不派遣张己；

（2）若傅乙、赵丙至少派遣 1 人，则不派遣刘戊。

以下的哪项派遣人选和上述条件不矛盾？

A. 赵丙、邓丁、刘戊。　　　B. 陈甲、傅乙、赵丙。　　　C. 傅乙、邓丁、刘戊。

D. 邓丁、刘戊、张己。　　　E. 陈甲、赵丙、刘戊。

▶ 【精点解析】

题干信息	①派遣陈甲→派遣邓丁∧不派遣张己； ②派遣傅乙∨派遣赵丙→不派遣刘戊； ③6 个人派遣 3 名，不派遣 3 名（剩下 3 名）。

解题步骤	
第一步	本题属于基本分组题型，题干已知条件中没有确定信息，而问题要求的是"不矛盾"，也就是"可能真"，因此可快速确定做题方法为代入排除法。
第二步	根据条件①可知，派遣陈甲就必须派遣邓丁并且不能有张己，B 选项和 E 选项派遣了陈甲，但没派遣邓丁，故排除 B 和 E。
第三步	根据条件②可知，派遣傅乙∨派遣赵丙，就必须不能派遣刘戊，A 选项同时派遣了赵丙和刘戊，矛盾；C 选项同时派遣了傅乙和刘戊，矛盾；故答案选 D。
答案	**D**

【例题59-61】（2012 年管理类联考第 53-55 题）基于以下题干：

东宇大学公开招聘 3 个教师职位，哲学学院、管理学院和经济学院各一个。每个职位都有分别来自南山大学、西京大学、北清大学的候选人。有位"聪明"人士李先生对招聘结果作出了如下预测：

（1）如果哲学学院录用北清大学的候选人，那么管理学院录用西京大学的候选人；

（2）如果管理学院录用南山大学的候选人，那么哲学学院也录用南山大学的候选人；

（3）如果经济学院录用北清大学或者西京大学的候选人，那么管理学院录用北清大学的候选人。

例题 59 如果哲学学院、管理学院和经济学院最终录用的候选人的大学归属信息依次如下，则哪项符合李先生的预测？

A. 南山大学、南山大学、西京大学。　　B. 北清大学、南山大学、南山大学。

C. 北清大学、北清大学、南山大学。　　D. 西京大学、北清大学、南山大学。

E. 西京大学、西京大学、西京大学。

▶ **【精点解析】**

题干信息	①哲学学院录用北清大学候选人（P）→管理学院录用西京大学候选人（Q）； ②管理学院录用南山大学候选人（P）→哲学学院录用南山大学候选人（Q）； ③经济学院录用北清大学候选人或西京大学候选人（P）→管理学院录用北清大学候选人（Q）。
解题步骤	
第一步	观察题干信息均不确定，但选项信息确定，问题求"可能真"，故可优先考虑代入选项排除法。
第二步	由①哲学学院录用北清大学候选人，则管理学院录用西京大学候选人，淘汰 B、C 选项；由③经济学院录用北清大学候选人或西京大学候选人，则管理学院录用北清大学候选人，淘汰 A、E 选项。故答案选 D。
答案	**D**

例题 60 若哲学学院最终录用西京大学的候选人，则以下哪项表明李先生的预测错误？

A. 管理学院录用北清大学候选人。　　B. 管理学院录用南山大学候选人。

C. 经济学院录用南山大学候选人。　　D. 经济学院录用北清大学候选人。

E. 经济学院录用西京大学候选人。

▶ **【精点解析】**

题干信息	①哲学学院录用北清大学候选人（P）→管理学院录用西京大学候选人（Q）； ②管理学院录用南山大学候选人（P）→哲学学院录用南山大学候选人（Q）； ③经济学院录用北清大学候选人或西京大学候选人（P）→管理学院录用北清大学候选人（Q）。
解题步骤	
第一步	问题求"一定为假"，故优先考虑与题干构成"矛盾"即可快速解题。
第二步	由于哲学学院录用西京大学的候选人，恰好符合②的（¬Q），需要再满足 P，即可构成 P∧¬Q 的矛盾，也就是管理学院录用南山大学的候选人。故答案选 B。
答案	**B**

例题 61　如果三个学院最终录用的候选人分别来自不同的大学，则以下哪项符合李先生的预测？

A. 哲学学院录用西京大学候选人，经济学院录用北清大学候选人。

B. 哲学学院录用南山大学候选人，管理学院录用北清大学候选人。

C. 哲学学院录用北清大学候选人，经济学院录用西京大学候选人。

D. 哲学学院录用西京大学候选人，管理学院录用南山大学候选人。

E. 哲学学院录用南山大学候选人，管理学院录用西京大学候选人。

▶ 【精点解析】

题干信息	①哲学学院录用北清大学候选人（P）→管理学院录用西京大学候选人（Q）； ②管理学院录用南山大学候选人（P）→哲学学院录用南山大学候选人（Q）； ③经济学院录用北清大学候选人或西京大学候选人（P）→管理学院录用北清大学候选人（Q）。
解题步骤	
第一步	观察题干信息均不确定，但选项信息确定，问题求"可能真"，故可优先考虑代入选项排除法。
第二步	由于三个学院分别录用不同大学的候选人，故 A 选项剩下的管理学院录用南山大学的候选人，此时与条件③矛盾；B 选项与三个条件均不矛盾，故答案选 B。
提示	考生也可将 C、D、E 代入验证。C 选项剩下的管理学院录用南山大学的候选人，此时与条件①矛盾；D 选项与条件②矛盾；E 选项剩下的经济学院录用北清大学候选人，此时与条件③矛盾。
答案	**B**

方法三：从重复的信息、相同的话题入手

做分析推理时，由于题干条件信息很多，为了联合条件进行推理，在推理时需要以"重复的信息"和"相同的话题"作为桥梁，进而联合进行推理。

庖丁解牛

例题 62　世界田径锦标赛 3000 米决赛中，始终跑在最前面的甲、乙、丙三人中，一个是美国选手，一个是德国选手，一个是肯尼亚选手，比赛结束后得知：

（1）甲的成绩比德国选手的成绩好。

（2）肯尼亚选手的成绩比乙的成绩差。

（3）丙没有肯尼亚选手成绩好。

以下哪一项肯定为真？

A. 甲、乙、丙依次为肯尼亚选手、德国选手和美国选手。

B. 肯尼亚选手是冠军，美国选手是亚军，德国选手是第三名。

C. 甲、乙、丙依次为肯尼亚选手、美国选手和德国选手。

D. 美国选手是冠军，德国选手是亚军，肯尼亚选手是第三名。

E. 甲、乙、丙依次为美国选手、肯尼亚选手和德国选手。

▶ 【精点解析】

	解题步骤
第一步	整理题干条件： ①甲的成绩比德国选手的成绩好（甲 ≠ 德国∧甲<德国）。 ②肯尼亚选手的成绩比乙的成绩差（肯尼亚 ≠ 乙∧肯尼亚>乙）。 ③丙没有肯尼亚选手成绩好（肯尼亚 ≠ 丙∧丙 >肯尼亚）。 由于题干条件没有确定信息，故可从重复出现的信息"肯尼亚"入手，联合②和③可知：肯尼亚=甲。
第二步	由上一步可知：乙<甲<丙，由此可知：甲=肯尼亚=第 2 名；由于甲<德国，因此可知：丙=德国=第 3 名；进一步可知：乙=美国=第 1 名。观察选项可知，答案选 C。
答案	**C**

例题 63

有甲、乙、丙 3 个学生，一个出生在 B 市，一个出生在 S 市，一个出生在 W 市；他们中一个学金融专业，一个学管理专业，一个学外语。其中：

（1）甲不是学金融的，乙不是学外语的。

（2）学金融的不出生在 S 市。

（3）学外语的出生在 B 市。

（4）乙不出生在 W 市。

请根据上述条件，判断甲的专业为以下哪项？

A. 金融。　　　　　　　B. 管理。　　　　　　　C. 外语。

D. 三种专业都可能。　　E. 三种专业都不可能。

▶ 【精点解析】

	解题步骤
第一步	整理题干条件： ①甲不是学金融的，乙不是学外语的。 ②学金融的不出生在 S 市。 ③学外语的出生在 B 市。 ④乙不出生在 W 市。
第二步	观察发现题干重复出现的元素是"学外语"，故可联合①和③可得：乙 ≠ 学外语+学外语=B 市，由此可得：乙 ≠ B 市。
第三步	再观察重复出现的元素是"乙"和相同的话题"人在哪个城市"，由乙 ≠ B 市且④乙 ≠ W 市，故可知：乙 =S 市。
第四步	再观察重复出现的元素是"S 市"，由乙 =S 市且②学金融 ≠ S 市，故可知：乙 ≠ 学金融。
第五步	再观察重复的元素是"乙"和相同的话题"人学什么专业"，由乙 ≠ 学金融且①乙 ≠ 学外语，可知乙 =学管理。
第六步	由于甲不学金融且甲不学管理（乙学管理，即可知甲不学管理），因此可知：甲学外语。故答案选 C。
答案	**C**

115

【**例题64-65**】（2019 年管理类联考第 50-51 题）基于以下题干：

某食堂采购 4 类（各蔬菜名称的后一个字相同，即为一类）共 12 种蔬菜：芹菜、菠菜、韭菜、青椒、红椒、黄椒、黄瓜、冬瓜、丝瓜、扁豆、毛豆、豇豆，并根据若干条件将其分成 3 组，准备在早、中、晚三餐中分别使用。已知条件如下：
（1）同一类别的蔬菜不在一组；
（2）芹菜不能在黄椒一组，冬瓜不能在扁豆一组；
（3）毛豆必须与红椒或者韭菜同一组；
（4）黄椒必须与豇豆同一组。

根据以上信息，可以得出以下哪项？
A. 芹菜与豇豆不在同一组。　　　　　B. 芹菜与毛豆不在同一组。
C. 菠菜与扁豆不在同一组。　　　　　D. 冬瓜与青椒不在同一组。
E. 丝瓜与韭菜不在同一组。

▶ 【**精点解析**】

题干信息	①将 4 类蔬菜共 12 种，分为 3 组； ②同一类别的蔬菜不在一组； ③芹菜与黄椒不同组，冬瓜与扁豆不同组； ④毛豆必须与红椒或者韭菜同组； ⑤黄椒必须与豇豆同组。
解题步骤	
第一步	观察题干信息，由于题干没有确定条件，故可优先考虑从题干重复信息"黄椒"入手。
第二步	联合③和⑤可得，由于芹菜与黄椒不同组，而黄椒必须与豇豆同组，由此可得：芹菜与豇豆一定不同组。
答案	**A**

例题65 如果韭菜、青椒与黄瓜在同一组，则可得出以下哪项？
A. 芹菜、红椒与扁豆在同一组。　　　B. 菠菜、黄椒与豇豆在同一组。
C. 韭菜、黄瓜与毛豆在同一组。　　　D. 菠菜、冬瓜与豇豆在同一组。
E. 芹菜、红椒与丝瓜在同一组。

▶ 【**精点解析**】

题干信息	①将 4 类蔬菜共 12 种，分为 3 组； ②同一类别的蔬菜不在一组； ③芹菜与黄椒不同组，冬瓜与扁豆不同组； ④毛豆必须与红椒或者韭菜同组； ⑤黄椒必须与豇豆同组。

（续）

	解题步骤
第一步	本题给了附加条件"韭菜、青椒与黄瓜在同一组"，由条件③可知：芹菜不与黄椒同组，进而可得：芹菜只可能和红椒一组，"菜"类中剩下的菠菜只可能和黄椒一组。
第二步	结合条件⑤可知，黄椒必须与豇豆同组，此时便可得出：菠菜、黄椒和豇豆同组。
答案	**B**

方法四：假设思想

假设法是在错综复杂的信息中理清思路的最基础的方法，也是训练逻辑思维必不可少的过程。在进行推理之前一定要非常清楚常见的假设模型，具体内容如下：

假设常见模型Ⅰ：反证法。

假设 A 为真，推理出矛盾，则 A 为假。

例如：假设张三是男生，推出了张三是女生，即推出结论和假设相矛盾，说明假设不成立，进一步说明张三是女生。

假设常见模型Ⅱ：分情况讨论。

假设 A 为真可以得到 B，假设非 A 为真也能得到 B，则 B 为真。

例如：当 a>0 时，x =1；

当 a≤0 时，x =1；

所以，x =1。

庖丁解牛

例题 66　在一起事件中的四名被调查者分别是受害者、目击者、救助者和旁观者。他们在接受调查时分别作了如下陈述：

（1）孝："诚不是旁观者。"

（2）诚："义不是目击者。"

（3）敢："孝不是救助者。"

（4）义："诚不是目击者。"

进一步调查得知：他们四人的陈述如果是关于受害者的就是假的，如果是关于其他人的就是真的。由此可见，受害者是谁？

A. 孝　　　　B. 诚　　　　C. 敢　　　　D. 义　　　　E. 不能确定

▶ 【精点解析】

题干信息	①孝："诚不是旁观者。" ②诚："义不是目击者。" ③敢："孝不是救助者。" ④义："诚不是目击者。" ⑤如果是关于受害者的就是假的，如果是关于其他人的就是真的。 ⑥每个人只对应一个身份。

（续）

<table>
<tr><th colspan="2">解题步骤</th></tr>
<tr><td>第一步</td><td>要想判定四个人说的话的真假，就需要判定出这四个人的身份，由⑤可知，影响真假的特殊元素是"受害者"，故可优先考虑从与"受害者"相关的信息入手，作假设进行推理。</td></tr>
<tr><td>第二步</td><td>由于"诚"出现了两次，故可考虑假设"诚"是受害者，此时可知①④都为假，进而可得：诚是旁观者和目击者，由于每个人只对应一个身份，此时便出现了矛盾，故可知：诚不是受害者。</td></tr>
<tr><td>第三步</td><td>同理，假设"义"是受害者，由此可知②为假，进而可得：义是目击者，由于每个人只对应一个身份，此时便出现了矛盾，故可知：义不是受害者。</td></tr>
<tr><td>第四步</td><td>同理，假设"孝"是受害者，由此可知③为假，进而可得：孝是救助者，由于每个人只对应一个身份，此时便出现了矛盾，故可知：孝不是受害者。</td></tr>
<tr><td>第五步</td><td>综合上述步骤可知，受害者是"敢"，故答案选 C。</td></tr>
<tr><td>答案</td><td>**C**</td></tr>
</table>

例题 67　相传古时候某国的国民都分别居住在两座城市中，一座"真城"，一座"假城"。凡真城的人个个说真话，假城的人个个说假话。一位知晓这一情况的国外游客来到其中一座城市，他只向遇到的该国国民提了一个是非问题，就明白了自己所到的是"真城"还是"假城"。下列哪个问句是最恰当的？

A. 你是真城的人吗？　　　　B. 你是假城的人吗？　　　　C. 你是说真话的人吗？

D. 你是说假话的人吗？　　　E. 你是这座城的人吗？

▶ 【**精点解析**】

问题	假设是真城的人	假设是假城的人
A. 你是真城的人吗？	回答：是	回答：是
B. 你是假城的人吗？	回答：不是	回答：不是
C. 你是说真话的人吗？	回答：是	回答：是
D. 你是说假话的人吗？	回答：不是	回答：不是
E. 你是这座城的人吗？	真城的人在真城会回答：是 真城的人在假城会回答：不是	假城的人在真城会回答：是 假城的人在假城会回答：不是

　　无论这个国民是真城的人还是假城的人，在真城都会回答"是"，在假城都会回答"不是"，因此可以根据不同的回答判断自己到了哪座城。而 A、B、C、D 的问题，真城和假城的回答完全一致，无法判断是哪一座城。

　　答案选 **E**。

例题 68　有 3 种人，老实人总是讲真话，骗子总是讲假话，正常人有时讲真话，有时讲假话。甲、乙、丙 3 人中，有一个老实人，有一个骗子，有一个正常人。

甲说："我是正常人。"

乙说："甲说的是真话。"

丙说："我不是正常人。"

根据以上信息可以判断下面关于甲、乙、丙的身份说法正确的一项是？

A. 甲是正常人。　　　　B. 乙是骗子。　　　　C. 丙不是老实人。

D. 甲不是骗子。　　　　　E. 乙是正常人。

▶ 【精点解析】

	解题步骤
第一步	情景设置：有3种人，老实人总是讲真话，骗子总是讲假话，正常人有时讲真话，有时讲假话，甲、乙、丙三人各为其中一种人。
第二步	分析可以发现只有骗子和正常人可以说"我是正常人"，既然甲说我是正常人，所以甲的身份只能是正常人或者骗子，这就给我们的假设提供了一个思路。
第三步	①假设甲是骗子，说假话，根据乙所说内容可知乙说假话，乙只能是正常人，而丙为剩下的老实人，说真话，这跟丙说话的内容不矛盾。 ②假设甲是正常人，说真话，根据乙所说内容可知乙说真话，乙只能是老实人，那么丙就是剩下的骗子，说假话，这和丙所说内容矛盾，所以假设②是错误的。 此处正是常见假设模型Ⅰ，考生注意这里只有①和②这两种情况，②是错误的，①就是正确的。
结果	甲是骗子，乙是正常人，丙是老实人，答案为 E。
答案	**E**

小试牛刀

例题 69

（2017 年管理类联考第 53 题）
某民乐小组拟购买几种乐器，购买要求如下：
（1）二胡、箫至多购买一种；
（2）笛子、二胡和古筝至少购买一种；
（3）箫、古筝、唢呐至少购买两种；
（4）如果购买箫，则不购买笛子。
根据以上要求，可以得出以下哪项？

A. 至多购买了 3 种乐器。　　　　B. 箫、笛子至少购买了一种。
C. 至少要购买 3 种乐器。　　　　D. 古筝、二胡至少购买一种。
E. 一定要购买唢呐。

▶ 【精点解析】

	解题步骤
第一步	从重复出现次数最多的一种乐器入手。观察可知"箫"在条件（1）（3）（4）中出现3次，出现次数最多，应优先考虑。
第二步	①假设购买箫，代入条件（1）（4）可得"不购买二胡，也不购买笛子"，将结果代入条件（2）可得购买古筝； ②假设不购买箫，代入条件（3）可得"购买古筝和唢呐"。
第三步	观察上一步： ①购买箫→买古筝； ②不购买箫→买古筝； 综上可知，买箫和不买箫必有一种情况要发生（即：在全部情况下均买古筝），故一定买古筝。

（续）

解题步骤	
第四步	购买古筝可以推出"或者购买古筝，或者购买二胡"一定为真。
答案	**D**

解题思想2　图示分析

方法五：作图法

当我们做分析推理题目时，如果题干的条件关系可以用图或表格体现出来，我们就可以将题干的信息转化到图或表格中，进而快速得出我们要的结果。

 张萌、王燕、李云和赵凤四人，平时没事儿最喜欢看肥皂剧。这天，几个人在网上搜了部韩剧来看。"这故事倒还不错，就是女主角年纪大了点儿，最少也得 30 以上了。"李云很是挑剔。张萌倒是跟她意见不同，"哪儿有，我看人家还青春洋溢着呢，绝对不会超过 20 岁。"几个人七嘴八舌开始讨论起来。其实呢，猜来猜去，只有一个人说对了，根据下面的总结，判断哪个选项是正确的？

张：她不会超过 20 岁。

王：她不超过 25 岁。

李：她绝对在 30 岁以上。

赵：她的岁数在 35 岁以下。

A. 张说得对。　　　　　　　　B. 她的年龄在 35 岁以上或在 25～30 岁。

C. 她的岁数在 30～35 岁。　　D. 王说得对。

E. 以上都不正确。

▶ **【精点解析】**

可将四个人的判断表示在同一个年龄轴上，如图：

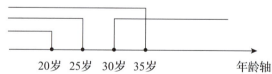

20岁　25岁　30岁　35岁　　　　　年龄轴

图中年龄轴，清楚地表示了每个人判断之间的关系。

现分析如下：

女主角年龄	几人判断为真	是否符合限制条件
假设在 20 岁以下	三个人（张、王、赵）	不符合
假设在 20 岁到 25 岁之间	两个人（王、赵）	不符合
假设在 25 岁到 30 岁之间	只有一个人（赵）	符合

（续）

女主角年龄	几人判断为真	是否符合限制条件
假设在 30 岁到 35 岁之间	两个人（李、赵）	不符合
假设在 35 岁以上	只有一个人（李）	符合

所以女主角的年龄在 25 岁到 30 岁之间，或者在 35 岁以上。如果年龄在 25 岁到 30 岁之间，那么赵的说法为真，其他人的猜测为假；如果年龄在 35 岁以上，那么李的说法为真，其他人的猜测为假。**考生注意**：女主角的年龄是一个定值，但现在无法判断具体值，只能根据题干条件确定两个可能的区间。

答案选 **B**。

 例题 71 已知四人——甲、乙、丙、丁。他们分别姓骆、高、陈和马，但顺序未知。已知：（1）甲的姓是"高"或"陈"的其中一个；（2）乙的姓是"高"或"骆"的其中一个；（3）丙的姓是"陈"或"骆"的其中一个；（4）姓"高"的人，是甲或丁的其中一个。根据已知，以下哪项为真？

A. 甲姓骆。　　　　　B. 丁姓高。　　　　　C. 乙姓骆。

D. 姓高的是乙。　　　E. 丙是姓骆的。

► 【精点解析】

解题步骤	
第一步	明确题干信息： ①甲的姓是"高"或"陈"的其中一个（甲不姓骆，不姓马）； ②乙的姓是"高"或"骆"的其中一个（乙不姓陈，不姓马）； ③丙的姓是"陈"或"骆"的其中一个（丙不姓高，不姓马）； ④姓"高"的人，是甲或丁的其中一个（姓"高"的人不是乙，不是丙）。
第二步	画表格如下： <table><tr><td></td><td>骆</td><td>高</td><td>陈</td><td>马</td></tr><tr><td>甲</td><td>×</td><td></td><td></td><td>×</td></tr><tr><td>乙</td><td></td><td>×</td><td>×</td><td>×</td></tr><tr><td>丙</td><td></td><td>×</td><td></td><td>×</td></tr><tr><td>丁</td><td></td><td></td><td></td><td></td></tr></table>
第三步	进一步推理表格如下： <table><tr><td></td><td>骆</td><td>高</td><td>陈</td><td>马</td></tr><tr><td>甲</td><td>×</td><td>√</td><td>×</td><td>×</td></tr><tr><td>乙</td><td>√</td><td>×</td><td>×</td><td>×</td></tr><tr><td>丙</td><td>×</td><td>×</td><td>√</td><td>×</td></tr><tr><td>丁</td><td>×</td><td>×</td><td>×</td><td>√</td></tr></table>
答案	**C**

例题 72 （2014 年管理类联考第 47 题）

某小区业主委员会的 4 名成员晨桦、建国、向明和嘉媛坐在一张方桌前（每边各坐一人）讨论小区大门旁的绿化方案。4 人的职业各不相同，每个人的职业分别是高校教师、软件工程师、园艺师或邮递员之中的一种。已知：晨桦是软件工程师，他坐在建国的左手边；向明坐在高校教师的右手边；坐在建国对面的嘉媛不是邮递员。

根据以上信息，可以得出以下哪项？

A. 嘉媛是高校教师，向明是园艺师。　　B. 向明是邮递员，嘉媛是园艺师。

C. 建国是邮递员，嘉媛是园艺师。　　D. 建国是高校教师，向明是园艺师。

E. 嘉媛是园艺师，向明是高校教师。

▶ 【精点解析】

<table>
<tr><td colspan="2" align="center">解题步骤</td></tr>
<tr>
<td>第一步</td>
<td>构建一张方桌如图：

③
②　④
①</td>
</tr>
<tr>
<td>第二步</td>
<td>　　根据题干信息，建国可以在任何位置。假定建国在①位，则软件工程师晨桦在②位，由于嘉媛在建国的对面，因此在③位，所以向明在④位；又因为向明在高校教师的右手边，所以可知建国为高校教师，则嘉媛只能是园艺师，向明为邮递员。故答案选 B。</td>
</tr>
<tr>
<td>答案</td>
<td>**B**</td>
</tr>
</table>

例题 73 （2015 年管理类联考第 28 题）

甲、乙、丙、丁、戊和己 6 人围坐在一张正六边形的小桌前，每边各坐一人。已知：

（1）甲与乙正面相对；

（2）丙与丁不相邻，也不正面相对。

如果己与乙不相邻，则以下哪项一定为真？

A. 如果甲与戊相邻，则丁与己正面相对。　　B. 甲与丁相邻。

C. 戊与己相邻。　　D. 如果丙与戊不相邻，则丙与己相邻。

E. 己与乙正面相对。

▶ 【精点解析】

<table>
<tr>
<td>题干
信息</td>
<td>①甲与乙正面相对；
②丙与丁不相邻，也不正面相对；
③己与乙不相邻。</td>
</tr>
</table>

（续）

	解题步骤
第一步	根据题干信息可画图如下： 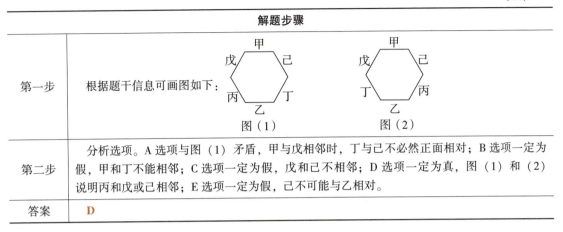 图（1）　　　　图（2）
第二步	分析选项。A选项与图（1）矛盾，甲与戊相邻时，丁与己不必然正面相对；B选项一定为假，甲和丁不能相邻；C选项一定为假，戊和己不相邻；D选项一定为真，图（1）和（2）说明丙和戊或己相邻；E选项一定为假，己不可能与乙相对。
答案	**D**

解题思想3　数字分析

方法六：数字法

根据近些年的命题趋势来看，考试中通常会涉及一些基础的数据分析能力，这部分的题型主要是考查同学们对数据的分析及理解能力，会运用一些数学基础知识，但多是较为简单的基础知识。考生大可放心，只要学会基本的技巧和方法就可达到事半功倍的效果。

百分数：

百分数问题基本解题思想
注意百分数的修饰对象。 1. 若修饰的对象是一致的，百分数相加之和超过100%，则说明一定有交集。 2. 若修饰的对象不一致，百分数相加之和超过100%，则说明可能有交集。

庖丁解牛

例题74　一家权威民意调查机构，在世界范围内对"9·11"恐怖袭击事件发生原因进行调查，结果发现：40%的人认为是由于美国不公正的外交政策，55%的人认为是由于伊斯兰文明与西方文明的冲突，23%的人认为是出自恐怖分子邪恶本性，19%的人没有表示意见。以下哪项最能合理地解释上述看来包含矛盾的陈述？

A. 调查样本的抽取不是随机的，因而不具有代表性。

B. 有的被调查者后来改变了自己的观点。

C. 有不少被调查者认为，"9·11"恐怖袭击发生的原因不是单一的，而是复合的。

D. 调查结果的计算出现技术性差错。

E. 调查结果并没有得到广泛的认可。

► 【精点解析】

题干 信息	①40%的人认为是由于美国不公正的外交政策； ②55%的人认为是由于伊斯兰文明与西方文明的冲突； ③23%的人认为是出自恐怖分子邪恶本性； ④19%的人没有表示意见。 联合条件①②③④，可知总体相加是大于100%，由此可知，至少有一部分人持有两种意见 或三种意见。		
选项	**解释**		**结果**
A	与题干的矛盾无关，不能解释矛盾。		淘汰
B	题干只涉及本次调查，并不涉及以后的调查，因此不能解释矛盾。		淘汰
C	选项说明了有调查者认为原因有多个，可以解释题干的矛盾。		正确
D	与题干的矛盾无关，不能解释矛盾。		淘汰
E	与题干的矛盾无关，不能解释矛盾。		淘汰
答案	**C**		

小试牛刀

例题
75

（2003 年 MBA 联考第 54 题）

以下是一份统计材料中的两个统计数据：

第一个数据：到 1999 年底为止，"希望之星工程"所收到捐款总额的 82% 来自国内 200
家年盈利一亿元以上的大中型企业；

第二个数据：到 1999 年底为止，"希望之星工程"所收到捐款总额的 25% 来自民营企
业，这些民营企业中，4/5 从事服装或餐饮业。

如果上述统计数据是准确的，则以下哪项一定是真的？

A. 上述统计中，"希望之星工程"所收到捐款总额不包括来自民间的私人捐款。

B. 上述 200 家年盈利一亿元以上的大中型企业中，不少于一家从事服装或餐饮业。

C. 在捐助"希望之星工程"的企业中，非民营企业的数量要大于民营企业。

D. 民营企业的主要经营项目是服装或餐饮。

E. 有的向"希望之星工程"捐款的民营企业的年纯盈利在一亿元以上。

► 【精点解析】

题干 信息	①捐款总额的 82% 来自国内 200 家年盈利一亿元以上的大中型企业； ②捐款总额的 25% 来自民营企业，这些民营企业中，4/5 从事服装或餐饮业。
解题步骤	
第一步	联合条件①②，简单相加大于100%，即"民营企业"和"年盈利一亿元以上的大中型企 业"存在交集，选项 E 正确。
第二步	考生易错选 B，考生需要注意条件②中的 4/5 指的是民营企业的个数的 4/5，并不是捐款额度 的 4/5，因此 25% 和 4/5，并不能进行简单的相乘得到 20%，所以，选项 B 是不能确定真假的。
答案	**E**

每课一练（3）

⏱ 时间：20分钟　　　　　　　　　　　　　　　　　　　　　得分：

本测试题共有 10 小题，每小题 2 分，共 20 分。请从下面每小题所列的 5 个备选答案中选取出 1 个，多选为错。

【题01】 王太太带着孩子们参加了赴日旅游团，导游好奇地问他们家有几个孩子，三个孩子争先恐后地抢着回答。一个孩子说："我有两个哥哥，两个妹妹。"另一个说："我有三个妹妹，一个哥哥。"第三个说："我有一个妹妹，三个哥哥。"

根据三个孩子的回答，以下哪项为真？

A. 王太太家有 6 个孩子，顺序是：儿子、儿子、女儿、儿子、女儿、女儿。

B. 王太太家有 6 个孩子，顺序是：儿子、儿子、儿子、女儿、女儿、女儿。

C. 王太太家有 6 个孩子，顺序是：女儿、儿子、儿子、儿子、女儿、女儿。

D. 王太太家有 6 个孩子，顺序是：儿子、儿子、女儿、女儿、女儿、儿子。

E. 王太太家有 5 个孩子，顺序是：儿子、儿子、女儿、儿子、女儿。

【题02】 一户人家大门上有六个按钮 A、B、C、D、E、F，贴有一张告示，上面写着："A 在 B 的左边；B 是 C 右边的第三个；C 在 D 的右边；D 紧靠着 E；E 和 A 中间隔一个按钮。"

如果上面没有提到的那个按钮 F 是正确的，那么正确的按钮在哪两个按钮中间？

A. D 和 C。　　　B. E 和 C。　　　C. A 和 B。　　　D. A 和 C。　　　E. A 和 D。

【题03】 某岛主要居民分为骑士和无赖两部分。骑士只讲真话，无赖只说假话。甲和乙是该岛上的两个居民，关于他们，甲说，"或者我是无赖，或者乙是骑士。"

根据上述条件，可以推出以下哪个结论？

A. 甲和乙都是骑士。　　　　B. 甲和乙都是无赖。　　　　C. 甲是骑士，乙是无赖。

D. 乙是骑士，甲是无赖。　　E. 无法断定。

【题04】 甲、乙、丙、丁是四位天资极高的艺术家，他们分别是舞蹈家、画家、歌唱家和作家，尚不能确定其中每个人所从事的专业领域。

已知：

① 有一天晚上，甲和丙出席歌唱家的首次演出；

② 画家曾为乙和作家画过肖像；

③ 作家正准备写一本甲的传记，他所写的丁的传记是畅销书；

④ 甲从来没有见过丙。

下面哪项关于身份的描述是正确的？

A. 甲是画家。　　　　　　　B. 乙是歌唱家。　　　　　　　C. 丙是舞蹈家。

D. 丁是作家。　　　　　　　E. 甲是作家。

【题05】 某省大力发展旅游产业，目前已经形成东湖、西岛、南山三个著名景点，每处景点都有二日游、三日游、四日游三种路线。李明、王刚、张波拟赴上述三地进行 9 日游，每个人都设计了各自的旅游计划。后来发现，每处景点他们三人都选择了不同的路线：李明赴东湖的计划天数与王刚赴西岛的计划天数相同，李明赴南山的计划是三日游，王刚赴南山的计划是四日游。

根据以上陈述，可以得出以下哪项？

A. 李明计划东湖二日游，王刚计划西岛二日游。

B. 王刚计划东湖三日游，张波计划西岛四日游。

C. 张波计划东湖四日游，王刚计划西岛三日游。

D. 张波计划东湖三日游，李明计划西岛四日游。

E. 李明计划东湖二日游，王刚计划西岛三日游。

【题 06】智能实验室开发了三个能回答简单问题的机器人，起名为天使、魔鬼、常人，天使从不说假话，魔鬼从不说真话，常人既说真话也说假话。他们被贴上 A、B、C 三个标记，但忘了标记和名字的对应。试验者希望通过他们对问题的回答来辨别他们。三个机器人对于问题"A 是谁?"分别作了以下回答：A 的回答是"我是常人"，B 的回答是"A 是魔鬼"，C 的回答是"A 是天使"。

根据这些回答，以下哪项为真?

A. A 是天使，B 是魔鬼，C 是常人。　　　　B. A 是天使，B 是常人，C 是魔鬼。

C. A 是魔鬼，B 是天使，C 是常人。　　　　D. A 是常人，B 是天使，C 是魔鬼。

E. A 是常人，B 是魔鬼，C 是天使。

【题 07】一份犯罪调研报告揭示，某市近三年来的严重刑事犯罪案件 60% 皆为已记录在案的 350 名惯犯所为。报告同时揭示，严重刑事犯罪案件的作案者半数以上同时是吸毒者。

如果上述断定都是真的，那么，下述哪项断定一定是真的?

A. 350 名惯犯中可能没有吸毒者。　　　　B. 350 名惯犯中一定有吸毒者。

C. 350 名惯犯中大多数是吸毒者。　　　　D. 吸毒者中大多数在 350 名惯犯中。

E. 吸毒是造成严重刑事犯罪的主要原因。

【题 08】一条街道上有 1、2、3、4、5、6 六家店，分别位于街道的两边，每边各有三家。其中 1 号店在一侧的中间，且和其他店的位置有如下的关系。(1) 1 号店的旁边是书店。(2) 书店的对面是花店。(3) 花店的隔壁是面包店。(4) 4 号店的对面是 6 号店。(5) 6 号店的隔壁是酒吧。(6) 6 号店与文具店在道路的同一边。

那么，1 号店是什么店?

A. 面包店。　　B. 书店。　　C. 酒吧。　　D. 花店。　　E. 以上都不是。

09-10 题基于以下题干：

浙江卫视工作人员要编排元旦晚会节目顺序表，现有七名演员甲、乙、丙、丁、戊、己、庚，每名演员只准备了一个节目，并只表演一次。他们的出场顺序还需要满足以下条件：

(1) 甲第一个出场或者最后一个出场;

(2) 如果乙第二个出场，那么己第三个出场并且丁第五个出场;

(3) 如果乙不是第二个出场，那么戊第四个出场并且庚第五个出场;

(4) 如果甲第一个出场，那么戊第六个出场。

【题 09】根据以上条件，如果丙最后一个出场，则以下那项为真?

A. 戊在乙之前上场。　　　　B. 丁在己之后上场。　　　　C. 庚在戊之后上场。

D. 丁在乙之前上场。　　　　E. 己在戊之后上场。

【题 10】如果庚是第一个出场，那么以下哪项一定为假?

A. 丁第五个上场。　　　　B. 甲第七个上场。　　　　C. 戊第六个上场。

D. 丙第六个上场。　　　　E. 乙第三个上场。

🔑 每课一练（3）答案及解析

【题01】答案 A。

题干信息	提炼题干信息，以下三句话为真： ①我有两个哥哥，两个妹妹。②我有三个妹妹，一个哥哥。③我有一个妹妹，三个哥哥。
解题步骤	
第一步	首先确定做题方法：代选项排除法。
第二步	B 无法满足条件①；C 无法满足条件②；D 无法满足条件③；E 无法满足条件①，因此答案选 A。

【题02】答案 C。

解题步骤	
第一步	明确题干信息： ①A 在 B 的左边； ②B 是 C 右边的第三个； ③C 在 D 的右边； ④D 紧靠着 E； ⑤E 和 A 中间隔一个按钮。
第二步	5 个条件中②跨度最大，优先考虑其作为入手点，结合条件③可得位置关系如下： D＜C□□B
第三步	第三步：结合条件④，D、E 相邻，E 可能和 D 左相邻，也可能右相邻。假设 E 在 D 左侧，结合条件⑤可得： | E | D | A | C | | B | 显然超过了 6 个按钮，故，E 只能在 D 的右侧。结合其余条件可知： | D | E | C | A | F | B |
结果	答案为 C。

【题03】答案 A。

题干信息	①骑士只讲真话，无赖只说假话； ②甲：甲是无赖∨乙是骑士。
解题步骤	
第一步	本题由于没有确定信息，故可考虑通过假设法解题。
第二步	假设甲是无赖，则甲说假话，可得：甲是骑士∧乙是无赖，推理出了矛盾，因此甲一定是骑士。
第三步	甲为骑士，则甲说的话为真，将"甲是骑士"带入②根据否定必肯定原则，推理可得：乙是骑士，比对选项，选项 A 为正确答案。

【题04】答案 B。

第一步：明确维度和组度。

2 维：四人及对应的专业领域。

4 组：甲、乙、丙、丁四人。

第二步：画出二维表格并将题干信息表示到表格中。

① 甲和丙出席歌唱家的首次演出，说明歌唱家不是甲、不是丙；

② 画家曾为乙和作家画过肖像，说明乙不是作家、不是画家；

③ 作家正准备写一本甲的传记，他所写的丁的传记是畅销书，说明作家不是甲、不是丁；

	甲	乙	丙	丁
舞蹈家				
画家		×		
歌唱家	×		×	
作家	×	×		×

观察可以发现丙是作家。

④甲从来没有见过丙（作家），②画家曾为乙和作家画过肖像，说明甲不是画家。故表格可补充完整如下：

	甲	乙	丙	丁
舞蹈家	√	×	×	×
画家	×	×	×	√
歌唱家	×	√	×	×
作家	×	×	√	×

【题 05】答案 **A**。

解题步骤

第一步	明确题干信息： ①李明赴东湖的计划天数与王刚赴西岛的计划天数相同。 ②李明赴南山的计划是三日游。 ③王刚赴南山的计划是四日游。 ④每处景点他们三人都选择了不同的路线。
第二步	画表格如下： |	东湖	西岛	南山
---	---	---	---
李明	X①		三日游②
王刚		X①	四日游③
张波				
第三步	根据条件④可知，李明赴东湖的计划不是三日游，王刚赴西岛的计划不是四日游，再结合条件①可推知，李明赴东湖的计划＝王刚赴西岛的计划＝二日游。根据题干信息④，将表格补齐如下：

（续）

解题步骤				
第三步		东湖	西岛	南山
	李明	二日游	四日游	三日游
	王刚	三日游	二日游	四日游
	张波	四日游	三日游	二日游
	因此答案选 A。			

【题 06】答案 **C**。

题干信息	天使从不说假话，魔鬼从不说真话，常人既说真话也说假话；针对 A 是谁，A 的回答是"我是常人"，B 的回答是"A 是魔鬼"，C 的回答是"A 是天使"。

解题步骤	
第一步	本题限制条件较多，可优先考虑假设排除法。假设 A 是常人，那么 A 的回答为真，B 的回答为假，C 的回答也为假，但是 B 和 C 只能是天使和魔鬼，一定只有一句假话，矛盾，所以 A 不是常人。
第二步	假设 A 是魔鬼，那么 A 的回答为假，C 的回答为假，C 是常人，B 的回答为真，B 是天使，不矛盾，因此答案选 C。
提示	考生也可以尝试假设 A 是天使进行验证；也可代选项进行排除，这里主要为训练考生基本假设的方法和思维。

【题 07】答案 **A**。

题干信息	①某市近三年来的严重刑事犯罪案件 60% 皆为已记录在案的 350 名惯犯所为。②严重刑事犯罪案件的作案者半数以上同时是吸毒者。

解题步骤	
第一步	联合条件①和②，虽然其总体相加大于 100%，但由于条件①和②中比例的对象不同，所以不能简单地认为 350 名惯犯中一定有吸毒者。若考生不理解可考虑如下解题思路： 根据题干信息画图如下： 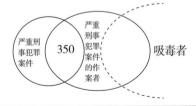
第二步	结合条件①和②，若上述 350 名惯犯只占严重刑事犯罪案件的作案者的一小部分，则可能出现上述 350 名惯犯中没有吸毒者的情况。

【题 08】答案 **C**。

<table>
<tr><th colspan="2">解题步骤</th></tr>
<tr>
<td>第一步</td>
<td>整理题干信息，1 号店在一侧的中间，且和其他店的位置有如下的关系：
① 1 号店的旁边是书店；② 书店的对面是花店；③ 花店的隔壁是面包店；④ 4 号店的对面是 6 号店；⑤ 6 号店的隔壁是酒吧；⑥ 6 号店与文具店在道路的同一边。</td>
</tr>
<tr>
<td>第二步</td>
<td>本题的位置关系分为道路两侧，每侧均有三家店，结合题干信息可知，1 号店在一侧的中间，那么书店在 1 号店同侧，花店和面包店在另一侧，此时 6 号店、酒吧、和文具店都在 1 号店这一侧。结合条件④⑤，进一步做图如下：

花店（4 号）	面包店	
书店（6 号）	酒吧（1 号）	文具店

考生注意：无论书店是在左侧还是在右侧，都不影响，能确定 1 号店一定是酒吧。答案选 C。</td>
</tr>
</table>

【题 09】答案 **B**。

<table>
<tr>
<td rowspan="5">题干
信息</td>
<td>①甲＝1∨甲＝7；</td>
</tr>
<tr><td>②乙＝2→己＝3∧丁＝5；</td></tr>
<tr><td>③乙≠2→戊＝4∧庚＝5；</td></tr>
<tr><td>④甲＝1→戊＝6；</td></tr>
<tr><td>⑤丙＝7。</td></tr>
</table>

<table>
<tr><th colspan="2">解题步骤</th></tr>
<tr>
<td>第一步</td>
<td>观察题干条件发现，题干有确定的附加信息，因此考虑从附加的确定信息出发。</td>
</tr>
<tr>
<td>第二步</td>
<td>将条件⑤"丙＝7"代入①可得：甲＝1。再代入④可得：戊＝6。再代入③可得：乙＝2。进而再代入②可知：己＝3∧丁＝5。</td>
</tr>
<tr>
<td>第三步</td>
<td>结合上一步，根据剩余法可知，庚＝4。此时的排序关系如下：

第一	第二	第三	第四	第五	第六	第七
甲	乙	己	庚	丁	戊	丙

观察选项可知答案选 B。</td>
</tr>
</table>

【题 10】答案 **E**。

<table>
<tr>
<td rowspan="5">题干
信息</td>
<td>①甲＝1∨甲＝7；</td>
</tr>
<tr><td>②乙＝2→己＝3∧丁＝5；</td></tr>
<tr><td>③乙≠2→戊＝4∧庚＝5；</td></tr>
<tr><td>④甲＝1→戊＝6；</td></tr>
<tr><td>⑤庚＝1。</td></tr>
</table>

<table>
<tr><th colspan="2">解题步骤</th></tr>
<tr>
<td>第一步</td>
<td>观察题干条件发现，题干有确定的附加信息，因此考虑从附加的确定信息出发。</td>
</tr>
</table>

（续）

	解题步骤
第二步	将条件⑤"庚＝1"代入①可得：甲＝7。再将⑤代入③可得：乙＝2。再代入②可知：己＝3∧丁＝5。
第三步	结合上一步，根据剩余法可知，丙和戊一个在第四，一个在第六，具体位置不能确定。此时的排序关系如下： 表格见下 题目问一定假，观察选项可知答案选 E。

第一	第二	第三	第四	第五	第六	第七
庚	乙	己	丙/戊	丁	戊/丙	甲

▶ 每课一考（3）

🕐 时间：20分钟　　　　　　　　　　　　　　　　　　　　　　得分：

　　本测试题共有10小题，每小题2分，共20分。请从下面每小题所列的5个备选答案中选取出1个，多选为错。

　　【题01】 在一次国际会议上，来自四个国家的五位代表被安排坐在一张圆桌。为了使他们能够自由交谈，事先了解到以下情况：甲是中国人，还会说英语；乙是德国人，还会说汉语；丙是英国人，还会说法语；丁是日本人，还会说法语；戊是日本人，还会说德语。

　　如果上述断定为真，以下哪项符合安排？

　　A. 甲丙戊乙丁。　　　　　　B. 甲丁丙乙戊。　　　　　　C. 甲乙丙丁戊。

　　D. 甲丙丁戊乙。　　　　　　E. 甲丙戊丁乙。

　　【题02】 在某公司年终晚会上，主持人在3个箱子中各放了一个奖品，让小李、小郭、小杨、小黎四人猜一下各个箱子中放了几等奖的奖品。

　　小李说："1号箱是三等奖，2号箱是特等奖，3号箱是一等奖。"

　　小郭说："1号箱是二等奖，2号箱是特等奖，3号箱是四等奖。"

　　小杨说："1号箱是安慰奖，2号箱是三等奖，3号箱是五等奖。"

　　小黎说："1号箱是二等奖，2号箱是四等奖，3号箱是安慰奖。"

　　如果有一个人恰好猜对了两个，其余三人都只猜对了一个，那么2号箱中放的是？

　　A. 特等奖。　　B. 二等奖。　　C. 五等奖。　　D. 三等奖。　　E. 安慰奖。

　　【题03】 有甲、乙、丙、丁、戊五个短跑运动员进行男子100米决赛。看台上，赵明和钱亮在预测他们的名次。赵明说，名次排序是戊、丁、丙、甲、乙；钱亮说，名次排序是甲、戊、乙、丙、丁。决赛结果表明：赵明既没有猜对任何一个运动员的正确名次，也没有猜对任何一对名次相邻运动员的顺序关系；钱亮猜对了两个运动员的正确名次，又猜中两对名次相邻运动员的顺序关系。

　　据此可知，五个短跑运动员的名次排序应该是？

　　A. 甲、乙、丙、丁、戊　　　　B. 乙、甲、戊、丙、丁　　　　C. 丁、戊、甲、乙、丙

　　D. 丙、丁、戊、甲、乙　　　　E. 甲、乙、戊、丙、丁

　　【题04】 一个正方体有六个面，每个面的颜色都不同，并且只能是红、黄、蓝、绿、黑、白六种颜色。如果满足：

　　①红的对面是黑色；

　　②蓝色和白色相邻；

　　③黄色和蓝色相邻。

　　那么，下面结论错误的是？

　　A. 红色与蓝色相邻。　　　　　B. 蓝色的对面是绿色。　　　　C. 白色与黄色相邻。

　　D. 黑色与绿色相邻。　　　　　E. 黑色对面是红色。

　　【题05】 财政局根据上级指示要求，决定派出若干名同志前往农村扶贫。财政局甲、乙、丙、丁、戊等多名同志知道消息后积极报名，申请前往。根据报名情况及本局自身工作需要，领导做出以下几项决定：

　　①在甲、乙两人中至少挑选1人；

　　②在乙、丙两人中至多挑选1人；

③在甲、丁两人中也至多挑选1人；

④如果挑选了丁，那么丙、戊两人缺一不可。

以下哪项能从上述陈述中推出？

A. 不挑选丁。　　　B. 挑选甲。　　　C. 不挑选甲。　　　D. 挑选丁。　　　E. 无法判断。

【题 06】 彭依一家四口围着正方形桌子吃饭，每人爱吃的菜不同。

（1）坐在南面的不吃粉蒸肉；

（2）弟弟不吃回锅肉；

（3）彭依不在西面也不在北面；

（4）吃糖醋排骨的不坐东面；

（5）吃西红柿炒蛋的坐北面；

（6）爸爸坐南面，对面不是妈妈。

请问，弟弟对面的人吃什么？

A. 西红柿炒蛋。　　　　　　B. 糖醋排骨。　　　　　　C. 回锅肉或糖醋排骨。

D. 粉蒸肉或回锅肉。　　　　E. 西红柿炒蛋和糖醋排骨。

【题 07】 有一对非常奇怪的兄弟，哥哥上午说实话，下午说谎话；而弟弟正好与哥哥相反，上午是谎话连篇，一句实话都没有，而下午却说大实话。

一路人问："你们哪个是哥哥？"

胖子说我是哥哥，瘦子也说我是哥哥。

路人又问："现在几点了？"

胖子说快要到中午了，瘦子说现在已经过了中午了。

请问以下哪项一定为真？

A. 现在是下午。　　　　　　B. 胖子是哥哥。　　　　　　C. 瘦子是哥哥。

D. 无法确定谁是哥哥。　　　E. 瘦子此时说真话。

08-09 题基于以下题干：

孔智、孟睿、荀慧、庄聪、墨灵、韩敏等 6 人组成一个代表队参加某次棋类大赛，其中两人参加围棋比赛，两人参加中国象棋比赛，还有两人参加国际象棋比赛。有关他们具体参加比赛项目的情况还需满足以下条件：

（1）每位选手只能参加一个比赛项目；

（2）孔智参加围棋比赛，当且仅当，庄聪和孟睿都参加中国象棋比赛；

（3）如果韩敏不参加国际象棋比赛，那么墨灵参加中国象棋比赛；

（4）如果荀慧参加中国象棋比赛，那么庄聪不参加中国象棋比赛；

（5）荀慧和墨灵至少有一人不参加中国象棋比赛。

【题 08】 如果荀慧参加中国象棋比赛，那么可以得出以下哪项？

A. 庄聪和墨灵都参加围棋比赛。　　　　B. 孟睿参加围棋比赛。

C. 孟睿参加国际象棋比赛。　　　　　　D. 墨灵参加国际象棋比赛。

E. 韩敏参加国际象棋比赛。

【题 09】 如果庄聪和孔智参加相同的比赛项目，且孟睿参加中国象棋比赛，那么可以得出以下哪项？

A. 墨灵参加国际象棋比赛。　　　　　　B. 庄聪参加中国象棋比赛。

C. 孔智参加围棋比赛。　　　　　　　　D. 荀慧参加围棋比赛。

E. 韩敏参加中国象棋比赛。

【**题 10**】根据题干信息，以下哪项可能为真？

A．庄聪和韩敏参加中国象棋比赛。　　B．韩敏和荀慧参加中国象棋比赛。

C．孔智和孟睿参加围棋比赛。　　D．墨灵和孟睿参加围棋比赛。

E．韩敏和孔智参加围棋比赛。

每课一考（3）答案及解析

【**题 01**】答案 **D**。

题干信息	①甲会汉语和英语。 ②乙会德语和汉语。 ③丙会英语和法语。 ④丁会日语和法语。 ⑤戊会日语和德语。 ⑥五位代表能够自由交流。

解题步骤	
第一步	观察题干信息，本题属于选项确定的题目，可以通过代选项排除的方式解题。
第二步	根据条件⑥可知，相邻的两个人至少要会同一种语言，因此根据条件①④⑤可知，甲和丁、甲和戊不能相邻，选项 A、B、C 排除，根据条件②④可得，乙和丁不能相邻，选项 E 排除，因此选项 D 正确。

【**题 02**】答案 **A**。

解题步骤	
第一步	观察题干条件可知，无法得知具体哪一个人猜对两个，哪一个人猜对一个，故无法从说话的人出发作假设。此时可考虑从"重复出现"的信息作假设。
第二步	观察重复信息"1 号箱是二等奖"，若 1 号箱是二等奖，那么关于 1 号箱断定的四句话是 2 真 2 假，若 1 号箱不是二等奖，则此时关于 1 号箱断定的四句话至多有 1 真；故关于 1 号箱的断定至多 2 真；同理可知，关于 2 号箱断定的四句话至多有 2 真，关于三号箱断定的四句话至多有 1 真，故这四个人说的话一共至多有 5 真。
第三步	由于题干指出四个人有一个人猜对 2 个，有三个人猜对 1 个，由此可知，四个人共猜对了 5 个，也就是四个人说的话一共 5 真；结合上一步"四个人说的话至多有 5 真"，故此时只能是重复的信息均为真，也就是 1 号箱是二等奖，2 号箱是特等奖。故答案选 A。

【**题 03**】答案 **B**。

解题步骤	
第一步	本题满足"选项一大片"的特点，应采用从选项入手排除的方法。
第二步	由赵明没有猜对任何一个运动员的名次，可排除 A、D。由赵明没有猜对任何一对名次相邻运动员的顺序关系，可排除 C 和 E。因此选 B。

【题 04】答案 C。

<table>
<tr><td colspan="2" align="center">解题步骤</td></tr>
<tr>
<td>第一步</td>
<td>明确题干信息：
①红的对面是黑色；
②蓝色和白色相邻；
③黄色和蓝色相邻。
正方体的六个面中，共有三组对立面，且任意两个面之间可能具有的关系有：相邻；相对。</td>
</tr>
<tr>
<td>第二步</td>
<td>观察题干中重复概念：在条件②③中均出现了"蓝色"，蓝色和白色、黄色均相邻，所以蓝色的对立面不是白色，不是黄色，又已知红色和黑色相对，所以蓝色的对立面是绿色。</td>
</tr>
<tr>
<td>第三步</td>
<td>三组对立面分别是：①红色—黑色；②蓝色—绿色；③黄色—白色。</td>
</tr>
<tr>
<td>结　果</td>
<td>答案为 C。</td>
</tr>
</table>

【题 05】答案 A。

<table>
<tr><td colspan="2" align="center">解题步骤</td></tr>
<tr>
<td>第一步</td>
<td>明确题干信息：
①甲∨乙 = ¬ 甲→乙；
②¬ 乙∨¬ 丙 = 乙→¬ 丙；
③¬ 甲∨¬ 丁 = 甲→¬ 丁；
④丁→丙∧戊。</td>
</tr>
<tr>
<td>第二步</td>
<td>由①②④可得：¬ 甲→乙→¬ 丙→¬ 丁。
结合③甲→¬ 丁，可构成两难推理，由此可知不挑选丁。答案为 A。</td>
</tr>
</table>

【题 06】答案 C。

<table>
<tr>
<td>题干
信息</td>
<td>①坐在南面的不吃粉蒸肉；②弟弟不吃回锅肉；③彭依不在西面也不在北面；④吃糖醋排骨的不坐东面；⑤吃西红柿炒蛋的坐北面；⑥爸爸坐南面，对面不是妈妈。</td>
</tr>
<tr><td colspan="2" align="center">解题步骤</td></tr>
<tr>
<td>第一步</td>
<td>本题属于"位置关系+对应"的题型，可优先考虑从位置关系入手。联合信息③⑥可得，彭依不坐在南面、西面和北面，所以彭依坐在东面，再由⑥可知妈妈不坐在北面，不坐在南面，因此妈妈坐在西面，进一步可知弟弟只能坐在北面。</td>
</tr>
<tr>
<td>第二步</td>
<td>此时再讨论"对应关系"，结合信息⑤和上一步的结论可做图如下：

　　　　弟弟/（西红柿炒蛋）
　　　　┌──────┐
妈妈　　│　　　　　│　　彭依/（不吃糖醋排骨）
　　　　└──────┘
　　　　爸爸/（不吃粉蒸肉）

此时可知：爸爸不吃粉蒸肉、不吃西红柿炒蛋。因此，爸爸可能爱吃糖醋排骨或者爱吃回锅肉，观察选项可得答案选 C。</td>
</tr>
</table>

【题 07】答案 B。

解题步骤	
第一步	真假情况：真假个数不确定。
第二步	判断真假： Ⅰ. 选取假设对象，选取的关键在于："哥哥上午说实话，下午说谎话；弟弟上午说谎话，下午说实话"，可知真假情况由"现在是上午还是下午"决定，故假设的内容锁定为"现在是上午还是下午"。 Ⅱ. 做假设并进行推理：假设现在是"上午"，若问"谁是哥哥"，则哥哥会说"我是哥哥"，弟弟会说"我是哥哥"；假设现在是"下午"，则哥哥会说"我是弟弟"，弟弟会说"我是弟弟"，结合题干信息可确定，现在是上午。
第三步	由于现在是上午，故若问"现在几点了"，哥哥会回答"现在是上午"，弟弟会回答"现在是下午"，结合题干信息可确定，胖子是哥哥，瘦子是弟弟，因此答案选 B。

【题 08】答案 E。

题干信息	① 每位选手只参加一项 ② 孔+围棋 =（庄∧孟）+中国象棋 ③ $\overline{韩}$ + 国际象棋→墨+中国象棋 = $\overline{墨}$ + 中国象棋→韩+国际象棋 （提示，条件关系中有否定项，利用 P→Q =¬ Q→¬ P 做等价转换） ④ 荀+中国象棋→ $\overline{庄}$ + 中国象棋=庄+中国象棋→ $\overline{荀}$ + 中国象棋 ⑤ $\overline{荀}$ + 中国象棋 ∨ $\overline{墨}$ + 中国象棋 = 荀+中国象棋→ $\overline{墨}$ + 中国象棋 = 墨+中国象棋→ $\overline{荀}$ + 中国象棋

解题步骤	
第一步	题干给出了确定信息"荀+中国象棋"，故此时可将确定信息代入推理。
第二步	按①~⑤依次查看信息（考生注意不要跳跃，以防遗漏）： 由④知 $\overline{庄}$ + 中国象棋，再由②知 $\overline{孔}$ + 围棋（选项没涉及）； 由⑤知 $\overline{墨}$ + 中国象棋，再由③知韩+国际象棋，故答案选 E。

【题 09】答案 D。

题干信息	① 每位选手只参加一项 ② 孔+围棋 =（庄∧孟）+中国象棋 ③ $\overline{韩}$ + 国际象棋→墨+中国象棋 = $\overline{墨}$ + 中国象棋→韩+国际象棋 （提示，条件关系中有否定项，利用 P→Q =¬ Q→¬ P 做等价转换） ④ 荀+中国象棋→ $\overline{庄}$ + 中国象棋=庄+中国象棋→ $\overline{荀}$ + 中国象棋 ⑤ $\overline{荀}$ + 中国象棋 ∨ $\overline{墨}$ + 中国象棋 = 荀+中国象棋→ $\overline{墨}$ + 中国象棋 = 墨+中国象棋→ $\overline{荀}$ + 中国象棋

解题步骤	
第一步	问题中给出了确定信息"孟+中国象棋"，又已知庄∧孔参赛相同，结合②知庄∧孔不参加围棋，不参加中国象棋（否则庄∧孔∧孟三人同时参加中国象棋）。
第二步	故庄∧孔只能参加国际象棋，可知 $\overline{韩}$ + 国际象棋，依次查看信息，由③知墨+中国象棋，又孟+中国象棋，故只能是（韩∧荀）+围棋。故答案选 D。

【题 10】答案 **D**。

题干信息	① 每位选手只参加一项 ② 孔+围棋 =（庄∧孟）+中国象棋 ③ $\overline{韩}$ + 国际象棋→墨+中国象棋 = $\overline{墨}$ + 中国象棋→韩+国际象棋 （提示，条件关系中有否定项，利用 P→Q=¬ Q→¬ P 做等价转换） ④ 荀+中国象棋→$\overline{庄}$ + 中国象棋 = 庄+中国象棋→$\overline{荀}$ + 中国象棋 ⑤ $\overline{荀}$ + 中国象棋 ∨ 墨 + 中国象棋 = 荀+中国象棋→$\overline{墨}$ + 中国象棋 = 墨+中国象棋→$\overline{荀}$ + 中国象棋

	解题步骤
第一步	问题问"可能为真"，而选项是确定的，故此时优先考虑代入选项排除法。
第二步	韩敏出现在选项中最多，先从她入手。若其参加中国象棋，则韩+国际象棋，由③知墨+中国象棋，淘汰选项 A、B，否则三人参加同一项目比赛。
第三步	若韩敏参加围棋 = $\overline{韩}$ + 国际象棋，由③知墨+中国象棋，故（庄∧孟）+中国象棋，由②知孔+围棋，故淘汰 E 选项。
第四步	现在可依次观察信息。由②知孔+围棋→孟+中国象棋，故淘汰 C 选项。故答案选 D。

论证逻辑主要考查考生对于基本论证关系的理解及相应的比较、评价等思维能力，故考生需要从论证的基本构成——"概念"入手，通过识别论证的基本结构、理解论证最常见的结构（因果关系）、识别常见的逻辑谬误，再结合论证分析的基本方法，去掌握基本的论证评价方式，夯实基础，以便更好地学习强化篇的相关内容。

第3章　论证逻辑基础入门

1　概　念

1.1　概念的内涵与外延

概念是反映某一类事物、现象所包含的范围，同时也反映其本质或特征的思维形式。

概念的定义包括两层含义：①概念反映事物的本质和特征；②概念反映的对象都具有一定的范围。

知识点 24　概念的内涵和外延

概念 $\begin{cases} 内涵：反映概念的本质和特征。相当于集合的描述法：\{x \mid 1<x<7,\ x \in \mathbf{N}\}。 \\ 外延：反映概念包含的范围。相当于集合的列举法：\{2,\ 3,\ 4,\ 5,\ 6\}。 \end{cases}$

例题 01　区分下列哪些属于概念的内涵？哪些属于概念的外延？

（1）能够使用工具，进行创造性劳动的高级动物。

（2）男人、女人、女博士、男会计。

（3）由国家制定或认可并以国家强制力保证实施的，反映由特定物质生活条件所决定的统治阶级意志的规范体系。

（4）刑法、合同法、婚姻法、物权法、继承法。

▶【精点解析】

（1）和（2）在表述人类这个概念，（1）属于描述人类的特征，属于人的内涵，而（2）属于列举具体人类中的个体，属于人的外延。

（3）和（4）在表述法律这个概念，（3）属于描述法律的具体特征，属于法律的内涵；而（4）属于列举具体法律中的个体，属于法律的外延。

知识点 25　概念内涵与外延的关系

内涵与外延的关系为反变关系，即内涵越多的概念其外延越小，内涵越少的概念其外延越大。

内涵与外延的关系如图 1 所示：

A．人

B．中国人

C．中国青年

D．中国共青团员

E．优秀的中国共青团员

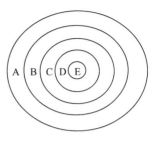

图 1

> **例题 02**　分析下列带下划线的概念其外延是否一致。
>
> （1）世有伯乐然后有千里马，千里马常有而伯乐不常有。
>
> （2）事物的极点是事物的完美，死是生命的极点，所以，死是生命的完美。

▶ 【精点解析】

（1）从内涵方面讲，在"世有伯乐然后有千里马，千里马常有而伯乐不常有"这句话中，第一个"千里马"是指"被伯乐发现了的千里马"，而第二个"千里马"是指"客观上存在但是还没被人们认识的千里马"。因此，这两个"千里马"虽然用的是同一个词语，但是，它们的外延是不同的，也就是说，它们表达的概念是不同的。

（2）从内涵方面讲，第一个"极点"表示是最高峰，是极值；第二个"极点"表示是完结，是终值。因此，表达的不是同一个概念。

逻辑谬误　偷换概念/混淆概念

偷换概念（混淆概念）是指将一些表面相似或相近的概念进行偷换，实际上改变了概念的修饰语、适用范围及所指对象等具体内涵。

> **例题 03**　元宵夜，一女子想到灯市观灯。其丈夫说道："家中已点灯了。"该女子答道："我不仅想观灯，而且还想观人。"她的丈夫怒吼道："难道我是鬼吗？"
>
> 试分析上述议论中出现了什么谬误？
>
> A．转移论题。　　　　B．自相矛盾。　　　　C．偷换概念。
>
> D．论据不足。　　　　E．以偏概全。

▶ 【精点解析】

"灯市观灯"中的"灯"与"家中已点灯"中的"灯"其所指并不相同；女子回答的"我想观人"中的"人"指的是灯市中的人，不包含其丈夫本人。女子的丈夫显然混淆了相关概念。

答案选 **C**。

1.2　定义

定义是揭示概念内涵的逻辑方法。例如：

商品 是 用来交换的劳动产品。

被定义项　定义联项　定义项

被定义项（Ds）：其内涵需要解释的词项。

定义项（Dp）：用来揭示定义项内涵的词项。

定义联项：联结被定义项和定义项的词项，常用"是""就是""即""所谓……，是指……"以及破折号"——"等表示。

知识点 26　定义的规则

定义的规则		
规　则	常见逻辑谬误	示　例
被定义项的外延等于定义项的外延	**定义过窄** 被定义项外延大于定义项外延	商品是用货币交换的劳动产品。 　（定义过窄，除了货币交换之外还有物物交换）
	定义过宽 被定义项外延小于定义项外延	商品是劳动产品。 　（定义过宽，不用作交换的劳动产品不是商品）
定义项不得直接或间接包含被定义项	**同语反复** 定义项直接包含被定义项	心理学是研究心理的科学。
	循环定义 定义项间接包含被定义项	"什么是战争？战争是两次和平之间的间歇。什么是和平？和平是两次战争之间的间歇。"
定义项中不得有含混的词语，不能用比喻	——	建筑就是凝固的音乐。 　（比喻很难准确描述出概念的内涵）
定义项中不得包含负概念	——	好人就是不放火、不抢劫、不贪污的人。 　（使用负概念下定义时，很难穷举被定义项的外延）

例题 04　过去，我们在道德宣传上有很多不切实际的高调，以至于不少人口头说一套，背后做一套，发生人格分裂现象。通过对此种现象的思考，有的学者提出，我们只要求普通人遵守"底线伦理"。根据你的理解，下列问题能否作为"底线伦理"的定义？

（1）底线伦理就是不偷盗、不杀人。

（2）底线伦理不是要求人无私奉献的伦理。

（3）如果把人的道德比作一座大厦，底线伦理就是该大厦的基础部分。

（4）底线伦理是作为一个社会普通人所应遵守的一些最起码、最基本的行为规范和准则。

（5）底线伦理是社会发展的支柱，是我们国家昌盛的源泉。

► 【精点解析】

（1）和（2）违背定义项不得使用负概念的规则，（3）和（5）违背定义项不得使用比喻的规则，考生注意，（5）使用的是暗喻，他们都不能作为"底线伦理"的定义。（4）与定义的四个规则均不违背，可作为"底线伦理"的定义。

1.3　划分

划分是揭示词项外延的逻辑方式。划分的成分由母项和子项构成。母项是指被划分的类（集合）。例如：整数。子项是指划分所得的若干小类（真子集）。例如：正整数、负整数和零。划分的根据是指划分所依据的属性或属性组。例如：与零的关系。

知识点 27　划分的规则

划分的规则		
规　则	常见逻辑谬误	示　例
各子项的外延之和等于母项的外延	**多出子项** 各子项的外延之和大于母项的外延	直系亲属分为父亲、母亲、爱人、子女、兄弟和姐妹。 （显然，兄弟、姐妹不属于直系亲属）
	划分不全 各子项的外延之和小于母项外延	直系亲属分为父亲、母亲和子女。 （显然还缺少"爱人"这个直系亲属）
各子项不能有交叉关系	**子项相容**	人分为男人、女人、好人和坏人。（显然男人、女人、好人和坏人之间存在交叉关系）
每次划分必须使用同一划分标准	**混淆划分错误**	人分为男人、女人、好人和坏人。（显然，男人、女人是按照性别来划分的，而好人、坏人则是按照人的品质来划分的）
划分不能越级	**越级划分**	动物可分为哺乳动物、鸟、鱼、爬行动物、两栖动物和非脊椎动物。 （与"非脊椎动物"同一层次的是"脊椎动物"，而"哺乳动物""鸟""鱼""爬行动物"和"两栖动物"都是"脊椎动物"，显然划分层次不一致）

例题 05　在中国生活的夫妻中，已知中国女性比中国男性多两万，请对下面的概念做出判断：

① 在中国生活的夫妻中，和中国人结婚的中国女性数量_____和中国人结婚的中国男性数量；

② 在中国生活的夫妻中，和外国人结婚的外国男性数量_____和外国人结婚的外国女性数量；

③ 在中国生活的夫妻中，和中国人结婚的外国男性数量_____和外国人结婚的中国女性数量；

④ 在中国生活的夫妻中，外国人结婚的中国男性数量_____和中国人结婚的外国女性数量；

⑤ 在中国生活的夫妻中，外国男性_____外国女性。

考生想一想：你能理清这里面的概念间关系吗？

▶ 【精点解析】

① "="；② "="；③ "="；④ "=" ⑤ ">"

第一步：明确划分对象及划分标准。

划分对象：在中国生活的夫妻。

划分标准：夫妻双方中、外不同国籍可以分为以下四种情况（$C_2^1 \cdot C_2^1$）：双方都是中国人，双方都是外国人，夫妻中男性为中国人、女性为外国人，夫妻中男性为外国人、女性为中国人。

第二步：画出相应表格。

	①	②	③	④
男	中国人（A）	外国人（B）	中国人（C）	外国人（D）
女	中国人（A）	外国人（B）	外国人（C）	中国人（D）

注：A 代表夫妻双方都是中国人的夫妻对数，故夫妻双方都是中国人的夫妻中男性数量=女性数量=A，其余以此类推。

第三步：观察得结论。

① 在中国生活的夫妻中，和中国人结婚的中国女性数量为 A，和中国人结婚的中国男性数量也为 A，故为等号。

② 在中国生活的夫妻中，和外国人结婚的外国男性数量为 B，和外国人结婚的外国女性数量也为 B，故为等号。

③ 在中国生活的夫妻中，和中国人结婚的外国男性数量为 D，和外国人结婚的中国女性数量也为 D，故为等号。

④ 在中国生活的夫妻中，和外国人结婚的中国男性数量为 C，和中国人结婚的外国女性数量也为 C，故为等号。

⑤ 在中国生活的夫妻中，男性数量等于女性数量，中国女性比中国男性多，根据对称原则可知外国男性比外国女性多。若考生不理解，可具体列式如下：在中国生活的夫妻中，中国女性数量 =A+D，中国男性数量 =A+C，外国男性数量 =B+D，外国女性数量 =B+C；若 A+D>A+C，则 B+D>B+C。

1.4　概念的种类

（1）根据一个概念外延的大小，即指称的对象的数量不同，划分为单独概念和普遍概念。

	单独概念	普遍概念
定义	单独概念反映一个事物，它的外延只是一个单独对象	普遍概念反映两个及以上的事物
示例	中国、贝加尔湖、芈月	工人、年轻人、江左盟

（2）根据概念所指称的对象是否具有某种属性，划分为正概念和负概念。

	正概念	负概念
定义	正概念是指具有某种特有属性的概念	负概念是指不具有某种特有属性的概念
示例	成年人、金属、机动车	未成年人、非金属、非机动车

（3）根据概念所反映的对象是否为一个不可分割的集合体，划分为集合概念和非集合概念。

	集合概念	非集合概念
定义	集合概念把一类事物作为一个整体来反映，集合体的构成要素是它的各组成部分	非集合概念反映一类事物的共同属性，类的构成要素是分子
区别	我们十个人可将车拉动十米，并不意味"每个人都能将车拉动一米"	树都结果，则意味着"每棵树都结果"

精点提示　判定集合概念与非集合概念的方法是：在这句话前面加上"每一个"，*若该句意思发生变化，则属于集合概念*，如：每一个人定胜天，显然不可能。所以，"人定胜天"中的"人"为集合概念。*若该句意思没发生变化，则属于非集合概念*，如：每一个人贵有自知之明，显然"人"这个集合中的每一个个体都满足贵有自知之明的属性。所以，"人贵有自知之明"中的"人"为非集合概念。

例题 06　分析下列句子中带下划线的概念是集合概念还是非集合概念。
（1）儿童都是祖国的花朵。
（2）外语是普通高等学校招生的必考科目。
（3）中国人是勤劳勇敢的。
（4）中国人必须遵守中国法律。
（5）在我国，人民享有广泛的民主与自由的权利。
（6）人是从猿猴进化来的。

▶【精点解析】

在（1）中，"儿童"是指构成这个整体的个体，每一个儿童都是祖国的花朵，加上"每一个"后，句子的意义没有改变，因此，此时"儿童"是非集合概念。

在（2）中，"外语"是指称所有的外语这个集合整体，事实上，并非每一门外语都是必考科目，考试时只考其中一门或几门外语，加上"每一个"后，句子的意义发生了变化，因此，此时"外语"是集合概念。

在（3）中，"中国人"是指中国人这个整体，整体才是勤劳勇敢的，单个个体未必都是勤劳勇敢的，加上"每一个"后，句子的意义发生了变化，因此，此时"中国人"是集合概念。

在（4）中，"中国人"具体指构成中国人整体中每个个体，每一个"中国人"都应该遵守中国的法律，加上"每一个"后，句子的意义没有改变，因此，此时"中国人"是非集合概念。

在（5）中，"人民"具体指构成人民整体中每个个体，每一个"人民"都应该享有广泛的民主与自由的权利，加上"每一个"后，句子的意义没有改变，因此，此时"人民"是非集合概念。

在（6）中，"人"是指人类这个整体是从猿猴进化来的，加上"每一个"后，句子的意义发生了变化，因此，此时"人"是集合概念。

─── 逻辑谬误　**集合体性质误用** ───

集合体性质误用一般是指从整体推出部分时，混淆集合概念与非集合概念的错误。也就是说，整体具有的性质和特征有时部分并不具有，却误认为整体具有的属性个体也具有。

例题 07　请判断下列推理是否正确？
（1）人都是会死的，苏格拉底是人，所以，苏格拉底是会死的。
（2）人是万物之灵，我是人，所以我是万物之灵。

▶ 【精点解析】
（1）和（2）的结构是非常接近的，但（1）的推理是正确的，（2）的推理是不正确的。（1）中"会死"这个属性作为集合中的每一个个体都具有，因此这个"人"属于非集合概念。（2）拥有万物之灵的这个属性只有作为"人"这个集合整体才具有，而作为"人"这个个体却不具有，因此"我"作为"人"中的个体，不能称之是万物之灵。（2）的推理存在"集合体性质误用"谬误。

1.5　概念间的关系

知识点 28　概念间的关系与欧拉图

概念外延之间的关系是客观事物间最普遍的一种关系——是类与类的同异关系在思维中的反映。我们用两个圆分别表示 A 的外延和 B 的外延，就可以用图示的方法直观地表示两个概念外延间的关系。这种图称为欧拉图。

（1）同一关系

两个或多个概念之间，外延完全相同，这种关系叫同一关系。具有同一关系的概念叫同一概念。如："北京"与"中华人民共和国首都"。

具有同一关系的两个概念 A 和 B，可用图 2 表示。

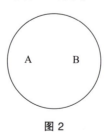

图 2

─── 逻辑谬误　**不当同一替换** ───

不当同一替换主要是指 A 和 B 属于同一关系，但知道 A 不等于知道 B，就好比，鲁迅与周树人是同一关系，但是知道鲁迅不等于知道周树人，知道鲁迅写了《狂人日记》不等于知道周树人写了《狂人日记》。

例题 08　巴金就是李尧棠。几乎所有人都知道巴金是作家，但奇怪的是很少有人知道李尧棠是作家。如何解释上文中描述的不一致呢？

▶ 【精点解析】

所有人都知道巴金是作家，而很少有人知道李尧棠是作家，不一致的关键在于人们对于巴金和李尧棠认识的差异，如果大多数人都不知道巴金就是李尧棠，那么就能很好地解释这种不一致。

（2）包含关系

一个概念的部分外延是另一个概念外延的全部，二者之间的关系叫包含关系。包含关系也叫属种关系。如："研究生"与"硕士研究生"。

具有包含关系（属种关系）的两个概念 A 和 B，可用图 3 表示。

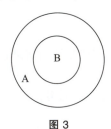

图 3

（3）交叉关系

一个概念的部分外延只与另一个概念的部分外延重合，二者的关系叫交叉关系（包含是一种特殊的交叉关系）。具有交叉关系的概念叫交叉概念。如："优秀青年"和"工程师"。

具有交叉关系的两个概念 A 和 B，可用图 4 表示。

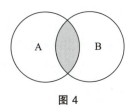

图 4

以上三种关系：同一关系、包含关系、交叉关系都有相容关系。为进一步说明其区别，列表如下：

相容关系 区别	同一关系	包含关系	交叉关系
两个概念外延的关系	全部和全部重合	一部分和全部重合	一部分只与一部分重合

（4）矛盾关系

两个概念的外延互相排斥，而外延之和等于邻近的属概念的外延，二者的关系就是矛盾关系。具有矛盾关系的两个概念叫矛盾概念。如："金属"与"非金属"；"核国家"与"无核国家"。

图 5

具有矛盾关系的两个概念 A 和 B，可用图 5 表示。

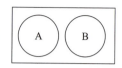

（5）反对关系

概念的外延互相排斥，它们的外延之和小于邻近的属概念的外延，二者的关系叫反对关系，也叫对立关系。具有反对关系的概念叫反对概念，也叫对立概念。如："黑色"与"红色"；"无产阶级"与"资产阶级"。

具有反对关系的两个概念 A 和 B，可用图 6 表示。

图 6

逻辑谬误　非黑即白

非黑即白主要是指属于反对关系的 A 和 B 被误认为是矛盾关系。比如：不是朋友就是敌人。显然在人与人的关系中，除了朋友和敌人两种关系，还存在既不是朋友也不是敌人的关系。

 记者："您是央视《百家讲坛》最受欢迎的演讲者之一，人们称您为国学大师、学术超男，对这两个称呼，您更喜欢哪一个？"

教授："我不是国学大师，也不是学术超男，只是一个文化传播者。"

上述陈述存在哪项漏洞？

▶ 【精点解析】

在日常思维中，人们常常把反对关系的概念误作矛盾关系的概念使用，犯了"非黑即白"或者"非此即彼"的错误。"国学大师"和"学术超男"原本是反对关系，而记者作为矛盾关系进行提问。教授在回答时巧妙指出了记者的错误，作为反对关系，除了"国学大师"和"学术超男"身份外，还可以定位为"文化传播者"。

  同一关系、包含关系、交叉关系这三种关系中，A 和 B 两个概念之间都是有交集的，也就是属于相容的关系；而矛盾关系和反对关系中，A 和 B 两个概念之间是没有交集的，也就是属于不相容的关系。

矛盾关系和反对关系的区别		
	矛盾关系	**反对关系**
区别①	相交是空集，相并是全集	相交是空集，相并非全集
区别②	否定必肯定，肯定必否定	否定不确定，肯定必否定
区别③	一真必一假，一假必一真	可一真一假，可同真，可同假

▶ **每课一练（4）**

🕐 时间：20分钟   得分：

本测试题共有10小题，每小题2分，共20分。请从下面每小题所列的5个备选答案中选取出1个，多选为错。

【题01】鲁迅的著作不是一天能读完的，《狂人日记》是鲁迅的著作，因此，《狂人日记》不是一天能读完的。

下列哪项最为恰当地指出了上述推理的逻辑错误？

A. 偷换概念   B. 自相矛盾   C. 以偏概全

D. 倒置因果   E. 循环论证

【题02】概念A与概念B之间有交叉关系，当且仅当：（1）存在对象x，x既属于A又属于B；（2）存在对象y，y属于A但不属于B；（3）存在对象z，z属于B但是不属于A。

根据上述定义，以下哪项中加点的两个概念之间有交叉关系？

A. 国画按题材分主要有人物画、花鸟画、山水画等等；按技法分主要有工笔画和写意画等等。

B. 《盗梦空间》除了是最佳影片的有力争夺者外，它在技术类奖项的争夺中也将有所斩获。

C. 洛邑小学30岁的食堂总经理为了改善伙食，在食堂放了几个意见本，征求学生们的意见。

D. 在微波炉清洁剂中加入漂白剂，就会释放出氯气。

E. 高校教师包括教授、副教授、讲师和助教等。

【题03】某架直升机上有9名乘客，其中有1名科学家，2名企业家，2名律师，3名美国人，4名中国人。

补充以下哪一项，能够解释题干中提到的总人数和不同身份的人数之间的不一致？

A. 那位科学家和其中的1名美国人是夫妻。

B. 其中1名企业家的产品主要出口到美国。

C. 2名企业家都是中国人，另有1名企业家是律师。

D. 其中1名律师是其中1名企业家的法律顾问。

E. 科学家不是美国人。

【题04】按照上帝创世说，上帝在第一天创造了地球，第二天创造了月亮，第三天创造了太阳。因此，地球存在的头三天没有太阳。

以下哪项最为确切地指出了上述断定的逻辑漏洞？

A. 没有太阳，一片漆黑，上帝如何创造地球？

B. 上帝创世说是一种宗教想象，完全没有科学依据。

C. 上述断定带着地球中心说的痕迹，在科学史上，地球中心说早被证明是错误的。

D. "一天"的概念是由太阳对于地球的起落周期来定义的。

E. 众所周知，没有太阳就没有万物。

【题05】确定一种食品添加剂是否被禁用的通常程序是比较它对健康的益处和潜在的危害。用于给柠檬汽水着色的一种添加剂——5号黄色素，会导致少数消费者的过敏，但对于大多数消费者来说，这种色素增加了他们享受柠檬汽水这种饮料的乐趣。由于它的益处大于它的害处，所以，5 号黄色素这种特殊的添加剂不应当被禁用。

上述论证中的错误表明作者：

A. 暗示这种色素不会导致对健康的危害。

B. 把享受一种饮料的乐趣视为对健康的益处。

C. 忽视了某些食品添加剂对多数人有害这种可能性。

D. 论证依赖于一个未被证明的断言——使用 5 号黄色素是危险的。

E. 预先假设大多数消费者会注意饮料成分在其包装上的警告。

【题 06】权力是指促使或者阻碍方案通过的能力。例如，九个人组成的投票体，民主地决定各种议案，方案获得通过需要五票或五票以上，此时每个人的权力均等。一旦其中出现五个或五个以上的人结盟，那么其余的人实际上对于方案是否通过是无能为力的，即权力为 0。若九个人形成 4 个联盟，人数分别为三、三、二、一，每个联盟的权力不再相等。

根据上述权力的描述，由此推出以下哪项结论？

A. 人数分别为三、三、二的联盟权力相等，人数为一的联盟权力为 0。

B. 若九个人形成 3 个联盟，这三个联盟的人数分别为四、三、二。

C. 若九个人形成 3 个联盟，各联盟所拥有的权力均等。

D. 人数分别为三、三、二的联盟权力相等，人数为一的联盟的权力为 1。

E. 若九个人形成的 3 个联盟，人数分别是四、四、一，则人数为一的联盟权力最小。

【题 07】根据学习在动机形成和发展中所起的作用，人的动机可分为原始动机和习得动机两种。原始动机是与生俱来的动机，它们是以人的本能需要为基础的，习得动机是指后天获得的各种动机，即经过学习产生和发展起来的各种动机。

根据以上陈述，以下哪项最可能属于原始动机？

A. 尊敬老人，孝敬父母。

B. 尊师重教，崇文尚武。

C. 不入虎穴，焉得虎子。

D. 窈窕淑女，君子好逑。

E. 宁可食无肉，不可居无竹。

【题 08】中星集团要招聘 20 名直接参加中层管理的职员。最不可能被招上的是学历在大专以下，或是完全没有管理工作实践经验的人；在有可能被招上的人中，懂英语或懂日语将大大增加这种可能性。

如果上述断定是真的，则以下哪项所言及的报名者最有可能被选上？

A. 张先生现年 40 岁，中专学历，毕业后一直没有放松学习，曾到京平大学经济管理学院进修过半年，收获很大。最近，他刚辞去已任职五年的华亭宾馆前厅经理的职务。

B. 王女士是经济管理学院的副教授，硕士研究生学历，出版过管理学专著。出于收入的考虑，她表示如被招聘，将立即辞去现职。

C. 陈小姐是经贸大学专科班的应届毕业生，在学校学习期间，曾任某商场业务部见习经理。

D. 刘小姐是外国语学院 1995 年的本科毕业生，毕业后当过半年涉外导游和近两年专职翻译，精通英语和日语。

E. 老孙曾是闻名退迩的南方集团公司的老总，曾被誉为是无学历、无背景、白手起家的传奇式的企业家。南方集团的倒闭使他不得不从头做起。

【题 09】在某校新当选的校学生会 7 名委员中，有 1 个大连人，2 个北方人，1 个福州人，2 个特长生（即有特殊专长的学生），3 个贫困生（即有特殊经济困难的学生）。

假设上述介绍涉及了该学生会中的所有委员，则以下各项关于该学生会委员的断定都与题干不矛盾，除了？

A. 2 个特长生都是贫困生。　B. 贫困生不都是南方人。

C. 特长生都是南方人。　　　D. 大连人是特长生。

E. 福州人不是贫困生。

【题 10】美国政府决策者面临的一个头痛的问题就是所谓的"别在我家门口"综合征，例如，尽管民意测验一次又一次地显示大多数公众都赞成建新的监狱，但是，当决策者正式宣布计划要在某地建一新监狱时，总会遭到附近居民的抗议，并且抗议者总有办法使计划搁浅。

以下哪项也属于上面所说的"别在我家门口"综合征？

A. 某家长主张，感染了艾滋病毒的孩子不许进入公共学校，当他知道一个感染了艾滋病毒的孩子进入了他孩子所在的学校，他立即为自己孩子办理了退学手续。

B. 某政客主张所有政府官员都必须将个人财产公开登记，但他自己却递交了一份虚假的财产登记表。

C. 某教授主张宗教团体有义务从事慈善事业，但他自己却拒绝捐款救助索马里难民。

D. 某汽车商主张和国外进行汽车自由贸易，以有利于本国经济的发展，但他却要求本国政府限制外国制造的汽车进口。

E. 某军事战略家认为核战争足以毁灭人类，但主张本国保持足够的核能力以抵御外部可能的核袭击。

🔑 每课一练（4）答案及解析

【题 01】答案 A。

"鲁迅的著作①不是一天能读完的，《狂人日记》是鲁迅的著作②"中①与②处"鲁迅的著作"字面相同，但外延完全不一样。前者为集合概念，包含鲁迅所有的著作；后者为非集合概念，特指《狂人日记》。

【题 02】答案 A。

题干信息	交叉关系如图所示：	
选项	解析	结果
A	存在有的国画既属于人物画，也属于工笔画，属于交叉的概念关系。	正确
B	《盗梦空间》可能包含于最佳影片，与题干描述交叉关系不符合。	淘汰
C	30 岁食堂总经理与小学学生基本没有交叉的可能性，做逻辑题，不要较真。	淘汰

（续）

选项	解析	结果
D	微波炉清洁剂与氯气不可能有交叉，不属于交叉关系。	淘汰
E	教授包含于高校教师，而不属于题干描述的交叉关系。	淘汰

【题 03】答案 C。

题干信息	①直升机上有 9 名乘客； ②1 名科学家 + 2 名企业家 + 2 名律师 + 3 名美国人 + 4 名中国人 = 12 个身份。 注：题干信息①与②显然存在矛盾，12 个人的身份必须要有重合。	
选项	解析	结果
A	选项中的夫妻关系说明"美国人"和"科学家"是两个身份，两者可能重合，也可能不重合，不能解释。	淘汰
B	企业家产品出口美国，并不意味企业家与美国人间有身份重合。	淘汰
C	指出中国人和企业家的交集为 2，那么信息②中各种人的总和就变成了 10，又有企业家和律师的交集是 1，那么信息②中总人数恰好是 9。	正确
D	律师是企业家法律顾问，并不意味律师与企业家间有身份重合。	淘汰
E	科学家不是美国人，更不涉及身份重合。	淘汰

> **考生注意：** 由题干信息①与②间存在的矛盾可知，12 个人的身份必须要有重合，且重合为 3 人。只有 C 选项涉及 3 人，其他选项即便涉及身份重合，其重合的数目也不足以解释题干中的矛盾。考生可以直接快选 C 选项。

【题 04】答案 D。

正如 D 选项所言："一天"的概念是由太阳对于地球的起落周期来定义，因此，题干中称"地球存在的头三天没有太阳"，也就没有了"一天"的参照标准——"太阳的起落"，"头三天"也就不可能存在。因此，题干的论证犯了"自相矛盾"的逻辑错误。

> **考生注意：** 考试试题前后核心概念是相同或相似的词项时，一定要注意判断是否存在混淆概念的情况，这是一个很重要的细节。

【题 05】答案 B。

题干信息	前提：5 号黄色素的益处大于害处（导致少数消费者的过敏但增加大多数消费者的乐趣） 结论：5 号黄色素这种特殊的添加剂不应当被禁用	
选项	解析	结果
A	与题干信息不一致，题干指出会导致少数消费者过敏，说明会带来危害。	淘汰
B	指出作者的缺陷，题干显然犯了混淆概念的错误。把"乐趣"理解为"益处"，乐趣是人主观对于 5 号黄色素的认识，而对人体有益处却是客观存在的。因此不能把乐趣等同于益处来得出不应当被禁用的结论。	正确

（续）

选项	解析	结果
C	某些食品添加剂对大多数人有害并不能说明 5 号黄色素对大多数人有害，考生注意，"有的"为真，推不出单称判断为真（学习完直言判断会理解更深刻）。即便能说明也属于间接指出，不如 B 项直接指出混淆概念更直接。	淘汰
D	不必保证必须是危险的，即便是危险的，只要益处大于害处，依然是可以得出结论的。	淘汰
E	与题干结论无关，是否注意并不影响客观上对人体的益处或害处。	淘汰

【题 06】答案 **A**。

题干信息	①方案获得通过需要五票或五票以上，此时每个人的权力均等；②一旦其中出现五个或五个以上的人结盟，那么其余的人实际上对于方案是否通过是无能为力的，即权力为 0；③若九个人形成 4 个联盟，人数分别为三、三、二、一，每个联盟的权力不再相等。	
选项	解析	结果
A	选项能从题干中推出，因为三、三、二的三个联盟任意两个联盟结盟都可以达到五人的标准，因此这三个联盟相互结盟的可能性是均等的，但是不会有人选择与一的联盟结盟，因为对于三、三、二的三个联盟而言，与一的联盟结盟并不能达到五票。	正确
B	选项不必然推出，还可能存在三、三、三的可能。	淘汰
C	选项不必然推出，还可能存在六、二、一的可能，此时联盟的权力不相等。	淘汰
D	选项不必然推出，根据题干信息，此时人数为 1 的联盟的权力可能为 0，另外，题干没有权力为 1 的界定。	淘汰
E	选项不能推出，如果是四、四、一的三个联盟，那么三个联盟的权力应该是相等的，因为任意两个联盟都可以达到五票，那么大家的机会就是均等的，权力也是相等的。	淘汰

【题 07】答案 **D**。

题干信息	题干定义：原始动机是与生俱来的动机，它们是以人的本能需要为基础的。	
选项	解析	结果
A	"尊敬老人，孝敬父母"是人需要后天学习产生和发展的动机，为习得动机。	淘汰
B	"尊师重教，崇文尚武"是人需要后天学习产生和发展的动机，为习得动机。	淘汰
C	"不入虎穴，焉得虎子"是后天获得的动机，为习得动机。	淘汰
D	"窈窕淑女，君子好逑"是人的本能需要，为原始动机。	正确
E	"宁可食无肉，不可居无竹"是后天获得的动机，为习得动机。	淘汰

【题 08】答案 C。

题干信息	① 最不可能被招上的是学历在大专以下，或是完全没有管理工作实践经验的 = 招上的人是学历在大专以上并且有管理工作经验的人（必须满足的条件）。 ② 在有可能被招上的人中（说明条件 2 要服从 1），懂英语或懂日语（锦上添花的条件，有则更好，没有也可）将大大增加这种可能性。	
选项	**解析**	**结果**
A	学历在大专以下。	淘汰
B	学历在大专以上，但经济管理学院副教授并不意味着有管理工作实践经验。	淘汰
C	学历在大专以上，又曾任见习经理，有管理经验，有可能被选上。	正确
D	涉外导游和专职翻译不能算是管理工作实践经验。	淘汰
E	学历在大专以下。	淘汰

【题 09】答案 A。

	解题步骤
第一步	明确人数：校学生会一共有 7 名委员。 明确身份数量：1 个大连人，2 个北方人，1 个福州人，2 个特长生，3 个贫困生，合计 9 个身份。
第二步	由于这 1 个大连人一定是 2 个北方人中的一个，因此题干就只剩 8 个身份，对应 7 个人，故一定只能再有 1 个人身份是重合的。
第三步	观察选项发现 A 项涉及 2 个身份重合，若 2 个特长生都是贫困生，则题干中有身份的人就只有 6 名，与"校学生会委员一共有 7 名"相矛盾。因此答案选 A。C 选项可能为真，福州人一定是南方人，但南方人不一定是福州人，故不矛盾。考生注意题干的问题是要求"与题干矛盾的选项"。

【题 10】答案 D。

题干信息	"别在我家门口"综合征的表现形式是"同一个主体对于同一件事情前后态度不一致"。题干对于盖监狱这个政策，同样的居民之前是支持的态度，之后是反对的态度。	
选项	**解析**	**结果**
A	家长对于感染艾滋病病毒的孩子不能进入学校的前后态度是一致的。	淘汰
B	政客之前的态度是个人财产公开登记，之后他公开登记了自己的个人财产，前后态度一致。考生注意，公开的是真实的或者是虚假的并不影响赞同公开登记的态度。态度题是考试中的一种比较常见的题型，考生须注意判断题干中的态度，这是一个非常重要的解题技巧。	淘汰
C	教授自己不是宗教团体，对象前后不一致，而且考生还要注意，拒绝援助索马里难民和捐助希望工程可能存在态度一致性，考生想想为什么？	淘汰
D	汽车商符合"前后态度不一致"的表现形式：在总体上，主张自由贸易，另一方面，当关系到自己时，又反对自由贸易。	正确
E	军事家的观点没有自相矛盾。"核战争足以毁灭人类"讲的是核战争的结果，军事家并没有表达对于核能力的态度。	淘汰

▶ **每课一考（4）**

⏱ 时间：20分钟　　　　　　　　　　　　　　　　　　　　　　　得分：

　　本测试题共有 10 小题，每小题 2 分，共 20 分。请从下面每小题所列的 5 个备选答案中选取出 1 个，多选为错。

【题01】某计算机销售部向顾客承诺："本部销售的计算机在一个月内包换、一年内免费包修、三年内上门服务免收劳务费，因使用不当造成的故障除外。"

以下选项符合题干表达的是？

A. 某人购买了一台计算机，三个月后软驱出现问题，要求销售部修理，销售部给免费更换了软驱。

B. 计算机实验室从该销售部购买了 30 台计算机，50 天后才拆箱安装。在安装时发现有一台显示器不能显示彩色，要求更换。

C. 某学校购买了 10 台计算机。没到一个月，计算机的鼠标丢失了三个，要求销售部无偿补齐。

D. 李明买了一台计算机，不小心感染了计算机病毒，造成存储的文件丢失，要求销售部赔偿损失。

E. 某人购买了一台计算机，一年后键盘出现故障，要求销售部按半价更换一个新键盘。

【题02】除非像给违反交通规则的机动车一样出具罚单，否则在交通法规中禁止自行车闯红灯是没有意义的。因为一项法规要有意义，必须能有效制止它所禁止的行为。但是上述法规对于那些经常闯红灯的骑车者来说显然没有约束力，而对那些习惯于遵守交通法规的骑车者来说，即使没有这样的法规，他们也不会闯红灯。

以下哪项最为恰当地指出了上述论证的漏洞？

A. 不当地假设大多数机动车驾驶员都遵守禁止闯红灯的交通法规。

B. 在前提和结论中对"法规"这一概念的含义没有保持同一。

C. 忽视了这种可能性：一个法规若运用过于严厉的惩戒手段，即使有效地制止了它所禁止的行为，也不能认为是有意义的。

D. 没有考虑上述法规对于有时但并不经常闯红灯的骑车者所产生的影响。

E. 没有论证闯红灯对于公共交通的危害。

【题03】为了预测大学生毕业后的就业意向，《就业指南》杂志在大学生中进行了一次问卷调查，结果显示，超过半数的答卷都把教师作为首选的职业。这说明，随着我国教师社会地位和经济收入的提高，大学生毕业后普遍不愿意当教师的现象已经成为过去。

以下哪项如果为真，将严重削弱上述结论？

A. 目前我国教师的平均收入，和各行业相比，仍然是中等偏下。

B. 被调查者虽然遍布全国 100 多所院校，但总人数不过 1000 多人。

C. 被调查者半数是师范院校的学生。

D. 《就业指南》并不是一份很有影响的杂志。

E. 上述调查的问卷回收率超过 90%。

【题04】根据男婴出生率，甲和乙展开了辩论。

甲：人口统计发现一条规律：在新生婴儿中，男婴出生率总是维持在 22/43 左右，而不是 1/2。

乙：不对，许多资料都表明，世界上大多数国家和地区，如俄罗斯、日本、德国以及我国台湾省的人口都是女性比男性多。可见，认为男婴出生率在 22/43 上下波动的看法是不正确的。

试分析甲、乙的对话，指出下列哪一个选项能说明甲或乙的逻辑错误？

A. 甲所说的统计规律不存在。　　B. 甲的统计调查不符合科学。

C. 乙的资料不可信。　　D. 乙混淆了概念。

E. 乙是以偏概全。

【题 05】 小光和小明是一对孪生兄弟，刚上小学一年级。一次，他们的爸爸带他们去密云水库游玩，看到了野鸭子。小光说："野鸭子吃小鱼。"小明说："野鸭子吃小虾。"哥俩说着说着就争论起来，非要爸爸给评评理。爸爸知道他们俩说的都不错，但没有直接回答他们的问题，而是用例子来进行比喻。说完后，哥俩都服气了。

以下哪项最可能是爸爸讲给儿子们听的话？

A. 一个人的爱好是会变化的。爸爸小时候很爱吃糖，你奶奶管也管不住。到现在，你让我吃我都不吃它。

B. 什么事情都有两面性。咱家养了猫，耗子就没了。但是，如果猫身上长了跳蚤也是很讨厌的。

C. 动物有时也通人性。有时主人喂它某种饲料吃得很好，若是陌生人喂，怎么也不吃。

D. 你们兄弟俩的爱好几乎一样，只是对饮料的爱好不同，一个喜欢可乐，一个喜欢雪碧。你妈妈就不在乎，可乐、雪碧都行。

E. 野鸭子和家里饲养的鸭子是有区别的。虽然人工饲养的鸭子是由野鸭子进化而来，但据说已经有几千年的历史了。

【题 06】 依照 8 小时工作制，一个人每天工作的时间不超过 1/3，依此以一年 365 天计，一个人每年工作的时间不超过全年的 1/3，即不超过 122 天。去年在某企业供职的张珊除了每周休息两天外（合计 104 天），只在法定节假日休息（合计 27 天），这样，张珊去年实际工作的天数是 234 天，明显超过上述 122 天。因此，去年该企业一定没有严格执行 8 小时工作制。

以下哪项对上述论证的评价最为恰当？

A. 上述论证成立。

B. 上述论证有漏洞，它忽略了上述 122 天不包括周末和节假日。

C. 上述论证有漏洞，它忽略了上述 122 天并不是指 122 个工作日。

D. 上述论证有漏洞，它忽略了上述 122 天是以严格执行 8 小时工作制推算出来的。

E. 上述论证有漏洞，它忽略了除了法定节假日外，企业一般都有公休假。

【题 07】 有一种观点认为，到 21 世纪初，和发达国家相比，发展中国家将有更多的人死于艾滋病。其根据是：据统计，艾滋病毒感染者人数在发达国家趋于稳定或略有下降，在发展中国家却持续快速上升；到 21 世纪初，估计全球的艾滋病毒感染者将达到 4000 万至 1.1 亿，其中，60% 将集中在发展中国家。这一观点缺乏充分的说服力。因为同样权威的统计数据表明，发达国家的艾滋病毒感染者从感染到发病的平均时间要大大短于发展中国家，而从发病到死亡的平均时间只有发展中国家的二分之一。

以下哪项最为恰当地概括了上述反驳所使用的方法？

A. 对"论敌"的立论提出质疑。

B. 指出"论敌"把两个相近的概念当作同一个概念使用。

C. 对"论敌"的论据的真实性提出质疑。

D. 提出一个反例来否定"论敌"的一般性结论。

E. 提出"论敌"在论证中没有明确具体的时间范围。

【题08】《花与美》杂志受 A 市花鸟协会委托，就 A 市评选市花一事对杂志读者群进行了民意调查，结果 60% 以上的读者将荷花选为市花，于是编辑部宣布，A 市大部分市民赞成将荷花定为市花。

以下哪项如果属实，最能削弱该编辑部的结论？

A. 有些《花与美》读者并不喜欢荷花。

B.《花与美》杂志的读者主要来自 A 市一部分收入较高的女性市民。

C.《花与美》杂志的有些读者并未在调查中发表意见。

D. 市花评选的最后决定权是 A 市政府而非花鸟协会。

E.《花与美》杂志的调查问卷将荷花放在十种候选花的首位。

【题09】公达律师事务所以为刑事案件的被告进行有效辩护而著称，成功率达 90% 以上。老余是一位以专门为离婚案件的当事人成功代理而著称的律师。因此，老余不可能是公达律师事务所的成员。

以下哪项最为确切地指出了上述论证的漏洞？

A. 公达律师事务所具有的特征，其成员不一定具有。

B. 没有确切指出老余为离婚案件的当事人辩护的成功率。

C. 没有确切指出老余为刑事案件的当事人辩护的成功率。

D. 没有提供公达律师事务所统计数据的来源。

E. 老余具有的特征，其所在工作单位不一定具有。

【题10】统计显示，在汽车事故中，装有安全气囊汽车的比例高于未装安全气囊的汽车。因此，在汽车中装有安全气囊，并不能使车主更安全。

以下哪项最为恰当地指出了上述论证的漏洞？

A. 不加说明就予假设：任何装有安全气囊的汽车都可能遭遇汽车事故。

B. 忽视了这种可能性：未装安全气囊的车主更注意谨慎驾驶。

C. 不当的假设：在任何汽车事故中，安全气囊都会自动打开。

D. 不当地把发生汽车事故的可能程度，等同于车主在事故中受伤害的严重程度。

E. 忽视了这种可能性：装有安全气囊的汽车所占的比例越来越大。

🔑 每课一考（4）答案及解析

【题01】答案 **A**。

题干信息	①一个月内包换、一年内免费包修、三年内上门服务免收劳务费；②因使用不当造成的故障除外。	
选项	解析	结果
A	选项论述的情况属于一年内免费包修的服务项目，在软驱不能修时，销售部给免费更换软驱是应该的。	正确

（续）

选项	解析	结果
B	选项的情况是购买后 50 天的事，虽然没拆箱，但已过了包换的期限，计算机销售部可以担保其免费修理服务，但不一定包换。	淘汰
C	选项中提到的鼠标丢失是保管不当造成的，不属于销售部承诺的内容。	淘汰
D	选项中的计算机病毒破坏是由于防范不当或使用不当引起的，计算机公司没有责任。	淘汰
E	选项中情况超过了免费保修期，三年内虽然可以免服务费，但零件费还是要照全价付的。	淘汰

【题 02】答案 D。

	解题步骤
第一步	整理题干信息。前提：法规对于"经常闯红灯"的人没有约束力，法规对于"习惯于遵守交通法规（从不闯红灯）"的人没有约束力。→结论：法规没有意义（没能禁止所有的行为）。
第二步	分析题干论证。题干显然犯了"非黑即白"的错误，"经常闯红灯"和"从不闯红灯"属于反对关系，而非矛盾关系，忽略了还有"偶尔闯红灯的人"的行为。考生需注意，对集合中要素要考虑全面。因此答案选 D。

【题 03】答案 C。

题干信息	前提：问卷调查中超过半数都把教师作为首选职业→结论：大学生毕业后愿意当教师

选项	解释	结果
A	选项不能削弱。选项未涉及题干论证关系，"教师平均收入低"也不能割裂调查数据与结论的关系。"收入"是影响择业的因素，但"一年两个假期"这种优势何尝不是？	淘汰
B	虽然"100 多所院校""人数不过 1000"，但如果抽样恰当，也没有不妥之处，选项质疑调查本身，而非论证关系。	淘汰
C	选项说明题干论证"以偏概全"，师范院校毕业生把教师作为首选职业是很正常的事情，不能反映全部的大学毕业生的就业情况，即前提推不出结论。	正确
D	杂志影响力有限，不代表调查出的结论有误，不能削弱。	淘汰
E	选项支持题干论证，说明调查具有一定的代表性。	淘汰

【题 04】答案 D。

乙混淆了婴儿出生时的"男女比例"和社会人口性别构成中的"男女比例"两个不同的概念。可能存在这种情况，婴儿出生时，男性多于女性；但是，后期女性寿命高于男性，人口比例中女性又多于男性。

【题 05】答案 D。

题干中小光看到一只野鸭子吃小鱼，得出结论"野鸭子吃鱼"；小明看到一只野鸭子吃小虾，得出结论"野鸭子吃小虾"。D 项中爸爸进行类比说明，不能根据"一个人喜欢可乐"就说"所有人喜欢可乐"，也不能根据"一个人喜欢雪碧"就说"所有人喜欢雪碧"。

【题 06】答案 C。

解题步骤	
第一步	前提：①依照 8 小时工作制，一个人每年工作的时间不超过全年的 1/3，即不超过 122 天。②在某企业供职的张珊去年实际工作的天数是 234 天，明显超过 122 天。 结论：去年该企业一定没有严格执行 8 小时工作制。
第二步	前提中 122 天指的是工作时间（完全投入在工作中的时间，即每天工作 24 小时），结论中的 122 天指的则是工作天数（投入工作的天数，即每天上班时间不可能是 24 小时），显然论证过程偷换了概念。答案选 C。

【题 07】答案 B。

题干中所反驳的观点是：到 21 世纪初，和发达国家相比，发展中国家将有更多的人死于艾滋病。其根据是：艾滋病毒感染者人数在发达国家趋于稳定或略有下降，在发展中国家却持续快速上升。题干对此所作的反驳实际上指出：上述观点把"死于艾滋病的人数"和"感染艾滋病毒的人数"这两个相近的概念错误地当作同一概念来使用。艾滋病毒感染者人数在发达国家虽低于发展中国家，但由于发达国家的艾滋病毒感染者从感染到发病，以及从发病到死亡的平均时间要大大短于发展中国家。因此，其实际死于艾滋病的人数仍可能多于发展中国家。因此，B 项恰当地概括了题干中的反驳所使用的方法，其余各项均不恰当。

【题 08】答案 B。

解题步骤	
第一步	整理题干论证。前提：60% 以上《花与美》杂志的读者将荷花选为市花。→结论：A 市大部分市民赞成将荷花定为市花。
第二步	分析题干论证。题干可能存在"以偏概全"的错误，《花与美》杂志的读者只是代表了 A 市很小一部分人的民意，无法等同 A 市的大部分市民的民意，故答案选 B。

【题 09】答案 A。

题干信息	前提：①公达律师事务所以刑事案件著称；②老余是以离婚案件著称。 结论：老余不是公达律师事务所的成员。	
选项	解析	结果
A	整体具有的特征，个体未必具有，指明题干漏洞，属于整体推个体错误。	正确
B	题干中不涉及成功率，整体的成功率也决定不了个体的成功率。	淘汰
C	题干中不涉及成功率，整体的成功率也决定不了个体的成功率。	淘汰
D	削弱前提。	淘汰
E	选项的意思是"以偏概全"，个体推出整体，题干意思显然是整体推不出个体。	淘汰

【题 10】答案 D。

解题步骤	
第一步	整理题干论证。前提：在汽车事故中，装有安全气囊汽车发生事故的比例高于未装安全气囊的汽车。→结论：装有安全气囊并不能使车主更安全。
第二步	分析题干论证。题干前提强调的是汽车发生事故概率的对比；而结论强调的是事故后车主受伤程度的对比。二者显然是不同论证范围下的概念，故答案选 D。

2　论证与论证结构

2.1　论证初识

论证是论证者运用前提（理由或论据）来证明结论（结果或观点）的逻辑过程和方式，是用一个或一些真实的判断确定另一判断真实性的思维形式。

前提和结论相结合，就构成了我们所定义的论证。

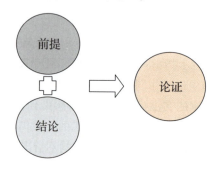

（1）有关前提的说明

请思考以下几个断定：

① 大学生就业并不难。

② 政府不应干预生产过剩。

③ 洋快餐一定会成为中国饮食行业的霸主。

上述三个断定，我们既可以同意，也可以不同意，我们既不能说它无效，也不能说它有效。这些断定都没有逻辑依据来说服我们支持或反对它。

以上断定所缺的部分正是支撑其成立的前提。所谓前提，就是指用来支撑或证明结论的看法、证据、隐喻、类比和其他陈述。这些陈述是构建结论可信度的基础。一个论证是否有效，主要的标志就要看能否提供充足的论据来支撑这个观点。

精点提示： 只有找到支撑结论的前提时才能判定一个论证的有效性。

（2）有关结论的说明

所谓结论，即作者或论证者希望别人接受的断定。结论是一个观点，需要其他观点来进行支撑。因此，如果有人断言某件事是正确的，或者某件事应该去做，却没有提供相应陈述来支撑他的这一断言，这一断言就不能成为结论，因为提出此断言的人并没有提供这个看法得以建立的任何基础。我们将没有论据支撑的断言称为没有前提的结论，是无源之水、无本之木。

结论本身并不是证据，它是一个由证据或其他看法支撑起来的看法。一个结论由一个前提所支撑，这就是论证的基本结构。

（3）准确定位前提和结论

在我们客观评价一个人的论证之前，首先必须找到他的论证所在。这样做看起来易如反掌，实则不然。要成为会批判性思考的人，第一步就得培养找准前提和结论的能力。

寻找前提和结论的方法	
方法一	利用结构指示词构建论证
方法二	区分"事实"与"评价"构建论证

方法一：利用结构指示词构建论证

① 结论指示词

结论前面常有指示词引导，告诉我们接下来出现的就是结论。当看到这些指示词的时候，务必要提高警惕。比如：

因此、表明、由此可知、由此得出、由此推出、因此可以断定、我要说的重点是、显示出、证明、告诉我们、问题的实质是、意味着、说明……

阅读下面几段材料，然后找出其中的指示词并做上记号。这样就能找出包含结论的那些陈述。

1984 年以前，只有阿司匹林和艾斯塔米诺芬占据着有利可图的非处方止痛药市场。然而到了 1984 年，易布洛芬预计会占有非处方止痛药销售量的 15% 的份额。商业专家据此预测，在 1984 年，阿司匹林和艾斯塔米诺芬的总销售量相应下降了 15%。

考生应该在"据此预测"下面做上记号，结论正是由此引出来的。

交通部科研所最近研制了一种自动照相机，凭借其对速度的敏锐反应，当且仅当违规超速的汽车经过镜头时，它会自动按下快门。在某条单向行驶的公路上，在一个小时中，这样的一架照相机共摄下了 50 辆超速的汽车的照片。从这架照相机出发，在这条公路前方的 1 公里处，一批交通警察于隐蔽处在进行目测超速汽车能力的测试。在上述同一个小时中，某个警察测定，共有 25 辆汽车超速通过。由于经过自动照相机的汽车一定经过目测处，可以推定，这个警察的目测超速汽车的准确率不高于 50%。

考生应该在"可以推定"下面做上记号，结论正是由此引出来的。

② 前提指示词

以下是表示理由的一些指示词：

由于、因为、因为这个原因、因为这个事实、鉴于、由以下材料支撑、因为证据是、研究显示、第一（第二，第三）、得益于、依靠于……

法庭的被告中，被指控偷盗、抢劫的定罪率，要远高于被指控贪污、受贿的定罪率。其重要原因是后者能聘请收费昂贵的私人律师，而前者主要由法庭指定的律师辩护。

考生应该在"重要原因是"下面做上记号，前提正是由此表现出来的。

所谓"金砖四国"国际声望的上升，无不得益于他们的经济成就，无不得益于互联网技术的发展。

考生应该在"得益于"下面做上记号，前提正是由此表现出来的。

方法二：区分"事实"与"评价"构建论证

有的时候，论证者并没有提供明确的论证结构词，我们需要利用"事实→评价"来构建论证关系。

例 1：事实：我们班 60% 同学近视。→评价：高考易导致近视。

例 2：事实：陈菲爱学习。→评价：陈菲是优秀的大学生。

 事实一般由"①事例（文中常出现，例如……）；②数据；③定义；④背景信息；⑤证据"等构成，评价则是由事实得出的观点。

阅读下面几段材料，然后找出其中的指示词并做上记号。这样你就能找出包含前提的那些陈述。

例 1：美国非法移民的人数正在急剧下降。研究显示 2008、2009 年非法移民的人数下降了将近 100 万。

题干推理：事实：2008、2009 年非法移民的人数下降了将近 100 万。→评价：美国非法移民的人数正在急剧下降。

例 2：人类学家发现早在旧石器时代，人类就有了死后复生的信念。在发掘出的那个时代的古墓中，死者的身边有衣服、饰物和武器等陪葬物。

题干推理：事实：在发掘出的那个时代的古墓中，死者的身边有衣服、饰物和武器等陪葬物。→评价：人类学家发现早在旧石器时代，人类就有了死后复生的信念。

例题 10　指出以下论证的结构：

(1) 大城市相对于中小城市，尤其是小城镇来讲，其生活成本是比较高的。这必然限制农村人口的进入，因此，仅靠发展大城市实际上无法实现城镇化。

前提：＿＿＿＿＿＿＿＿＿

结论：＿＿＿＿＿＿＿＿＿

(2) 大学的附属医院抢救病人的成功率比其他医院要低，这说明大学的附属医院的医疗护理水平比其他医院要低。

前提：＿＿＿＿＿＿＿＿＿

结论：＿＿＿＿＿＿＿＿＿

(3) 在过去的五年中，W 市的食品价格平均上涨了 25%。与此同时，居民购买食品的支出占该市家庭月收入的比例却仅仅上涨了约 8%。因此，过去两年间 W 市家庭的平均收入上涨了。

前提：＿＿＿＿＿＿＿＿＿

结论：＿＿＿＿＿＿＿＿＿

(4) 英国纽克大学和曼彻斯特大学考古人员在北约克郡的斯塔卡发现一处有一万多年历史的人类房屋遗迹。测验结果显示，它为一个高约 3.5 米的木质圆形小屋，存在于公元前 8500 年，比之前发现的英国最古老房屋至少早 500 年。考古人员还在附近发现一个木头平台和一个保存完好的大树干。此外他们还发现了经过加工的鹿角饰品，这说明当时的人已经有了一些仪式性的活动。

前提：_____

结论：_____

(5) 对东江中学全校学生进行调查发现，拥有 MP3 播放器人数最多的班集体同时也是英语成绩最佳的班集体。由此可见，利用 MP3 播放器可以提高英语水平。

前提：_____

结论：_____

(6) 如果能提前 6 周发表论文的话，这 6 周许多这类患者可以避免患病。

前提：_____

结论：_____

(7) 相比那些不参加潜水运动的人，经常参加潜水运动的人一般都健康一些。可见，潜水运动能锻炼身体，增进身体健康。

前提：_____

结论：_____

(8) 高塔公司是一家占用几栋办公楼的公司，它现在考虑在它所有的建筑内都安装节能灯泡，这种新灯泡与目前正在使用的传统灯泡发出同样多的光，而所需的电量仅是传统灯泡的一半。这种新灯泡的寿命也大大加长，因此通过在旧灯泡坏掉的时候换上这种新灯泡，高塔公司可以大大地降低其总体照明的成本。

前提：_____

结论：_____

(9) 为了提高管理效率，跃进公司打算更新公司的办公网络系统。如果在白天安装此网络系统，将会中断员工的日常工作；如果夜晚安装此网络系统，则要承担高得多的安装费用。跃进公司的陈经理认为：为了省钱，跃进公司应该白天安装此网络系统。

前提：_____

结论：_____

(10) 如果在视觉上不能辨别艺术复制品和真品之间的差异，那么复制品就应该和真品的价值一样，因为如果两件艺术品在视觉上无差异，那么它们就有相同的品质，要是它们产有相同的品质，它们的价格就应该相等。

前提：_____

结论：_____

▶ 【精点解析】

(1) 前提：大城市生活成本比较高，限制农村人口的进入。

结论：仅发展大城市不能实现城镇化。

(2) 前提：大学的附属医院抢救病人的成功率比其他医院低。

结论：大学的附属医院的医疗护理水平比其他医院要低。

(3) 前提：过去五年中，W 市食品价格平均上涨 25%，居民购买食物的支出占该市家庭月收入的比例仅上涨约 8%。

结论：过去两年间，W 市家庭的平均收入上涨了。

（4）前提：考古发现一个木头平台和完好的大树干；他们还发现了经过加工的鹿角饰品。

结论：当时的人已经有了一些仪式性的活动。

（5）前提：拥有 MP3 播放器人数最多的班集体同时也是英语成绩最佳的班集体。

结论：利用 MP3 播放器可以提高英语水平。

（6）前提：提前 6 周发表论文。

结论：这 6 周内许多这类患者可以避免患病。

（7）前提：相比于不参加潜水运动的人，经常参加潜水运动的人一般都健康一些。

结论：潜水运动能锻炼身体，增进身体健康。

（8）前提：新灯泡与传统灯泡发出同样多的光，所需电量仅是传统灯泡的一半，寿命也大大加长。

结论：传统灯泡坏掉后换上这种新灯泡，高塔公司就可以大大降低其总体照明成本。

（9）前提：白天安装此网络系统→中断员工的日常工作；夜晚安装此网络系统→承担高得多的安装费用。

结论：为了省钱，跃进公司应该白天安装此网络系统。

（10）前提：①两件艺术品在视觉上无差异→它们就有相同的品质→它们的价格就应该相同；

②视觉上不能辨别艺术复制品和真品之间的差异。

结论：复制品就应该和真品的价值一样。

2.2　因果关系

事物现象之间都是互相联系、互相依赖、互相制约的。如果某个现象的存在必然引起另一个现象发生，那么这两个现象之间就具有因果联系。其中，引起某一现象产生的现象叫作原因，而被某一现象引起的现象叫作结果。因果关系作为最重要的论证关系，它的特点以及归纳方法需要考生认真学习并理解，这样才能在应试中很好地对因果关系进行评价。

2.2.1　因果关系的特点

（1）现象间的因果关系是普遍存在的。任何现象都有其产生的原因，任何原因都必然引起一定的结果。没有无因之果，也没有无果之因。无原因的结果和无结果的原因都是不存在的。

（2）原因和结果在时间上是前后相继的。原因总是在结果之前，结果总是在原因之后。在探求因果关系的时候，必须在被研究现象出现以前存在的各个情况（在某个现象出现以前存在的情况称为先行情况）中去寻找它的原因。也必须在被研究现象出现之后才发现的各个情况（在某个现象之后产生的情况叫后行情况）中去寻找它的结果。但两个现象在时间上前后相继，不一定就存在着因果关系。前后相继只是因果关系的必要条件，不是充分条件。如果只是根据两现象间在时间上前后相继，作出它们具有因果关系的结论，就会犯"以先后为因果"的逻辑错误。例如，闪电和雷鸣先后相继，但闪电并不是雷鸣的原因。

（3）因果关系是确定的。客观世界的原因和结果的关系是复杂多样的。某一现象发生的原因可能是另一现象所引起的结果，某一现象的结果可能又是引起另一现象的原因。原因和结果的关系构成了客观世界的因果关系的链条。但是，在一定的因果链条上，在一定的因果环节上，原因和结果的关系又是确定的，原因就是原因，不是结果；结果就是结果，不是原因。如果把原因当成结果、把结果当成原因就会犯"因果倒置"的逻辑错误。

2.2.2　求因果关系的方法

知识点　29　求因果关系五法

方法	图示	解释
求同法	场合　　相关情况　　被研究现象 ①　　　A，B，C　　　　a ②　　　A，D，E　　　　a ③　　　A，F，G　　　　a ……… —————————————— A 是 a 的原因（或结果）	求同法，是指在被研究现象发生变化的若干场合中，如果只有一个情况是在这些场合中共同具有的，那么这个唯一的共同情况就是被研究现象的原因（或结果）。
求异法	场合　　相关情况　　被研究现象 ①　　　A，B，C　　　　a ②　　　—，B，C　　　　— —————————————— A 是 a 的原因（或结果）	求异法，是指在被研究现象出现和不出现的两个场合中，如果只有一个情况不同，其他情况完全相同，而且这个唯一不同的情况在被研究现象出现的场合中存在，在被研究现象不出现的场合中不存在，那么这个唯一不同的情况就是被研究现象的原因（或结果）。
综合法	场合（1）有 A、B、C，并且有 a 场合（2）有 A、D、E，并且有 a 场合（3）有 A、F、G，并且有 a …… 场合（1'）无 A 而有 B、M，并且无 a 场合（2'）无 A 而有 E、O，并且无 a 场合（3'）无 A 而有 C、D，并且无 a …… —————————————— A 是 a 的原因（或结果）	综合法，是指如果仅有某一种情况在被研究对象存在的若干场合中出现，而在被研究对象不存在的若干场合中不出现，那么这一情况是被研究现象的原因或结果或必不可少的部分原因。
因果排除法	复合情况 F（A，B，C）是复合现象 f（a，b，c）的原因 B 是 b 的原因 C 是 c 的原因 —————————————— A 是 a 的原因	因果排除法，是指导致结果的原因可能不止一个，通过排除一些可能的情况，得出确定的原因导致结果的方法。
共变法	场合　　相关情况　　被研究现象 ①　　　A1，B，C　　　　a 1 ②　　　A2，B，C　　　　a 2 ③　　　A3，B，C　　　　a 3 ……… —————————————— A 是 a 的原因（或结果）	共变法，是指在被研究现象发生变化的各个场合中，如果只有一个情况是变化着的，其他情况保持不变，那么这个唯一变化着的情况就是被研究现象的原因（或结果）。

例题 11

小张和小李来自两个不同的学校，两人都是三好学生，而且他们都有一个共同的特点：学习好、品德好、身体好。所以，学习好、品德好、身体好是小张和小李成为三好学生的原因。

以下哪项与上述推理方式最为相似？

A. 全国各地的寺庙虽然规模大小不一，但都摆放着佛像。小李家有佛像，所以，小李家是寺庙。

B. 蚂蚁能辨别气味和方向，但将其触角剪掉，就会像"没头的苍蝇"。所以，蚂蚁依靠触角辨别气味和方向。

C. 独生子女和非独生子女的性格差异是由环境造成的。所以，改变独生子女和非独生子女的性格必须改变环境。

D. 某医院同时有不同的腹泻病人前来就诊。当得知他们都吃了某超市出售的田螺时，医生判断腹泻可能是由田螺引起的。

E. 大陈和小王都是独生子女家庭，但一个成绩好，一个成绩不好，结果大陈总是受到老师和父母的表扬，而小王总是受到老师和父母的批评。所以，成绩好是受到父母表扬的原因。

【精点解析】

题干信息	题干推理方式为，前提相同导致结果相同，误认为前提同和结果同二者之间存在因果关系，属于求同法，但推理有缺陷。	
选项	**解析**	**结果**
A	选项推理形式为 P→Q，因为 Q，所以 P。与题干不一致。	淘汰
B	选项推理形式为求异法，与题干不一致。	淘汰
C	选项推理形式为综合法，与题干不一致。	淘汰
D	选项推理形式为，前提同"吃田螺"，结果同"腹泻"，也属于求同法，也有缺陷，与题干推理一致。	**正确**
E	选项推理形式为综合法，与题干不一致。	淘汰
答案	**D**	

例题 12

在 20 世纪 50 年代，我国森林覆盖率为 19.9%，60 年代为 11%，70 年代为 6%，80 年代不到 4%。随着森林覆盖率的逐年减少，植被大量破坏，削弱了土地对雨水的拦蓄作用，一下暴雨，水卷泥沙滚滚而下，使洪涝灾害逐年严重。可见，森林资源的破坏，是酿成洪灾的原因。

以下哪项使用的推理方法与上文最类似？

A. 敲锣有声，吹箫有声，说话有声。这些发声现象都伴有物体上空气的振动，因而可以断定物体上空气的振动是发声的原因。

B. 把一群鸡分为两组，一组喂精白米，鸡得一种病，脚无力，不能行走，症状与人的脚气病相似。另一组用带壳稻米喂，鸡不得这种病。由此推测缺少带壳稻米中某些精白米中没有的东西是造成脚气病的原因。进一步研究发现，这种东西就是维生素 B1。

C. 意大利的雷地反复进行一个实验，在 4 个大口瓶里，放进肉和鱼，然后盖上盖或蒙上纱布，苍蝇进不去，一个蛆都没有。另 4 个大口瓶里，放进同样的肉和鱼，敞开瓶口，苍蝇飞进去产卵，腐烂的肉和鱼很快生满了蛆。可见，苍蝇产卵是鱼肉腐烂生蛆的原因。

    D. 在有空气的玻璃罩内通电击铃，随着抽出空气量的变化，铃声越来越小，若把空气全抽出，则完全听不到铃声。可见，声音是靠空气传播的。

    E. 棉花是植物纤维，疏松多孔，能保温。积雪是由水冻结而成的，有空隙，也是疏松多孔的，能保温。可见，疏松多孔是能保温的原因。

▶ 【精点解析】

题干信息	题干在其他条件不变的情况下，由一种条件的不断变化而引起另一种事物的变化得出这种条件是影响这个事物的主要原因，题干用的是共变法得出因果关系。	
选项	解析	结果
A	选项通过求同法得出因果关系，与题干推理不一致。	淘汰
B	选项使用的是综合法得出因果关系，与题干推理不一致。	淘汰
C	选项使用的是综合法得出因果关系，与题干推理不一致。	淘汰
D	选项通过改变空气量的变化引起铃声大小的变化，得出空气是声音传播的媒介，使用的是共变法得出因果关系，与题干一致。	正确
E	选项通过求同法得出因果关系，与题干推理不一致。	淘汰
答案	**D**	

 有90个病人，都患难治疾病T，服用过同样的常规药物。这些病人被分为人数相等的两组，第一组服用一种用于治疗T的试验药物W素，第二组服用不含有W素的安慰剂。10年后的统计显示，两组都有44人死亡。因此，这种试验药物是无效的。

以下哪项如果为真，最能削弱上述论证？

    A. 在上述死亡的病人中，第二组的平均死亡年份比第一组早两年。

    B. 在上述死亡的病人中，第二组的平均寿命比第一组小两岁。

    C. 在上述活着的病人中，第二组的比第一组的病情更严重。

    D. 在上述活着的病人中，第二组的比第一组的更年长。

    E. 在上述活着的病人中，第二组的比第一组的更年轻。

▶ 【精点解析】

题干信息	①对象相同：患有同样T疾病，人数相等，服用常规药物相同，其他因素相同。②实验用药不同：一组用了W素，一组没有用W素。③死亡人数相同：44人死亡，因此药物无效。	
选项	解析	结果
A	第二组的平均死亡年份比第一组的早两年，说明W素在延缓疾病发作方面发挥了重要作用，削弱了题干论证关系。	正确
B	平均寿命小两岁与W素对于疾病的减缓作用无关，影响人寿命的因素很多，比如个体差异。	淘汰
C	表明研究样本有差异，削弱前提，力度较弱。	淘汰
D	表明研究样本有差异，削弱前提，力度较弱。	淘汰

（续）

选项	解析	结果
E	表明研究样本有差异，削弱前提，力度较弱。	淘汰
答案	**A**	

例题 14　学术期刊《自然界》和《生物》都有一个检查委员会负责防止错误的引语出现在其发表的文章中。然而，《自然界》发表的文章中 10% 的引语有错误，而《生物》发表的文章中却没有引语错误。因此，在发现引语错误方面，《生物》的检查委员会比《自然界》的检查委员会更有效。

以上论证假设了下面哪一项？

A. 绝大多数投给《自然界》要求发表的文章都包含有引语错误。

B. 投给《生物》要求发表的文章中至少有一些引语错误。

C. 总体上看，《生物》检查委员会的成员比《自然界》检查委员会的成员更有知识。

D. 期刊中引语错误数量的多少是衡量期刊编辑认真程度的准确指标。

E. 投稿给《生物》要求发表文章的作者比投稿给《自然界》要求发表文章的作者在使用引语方面更认真。

▶ 【精点解析】

解题步骤	
第一步	分析差和同。 前提差异：《自然界》发表的文章中 10% 的引语有错误，而《生物》发表的文章中却没有引语错误。 结果差异：在发现引语错误方面，《生物》的检查委员会比《自然界》的检查委员会更有效。
第二步	前提差异导致结果差异时，假设需保证没有他差，即给《生物》投稿的文章中至少有一部分是错误的，若这一假设不存在，那么究竟是否是由委员会检查有效导致引语错误的差异便无法判断（可能存在他差，即稿件来源的质量不同），因此正确答案是 B。
答案	**B**

例题 15　一般将缅甸所产的经过风化或经河水搬运至河谷、河床中的翡翠大砾石，称为"老坑玉"。老坑玉的特点是"水头好"，质坚，透明度高，其上品透明如玻璃，故称"玻璃种"或"冰种"。同为老坑玉，其质量相对也有高低之分，有的透明度高一些，有的透明度稍差些，所以价值也有差别。在其他条件都相同的情况下，透明度高的老坑玉比透明度较其低的单位价值高，但是开采的实践告诉人们，没有单位价值最高的老坑玉。

以上陈述如果为真，可以得出以下哪项结论？

A. 没有透明度最高的老坑玉。

B. 透明度高的老坑玉未必"水头好"。

C. "新坑玉"中也有质量很好的翡翠。

D. 老坑玉的单位价值还决定于其加工的质量。

E. 随着年代的增加，老坑玉的单位价值会越来越高。

► **【精点解析】**

考生注意，"在其他条件均相同的情况下"，这个前提直接说明，透明度与单位价值构成"共变关系"，透明度越高，单位价值越高，透明度越低，单位价值就越低，进而根据题干事实"没有单位价值最高的老坑玉"，可推出：没有透明度最高的老坑玉。

答案选 **A**。

2.3　常见谬误

逻辑谬误是指违反思维规律或逻辑规则的论证，尤其是指论证中不符合逻辑的推论。掌握常见的逻辑谬误对于考生准确理解论证关系是非常有帮助的。本部分内容在考试时属于"难题"，考生须通过本节内容的学习，加强对谬误的理解和识别能力。

知识点　30　常见逻辑谬误

逻辑谬误 1　偷换概念/混淆概念

偷换概念/混淆概念是指将一些表面相似或相近的概念进行偷换，实际上改变了概念的修饰语、适用范围、所指对象等具体内涵。如果无意识地违反同一律在概念方面的要求，就会犯"混淆概念"的逻辑谬误；如果有意识地违反同一律在概念方面的要求，则会犯"偷换概念"的逻辑谬误。

例题16

人们在抱怨邮局准备增加 5 分钱邮资的同时指责邮政部门不称职和缺乏效率，但这只看到了问题的一个方面，很少有比读到一位朋友的私人来信更让人喜悦的体验了。从这个角度来看，邮资是如此之低，增加 5 分钱根本不值一提。

上述论证的推理是有缺陷的，因为？

A. 假定邮政部门是称职的和有效的，但没有说明如何衡量称职和有效率。

B. 声称准备增加的邮资是无关紧要的，但没说明增加到什么水平才值得严肃讨论。

C. 把邮品的价值和邮送的价值混淆了。

D. 诉诸外在的权威来支持一个需要通过论证才能得到确立的前提。

E. 没有表明邮政局的批评者是否是邮政局的雇员。

► **【精点解析】**

第一步：明确结构，首先找到结构词：从这个角度看。

第二步：前提："很少有比读到一位朋友的私人来信更让人喜悦的体验了"指的是邮件自身价值。结论："邮资是如此之低"指的是邮件被送达的费用。前提与结论指的概念并不相同。

答案选 **C**。

逻辑谬误 2　集合体性质误用

集合体性质误用一般是指从整体推出部分时，混淆集合概念与非集合概念的错误。也就是说，整体具有的性质和特征部分并不具有，却误认为整体具有的属性个体也具有。

例题 17　有 5 名日本侵华时期被抓到日本的原中国劳工起诉日本一家公司，要求赔偿损失。2007 年日本最高法院在终审判决中声称，根据《中日联合声明》，中国人的个人索赔权已被放弃，因此驳回中国劳工的诉讼请求。查 1972 年签署的《中日联合声明》是这样写的："中华人民共和国政府宣布：为了中日两国人民的友好，放弃对日本国的战争赔偿要求。"

以下哪一项与日本最高法院的论证方法相同？

A. 王英会说英语，王英是中国人，所以，中国人会说英语。

B. 教育部规定，高校不得从事股票投资，所以，北京大学的张教授不能购买股票。

C. 中国奥委会是国际奥委会的成员，Y 先生是中国奥委会的委员，所以，Y 先生是国际奥委会的委员。

D. 我校运动会是全校的运动会，奥运会是全世界的运动会；我校学生都必须参加校运会开幕式，所以，全世界的人都必须参加奥运会开幕式。

E. 自然资源是人类共同的财富。因此，任何一个国度对自然资源的滥用，都是对全人类的犯罪。

▶ **【精点解析】**

题干中日本最高法院的论证方式及其谬误是：根据一个整体（集合体）不具有（否定）某种属性，不当地推断组成集合体的个体也不具有（否定）此种属性。B 项的论证与题干类似，为正确答案。C 项根据一个整体（集合体）具有（肯定）某种属性，推出组成集合体的个体也具有（肯定）此种属性，存在的谬误与题干相同，但形式略有差别。"肯定"与"否定"也是做结构相似题型的关注所在。

答案选 **B**。

逻辑谬误 3　轻率概括与以偏概全

轻率概括是样本太小或样本不具有代表性而导致的推理错误。样本太小不能满足样本容量方面的要求，而使样本缺乏代表性，由此，不足以概括出代表总体特征的结论。以偏概全是由于忽视样本属性的异质性，或者根据有偏颇的样本所做出的概括。由于抽样不当而导致的偏颇样本的谬误是以偏概全的标准形式。

例题 18　周清打算请一个钟点工，于是上周末她来到惠明家政公司，但公司工作人员粗鲁的接待方式使她得出结论：这家公司的员工缺乏教养，不适合家政服务。

以下哪项如果为真，最能削弱上述论证？

A. 惠明家政公司员工通过有个性的服务展现其与众不同之处。

B. 惠明家政公司员工有近千人，绝大多数为外勤人员。

C. 周清是一个爱挑剔的人，她习惯于否定他人。

D. 教养对家政公司而言并不是最主要的。

E. 周清对家政公司员工的态度既傲慢又无礼。

▶　【精点解析】

B 项如果为真，说明周清的论证犯"以偏概全"的错误，能够指出论证逻辑错误的选项削弱力度最大。

答案选 **B**。

逻辑谬误 4　转移论题/偷换论题

如果无意识地违反同一律在命题和辩论方面的要求，就会犯"转移论题"的逻辑谬误；如果有意识地违反同一律在命题和辩论方面的要求，就会犯"偷换论题"的逻辑谬误。

例题 19　下列论述是否存在错误，如存在错误，请指出？

（1）小张到水果店买水果，见架上的香蕉不怎么好，就问："老板，还有好点的香蕉吗？"店主说："有刚进回来的桂圆，很新鲜，又便宜，要不要？"

（2）爷爷带孙子上街，孙子看到街边有人在用气枪打气球，就问："爷爷，为什么打枪的人要睁一只眼闭一只眼啊？"爷爷说："如果把两只眼都闭了，那就什么都看不见了。"

▶　【精点解析】

（1）小张要买的是香蕉，而店主强调的是桂圆，犯了转移论题的逻辑谬误。

（2）孙子问题的实质是打枪为什么要闭一只眼，而不用两只眼睛瞄准，爷爷回答的是用眼睛看的问题，而不是瞄准，犯了转移论题的逻辑谬误。

逻辑谬误 5　不当同一替换

若 A＝B，在某断定中用 B 替代 A，该断定有时成立，有时不成立。例如："我国国庆日"＝"10 月 1 日"，则"今年国庆日天气晴朗"这一断定中用"10 月 1 日"替代"我国国庆日"，即"今年 10 月 1 日天气晴朗"这一断定仍旧成立；但是，琼瑶原名陈喆，"有人知道琼瑶"这一断定中用"陈喆"替代"琼瑶"即"有人知道陈喆"这一断定不成立。如果论证者论证时属于第二种情况则所犯的错误为"不当同一替换"。

例题 20　李栋善于辩论，也喜欢诡辩。有一次他论证道："郑强知道数字 87654321，陈梅家的电话号码正好是 87654321，所以郑强知道陈梅家的电话号码。"

以下哪项与李栋论证中所犯的错误最为类似？

A. 中国人是勤劳勇敢的，李岚是中国人，所以李岚是勤劳勇敢的。

B. 金砖是由原子组成的，原子不是肉眼可见的，所以金砖不是肉眼可见的。

C. 黄兵相信晨星在早晨出现，而晨星其实就是暮星，所以黄兵相信暮星在早晨出现。

D. 张舟知道如果 1∶0 的比分保持到终场，他们的队伍就出线，现在张舟听到了比赛结束的哨声，所以张舟知道他们的队伍出线了。

E. 所有蚂蚁是动物，所以所有大蚂蚁是大动物。

▶ 【精点解析】

　　题干论证存在的谬误是：不当同一替换。A 选项中两个"中国人"不是同一概念，前者是集合概念，后者为非集合概念，论证存在的谬误是"偷换概念"；B 选项的论证从"原子"的性质推出"金砖"的性质，论证存在的谬误是"以偏概全"；C 选项的断定中不可以用"暮星"替换"晨星"，故存在的谬误是"不当同一替换"；D 选项的逻辑谬误是"转移话题"；E 选项的逻辑谬误是"偷换概念"。

　　答案选 **C**。

逻辑谬误6　非黑即白

　　非黑即白主要是指属于反对关系的 A 和 B 被误认为是矛盾关系。比如：不是朋友就是敌人。显然在人与人的关系中，除了朋友和敌人两种关系，还存在既不是朋友也不是敌人的关系。

对于与居民人口量息息相关的整个地毯市场来说，扩展的空间是相对有限的。大多数人购买地毯不过一两次，第一次是在二三十岁，然后可能是在五六十岁的时候。这样，那些生产地毯的公司在地毯市场上占有一席之地的方式就只能通过吞并竞争者，而不是通过进一步拓展市场。

以下哪项对上述的结论提出了最有力的质疑？

A. 大多数地毯生产商还销售其他地面覆盖物。

B. 大多数地位稳固的地毯生产商销售好多种不同牌子和品种的地毯，在市场上没留下空隙使新品牌挤入。

C. 近十年里，本行业三分之二的合并行为结果都导致那些新合并公司利润和收入的下降。

D. 地毯市场上几家主要商号通过降低生产成本而降低价格，这正在使其他的生产者自动放弃这个市场。

E. 地毯市场不同于大多数市场，因为消费者日益对新的样式和风格反感。

▶ 【精点解析】

　　题干假设企业竞争策略只有两种："吞并竞争者"和"拓展市场"，只能二者选一。D 选项说明，题干假设存在"非黑即白"逻辑错误，也就是企业竞争策略还有其他的种类，比如"同业竞争者退出市场"，也可使企业扩展市场空间。答案选 D。考生注意，非黑即白实质就是：原本有两个以上选择项（各项之间是反对关系），论证者忽视其他选项而只剩两个选项（将两个选项视为矛盾关系），达到否定一个而肯定一个的目的。

　　答案选 **D**。

逻辑谬误7　自相矛盾

　　自相矛盾主要是指同时肯定矛盾或反对关系的两组概念，此时违反了矛盾律。比如：今年过节不收礼，收礼只收脑白金。同时肯定了不收礼和收脑白金这组反对关系，就属于犯了自相矛盾的谬误。

例题 22

某品牌的一款节油型车售价 27 万元，而另一款普通车售价 17 万元。根据目前的汽油价格以及这两款车百公里油耗的测试数据，购买这款节油型车的人需开满 30 万公里才能补足比购买普通车高出的价差。如果将来油价上涨，那么，为补足购车价差所需的里程数还要相应增加。

以下哪一项陈述最准确地指出了以上论证的缺陷？

A. 论证没有考虑将来油价下调这种可能性。

B. 论据与结论是互相矛盾的。

C. 论据不能充分地支持其结论。

D. 论证使用了未经证实的假设作论据。

E. 论证没有考虑到车辆在使用过程中的维修费与保养费。

▶ 【精点解析】

解题步骤	
第一步	整理题干论证。前提：购买这款节油型车的人需开满 30 万公里才能补足比购买普通车高出的价差。→结论：如果将来油价上涨，那么，为补足购车价差所需的里程数还要相应增加。
第二步	分析题干论证。节油型车的售价与普通车的售价的价差是 10 万元，需开满 30 万公里才能补足差价，而价格差 10 万元＝公里数×油价，现在油价上涨，里程数应该是减少，而不是增加，因此题干犯了自相矛盾的错误。
答案	**B**

逻辑谬误 8　两不可

　　两不可主要是指同时否定属于矛盾关系的两组概念，此时违反了排中律。比如：这种观点既不属于唯物主义，又不属于唯心主义。同时否定了唯物主义和唯心主义这组矛盾关系。

例题 23

这次预测只是一次例行的科学预测。这样的预测我们以前做过多次，既不能算成功，也不能算不成功。

以上陈述中的不当，也存在于以下哪项中？

A. 在即将举行的大学生辩论赛中，我不认为我校代表队一定能进入前四名，我也不认为我校代表队可能进不了前四名。

B. 这次关于物价问题的社会调查结果，既不能说完全反映了民意，也不能说一点也没有反映民意。

C. 这次考前辅导，既不能说完全成功，也不能说彻底失败。

D. 人有特异功能，既不是被实证明的科学结论，也不是纯属欺诈的伪科学结论。

E. 称中国千古一帝的，既不是秦始皇，也不是汉武帝。

▶ 【精点解析】

　　题干和 A 项的不当都在于对两个互相矛盾的命题同时否定，即"两不可"。其余各项同时否定的两个命题并不互相矛盾，因此并无逻辑不当。答案选 A。例如 D 项，"特异功能是被事实证明的科学结论"和"特异功能是纯属欺诈的伪科学结论"这两个命题并不互相矛盾，可以都不成立，同时否定并无不当。考生需要注意的是："科学"与"非科学"是矛盾关系；"科学"和"伪科学"是反对关系。比如：文学、艺术不是科学，但也不是伪科学。

答案选 **A**。

逻辑谬误9　强置因果

原因与结果具有空间共存性和时间先后性。但具有空间共存性与时间先后性的事物之间不一定有因果关系。仅仅根据空间上共存或时间上先行后续，就确定存在因果关系，这种谬误称为"强置因果"。

（1）若仅仅根据空间上共存，就确定有因果关系，属于"因果无关"。比如：今天天气好冷啊，我们分手吧。

（2）若仅仅根据时间上先行后续，就确定有因果关系，属于"事后归因"。比如：你这次考试没考好，肯定是昨晚没睡好。

例题 24

威胁美国大陆的飓风是由非洲西海岸高气压的触发而形成的。每当在撒哈拉沙漠以南的地区有大量的降雨之后，美国大陆就会受到特别频繁的飓风袭击。所以，大量的降雨一定是提升气流的压力而构成飓风的原因。

以下哪项论证所包含的缺陷与上述论证中的最相似？

A. 汽车在长的街道上比在短的街道上开得更快，所以，长街道上的行人比短街道上的行人更危险。

B. 许多后来成为企业家的人，他们在上大学时经常参加竞争性的体育运动。所以，参加竞争性体育运动一定有促使人成为企业家的能力。

C. 桑菊的花瓣在正午时会合拢，所以，桑菊的花瓣在夜间一定会绽开。

D. 东欧的事件会影响中美洲的政治局势，所以，东欧的自由化导致中美洲的自由化。

E. 张宇于某周末来到慧明家政公司，公司服务人员粗鲁的接待方式使他得出结论：这家公司的员工素质低，不适合家政服务。

▶ 【精点解析】

题干信息	"每当在撒哈拉沙漠以南的地区有大量的降雨之后，美国大陆就会受到特别频繁的飓风袭击。所以，大量的降雨一定是提升气流的压力而构成飓风的原因。"题干的逻辑缺陷在于，根据两个事件时间的前后顺序判断其之间的因果关系。	
选项	解释	结果
A	选项的缺陷在于"更快"与"更危险"之间无必然因果关系，属于因果无关错误，与题干错误不一致。	淘汰
B	选项与题干错误一致，根据"竞争性体育运动"和"成为企业家"两个事件的时间前后顺序，判断其之间存在因果关系，属于事后归因的谬误，与题干一致。	正确
C	选项属于"非黑即白"的谬误，夜间的矛盾是白天，而不是"正午"。	淘汰

（续）

选项	解释	结果
D	选项属于集合体性质误用错误，"东欧的事件"泛指东欧整体发生的事件，而"东欧的自由化"仅是其中之一，无法从整体性质→个体，与题干错误不一致。	淘汰
E	选项属于以偏概全错误，与题干错误不一致。	淘汰
答案	**B**	

逻辑谬误 10　因果倒置

因果倒置主要是指误把原因当作结果或者误把结果当作原因。

例题 25　参加跆拳道运动的人通常比不参加跆拳道运动的人身体更健康，因此，跆拳道运动有助于增进健康。

以下哪一项如果为真，最能构成对上述结论的质疑？

A. 每年都有少数人在跆拳道运动中因意外事故而受伤。

B. 跆拳道运动能够训练人的反应能力，增强人的敏捷度。

C. 只有身体健康的人才参加跆拳道运动。

D. 男子比女子更喜爱跆拳道运动。

E. 和健身运动相比，跆拳道更适合作为竞技运动。

▶【精点解析】

C 选项如果为真，说明题干的论证存在因果倒置的谬误。

答案选 **C**。

逻辑谬误 11　类比不当

除了归纳外，类比也是一种重要的或然性推理。类比推理是根据事物 A 具有某种属性，推出事物 B 也具有此种属性。为使此种推理可靠，进行类比的事物必须具有某种相关的共同本质性规定。如果此种本质性规定不一致，所作的类比称为"不当类比"。

例题 26　评估专业领域中的工作成绩是在实际的工作中进行的。医生可以自由地查阅医书，律师可以参考法典和案例，物理学家和工程师可以随时翻阅他们的参考手册，以此类推，学生在考试的时候也可以看他们的课本。

上述论证中的推理是有问题的，因为？

A. 所引证的事例不足以支持评估专业领域中的工作成绩是在实际的工作中进行的这一般的概括。

B. 没有考虑这种可能性，即使采纳了文中的建议也不会显著地提高大多数学生的考试成绩。

C. 忽视了这样的事实，专业人士在上学时考试也不准许看课本。

D. 忽视了这样的事实，与学生不同的是专业人士要花费数年的时间研究一个专业对象。

　　E. 没有考虑这种可能性，在专业领域与在学校中的评估目的截然不同。

▶ 【精点解析】

显然选项 E 明确指出题干论证犯了"类比不当"的错误。

答案选 **E**。

逻辑谬误 12　混淆充分必要条件

　　混淆充分必要条件主要是指将 P 是 Q 的充分条件误认为 P 是 Q 的必要条件，抑或是将 P 是 Q 的必要条件误认为 P 是 Q 的充分条件。常见的表现形式有两种：

　　(1) 甲：P→Q；乙：Q→P。（乙的漏洞：存在有的 Q∧¬P）

　　(2) 甲：P→Q；乙：不对，Q∧¬P。（乙的漏洞：把 P→Q 误认为是 Q→P）。

例题 27　上海是一座国际性大都市，有众多的外资企业，在其中工作的外企白领很引人注目。他们往往穿着得体入时、举止斯文潇洒，并且经常在说话时夹杂一些英文单词。唐俊杰穿着十分得体，举止也很斯文，并且经常在说话时夹杂英文单词，因此，唐俊杰一定是外企白领阶层中的一员。

下列哪项陈述最准确地指出了上述判断在逻辑上的缺陷？

　　A. 有些外企白领阶层的人穿着也很普通，举止并不潇洒，并且说话没有夹杂英语单词。

　　B. 有些穿着得体、举止斯文、说话夹杂英文单词的人并没有在外资企业工作。

　　C. 穿着举止和说话习惯是人的爱好、习惯，也与工作性质有一定关系。

　　D. 唐俊杰的穿着举止和说话方式受社会时尚的影响很大。

　　E. 外企白领的工作性质决定了他们应当穿着得体、举止斯文，并且话说以英文表达居多。

▶ 【精点解析】

	解题步骤
第一步	整理题干推理。P：在外企工作的白领→Q：穿着得体∧举止斯文潇洒∧经常在说话时夹杂英文单词。因为唐俊杰穿着十分得体，举止也很斯文，并且经常在说话时夹杂英文单词（Q），所以唐俊杰一定是外企白领阶层中的一员（P）。
第二步	题干推理显然混淆了充分条件和必要条件，把"P：在外企工作的白领→Q：穿着得体∧举止斯文潇洒∧经常在说话时夹杂英文单词"混淆成"Q：穿着得体∧举止斯文潇洒∧经常在说话时夹杂英文单词→P：在外企工作的白领"。
第三步	分析可知，质疑题干隐含的前提，找矛盾即可，即"有的穿着得体∧举止斯文潇洒∧经常在说话时夹杂英文单词的人不是在外企工作的白领"。
答案	**B**

逻辑谬误13　**循环论证**

循环论证指的是以所主张的观点本身为根据来证明这种观点为真的谬误。

循环论证的直接形式是：因为A，所以A。例如，中世纪经院哲学家托马斯·阿奎纳曾有这样的论述："铁之所以能压延，是因为铁有压延的本性。"其中的论点和论据都是意思相同的话，这种直接的重复主要是从内容、实质、意义上说的，其语言表达形式可能有所不同。再如："吸鸦片之所以会令人昏睡，是因为鸦片中含有令人昏睡的药物成分。"

循环论证的相对形式是：因为A，所以B；因为B，所以A。例如：1968年尼克松在一次讲演中说："美国已经向越南派出了54万军队，所以不能撤军，要打到底。"这意思无非是说：因为美国已经深深卷入了越战，所以必须继续卷入越战。这就陷入了互相作证这种循环之中。

循环论证的间接形式是：因为A，所以B；因为B，所以C；因为C，所以D；因为D，所以A。例如，鲁迅在《论辩的魂灵》中有这样一段议论：我骂（你是）卖国贼，所以我是爱国者。爱国者的话是最有价值的，所以我的话是不错的，我的话既然不错，你就是卖国贼无疑了！这段议论的结论"你就是卖国贼无疑了"是从"我的话不错"推出的，而"我的话"指的就是"我骂（你是）卖国贼"这句话。在这里，"你是卖国贼"既是需要证明的结论，又是被预先假定为真的前提。

循环论证的推论过程构成一个或长或短的封闭链环，而不管其中间环节有多少，其最后的结论也就是最初的理由，它犹如一个在原地打转的车轮，没有进展，所以又称之为"无进展"的谬误。

例题 28　社会学家：认为我们社会中存在大量暴力犯罪的说法是错误的。因为这种说法的根据是报纸上有关暴力犯罪的大量报道。实际上，正因为暴力犯罪并不多见，报纸才愿意刊登这种报道。

以下哪一项准确地指出了社会学家议论中的错误？

A. 预先假定报纸上的大部分报道都是有关暴力犯罪的。

B. 预先假定他所要证明的结论为真。

C. 未经证实就假定他所探讨的有关报道并无偏见。

D. 把群体中每一个体的属性与整个群体的属性混为一谈。

E. 不加分辨地由一个在过去正确的结论推论出该结论在将来也必然正确。

▶ 【精点解析】

题干是典型的循环论证。"因为A（暴力犯罪并不多见），所以A（我们社会中存在大量暴力犯罪的说法是错误的）。"正如B选项所言，预先假定他所要证明的结论为真。

答案选 **B**。

逻辑谬误 14　循环定义/同语反复

在定义一个概念时，如果在定义项中直接包含被定义项，此种逻辑谬误称为"同语反复"；如果在定义项中间接包含被定义项，称为"循环定义"。

例题 29

甲：什么是战争？

乙：战争是和平的中断。

甲：什么是和平？

乙：和平是战争的中断。

上述对话中的逻辑谬误也类似地存在于以下哪项对话中？

A. 甲：什么是人？

　　乙：人是有思想的动物。

　　甲：什么是动物？

　　乙：动物是生物的一部分。

B. 甲：什么是生命？

　　乙：生命是有机体的新陈代谢。

　　甲：什么是有机体？

　　乙：有机体是有生命的个体。

C. 甲：什么是家庭？

　　乙：家庭是以婚姻、血缘或收养关系为基础的一种社会群体。

　　甲：什么是社会群体？

　　乙：社会群体是在一定社会关系基础上建立起来的社会单位。

D. 甲：什么是命题？

　　乙：命题就是用语句表达的判断。

　　甲：什么是判断？

　　乙：判断是对事物有所断定的思维形式。

E. 甲：什么是商品？

　　乙：商品是为交换生产的劳动产品。

　　甲：什么是劳动产品？

　　乙：劳动产品是价值的载体。

▶ 【精点解析】

题干的对话中，被定义项是"战争"，定义项中包括"和平"，而"和平"又由"战争"定义，因此，定义项中间接包含被定义项，这就是循环定义。在 B 项中，类似地，"生命"由"有机体"定义，而"有机体"又由"生命"定义，因此，同样为循环定义。

答案选 **B**。

逻辑谬误 15　诉诸无知

　　人们断定一件事物是正确，只是因为它未被证明是错误；或断定一件事物是错误，只因为它未被证明是正确，都属诉诸无知。比如：甲：你能证明神仙存在吗？乙：不能。甲：所以，神仙不存在。

例题 30

居民苏女士在菜市场看到某摊位出售的鹌鹑蛋色泽新鲜、形态圆润，且价格便宜，于是买了一箱。回家后发现有些鹌鹑蛋打不破，甚至丢在地上也摔不坏，再细闻已经打破的鹌鹑蛋，有一股刺鼻的消毒液味道。她投诉至菜市场管理部门，结果一位工作人员声称鹌鹑蛋目前还没有国家质量标准，无法判定它有质量问题，所以他坚持这箱鹌鹑蛋没有质量问题。

以下哪项与该工作人员做出结论的方式最为相似？

A. 不能证明宇宙是没有边际的，所以宇宙是有边际的。

B. "驴友论坛"还没有论坛规范，所以管理人员没有权利删除帖子。

C. 小偷在逃跑途中跳入 2 米深的河中，事主认为没有责任，因此不予施救。

D. 并非外星人不存在，所以外星人存在。

E. 慈善晚会上的假唱行为不属于商业管理范围，因此相关部门无法对此进行处罚。

▶ **【精点解析】**

题干信息	题干论证方式为：前提：无法判定有质量问题→结论：没有质量问题。题干论证的错误在于：不能证明其存在便认定其不存在，显然推出结论的前提依据不充分，即诉诸无知。形式化为：不能证明 A→¬ A。	
选项	解析	结果
A	不能证明 A→¬ A，犯了诉诸无知的逻辑谬误，与题干相符。	正确
B	没有 A→¬ B，与题干论证方式不符。	淘汰
C	没有 A→¬ B，与题干论证方式不符。	淘汰
D	并非外星人不存在=外星人存在，即：并非¬ A=A，与题干论证方式不符。	淘汰
E	不是 A→¬ B，与题干论证方式不符。	淘汰
答案	**A**	

逻辑谬误 16　诉诸权威、诉诸公众、诉诸人身、诉诸情感

　　● "诉诸权威"是指诉诸不相关领域的权威或错误地将权威说的当成必然正确的。假设专家甲是领域乙的权威，因此他对领域乙的发言是可靠的，但如果将专家甲在领域丙的言论也视为可靠，就是属于诉诸不相关领域的权威。另一种诉诸权威的谬误是将权威说的当成必然正确的，虽然专家甲是领域乙的权威，但其观点正确与否应该基于论据是否充分或结果是否真实，尤其是对于专家彼此争辩中的、尚未取得共识的议题。

　　例：根据"养生堂"专家所述，全身乏力主要是由肝肾两亏引起的。老李全身乏力，因此，他很可能是肝肾两亏。

由于《养生堂》专家的论述也未必就一定是正确的，故得不出老李的情况，犯了"诉诸权威"的谬误。

● "诉诸公众"是指在论证一个观点时，不是阐述支持论点的论据以及它们之间的因果关系，而是以该论点得到了多数人的赞同作为论点正确的理由。事实上，一个观点的正确与否，与它本身有多少人赞同没有关系：既有可能"群众的眼睛是雪亮的"，也有可能"真理掌握在少数人手中"。

例1：在哥白尼提出"日心说"之前，几乎所有欧洲的知识分子都相信托勒密的"地心说"，认为地球是宇宙的中心。然而这无法改变"地球围绕太阳转"是最终正确的事实。

绝大多数人的观点也未必就是正确的，属于"真理掌握在少数人手中"的情况，犯了"诉诸公众"的谬误。

例2：大多数人都不相信能够在网上买到真货，因此，网上买不到真货。

以上论述，以大多数人的观点为论据来推知网上买不到真货的结论，犯了"诉诸公众"的错误。

● "诉诸人身"是指在论证过程中，将立论或反驳的重心指向提出论点的人，而不是论点本身。

例：他穿得破破烂烂，一看就一股穷酸气，所以他说的话没有参考价值。

以上论述不以某人的观点为重点，而是指向了他个人的外貌和衣着，以人的形象来揣测其观点，犯了"诉诸人身"的错误。

● "诉诸情感"是指在论证过程中，通过打动人心、影响他人情感来让人们肯定或否定论点。

例：作为中国人，每个人都应该支持中国制造，因此我们要抵制进口货、支持国货！

从爱国情感上要支持国货，违背了买东西考虑"物美价廉"的基本原则，犯了"诉诸情感"的谬误。

例题 31

作为一名环保爱好者，赵博士提倡低碳生活，积极宣传节能减排。但我不赞同他的做法，因为作为一名大学老师，他这样做，占用了大量的科研时间，到现在连副教授都没评上，他的观点怎么能令人信服呢？

以下哪项论证中的错误和上述最为相似？

A. 有一种观点认为，只有直接看到的事物才能确信其存在。但是没有人可以看到质子、电子，而这些都被科学证明是客观存在的。所以，该观点是错误的。

B. 张某提出要同工同酬，主张在质量相同的情况下，不分年龄、级别一律按件计酬。她这样说不就是因为她年轻、级别低吗？其实她是在为自己谋利益。

C. 公司的绩效奖励制度是为了充分调动广大员工的积极性，它对所有员工都是公平的。如果有人对此有不同意见，则说明他反对公平。

D. 单位任命李某担任信息科科长，听说你对此有意见。大家都没有提意见，只有你一个人有意见，看来你的意见是有问题的。

E. 最近听说你对单位的管理制度提了不少意见，这真令人难以置信！单位领导对你差吗？你这样做，分明是和单位领导过不去。

► 【精点解析】

题干信息	题干中论证的错误是将某断言的主体特征（赵博士）与该断言本身（倡导低碳生活）的特征混为一谈，认为考虑某个人的特征（赵博士没评上副教授）就能反驳他的观点（不信服）；所以该论证犯了诉诸人身的逻辑谬误。	
选项	**解析**	**结果**
A	选项推理结构为：某观点 P→Q，因为 P∧¬Q，所以该观点是错误的。整个推理过程符合假言判断规则。	淘汰
B	选项是诉诸人身，断言的主体（张某）与该断言本身（质量相同的情况下，不分年龄、级别一律按件计酬）的特征混为一谈，认为考虑某个人的特征（她年轻、级别低）就能反驳她的观点（为自己谋利益）；所以该论证与题干犯了相同的逻辑谬误。	**正确**
C	选项"对所有的员工公平"与"反对公平"，两个"公平"显然是两个不同的概念，犯了混淆概念的错误。	淘汰
D	选项推理的错误在于，大多数人所代表的观点就是正确的，而某个个体的观点就是错误的，犯了诉诸大众的逻辑谬误。	淘汰
E	选项推理的错误在于，将"对管理制度"的意见，与"对领导"的意见混淆，犯了混淆概念的错误。	淘汰
答案	**B**	

逻辑谬误 17　统计谬误的识别

●平均数陷阱：是指以平均数的假象为根据引申出一般结论的错误论证。平均数在日常生活中经常用到。作为一个统计指标，平均数反映的只是数据的集中趋势，它无法描述数据的变化范围和离散程度。例如，如果少数家庭拥有全部资产中的大多数，这使得城市家庭资产的平均数被严重拉高，而中位数却比较低。因此，使用平均数的时候要注意使用范围，如果关注重点是数据的离散程度或变化范围，那么使用平均数指标是不合理的，这种不合理使用被称作"平均数陷阱"。

●百分数陷阱：是指一般仅依据两种事物的某种比率就比较出两种事物的结果，其实陷阱就在于该百分比所计算出来的基数是不同的。如果仅仅考虑相对值数据，而忽略其基数，就很有可能做出错误判断。另外也要注意对概率的理解。概率只能用来判断事情发生的可能性有多大，但不能用它来判断事情的结果。例如，一个人最近 10 天去看电影的可能性是 10%，不等于他 10天中有一天肯定去看电影。

例题 32　指出下列论证所犯的逻辑错误：

(1) 小明："我不认为孩子们应该往大街上乱跑。"大文："把孩子们关起来，不让他们呼吸新鲜空气，那真是太愚蠢了。"

错误类型＿＿＿＿＿＿＿＿＿＿＿＿＿＿＿＿＿＿＿＿＿＿＿＿＿

错误分析　_____

(2) 一个瘦子问胖子：“你为什么长得胖？”胖子回答：“因为我吃得多。”瘦子又问胖子：“你为什么吃得多？”胖子回答：“因为我长得胖。”

错误类型　_____

错误分析　_____

(3) 坐轮椅很危险，因为大部分坐轮椅的人都出过车祸。

错误类型　_____

错误分析　_____

(4) 小明感冒后吃了些感冒药，后来就发烧了。一定是这感冒药让他恶化的！

错误类型　_____

错误分析　_____

(5) 商纣王之所以暴虐是因为身旁有个妲己；周幽王之所以丢了江山是因为宠爱褒姒；夫差之所以败于勾践是因为受了西施腐蚀……从这些例子我们可以得到一个结论：被宠幸的美女会造成一个国家的灭亡。

错误类型　_____

错误分析　_____

(6) 小明整天只顾读书，却不赚钱谋生，妻子无法忍受决定和他离婚。几年后小明成为大官，衣锦还乡。妻子要求和他复合，小明把水泼在地上说：“我们的关系就像这水一样，再也收不回来了。”

错误类型　_____

错误分析　_____

(7) “犹太人”指的是“信犹太教的人”，而“犹太教”是指“犹太人信仰的宗教”。

错误类型　_____

错误分析　_____

(8) 因为目前尚没有证据证明外星人是存在的，所以外星人是不存在的。

错误类型　_____

错误分析　_____

(9) 甲：小明是音乐神童，因为他很懂音乐。乙：你怎么知道小明很懂音乐？甲：因为小明是音乐神童。

错误类型　_____

错误分析　_____

(10) 油条是好吃的，油条是食物，因此食物是好吃的。

错误类型　_____

错误分析　_____

► 【精点解析】

(1) 犯了非黑即白的逻辑错误。不让孩子们在大街上乱跑并不一定就要把孩子们关起来，这两者之间不是矛盾关系而是反对关系。

(2) 犯了循环论证的逻辑错误。胖子在回答问题的过程中把“吃得多”和“长得胖”互相当作了彼此的前提和结论。

（3）犯了因果倒置的逻辑错误。很显然不是因为坐轮椅才出车祸，而是因为出车祸才坐轮椅。

（4）犯了强置因果的逻辑错误。发烧可能由感冒本身造成，未必是感冒药造成的，吃感冒药和病情恶化没有直接的因果关系。

（5）犯了以偏概全的逻辑错误。不能从几个个例得到结论，被宠幸的美女和国家灭亡之间没有关系，而可能是帝王的昏庸共同导致了宠幸美女和国家灭亡这两个结果。

（6）犯了类比不当的逻辑错误。把泼在地上的水比做夫妻间的关系显然是不恰当的，覆水无法收回是技术问题，然而小明和妻子是否复合则是意愿问题。

（7）犯了循环定义的逻辑错误。在定义犹太人时用到了犹太教，同时在定义犹太教时又用到了犹太人。

（8）犯了诉诸无知的逻辑错误。因不能证明外星人是存在的，从而断定外星人是不存在的。

（9）犯了循环论证的逻辑错误。

（10）犯了以偏概全的逻辑错误。从油条（个体）的性质推出了食物（整体）的性质。

2.4　论证评价

当我们确定题干前提和结论，构建论证关系后，我们需要根据命题要求，选择相关选项对题干论证关系进行评价、支持或削弱。"支持"要求选项构建论证关系与题干相关并一致；"削弱"则要求选项割裂题干的论证关系。

 例题 33　自闭症会影响社会交往、语言交流和兴趣爱好等方面的行为。研究人员发现，实验鼠体内神经连接蛋白的蛋白质如果合成过多，就会导致自闭症。由此他们认为，自闭症与神经连接蛋白的蛋白质合成量具有重要关联。

以下哪项如果为真，最能支持上述观点？

A. 生活在群体之中的实验鼠较之独处的实验鼠患自闭症的比例要小。

B. 如果将实验鼠控制蛋白合成的关键基因去除，其体内的神经连接蛋白就会增加。

C. 雄性实验鼠患自闭症的比例是雌性实验鼠的 5 倍。

D. 抑制神经连接蛋白的蛋白质合成可缓解实验鼠的自闭症状。

E. 神经连接蛋白正常的老年实验鼠患自闭症的比例很低。

► **【精点解析】**

题干信息	题干观点：因：实验鼠体内神经连接蛋白的蛋白质如果合成过多→果：自闭症	
选项	**解析**	**结果**
A	选项指出存在他因，说明是可能由于独处导致的自闭症，削弱题干观点。	淘汰
B	题干构建的是"神经连接蛋白的蛋白质合成量"与"自闭症"的因果关系，选项解释"蛋白质合成量增加"的原因，与题干论证无关。	淘汰
C	选项指出存在他因，是由于性别的差异导致自闭症的差异，削弱题干观点。	淘汰

（续）

选项	解析	结果
D	选项利用无因（抑制神经连接蛋白的蛋白质合成量）无果（缓解自闭症），支持题干论证关系。	**正确**
E	选项指出存在他因，说明是由于**年龄**导致的自闭症，削弱题干观点。	淘汰
答案	**D**	

 随着光纤网络带来的网速大幅度提高，高速下载电影、在线看大片等都不再是困扰我们的问题。即使在社会生产力发展水平较低的国家，人们也可以通过网络随时随地获得最快的信息、最贴心的服务和最佳体验。有专家据此认为：光纤网络将大幅提高人们的生活质量。

以下哪项如果为真，最能质疑该专家的观点？

A. 网络上所获得的贴心服务和美妙体验有时是虚幻的。

B. 即使没有光纤网络，同样可以创造高品质的生活。

C. 随着高速网络的普及，相关上网费用也随之增加。

D. 人们生活质量的提高仅决定于社会生产力的发展水平。

E. 快捷的网络服务可能使人们将大量时间消耗在娱乐上。

► 【精点解析】

题干信息	锁定专家观点：前提：光纤网络→结论：大幅度提高人们的生活质量	
选项	解析	结果
A	选项"有时"削弱力度通常较弱，且"服务和体验是虚幻的"并不意味"生活质量"没有提高。	淘汰
B	选项属于"他因削弱"，但与 D 项比力度较弱，因为选项并没有否定"光纤网络"的作用。注意"同样"一词相当于支持光纤网络。	淘汰
C	选项与专家观点无关，因此，属于无关选项。	淘汰
D	选项否定了"光纤网络"与"人们的生活质量"提高的关系。考生注意。"存在他因"含义有二：①根本不是原因，是有其他原因；②是原因，但不充分，还有其他原因。显然②的力度弱于①完全否定论证关系。这就是与 B 项相比，D 项为优选项的依据，考生好好体会。	**正确**
E	选项与专家观点无关，另注意"可能"一词力度较弱，一般不是削弱的优选项。	淘汰
答案	**D**	

 一种常见的现象是，从国外引进的一些畅销科普读物在国内并不畅销，有人对此解释说，这与我们多年来沿袭的文理分科有关。文理分科人为地造成了自然科学与人文社会科学的割裂，导致科普类图书的读者市场还没有真正形成。

以下哪项如果为真，最能加强上述观点？

A. 有些自然科学工作者对科普读物也不感兴趣。

B. 科普读物不是没有需求，而是有效供给不足。

C. 由于缺乏理科背景，非自然科学工作者对科学敬而远之。

D. 许多科普电视节目都拥有固定的收视群，相应的科普读物也大受欢迎。

E. 国内大部分科普读物只是介绍科学常识，很少真正关注科学精神的传播。

▶ 【精点解析】

第一步：首先抓住题干中的表因果关系的谓语动词"造成"和"导致"，因果关系型标志词的前面一般表原因，属于前提，后面一般表示结果，属于结论。

第二步：此时题干的论证结构即可整理为：

文理分科　→　自然科学与人文社会科学的割裂　→　科普类图书的读者市场还没有真正形成。
　　①　　　　　　　　　②　　　　　　　　　　　　　③

单独分析可知①是②原因，②是③的原因，联合起来可得：①是②和③的前提，②和③是①的结论。

第三步：分析选项。

选项	解析	结果
A	选项不能支持，自然科学工作者对科普读物不感兴趣，那么是否与文理分科有关，不得而知。	淘汰
B	选项指出有效供给不足导致科普类图书读者市场没真正形成，削弱。	淘汰
C	选项直接指出核心词文理分科导致科普类图书读者市场没真正形成，直接支持。	正确
D	与科普电视节目相关的科普读物大受欢迎，说明存在科普市场形成的有利条件，有一定程度削弱的作用。	淘汰
E	选项不涉及科普类图书读者市场没真正形成的原因，无关选项。	淘汰
答案	**C**	

从"阿克琉斯基猴"身上，研究者发现了许多类人猿的特征。比如，它脚后跟的一块骨头短而宽。此外，"阿克琉斯基猴"的眼眶较小，科学家据此推测它与早期类人猿的祖先一样，是在白天活动的。

以下哪项如果为真，最能支持上述科学家的推测？

A. 短而宽的后脚骨使得这种灵长类动物善于在树丛中跳跃捕食。

B. 动物的视力与眼眶大小不存在严格的比例关系。

C. 最早的类人猿与其他灵长类动物分开的时间，至少在 5500 万年以前。

D. 以夜间活动为主的动物，一般眼眶较大。

E. 对"阿克琉斯基猴"的基因测序表明，它和类人猿是近亲。

▶ 【精点解析】

第一步：找到题干的论证。

从"阿克琉斯基猴"身上，研究者发现了许多类人猿的特征。比如，它脚后跟的一块骨头短而宽。此外，"阿克琉斯基猴"的眼眶较小，科学家据此推测它与早期类人猿的祖先一样，是在白天活动的。

（右侧标注）
- 重要标点符号
- 前提
- 结论
- 结论标志词

根据结构标识词"据此"可判断"阿克琉斯基猴"是白天活动的是结论，注意抓住"此外"前面是一个句号，表示这句话已经完结，那么前提就只能是"此外"后部分。因此，题干论证为：前提："阿克琉斯基猴"的眼眶较小→结论："阿克琉斯基猴"是白天活动的。

第二步：分析选项。

选项	解析	结果
A	题干论证的对象是"眼眶大小"与"白天活动"的关系，而选项论证的是"后脚骨"和"捕食能力"的关系，不能支持。	淘汰
B	题干论证不涉及"眼眶大小"与"视力"的关系，不能支持。	淘汰
C	选项与题干论证无关。	淘汰
D	无因（非白天）无果（眼眶大）的支持，支持题干因果关系，力度很强。	正确
E	支持了背景信息，力度较弱。	淘汰
答案	D	

每课一练（5）

时间：20分钟　　　　　　　　　　　　　　　　　　　　　　得分：

本测试题共有 10 小题，每小题 2 分，共 20 分。请从下面每小题所列的 5 个备选答案中选取出 1 个，多选为错。

【题01】 京华大学的 30 名学生近日答应参加一项旨在提高约会技巧的计划。在参加这项计划前一个月，他们平均已经有过一次约会。30 名学生被分成两组：第一组与 6 名不同的志愿者进行 6 次"实习性"约会，并从约会对象得到对其外表和行为的看法的反馈；第二组仅为对照组。在进行实习性约会前，每一组都要分别填写社交忧惧调查表，并对其社交的技巧评定分数。进行实习性约会后，第一组需要再次填写调查表。结果表明：第一组较之对照组表现出更少社交忧惧，在社交场合更多自信，以及更易进行约会。显然，实际进行约会，能够提高我们社会交际的水平。

以下哪项如果为真，最可能质疑上述推断？

A. 这种训练计划能否普遍开展，专家们对此有不同的看法。

B. 参加这项训练计划的学生并非随机抽取，但是所有报名的学生并不知道实验计划将要包括的内容。

C. 对照组在事后一直抱怨他们并不知道计划已经开始，因此，他们所填写的调查表因对未来有期待而填得比较忧惧。

D. 填写社交忧惧调查表时，学生需要对约会的情况进行一定的回忆，男学生普遍对约会对象评价较为客观，而女学生则显得比较感性。

E. 约会对象是志愿者，他们在事先并不了解计划的全过程，也不认识约会的实验对象。

【题02】 科学家给内蒙古的 40 亩盐碱地施入一些发电厂的脱硫灰渣，结果在这块地里长出了玉米和牧草，科学家得出结论：燃煤电厂的脱硫灰渣可以用来改造盐碱地。

以下哪项如果为真，最能支持科学家的结论？

A. 用脱硫灰渣改良过的盐碱地中生长的玉米与肥沃土壤中玉米的长势差不多。

B. 脱硫灰渣的主要成分是石膏，而用石膏改良盐碱地已有一百多年的历史。

C. 这 40 亩试验田旁边没有施用脱硫灰渣的盐碱地上灰蒙蒙一片，连杂草也很少见。

D. 这些脱硫灰渣中重金属及污染物的含量均未超过国家标准。

E. 这些脱硫灰渣的有害成分基本得到了控制。

【题03】 舞蹈学院的张教授批评本市芭蕾舞团最近的演出没能充分表现古典芭蕾舞的特色。他的同事林教授认为这一批评是个人偏见。作为芭蕾舞技巧专家，林教授考察过芭蕾舞团的表演者，结论是每一位表演者都拥有足够的技巧和才能来表现古典芭蕾舞的特色。

以下哪项最为恰当地概括了林教授反驳中的漏洞？

A. 他对张教授的评论风格进行攻击而不是对其观点加以批驳。

B. 他无视张教授的批评意见是与实际情况相符的。

C. 他依据一个特殊事例轻率概括出一个普遍结论。

D. 他不当地假设，如果一个团体每个成员具有某种特征，那么这个团体就总能体现这种特征。

E. 他对芭蕾舞的研究没有张教授深入。

【题 04】某中学发现有学生课余用扑克玩带有赌博性质的游戏，因此规定学生不得带扑克进入学校，不过即使是硬币，也可以用作赌具，但禁止学生带硬币进入学校是不可思议的，因此，禁止学生带扑克进学校是荒谬的。

以下哪项如果为真，最能削弱上述论证？

A. 禁止带扑克进学校不能阻止学生在校外赌博。

B. 硬币作为赌具远不如扑克方便。

C. 很难查明学生是否带扑克进学校。

D. 赌博不但败坏校风，而且影响学生学习成绩。

E. 有的学生玩扑克不涉及赌博。

【题 05】在"非典"期间，某地区共有 7 名参与治疗"非典"的医务人员死亡，同时也有 10 名未参与"非典"治疗工作的医务人员死亡。这说明参与"非典"治疗并不比日常医务工作危险。

以下哪项相关断定如果为真，最能削弱上述结论？

A. 因参与"非典"治疗死亡的医务人员的平均年龄，略低于未参与"非典"治疗而死亡的医务人员的平均年龄。

B. 参与"非典"治疗的医务人员的体质，一般高于其他医务人员。

C. 个别参与治疗"非典"死亡的医务人员的死因，并非是感染"非典"病毒。

D. 医务人员中只有一小部分参与了"非典"治疗工作。

E. 经过治疗的"非典"患者死亡人数，远低于未经治疗的"非典"患者死亡人数。

【题 06】书最早是以昂贵的手稿复制品出售的，印刷机问世后，就便宜多了，在印刷机问世的最初几年里，市场上对书的需求量成倍增长。这说明，印刷品书籍的出现刺激了人们的阅读兴趣，大大增加了购书者的数量。

以下哪项如果为真，最能质疑上述论证？

A. 书的手稿复制品比印刷品更有收藏价值。

B. 在印刷机问世的最初几年里，原来手稿复制品书籍的购买者，用原先只能买一本书的钱买了多本印刷品书籍。

C. 在印刷机问世的最初几年里，印刷品的质量远不如现代的印刷品那样图文并茂，很难吸引年轻人购买。

D. 在印刷机问世的最初几年里，印刷书籍都没有插图。

E. 在印刷机问世的最初几年里，读者的主要阅读兴趣从小说转到了科普读物。

【题 07】某乡间公路附近经常有鸡群聚集。这些鸡群对这条公路上高速行驶的汽车的安全造成了威胁。为了解决这个问题，当地交通部门计划购入一群猎狗来驱赶鸡群。

以下哪项如果为真，最能对上述计划构成质疑？

A. 出没于公路边的成群猎狗会对交通安全构成威胁。

B. 猎狗在驱赶鸡群时可能伤害鸡。

C. 猎狗需要经过特殊训练才能够驱赶鸡群。

D. 猎狗可能会有疫病，有必要进行定期检疫。

E. 猎狗的使用会增加交通管理的成本。

【题 08】一个部落或种族在历史的发展中灭绝了，但它的文字会留传下来。"亚里洛"就是这样一种文字。考古学家是在内陆发现这种文字的。经研究"亚里洛"中没有表示"海"的文字，但有表示"冬""雪""狼"的文字。因此，专家们推测，使用"亚里洛"文字的部落或种族在历史上生活在远离海洋的寒冷地带。

以下哪项如果为真，最能削弱上述专家的推测？

A. 蒙古语中有表示"海"的文字，尽管古代蒙古人从没见过海。

B. "亚里洛"中有表示"鱼"的文字。

C. "亚里洛"中有表示"热"的文字。

D. "亚里洛"中没有表示"山"的文字。

E. "亚里洛"中没有表示"云"的文字。

【题 09】服用深海鱼油胶囊能降低胆固醇。一项对 6403 名深海鱼油胶囊定期服用者的调查显示，他们患心脏病的风险降低了三分之一。这项结果完全符合另一个研究结论：心脏病患者的胆固醇通常高于正常标准。因此，上述调查说明，降低胆固醇减少了患心脏病的风险。

以下哪项最为恰当地指出了上述论证的漏洞？

A. 没有考虑到这种情况：深海鱼油胶囊减少了服用者患心脏病的风险，但并不是降低胆固醇的结果。

B. 忽视了这种可能性：深海鱼油胶囊有副作用。

C. 由"心脏病患者的胆固醇通常高于正常标准"，可直接得出"降低胆固醇能减少患心脏病的风险"。因此，以上述调查结论作为论据是没有意义的。

D. 上述调查的结论有关降低胆固醇对患心脏病的影响，但应该揭示的是深海鱼油胶囊对胆固醇的作用。

E. 没有考虑普通人群服用深海鱼油胶囊的百分比。

【题 10】现在越来越多的人拥有了自己的轿车，但明显地缺乏汽车保养的基本知识，这些人会按照维修保养手册或 4S 店售后服务人员的提示做定期保养。可是，某位有经验的司机会告诉你，每行驶 5000 公里做一次定期检查，只能检查出汽车可能存在问题的一小部分，这样的检查是没有意义的，是浪费时间和金钱。

以下哪项不能削弱该司机的结论？

A. 每行驶 5000 公里做一次定期检查是保障车主安全所需要的。

B. 每行驶 5000 公里做一次定期检查能发现引擎的某些主要故障。

C. 在定期检查中所做的常规维护是保证汽车正常运行所必需的。

D. 赵先生的新车未做定期检查行驶到 5100 公里时出了问题。

E. 某公司新购的一批汽车未做定期检查，均安全行驶了 7000 公里以上。

🔑 每课一练（5）答案及解析

【题 01】答案 C。

题干 信息	考生首先要注意题干要求"质疑上述推断"，应将注意点迅速转移到题干推断上（这样的好处是减少阅读量）。题干的推断是：实际进行约会，能够提高我们社会交际的水平。我们需要质疑的是这个因果关系： 约会→提高社会交际水平。	
选项	**解析**	**结果**
A	选项针对研究本身，相当于质疑了题干背景信息，并没有涉及题干的论证关系，质疑力度较弱。	淘汰
B	同上。	淘汰
C	指出了还有别的不同情况，即"对照组在事后一直抱怨他们并不知道计划已经开始，因此，他们所填写的调查表因对未来有期待而填得比较忧惧"，这一不同的相关情况也就构成了对题干中所得出的推断"进行实习性约会可以表现出更少的社交忧惧"的质疑，也就是推出结果还别的原因之意。该选项对论断中的因果关系质疑力度最大。	正确
D	该项讲的是在参加计划的男学生和女学生之间对所约会对象的评价不一致，但题干中并没有考查男女生之间的差异情况，该选项与题干中"差比关系"无关。考生特别要注意题干中比较的主体是什么！	淘汰
E	选项阐述了两组实验对象的共同性，加强了实验的可靠性，属于支持。	淘汰

【题 02】答案 C。

题干 信息	燃煤电厂的脱硫灰渣 → 改造盐碱地	
选项	**解析**	**结果**
A	起到支持作用，但是力度不如 C 选项，考生好好体味一下。	淘汰
B	起到支持作用，但是力度不如 C 选项，方法使用了 100 年，并不能说明方法有效。	淘汰
C	题干事实是：用脱硫灰渣地里长出了玉米和牧草；选项事实是：不用脱硫灰渣，地里长不出玉米和牧草。由求异法可知，脱硫灰渣是盐碱地改良的原因。也即支持了科学家得出的结论。	正确
D	没有涉及题干论证。	淘汰
E	没有涉及题干论证。	淘汰

【题 03】答案 D。

林教授论证的前提是：考察过芭蕾舞团的表演者，每一位表演者都拥有足够的技巧和才能来表现古典芭蕾舞的特色。论证的结论是：本市芭蕾舞团最近的演出充分表现古典芭蕾舞的特色。显然林教授的反驳是从每一位表演者的性质推到了芭蕾舞团整体的性质。所以答案为 D。

【题 04】答案 B。

题干信息	前提：①硬币：可以做赌具，不禁止。②扑克：可以做赌具。→结论：不应禁止扑克。	
选项	解析	结果
A	无关选项，题干只涉及"校内"的情况，不涉及"校外"的情况。	淘汰
B	指出了题干中的硬币和扑克有差异（类比对象有差异），即：指出题干的不当类比，硬币作为赌具不如扑克牌方便。	正确
C	选项中"很难查明"不代表"不能查明"，况且，能不能查与让不让带是不同论证话题。	淘汰
D	说明赌博有坏处，但与题干的论证不直接相关。	淘汰
E	"有的"学生玩扑克牌不涉及赌博，未必可确定"所有"学生都不用扑克赌博。	淘汰

【题 05】答案 D。

题干信息	前提：7 名参与治疗"非典"的医务人员死亡，同时有 10 名未参与治疗"非典"的医务人员死亡（死亡人数比较）→结论：参与"非典"治疗并不比日常医务工作危险（死亡率比较）	
选项	解析	结果
A	题干并不涉及年龄与死亡的关系。	淘汰
B	选项指出是由于体质的差异导致死亡人数的差异，但不涉及结论"死亡率"的比较，故削弱力度弱。	淘汰
C	题干不涉及死亡的原因的论证。	淘汰
D	是否危险取决于死亡率，死亡率＝死亡人数/总人数，参加"非典"治疗的总人数少，因此死亡率远高于不参加"非典"治疗的死亡率，直接削弱结论。	正确
E	题干论证主题是医务人员而非患者。	淘汰

【题 06】答案 B。

题干信息	前提：印刷机的出现使得市场上对书需求增长→结论：印刷书籍的出现刺激了人们的阅读兴趣增加了购书者的数量	
选项	解析	结果
A	选项只提到其收藏价值，并没有涉及对书的阅读兴趣与购书数量间的关系。	淘汰
B	存在他因，并不是印刷品书籍激发人们阅读兴趣而导致的购书量增加，而是原有读书人群购买了更多廉价的印刷品书籍，导致了市场需求的增长。	正确
C	选项比较对象错误，是与过去比，不是与现代比。	淘汰
D	与题干论证无关，题干不涉及印刷书籍是否有"插图"，选项也没有否认刺激了人们的阅读兴趣。	淘汰
E	与题干论证无关，题干不涉及书籍涉及的内容，选项也没有否认刺激了人们的阅读兴趣。	淘汰
提示	题干结论的核心词是"购书者的数量"即购书的人数增加，削弱需指出人数并没有增加，只有 B 选项涉及人数没有增加。	

【题 07】答案 A。

题干信息	方法：用猎狗驱赶鸡群。→目的：解除高速公路汽车行驶安全隐患。	
选项	**解析**	**结果**
A	说明方法不可行，用猎狗同样会给交通造成隐患，问题没有得以解决。	正确
B	与题干无关，未涉及方法是否可行。	淘汰
C	与题干无关，未涉及方法是否可行。	淘汰
D	与题干无关，未涉及方法是否可行。	淘汰
E	没有涉及方法是否可行，也没有解决问题。	淘汰

【题 08】答案 E。

题干信息	前提："亚里洛"没有表示"海"的文字，但有"冬""雪"等文字。→结论：使用"亚里洛"文字的部落或种族历史上生活在远离海洋的寒冷地带。	
选项	**解析**	**结果**
A	题干论证表述为只有生活环境有的因素才会在文字中体现出来，选项为例证削弱，力度较弱。	淘汰
B	内陆也有鱼，因此不能支持远离海洋；不涉及是热带鱼，或是温带鱼，也不能据此判定气候，故选项不能削弱。	淘汰
C	削弱论证，但是削弱的是前提，是由于有文字推出气候因素。没有这个前提，可能有，也可能没有上述结论，力度较弱。	淘汰
D	选项指出没有"山"的文字，可能"亚里洛"有山，也可能没山，无法确定与其后存在相关性，故不能削弱。	淘汰
E	没有"云"显然是不符合自然规律的，任意气候地域都会有"云"，直接割裂"文字"和"气候"的关系，即是最强的削弱。	正确

【题 09】答案 A。

题干信息	前提：①服用深海鱼油胶囊能降低胆固醇；②深海鱼油胶囊定期服用者，患心脏病的风险降低了三分之一；③心脏病患者的胆固醇通常高于正常标准。 结论：降低胆固醇减少了患心脏病的风险。	
选项	**解析**	**结果**
A	题干论证只能证明服用深海鱼胶囊能够降低患心脏病的风险，而胆固醇高是心脏病患者的一个特征，服用深海鱼胶囊降低胆固醇与患心脏病风险降低虽然是前后顺序出现，但未必有因果关系。	正确
B	与题干论证无关。	淘汰
C	心脏病患者的胆固醇通常高于正常标准，未必胆固醇的高低就是导致心脏病的原因。	淘汰
D	由前提和结论可看出，由深海鱼油胶囊的作用，间接论证降低胆固醇对患心脏病影响。	淘汰
E	与题干论证无关。	淘汰

【题 10】**E**。

题干信息	由题干中：这样的检查是没有意义的，是浪费时间和金钱，可知其态度：检查是没有意义的。	
选项	解析	结果
A	安全保障所必需，检查有意义。	淘汰
B	能发现某些引擎的主要故障，检查有意义。	淘汰
C	保障汽车运行所必需，检查有意义。	淘汰
D	没做检查，行驶到 5100 公里时出了问题，说明检查有意义。	淘汰
E	没做检查，行驶到了 7000 公里以上，说明检查没意义。	正确

▶ 每课一考（5）

⏱ 时间：20 分钟　　　　　　　　　　　　　　　　　　　　　　　　得分：

本测试题共有 10 小题，每小题 2 分，共 20 分。请从下面每小题所列的 5 个备选答案中选取出 1 个，多选为错。

【题 01】一个美国议员提出，必须对本州不断上升的监狱费用采取措施。他的理由是，现在一个关在单人牢房的犯人所需的费用，平均每天高达 132 美元，即使在世界上开销最昂贵的城市里，也不难在最好的饭店找到每晚租金低于 125 美元的房间。

以下哪项如果为真，能构成对上述美国议员的观点及其论证的恰当驳斥？

Ⅰ. 据州司法部公布数字，一个关在单人牢房的犯人所需的费用，平均每天 125 美元。

Ⅱ. 在世界上开销最昂贵的城市里，很难在最好的饭店里找到每晚租金低于 125 美元的房间。

Ⅲ. 监狱用于犯人的费用和饭店用于客人的费用，几乎用于完全不同的开支项目。

A. 只有Ⅰ。　　　　　　　B. 只有Ⅱ。　　　　　　　C. 只有Ⅲ。

D. 只有Ⅰ和Ⅱ。　　　　　E. Ⅰ、Ⅱ和Ⅲ。

【题 02】母鼠对它所生的鼠崽立即显示出母性行为。而一只刚生产后的从未接触鼠崽的母鼠，在一个封闭的地方开始接触一只非己所生的鼠崽，七天后，这只母鼠显示出明显的母性行为。如果破坏这只母鼠的嗅觉，或者摘除鼠崽产生气味的腺体，上述七天的时间将大大缩短。

上述断定最能推出以下哪项结论？

A. 不同母鼠所生的鼠崽发出不同的气味。

B. 鼠崽的气味是母鼠母性行为的重要诱因。

C. 非己所生的鼠崽的气味是母鼠对其产生母性行为的障碍。

D. 公鼠对鼠崽的气味没有反应。

E. 母鼠的嗅觉是老鼠繁衍的障碍。

【题 03】在一项实验中，实验对象的一半作为实验组，食用了大量的味精。而作为对照组的另一半没有吃这种味精。结果，实验组的认知能力比对照组差得多。这一差别是由实验组的人所食用的这种味精含有的一种主要成分——谷氨酸造成的。

以下哪项如果为真，最有助于证明味精中某些成分造成这一实验结论？

A. 大多数味精消费者不像实验中的人那样食用大量的味精。

B. 上述结论中所提到的谷氨酸在所有蛋白质中都有，为了保证营养必须摄入一定量这种谷氨酸。

C. 实验组中人们所食用的味精数量是在政府食品条例规定的安全用量之内的。

D. 第二次实验时，只给一组食用大量味精作为实验组，而不设不食用味精的对照组。

E. 两组实验对象是在实验前按其认知能力均等划分的。

【题 04】前年引进美国大片《廊桥遗梦》，仅仅在滨州市放映了一周时间，各影剧院的总票房收入就达到 800 万元。这一次滨州市又引进了《泰坦尼克号》，准备连续放映 10 天，1000 万元的票房收入应该能够突破。

根据上文包括的信息，分析以上推断最可能隐含了以下哪项假设？

A. 滨州市很多人因为放映期时间短都没有看上《廊桥遗梦》，这一次可以得到补偿。

B. 这一次各影剧院普遍更新了设备，音响效果比以前有很大改善。

C. 这两部片子都是艺术精品，预计每天的上座率、票价等非常类似。

D. 连续放映10天是以往比较少见的映期安排，可以吸引更多的观众。

E. 灾难片加上爱情片，《泰坦尼克号》的影响力和票房号召力是巨大的。

【题05】戏剧艺术是我国重要的艺术形式，但是我国的戏剧工作者，只有很小的比例在全国30多个艺术家协会中任职。这说明，在我国的艺术家协会中，戏剧艺术很大方面缺少应有的代表性。

以下哪项是对上述论证最为恰当的评价？

A. 上述论证是成立的。

B. 上述论证不能成立，因为它没有提供准确的比例数字。

C. 上述论证缺乏说服力，因为一个戏剧工作者在艺术家协会中任职，并不意味着他就一定在其中有效地体现戏剧艺术的代表性。

D. 上述论证有漏洞，因为我国的戏剧工作者中，只有很少的比例在全国艺术家协会中任职，并不意味着其他艺术种类的工作者中有较高的比例在我国艺术家协会中任职。

E. 上述论证有漏洞，因为我国的戏剧工作者中，只有很少的比例在全国30多个艺术家协会中任职，并不意味着在我国艺术家协会中戏剧工作者只占很少的比例。

【题06】为了对付北方夏季的一场罕见干旱，某市居民用水量受到严格限制。不过，该市目前的水库蓄水量与8年前该市干旱期间的蓄水量持平。既然当时居民用水量并未受到限制，那么现在也不应该受到限制。

如果以下陈述为真，哪一项将最严重地削弱作者的主张？

A. 自上次干旱以来，该市并没有建造新的水库。

B. 自上次干旱以来，该市总人口有了极大的增长。

C. 居民用水量占总用水量的50%还多。

D. 按计划，对居民用水量的限制在整个夏天仅仅持续两个月。

E. 该市的蓄水量有了长足的增加。

【题07】广告："脂立消"是一种新型减肥药，它可以有效地帮助胖人减肥。在临床实验中，100个服用脂立消的人中只有6人报告有副作用。因此，94%的人在服用了脂立消后有积极效果，这种药是市场上最有效的减肥药。

以下哪项陈述最恰当地指出了该广告存在的问题？

A. 该广告贬低其他减肥药，却没有提供足够的证据，存在不正当竞争。

B. 该广告做了可疑的假定：如果该药没有副作用，它就对减肥有积极效果。

C. 该广告在证明脂立消的减肥效果时，所提供的样本数据太小，没有代表性。

D. 移花接木，夸大其词，虚假宣传，这是所有广告的通病，该广告也不例外。

E. 该广告没有大牌明星的参与，所以减肥效果不一定真实。

【题08】生活中有时候可以看到一些人会反复地洗手，反复对餐具进行高温消毒，反复地检查门锁等，重复这类无意义的动作并使自己感到十分烦恼和苦闷，这就是神经症中的一种，称为强迫症。王强每天洗手次数超过普通人的20倍，看来，王强是得了强迫症。

如果下列哪项为真，最有力地削弱了上述结论？

A. 王强在洗手时并没有感到任何的烦恼和苦闷。

B. 王强的工作性质是需要洁净卫生的。

C. 王强的家里人的洗手次数都比普通人高。

D. 王强并没有检查门锁的习惯，甚至有一次还忘记了锁门，结果被盗。

E. 王强的同事也都经常洗手，比较起来，王强并不是每天洗手最多的人。

【题 09】根据最新一份调查，今年将参加高考的考生中，只有 1% 表示可以考虑报考外语专业，而在此之前的连续十年中，这个数字从来没有低于 10%。所以，规模已经被扩大的外语专业要想办下去，必须考虑兼办其他的专业。

以下哪项如果为真，将最严重地削弱上述论证？

A. 应届生中报考大学的人数有明显的上升趋势。

B. 90% 受调查的考生表示，他们并不反对别人报考外语专业，只是他们自己不愿意报考这一专业。

C. 现有大学的外语专业每年至少都能接纳所有分数线上的学生。

D. 有些专业近年来的招生人数有下降趋势。

E. 现有大学的外语专业每年最多只能接纳分数线上的学生总数中的 0.80%。

【题 10】据世界卫生组织 1995 年调查报告显示，70% 的肺癌患者都有吸烟史。这说明，吸烟将极大增加患肺癌的危险。

以下哪项如果为真，将严重削弱上述结论？

A. 有吸烟史的人在 1995 年超过世界总人口的 65%。

B. 1995 年世界吸烟的人数比 1994 年增加了 70%。

C. 被动吸烟被发现同样有致肺癌的危险。

D. 没有吸烟史的人数在 1995 年超过世界总人口的 40%。

E. 1995 年未成年吸烟者的人数有惊人的增长。

扫一扫，听名师讲解

🗝 每课一考（5）答案及解析

【题 01】答案 **C**。

题干信息	观点：单人牢房的费用比最昂贵的城市里的房间费用高，这是不合理的，把两组具有不同内容属性的数字进行不当类比。（**考生注意**：题干核心论证是"二者之比"推出结论）	
选项	**解析**	**结果**
Ⅰ	否定前提，未涉及核心论证。	不驳斥
Ⅱ	否定前提，未涉及核心论证。	不驳斥
Ⅲ	直接表明不当类比，指出两组数据的不同属性，指出观点的缺陷。	**驳斥**

> **考生注意**：题干出现二者的类比时，需要判断是否犯了不当类比的错误，这类错误的特点：①类比对象不具有可比性；②类比的方法不具有一致性。

【题 02】答案 **C**。

【考生快速解题技巧】本题属于实验题中的推结论试题，前提差异导致结果差异，推出的结论要说明前提差异和结果差异存在相关性。

题干信息	① 母鼠对于亲生的鼠崽立即显示出明显的母性行为。 ② 从没接触过鼠崽的母鼠，在封闭环境下对非己生的鼠崽 7 天后才显示出母性行为。 ③ 破坏母鼠的嗅觉 ∨ 摘除鼠崽产生气味的腺体，7 天时间大幅度缩短。	
选项	解析	结果
A	未必一定能推出，题干只能说明不同母鼠对于非己生的鼠崽的气味有辨别能力，至于鼠崽本身的气味题干没有界定。	淘汰
B	不能推出，由③可知，没有鼠崽的气味，母鼠的母性行为开始的时间反而会缩短。	淘汰
C	由②和③联合可得，前提差异母鼠能否感知鼠崽气味的差异，结果差异母鼠母性行为的差异，C 选项说明存在相关性，是能推出的结论。	正确
D	与题干无关，题干不涉及公鼠的反应。	淘汰
E	与题干无关，题干不涉及老鼠繁衍的因素。	淘汰

【题 03】答案 **E**。

题干运用的是求异法来探求"味精中的谷氨酸"和认知能力之间差异的因果关系。为了保证这个实验的正确性，必须要有一个前提条件，即"两组实验对象在实验前按其认知能力均等划分"，即 E 项，否则导致两组认知能力之间差异就有别的原因。

【题 04】答案 **C**。

题干信息	本题属于典型用求异法得出因果关系的问题。前提相同：同样的美国大片。前提差异：放映时间的差异。结果差异：票房的差异。因果关系：放映时间延长可以增加票房。	
选项	解析	结果
A	即便看电影的人增加，未必也会带来票房的增加，还跟票价有关。	淘汰
B	音响效果好，未必人们就会去看，未必能增加票房。	淘汰
C	保证看电影的人数和票价不变，补充前提相同，就能构成求异法支持。	正确
D	即便看电影的人增加，未必也会带来票房的增加，还跟票价有关。	淘汰
E	号召力巨大也未必会导致票房增加。	淘汰

【题 05】答案 **E**。

根据标志词"这说明"很快找到前提和结论。

前提：在我国的戏剧工作者中，只有很小的比例在全国 30 多个艺术家协会中任职。

结论：在我国的艺术家协会中，戏剧艺术很大方面缺少应有的代表性。

可以发现前提中的"比例小"和结论中"缺少代表性"不是指的同一内容。具体分析如下：前提中的"比例小"这个比例的分子是在 30 多个艺术家协会任职的戏剧工作者，分母是我国的戏剧工作者；结论中比例的分母是 30 多个艺术家协会。关键在于戏剧工作者的人数基数。

【题 06】答案 **B**。

前提：该市目前的水库蓄水量与 8 年前该市干旱期间的蓄水量持平。

结论：既然当时居民用水量并未受到限制，那么现在也不应该受到限制。

显然论证将过去和今年的情况进行了类比，要削弱这个论证，只需要指出今年和过去的差异即可。A 选项指出今年和过去的相同，B 选项指出今年和过去的差异，C、D 选项未涉及两者之间的比较，E 选项削弱了论证的前提。

【题 07】 答案 **B**。

解题步骤	
第一步	整理题干论证。前提：100 个服用脂立消的人中只有 6 人报告有副作用。→结论：94% 的人在服用了脂立消后有积极效果，这种药是市场上最有效的减肥药。
第二步	分析题干论证。题干论证显然犯了混淆概念的错误，前提强调的没有副作用，不能说明就有减肥的效果，因此指出混淆概念的错误即是正确答案，答案选 B。考生注意，C 选项指出题干犯了以偏概全的错误，但是在论证中，要优先保证核心论证概念前后要一致，因此不选 C，这是个非常重要的细节。

【题 08】 答案 **A**。

题干根据"王强反复洗手"，得出结论"王强得了强迫症"。题干强迫症定义：重复无意义的动作∧感到烦恼和苦闷。A 选项直接指出题干前提不充分，最能削弱。考生注意，话题相关，甚至重复话题是最好的选项。B 选项虽然看似有理，却与题干无关，题干并没有涉及王强的工作性质与强迫症的关系；C、D、E 项均是无关选项。

【题 09】 答案 **E**。

前提：今年将参加高考的考生中，只有 1% 表示可以考虑报考外语专业，而在此之前的连续十年中，这个数字从来没有低于 10%。结论：规模已经被扩大的外语专业要想办下去，必须考虑兼办其他的专业。可以发现前提只是报考的比例下降了，并不能得出生源数量一定不够的结论。要削弱这个论证只要指出前提得不到结论即可。E 选项说明虽然考生中报考的比例下降了，但由于报考生的数量一直远远超过录取生的数量，所以比例下降的幅度仍没有使其生源不够。

【题 10】 答案 **A**。

本题属于典型的"同比削弱差比加强"类型问题，考生试想，要保证吸烟和肺癌存在因果关系，就需要保证前提中的 70% 具有代表性，否则题干论证关系就不成立了。

为了使考生更好理解，现举例说明：一个班考上研究生的同学中女生占 70%，若考上研究生算是优秀的一个标准，那么能不能说明这个班女生优秀呢？考生试想，如果全校女生正好占 70%，那么这个班的女生考研成功率只是达到了正常正态分布的水平，不能算优秀，因为原本女生的比例很高，就可以削弱；如果全校女生超过 70%，那就说明这个班的女生的水平还没达到平均水平，更不能说明优秀，也是削弱；如果全校女生占比例小于 70%，则说明这个班的女生比正常正态分布的水平高，即可说明这个班的女生优秀，支持。

因此本题 A 选项世界上吸烟人数超过 65%，即接近 70%，说明有吸烟史和肺癌之间不存在相关性，削弱。

专业学位硕士联考应试精点系列

Zhuan Ye XueWei ShuoShiLianKao YingShi JingDian XiLie

MBA
MPA MPAcc
MEM 联考与经济类

总第14版

鑫全工作室

联考 逻辑精点 强化篇

鑫全工作室图书策划委员会 编

主 编 赵鑫全

参 编 熊师路 李一平 段 凯

　　　 王浩宇 师晓童 乔俊皓

　　　 崔 琳

北京理工大学出版社

BEIJING INSTITUTE OF TECHNOLOGY PRESS

目 录

强 化 篇

2023精点教材 MBA、MPA、MPAcc、MEM联考与经济类联考逻辑精点

形式逻辑思维导图

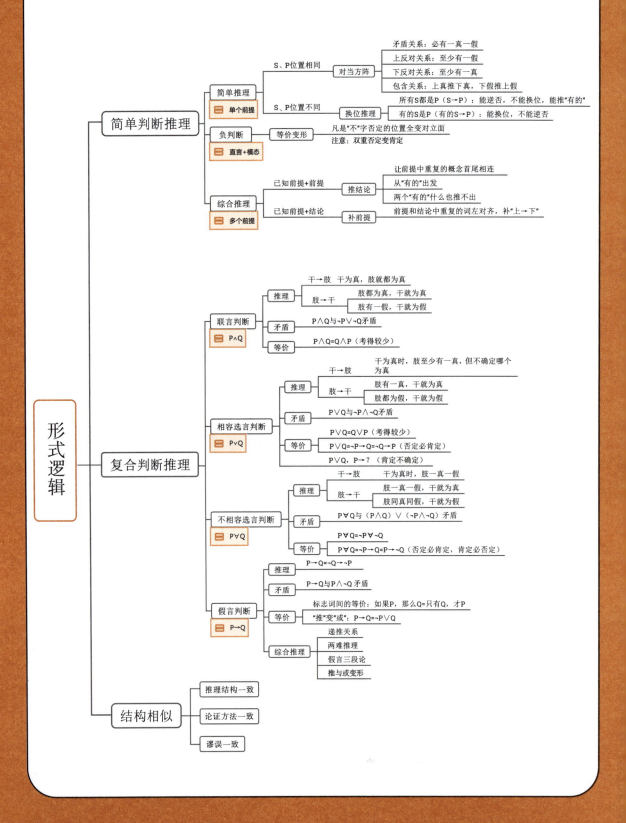

形式逻辑

- **简单判断推理**
  - **简单推理** / 单个前提
    - S、P位置相同 — 对当方阵
      - 矛盾关系：必有一真一假
      - 上反对关系：至少有一假
      - 下反对关系：至少有一真
      - 包含关系：上真推下真，下假推上假
    - S、P位置不同 — 换位推理
      - 所有S都是P（S→P）：能逆否，不能换位，能推"有的"
      - 有的S是P（有的S→P）：能换位，不能逆否
  - **负判断** / 直言+模态
    - 等价变形
      - 凡是"不"字否定的位置全变对立面
      - 注意：双重否定变肯定
  - **综合推理** / 多个前提
    - 已知前提+前提 — 推结论
      - 让前提中重复的概念首尾相连
      - 从"有的"出发
      - 两个"有的"什么也推不出
    - 已知前提+结论 — 补前提
      - 前提和结论中重复的词左对齐，补"上→下"

- **复合判断推理**
  - **联言判断** / P∧Q
    - 推理
      - 干→肢 干为真，肢就都为真
      - 肢→干 肢都为真，干就为真
      - 肢有一假，干就为假
    - 矛盾 — P∧Q与¬P∨¬Q矛盾
    - 等价 — P∧Q=Q∧P（考得较少）
  - **相容选言判断** / P∨Q
    - 推理
      - 干→肢 干为真时，肢至少有一真，但不确定哪个为真
      - 肢→干 肢有一真，干就为真
      - 肢都为假，干就为假
    - 矛盾 — P∨Q与¬P∧¬Q矛盾
    - 等价
      - P∨Q=Q∨P（考得较少）
      - P∨Q=¬P→Q=¬Q→P（否定必肯定）
      - P∨Q，P→?（肯定不确定）
  - **不相容选言判断** / P∀Q
    - 推理
      - 干→肢 干为真时，肢一真一假
      - 肢→干 肢一真一假，干就为真
      - 肢同真同假，干就为假
    - 矛盾 — P∀Q与（P∧Q）∨（¬P∧¬Q）矛盾
    - 等价
      - P∀Q=¬P∀¬Q
      - P∀Q=¬P→Q=P→¬Q（否定必肯定，肯定必否定）
  - **假言判断** / P→Q
    - 推理 — P→Q=¬Q→¬P
    - 矛盾 — P→Q与P∧¬Q矛盾
    - 等价
      - 标志词间的等价：如果P，那么Q=只有Q，才P
      - "推"变"或"：P→Q=¬P∨Q
    - 综合推理
      - 递推关系
      - 两难推理
      - 假言三段论
      - 推与或变形

- **结构相似**
  - 推理结构一致
  - 论证方法一致
  - 谬误一致

命题方向 一 形式逻辑——简单判断推理

简单判断从"范围""模态"及"性质"三个维度进行限定，考试时只考虑这三个维度相关的断定即可快速解题。范围与性质组合就是直言判断，模态和性质组合就是模态判断。为方便学习，故本书将这两类判断放在一起介绍应试技巧。

$$\text{范围}\begin{cases}\text{全称}\\\text{单称}\\\text{特称}\end{cases}\quad \text{模态}\begin{cases}\text{必然}\\\text{可能}\end{cases}\quad \text{性质}\begin{cases}\text{肯定}\\\text{否定}\end{cases}$$

考点 01 简单判断的对当方阵

适用题型

题干特点：当题干 S 和 P 位置与选项一致时，已知一个前提的真假，判断选项的情况。

◦ 方法解读 ◦

- 简单判断的对当方阵及真假规则。

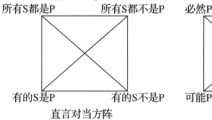

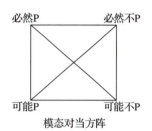

直言对当方阵　　　　　　　模态对当方阵

常用推理规则及口诀：

(1) **矛盾关系：必一真一假。一个真来另必假；一个假来另必真。**
　　具体体现为：①所有 S 都是 P 和有的 S 不是 P；②所有 S 都不是 P 和有的 S 是 P；
　　③必然 P 和可能不 P；④必然不 P 和可能 P。

(2) **上反对关系：至少有一假。一个真来另必假，一个假来另不知。**
　　具体体现为：①所有 S 都是 P 和所有 S 都不是 P；②必然 P 和必然不 P。

(3) **下反对关系：至少有一真。一个假来另必真，一个真来另不知。**
　　具体体现为，①有的 S 是 P 和有的 S 不是 P；②可能 P 和可能不 P。

(4) **包含关系：上真推下真，下假推上假，其余不确定。**
　　具体体现为：①所有 S 都是 P 和有的 S 是 P；②所有 S 都不是 P 和有的 S 不是 P；
　　③必然 P 和可能 P；④必然不 P 和可能不 P。

例题 01　某班的"财务管理"课期中考试后,班长想从老师那里打听成绩。班长说:"老师,这次考试不太难,我估计我们班同学们的成绩都在 70 分以上吧。"老师说:"你的前半句话不错,后半句话不对。"

根据老师的意思,能得出以下哪项?

A. 多数同学的成绩在 70 分以上,有少数同学的成绩在 60 分以下。

B. 有些同学的成绩在 70 分以上,有些同学的成绩在 70 分以下。

C. 如果研究生的课程 70 分以上算及格,那么肯定有同学成绩不及格。

D. 这次考试太难,多数同学的考试成绩不理想。

E. 这次考试太容易,全班同学的考试成绩都在 80 分以上。

▶ 【精点解析】

题干信息	①班长的"前半句话不错",说明考试不太难;②班长的"后半句话不对",说明后半句话为假,即:并非"我们班同学们的成绩都在 70 分以上"=有的(S:同学的成绩)不是(P:在 70 分以上)。	
选项	**解释**	**结果**
A	"有的"推不出"多数"还是"少数",故无法判断真假。	淘汰
B	选项前半部=有的 S 是 P,与②构成下反对关系,真假不确定。虽然选项后半部"有的同学在 70 分以下"为真,利用联言判断相关知识可知该选项为不确定。	淘汰
C	选项假定了研究生的课程 70 分以上算及格,有的同学不及格,即可得:"有的同学成绩不在 70 分以上"。	正确
D	题干并未说明"多数"还是"少数"同学成绩不理想。	淘汰
E	题干不涉及"80 分以上"的相关信息。	淘汰
答案	**C**	

例题 02　(2012 年管理类联考第 48 题)

近期国际金融危机对毕业生的就业影响非常大,某高校就业中心的陈老师希望广大同学能够调整自己的心态和预期。他在一次就业指导会上提到,有些同学对自己的职业定位还不够准确。

如果陈老师的陈述为真,则以下哪项不一定为真?

Ⅰ. 不是所有人对自己的职业定位都准确。

Ⅱ. 不是所有人对自己的职业定位都不够准确。

Ⅲ. 有些人对自己的职业定位准确。

Ⅳ. 所有人对自己的职业定位都不够准确。

A. 仅Ⅱ和Ⅳ。　　　　B. 仅Ⅲ和Ⅳ。　　　　C. 仅Ⅱ和Ⅲ。

D. 仅Ⅰ、Ⅱ和Ⅲ。　　E. 仅Ⅱ、Ⅲ和Ⅳ。

► 【精点解析】

题干信息	已知"有的（S：同学）不是（P：对自己的职业定位准确）"为真，可作图如下：

选项	解析	结果
Ⅰ	选项=不是所有 S 都是 P，即"有的 S 不是 P"，与题干等价。	一定真
Ⅱ	选项=不是所有 S 都不是 P，即"有的 S 是 P"，由上图可知，不确定。	不确定
Ⅲ	选项=有的 S 是 P，由上图可知，不确定。	不确定
Ⅳ	选项=所有 S 都不是 P，由上图可知，不确定。	不确定
答案	**E**	

例题 03 （2012 年管理类联考第 52 题）

近期流感肆虐，一般流感患者可采用抗病毒药物治疗，虽然并不是所有流感患者均需接受达菲等抗病毒药物的治疗，但不少医生仍强烈建议老人、儿童等易出现严重症状的患者用药。

如果以上陈述为真，则以下哪项一定为假？

Ⅰ. 有些流感患者需接受抗病毒药物的治疗。

Ⅱ. 并非有的流感患者不需接受抗病毒药物的治疗。

Ⅲ. 老人、儿童等易出现严重症状的患者不需要用药。

A. 仅Ⅰ。　　　　　　B. 仅Ⅱ。　　　　　　C. 仅Ⅲ。

D. 仅Ⅰ、Ⅱ。　　　　E. 仅Ⅱ、Ⅲ。

► 【精点解析】

题干信息	已知"并不是所有流感患者均需要接受治疗=有的（S：流感患者）不是（P：需要接受治疗）"为真，由此可作图如下：

选项	解析	结果
Ⅰ	选项=有的 S 是 P，由上图可知，选项无法判断真假。	不确定
Ⅱ	选项=并非有的 S 不是 P=所有 S 都是 P。由上图可知，选项与题干构成矛盾关系，一定为假。	一定假

（续）

选项	解析	结果
Ⅲ	仅仅"建议用药"不等于"事实上是否需要用药"，因此选项无法判断。考生注意动词"建议"。	不确定
答案	**B**	

考点 02　简单判断的负判断等值转换

适用题型

题干特点：当题干同时涉及范围限定词"所有、有的、单称"以及模态词"必然、可能"时，考查等价变形。问题一般是"以下哪项最符合题干断定"。

● 方法解读 ●

【02-1】原判断：有的鸟可能不会飞。

负判断：并非有的鸟可能不会飞。

负判断的等值转换为：所有的鸟都必然会飞。（备注：与原判断是矛盾关系，与负判断等价）

【02-2】简单判断的负判断等值转换的原则：凡是否定词否定的对象都需要变成对立面。

考生注意，负判断等值转换在考试中主要涉及以下几组对立面：所有—有的；有的—所有；必然—可能；可能—必然；是—否；否—是。

根据上述原则，负判断等值转换的口诀：去掉并非（整个命题前的否定词）后，见到"必然"变"可能"，见到"可能"变"必然"，见到"所有"变"有的"，见到"有的"变"所有"，"是"变"否"，"否"变"是"。

【02-3】负判断等值转换解题规则全解析。（备注：带色的词项都是"不"这个否定词否定的位置，都需转换成对立面）

常见示例：

① 不可能所有鸟都会飞=有的鸟必然不会飞。（"可能""所有""都""会飞"都要变）

② 鸟不可能都会飞=必然有的鸟不会飞。（"可能""都""会飞"都要变）

③ 所有的鸟可能都不会飞=所有的鸟可能都不会飞。（"不"紧跟在动词前，属于标准式，故无须变）

④ 所有的鸟可能不都会飞=可能有的鸟不会飞（"都""会飞"要变，虽然没有否定"所有"，但否定了"都"，等同于否定了"所有"，故变为"有的"，"可能"不变，考生注意，此时"可能"前面没有否定词，并未被否定）

⑤ 所有鸟都不可能会飞=所有鸟都必然不会飞（"可能""会飞"要变，"所有"不变，考生注意，此时"所有"和"都"均并未被否定）

⑥ 所有鸟都会飞是不可能的=有的鸟必然不会飞（"是不可能的"，相当于"不可能"否定了整个判断，等价于"不可能所有的鸟都会飞"，考生注意，这种转换是考试的一个重要命题点，要掌握）

⑦ 并非所有的鸟都不可能会飞=有的鸟可能会飞（"都"前面有一个否定词，要变；"可能"和"会飞"前面有两个否定词，不变。考生注意，遇见"范围""模态""性质"这三个维度的标志词时，若前面有奇数个否定词，则需要变对立面，若前面有偶数个否定词，则不变）

例题 04

不必然任何经济发展都导致生态恶化，但不可能有不阻碍经济发展的生态恶化。
以下哪项最为准确地表达了题干的含义？

A. 任何经济发展都不必然导致生态恶化，但任何生态恶化都必然阻碍经济发展。
B. 有的经济发展可能导致生态恶化，而任何生态恶化都可能阻碍经济发展。
C. 有的经济发展可能不导致生态恶化，但任何生态恶化都必然阻碍经济发展。
D. 任何经济发展都可能不导致生态恶化，但有的生态恶化必然阻碍经济发展。
E. 有的经济发展可能导致生态恶化，而任何生态恶化都不可能阻碍经济发展。

▶ 【精点解析】

不 必然 任何 经济发展 都 导致生态恶化					不可能 有的生态恶化不阻碍经济发展		
↓	↓	↓	↓		↓	↓	↓
可能	有的		有的	不导致	必然	所有	阻碍

结果：不必然任何经济发展都导致生态恶化＝有的经济发展可能不导致生态恶化；不可能有的生态恶化不阻碍经济发展＝必然任何生态恶化都阻碍经济发展。因此答案选 C。

答案	C

例题 05

并非所有员工都不可能没有收到通知。
下面哪一项与题干的含义是等价的？

A. 所有员工都可能没有收到通知。　B. 有些员工可能收到了通知。
C. 所有员工必然都收到通知。　D. 有些员工必然没有收到通知。
E. 有些员工可能没有收到通知。

▶ 【精点解析】

并非所有员工都不可能没有收到通知		提示	"所有员工都"前面只有一个否定词，要变对立面；"可能没有收到通知"前面有两个否定词"并非"与"不"，双重否定等于肯定，不变。
↓	↓		
有的员工	（不变）		

结果：并非所有员工都不可能没有收到通知＝有些员工可能没有收到通知。答案选 E。

例题 06

（2013 年管理类联考第 48 题）
某公司人力资源管理部人士指出：由于本公司招聘职位有限，在本次招聘考试中不可能所有的应聘者都被录取。
基于以下哪项可以得出该人士的上述结论？

A. 在本次招聘考试中，可能有应聘者被录用。
B. 在本次招聘考试中，可能有应聘者不被录用。
C. 在本次招聘考试中，必然有应聘者不被录用。
D. 在本次招聘考试中，必然有应聘者被录用。
E. 在本次招聘考试中，可能有应聘者被录用，也可能有应聘者不被录用。

▶ 【精点解析】

不 可能 所有 应聘者 都 被录取	提示	"不"作为否定词，否定了"可能""所有""都""被录取"，均变成对立面
↓ ↓ ↓ ↓ ↓		
必然 有的 有的 不被录取		

结果：观察选项可知，答案选 C。

考点 03　简单判断的换位规则

适用题型

题干特点：当题干 S 和 P 位置互换时，考查推理及等价变形。

◦ 方法解读 ◦

【03-1】所有 S 都是 P，可转化为"→"的符号，即：S→P。

　　　　规则：可取逆否等价，不可换位。即 S→P 为真时，可得 ¬ P→¬ S 为真，但 P→S 无法判断真假。

　　　　技巧：所有 S 都不是 P＝所有 S 都是非 P，可转化 S→¬ P，适用上述规则。

【03-2】有的 S 是 P，可转化为"⇒"的符号，即：有的 S⇒P。

　　　　规则：可换位，不能取逆否等价。即有的 S⇒P 为真时，可得有的 P⇒S 为真，但有的 ¬ P⇒¬ S 无法判断真假。

　　　　技巧：有的 S 不是 P＝有的 S 是非 P，可转化为有的 S⇒¬ P，适用上述规则。

【03-3】当 S→P 为真时，可知有的 S⇒P 和有的 P⇒S 为真。

【03-4】当题干同时出现"有的"和"所有"时，换位的常见结构如下：

　　　　（1）有的 S 喜欢所有 P，可换位得出：所有 P 都有 S 喜欢。

　　　　（2）所有 P 都有 S 喜欢，不能换位得出：有的 S 喜欢所有 P。

庖丁解牛

例题 07　所有物理学院的学生都获得"学霸"称号，但有的优秀毕业生却没获得"学霸"称号。如果上述断定为真，以下哪项一定为真？

A. 有的获得"学霸"称号的学生不是物理学院的学生。

B. 有的获得"学霸"称号的学生不是优秀毕业生。

C. 所有获得"学霸"称号的学生都是物理学院的学生。

D. 有的没获得"学霸"称号的学生是优秀毕业生。

E. 有的获得"学霸"称号的学生是优秀毕业生。

▶ 【精点解析】

题干信息	①（S：物理学院的学生）→（P：获得"学霸"称号） ②有的（S：优秀毕业生）⇒（P：没获得"学霸"称号）＝有的（P：没获得"学霸"称号）⇒（S：优秀毕业生）

（续）

选项	解析	结果
A	由信息①，根据 S→P 为真时，可得出：有的 P⇒S 为真。此时无法判断选项=有的 P⇒﹁S 真假（利用直言判断下反对关系）。	淘汰
B	由信息②，根据有的 S⇒P 为真时，不能取逆否等价。故无法判断选项=有的 ﹁P⇒﹁S 真假。	淘汰
C	由信息①，根据 S→P 为真时，不能换位得出：P→S 为真。故无法判断选项=P→S 真假。	淘汰
D	由信息②可得，选项一定为真。	**正确**
E	选项可换位=有的（S：优秀毕业生）⇒（﹁P：获得"学霸"称号），与②构成下反对关系，故无法判断真假。	淘汰
答案	**D**	

例题 08

在一次歌唱竞赛中，每一名参赛选手都有评委投了优秀票。

如果上述断定为真，则以下哪项不可能为真？

Ⅰ. 有的评委投了所有参赛选手优秀票。

Ⅱ. 有的评委没有给任何参赛选手投优秀票。

Ⅲ. 有的参赛选手没有得到一张优秀票。

A. 只有Ⅰ。　　　　B. 只有Ⅱ。　　　　C. 只有Ⅲ。

D. 只有Ⅰ和Ⅱ。　　E. 只有Ⅰ和Ⅲ。

▶ 【精点解析】

题干信息	所有参赛选手（S）都有评委投了优秀票（P）转化为：（S：参赛选手）→（P：有评委投优秀票）。	
选项	解释	结果
Ⅰ	根据 S→P 为真时，不能换位得出 P→S 为真，因此选项无法判断。	可能真
Ⅱ	考生注意，可能有的评委投了所有选手优秀票，同时有的评委没有投所有选手优秀票；也可能每个评委都分别投了部分选手优秀票。比如，有甲、乙、丙三个评委，有 X、Y、Z 三名选手，可能甲投了 X、Y、Z 每人一张优秀票，乙和丙没有投任何选手优秀票；也可能甲只投了 X，乙只投了 Y，丙只投了 Z。	可能真
Ⅲ	选项="有的……没有……"与题干"所有……都有……"矛盾，一定为假。	一定假
答案	**C**	

考点 04　直言判断综合推理——推出结论

适用题型

题干特点：当题干已知多个"所有""有的"为真，同时题干没有给出结论，此时需要联合推出结论，并判断真假。

━━━━━━ *方法解读* ━━━━━━

【04-1】推结论常考模型：

	题干：A→B（前提）	
模型 I	题干：B→C（前提）	提示：重复的项位于"首尾相连"的位置。
	选项：A→B→C（推结论）	
	题干：有的 A⇒B（前提）	
模型 II	题干：B→C（前提）	提示：重复的项位于"有的"尾部，"所有"首部。
	选项：有的 A⇒B⇒C（推结论）	

【04-2】联合推结论基本规则：

（1）前提中重复的概念要位于"首尾相连"的位置。也就是要把重复的概念换到"一首一尾"的位置。

（2）两个"有的"作为前提时，不能推出确定为真的结论，故不能推理。

（3）要从"有的"出发，"有的"要在最前面，不能在中间，也不能在最后。

【04-3】联合推结论时常用的技巧：

（1）出现"矛盾"的概念时，优先将含"所有"的前提条件进行逆否。

（2）出现"相同"的概念，但位置不是"首尾相连"时，优先将含"有的"的条件进行换位。

庖丁解牛

例题 09 从下列前提中能否推出结论，若不能，请说明理由。

（1）所有音乐家都是演艺人员，所有低音歌手都是音乐家。

（2）所有音乐家都是演艺人员，所有非音乐家都是低音歌手。

（3）所有音乐家都是演艺人员，所有低音歌手都不是演艺人员。

（4）所有优秀班干部都是三好学生，有的女生是优秀班干部。

（5）所有优秀班干部都是三好学生，有的优秀班干部是女生。

（6）所有优秀班干部都是三好学生，有的女生不是三好学生。

（7）有的商人是唯利是图的人，有的商人是勇于创新的人。

（8）所有商人都是勇于创新的人，有的勇于创新的人是理智的人。

▶ 【精点解析】

	前提①：音乐家→演艺人员
（1）	前提②：低音歌手→音乐家
	推结论③：低音歌手→音乐家→演艺人员
技巧	前提"所有"+前提"所有"推结论时，若重复的项在一左一右，只需将重复的项"首尾相连"即可。

（续）

(2)	前提①：音乐家→演艺人员	
	前提②：非音乐家→低音歌手 = 非低音歌手→音乐家	
	推结论③：非低音歌手→音乐家→演艺人员	
技巧	前提"所有"+前提"所有"推结论时，若矛盾的项都在左边，只需将否定项先逆否等价，再将重复的项"首尾相连"即可。	
(3)	前提①：音乐家→演艺人员	
	前提②：低音歌手→非演艺人员 = 演艺人员→非低音歌手	
	推结论③：音乐家→演艺人员→非低音歌手	
技巧	前提"所有"+前提"所有"推结论时，若矛盾的项都在右边，只需将否定项先逆否等价，再将重复的项"首尾相连"即可。	
(4)	前提①：优秀班干部→三好学生	
	前提②：有的女生⇒优秀班干部	
	推结论③：有的女生⇒优秀班干部⇒三好学生	
技巧	前提"所有"+前提"有的"推结论时，需要将重复的项（⇒的尾项和→的首项）"首尾相连"即可推出结论。	
(5)	前提①：优秀班干部→三好学生	
	前提②：有的优秀班干部⇒女生 = 有的女生⇒优秀班干部	
	推结论③：有的女生⇒优秀班干部→三好学生	
技巧	前提"所有"+前提"有的"推结论时，需要将重复的项（⇒的尾项和→的首项）"首尾相连"即可推出结论。	
(6)	前提①：优秀班干部→三好学生 = 非三好学生→非优秀班干部	
	前提②：有的女生⇒非三好学生	
	推结论③：有的女生⇒非三好学生⇒非优秀班干部	
技巧	前提"所有"+前提"有的"推结论时，需要将重复的项（⇒的尾项和→的首项）"首尾相连"即可推出结论。	
(7)	前提①：有的商人⇒唯利是图的人	
	前提②：有的商人⇒勇于创新的人 = 有的勇于创新的人⇒商人	
	推结论③：此时，推不出确定为真的结论。	
说明	由上图可知，"唯利是图的人"和"勇于创新的人"二者可能没有交集。因此，此时虽然能构成"首尾相连"，但考生注意，**前提中两个"有的"推不出确定为真的结论。**	

（续）

（8）	前提①：商人→勇于创新的人
	前提②：有的勇于创新的人⇒理智的人
	推结论③：此时，推不出确定为真的结论。
说明	

　　由上图可知，"商人"和"理智的人"二者可能没有交集。因此，此时虽然表面上能构成"首尾相连"，但考生注意，**前提"有的"+"所有"时，只能从"有的"出发，构成"首尾相连"时才能推出确定为真的结论。**

（1）推结论时，核心思想即"首尾相连"。也就是要把重复的项换到"一首一尾"的位置，进而构成递推关系。

　　①前提"所有"+前提"所有"，推结论时，只需将重复的项"首尾相连"即可。如例题09（1）、例题09（2）、例题09（3）。

　　②前提"所有"+前提"有的"，推结论时，只需将位于"⇒的尾项和→的首项"的重复项"首尾相连"即可。如例题09（4）、例题09（5）、例题09（6）。

（2）推结论时，两个"有的"作为前提时，不能推出确定为真的结论。如例题09（7）。

（3）推结论时，若前提中有"有的"应从"有的"出发，"有的"要在最前面，不能在中间，也不能在最后。如例题09（8）。

例题 10　超过 20 年使用期限的汽车都应当报废。某些超过 20 年使用期限的汽车存在不同程度的设计缺陷。在应当报废的汽车中有些不是 H 国进口车。所有的 H 国进口车都不存在缺陷。

如果上述断定为真，则以下哪项一定为真？

A. 有些 H 国进口车不应当报废。

B. 有些 H 国进口车应当报废。

C. 有些存在设计缺陷的汽车应当报废。

D. 所有应当报废的汽车的使用期限都超过 20 年。

E. 有些超过 20 年使用期限的汽车不应当报废。

▶ 【精点解析】

题干信息	①超过 20 年使用期限的汽车→应当报废
	②有的超过 20 年使用期限的汽车⇒存在设计缺陷
	③有的应当报废的汽车⇒不是 H 国进口车
	④H 国进口车→不存在缺陷
第一步	联合①和②可得：⑤有的存在设计缺陷⇒超过 20 年使用期限的汽车⇒应当报废（此时②需先换位，见考点 04-1 模型Ⅱ）。直接可得出答案选 C。

(续)

第二步	联合②和④可得：⑥有的超过20年使用期限的汽车⇒存在设计缺陷⇒不是H国进口车（此时④需先逆否，见考点04-1模型Ⅱ）。		
选项	**解析**		**结果**
A	由于"有的S⇒P"为真时"有的﹁P⇒﹁S"无法判断真假，结合③可知，选项无法判断。		淘汰
B	选项换位可得"有的应当报废⇒H国进口车"，与③构成下反对关系，故无法判断。		淘汰
D	根据"S→P"为真时，不能换位得出P→S为真，结合①可知，该项无法判断选项真假。		淘汰
E	选项与①构成矛盾关系，故一定为假。		淘汰
答案	**C**		

例题 11
高校2012年秋季入学的学生中有些是免费师范生。所有的免费师范生都是家境贫寒的。凡家境贫寒的学生都参加了勤工助学活动。

如果以上陈述为真，则以下各项必然为真，除了哪项？

A. 2012年秋季入学的学生中有人家境贫寒。

B. 凡没有参加勤工助学活动的学生都不是免费师范生。

C. 有些参加勤工助学活动的学生是2012年秋季入学的。

D. 有些参加勤工助学活动的学生不是免费师范生。

E. 有些家境贫寒的是免费师范生。

▶ 【精点解析】

题干信息	①有的2012年秋季入学的学生⇒免费师范生 ②免费师范生→家境贫寒的学生 ③家境贫寒的学生→参加了勤工助学活动
第一步	前提②+③可得：④免费师范生→家境贫寒的学生→参加了勤工助学活动。（见考点04-1模型Ⅰ）
第二步	前提①+②+③可得：⑤有的2012年秋季入学的学生⇒免费师范生⇒家境贫寒的学生⇒参加了勤工助学活动。（见考点04-1模型Ⅱ）
第三步	分析选项。结合⑤，根据"有的S⇒P"为真时，可换位得出"有的P⇒S"为真，推出，A选项、C选项、E选项均为真。由④逆否，可得B选项为真；但由⑤只能得出"有些参加勤工助学活动的学生⇒免费师范生"为真，D选项与之构成下反对关系，无法判断真假，因此答案选D。
答案	**D**

例题 12
某市体委对该市业余体育运动爱好者一项调查中的若干结论如下：所有的桥牌爱好者都爱好围棋；有些围棋爱好者爱好武术；所有的武术爱好者都不爱好健身操；有些桥牌爱好者同时爱好健身操。

如果上述结论都是真实的，那么以下哪项不可能是真的？

A. 所有的围棋爱好者也都爱好桥牌。　　　　B. 有的桥牌爱好者爱好武术。

C. 健身操爱好者都爱好围棋。　　　　　　　　D. 有桥牌爱好者不爱好健身操。

　　E. 围棋爱好者都爱好健身操。

▶ 【精点解析】

题干信息	①桥牌爱好者→爱好围棋 ②有的围棋爱好者⇒爱好武术 ③武术爱好者→不爱好健身操＝爱好健身操→不是武术爱好者 ④有的桥牌爱好者⇒爱好健身操

解题步骤	
第一步	联合①和④可得：⑤有的爱好健身操⇒桥牌爱好者⇒爱好围棋（见考点 04-1 模型Ⅱ，此时④需先换位）。
第二步	联合②和③可得：⑥有的围棋爱好者⇒爱好武术⇒不爱好健身操（见考点 04-1 模型Ⅱ）。E 选项恰好与之矛盾，一定为假。
第三步	联合③和④可得：⑦有的桥牌爱好者⇒爱好健身操⇒不爱好武术（见考点 04-1 模型Ⅱ）。

选项	解析	结果
A	根据 "S→P" 为真时，不能换位得出 P→S 为真，结合①可得，选项可能为真。	淘汰
B	选项与⑦构成下反对关系，下真上不确定，故无法判断真假。	淘汰
C	选项与⑤构成包含关系，下真上不确定，故无法判断真假。	淘汰
D	选项与④构成下反对关系，故无法判断真假。	淘汰
答案	**E**	

例题
13
（2013 年管理类联考第 43 题）

所有参加此次运动会的选手都是身体强壮的运动员，所有身体强壮的运动员都是很少生病的，但是有一些身体不适的选手参加了此次运动会。

以下哪项不能从上述前提中得出？

　　A. 有些身体不适的选手是很少生病的。

　　B. 很少生病的选手都参加了此次运动会。

　　C. 有些很少生病的选手感到身体不适。

　　D. 有些身体强壮的运动员感到身体不适。

　　E. 参加此次运动会的选手都是很少生病的。

▶ 【精点解析】

题干信息	①参加此次运动会的选手→身体强壮的运动员 ②身体强壮的运动员→很少生病的 ③有的身体不适的选手⇒参加此次运动会

解题步骤	
第一步	结合①和②可得：④参加此次运动会的选手→身体强壮的运动员→很少生病的（见考点 04-1 模型Ⅰ）。

（续）

	解题步骤
第二步	结合③和④可得：⑤有的身体不适的选手⇒参加此次运动会⇒身体强壮的运动员⇒很少生病的 **（见考点 04-1 模型Ⅱ）**。
第三步	判断选项。

选项	解析	结果
A	根据⑤可得该选项为真，选项能推出。	淘汰
B	根据④，并由"S→P 为真时，P→S 无法判断真假"，可知选项不能推出。	**正确**
C	根据⑤，并由"有的 S⇒P 能换位得出有的 P⇒S"，可知选项能推出。	淘汰
D	根据⑤，并由"有的 S⇒P 能换位得出有的 P⇒S"，可知选项能推出。	淘汰
E	根据④可得该选项为真，选项能推出。	淘汰
答案	**B**	

例题 14（2018 年管理类联考第 50 题）

最终审定的项目或者意义重大或者关注度高，凡意义重大的项目均涉及民生问题。但是有些最终审定的项目并不涉及民生问题。

根据以上陈述，可以得出以下哪项？

A. 意义重大的项目可以引起关注。

B. 有些项目意义重大但是关注度不高。

C. 涉及民生问题的项目有些没有引起关注。

D. 有些项目尽管关注度高但并非意义重大。

E. 有些不涉及民生问题的项目意义也非常重大。

▶ **【精点解析】**

	解题步骤
第一步	整理题干信息： ①最终审定项目→意义重大∨关注度高； ②意义重大→涉及民生问题； ③有些最终审定项目⇒不涉及民生问题。
第二步	联合②和③可得④：有些最终审定项目⇒不涉及民生问题⇒意义不重大 **（见考点 04-1 模型Ⅱ，此时②需先逆否）**。
第三步	联合①和④可得⑤：有些最终审定项目⇒不涉及民生问题⇒意义不重大⇒关注度高。（考生可结合相容选言判断的推理规则辅助理解）

选项	解析	结果
A	"意义重大"与"关注度高"的关系无法判断，故不能得出。	淘汰
B	由于"有的 S⇒P"为真时，有的 ¬S⇒¬P 真假不定，由⑤可知该项无法判断真假。	淘汰
C	由于"有的 S⇒P"为真时，有的 ¬S⇒¬P 真假不定，由⑤可知该项无法判断真假。	淘汰

（续）

选项	解析	结果
D	由于"有的 S⇒P"为真时，可换位得出"有的 P⇒S"为真，由⑤可知该项一定为真。	**正确**
E	由于"有的 S⇒P"为真时，有的 S⇒¬P 真假不定，由⑤可知该项无法判断真假。	淘汰
答案	**D**	

例题 15（2014 年管理类联考第 48 题）

兰教授认为，不善于思考的人不可能成为一名优秀的管理者，没有一个谦逊的智者学习占星术，占星家均学习占星术，但是有些占星家却是优秀的管理者。

以下哪项如果为真，最能反驳兰教授的上述观点？

A. 有些占星家不是优秀的管理者。　　B. 有些善于思考的人不是谦逊的智者。

C. 所有谦逊的智者都是善于思考的人。　D. 谦逊的智者都不是善于思考的人。

E. 善于思考的人都是谦逊的智者。

▶ 【精点解析】

题干信息	①不善于思考→不是优秀的管理者=优秀的管理者→善于思考 ②没有一个谦逊的智者学习占星术=所有谦逊的智者都不学习占星术=谦逊的智者→不学占星术=学占星术→不是谦逊的智者 ③所有占星家都学习占星术=占星家→学占星术 ④有的占星家⇒优秀的管理者	
第一步	结合①和④可推出：⑤有的占星家⇒优秀的管理者⇒善于思考 **（见考点 04-1 模型Ⅱ）**	
第二步	结合②和③可推出：⑥占星家→学占星术→不是谦逊的智者 **（见考点 04-1 模型Ⅰ）**	
第三步	由⑤和⑥可推出：⑦有的善于思考⇒优秀的管理者⇒占星家⇒学占星术⇒不是谦逊的智者 **（见考点 04-1 模型Ⅱ）** （提示：由前提⑤，从"有的"出发，结合⑥发现与"占星家"没有构成"首尾相连"，因此考虑将⑤换位：有的善于思考⇒优秀的管理者⇒占星家）	
第四步	E 选项=善于思考→智者，与⑦矛盾，一定为假，最能削弱，因此答案选 E。 为帮助考生更熟练掌握相关技巧，其他选项补充解释如下：	
选项	解析	结果
A	根据有的 S⇒P 可换位的原则，由⑦可得：有的占星家⇒优秀的管理者，选项与之构成下反对关系，故削弱力度较弱。	淘汰
B	由题干可得，选项一定为真，支持⑦。	淘汰
C	根据有的 S⇒P 可换位的原则，由⑦可得：有的不是智者⇒善于思考，选项为真时，"有的不是智者⇒善于思考"无法判断真假，故不能削弱。	淘汰
D	根据 S→P 可取逆否等价的原则，选项=善于思考→不是智者。选项为真时，题干一定为真，支持⑦。	淘汰
答案	**E**	

考点 05   直言判断综合推理——补前提

适用题型

题干特点： 当题干已知"前提"和"结论"时，要求补充前提使得推理关系成立。常见问题如："以下哪项可以使上述论证成立？""以下哪项是上述论证成立必须依赖的前提？"

---◦ **方法解读** ◦---

【05-1】 直言判断综合推理——补前提考试常考模型：

模型Ⅰ	题干：A→B（前提）	说明：此时就是从"A→B"+"B→C"得出：A→C。
	选项：B→C（补前提）	
	题干：A→C（结论）	
模型Ⅱ	题干：有的 A⇒B（前提）	说明：此时就是从"有的 A⇒B"+"B→C"得出：有的 A⇒C。
	选项：B→C（补前提）	
	题干：有的 A⇒C（结论）	
模型Ⅲ	题干：A→B（前提）	说明：此时不能补"有的"，只能从"A→B"+"B→C"得出：A→C。进而再推出：有的 A⇒C。
	选项：B→C（补前提）	
	题干：有的 A⇒C（结论）	

【05-2】 直言判断综合推理——补前提的解题思想：

(1) 左对齐思想。①前提"所有"，结论"所有"；②前提"有的"，结论"有的"；③前提"所有"，结论"有的"。补前提技巧：将重复的项（A）左对齐，补"上（B）→下（C）"即可（即：左对齐，右边从上往下串）。

(2) 带选项排除法。可以将选项带回题干进行验证，看能否从前提推出结论。

庖丁解牛

例题 16 请将下列推理中缺少的前提补齐，并作出说明。

(1) 所有中国少年都是中国人，因此，所有中国少年都是爱国的。

(2) 所有中国人都是爱国的，因此，所有中国少年都是爱国的。

(3) 有的有志青年是五好青年，因此，有的有志青年是奋发向上的。

(4) 有的五好青年是有志青年，因此，有的有志青年是奋发向上的。

(5) 所有优秀毕业生都是年少有为的，因此，有的优秀毕业生是奋发向上的。

▶ **【精点解析】**

(1)	前提①：中国少年→中国人
	补前提②：中国人→爱国的
	结论③：中国少年→爱国的
技巧	前提"所有"，结论"所有"，补前提时，重复的项（中国少年）都在左边，可直接补"上（中国人）→下（爱国的）"即可。

（续）

（2）	前提①：中国人→爱国的 = 不爱国的→不是中国人
	补前提②：不是中国人→不是中国少年 = 中国少年→中国人
	结论③：中国少年→爱国的 = 不爱国的→不是中国少年
技巧	前提"所有"，结论"所有"，补前提时，重复的项（爱国的）都在右边，先根据逆否等价将重复的项（不爱国的）都换到左边，再补"上（不是中国人）→下（不是中国少年）"即可。

（3）	前提①：有的有志青年⇒五好青年
	补前提②：五好青年→奋发向上的
	结论③：有的有志青年⇒奋发向上的
技巧	前提"有的"，结论"有的"，补前提时，重复的项（有志青年）都在左边，可直接补"上（五好青年）→下（奋发向上的）"即可。

（4）	前提①：有的五好青年⇒有志青年 = 有的有志青年⇒五好青年
	补前提②：五好青年→奋发向上的
	结论③：有的有志青年⇒奋发向上的
技巧	前提"有的"，结论"有的"，补前提时，重复的项（有志青年）一左一右，可根据"有的"能换位的原则，先将重复的项（有志青年）都换到左边，再补"上（五好青年）→下（奋发向上的）"即可。

（5）	前提①：优秀毕业生→年少有为的
	补前提②：年少有为的→奋发向上的
	结论③：有的优秀毕业生⇒奋发向上的
技巧	前提"所有"，结论"有的"，补前提时，重复的项（优秀毕业生）左对齐，补"上（年少有为的）→下（奋发向上的）"即可。 **考生注意**，此时补"有的"不能构成首尾相连，只能补"所有"得出：优秀毕业生→奋发向上的。进而得出：有的优秀毕业生⇒奋发向上的。

例题 17　有些导演留大胡子，因此，有些留大胡子的人是大嗓门。

为使上述推理成立，必须补充以下哪项作为前提？

A. 有些导演是大嗓门。

B. 所有大嗓门的人都是导演。

C. 所有导演都是大嗓门。

D. 有些大嗓门的不是导演。

E. 有些导演不是大嗓门。

▶ 【精点解析】

结构	前提①：有些导演⇒留大胡子 = 有的留大胡子⇒导演
	补前提②：导演→大嗓门
	结论③：有些留大胡子⇒大嗓门

（续）

技巧	前提"有的"，结论"有的"，补前提时，需要重复的项都在左边，因此可将前提①等价转化为：有的留大胡子⇒导演。此时，重复的项"留大胡子"都在左边，可直接补"上→下"，也就是补"导演→大嗓门"。因此答案选 C。
答案	**C**

例题 18
有些低碳经济是绿色经济，因此低碳经济都是高技术经济。

以下哪项如果为真，最能反驳上述论证？

A. 绿色经济都不是高技术经济。　　B. 绿色经济有些是高技术经济。

C. 有些低碳经济不是绿色经济。　　D. 有些绿色经济不是低碳经济。

E. 低碳经济就是绿色经济。

▶【精点解析】

思路	反驳上述结论"所有的低碳经济都是高技术经济"的最好方式就是矛盾，因此只要利用题干条件得出"有的低碳经济⇒不是高技术经济"即可。
结构	前提①：有些低碳经济⇒绿色经济
	补前提②：绿色经济→不是高技术经济
	结论③：有的低碳经济⇒不是高技术经济
技巧	前提"有的"，结论"有的"，补前提时，重复的项都在左边，可直接补"上→下"，也就是补"绿色经济→不是高技术经济"即可。因此答案选 A。
答案	**A**

沙场点兵

例题 19
（2015 年管理类联考第 40 题）

有些阔叶是常绿植物，因此，所有阔叶都不生长在寒带地区。

以下哪项如果为真，最能反驳上述结论？

A. 常绿植物不都是阔叶树。　　B. 寒带的某些地区不生长阔叶树。

C. 有些阔叶树不生长在寒带地区。　　D. 常绿植物都不生长在寒带地区。

E. 常绿植物都生长在寒带地区。

▶【精点解析】

思路	反驳上述结论"所有阔叶都不生长在寒带地区"的最好方式就是矛盾，因此只要利用题干条件得出"有的阔叶⇒生长在寒带地区"即可。
结构	前提①：有些阔叶⇒常绿植物
	补前提②：常绿植物→生长在寒带地区
	结论③：有的阔叶⇒生长在寒带地区
技巧	前提"有的"推结论"有的"，补前提时，重复的项都在左边，可直接补"上→下"，也就是补"常绿植物→生长在寒带地区"即可。因此答案选 E。
答案	**E**

▶ **每课一考**（1）

🕐 时间：35 分钟　　　　　　　　　　　　　　　　　　　　　　　　　　　　得分：

本测试题共有 15 小题，每小题 2 分，共 30 分。请从下面每小题所列的 5 个备选答案中选取出 1 个，多选为错。

【题 01】所有的三星级饭店都搜查过了，没有发现犯罪嫌疑人的踪迹。

如果上述断定为真，则下面四个断定中可确定为假的是哪项？

Ⅰ. 没有三星级饭店被搜查过。

Ⅱ. 有的三星级饭店被搜查过。

Ⅲ. 有的三星级饭店没有被搜查过。

Ⅳ. 犯罪嫌疑人躲藏的三星级饭店已被搜查过。

A. 仅Ⅰ和Ⅱ。　　　　　　B. 仅Ⅰ和Ⅲ。　　　　　　C. 仅Ⅱ和Ⅲ。

D. 仅Ⅰ、Ⅲ和Ⅳ。　　　　E. Ⅰ、Ⅱ、Ⅲ和Ⅳ。

【题 02】社区组织的活动有两种类型：养生型和休闲型。组织者对所有参加者的统计发现：社区老人有的参加了所有养生型的活动，有的参加了所有休闲型的活动。

按这个统计以下哪项一定为真？

A. 社区组织的有些活动没有社区老人参加。

B. 有些社区老人没有参加社区组织的任何活动。

C. 社区组织的任何活动都有社区老人参加。

D. 社区的中年人也参加了社区组织的活动。

E. 有些社区老人参加了社区组织的所有活动。

【题 03】所有正直的人都不可能听信一些非正式渠道的流言。

如果该命题为假，那么以下哪一项为真？

A. 所有正直的人必然不会听信所有非正式渠道的流言。

B. 一些正直的人必然不会听信一些非正式渠道的流言。

C. 一些正直的人可能听信所有非正式渠道的流言。

D. 一些正直的人可能听信一些非正式渠道的流言。

E. 所有正直的人可能不会听信所有非正式渠道的流言。

【题 04】有人说："最高明的骗子，可能在某个时刻欺骗所有的人，也可能所有的时刻欺骗某些人，但不可能在所有的时刻欺骗所有的人。"

如果上述断定为真，而且世界上总有一些高明的骗子，那么下述哪项断定必定是假的？

A. 张三可能在某个时刻受骗。

B. 李四可能在任何时候都不受骗。

C. 骗人的人也可能在某个时刻受骗。

D. 不存在某一时刻所有的人都不会受骗。

E. 不存在某一时刻有人可能不受骗。

【题 05】在某住宅小区的居民中，大多数中老年教员都办了人寿保险，所有买了四居室以上住房的居民都办了财产保险。而所有办了人寿保险的都没办理财产保险。

如果上述断定是真的，以下哪项关于该小区居民的断定必定是真的？

Ⅰ. 有中老年教员买了四居室以上的住房。

Ⅱ. 有中老年教员没办理财产保险。

Ⅲ. 买了四居室以上住房的居民都没办理人寿保险。

A. Ⅰ、Ⅱ和Ⅲ。　　　　B. 仅Ⅰ和Ⅱ。　　　　C. 仅Ⅱ和Ⅲ。

D. 仅Ⅰ和Ⅲ。　　　　E. 仅Ⅱ。

【题06】 散文家：智慧与聪明是令人渴望的品质。但是，一个人聪明并不意味着他很有智慧，而一个人有智慧也不意味着他很聪明，在我所遇到的人中，有的人聪明，有的人有智慧，但是，却没有人同时具备这两种品质。

若散文家的陈述为真，以下哪项陈述不可能真？

A. 没有人聪明但没有智慧，也没有人有智慧却不聪明。

B. 大部分人既聪明，又有智慧。

C. 没有人既聪明，又有智慧。

D. 大部分人既不聪明，也没有智慧。

E. 有的人既聪明又有智慧。

【题07】 在清北中学初二（3）班，有些喜欢舞蹈的同学数学成绩不优秀，所有的逻辑思维能力强的学生都善于思考，所有数学成绩不优秀的学生都不善于思考。

如果上述断定是真的，则以下哪项关于该班级的断定必然是真的？

A. 所有喜欢舞蹈的同学都是逻辑思维能力强的学生。

B. 有些喜欢舞蹈的同学是善于思考的。

C. 有些喜欢舞蹈的同学的逻辑思维能力不强。

D. 并非所有逻辑思维能力强的学生都喜欢舞蹈。

E. 某些数学成绩不优秀的学生是逻辑思维能力强的。

【题08】 所有获得"长江学者"称号的老师都是具有博士学位的，所有获得"长江学者"称号的老师都是被学生喜爱的，有的从事高分子材料研究的老师是获得"长江学者"称号的老师，清北中学的老师都不具有博士学位。

如果以上断定为真，则以下除哪项外，均一定为真？

A. 有的从事高分子材料研究的老师是被学生喜爱的。

B. 清北中学的老师都没有获得"长江学者"称号。

C. 有的清北中学的老师是被学生喜欢的。

D. 有的从事高分子材料研究的老师是具有博士学位的。

E. 如果有人是获得"长江学者"称号的老师，那么他是具有博士学位的。

【题09】 某评论家认为，凡音乐家都无一例外的有着为人惊叹的审美能力，每一个有着为人惊叹的审美能力的人都有着极高的自我修养，所有有着极高的自我修养的人都没受过高等教育，只有受过高等教育才是音乐学院的毕业生，有的音乐学院的毕业生是炙手可热的歌手。

以下哪项如果为真，最能削弱上述评论家的观点？

A. 有的炙手可热的歌手是音乐家。

B. 所有的音乐家都是炙手可热的歌手。

C. 所有炙手可热的歌手都是音乐家。

D. 所有音乐家都不是炙手可热的歌手。

E. 炙手可热的歌手不都是音乐家。

【题10】 所有南京人都是江苏人；所有南京人都喜欢吃盐水鸭；有些江苏人喜欢旅游。

如果以上断定成立，那么下列哪项能够从中推出？

Ⅰ. 有些江苏人不是南京人。

Ⅱ. 有些江苏人不喜欢旅游。

Ⅲ. 有些江苏人喜欢吃盐水鸭。

A. 仅仅Ⅰ。　　　　　B. 仅仅Ⅱ。　　　　　C. 仅仅Ⅲ。

D. 仅仅Ⅰ和Ⅲ。　　　E. Ⅰ、Ⅱ和Ⅲ。

【题11】 旅行社组织了两个旅游团，一个旅游团南下广州，另一个旅游团北上哈尔滨，两个旅游团同时出发。南下广州的旅游团全部是北京人。有些外国人参加了北上哈尔滨的旅游团。所有的外国游客都持有护照。

如果上述事实成立，下面哪项最不可能从中得出？

A. 有些持有护照的外国游客去哈尔滨旅游。

B. 没有一个北京人参加去哈尔滨的旅游团。

C. 凡是去哈尔滨旅游的人就不能去广州旅游。

D. 有的外国游客没有去广州旅游。

E. 有的北京人没有去哈尔滨旅游。

【题12】 大山中学所有骑车上学的学生都回家吃午饭，因此，有些在郊区的大山中学的学生不骑自行车上学。

为使上述论证成立，以下哪项关于大山中学的断定是必须假设的？

A. 骑自行车上学的学生家都不在郊区。

B. 回家吃午饭的学生都骑自行车上学。

C. 家在郊区的学生都不回家吃午饭。

D. 有些家在郊区的学生不回家吃午饭。

E. 有些不回家吃午饭的学生家不在郊区。

【题13】 学习优秀的学生都有很强的逻辑思维能力，但李东却没有很强的逻辑思维能力，小王由此判断，李东是受老师喜欢的。

以下哪项如果为真，最能反驳小王的观点？

A. 有的受老师喜欢的学生有很强的逻辑思维能力。

B. 所有受到老师喜欢的学生都没有很强的逻辑思维能力。

C. 所有学习优秀的学生都受到老师喜欢。

D. 所有受老师喜欢的学生都学习优秀。

E. 受到老师喜欢的不都是学习优秀的学生。

【题14】 京华大学 2021 下半学年选课系统开放，针对大一新生发布规定：所有选修法学的都选修会计学，所有选修管理学的都选修法学，有的选修管理学的要选修经济学，所有选修经济学的都选修哲学，看完规定后，来自亿达中学的新生桃白白得出结论：所有选修会计学的都不选修心理学。

如果上述断定为真，则补充以下哪项最能削弱桃白白的结论？

A. 所有选修心理学的都选修哲学。

B. 有的选修经济学的不选修心理学。

C. 有的选修心理学的不选修会计学。

D. 所有选修哲学的都选修心理学。

E. 有的选修心理学的不选修哲学。

【题15】李娜说,作为一个科学家,她知道没有一个科学家喜欢朦胧诗,而绝大多数科学家都擅长逻辑思维。因此,至少有些喜欢朦胧诗的人不擅长逻辑思维。

以下哪项是对李娜的推理的最恰当评价?

A. 李娜的推理是正确的。

B. 李娜的推理不正确,因为事实上有科学家喜欢朦胧诗。

C. 李娜的推理不正确,因为从"绝大多数科学家都擅长逻辑思维",推不出"擅长逻辑思维的都是科学家"。

D. 李娜的推理不正确,因为合乎逻辑的结论应当是"喜欢朦胧诗的人都不擅长逻辑思维",而不应当弱化为"至少有些喜欢朦胧诗的人不擅长逻辑思维"。

E. 李娜的推理不正确,因为创作朦胧诗需要形象思维,也需要逻辑思维。

⚷ 每课一考（1）答案及解析

【题01】答案 **B**。

题干信息	已知"所有（S：三星级饭店）都是（P：搜查过）"为真，可作图如下： 已知（√）　　　Ⅰ（×） Ⅱ、Ⅳ（√）　　　Ⅲ（×）
选项	**解析**	**结果**
Ⅰ	选项＝没有三星级饭店被搜查过＝所有 S 都不是 P。由上图可知，选项一定为假。	一定假
Ⅱ	选项＝有的 S 是 P，由上图可知，选项一定为真。	一定真
Ⅲ	选项＝有的 S 不是 P，由上图可知，选项一定为假。	一定假
Ⅳ	"所有的三星级饭店都搜查过了"从逻辑上可以推出"犯罪嫌疑人躲藏的三星级饭店已被搜查过"。（考生注意：犯罪嫌疑人是否被搜查到与他所在的饭店被搜查在本题中是两个不同的话题，不要受影响）。由逻辑方阵可知，选项一定为真。	一定真

【题02】答案 **C**。

题干信息	①社区组织的活动有两种类型：养生型和休闲型。 ②有的老人⇒参加所有养生型的活动。 ③有的老人⇒参加所有休闲型的活动。

（续）

	解题步骤
第一步	由②可得"所有养生型活动都有老人参加"为真，由③可得"所有休闲型活动都有老人参加"为真。（提示：在此举例以辅助考生理解，比如：老人——甲、乙、丙，养生型活动——X、Y、Z，若甲、乙、丙中的一人或多人参加了所有养生型活动，那么对于所有养生型活动而言，一定有甲、乙、丙中的一人或多人参加）
第二步	又由①知社区组织的活动只有养生型和休闲型两种，所以结合第一步可得所有社区组织的活动都有社区老人参加。
第三步	判断选项。C 选项一定为真，A 选项一定为假，B、D、E 选项无法根据题干已知信息判断真假。

【题 03】答案 D。

	解题步骤
第一步	原命题为假，意味着它的矛盾"并非所有正直的人都不可能听信一些非正式渠道的流言"为真。
第二步	并非所有正直的人都不可能听信一些非正式渠道的流言。 　　　　　↓　　　　　　　　　　　　　↓ 　　有的正直的人　　　　　　　（不变） 提示："并非"相当于"不"，"所有正直的人"前面有一个否定词，这部分要变成对立面，即"有的正直的人"；"可能听信一些非正式渠道的流言"前面有两个否定词"并非""不"，双重否定等于肯定，不变即可。
结果	并非所有正直的人都不可能听信一些非正式渠道的流言＝有的正直的人可能听信一些非正式渠道的流言。答案选 D。

【题 04】答案 E。

题干信息	①可能在某个时刻欺骗所有的人（X 时刻欺骗所有人）；②可能所有的时刻欺骗某些人（所有时刻欺骗 Y）；③不可能在所有的时刻欺骗所有的人。	
选项	**解释**	**结果**
A	可能为真。在题干信息①为真时，在 X 时刻欺骗所有人（含张三）。	淘汰
B	可能为真。在题干信息①为真时，李四可能不在 X 时刻受骗；在题干信息②为真时，李四可能不属于 Y；如此，李四就可能任何时候都不受骗。（考生注意，①和②都有可能独立成立，而不是必须二者同时成立）	淘汰
C	可能为真。在题干信息①为真时，在 X 时刻欺骗所有人（含骗子自己）。	淘汰
D	可能为真。选项可等价转换为：所有时刻有的人会受骗。在题干信息②为真时，有的人属于 Y 即可。	淘汰
E	一定为假。选项可等价转换为：所有时刻所有人必然受骗，与题干信息③矛盾。	**正确**

【题05】答案 C。

题干信息	①有的中老年教员⇒办了人寿保险 ②买了四居室以上住房的居民→办了财产保险＝没办财产保险→没买四居室以上住房 ③办了人寿保险→没办财产保险
第一步	联合②和③可得：④办了人寿保险→没办财产保险→没买四居室以上住房（见考点04-1模型Ⅰ）
第二步	从"有的"出发，根据"首尾相连"的原则，联合④和①可得：⑤有的中老年教员⇒办了人寿保险⇒没办财产保险⇒没买四居室以上住房（见考点04-1模型Ⅱ）

选项	解释	结果
Ⅰ	由结论⑤可得"有的中老年教员⇒没买四居室以上住房"，选项与之构成下反对关系，因此无法判断真假。	可能真
Ⅱ	结合结论⑤，可推出选项一定为真。	一定真
Ⅲ	根据"S→P 可取逆否等价"得出￢P→￢S 为真，选项由结论④可得，因此一定为真。	一定真

【题06】答案 A。

解题步骤	
第一步	在我所遇到的人中：①有的人聪明；②有的人有智慧；③没有人同时具备这两种品质（不聪明∨不智慧）。
第二步	联合①和③可得"④有的人聪明∧不智慧"，也就是有的人聪明但不智慧；联合②和③可得"⑤有的人智慧∧不聪明"，也就是有的人智慧但不聪明。选项A恰好与④和⑤矛盾，一定为假。考生注意，P和非P是矛盾关系，因此"有人聪明但没有智慧（P）"和"没有人聪明但没有智慧（非P）"是矛盾关系。 **精点提示** 有人聪明但没有智慧的矛盾还可能是"所有人都不聪明或智慧"，但没有这个选项，因此判定选项时要根据命题人的思路淘汰选项。
第三步	其余选项均可能为真，散文家陈述中仅限定在"我所遇到的人"中，那么没遇到的人呢？完全有可能聪明又智慧，故其他选项均可能为真。

【题07】答案 C。

解题步骤	
第一步	整理题干信息：①有的喜欢跳舞的同学⇒数学成绩不优秀；②逻辑思维能力强的学生→善于思考；③数学成绩不优秀的→不善于思考。
第二步	联合②和③可得：④逻辑思维能力强→善于思考→数学成绩优秀。
第三步	从"有的"出发，联合①和④（可逆否）可得：⑤有的喜欢跳舞的同学⇒数学成绩不优秀⇒不善于思考⇒逻辑思维能力不强。因此可得答案选C。

【题 08】答案 C。

题干信息	①获得"长江学者"称号的老师→具有博士学位的 ②获得"长江学者"称号的老师→被学生喜爱的 ③有的从事高分子材料研究的老师⇒获得"长江学者"称号 ④清北中学的老师→不具有博士学位

选项	解释	结果
A	联合②和③得：有的从事高分子材料研究的老师⇒获得"长江学者"称号的老师⇒是被学生喜爱的。故选项一定真。	淘汰
B	联合①和④得：清北中学的老师→不具有博士学位→没有获得"长江学者"称号。故选项一定真。	淘汰
C	联合①和④得：⑤清北中学的老师→没有获得"长江学者"称号 = 获得"长江学者"称号→非清北中学的老师。根据"所有"为真，可推出"有的"为真，进而可得：有的非清北中学的老师⇒获得"长江学者"称号。再联合②可得：有的非清北中学的老师⇒获得"长江学者"称号⇒被学生喜爱。故选项无法判断真假。	正确
D	联合①和③得：有的从事高分子材料研究的老师⇒获得"长江学者"称号的老师⇒是具有博士学位的。故选项一定真。	淘汰
E	选项 = 获得"长江学者"称号的老师→具有博士学位，与条件①等价，一定真。	淘汰

【题 09】答案 C。

题干信息	①音乐家→有为人惊叹的审美能力 ②有为人惊叹的审美能力的人→有极高的自我修养 ③有极高的自我修养→没受过高等教育 ④音乐学院的毕业生→受过高等教育 ⑤有的音乐学院的毕业生⇒炙手可热的歌手

解题步骤	
第一步	联合①②③④可得：⑥音乐家→有为人惊叹的审美能力→有极高的自我修养→没受过高等教育→不是音乐学院的毕业生。（见考点 04-1 模型Ⅰ，推理过程须将④做逆否等价）
第二步	联合⑤和⑥可得：⑦有的炙手可热的歌手⇒音乐学院的毕业生⇒受过高等教育⇒没有极高的自我修养⇒没有为人惊叹的审美能力⇒不是音乐家（见考点 04-1 模型Ⅱ，推理过程须将⑥做逆否等价，⑤做换位）。C 选项恰好与之矛盾，最能削弱。

选项	解析	结果
A	选项与⑦构成下反对关系，故无法判断真假，因此不能削弱。	淘汰
B	选项与结论⑦不矛盾，不能削弱。	淘汰
D	选项 = 炙手可热的歌手→不是音乐家，支持题干信息⑦。	淘汰
E	选项 = 有的炙手可热的歌手⇒不是音乐家，支持题干信息⑦。	淘汰

【题10】答案C。

题干信息	①南京人→江苏人 ②南京人→喜欢吃盐水鸭 ③有的江苏人⇒喜欢旅游	
选项	解释	结果
Ⅰ	根据"S→P为真时，能得出有的P⇒S为真"，结合①可得，有的江苏人⇒南京人，而选项恰好与之构成下反对关系，故无法判断真假。	不能推出
Ⅱ	选项与③构成下反对关系，故无法判断真假。	不能推出
Ⅲ	由前提①可得：有的江苏人⇒南京人。结合②可得：有的江苏人⇒南京人⇒喜欢吃盐水鸭。	能推出

 推结论，本题重复的项没有"首尾相连"，属于特殊结构，历年真题考试中也很少涉及，学有余力的考生可适当掌握。

	不常考模型		
模型	题干：A→B（前提） 题干：A→C（前提） 选项：有的B⇒C（推结论）	说明	考生注意，由前提"A→B"能得出"有的B⇒A"，再加上"A→C"，可得"有的B⇒C"。

 根据直言判断综合推理推结论的模型，无法将重复的项换至"首尾相连"，因此可先由"→"推出"⇒"，再根据"首尾相连"的思想得出结论。

【题11】答案B。

题干信息	①南下广州→不能北上哈尔滨＝北上哈尔滨→不能南下广州 ②南下广州→是北京人 ③有些外国游客⇒北上哈尔滨 ④外国游客→持有护照	
第一步	联合①和③可得：⑤有些外国游客⇒北上哈尔滨⇒不能南下广州（见考点04-2模型Ⅱ）	
第二步	联合③和④可得：⑥有的北上哈尔滨⇒外国游客⇒持有护照（见考点04-2模型Ⅱ，此时③需先换位）	
第三步	分析选项。	
选项	解释	结果
A	由⑥换位可得，选项一定为真。	淘汰
B	根据S→P为真，不能推出P→S为真，因此由②不能得出"北京人→南下广州"，故北京人是否北上哈尔滨无法判断。	正确
C	根据①可直接推出，故选项一定为真。	淘汰
D	由⑤可直接推出，选项一定为真。	淘汰
E	根据"S→P"为真时，可得出有的P⇒S为真，由②可得出"有的北京人⇒南下广州"，联合①可得"有的北京人⇒南下广州⇒没有北上哈尔滨"，选项一定为真。	淘汰

【题 12】 答案 **D**。

题干信息	前提①：骑车上学→回家吃午饭。 结论③：有的家在郊区⇒不骑自行车上学。
第一步	前提①：骑车上学→回家吃午饭=不回家吃午饭→不骑车上学（考生思考为何逆否）。
	补前提②：有的不回家吃午饭⇒家在郊区=有的家在郊区⇒不回家吃午饭。（D 选项）
	结论③：有的家在郊区⇒不骑自行车上学。
第二步	考生注意，题干问的是题干依赖的假设，因此只需要保证"有的家在郊区的不回家吃午饭"即可保证题干成立，而不需要保证"所有家在郊区的不回家吃午饭"，因此 C 选项属于过度假设。考生一定注意，这是个易错点。

 本题为不常考的模型，历年考试中只考过一次，学有余力的同学可适当掌握。现补充如下：

	不常考模型		
模型	题干：A→B（前提）	说明	①由于"有的 A⇒C"可换位得"有的 C⇒A"，因而此时也可补"有的 C⇒A"作为必要的假设。
	选项：有的 A⇒C（补假设）		②由于"A→C"和"C→A"也能得出"有的 A⇒C"，因此补前提时，可以补"A→C 和 C→A"作为保证推理成立的前提。
	题干：有的 C⇒B（结论）		

 （1）三段论补前提时，优先考虑"左对齐"，不能"左对齐"时，再考虑右对齐。

（2）前提"所有"，结论"有的"，若重复的项"右对齐"时，此时补：有的上（A）⇒下（C）即可。没有"有的上（A）⇒下（C）"这个选项时，可考虑它的等价变形，如"有的（C）⇒（A）"。

【题 13】 答案 **D**。

	解题步骤
第一步	前提①：学习优秀→有很强的逻辑思维能力。 前提②：李东没有很强的逻辑思维能力。 结论：李东是受老师喜欢的。
第二步	反驳小王的观点就是要得出：④李东不是受老师喜欢的。
第三步	前提①和②联合可得：⑤李东不是学习优秀的。
第四步	前提：李东→不是学习优秀的。
	补前提：不是学习优秀的→不受老师喜欢=受老师喜欢→学习优秀的（D 选项）。
	结论：李东→不是受老师喜欢的。
提示	前提"单称"，结论"单称"，补前提时，重复的项"李东"左对齐，可直接补"上→下"，也就是补：不是学习优秀的→不受老师喜欢=受老师喜欢→学习优秀的。

考生注意：前提"单称"，结论"单称"的试题考试时较少涉及，可依照前提"所有"，结论"所有"的模型解题即可。

【题14】答案 **D**。

	解题步骤
第一步	整理题干的前提： ①选修法学→选修会计学； ②选修管理学→选修法学； ③有的选修管理学⇒选修经济学； ④选修经济学→选修哲学。 整理题干的结论：⑤选修会计学→不选修心理学。
第二步	联合前提③④可得⑥：有的选修管理学⇒选修经济学⇒选修哲学；联合前提①②可得⑦：选修管理学→选修法学→选修会计学。再联合⑥和⑦可得：有的选修哲学⇒选修经济学⇒选修管理学⇒选修法学⇒选修会计学。
第三步	要想削弱桃白白的结论，需要寻找结论的矛盾，即：有的选修会计学⇒选修心理学。
第四步	此时题干结构如下： 前提：有的选修会计学⇒选修哲学（需先换位） 补前提：选修哲学→选修心理学（D 选项） 结论：有的选修会计学⇒选修心理学。

【题15】答案 **C**。

	解题步骤
第一步	整理李娜的推理： 前提①：科学家→不喜欢朦胧诗（A→B） 前提②：有的科学家⇒擅长逻辑思维（有的 A⇒C） 结论③：有的喜欢朦胧诗的人⇒不擅长逻辑思维（有的¬ B⇒¬ C）
第二步	考生注意，由题干前提"A→B，有的 A⇒C"，只能推出：有的 C⇒B＝有的 B⇒C。而推不出：有的¬ B⇒¬ C。因此题干推理不正确。
第三步	已知前提①：科学家→不喜欢朦胧诗＝喜欢朦胧诗→不是科学家。 若要得出结论③：有的喜欢朦胧诗的人⇒不擅长逻辑思维。 则需补④：不是科学家→不擅长逻辑思维＝擅长逻辑思维→科学家（见考点05-1 模型Ⅲ）。考生注意，前提①+④可得：喜欢朦胧诗→不擅长逻辑思维。进而可得：有的喜欢朦胧诗⇒不擅长逻辑思维。
第四步	将需补前提④与原题干②比较，可知正确答案选C。

命题方向 二 形式逻辑——复合判断推理

　　复合判断推理主要考查考生对于"P∧Q""P∨Q""P∀Q""P→Q"这四个判断之间推理关系的掌握，应试时只需将题干信息符号化，根据各个符号之间的关系，按照规则进行推理即可快速解题。不熟悉这些符号的标准式及标志词的考生可复习"基础篇"相关内容。

考点 06　联言判断与选言判断推理

　　题干特点：联言判断与选言判断的推理题型是考试中的简单题型，考生一定要区分推理方向。第一：当题干已知"P∧Q""P∨Q""P∀Q"为真或为假时，判断选项真假。第二：已知P、Q的真假，判断"P∧Q""P∨Q""P∀Q"的真假。

---○ **方法解读** ○---

【06-1】 我们将"P∧Q""P∨Q""P∀Q"称之为干判断，将 P 和 Q 称之为肢判断。拿到题目一定要分清"推理方向"，是"已知干，判断肢"，还是"已知肢，判断干"。

【06-2】 复合判断"肢"推"干"真值表

肢判断		干（P∧Q）	干（P∨Q）	干（P∀Q）
P 真	Q 真	真	真	假
P 真	Q 假	假	真	真
P 假	Q 真	假	真	真
P 假	Q 假	假	假	假
口诀简记		肢都真，干就为真 肢有一假，干就为假	肢有一真，干就为真 肢都假，干就为假	肢一真一假，干就为真 肢同真同假，干就为假

【06-3】 复合判断"干"推"肢"推理规则
（1）P∧Q 为真时，能推出 P 为真，也能推出 Q 为真。
（2）P∨Q 为真时，无法判断 P 和 Q 的真假。
（3）P∀Q 为真时，无法判断 P 和 Q 的真假。

【06-4】 "P∨Q"与"P∀Q"的区别与联系

判断	P∨Q	P∀Q
第一层含义	可能发生 P，可能发生 Q，可能 P 和 Q 都发生，但具体谁发生不确定。	可能发生 P，可能发生 Q，但具体谁发生不确定。（注：不可能 P 和 Q 同时发生）

（续）

第二层含义	P 和 Q 至少有一个发生。	P 和 Q 有且只有一个发生。
第三层含义	否定必肯定，肯定不确定。 ①￢P→Q　②￢Q→P ③P→Q（?）　④Q→P（?）	否定必肯定，肯定必否定。 ①￢P→Q　②￢Q→P ③P→￢Q　④Q→￢P

【06-5】"P∧Q" "P∨Q" "P∀Q" 之间的推理关系

（1）已知 P∨Q（真），则 $\begin{bmatrix} P∧Q（不确定）\\ P∀Q（不确定）\end{bmatrix}$

（2）已知 $\begin{bmatrix} P∧Q（真）→P∨Q（真）\\ P∀Q（真）→P∨Q（真）\end{bmatrix}$

（3）已知 P∀Q（真），则 $\begin{bmatrix} P∨Q（真）\\ ￢P∨￢Q（真）\end{bmatrix}$

庖丁解牛

例题 20　调查数据表明，电视连续剧《大明宫词》收视率不高是因为它的语言表现形式远远脱离广大群众的欣赏水平。

如果上述断定都是真的，则以下关于《大明宫词》的陈述中哪项也一定是真的？

Ⅰ．也许是其情节设计不好，也许是其语言表现形式脱离了观众的欣赏水平。

Ⅱ．《大明宫词》非常受教文学的教授们的欢迎。

Ⅲ．它的收视率不高，并且它的语言表现形式远远脱离广大群众的欣赏水平。

Ⅳ．它的收视率不高并非是因为其情节设计不好。

A．只有Ⅰ。　　　　B．仅Ⅱ。　　　　C．Ⅱ和Ⅲ。

D．Ⅰ和Ⅲ。　　　　E．Ⅰ、Ⅱ和Ⅲ。

▶【精点解析】

题干 信息	由题干可以推出（注意：不是等价）：①电视连续剧《大明宫词》收视率不高（P）为真；②它的语言表现形式远远脱离广大群众的欣赏水平（Q）为真。本题是"已知肢，判断干"。考生注意，本题中的"是因为"表明了一种因果关系，在本题中只能理解为"因"为真，同时"果"也为真，没考查因果关系时，就不必从论证角度出发。	
选项	**解析**	**结果**
Ⅰ	"也许……也许……"表示为 P∨Q 的相容选言判断，已知 P、Q 任一为真时，就可得出 P∨Q 为真。（P∨Q 的相容选言判断只要肢判断有一真，则干为真）。	**真**
Ⅱ	题干中没有相关的信息，无法判断真假。	可能真
Ⅲ	联言判断的肢判断 P 和 Q 都为真，干判断 P∧Q 为真。	**真**
Ⅳ	题干没有涉及情节设计的信息，无法判断真假。	可能真
答案	**D**	

例题 21 小陈并非既懂英语又懂法语。

如果上述断定为真，那么以下哪项一定为真？

　A. 小陈懂法语但不懂英语。

　B. 小陈懂英语却不懂法语。

　C. 小陈既不懂英语也不懂法语。

　D. 如果小陈懂英语，那么他一定不懂法语。

　E. 如果小陈不懂法语，那么他一定懂英语。

▶ 【精点解析】

解题步骤	
第一步	根据公式"¬（P∧Q）=¬P∨¬Q"可将题干转化为"小陈不懂英语∨小陈不懂法语"。
第二步	根据考点 06，我们知道，可能是小陈不懂英语但懂法语，可能是小陈不懂法语但懂英语，也可能是小陈不懂英语且不懂法语。所以，A、B、C 均可能为真，但却不是一定为真，淘汰。
第三步	根据相容选言判断规则"否定必肯定，肯定不确定"，D 选项"懂英语"否定了题干信息中的"不懂英语"，因此必肯定"不懂法语"，符合规则，一定为真。E 选项"不懂法语"肯定了题干信息中的"不懂法语"，因此，推不出确定为真的结论。
答案	**D**

例题 22 小李考上了清华，或者小孙没考上北大。

增加以下哪项条件，能推出小李考上了清华？

　A. 小张和小孙至少有一人未考上北大。

　B. 小张和小李至少有一人未考上清华。

　C. 小张和小孙都考上了北大。

　D. 小张和小李都未考上清华。

　E. 小张和小孙都未考上北大。

▶ 【精点解析】

解题步骤	
第一步	明确题型，本题要求"增加条件"是指"补前提"，不是"推结论"，这两者的做题思路是不同的。
第二步	前提一："小李考上了清华（P），或者小孙没考上北大（Q）"。 补前提："小孙考上了北大（¬Q）"。（思路：根据相容选言判断"否定必肯定"原则） 结论："小李考上了清华（P）"。
第三步	如果 C 项为真，即"小张和小孙都考上了北大"，显然能得到"小孙考上了北大"为真，从而与题干条件结合起来，必然能得到结论：小李考上了清华。答案选 C。
答案	**C**

例题 23 （2012 年管理类联考第 29 题）

王涛和周波是理科（1）班同学，他们是无话不说的好朋友。他们发现班里每一个人或者喜欢物理，或者喜欢化学。王涛喜欢物理，周波不喜欢化学。

根据以上陈述，以下哪项一定为真？

Ⅰ．周波喜欢物理。

Ⅱ．王涛不喜欢化学。

Ⅲ．理科（1）班不喜欢物理的人喜欢化学。

Ⅳ．理科（1）班一半喜欢物理，一半喜欢化学。

A．仅Ⅰ。   B．仅Ⅲ。   C．仅Ⅰ、Ⅱ。

D．仅Ⅰ、Ⅲ。   E．仅Ⅱ、Ⅲ、Ⅳ。

► 【精点解析】

题干信息	由题干知"喜欢物理（P）∨喜欢化学（Q）"为真。（**考生注意：**通常"或者……或者……"当相容选言判断理解；如果题干补充说明"必有其一"，则当不相容选言判断理解)	
选项	解释	结果
Ⅰ	周波不喜欢化学（¬Q），否定必肯定，可知周波喜欢物理（P）。	一定真
Ⅱ	王涛喜欢物理（P），肯定不确定。	不确定
Ⅲ	（1）班不喜欢物理（¬P）的人，由否定必肯定，可知喜欢化学（Q）。	一定真
Ⅳ	题干没有提供数量信息。	不确定
答案	**D**	

例题 24 （2014年管理类联考第42题）

这两个《通知》或者属于规章或者属于规范性文件，任何人均无权依据这两个《通知》将本来属于当事人选择公证的事项规定为强制公证的事项。

根据以上信息，可以得出以下哪项？

A．规章或者规范性文件既不是法律，也不是行政法规。

B．规章或规范性文件或者不是法律，或者不是行政法规。

C．这两个《通知》如果一个属于规章，那么另一个属于规范性文件。

D．这两个《通知》如果都不属于规范性文件，那么就属于规章。

E．将本来属于当事人选择公证的事项规定为强制公证的事项属于违法行为。

► 【精点解析】

题干信息	这两个《通知》属于规章（P）∨这两个《通知》属于规范性文件（Q）	
选项	解析	结果
A	选项推不出，题干不涉及法律和行政法规的相关信息。	淘汰
B	选项推不出，题干不涉及法律和行政法规的相关信息。	淘汰
C	选项＝P→Q，相容选言判断肯定不确定，因此选项得不出。	淘汰
D	选项＝¬Q→P＝¬P→Q，相容选言判断否定必肯定，因此选项能得出。	正确
E	选项推不出，题干不涉及违法的相关信息。	淘汰
答案	**D**	

例题 25（2014 年经济类联考第 19 题）

如果"鱼和熊掌不可兼得"是不可改变的事实，则以下哪项也一定是事实？

A. 鱼可得但熊掌不可得。　　　　　　B. 熊掌可得但鱼不可得

C. 鱼和熊掌皆不可得　　　　　　　　D. 如果鱼不可得，则熊掌可得。

E. 如果鱼可得，则熊掌不可得。

▶ **【精点解析】**

解题步骤	
第一步	整理题干推理：鱼和熊掌不可兼得=不可鱼和熊掌兼得=不可（得鱼∧得熊掌）=不得鱼∨不得熊掌。
第二步	根据选言判断推理规则：否定必肯定，肯定不确定。可得，得熊掌→不得鱼；得鱼→不得熊掌，答案选 E。
答案	**E**

考点 07　假言判断推理

适用题型

题干特点：当题干已知单个"P→Q"的条件为真时，判定选项真假。

○方法解读○

【07-1】 解题步骤：

（1）根据假言判断的"标志词"将题干转化为标准式：充分（P）→必要（Q）。一般而言，"→"左边的是充分条件，用 P 表示；"→"右边的是必要条件，用 Q 表示。（提示：**标志词可参考"基础篇"知识点 19**)

（2）按规则进行推理。

Ⅰ．前提①　P→Q　　　　　Ⅱ．前提①　P→Q
　　前提②　P　　　　　　　　　前提②　¬Q
　　结论：　Q　　　　　　　　　结论：　¬P

精点提示：P 位只能肯定，Q 位只能否定，考生可从肯定 P（P）和否定 Q（¬Q）的条件出发快速作出判断。

【07-2】 假言判断快速解题技巧，考生熟记后可提升解题速度。

已知"如果 P，那么 Q"为真，判断选项真假时：

（1）选项是"→"的形式，只有 P→Q 和 ¬Q→¬P 一定为真，其余均不确定。

不确定的情况如：P→¬Q；¬P→Q；¬P→¬Q；Q→P；Q→¬P；¬Q→P。考生只需熟记一定为真的情况即可快速解题。

（2）选项是"∧"的形式，只有 P∧¬Q 一定为假，其余均不确定。

不确定的情况如：P∧Q；¬P∧Q；¬P∧¬Q。考生只需熟记一定为假的情况即可快速解题。

（3）选项是"∨"的形式，只有 ¬P∨Q 一定为真，其余均不确定。

不确定的情况如：P∨Q；P∨¬Q；¬P∨¬Q。考生只需熟记一定为真的情况即可快速解题。

（4）选项是"P""Q"单件时，一定无法判断 P、Q 的真假。

例题 26

如果赵川参加宴会，那么钱华、孙旭和李元将一起参加宴会。

如果上述断定是真的，那么以下哪项也是真的？

A. 如果赵川没参加宴会，那么钱华、孙旭和李元三人中至少有一人没参加宴会。

B. 如果赵川没参加宴会，那么钱华、孙旭和李元都没参加宴会。

C. 如果钱华、孙旭和李元都参加了宴会，那么赵川参加了宴会。

D. 如果李元没参加宴会，那么钱华和孙旭不会都参加宴会。

E. 如果孙旭没参加宴会，那么赵川和李元不会都参加宴会。

► **【精点解析】**

题干信息	赵川参加宴会（P）→钱华参加∧孙旭参加∧李元参加（Q）	
选项	解析	结果
A	"赵川没参加宴会"，否定了 P 位，什么也推不出。	淘汰
B	"赵川没参加宴会"，否定了 P 位，什么也推不出。	淘汰
C	"钱华、孙旭和李元都参加了宴会"，肯定了 Q 位，什么也推不出。	淘汰
D	考生注意，P→Q 为真时，P 和 Q 均无法判断真假，那么李元、钱华和孙旭都属于 Q，无法判断真假。（见考点07-2）	淘汰
E	孙旭没参加属于否定 Q，可推出否定 P，即赵川没参加宴会，进而可推出"赵川没参加宴会∨李元没参加宴会为真"，因此选项一定为真。（考生注意：赵川和李元不会都参加=赵川和李元有的不参加=赵川不参加，或李元不参加）	**正确**
答案	**E**	

例题 27

只要不起雾，飞机就能按时起飞。

以下哪项正确地表达了上述断定？

Ⅰ. 如果飞机能按时起飞，则一定没有起雾。

Ⅱ. 如果飞机不能按时起飞，则一定起雾。

Ⅲ. 除非起雾，否则飞机能按时起飞。

A. 只有Ⅰ。   B. 只有Ⅱ。   C. 只有Ⅲ。

D. 只有Ⅱ和Ⅲ。   E. Ⅰ、Ⅱ和Ⅲ。

► **【精点解析】**

题干信息	不起雾（P）→飞机能按时起飞（Q）＝飞机不能按时起飞（¬Q）→起雾（¬P）	
选项	解释	结果
Ⅰ	选项＝飞机能按时起飞→没起雾＝Q→P，与题干不一致。	淘汰
Ⅱ	选项＝飞机不能按时起飞→起雾＝¬Q→¬P＝P→Q，与题干一致。	**正确**
Ⅲ	选项＝飞机不能按时起飞→起雾＝¬Q→¬P＝P→Q，与题干一致。	**正确**
答案	**D**	

例题 28　要使中国足球队真正能跻身世界强队之列，至少必须解决两个关键问题。一是提高队员基本体能，二是讲究科学训练。不切实解决这两点，即使临战时拼搏精神发挥得再好，也不可能取得突破性的进展。

下列诸项都表达了上述议论的原意，除了？

A. 只有提高队员的基本体能和研究科学训练，才能取得突破性进展。

B. 除非提高队员的基本体能和讲究科学训练，否则不能取得突破性进展。

C. 如果取得了突破性进展，说明一定提高了队员的基本体能并且讲究了科学训练。

D. 如果不能提高队员的基本体能，即使讲究了科学训练，也不可能取得突破性进展。

E. 只要提高了队员的基本体能并且讲究了科学训练，再加上临战时拼搏精神发挥得好，就一定能取得突破性进展。

▶ 【精点解析】

题干信息	取得突破性的进展（P）→提高队员基本体能∧讲究科学训练（Q）	
选项	解释	结果
A	选项＝P→Q，与题干推理一致。	淘汰
B	选项＝P→Q，与题干推理一致。	淘汰
C	选项＝P→Q，与题干推理一致。	淘汰
D	选项＝¬Q→¬P＝P→Q，与题干推理一致。	淘汰
E	选项＝Q→P，与题干推理不一致。	**正确**
答案	**E**	

例题 29　一个人如果没有崇高的信仰，就不可能守住道德的底线；而一个人只有不断加强理论的学习，才能始终保持崇高的信仰。

如果上述断定为真，以下哪项一定为真？

A. 如果加强理论学习，就能守住道德的底线。

B. 能守住道德的底线，却没能始终保持崇高的信仰。

C. 不加强理论学习，或者能守住道德的底线。

D. 除非加强理论学习，否则不能守住道德底线。

E. 加强了理论学习，但没能守住道德底线。

▶ 【精点解析】

题干信息	题干推理：能守住道德的底线（P1）→始终保持崇高的信仰（Q1/P2）→加强理论学习（Q2）	
选项	解释	结果
A	选项＝Q2→P1，由**考点 07-2**可得，不确定，快速淘汰。	淘汰
B	选项"却"表示"∧"，一定不为真，由**考点 07-2**可快速淘汰。	淘汰
C	选项＝P1∨¬Q2，由**考点 07-2**可得，不确定，快速淘汰。	淘汰
D	选项＝P1→Q2，一定为真。	**正确**

(续)

选项	解释	结果
E	选项"但"表示"∧",不一定为真(可能假,也可能不确定真假),由**考点 07-2**可快速淘汰。	淘汰
答案	**D**	

例题 30

汉乐府民歌《饶歌》中的一首情歌,是一位痴情女子对爱人的热烈表白,她说:"山无棱,水断流,方敢与君绝。"

如果该女子的话为真,以下哪项不可能为真?

A. 如果与君绝,那么或者山有棱,或者水长流。

B. 如果或者山有棱,或者水长流,那么与君绝。

C. 不与君绝,或者山无棱且水断流。

D. 不与君绝,或者山无棱且水长流。

E. 水长流,山也无棱,但与君绝。

▶ **【精点解析】**

第一步:整理题干推理:与君绝(P)→山无棱∧水断流(Q)。

第二步:不可能为真,即寻找一定为假的选项,A 和 B 选项属于"→"的形式("→"的形式只有"真"和"不确定"),而 C 和 D 选项属于"∨"的形式("∨"的形式只有"真"和"不确定"),只有选项 E=P∧¬Q,是"且"的形式(P→Q 为真,其矛盾为 P∧¬Q,判断形式为"且"),考生利用判断形式可直接选 E。

答案选 **E**。

考生注意:联言判断有一个肢判断为假,则整个判断即为假,因此"水长流∧山无棱"即可看作¬Q。

沙场点兵

例题 31

(2015 年管理类联考第 47 题)

如果把一杯酒倒进一桶污水中,你得到的是一桶污水;如果把一杯污水倒进一桶酒中,你得到的仍然是一桶污水。在任何组织中,都可能存在几个难缠人物,他们存在的目的似乎就是把事情搞砸。如果一个组织不加强内部管理,一个正直能干的人进入某低效的部门就会被吞没,而一个无德无才者很快就能将一个高效的部门变成一盘散沙。

根据以上信息,可以得出以下哪项?

A. 如果组织中存在几个难缠人物,很快就会把组织变成一盘散沙。

B. 如果不能将一杯污水倒进一桶酒中,你就不会得到一桶污水。

C. 如果一个正直能干的人在低效部门没有被吞没,则该部门加强了内部管理。

D. 如果一个正直能干的人进入组织,就会使组织变得更为高效。

E. 如果一个无德无才的人把组织变成一盘散沙,则该组织没有加强内部管理。

▶ 【精点解析】

题干信息	①P1：把一杯酒倒进一桶污水中→Q1：得到的是一桶污水 ②P2：把一杯污水倒进一桶酒中→Q2：得到的仍然是一桶污水 ③P3：一个组织不加强内部管理→Q3：一个正直能干的人进入某低效的部门就会被吞没 ∧ 一个无德无才者很快就能将一个高效的部门变成一盘散沙		
选项	**解析**	**结果**
A	题干是"把事情搞砸"，不能等同于"变散沙"，故选项推不出。	淘汰
B	选项否定信息②中的 P2，什么也推不出。	淘汰
C	选项否定信息③中的 Q3 推出否定 P3，一定为真，能推出。	正确
D	题干只涉及正直能干的人进入低效部门会被吞没，至于进入高效部门是否会使组织更为高效不得而知，故选项推不出。	淘汰
E	选项肯定信息③中的 Q3，什么也推不出。	淘汰
答案	**C**	

例题 32（2015 年经济类联考第 1 题）

一个有效三段论的小项在结论中不周延，除非它在前提中周延。

以下哪项与上述断定含义相同？

A. 如果一个有效三段论的小项在前提中周延，那么它在结论中也周延。

B. 如果一个有效三段论的小项在前提中不周延，那么它在结论周延。

C. 如果一个有效三段论的小项在结论中周延，那么它在前提中也周延。

D. 如果一个有效三段论的小项在结论中不周延，那么它在前提中周延。

E. 如果一个有效三段论的小项在结论中不周延，那么它在前提中也不周延。

▶ 【精点解析】

题干信息	根据假言判断推理公式：P，除非 Q=¬ P→Q，可将题干信息转化为：一个有效三段论的小项在结论中周延（P）→它在前提中周延（Q）。		
选项	**解释**	**结果**
A	选项 =Q→P，与题干推理不一致。	淘汰
B	选项 =¬ Q→P，与题干推理不一致。	淘汰
C	选项 =P→Q，与题干推理一致。	正确
D	选项 =¬ P→Q，与题干推理不一致。	淘汰
E	选项 =¬ P→¬ Q，与题干推理不一致。	淘汰
答案	**C**	

例题 33（2018 年管理类联考第 43 题）

若要人不知，除非己莫为，若要人不闻，除非己莫言。为之而欲人不知，言之而欲人不闻，此犹捕雀而掩目，盗钟而掩耳者。

根据上述陈述，可以得出以下哪项？

A. 若己不言，则人不闻。

B. 若己为，则人会知；若己言，则人会闻。

C. 若能做到盗钟而掩耳，则可言之而人不闻。

D. 若己不为，则人不知。

E. 若能做到捕雀而掩目，则可为之而人不知。

▶ 【精点解析】

题干信息	题干条件：①P1：人不知→Q1：己莫为。②P2：人不闻→Q2：己莫言。考生注意，若P，除非Q=如果P，那么Q=P→Q。		
选项	解析		结果
A	该项＝Q2→P2，不能从题干中推出。		淘汰
B	该项＝¬Q1→¬P1；¬Q2→¬P2，可以推出。		正确
C	"盗钟而掩耳"与"言之而人不闻"并不存在推理关系，所以排除。		淘汰
D	选项＝Q1→P1，不能从题干条件推出。		淘汰
E	"捕雀而掩目"与"为之而人不知"同样不存在推理关系，所以排除。		淘汰
答案	**B**		

例题 34 （2018年管理类联考第26题）

人民既是历史的创造者，也是历史的见证者；既是历史的"剧中人"，也是历史的"剧作者"。离开人民，文艺就会变成无根的浮萍、无病的呻吟、无魂的躯壳。观照人民的生活、命运、情感，表达人民的心愿、心情、心声，我们的作品才会在人民中传之久远。

根据以上陈述，可以得出以下哪项？

A. 只有不离开人民，文艺才不会变成无根的浮萍、无病的呻吟、无魂的躯壳。

B. 历史的创造者都不是历史的"剧中人"。

C. 历史的创造者都是历史的见证者。

D. 历史的"剧中人"都是历史的"剧作者"。

E. 我们的作品只要表达人民的心愿、心情、心声，就会在人民中传之久远。

▶ 【精点解析】

题干信息	①P1：离开人民→Q1：文艺会变成无根的浮萍、无病的呻吟、无魂的躯壳；②P1：作品会在人民中传之久远→Q1：观照人民的生活、命运、情感，表达人民的心愿、心情、心声。		
选项	解释		结果
A	由信息①可知：¬Q1→¬P1，可知该项可由题干必然推出。		正确
B	题干中断定"人民是历史的创造者，是历史的'剧中人'"，并不能确定历史的创造者与历史的"剧中人"之间的关系，所以B选项不一定真。		淘汰
C	与B选项一致，不一定真。		淘汰
D	与B选项一致，不一定真。		淘汰
E	由信息②可知：该项为Q2→P2，不必然由题干推出。		淘汰
答案	**A**		

考点 08　复合判断的矛盾

题干特点：主要考查复合判断之间"真"与"假"的变形。

────────○ **方法解读** ○────────

【08-1】复合判断常考的矛盾形式如下：

    (1) $P \land Q$ 与 $\neg P \lor \neg Q$。

    (2) $P \lor Q$ 与 $\neg P \land \neg Q$。

    (3) $P \veebar Q$ 与 $(P \land Q) \lor (\neg P \land \neg Q)$。

    (4) $P \to Q$ 与 $P \land \neg Q$。

精点提示：$P \to Q$ 的矛盾是 $P \land \neg Q$，也就是"且"命题，即 P 位肯定，Q 位否定。这是每年考试的必考点，一定要掌握。

【08-2】假言判断的矛盾判断一般有两种考试形式，考生只需记住假言判断矛盾的结论，考试时即可快速解题。

    (1) 题干给出"如果 P，那么 Q"为真，判断选项一定为假，抑或是题干给出"P 且非 Q"为真，判断选项一定为假。

    (2) 题干给出"如果 P，那么 Q"为真的断定，问以下哪项最能削弱。

【08-3】考查 $P \to \neg Q$ 和 $P \land \neg Q$ 的区别，这是一个易错点，请考生一定注意。$P \to Q$ 和 $P \to \neg Q$ 不矛盾，属于至少有一真的关系；而 $P \to Q$ 和 $P \land \neg Q$ 是矛盾关系，必定一真一假的关系。

庖丁解牛

例题 35　上海世博会盛况空前，200 多个国家场馆和企业主题馆让人目不暇接。大学生王刚决定在学校放暑假的第二天前往世博会参观。前一天晚上，他特别上网查看了各位网友对热门场馆选择的建议，其中最吸引王刚的有三条：

(1) 如果参观沙特馆，就不参观石油馆。

(2) 石油馆和中国国家馆择一参观。

(3) 中国国家馆和石油馆不都参观。

实际上，第二天王刚的世博会行程非常紧凑，他没有接受上述三条建议中的任何一条。关于王刚所参观的热门场馆，以下哪项描述正确？

A. 参观沙特馆、石油馆，没有参观中国国家馆。

B. 沙特馆、石油馆、中国国家馆都参观了。

C. 沙特馆、石油馆、中国国家馆都没有参观。

D. 没有参观沙特馆，参观石油馆和中国国家馆。

E. 没有参观石油馆，参加沙特馆、中国国家馆。

► 【精点解析】

	解题步骤
第一步	题干信息可符号化为：①参观沙特馆→不参观石油馆；②石油馆∀中国国家馆；③不参观中国国家馆∨不参观石油馆。
第二步	没接受上述建议的任何一条，也就是寻找这三个信息的矛盾。根据P→Q的矛盾为P∧¬Q，①的矛盾是：参观沙特馆∧参观石油馆。根据P∀Q的矛盾为（P∧Q）∨（¬P∧¬Q），②的矛盾是：（参观中国国家馆∧参观石油馆）∨（不参观中国国家馆∧不参观石油馆）。根据P∨Q的矛盾为¬P∧¬Q，③的矛盾是：参观中国国家馆∧参观石油馆。因此三个馆都参观了。
答案	**B**

 例题 36
一项支持民众拥枪的制度性原因实质上来自美国刑法中的一项重要权利——公民逮捕权。美国公民和警察一样拥有逮捕犯罪嫌疑人的权利。如果是英美法系国家，那么就有公民逮捕权这个权利。这种权利是美国历史上公民自治的一项重要权利。枪械作为行使公民逮捕权的重要工具自然必不可少。

如果上述陈述为真，则以下哪项除外，均可能为真？

A. 一个国家如果是英美法系国家，那么没有公民逮捕权。

B. 除非有公民逮捕权，否则不是英美法系国家。

C. 有的国家是英美法系国家，并且有公民逮捕权。

D. 除非没有枪械，才不行使公民逮捕权。

E. 有的国家是英美法系国家，却没有公民逮捕权。

► 【精点解析】

	解题步骤
第一步	整理题干推理形式：英美法系国家（P1）→有公民逮捕权（Q1/P2）→枪械（Q2）。
第二步	A、B、D 三个选项都是"→"的形式，不矛盾，可快速淘汰。(见考点08-3)
第三步	C 选项 = P1∧Q1，不矛盾，可能为真；E 选项 =P1∧¬Q1，矛盾，一定为假。
答案	**E**

 例题 37
在乌克兰局势协调小组明斯克会谈前夕，"顿涅茨克人民共和国"和"卢甘斯克人民共和国"发言人宣布了自己的谈判立场：如果乌克兰当局不承认其领土和俄语的特殊地位，并且不停止其在东南部的军事行动，就无法解决冲突。此外两个"共和国"还坚持要求赦免所有民兵武装参与者和政治犯。有乌克兰观察人士评论说：难道我们承认了这两个所谓"共和国"的特殊地位，赦免了民兵武装，就能够解决冲突吗？

乌克兰观察人士的评论最适合用来反驳以下哪项？

A. 即使乌克兰当局承认两个"共和国"领土和俄语的特殊地位，并且赦免所有民兵武装参与者和政治犯，也可能还是无法解决冲突。

B. 即使解决了冲突，也不一定是因为乌克兰当局承认两个"共和国"领土和俄语的特殊地位。

C. 如果要解决冲突，乌克兰当局就必须承认两个"共和国"领土和俄语的特殊地位，并且赦免所有民兵武装参与者和政治犯。

D. 只要乌克兰当局承认两个"共和国"领土和俄语的特殊地位，并且赦免所有民兵武装参与者和政治犯，就能够解决冲突。

  E. 只有乌克兰当局承认两个"共和国"领土和俄语的特殊地位，并且赦免所有民兵武装参与者和政治犯，才能够解决冲突。

▶ 【精点解析】

	解题步骤
第一步	整理乌克兰人士的评论：（承认了这两个"共和国"的特殊地位∧赦免了民兵武装）（P）∧不能够解决冲突（¬Q）。（提示：反问句需先转换为肯定句）
第二步	寻找矛盾，即：承认了这两个"共和国"的特殊地位∧赦免了民兵武装（P）→能够解决冲突（Q），因此答案选 D。
答案	**D**

例题 38 （2016 年管理类联考第 31 题）

在某届洲际杯足球大赛中，第一阶段某小组单循环赛共有 4 支队伍参加，每支队伍需要在这一阶段比赛三场。甲国足球队在该小组的前两轮比赛中一平一负。在第三轮比赛之前，甲国足球队教练在新闻发布会上表示："只有我们在下一场比赛中获得胜利并且本组的另外一场比赛打成平局，我们才有可能从这个小组出线。"

如果甲国队主教练的陈述为真，以下哪项是不可能的？

  A. 第三轮比赛该小组两场比赛都分出了胜负，甲国队从小组出线。

  B. 甲国队第三场比赛取得了胜利，但他们未能从小组出线。

  C. 第三轮比赛该小组另外一场比赛打成了平局，甲国队从小组出线。

  D. 第三轮比赛甲国队取得了胜利，该小组另一场比赛打成平局，甲国队未能从小组出线。

  E. 第三轮比赛该小组两场比赛都打成了平局，甲国队未能从小组出线。

▶ 【精点解析】

题干信息	"只有我们在下一场比赛中获得胜利并且本组的另外一场比赛打成平局，我们才有可能从这个小组出线。"该句的推理形式为：我们（甲国队）从这个小组出线（P）→下一场比赛取得胜利∧另外一场比赛打成平局（Q＝M∧N）。

	解题步骤
第一步	本题需要选择不可能为真的选项，即选择一个与题干推理矛盾的选项（P→Q 的矛盾形式：P∧¬Q）。
第二步	分析选项，可知 A 选项表述为"甲国队从小组出线（P）∧第三轮比赛该小组两场比赛都分出了胜负（¬Q）"（考生注意：该项指出另外两场比赛都分出了胜负，此时否定 N，利用联言判断相关知识，即可判定为"否定 Q"），即为题干的矛盾，不可能为真。
答案	**A**

例题 39 （2017年管理类联考第41题）

颜子、曾寅、孟申、荀辰申请一个中国传统文化建设项目。根据规定，该项目的主持人只能有一名，且在上述4位申请者中产生；包括主持人在内，项目组成员不能超过两位。另外，各位申请者在申请答辩时作出如下陈述：

（1）颜子：如果我成为主持人，将邀请曾寅或荀辰作为项目组成员。

（2）曾寅：如果我成为主持人，将邀请颜子或孟申作为项目组成员。

（3）荀辰：只有颜子成为项目组成员，我才能成为主持人。

（4）孟申：只有荀辰或颜子成为项目组成员，我才能成为主持人。

假定4人陈述都为真，关于项目组成员的组合，以下哪项是不可能的？

A. 孟申、曾寅。　　　　B. 荀辰、孟申。　　　　C. 曾寅、荀辰。

D. 颜子、孟申。　　　　E. 颜子、荀辰。

► **【精点解析】**

题干信息	①颜子（主持人）→曾寅∨荀辰作为成员； ②曾寅（主持人）→颜子∨孟申作为成员； ③荀辰（主持人）→颜子作为成员； ④孟申（主持人）→荀辰∨颜子作为成员； ⑤包括主持人在内，项目组成员不能超过两位。

解题步骤

第一步	列出题干信息，观察问题，找到一个明显矛盾的即为正确答案，或者找到4个符合条件的即可排除。
第二步	将 A 代入，当曾寅是主持人，孟申作为成员时，符合②。此时其他人都不是主持人，故①③④都满足；（考生注意：¬P 为真时，P→Q＝¬P∨Q 为真） 将 B 代入，当孟申是主持人，荀辰作为成员时，符合④。此时其他人都不是主持人，故①②③都满足； 将 C 代入，无论谁当主持人，均与题干信息不符； 将 D 代入，当孟申是主持人，颜子作为成员时，符合④。此时其他人都不是主持人，故①②③都满足； 将 E 代入，符合①和③。
答案	**C**

考点 09　复合判断的等价

适用题型

题干特点： 主要考查复合判断之间"真"与"真"的变形。

──○ **方法解读** ○──

【09-1】复合判断常考的等价公式。

(1) ¬（P∧Q）=¬P∨¬Q

(2) ¬（P∨Q）=¬P∧¬Q

(3) P→Q=¬（P∧¬Q）=¬P∨Q

【09-2】假言判断的命题等价是考试时非常重要的一个考点，一般常考的等价形式有以下三种情况：

(1) "原命题"与"逆否命题"等价。主要考查 P→Q=¬Q→¬P，应试时要求考生能够熟练地利用不同的标志词，置换 P、Q 的位置。

(2) "推"变"或"的等价。主要考查 P→Q=¬P∨Q，应试时需要考生灵活使用二者间的变形。

(3) "肯定""否定"之间的等价变形。主要考查肯定与否定之间的等价转换，考生须熟练掌握：如果 P，那么 Q=如果非 Q，那么非 P=只有非 P，才非 Q。

庖丁解牛

例题 40　并非本届世界服装节既成功又节俭。

如果上述判断是真的，则以下哪项一定为真？

A. 本届世界服装节成功但不节俭。　　B. 本届世界服装节节俭但不成功。

C. 本届世界服装节既不节俭也不成功。　D. 如果本届世界服装节不节俭，则一定成功。

E. 如果本届世界服装节节俭，则一定不成功。

▶ **【精点解析】**

题干信息：¬（成功∧节俭）=不成功∨不节俭，根据"或"为真时，推不出"且"为真，可快速排出 A、B、C。再结合相容选言判断"否定必肯定，肯定不确定"的推理规则，可得出"节俭→不成功"一定为真，"不节俭→成功"可能为真。

答案选 **E**。

例题 41　董事长：如果提拔小李，就不提拔小孙。

以下哪项符合董事长的意思？

A. 如果不提拔小孙，就要提拔小李。　　B. 不能小李和小孙都提拔。

C. 不能小李和小孙都不提拔。　　　　　D. 除非提拔小李，否则不提拔小孙。

E. 只有提拔小孙，才提拔小李。

▶ **【精点解析】**

题干信息	董事长：①提拔小李（P）→不提拔小孙（Q）=②提拔小孙（¬Q）→不提拔小李（¬P）=③不提拔小李（¬P）∨不提拔小孙（Q）

（续）

选项	解析	结果
A	选项＝不提拔小孙→提拔小李，属于 Q→P 的形式，与题干不等价。	淘汰
B	选项＝不提拔小李∨不提拔小孙，属于﹁P∨Q 的形式，与③一致，等价。	正确
C	选项＝提拔小李∨提拔小孙，属于 P∨﹁Q 的形式，与题干不等价。	淘汰
D	选项＝不提拔小李→不提拔小孙，属于﹁P→Q 的形式，与题干不等价。	淘汰
E	选项＝提拔小李→提拔小孙，属于 P→﹁Q 的形式，与题干不等价。	淘汰
答案	**B**	

例题 42
经济学家：现在中央政府是按照 GDP 指标考量地方政府的政绩。要提高地方的 GDP，需要大量资金。在现行体制下，地方政府只有通过转让土地才能筹集大量资金。要想高价拍卖土地，则房价必须高，因此地方政府有很强的推高房价的动力。但中央政府已经出台一系列措施稳定房价，如果地方政府仍大力推高房价，则可能受到中央政府的责罚。
以下哪项陈述是这位经济学家论述的逻辑结论？
A. 在现行体制下，如果地方政府降低房价，则不会受到中央政府的责罚。
B. 在现行体制下，如果地方政府不追求 GDP 政绩，则不会大力推高房价。
C. 在现行体制下，地方政府肯定不会降低房价。
D. 在现行体制下，地方政府可能受到中央政府的责罚，或者无法提高其 GDP 政绩。
E. 在现行体制下，地方政府不会受到中央政府的责罚，或者无法提高其 GDP 政绩。

► 【精点解析】

题干信息	提高地方的 GDP（P1）→需要大量资金（Q1/ P2）→地方政府转让土地（Q2/ P3）→房价必须高（Q3/ P4）→可能受到中央政府的责罚（Q4）	
选项	解析	结果
A	选项＝﹁P4→﹁Q4，否定 P4 推出否定 Q4，不符合假言判断推理规则，可能真。	淘汰
B	选项否定 P1，什么也推不出来。	淘汰
C	由于 P→Q＝﹁P∨Q，无法判断 P 和 Q 的真假，选项可能为真。（见考点 07-2）	淘汰
D	选项＝﹁P1∨Q4，与题干等价。	正确
E	选项不等价，考生注意题干是"可能受到中央政府的责罚"不等于"不会受到中央政府的责罚"，看清选项对解题很重要！	淘汰
答案	**D**	

沙场点兵

例题 43
（2013 年管理类联考第 29 题）
国际足联一直坚称，世界杯冠军队所获得的"大力神"杯是实心的纯金奖杯，某教授经过精密测量和计算认为，世界杯冠军奖杯——实心的"大力神"杯不可能是纯金制成的，否则球员根本不可能将它举过头顶并随意挥舞。
以下哪项与这位教授的意思最为接近？

A. 若球员能够将"大力神"杯举过头顶并自由挥舞，则它很可能是空心的纯金杯。

B. 只有"大力神"杯是实心的，它才可能是纯金的。

C. 若"大力神"杯是实心的纯金杯，则球员不可能把它举过头顶并随意挥舞。

D. 只有球员能够将"大力神"杯举过头顶并自由挥舞，它才由纯金制成，并且不是实心的。

E. 若"大力神"杯是由纯金制成，则它肯定是空心的。

▶ 【精点解析】

题干信息	根据 **P，否则 Q = ¬ P→Q** 的公式，可将题干信息整理为：实心的"大力神"杯可能是纯金制成的（P）→ 球员不可能将它举过头顶并随意挥舞（Q）。	
选项	**解析**	**结果**
A	选项可快速淘汰，题干问的是"等价"，那就只能是实心，矛盾是不实心，而不是空心，考生注意细看问题能提高解题速度。	淘汰
B	选项不涉及 Q 位，可快速淘汰。	淘汰
C	选项 C 即为：P→Q。即：P = "大力神杯"是实心的纯金杯→Q = 球员不可能将它举过头顶并随意挥舞。**考生注意**：选项虽然缺少模态词"可能"，但相比之下仍是最符合题干的。	**正确**
D	选项否定 P，推不出确定为真的结论，可快速淘汰。	淘汰
E	选项同 A 选项类似。	淘汰
答案	**C**	

考点 10　复合判断的综合推理

适用题型

题干特点：当题干已知多个"P∧Q""P∨Q""P∀Q""P→Q"的条件为真时，要求联合推出结论。

● 方法解读 ●

- 五大应试技巧点拨

【10-1】**确定信息**应试技巧。

　　题干特点：题干条件/问题中给出了确定信息。

　　应试技巧：将确定信息代入题干条件，根据规则进行推理即可。

【10-2】**信息比照**应试技巧。

　　题干特点：题干没有确定信息，选项也没有确定信息（大多数情况下是假言判断表达）。

　　应试技巧：将选项与题干条件逐一比对，通过构造矛盾进行排除。

【10-3】**串联构建递推关系**应试技巧。

　　题干特点：题干存在矛盾的概念，或者存在相同的概念。

　　应试技巧：通过串联技巧，将题干条件联合起来得出新的结论（若存在"或"判断时，可利用 P∨Q=¬ P→Q 将题干条件转化为"推"）。

　　常考结构如下：

　　①已知：A→B；B→C。所以可得：A→B→C。（此种传递关系的核心思想是：相同的概念在箭头的不同方向，考生牢记特征即可快速构成传递性关系）

②已知：A→B；¬A→C。所以可得：¬C→A→B。（此种传递关系的核心思想是：**互为矛盾的概念在箭头的相同方向**，考生牢记特征即可快速构成传递性关系）

③已知：A→B→C。所以可得：¬C→¬B→¬A。（箭头左边是箭头右边的充分条件，箭头右边是箭头左边的必要条件，因此从左往右推时，肯定推肯定，从右往左推理时，否定推否定）。

【10-4】两难推理应试技巧。

题干特点：通常情况下，题干无确定信息，问题求一定为真，选项属于确定信息。

应试技巧：通过两难推理的公式，将题干条件联合起来得出确定信息。

常考结构如下：

①前提 P→Q；¬P→Q。可得结论：Q 一定为真。

②前提 P→Q；P→¬Q。可得结论：P 一定为假。

③前提 P→A；¬P→B。可得结论：A∨B 为真。

【10-5】补前提应试技巧。

题干特点：题干要求补充前提，进而支持题干结论。

应试技巧：通过假言三段论的结构，比对选项快速得出答案。

常见结构如下：

结构 I	前提：P	说明：前提肯定，结论肯定，符合充分条件的定义，故补充 P→Q，也就是"如果 P，那么 Q"。
	补前提：P→Q	
	结论：Q	
结构 II	前提：¬Q	说明：前提否定，结论否定，符合必要条件的定义，故补充¬Q→¬P，也就是"只有 Q，才 P"。
	补前提：¬Q→¬P=P→Q	
	结论：¬P	

庖丁解牛

例题 44　大嘴鲈鱼只有在有鲹鱼出现的河中长有浮藻的水域里生活。漠亚河中没有大嘴鲈鱼。从上述断定能得出以下哪项结论？

Ⅰ. 鲹鱼只在长有浮藻的河中才能发现。

Ⅱ. 漠亚河中既没有浮藻，又发现不了鲹鱼。

Ⅲ. 如果在漠亚河中发现了鲹鱼，则其中肯定不会有浮藻。

A. 只有Ⅰ。　　　　　B. 只有Ⅱ。　　　　　C. 只有Ⅲ。

D. 只有Ⅰ和Ⅱ。　　　E. Ⅰ、Ⅱ和Ⅲ都不是。

▶ **【精点解析】**

第一步	整理题干信息： ①有大嘴鲈鱼生活（P）→有鲹鱼出现的河中∧长有浮藻的水域（Q）。 ②漠亚河中没有大嘴鲈鱼。（确定的事实）
第二步	观察可知，本题考查"确定信息应试技巧"**（见考点 10-1）**，可将事实②代入①即可得：漠亚河中没有大嘴鲈鱼，否定 P 位，推不出确定为真的结论，故答案选 E。考生一定要根据假言判断的规则去解题，而不应该根据自己的主观臆断，这是做形式逻辑题的关键。
答案	**E**

例题 45
如果他勇于承担责任，那么他就一定会直面媒体，而不是选择逃避；如果他没有责任，那么他就一定会聘请律师，捍卫自己的尊严。可是事实上，他不仅没有聘请律师，现在逃得连人影都不见了。

A. 即使他没有责任，也不应该选择逃避。

B. 虽然选择了逃避，但是他可能没有责任。

C. 如果他有责任，那么他应该勇于承担责任。

D. 如果他不敢承担责任，那么说明他责任很大。

E. 他不仅有责任，而且他没有勇气承担责任。

▶ 【精点解析】

第一步	整理题干信息： ①勇于承担责任（P）→直面媒体∧不逃避（Q）。 ②没有责任（P）→聘请律师∧捍卫尊严（Q）。 ③没有聘请律师∧逃得连人影都不见了（确定的事实）。
第二步	观察可知，本题考查"确定信息应试技巧"（见考点 10-1），可将事实③代入①，根据否定 Q 位推出否定 P 位的假言推理规则可得：他不勇于承担责任；再将事实③代入②根据否定 Q 位推出否定 P 位的假言推理规则可得：他有责任。
答案	**E**

例题 46
只有理解戏剧的精髓的人才喜欢戏剧，所有喜欢偶尔唱几句戏剧的人都是喜欢戏剧的人。一个人必须具有一定的文化背景，否则不可能理解戏剧的精髓。一个人有一定的文化背景，必须通过专业化的学习才能获得。

如果上面的陈述是真实的，下面除了哪项也必定是真实的？

A. 所有喜欢偶尔唱几句戏剧的人都能够理解戏剧的精髓。

B. 喜欢戏剧的人都进行过专业化的学习。

C. 一个有一定文化背景的人肯定是喜欢戏剧的人。

D. 能够理解戏剧的精髓的人不可能不进行过专业化的学习。

E. 如果一个人不喜欢戏剧，那么他肯定不是喜欢偶尔唱几句戏剧的人。

▶ 【精点解析】

题干 信息	①喜欢戏剧→理解戏剧的精髓； ②喜欢偶尔唱几句戏剧→喜欢戏剧； ③理解戏剧的精髓→具有一定的文化背景； ④具有一定的文化背景→通过专业化的学习。

解题步骤	
第一步	观察发现，本题考查的是"串联技巧与信息比照技巧"的综合推理（见考点 10-2 和 10-3）。先通过矛盾与重复的概念将题干串联起来，然后再逐一比对选项，找到正确答案。
第二步	观察题干信息，重复的概念"喜欢戏剧"在"→"的不同方向，①②可联合推理；重复的概念"理解戏剧的精髓"在"→"的不同方向，②③可联合推理；重复的概念"具有一定的文化背景"在"→"的不同方向，③④可联合推理，由此可见：①②③④可串联构成递推关系。
第三步	联合①②③④可得：喜欢偶尔唱几句戏剧（P1）→喜欢戏剧（Q1/P2）→理解戏剧的精髓（Q2/P3）→具有一定的文化背景（Q3/P4）→通过专业化的学习（Q4）。

（续）

选项	解释	结果
A	选项可转化为：P1→Q2，符合假言判断推理规则，一定为真。	淘汰
B	选项可转化为：P2→Q4，符合假言判断推理规则，一定为真。	淘汰
C	选项可转化为：Q3→P2，不符合假言判断推理规则，可能为真。	正确
D	选项可转化为：P3→Q4，符合假言判断推理规则，一定为真。	淘汰
E	选项可转化为：¬ Q1→¬ P1，符合假言判断推理规则，一定为真。	淘汰
答案	**C**	

例题 47

随着人类的乱砍乱伐，加上工业发展造成的污染，导致自然环境遭到严重破坏，很多珍稀动物也濒临灭绝。据相关资料显示，眼镜猴、爪哇犀牛、海滨灰雀、白鳍豚等许多珍稀物种面临着灭绝的危险。有三位专家对此作了预测。

专家一：或者海滨灰雀灭绝，或者爪哇犀牛不会灭绝；

专家二：只有白鳍豚不会灭绝，海滨灰雀才会灭绝；

专家三：眼镜猴不会灭绝，除非爪哇犀牛会灭绝。

如果三位专家的预测都为真，则以下哪项一定为假？

A. 眼镜猴和海滨灰雀都将灭绝。

B. 白鳍豚将灭绝，爪哇犀牛不会灭绝。

C. 白鳍豚将灭绝，眼镜猴不会灭绝。

D. 眼镜猴将灭绝，白鳍豚不会灭绝。

E. 眼镜猴和白鳍豚都将灭绝。

▶ 【精点解析】

	解题步骤
第一步	明确题干信息： ①专家一：海滨灰雀灭绝∨爪哇犀牛不会灭绝； ②专家二：海滨灰雀灭绝→白鳍豚不灭绝； ③专家三：眼镜猴灭绝→爪哇犀牛灭绝；
第一步	题干信息均为真时，可优先考虑"或"变"推"，构成推理关系（见考点10-3）。因此优先考虑将①＝爪哇犀牛灭绝→海滨灰雀灭绝。
第三步	观察题干中重复概念，"爪哇犀牛灭绝"和"海滨灰雀灭绝"都在"→"的不同方向，因此可串联构成递推关系（见考点10-3），即：眼镜猴灭绝→爪哇犀牛灭绝→海滨灰雀灭绝→白鳍豚不灭绝。
第四步	可得：眼镜猴灭绝→白鳍豚不灭绝。其矛盾判断："眼镜猴灭绝∧白鳍豚灭绝"一定为假。
答案	**E**

例题 48

小李考上了清华，或者小孙未考上北大。如果小张考上北大，则小孙也考上北大；如果小张未考上北大，则小李考上了清华。

如果上述断定为真，则以下哪项一定为真？

A. 小李考上了清华。　　　　　　　B. 小张考上了北大。

C. 小李未考上清华。　　　　　　D. 小张未考上北大。

E. 以上断定都不一定为真。

► **【精点解析】**

题干 信息	① 小李考上清华 ∨ 小孙未考上北大。 ② 小张考上北大→小孙考上北大。 ③ 小张未考上北大→小李考上清华。

解题步骤	
第一步	观察发现，题干条件均不确定，而问题要求一定真，选项属于确定为真的事实，此时可优先考虑两难推理的思想。(见考点 10-4)
第二步	要构建串联的递推关系，可优先考虑"或"变"推"（见考点 10-3）。由①可等价转换为④：小孙考上北大→小李考上清华。
第三步	由②③联合可推理得⑤：小孙未考上北大→小张未考上北大→小李考上清华。
第四步	联合④和⑤，根据两难推理的规则可得：小李考上清华。
答案	**A**

 例题 **49**　在一次围棋比赛中，参赛选手陈华不时地挤捏指关节，发出的声响干扰了对手的思考。在比赛封盘间歇时，裁判警告陈华：如果再次在比赛中挤捏指关节并发出声响，违规。对此，陈华反驳说，他挤捏指关节是习惯性动作，并不是故意的，因此，不应被判违规。

以下哪项如果成立，最能支持陈华对裁判的反驳？

A. 在此次比赛中，对手不时打开、合拢折扇，发出的声响干扰了陈华的思考。

B. 在围棋比赛中，只有选手的故意行为，才能成为判罚的根据。

C. 在此次比赛中，对手本人并没有对陈华的干扰提出抗议。

D. 陈华一向恃才傲物，该裁判对其早有不满。

E. 如果陈华为人诚实、从不说谎，那么他就不应该被判违规。

► **【精点解析】**

解题步骤	
第一步	考生应根据提问，迅速抓住陈华对裁判的反驳："他挤捏指关节是习惯性动作，并不是故意的，因此，不应被判违规"。此时需要补充前提支持结论。(见考点 10-5)
第二步	前提：不是故意的行为。 搭桥：只有故意的行为，才应被判违规。（B 选项，提示：见考点 10-5 结构Ⅱ） 结论：不应被判违规。
答案	**B**

沙场点兵

 例题 **50**　（2009 年 MBA 联考第 28 题）

除非年龄在 50 岁以下，并且能维持游泳 3000 米以上，否则不能参加下个月举行的横渡长江活动。同时，高血压或心脏病患者不能参加。老黄能维持游泳 3000 米以上，但没有被

批准参加这项活动。

以上断定能推出以下哪项结论？

Ⅰ. 老黄的年龄至少50岁。

Ⅱ. 老黄患有高血压。

Ⅲ. 老黄患有心脏病。

A. 只有Ⅰ。   B. 只有Ⅱ。   C. 只有Ⅲ。

D. Ⅰ、Ⅱ和Ⅲ至少有一。   E. Ⅰ、Ⅱ和Ⅲ都不能从题干推出。

► 【精点解析】

题干信息	整理题干信息： ①根据"除非 Q，否则不 P＝P→Q"可得：能参加横渡长江活动（P）→年龄在50岁以下 ∧ 持续游泳 3000 米以上（Q） ②高血压患者 ∨ 心脏病患者（P）→不能参加（Q） ③老黄能维持游泳 3000 米以上 ∧ 没有被批准参加活动（确定的事实）

解题步骤	
第一步	观察发现，本题考查"确定信息应试技巧"（见考点 10-1），故可优先考虑将确定信息③代入①和②。
第二步	老黄没有被批准参加活动，否定题干信息①的 P 位，推不出确定为真的结论。
第三步	老黄没有被批准参加活动，肯定题干信息②中的 Q 位，推不出确定为真的结论。因此Ⅰ、Ⅱ、Ⅲ三个选项都无法判断。故答案选 E。

 例题 51

（2016 年管理类联考第 35 题）

某县县委关于下周一几位领导的工作安排如下：

（1）如果李副书记在县城值班，那么他就要参加宣传工作例会；

（2）如果张副书记在县城值班，那么他就要做信访接待工作；

（3）如果王书记下乡调研，那么张副书记或李副书记就需在县城值班；

（4）只有参加宣传工作例会或做信访接待工作，王书记才不下乡调研；

（5）宣传工作例会只需分管宣传的副书记参加，信访接待工作也只需一名副书记参加。

根据上述工作安排，可以得出以下哪项？

A. 王书记下乡调研。   B. 张副书记做信访接待工作。

C. 李副书记做信访接待工作。   D. 张副书记参加宣传工作例会。

E. 李副书记参加宣传工作例会。

► 【精点解析】

解题步骤	
	整理题干信息：
第一步	①李副书记值班（P）→参加宣传工作例会（Q）； ②张副书记值班（P）→做信访接待工作（Q）； ③王书记下乡调研（P）→张副书记值班 ∨ 李副书记值班（Q）； ④王书记不下乡调研（P）→参加宣传工作例会 ∨ 做信访接待工作（Q）； ⑤宣传工作例会只需分管宣传的副书记参加，信访接待工作也只需一名副书记参加（确定信息）。

（续）

	解题步骤
第二步	观察发现，本题考查"确定信息应试技巧"（**见考点 10-1**），根据⑤可知，王书记既没有参加宣传工作例会，也没有参加信访接待工作，再结合信息④可知，王书记下乡调研。结合③可知，张副书记值班∨李副书记值班。由选言判断相关知识，可知干判断真，推不出肢判断，故李和张具体情况不知，淘汰 B、C、D、E 选项。
答案	**A**

 （2017 年管理类联考第 31 题）

张立是一位单身白领，工作 5 年积累了一笔存款，由于该笔存款金额尚不足以购房，考虑将其暂时分散投资到股票、黄金、基金、国债和外汇等 5 个方面。该笔存款的投资需要满足如下条件：

（1）如果黄金投资比例高于 1/2，则剩余部分投入国债和股票；

（2）如果股票投资比例低于 1/3，则剩余部分不能投入外汇或国债；

（3）如果外汇投资比例低于 1/4，则剩余部分投入基金或黄金；

（4）国债投资比例不能低于 1/6。

根据上述信息，可以得出以下哪项？

A. 国债投资比例高于 1/2。　　　　B. 外汇投资比例不低于 1/3。

C. 股票投资比例不低于 1/4。　　　　D. 黄金投资比例不低于 1/5。

E. 基金投资比例低于 1/6。

▶ **【精点解析】**

	解题步骤
第一步	整理题干信息： ① 黄金投资比例高于 1/2（P）→剩余部分投入国债和股票（Q）； ② 股票投资比例低于 1/3（P）→剩余部分不能投入外汇∧不能投入国债（Q）； ③ 外汇投资比例低于 1/4（P）→剩余部分投入基金或黄金（Q）； ④ 国债投资比例不能低于 1/6（**确定信息**）。 **考生注意，**不能 A 或 B＝不能（A 或 B）＝不能 A∧不能 B。这是真题近几年常考的一个易错点。
第二步	观察发现，本题考查"确定信息应试技巧"（**见考点 10-1**），考生不要被题干的数据条件所误导，应该注意区分确定信息与不确定信息。
第三步	根据④可知：Ⅰ. 必须有国债，Ⅱ. 比例不低于 1/6，代入②否定了后件（考生注意：不能投入外汇或国债＝¬ 外汇∧¬ 国债），可推出否定的前件，即股票投资比例不低于 1/3，那么必然不低于 1/4，故答案为 C。
答案	**C**

 （2015 年管理类联考第 34 题）

张云、李华、王涛都收到了明年二月初赴北京开会的通知。他们可以选择乘坐飞机、高铁与大巴等交通工具进京。他们对这次进京方式有如下考虑：

（1）张云不喜欢坐飞机，如果有李华同行，他就选择乘坐大巴；

（2）李华不计较方式，如果高铁票价比飞机便宜，他就选择乘坐高铁；

（3）王涛不在乎价格，除非预报二月初北京有雨雪天气，否则他就选择乘坐飞机；

（4）李华和王涛家住得较近，如果航班时间合适，他们将一同乘飞机出行。

如果上述3人的考虑都得到满足，则可以得出以下哪项？

A. 如果李华没有选择乘坐高铁或飞机，则他肯定和张云一起乘坐大巴进京。

B. 如果张云和王涛乘坐高铁进京，则二月初北京有雨雪天气。

C. 如果三人都乘坐飞机进京，则飞机票价比高铁便宜。

D. 如果王涛和李华乘坐飞机进京，则二月初北京没有雨雪天气。

E. 如果三人都乘坐大巴进京，则预报二月初北京有雨雪天气。

► 【精点解析】

	解题步骤
第一步	整理题干信息： ①张云：不喜欢坐飞机；有李华同行（P）→张云就选择乘坐大巴（Q）。 ②李华：高铁票价比飞机便宜（P）→李华选择乘坐高铁（Q）。 ③王涛：不选择乘坐飞机（P）→预报二月初北京有雨雪天气（Q）。 ④李华和王涛：航班时间合适（P）→一同乘飞机出行（Q）。 ⑤三人可以选择乘坐飞机、高铁与大巴等交通工具进京。
第二步	观察题干条件无确定信息，而选项都属于假言判断条件，故本题考查的是"信息比照应试技巧"。（见考点10-2）
第三步	分析选项。由于选项涉及"雨雪天气"，故可优先考虑B、D、E这三个选项。验证B选项可知，王涛乘坐高铁，也就是王涛没有乘坐飞机，可得：预报二月初北京有雨雪天气，而选项却是"二月初北京有雨雪天气"。故可快速淘汰B和D。而E选项代入①②③④均不矛盾，故答案选E。考生注意："预报有雨雪天气≠事实上有雨雪天气"，这是近几年命题的常见考查方式，考生一定注意区分核心概念的界定是否一致。
提示	A选项迷惑性较大，考生注意，对于张云而言，若李华同行，则两人一起坐大巴；但对于李华而言，却未必是如此，题干没有明确说明，因此选项应表述为"可能和张云一起坐大巴"才对。C选项显然与信息①矛盾。
答案	**E**

例题 54

（2016年管理类联考第27题）

生态文明建设事关社会发展方式和人民福祉。只有实行最严格的制度、最严密的法治，才能为生态文明建设提供可靠保障；如果要实行最严格的制度、最严密的法治，就要建立责任追究制度，对那些不顾生态环境盲目决策并造成严重后果者，追究其相应责任。

根据上述信息，可以得出以下哪项？

A. 如果要建立责任追究制度，就要实行最严格的制度、最严密的法治。

B. 只有筑牢生态环境的制度防护墙，才能造福于民。

C. 如果对那些不顾生态环境盲目决策并造成严重后果者追究相应责任，就能为生态文明建设提供可靠保障。

D. 实行最严格的制度和最严密的法治是生态文明建设的重要目标。

E. 如果不建立责任追究制度，就不能为生态文明建设提供可靠保障。

► 【精点解析】

	解题步骤
第一步	整理题干信息： ①为生态文明建设提供保障（P）→实行最严格的制度、最严密的法治（Q） ②实行最严格的制度、最严密的法治（P）→建立责任追究制度∧追究相应责任（Q）
第二步	观察发现，本题考查的是"串联构建递推关系技巧"。**（见考点 10-3）**，由于重复的信息"实行最严格的制度、最严密的法治"位于"箭头"的不同方向，故可联合可得：为生态文明建设提供保障（P1）→实行最严格的制度、最严密的法治（Q1/P2）→建立责任追究制度∧追究相应责任（Q2）。
第三步	分析选项。

选项	解释	结果
A	选项无法判断是肯定 Q 位，抑或是否定 Q 位，故得不出。	淘汰
B	题干不涉及"筑牢生态环境的制度防护墙"，故选项得不出。	淘汰
C	选项无法判断是肯定 Q 位，抑或是否定 Q 位，故得不出。	淘汰
D	题干不涉及"生态文明建设的重要目标"，故选项得不出。	淘汰
E	选项 =¬ Q2→¬ P1，符合假言判断推理规则。	正确
答案	**E**	

 （2012 年管理类联考第 30 题）

李明、王兵、马云三位股民对股票 A 和股票 B 分别做了如下预测：

李明：只有股票 A 不上涨，股票 B 才不上涨。

王兵：股票 A 和股票 B 至少有一个不上涨。

马云：股票 A 上涨当且仅当股票 B 上涨。

若三人的预测都为真，以下哪项符合他们的预测？

A. 股票 A 上涨，股票 B 才不上涨。　　　　　B. 股票 A 不上涨，股票 B 上涨。

C. 股票 A 和股票 B 均上涨。　　　　　　　　D. 股票 A 和股票 B 均不上涨。

E. 只有股票 A 上涨，股票 B 才不上涨。

► 【精点解析】

	解题步骤
第一步	整理题干信息： ①B 不上涨→A 不上涨； ②A 不上涨∨B 不上涨； ③A 上涨↔B 上涨 =（A 上涨→B 上涨）∧（A 不上涨→B 不上涨）。
第二步	观察发现，题干信息均为真时，需要联合推理得出结论。此时优先考虑将"或"变"推"，②=B 上涨→A 不上涨 **（见考点 10-3）**。
第三步	根据两难推理的公式，联合①和②可得"A 不上涨" **（见考点 10-4）**。将"A 不上涨"代入③可得"B 不上涨"。
答案	**D**	

例题 56 （2010年管理类联考第45题）

有位美国学者做了一个实验，给被试儿童看了三幅图画，分别是鸡、牛、青草，然后让儿童将其分为两类。结果大部分中国儿童把牛和青草归为一类，把鸡归为另一类，大部分美国儿童则把牛和鸡归为一类，把青草归为另一类。这位美国学者由此得出：中国儿童习惯于按照事物之间的关系来分类，美国儿童则习惯于把事物按照各自所属的实体范畴进行分类。

以下哪项是这些学者得出结论所必须假设的？

A. 马和青草是按照事物之间的关系被列为一类。

B. 鸭和鸡蛋是按照各自所属的实体范畴被归为一类。

C. 美国儿童只要把牛和鸡归为一类，就是习惯于按照各自所属实体范畴进行分类。

D. 美国儿童只要把牛和鸡归为一类，就不是习惯于按照事物之间的关系来分类。

E. 中国儿童只要把牛和青草归为一类，就不是习惯于按照各自所属实体范畴进行分类。

▶ **【精点解析】**

解题步骤	
第一步	观察题干可知，问题求"假设"，也就是要补充前提，故本题考查的是假言三段论的考点。（见考点10-5）
第二步	前提：美国儿童把牛和鸡归为一类。 搭桥：如果美国儿童把牛和鸡归为一类，那么习惯于按照各自所属实体范畴进行分类。（C选项） 结论：美国儿童习惯于按照各自所属实体范畴进行分类。 考生注意：按事物之间的关系和按各自所属的实体范畴进行分类这二者之间未必是矛盾关系，可能是反对关系，比如：把鸡和草归为一类，把牛归为另一类。因此不能选D和E。
答案	**C**

每课一考（2）

⏱ 时间：35 分钟　　　　　　　　　　　　　　　　　　　　　　　　　　　　　　得分：

本测试题共有 15 小题，每小题 2 分，共 30 分。请从下面每小题所列的 5 个备选答案中选取出 1 个，多选为错。

【题 01】一个产品要畅销，产品的质量和经销商的诚信缺一不可。

以下各项都符合题干的断定，除了？

A. 一个产品滞销，说明它或者质量不好，或者经销商缺乏诚信。

B. 一个产品，只有质量高并且由诚信者经销，才能畅销。

C. 一个产品畅销，说明它质量高并有诚信的经销商。

D. 一个产品，除非有高的质量和诚信的经销商，否则不能畅销。

E. 一个质量好并且由诚信者经销的产品不一定畅销。

【题 02】如果新产品打开了销路，则本企业今年就能实现转亏为盈。只有引进新的生产线或者对现有设备实行有效的改造，新产品才能打开销路。本企业今年没能实现转亏为盈。

如果上述断定是真的，则以下哪项也一定是真的？

Ⅰ. 新产品没能打开销路。

Ⅱ. 没引进新的生产线。

Ⅲ. 对现有设备没实行有效的改造。

A. 只有Ⅰ。　　　　　　　　　　B. 只有Ⅱ。　　　　　　　　　　C. 只有Ⅲ。

D. Ⅰ、Ⅱ和Ⅲ。　　　　　　　　E. Ⅰ、Ⅱ和Ⅲ都不必定是真的。

【题 03】总经理：我主张小王和小李两人中至多提拔一人。董事长：我不同意。

根据董事长的话可得出以下哪项？

A. 小王和小李两人都得提拔。

B. 小王和小李两人都不提拔。

C. 小王和小李两人中至多提拔一人。

D. 如果提拔小王，那么不提拔小李。

E. 如果提拔小李，那么不提拔小王。

【题 04】不可能宏达公司和亚鹏公司都没有中标。

以下哪项最为准确地表达了上述断定的意思？

A. 宏达公司和亚鹏公司可能都中标。

B. 宏达公司和亚鹏公司至少有一个可能中标。

C. 宏达公司和亚鹏公司必然都中标。

D. 宏达公司和亚鹏公司至少有一个必然中标。

E. 如果宏达公司中标，那么亚鹏公司不可能中标。

【题 05】巴勒斯坦准备在 2011 年 9 月申请加入联合国，已经争取到 140 个国家的支持。如果美国在安理会动用否决权，阻止巴勒斯坦进入联合国，会在整个阿拉伯世界引燃反美情绪；如果美国不动用否决权，则会得罪以色列并使奥巴马失去一部分支持以色列的选民。

如果以上陈述为真，以下哪项陈述一定为真？

A. 美国会在安理会动用否决权，阻止巴勒斯坦进入联合国。

B. 美国不会得罪以色列，却会在整个阿拉伯世界引燃反美情绪。

C. 美国会在阿拉伯世界引燃反美情绪，或者奥巴马会失去一部分支持以色列的选民。

D. 即使美国动用否决权，联合国大会仍打算投票表决，让巴勒斯坦成为具有国家地位的观察员。

E. 美国会在阿拉伯世界引燃反美情绪并且奥巴马会失去一部分支持以色列的选民。

【题06】 消费者代表："除非所有食品安全都必然得到保证，否则有些政策可能没有被执行。"食药监局发言人："我不同意你的看法。"

以下哪项确切表示了食药监局发言人的看法？

A. 尽管有些食品安全可能没有得到保证，但有些政策可能被执行了。

B. 尽管所有食品安全都可能没有得到保证，但有些政策可能被执行了。

C. 尽管有些食品安全可能没有得到保证，但所有政策都必然被执行了。

D. 尽管有些食品安全必然没有得到保证，但所有政策都可能被执行了。

E. 尽管所有食品安全都必然没有得到保证，但所有政策都可能被执行了。

【题07】 博雅公司的总裁发现，除非对公司进行改革，否则公司将会面临困境。而要对公司进行改革，就必须裁减公司富余的员工。而要裁减员工，国家必须有相应的失业保险制度。所幸的是博雅公司所在的国家，其失业保险制度是健全的。

从上面的论述，可以确定以下哪项一定为真？

Ⅰ. 博雅公司裁减了员工。

Ⅱ. 博雅公司进行了改革。

Ⅲ. 博雅公司摆脱了困境。

A. 只有Ⅰ。　　　　　　B. 只有Ⅱ和Ⅲ。　　　　　C. 只有Ⅰ和Ⅱ。

D. Ⅰ、Ⅱ和Ⅲ。　　　　E. Ⅰ、Ⅱ和Ⅲ都不一定为真。

【题08】 一个花匠正在配制插花，可供配制的花共有苍兰、玫瑰、百合、牡丹、海棠和秋菊6个品种。一件合格的插花必须至少由两种花组成，同时须满足以下条件：如果有苍兰或海棠，则不能有秋菊；如果有牡丹，则必须有秋菊；如果有玫瑰，则必须有海棠。

以下各项所列的两种花都可以单独或与其他花搭配，组成一件合格的插花，除了哪项？

A. 苍兰和玫瑰。　　　　B. 苍兰和海棠。　　　　　C. 玫瑰和百合。

D. 玫瑰和牡丹。　　　　E. 百合和秋菊。

【题09】 如果你犯了法，你就会受到法律制裁；如果你受到法律制裁，别人就会看不起你；如果别人看不起你，你就无法受到尊重；而只有得到别人的尊重，你才能过得舒心。

从上述叙述中，可以推出下列哪一个结论？

A. 你不犯法，日子就会过得舒心。

B. 你犯了法，日子就不会过得舒心。

C. 你日子过得不舒心，证明你犯了法。

D. 你日子过得舒心，表明你看得起别人。

E. 如果别人看得起你，你日子就能舒心。

【题10】 如果品学兼优，就能获得奖学金。

假设以下哪项，能依据上述断定得出结论：李桐学习欠优？

A. 李桐品行优秀，但未获得奖学金。

B. 李桐品行优秀，并且获得了奖学金。

C. 李桐品行欠优，未获得奖学金。

D. 李桐品行欠优，但获得奖学金。

E. 李桐并非品学兼优。

【题 11】环宇公司规定，其所属的各营业分公司，如果年营业额超过 800 万元的，其职员可获得优秀奖；只有年营业额超过 600 万元的，其职员才能获得激励奖。年终统计显示，该公司所属的 12 个分公司中，6 个年营业额超过了 1000 万元，其余则不足 600 万元。

　　如果上述断定为真，则以下哪项关于该公司今年获奖的断定一定为真？

　　Ⅰ. 获得激励奖的职员，一定获得优秀奖。

　　Ⅱ. 获得优秀奖的职员，一定获得激励奖。

　　Ⅲ. 半数职员获得了优秀奖。

　　A. 仅Ⅰ。　　　　　　　　B. 仅Ⅱ。　　　　　　　　C. 仅Ⅲ。

　　D. 仅Ⅰ和Ⅱ。　　　　　　E. Ⅰ、Ⅱ、Ⅲ。

【题 12】著名京剧《沙家浜》选段——《智斗》中有一句词是这样说的：若没有抗日救国的好思想，焉能够舍己救人不慌张。

　　根据这句台词，以下除了哪项都一定为真？

　　A. 只有拥有了抗日救国的好思想，才能舍己救人且不慌张。

　　B. 如果不慌张，且没有抗日救国的好思想，那么不能舍己救人。

　　C. 有抗日救国的好思想，否则或者不能舍己救人或者慌张。

　　D. 只有慌张或不能舍己救人，才没有抗日救国的好思想。

　　E. 如果不慌张，那么有抗日救国的好思想或能舍己救人。

【题 13】某中药配方有如下要求：①如果有甲药材，那么也要有乙药材；②如果没有丙药材，那么必须有丁药材；③人参和天麻不能都有；④如果没有甲药材而有丙药材，则需要有人参。

　　如果含有天麻，则关于该配方的断定哪项为真？

　　A. 含有甲药材。　　　　　B. 含有丙药材。　　　　　C. 没有丙药材。

　　D. 没有乙药材和丁药材。　E. 含有乙药材或丁药材。

【题 14】某中药制剂中，人参或者党参至少有一种，同时还需满足以下条件：

（1）如果有党参，就必须有白术；

（2）白术、人参至多只能有一种；

（3）若有人参，就必须有首乌；

（4）有首乌，就必须有白术。

　　如果以上为真，该药制剂中一定包含以下哪两种药物？

　　A. 人参和白术。　　　　　B. 党参和白术。　　　　　C. 首乌和党参。

　　D. 白术和首乌。　　　　　E. 党参和人参。

【题 15】如果飞行员严格遵守操作规程，并且飞机在起飞前经过严格的例行技术检验，那么，飞机就不会失事，除非出现例如劫机这样的特殊意外。这架波音 747 在金沙岛上空失事。

　　如果上述断定是真的，则以下哪项也一定是真的？

　　A. 如果失事时无特殊意外发生，则飞行员一定没有严格遵守操作规程，并且飞机在起飞前没有经过严格的例行技术检验。

B. 如果失事时有特殊意外发生，则飞行员一定严格遵守了操作规程，并且飞机在起飞前经过了严格的例行技术检验。

C. 如果飞行员没有严格遵守操作规程，并且飞机起飞前没有经过严格的例行技术检验，则失事时一定没有特殊意外发生。

D. 如果失事时有特殊意外发生，则可得出结论：只要飞机失事的原因是飞行员没有严格遵守操作规程，那么飞机在起飞前一定经过了严格的例行技术检验。

E. 如果失事时没有特殊意外发生，则可得出结论：只要飞机失事的原因不是飞机在起飞前没有经过严格的例行技术检验，那么一定是飞行员没有严格遵守操作规程。

🔑 每课一考（2）答案及解析

【题01】答案 **A**。

题干信息	一个产品畅销（P）→产品有质量∧经销商有诚信（Q=M∧N）	
选项	解释	结果
A	选项=¬ P→¬ Q，不符合假言判断推理规则，可能为真。	正确
B	选项=P→Q，符合假言判断推理规则，一定为真。	淘汰
C	选项=P→Q，符合假言判断推理规则，一定为真。	淘汰
D	选项=P→Q，符合假言判断推理规则，一定为真。	淘汰
E	选项=Q→可能不P。考生注意："如果P，那么Q"为真，则"Q，可能（不一定）P"推理正确（这一点虽没有直接考过，但是容易出错）。	淘汰

【题02】答案 **A**。

题干信息	① 新产品打开了销路（P1）→本企业今年就能实现转亏为盈（Q1） ② 新产品打开了销路（P2）→引进新的生产线或者对现有设备实行有效的改造（Q2） ③ 本企业今年没能实现转亏为盈。（确定信息）	
选项	解释	结果
I	将③代入①，否定 Q1 可得否定 P1，选项一定为真。	一定真
II、III	将③代入①，否定 Q1 可得新产品没有打开销路（¬ P1），由于否定 P，什么也推不出，故 II、III 选项均可能真。	可能真

【题03】答案 **A**。

本题考查联言选言的数字含义。"至多提拔一人"数字表示是 0 与 1，董事长说"我不同意"，即董事长与总经理的话是矛盾关系，0 与 1 的矛盾则是数字 2（原命题的矛盾命题，0、1 的补集是 2），此题数字 2 的意思就是两人都提拔。

【题 04】 答案 **D**。

解题步骤	
第一步	不可能宏达公司和亚鹏公司都没有中标 = 不可能（宏达公司没有中标∧亚鹏公司没有中标）
第二步	根据负判断等值转换的规则，不可能（宏达公司没有中标∧亚鹏公司没有中标），"不"否定了"可能""∧"，因此等价于：必然宏达公司中标∨亚鹏公司中标。因此答案选 D。

【题 05】 答案 **C**。

解题步骤	
第一步	整理题干条件：①美国在安理会动用否决权→会在整个阿拉伯世界引燃反美情绪；②美国不动用否决权→会得罪以色列∧使奥巴马失去一部分支持以色列的选民
第二步	根据假言判断两难推理的推理规则"前提 P→A；¬ P→B。结论：A∨B 为真"可得：会在整个阿拉伯世界引燃反美情绪∨（会得罪以色列∧使奥巴马失去一部分支持以色列的选民）。
第三步	根据 M∨（N∧R）=（M∨N）∧（M∨R），可得 C 选项为真。

【题 06】 答案 **C**。

解题步骤	
第一步	根据公式"除非 Q，否则 P=¬ P→Q"，将题干转化为：所有政策必然被执行→所有食品安全都必然得到保证。
第二步	"所有政策必然被执行（P）→所有食品安全都必然得到保证（Q）"的矛盾判断是 P∧¬ Q，即：所有政策必然被执行∧有的食品安全可能没有得到保证。答案选 C。

【题 07】 答案 **E**。

题干信息	①不会面临困境→对公司进行改革 ②对公司进行改革→裁减员工 ③裁减员工→有相应的失业保险制度 联合①②③可得：④公司不会面临困境（P1）→对公司进行改革（Q1/P2）→裁减员工（Q2/P3）→有相应的失业保险制度（Q3） ⑤博雅公司所在的国家，其失业保险制度是健全的。（确定信息）		
选项	**解释**		**结果**
Ⅰ	失业保险制度是健全的，肯定④中的 Q3，什么也推不出。		可能真
Ⅱ	失业保险制度是健全的，肯定④中的 Q3，什么也推不出。		可能真
Ⅲ	失业保险制度是健全的，肯定④中的 Q3，什么也推不出。		可能真

【题 08】 答案 **D**。

题干信息	①苍兰∨海棠（P）→没有秋菊（¬ Q） ②牡丹（P）→秋菊（Q） ③玫瑰（P）→海棠（Q）

（续）

解题步骤	
第一步	题干中不涉及"百合"的推理，因此选项中关于"百合"的推理均可能为真，故可快速淘汰 C 和 E；B 选项指出"苍兰∧海棠"，只涉及①中的 P，可能为真。（**考生注意，P→Q 为真时，P 无法判断真假，见考点 07-2**）
第二步	A 选项代入可得"苍兰→没有秋菊→没有牡丹"，是否有玫瑰不得而知，可能为真；D 选项，联合①②③可得"玫瑰→海棠→没有秋菊→没有牡丹"，因此玫瑰和牡丹不能搭配。

【题 09】答案 B。

题干信息	犯了法（P1）→受到法律制裁（Q1/P2）→别人看不起你（Q2/P3）→无法受到尊重（Q3/P4）→过得不舒心（Q4）	
选项	解释	结果
A	选项=￢P1→￢Q4，否定 P，什么也推不出。	淘汰
B	选项=P1→Q4，肯定 P，推出肯定 Q，能推出。	**正确**
C	选项=Q4→P1，肯定 Q，什么也推不出。	淘汰
D	"你看得起别人"≠"别人看得起你"，由于选项偷换概念，故推不出。	淘汰
E	选项=￢P3→￢Q4，否定 P，什么也推不出。	淘汰

【题 10】答案 A。

题干信息	品行优秀（M）∧学习优秀（N）→能获得奖学金（Q）

解题步骤	
第一步	根据 P→Q=￢P∨Q，将题干转化为：品行不优秀（￢M）∨学习不优秀（￢N）∨获得奖学金（Q）。
第二步	根据相容选言判断"否定必肯定"的规则，要得出￢N，只需否定￢M 和 Q 就行，即：没获得奖学金∧品行优秀。因此答案选 A。

【题 11】答案 A。

题干信息	①年营业额超过 800 万元（P1）→可获得优秀奖（Q1） ②能获得激励奖（P2）→年营业额超过 600 万元（Q2）	
选项	解释	结果
I	获得激励奖肯定②中的 P2，推出肯定 Q2，即年营业额超过 600 万元，由题干（要么超过 1000 万，要么不足 600 万）可得，年营业额一定超过 1000 万，因此代入①可得肯定 P1（超过 1000 万的一定超过 800 万），推出肯定 Q1，选项一定为真。	**一定真**
II	选项肯定①中的 Q1，什么也推不出。	可能真
III	题干信息是半数公司，不能判断半数职员状况（偷换概念）。	可能真

【题 12】 答案 **E**。

题干信息	没有抗日救国的好思想→不能（舍己救人∧不慌张）＝没有抗日救国的好思想→（不能舍己救人∨慌张）＝有抗日救国的好思想（M）∨不能舍己救人（N）∨慌张（Z）。	
选项	**解释**	**结果**
A	选项＝舍己救人∧不慌张→有抗日救国的好思想＝（￢N∧￢Z）→M，根据相容选言判断的规则，否定必肯定，一定真。	淘汰
B	选项＝没有抗日救国的好思想∧不慌张→不能舍己救人＝（￢M∧￢Z）→N，根据相容选言判断的规则，否定必肯定，一定真。	淘汰
C	选项＝没有抗日救国的好思想→（不能舍己救人∨慌张）＝￢M→（N∨Z），根据相容选言判断的规则，否定必肯定，一定真。	淘汰
D	选项＝没有抗日救国的好思想→（慌张∨不能舍己救人）＝￢M→（Z∨N），根据相容选言判断的规则，否定必肯定，一定真。	淘汰
E	选项＝不慌张→有抗日救国的好思想∨舍己救人＝￢Z→（M∨￢N），根据相容选言判断的规则，否定必肯定，￢Z应该推出（M∨N），当M∨N为真时，M∨￢N无法判断真假，故选项不一定真。	**正确**
答案	**E**	

【题 13】 答案 **E**。

	解题步骤
第一步	整理题干条件：①甲药材→乙药材；②没有丙药材→有丁药材；③没有人参∨没有天麻；④没有甲药材∧有丙药材→有人参；⑤有天麻（确定信息）。
第二步	将条件"⑤有天麻"代入题干条件③可推出"没有人参"，再代入条件④可推出"有甲药材∨没有丙药材"，结合①和②可得，有乙药材∨丁药材，可得答案 E。

【题 14】 答案 **B**。

	解题步骤
第一步	整理题干信息：①人参∨党参；②党参→白术；③没有人参∨没有白术；④人参→首乌；⑤首乌→白术。
第二步	根据题干信息④和⑤联合推出：⑥人参→白术。
第三步	题干信息③可转换为：⑦人参→没有白术。
第四步	根据两难推理的结构：P→Q；P→￢Q，所以￢P一定为真。联合⑥和⑦可得"没有人参"一定为真。
第五步	把"没有人参"代入①可得"有党参"，再代入②可得"有白术"。因此答案选 B。

【题15】 答案 **E**。

题干信息	"如果 M∧N, 那么 P, 除非 Q" =¬ (M∧N→P)→Q **(提示: 参考"P, 除非 Q"=¬ P→Q 的结构)** = (M∧N∧¬ P)→Q=¬ M∨¬ N∨P∨Q。整理题干推理可得: 飞行员没有严格遵守操作规程 (¬ M)∨飞机在起飞前没有经过严格的例行技术检验 (¬ N)∨飞机不会失事 (P)∨出现特殊意外 (Q)。	
选项	**解析**	**结果**
A	该项否定 P∨Q, 应得出¬ M∨¬ N (否定必肯定), 并不必然推出¬ M∧¬ N。	淘汰
B	该项肯定 Q, 并不必然推出 M∧N (肯定不确定)。	淘汰
C	该项肯定¬ M∧¬ N, 不必然推出¬ P∧¬ Q (肯定不确定)。	淘汰
D	该项否定 P∨Q, 应得出¬ M∨¬ N, 但是肯定 M 不必然推出 N (肯定不确定)。	淘汰
E	该项否定 P∨Q, 应得出¬ M∨¬ N, 否定¬ N, 必然得出¬ M (否定必肯定)。	正确

▶ 每课一考（3）

⏱ 时间：35 分钟　　　　　　　　　　　　　　　　　　　　　　得分：

本测试题共有 15 小题，每小题 2 分，共 30 分。请从下面每小题所列的 5 个备选答案中选取出 1 个，多选为错。

【题 01】 总经理：根据本公司目前的实力，我主张环岛绿地和宏达小区这两项工程至少上马一个，但清河桥改造工程不能上马。

董事长：我不同意。

以下哪项最为准确地表达了董事长实际同意的意思？

A. 环岛绿地、宏达小区和清河桥改造这三个工程都上马。

B. 环岛绿地、宏达小区和清河桥改造这三个工程都不上马。

C. 环岛绿地和宏达小区两个工程中至多上马一个，但清河桥改造工程要上马。

D. 环岛绿地和宏达小区两个工程至多上马一个，如果这点做不到，那也要保证清河桥改造工程上马。

E. 环岛绿地和宏达小区两个工程都不上马，如果这点做不到，那也要保证清河桥改造工程上马。

【题 02】 中国人民银行宣布，自 2013 年 7 月 20 日起全面放开金融机构贷款利率管制。然而，只有存款利率上限放开，才能真正实现利率市场化。如果政府不主动放弃自己的支配力，市场力量就难以发挥作用。一旦存款利率上限放开，银行间就会展开利率大战，导致金融风险上升。如果金融风险上升，则需要建立存款保险制度。

如果以上陈述为真，以下哪项陈述一定为真？

A. 随着改革的深入，中国迟早会真正实现利率市场化。

B. 只有建立存款保险制度，中国才能真正实现利率市场化。

C. 只要政府主动放弃自己的支配力，市场力量就可以发挥作用。

D. 只要建立起存款保险制度，就能有效地避免金融风险。

E. 建立存款保险制度离不开有效地规避金融风险。

【题 03】 一项产品要成功占领市场，必须既有合格的质量，又有必要的包装；一项产品，不具备足够的技术投入，合格的质量和必要的包装难以两全；而只有足够的资金投入，才能保证足够的技术投入。

以下哪项结论可以从题干的断定中推出？

Ⅰ. 一项成功占领市场的产品，其中不可能不包含足够的技术投入。

Ⅱ. 一项资金投入不足但质量合格的产品，一定缺少必要的包装。

Ⅲ. 一项产品，只要既有合格的质量，又有必要的包装，就一定能成功占领市场。

A. 只有Ⅰ。　　　　　　　B. 只有Ⅱ。　　　　　　　C. 只有Ⅲ。

D. 只有Ⅰ和Ⅱ。　　　　　E. Ⅰ、Ⅱ和Ⅲ。

【题 04】 帕累托最优，指这样一种社会状态：对于任何一个人来说，如果不使其他某个（或某些）人情况变坏，他的情况就不可能变好。如果一种变革能使至少有一个人的情况变好，同时没有其他人情况因此变坏，则称这一变革为帕累托变革。

以下各项都符合上述定义，除了哪项？

A. 对于任何一个人来说，只要他的情况可能变好，就会有其他人的情况变坏。这样的社会，处于帕累托最优状态。

B. 如果某个帕累托变革可行，则说明社会并非处于帕累托最优状态。

C. 如果没有任何帕累托变革的余地，则社会处于帕累托最优状态。

D. 对于任何一个人来说，只有使其他某个（或某些）人情况变坏，他的情况才可能变好。这样的社会，处于帕累托最优状态。

E. 对于任何一个人来说，只要使其他人情况变坏，他的情况就可能变好。这样的社会，处于帕累托最优状态。

【题 05】 我想说的都是真话，但真话我未必都说。

如果上述断定为真，则以下各项都可能为真，除了哪项？

A. 我有时也说假话。

B. 我不是想啥说啥。

C. 有时说某些善意的假话并不违背我的意愿。

D. 我说的都是我想说的话。

E. 我说的都是真话。

题 06-07 基于以下题干：

某花店只有从花农那里购得低于正常价格的花，才能以低于市场的价格卖花而获利；除非是该花店的销售量很大，否则，不能从花农那里购得低于正常价格的花；要想有大的销售量，该花店就要满足消费者的兴趣或者拥有特定品种的独家销售权。

【题 06】 如果上述断定为真，则以下哪项必定为真？

A. 如果该花店从花农那里购得低于正常价格的花，那么就会以低于市场的价格卖花而获利。

B. 如果该花店没有以低于市场的价格卖花而获利，则一定没有从花农那里购得低于正常价格的花。

C. 该花店不仅满足了消费者的个人兴趣，而且拥有特定品种独家销售权，但仍然不能以低于市场的价格卖花而获利。

D. 如果该花店广泛满足了消费者的个人兴趣或者拥有特定品种独家销售权，那么就会有大的销售量。

E. 如果该花店以低于市场价格卖花而获利，那么一定是从花农那里购得了低于正常价格的花。

【题 07】 如果上述断定为真，并且事实上该花店没有满足广大消费者的个人兴趣，则以下哪项不可能为真？

A. 如果该花店不拥有特定品种独家销售权，就不能从花农那里购得低于正常价格的花。

B. 即使该花店拥有特定品种独家销售权，也不能从花农那里购得低于正常价格的花。

C. 该花店虽然没有拥有特定品种独家销售权，但仍以低于市场的价格卖花而获利。

D. 该花店通过广告促销的方法获利。

E. 花店以低于市场的价格卖花获利是花市普遍现象。

【题 08】 只有电脑科学家才懂得个人电脑的结构，并且只有那些懂得个人电脑结构的人才赞赏在过去 10 年中取得的技术进步。所以，只有那些赞赏技术进步的人才是电脑科学家。

以下哪项最为准确地指出了上述论证中的逻辑错误？

A. 上述论证没有包含电脑科学家与那些赞赏在过去 10 年中取得技术进步的人之间的明确的或含蓄的关系。

B. 上述论述忽视了这样的事实：电脑科学家除了赞赏过去 10 年中取得的技术进步之外，还会赞赏其他事情。

C. 上述论证忽视了这样的事实：有些电脑科学家可能并不赞赏在过去 10 年中取得的技术进步。

D. 上述论证的前提以这样的方式来陈述，即它们排除了得出任何合乎逻辑结论的可能性。

E. 上述论证的前提假定每个人都懂得个人电脑的结构。

【题 09】 一个社会是公正的，则以下两个条件必须满足：第一，有健全的法律；第二，贫富差异是允许的，但必须同时确保消灭绝对贫困和每个公民事实上都有公平竞争的机会。

根据题干的条件，最能够得出以下哪项结论？

A. S 社会有健全的法律，同时又在消灭了绝对贫困的条件下，允许贫富差异的存在，并且绝大多数公民事实上都有公平竞争的机会。因此，S 社会是公正的。

B. S 社会有健全的法律，但这是以贫富差异为代价的。因此，S 社会是不公正的。

C. S 社会允许贫富差异，但所有人都由此获益，并且每个公民都事实上有公平竞争的权利。因此，S 社会是公正的。

D. S 社会虽然不存在贫富差异，但这是以法律不健全为代价的。因此，S 社会是不公正的。

E. S 社会法律健全，虽然存在贫富差异，但消灭了绝对贫困。因此，S 社会是公正的。

【题 10】 为进一步加强对考试作弊及监考不严等违纪行为的核查管理，某校教务处要求：凡携带考试之外的书籍及资料进考场、传递或分享与考试答案有关的信息等行为，一律要按照违纪保存在学生诚信档案中；对已保存在诚信档案的考试违纪行为，必须及时核查确定无误，才能最大限度避免争议。

根据上述校教务处的要求，可以得出以下哪项？

A. 有些无意将考试之外的书籍带进考场的情形，如果没有发现有事实上传递与考试答案有关的信息的行为，就不应该按照违纪保存在诚信档案中。

B. 对已保存在诚信档案的违纪行为，如果没有及时核查确定无误，就不能避免争议。

C. 如果发现考生无意间分享了与考试答案有关的信息的行为，可以不按照违纪保存在学生诚信档案中。

D. 要最大限度避免争议，就得及时核查确定无误，若有误，则可以不保存在学生诚信档案中。

E. 因事先没有熟悉考试规则等情形导致考生携带考试之外的书籍及资料进考场的行为，也可以保存在学生诚信档案中。

【题 11】 科技日新月异，创新永无止境。不创新不行，创新慢了也不行。面对风起云涌的新一轮科技革命和产业变革，如果不识变、不应变、不求变，就会陷入战略被动并且错失发展机遇。"惟进取也，故日新。"新形势下，从根本上改变关键领域核心技术受制于人的格局，只有锲而不舍地推进创新事业。

根据以上信息，以下除了哪项外都可能为真？

A. 如果不识变也没有陷入战略被动，那么或者应变或求变。

B. 不识变、不应变，但是求变。

C. 锲而不舍地推进创新事业，并且从根本上改变关键领域核心技术受制于人的格局。

D. 不识变、不应变、不求变，没有错失发展机遇。

E. 要想从根本上改变关键领域核心技术受制于人的格局，必须锲而不舍地推进创新事业。

【题 12】为保护人们免受流感病毒的侵袭，研究人员开发了防御流感、治愈流感的疫苗；注射前者后能使人们免受流感病毒侵袭，注射后者后能迅速治愈已受流感病毒侵扰的病人。某医院现有甲、乙、丙三种疫苗，已知：

（1）甲疫苗能治愈目前已知的所有流感病毒；

（2）若乙疫苗不能防御已知的 HnNn 流感病毒，则丙疫苗也不能治愈该病毒；

（3）只有丙疫苗能防御已知的 HnNn 流感病毒，才能治愈目前已知的所有流感病毒；

（4）除非注射甲疫苗，否则不能注射丙疫苗。

根据上述信息，可以得出以下哪项？

A. 只有注射丙疫苗，才能防御并治愈 HnNn 流感病毒。

B. 如果注射了乙疫苗，那么就不必注射丙疫苗也能治愈 HnNn 流感病毒。

C. 只要注射乙疫苗，就能防御并治愈 HnNn 流感病毒。

D. 只要注射了丙疫苗，就能防御并治愈 HnNn 流感病毒。

E. 如果注射了甲疫苗，那么不必注射乙疫苗也能治愈所有流感病毒。

【题 13】某地区政府正在拟定灭杀"生物入侵"植物的名单，具体要求如下：

（1）葛藤、水葫芦和沙枣至少灭杀一种；

（2）水葫芦、千屈菜和乳浆大戟至少灭杀两种；

（3）如果灭杀千屈菜，就不灭杀沙枣；

（4）葛藤和千屈菜至多灭杀一种。

根据以上要求，以下哪项一定为真？

A. 至少灭杀三种植物。   B. 乳浆大戟和沙枣至少灭杀一种。

C. 葛藤和水葫芦至少灭杀一种。   D. 千屈菜和沙枣都要灭杀。

E. 乳浆大戟一定要灭杀。

【题 14】女排姑娘们在获得奥运会金牌后，郎教头在接受《都市青年报》采访时指出：如果不坚持锻炼，你就不能成为一个好的运动员，除非坚持锻炼，否则你不会有好的体质，没有好的体质，高品质的物质生活和精神生活难以两全。

如果上述断定为真，以下哪项一定为真？

Ⅰ. 没有一个好的运动员没有高品质的精神生活。

Ⅱ. 一个不坚持锻炼的人，很难想象他会有高品质的物质生活和高品质的精神生活。

Ⅲ. 一个拥有高品质的物质生活的人，一定体质很好。

A. 只有Ⅰ。   B. 只有Ⅱ。   C. 只有Ⅲ。

D. Ⅰ和Ⅱ。   E. Ⅰ、Ⅱ和Ⅲ。

【题 15】只有不明智的人才在董嘉面前说东山郡人的坏话，董嘉的朋友施飞在董嘉面前说席佳的坏话，可是令人疑惑的是，董嘉的朋友都是非常明智的人。

根据以上陈述，可以得出以下哪项？

A. 施飞是不明智的。   B. 施飞不是东山郡人。

C. 席佳是董嘉的朋友。   D. 席佳不是董嘉的朋友。

E. 席佳不是东山郡人。

🔑 每课一考（3）答案及解析

【题01】 答案 **E**。

	解题步骤
第一步	总经理：（环岛绿地上马∨宏达小区上马）∧清河桥改造工程不上马。 董事长：不同意，等价于：（环岛绿地不上马∧宏达小区不上马）∨清河桥改造工程上马。
第二步	根据相容选言判断的"否定必肯定"的规则，否定"环岛绿地不上马∧宏达小区不上马"即"环岛绿地上马∨宏达小区上马"可推出清河桥改造工程上马，E选项恰好符合。D选项中的"环岛绿地不上马∨宏达小区不上马"，没有否定"环岛绿地不上马∧宏达小区不上马"，因此什么也推不出。

【题02】 答案 **B**。

题干信息	①真正实现利率市场化（P1）→存款利率上限放开（Q1/P2）→金融风险上升（Q2/P3）→建立存款保险制度（Q3） ②政府不主动放弃自己的支配力（P4）→市场力量就难以发挥作用（Q4）	
选项	解析	结果
A	选项=P1，由①可知，当 P1→Q3 为真时，P1 真假无法判断。	淘汰
B	选项属于肯定 P1，推出肯定 Q3，符合假言推理规则。	**正确**
C	选项否定 P4，推不出否定 Q4。	淘汰
D	选项肯定 Q3，推不出否定 P3。	淘汰
E	选项肯定 Q3，推不出否定 P3。考生注意，P 离不开 Q=P→Q。	淘汰

【题03】 答案 **D**。

题干信息	产品要成功占领市场（P1）→有合格的质量∧有必要的包装（Q1/ P2）→足够的技术投入（Q2/ P3）→足够的资金投入（Q3）	
选项	解释	结果
Ⅰ	选项=P1→Q2，推理正确。	**能推出**
Ⅱ	选项否定 Q3，可得"没有合格的质量∨没有必要的包装"，再结合相容选言判断"否定必肯定"的原则可得：有合格的质量→没有必要的包装。由此选项能推出。	**能推出**
Ⅲ	选项=Q1→P1，推理不正确。	不能推出

【题04】 答案 **E**。

题干信息	①帕累托最优：其他人不变坏（P）→自己不可能变好（Q）=其他人变坏（¬P）∨自己不可能变好（Q） ②帕累托变革：至少有一人（他自己）变好（¬Q）∧没有其他人情况变坏（P）	
选项	解析	结果
A	符合题干①中论述，否定 Q 推出否定 P。	淘汰
B	①②属于矛盾关系，必一真一假。	淘汰

命题方向二·形式逻辑——复合判断推理

（续）

选项	解析	结果
C	①②属于矛盾关系，必一真一假。	淘汰
D	符合题干①中论述，否定 Q，推出否定 P。	淘汰
E	否定题干①P，什么也推不出。	正确

【题05】答案 C。

解题步骤	
第一步	由提问可知："可能为真，除了"即"一定为假"，考生注意分析此类题目一般考查原判断与矛盾判断的关系。题干为真，那么选项一定假。
第二步	寻找题干的矛盾判断。"我想说的都是真话"，可看作所有 P 都是 Q 的结构：我想说的（P）→真话（Q）。矛盾即 P∧¬ Q，即：我想说的但不是真话。根据"未必"等价于"可能不"，真话我未必都说=真话我可能不说= 有的真话我可能不说，其矛盾判断为：所有真话我必然会说。
第三步	分析选项。因此 C 选项（其意思即：我想说的但不是真话）与题干矛盾，一定为假。其余选项均可能为真，考生想想，"想说"不等于"说"，便可理解 D 选项。

【题06】答案 E。

题干信息	低于市场的价格卖花而获利（P1）→从花农那里购得低于正常价格的花（Q1/ P2）→该花店的销售量很大（Q2/P3）→满足消费者的兴趣或者拥有特定品种的独家销售权（Q3）	
选项	**解析**	**结果**
A	选项肯定 Q1 推出肯定 P1，与题干推理不一致。	淘汰
B	选项否定 P1 不必然推出否定 Q1，与题干推理不一致。	淘汰
C	该项 = ¬ P1∧Q3，不符合假言判断¬ P∨Q 的等价，可能为真。	淘汰
D	选项肯定 Q3 不必然推出肯定 P3，与题干推理不一致。	淘汰
E	选项肯定 P1 推出肯定 Q1，与题干推理一致。	正确

【题07】答案 C。

题干信息	①低于市场的价格卖花而获利（P1）→从花农那里购得低于正常价格的花（Q1/ P2）→该花店的销售量很大（Q2/P3）→满足消费者的兴趣或者拥有特定品种的独家销售权（Q3） ②该花店没有满足广大消费者的个人兴趣	
选项	**解析**	**结果**
A	选项与②联合，相当于否定 Q3 推出否定 P2，与题干推理一致，一定真。	淘汰
B	该项 = ¬ P2∧Q3，不符合假言判断的矛盾，可能为真。	淘汰
C	选项与②联合，即 P1∧¬ Q3，符合假言判断的矛盾，一定为假。	正确
D	题干没有的信息，无法确定。	淘汰
E	题干没有的信息，无法确定。	淘汰

【题 08】答案 C。

解题步骤	
第一步	整理题干信息。前提：赞赏技术进步→懂得个人电脑结构→电脑科学家。结论：电脑科学家→赞赏技术进步的人。
第二步	考生注意，题干前提"赞赏技术进步"是"电脑科学家"的充分条件，结论却变成了必要条件，显然题干存在的漏洞是肯定"电脑科学家"未必能推出肯定"赞赏技术进步"，即存在"有的电脑科学家不赞赏科技进步"。答案选 C。
提示	"前提：P→Q，结论：Q→P"是典型的混淆充分必要条件，漏洞就是结论的矛盾：有的 Q∧¬P。

【题 09】答案 D。

题干信息	社会是公正的（P）→有健全的法律∧贫富差异是允许的∧消灭绝对贫困∧每个公民都有公平竞争的机会（Q）	
选项	**解析**	**结果**
A	选项肯定 Q 不必然推出肯定 P，不符合假言推理规则。	淘汰
B	"以贫富差异为代价"＝"贫富差异是允许的"，选项肯定 Q 推不出任何确定信息，不符合假言推理规则。	淘汰
C	选项肯定 Q 不必然推出肯定 P，不符合假言推理规则。	淘汰
D	选项否定 Q（联言判断，否定任何一个肢判断等于否定整个干判断）推出否定 P，符合假言推理规则。	**正确**
E	选项肯定 Q 不必然推出肯定 P，不符合假言推理规则。	淘汰

【题 10】答案 E。

题干信息	①凡携带考试之外的书籍及资料进考场∨传递或分享与考试答案有关的信息等行为（P1）→按照违纪保存在学生诚信档案中（Q1）②对已保存在诚信档案的考试违纪行为：最大限度避免争议（P2）→及时核查确定无误（Q2）	
选项	**解释**	**结果**
A	无意将考试之外的书籍及资料携带进考场也属于携带考试之外的书籍及资料进考场，满足 P1，即可推出要按照违纪保存在诚信档案中，而得不出不应该保存。	淘汰
B	考生注意，选项偷换了概念，题干中"考试违纪行为"不等于选项中"违纪行为"，题干中"不能最大限度避免争议"不等于选项中"不能避免争议"。	淘汰
C	无意间分享了与考试答案有关的信息也应看作分享了与考试答案有关的信息，满足 P1，即可推出要按照违纪保存在诚信档案中，而得不出可以不按照违纪保存。同 A 选项。	淘汰
D	题干并未提到"若有误，可以不保存在学生诚信档案中"。	淘汰
E	符合条件①，肯定 P1 推出肯定 Q1，能得出。	**正确**

【题11】答案 D。

	解题步骤
第一步	符号化题干信息： ①不识变、不应变、不求变（P1）→陷入战略被动∧错失发展机遇（Q1）； ②从根本上改变关键领域核心技术受制于人的格局（P2）→锲而不舍地推进创新事业（Q2）。
第二步	"除哪项外都可能为真"即"一定假"，寻找假言判断的矛盾，也就是寻找"联言判断"，可快速排除 A 和 E。B 项没涉及"Q"，可快速淘汰；C 选项=P2∧Q2，不矛盾；D 选项=P1 ∧¬ Q1，与题干矛盾，一定为假。考生注意，由没有错失发展机遇，即可得出¬ Q1。

【题12】答案 D。

题干信息	①甲疫苗（P）→能治愈已知所有流感病毒（Q）。 ②乙不能防御 HnNn 流感病毒（P）→丙不能治愈 HnNn 流感病毒（Q）。 ③能治愈已知所有流感病毒（P）→丙能防御 HnNn 流感病毒（Q）。 ④注射丙疫苗（P）→注射甲疫苗（Q）。

选项	解释	结果
A	选项推不出。将"防御并治愈 HnNn 病毒"代入条件②可得乙能防御 HnNn；代入条件③属于肯定 Q，什么也推不出。	淘汰
B	题干不涉及注射乙疫苗，故选项不能推出。	淘汰
C	题干不涉及注射乙疫苗，故选项不能推出。	淘汰
D	选项肯定信息④中的 P 位推出 Q 位，可得注射甲疫苗；再结合①可得能治愈已知所有流感病毒，由题干可知，HnNn 属于已知病毒，因此就能治愈 HnNn。再将"能治愈已知所有流感病毒"代入信息③，肯定 P 位推出肯定 Q 位，可得丙疫苗能防御 HnNn。因此可得：能防御∧能治愈 HnNn。因此选项一定为真。	**正确**
E	选项推不出，根据信息①，甲疫苗能治愈目前"已知的所有流感病毒"，而不是"所有流感病毒"。考查细节是近几年的命题方向，考生需注意。	淘汰

【题13】答案 C。

题干信息	（1）灭杀葛藤∨灭杀水葫芦∨灭杀沙枣； （2）水葫芦、千屈菜和乳浆大戟至少灭杀两种； （3）灭杀千屈菜→不灭杀沙枣； （4）不灭杀葛藤∨不灭杀千屈菜。（P 和 Q 至多有一个=¬ P∨¬ Q）

	解题步骤
第一步	由于题干没有确定信息，故可优先考虑从出现次数最多的植物"千屈菜"入手。
第二步	①假设灭杀千屈菜，代入条件（3）可得不灭杀沙枣；代入（4）可得不灭杀葛藤；进而再代入条件（1）可得灭杀水葫芦； ②假设不灭杀千屈菜，代入条件（2）中可得"灭杀水葫芦∧杀灭乳浆大戟"。

（续）

第三步	观察上一步： ①灭杀千屈菜（P）→灭杀水葫芦（Q）； ②不灭杀千屈菜（¬P）→灭杀水葫芦（Q）； 根据两难推理规则可知，一定灭杀水葫芦。
第四步	观察选项，由"灭杀水葫芦"可以推出"葛藤和水葫芦至少灭杀一种"为真，故答案为 C。

【题 14】 答案 **B**。

题干 信息	①不坚持锻炼（P1）→不能成为一个好的运动员（Q1） ②高品质的物质生活∧高品质的精神生活（P2）→有好的体质（Q2/P3）→坚持锻炼（Q3）		
选项	解释		结果
Ⅰ	从"好的运动员"否定信息①的 Q1，推出否定 P1，即"坚持锻炼"，再代入②，肯定 Q3，什么也推不出。		可能真
Ⅱ	从"不坚持锻炼"否定信息②的 Q3，推出否定 P2，因此该项一定为真。		**一定真**
Ⅲ	"高品质的物质生活"只肯定了条件②中 P2 的一部分，无法判断是肯定 P 位，还是否定 P 位，因此什么也推不出。		可能真

【题 15】 答案 **E**。

题干 信息	① 在董嘉面前说∧说东山郡人的坏话（P）→不明智的人（Q）。 ② 董嘉的朋友施飞在董嘉面前说席佳的坏话。 ③ 董嘉的朋友（P）→明智的人（Q）。
解题步骤	
第一步	观察题干可知，信息②属于确定信息，故可将②代入③可得：施飞是明智的人。
第二步	再代入题干信息①可知，否定 Q 推出否定 P，即：施飞是明智的人→没有在董嘉面前说∧说的不是东山郡人的坏话。
第三步	根据题干信息②可知"在董嘉面前说坏话"，根据选言判断的规则，否定一个必肯定另一个，可得出结论施飞说的不是东山郡人的坏话，即席佳不是东山郡人。考生须重点注意此类题目的解法，此种类型的题目近五年常考。

▶ 每课一考（4）

🕐 时间：35分钟　　　　　　　　　　　　　　　　　　　　得分：

本测试题共有15小题，每小题2分，共30分。请从下面每小题所列的5个备选答案中选取出1个，多选为错。

【题01】在万众创业的大背景下，如果一家小微企业没有融资而能获得可以接受的利润，那么它就能生存下来。如果一家小微企业在发展过程中找不到有效的变现途径，那么它就不能生存下来。除非一家小微企业的主营业务处于蓝海阶段，否则就不能获得融资。作为小微企业，华宇公司主营业务不处于蓝海阶段，但也不能生存下来；华丰公司没有找到有效的变现途径，也没有获得融资。

根据以上信息，可以得出以下哪项？

A. 华宇公司获得了可以接受的利润。

B. 华宇公司没有找到有效的变现途径。

C. 华丰公司没有获得可以接受的利润。

D. 华丰公司生存下来了。

E. 只要一家小微企业找到有效的变现途径，就能生存下来。

【题02】妈妈要去超市采购，出发前把家里几个人的要求记了下来：

爸爸：要么买一套茶具，要么不买血糖计。

爷爷：如果买了足浴盆，那就不用买颈椎按摩仪了。

奶奶：只有买了颈椎按摩仪，我才需要血糖计。

儿子：我想要一个小猪佩奇或者猪猪侠。

女儿：如果给弟弟买了小猪佩奇，那么就要给奶奶买颈椎按摩仪。

如果事实上妈妈满足了所有人的需求，并且购买了不低于四件商品，那么妈妈一定购买的是？

A. 颈椎按摩仪和茶具。　　　　　　　　　B. 血糖计和小猪佩奇。

C. 颈椎按摩仪和足浴盆。　　　　　　　　D. 小猪佩奇和颈椎按摩仪。

E. 血糖计和猪猪侠。

【题03】针对作弊屡禁不止的现象，某学院某班承诺，只要全班同学都在承诺书上签字，那么，如果全班有人作弊，全班同学的考试成绩都以不及格计。校方接受并严格实施了该班的这一承诺。结果班上还是有人作弊，但班长的考试成绩是优秀。

以下哪项是上述断定的合乎逻辑的结论？

A. 班长采取不正当的手段使校方没有严格实施承诺。

B. 作弊的就是班长本人。

C. 全班多数人没有作弊。

D. 全班没有人在承诺书上签字。

E. 全班有人没在承诺书上签字。

【题04】某剧组招募群众演员，为了配合剧情，需要招4类角色，外国游客1~2名，购物者2~3名，商贩2名，路人若干。有甲、乙、丙、丁、戊、己6人可供选择，且每人在同一个场景中只能出演一个角色。已知：

（1）只有甲、乙才能出演外国游客；

（2）上述 4 类角色在每个场景中至少有 3 类同时出现；

（3）每个场景中，若乙或丁出演商贩，则甲和丙出演购物者；

（4）购物者和路人的数量之和在每个场景中不超过 2。

根据上述信息可以得出以下哪项？

A. 至少有 2 人需要在不同的场景中出演不同的角色。

B. 在同一场景中，若戊和己出演路人，则甲只可能出演外国游客。

C. 甲、乙、丙、丁不会在同一场景中同时出现。

D. 在同一场景中，若乙出演外国游客，则甲只可能出演商贩。

E. 在同一场景中，若丁和戊出演购物者，则乙只可能出演外国游客。

【题 05】 郑东新区只有进行铁路网规划建设、推进产业布局一体化、以交通大动脉建设支撑经济社会升级发展，才能形成地区之间资源优势的互补。只有促进区域经济协调发展，才能勾勒出"幸福民生"的新图景。

根据以上信息，可以得出以下哪项？

A. 如果没能推进产业布局一体化，就无法形成地区之间资源优势的互补。

B. 如果郑东新区进行了铁路网规划建设，就能形成地区之间资源优势的互补。

C. 如果郑东新区没能以交通大动脉建设支撑经济社会升级发展，就难以形成地区之间资源优势的互补。

D. 促进区域经济协调发展，一定能勾勒出"幸福民生"的新图景。

E. 能促进区域经济协调发展，就能勾勒出"幸福民生"的新图景。

【题 06】 居里夫人同时获得诺贝尔物理学奖和化学奖，她的成功经历告诉我们一个朴质的道理：与生俱来的创造性思维、恪尽职守的工匠精神、孜孜不倦的奉献精神这三个特性对于一个不想取得重大突破的人，一定不可能三者都得到。

如果上述陈述为真，以下哪项陈述一定为真？

A. 一个想取得重大突破的人，有与生俱来的创造性思维和恪尽职守的工匠精神，但却没有孜孜不倦的奉献精神。

B. 一个不想取得重大突破的人，一定没有与生俱来的创造性思维同时缺乏恪尽职守的工匠精神并且没有孜孜不倦的奉献精神。

C. 一个不想取得重大突破的人，既有与生俱来的创造性思维和恪尽职守的工匠精神，也具备孜孜不倦的奉献精神。

D. 一个不想取得重大突破的人，有与生俱来的创造性思维和恪尽职守的工匠精神，却没有孜孜不倦的奉献精神。

E. 一个不想取得重大突破的人，有与生俱来的创造性思维和恪尽职守的工匠精神，就没有孜孜不倦的奉献精神。

07-08 题基于以下题干：

鄱阳湖是长江中下游主要支流之一，当地的捕捞量和湖里的微生物数量决定了各种鱼类的产量。已知：

（1）如果当年夏季捕捞量适宜并且冬季少量捕捞，那么第二年银鱼或雷鱼就会丰收。

（2）只有当年湖中微生物丰富，第二年鳙鱼和鲥鱼才会同时丰收。

（3）只有每年冬季不捕捞，次年夏季的捕捞量才能适宜。

（4）如果当年湖里的微生物丰富，那么渔民夏季的捕捞量就会适宜并且冬季会少量捕捞。

【题07】 根据以上陈述，2019 年鄱阳湖夏季捕捞量过度，由此可以得出以下关于鄱阳湖 2020 年的情况哪项为真？

A. 银鱼和雷鱼都没有丰收。

B. 银鱼如果丰收了，那么雷鱼就没有丰收。

C. 鳡鱼和鲫鱼都没有丰收。

D. 鳡鱼如果丰收了，那么鲫鱼就没有丰收。

E. 鳡鱼如果没有丰收，那么鲫鱼就丰收了。

【题08】 根据以上陈述，已知 2021 年鄱阳湖鳡鱼和鲫鱼同时丰收了，由此可以得出以下鄱阳湖 2021 年的情况哪项为真？

A. 湖中的微生物丰富。

B. 夏季的捕捞量适宜。

C. 冬季没有进行捕捞。

D. 如果雷鱼丰收了，那么银鱼就没有丰收。

E. 如果银鱼没有丰收，那么雷鱼就丰收了。

【题09】 在北京这样的大城市生活，交通出行是个大问题，对于在京上班族来说，如果汽油涨价，那么你可以选择乘地铁上班，除非涨工资；但是一旦涨工资，就得好好理财，否则就会继续成为"月光族"。

如果上述断定为真，以下哪项除外均一定为真？

A. 如果汽油涨价并且工资也没涨，那么只能选择坐地铁上班。

B. 如果涨了工资但是你却没有好好理财，那么就会继续成为"月光族"。

C. 只有涨工资的同时你好好理财，才不会成为"月光族"。

D. 只有涨工资，才能让你在汽油涨价的同时不坐地铁上班。

E. 或者汽油没涨价，或者坐地铁上班，或者你工资涨了。

【题10】 在某种语言中有一种逻辑运算，其运算规则规定，0 和 1 是两个不同的逻辑值，如果两个数都是 0 时，其和为 0；如果一个为 0，一个为 1 时，或者两个都是 1 时，则其和为 1。

根据以上运算规则，可以推出以下哪项？

A. 如果和为 1，则两数必然都是 1。

B. 如果和为 0，则两数必然都为 0。

C. 如果和为 0，则两数中一定有一个为 1。

D. 如果和为 1，则两数中至少有一个不为 0。

E. 如果和不是 0，那么两个数中至少有一个是 1。

【题11】 唐朝武则天时期发生了一件轰动京城的"善金局劫案"，狄仁杰奉命勘察，发现以下事实：

（1）只有破获这个案件，东山、西山、南山三人才都是罪犯。

（2）"善金局劫案"案件没有破获。

（3）如果东山不是罪犯，则东山的供词是真的，而东山招供说西山不是罪犯。

（4）如果西山不是罪犯，则西山的供词是真的，而西山招供说自己与南山是生死之交。

（5）现查明：南山根本不认识西山。

根据上述断定，以下哪项一定为真？

A. 东山作案，西山和南山没有作案。

B. 西山作案，东山和南山没有作案。

C. 南山作案，东山和西山没有作案。

D. 东山和西山作案，南山没有作案。

E. 东山和南山作案，西山没有作案。

【题 12】如果一个学校的学生都具备足够的文学欣赏水平和道德自律意识，那么像《红粉梦》和《演艺十八钗》这样的出版物就不可能成为在该校学生中销售最多的书。去年在 H 学院的学生中，《演艺十八钗》的销售量仅次于《红粉梦》。

如果上述陈述为真，以下哪项一定为真？

Ⅰ. 去年 H 学院的大多数学生都购买了《红粉梦》或《演艺十八钗》。

Ⅱ. H 学院的大多数学生既不具备足够的文学欣赏水平，也不具备足够的道德自律意识。

Ⅲ. H 学院至少有些学生不具备足够的文学欣赏水平，或者不具备足够的道德自律意识。

A. 只有Ⅰ。　　　　　B. 只有Ⅱ。　　　　　C. 只有Ⅲ。

D. Ⅱ和Ⅲ。　　　　　E. Ⅰ、Ⅱ和Ⅲ。

【题 13】某公司规定，在一个月内，除非每个工作日都出勤，否则任何员工都不可能既获得当月绩效工资，又获得奖励工资。

以下哪项与上述规定的意思最为接近？

A. 在一个月内，任何员工如果所有工作日不缺勤，必然既获得当月绩效工资，又获得奖励工资。

B. 在一个月内，任何员工如果所有工作日不缺勤，都有可能既获得当月绩效工资，又获得奖励工资。

C. 在一个月内，任何员工如果有某个工作日缺勤，仍有可能获得当月绩效工资，或者获得奖励工资。

D. 在一个月内，任何员工如果有某个工作日缺勤，必然或者得不了当月绩效工资，或者得不了奖励工资。

E. 在一个月内，任何员工如果有的工作日缺勤，必然既得不了当月绩效工资，又得不了奖。

【题 14】在 H 公司，如果一个月能有四天或以上加班，就能够获得超额奖，除非当月有迟到现象。

根据以上陈述，以下哪项断定最符合 H 公司的规定？

A. 如果迟到，即使一个月有四天或以上加班，也不能获得超额奖。

B. 或者没有获得超额奖，或者存在迟到现象，或者一个月没有四天或以上加班。

C. 如果获得超额奖那么肯定既没有迟到现象，又在一个月内有四天或以上加班。

D. 除非获得超额奖，否则或者一个月没有四天或以上加班或者存在迟到现象。

E. 只有一个月四天或以上加班并且不存在迟到现象，才能够获得超额奖。

【题 15】甲、乙、丙三人都接到东方电气公司的面试通知，他们可以选择地铁、开车、公交车等出行方式去参加面试。由于早高峰交通拥堵严重，为了保证不迟到，三人有如下原则：

（1）甲不愿意挤地铁，如果乙乘公交去，他就选择乘公交去；

（2）乙不在乎堵车，如果开车比地铁快，那么他就选择开车去；

（3）丙时间观念超强，除非能提前知道交通路况信息，否则他就选择乘地铁去；

（4）乙和丙正好住在地铁沿线上，如果想相约而行，他们将一起乘地铁去。

如果上述断定为真，在不违反三个人原则的情况下，则可以得出以下哪项？

A. 如果乙没有选择乘坐地铁或开车去，则他肯定和甲一起乘公交车去。

B. 如果甲和丙开车去参加面试，则能提前知道交通路况信息。

C. 如果三人都乘坐地铁去参加面试，则地铁比开车更快。

D. 如果丙和乙乘坐地铁去参加面试，则不能提前知道交通路况信息。

E. 如果三人都乘坐公交车去参加面试，则没能提前知道交通路况信息。

🔑 每课一考（4）答案及解析

【题01】答案 **C**。

题干信息	①一家小微企业没有融资∧能获得可以接受的利润（P）→能生存下来（Q）。 ②一家小微企业在发展过程中找不到有效的变现途径（P）→不能生存下来（Q）。 ③一家小微企业获得融资（P）→该企业主营业务处于蓝海阶段（Q）。 ④华宇公司主营业务不处于蓝海阶段∧不能生存下来。（确定信息） ⑤华丰公司没有找到有效的变现途径∧没有获得融资。（确定信息）	
选项	解释	结果
A	将④代入①可得：获得融资∨没获得可接受的利润，再将④代入③可得：没获得融资，进而根据相容选言判断否定必肯定的原则，可得："华宇公司没有获得可接受的利润"，故选项一定假。	淘汰
B	根据条件④可知，"华宇公司没有生存下来"，由于其肯定了条件②中的 Q 位，因此无法判断选项的真假。	淘汰
C	根据条件⑤可知，"华丰公司没找到有效的变现途径"，将之代入②中可得，"华丰公司不能生存下来"，结合①可得：获得融资∨没获得可接受的利润；又因为"华丰公司没获得融资"，根据相容选言判断否定一个必肯定另一个的原则，可得："华丰公司没获得可接受的利润"，选项一定真。	正确
D	由 C 选项的解析可知，"华丰公司不能生存下来"，因此选项一定假。	淘汰
E	结合信息②可知，选项=Q→P，无法判断其真假。	淘汰

【题02】答案 **A**。

题干信息	①妈妈满足了所有人的需求且购买了不低于四件商品。 ②爸爸：买茶具∀不买血糖计。 ③爷爷：买足浴盆→不买颈椎按摩仪=不买足浴盆∨不买颈椎按摩仪。 ④奶奶：买血糖计→买颈椎按摩仪。 ⑤弟弟：买小猪佩奇∨买猪猪侠。 ⑥姐姐：给弟弟买小猪佩奇→给奶奶买颈椎按摩仪。
解题步骤	
第一步	观察题干一共涉及"六个物品"，若至少买其中四个，那么可用"剩余思想"得出：至多有两个不买。

（续）

	解题步骤
第二步	信息③可转化为"不买足浴盆∨不买颈椎按摩仪"，也就是说"足浴盆和颈椎按摩仪至少有一个不买"，那么剩下的茶具、血糖计、佩奇、猪猪侠，这四种就至多只能有一个不买。
第三步	观察信息②可知，只有两种可能：其一，茶具和血糖计都买了；其二，茶具和血糖计都没买。由上一步可知，不能都不买，因此可得事实上：茶具和血糖计都买了。
第四步	由上一步的事实代入④可得，一定要买颈椎按摩仪；再代入③可得，不买足浴盆。
第五步	小猪佩奇和猪猪侠二者有一个不买，无法判断具体哪一个不买。观察选项可得答案选 A。

【题 03】 答案 **E**。

	解题步骤
第一步	本题考查的是一个综合推理变形。根据"只要 A，那么，如果 B，那么 C = A → （B→C）" = A→（¬B∨C）= ¬A∨¬B∨C。可将题干转化为： ① 全班同学都在承诺书上签字→（全班有人作弊→全班同学的考试成绩都不及格）= 全班有的同学没在承诺书上签字∨全班没有人作弊∨全班同学的考试成绩都不及格。 ② 班上有人作弊，但班长的考试成绩是优秀。
第二步	观察可知，条件②属于确定的事实，故优先考虑将②代入①进行推理。根据选言判断否定必肯定的原则，可得：有人作弊∧班长优秀（即有的同学成绩及格）→全班有的同学没在承诺书上签字。故答案选 E。

【题 04】 答案 **E**。

题干信息	①甲、乙、丙、丁、戊、己 6 人分别可以出演外国游客、购物者、商贩、路人四种角色，每个人在同一场景下只能出演一种角色。 ②出演外国游客的人→甲∨乙。 ③每个场景中至少有 3 类角色同时出现。 ④乙出演商贩∨丁出演商贩→甲出演购物者∧丙出演购物者。 ⑤购物者+路人≤2 人。

	解题步骤
第一步	观察题干信息发现，题干没有确定的信息，故可优先考虑从选项入手，用排除法。此时发现 B、D、E 属于假言判断，故可将条件中的"P 位"当作确定信息去验证是否符合，如果不矛盾，那就证明符合题干条件，即为答案。
第二步	验证 B 选项，在同一场景中，若戊和己出演路人，根据条件⑤可知该场景没有购物者，代入条件④可得乙和丁都不会出演商贩，此时甲可能出演商贩，排除。
第三步	验证 D 选项：在同一场景中，若乙出演外国游客，代入②可知甲不必须出演外国游客，甲还可以出演购物者，排除。
第四步	验证 E 选项：在同一场景中，若丁和戊出演购物者，根据条件⑤可知该场景没有路人且购物者只有丁和戊。甲和丙都不是购物者，代入条件④可得乙和丁不是商贩，乙不是商贩，不是购物者，不是路人，故只能是外国游客。故答案选 E。

（续）

提示	考试时可不用优先考虑 A 和 C 选项，A 选项，题干信息不涉及"不同的场景"，可快速排除。C 选项中甲、乙、丙、丁可以在同一场景中同时出现，比如：乙出演外国游客，甲、丙出演商贩，丁出演路人，排除。

【题 05】答案 C。

题干信息	①形成地区之间资源优势的互补（P）→郑东新区进行铁路网规划建设（Q1）∧推进产业布局一体化（Q2）∧以交通大动脉建设支撑经济社会升级发展（Q3） ②勾勒出"幸福民生"的新图景（P）→促进区域经济协调发展（Q）	
选项	**解析**	**结果**
A	选项不涉及"郑东新区"，不一定为真，考生注意"细节题"是最近几年考试的重点。	淘汰
B	进行了铁路网规划建设（Q1）→形成地区之间资源优势的互补（P），不一定为真。	淘汰
C	郑东新区没能以交通大动脉建设支撑经济社会升级发展（¬Q3）→难以形成地区之间资源优势的互补（¬P），一定为真。	**正确**
D	促进区域经济协调发展（Q）→能勾勒出"幸福民生"的新图景（P），不一定为真。	淘汰
E	促进区域经济协调发展（Q）→勾勒出"幸福民生"的新图景（P），不一定为真。	淘汰

【题 06】答案 E。

	解题步骤
第一步	根据题干"不可能都得到"，也就是不能（M∧N∧Q）=¬M∨¬N∨¬Q，故题干信息可转化为：不想取得重大突破的人：没有与生俱来的创造性思维（¬M）∨没有恪尽职守的工匠精神（¬N）∨没有孜孜不倦的奉献精神（¬Q）。
第二步	观察选项，由于题干不涉及"想取得重大突破的人"，可快速淘汰 A。由于"∨"为真时，推不出"∧"为真，可快速淘汰 B、C、D 选项。故可快速判断答案选 E。E 选项 = M∧N∧¬Q，根据选言判断的"否定必肯定"的规则，恰好符合题干，一定为真。

【题 07】答案 D。

	解题步骤
第一步	①当年夏季捕捞量适宜∧冬季少量捕捞→第二年银鱼丰收∨雷鱼丰收。 ②第二年鳡鱼丰收∧鲥鱼丰收→当年湖中微生物丰富。 ③当年夏季的捕捞量适宜→上一年冬季不捕捞。 ④当年湖里的微生物丰富→渔民夏季捕捞量适宜∧冬季少量捕捞。 ⑤2019 年鄱阳湖夏季捕捞量过度（确定信息）。
第二步	将确定信息⑤"2019 年鄱阳湖夏季捕捞量过度"代入条件④可得，"2019 年鄱阳湖中微生物不丰富"，将其代入至条件②可得，"鄱阳湖 2020 年鳡鱼没丰收∨鲥鱼没丰收"，即：鳡鱼丰收了→鲥鱼没有丰收，因此答案选 D。

【题 08】答案 E。

	解题步骤
第一步	①当年夏季捕捞量适宜∧冬季少量捕捞→第二年银鱼丰收∨雷鱼丰收。 ②第二年鳡鱼丰收∧鲥鱼丰收→当年湖中微生物丰富。 ③当年夏季的捕捞量适宜→上一年冬季不捕捞。 ④当年湖里的微生物丰富→渔民夏季捕捞量适宜∧冬季少量捕捞。 ⑤2021 年鄱阳湖鳡鱼丰收∧鲥鱼丰收（确定信息）。
第二步	将确定信息⑤"2021 年鄱阳湖鳡鱼丰收∧鲥鱼丰收"代入条件②可得，"2020 年鄱阳湖中微生物丰富"，将其代入至条件④可得，"鄱阳湖 2020 年夏季捕捞量适宜∧冬季少量捕捞"，再将新得出的信息代入条件①中，可知"2021 年鄱阳湖银鱼丰收∨雷鱼丰收"，即：银鱼没有丰收→雷鱼丰收了，因此答案选 E。

【题 09】答案 C。

题干信息	①汽油不涨价（P）∨选择乘地铁上班（Q）∨涨工资（M）。 ②不涨工资（¬M）∨好好理财（N）∨继续成为"月光族"（R）。 考生注意：如果 A，那么 B，除非 C＝一旦 A，就 B，否则 C＝（A∧¬B）→C＝¬A∨B∨C。		
选项	解释		结果
A	选项＝¬P∧¬M→Q＝P∨M∨Q，与①的推理一致。		淘汰
B	选项＝M∧¬N→R＝¬M∨N∨R，与②的推理一致。		淘汰
C	选项＝¬R→M∧N＝R∨（M∧N），与②的推理不一致。		**正确**
D	选项＝¬P∧¬Q→M＝P∨Q∨M，与①的推理一致。		淘汰
E	选项＝P∨Q∨M，与①的推理一致。		淘汰

【题 10】答案 D。

题干信息	①0 和 1 是两个不同的逻辑值，可得：0→¬1；1→¬0。（考生注意，0 和 1 是两个不同的逻辑值，只能得出二者是不相容的关系，至于是矛盾还是反对，无法判断） ②0∧0（P）→0（Q）。 ③（0∧1）∨（1∧1）（P）→1（Q）。		
选项	解释		结果
A	和为 1 代入③中，肯定 Q 位，什么也推不出。代入①中推出¬0，代入②否定 Q 推出否定 P，只能得到至少有一个不是 0，故选项推不出。		淘汰
B	和为 0 代入②中，肯定 Q 位，什么也推不出。		淘汰
C	和为 0 代入①中推出¬1，代入③否定 Q 推出否定 P，可得，（¬0∨¬1）∧（¬1∨¬1）。因此选项可能为真，有可能两个都不是 1。		淘汰
D	和为 1 代入①中推出¬0，代入②中否定 Q 推出否定 P，得出至少有一个不是 0，能推出。		**正确**
E	和不是 0 代入②，可得至少有一个不是 0，得不出至少有一个是 1。		淘汰

【题11】答案 D。

题干信息	① 东山、西山、南山三人都是罪犯（P1）→破获这个案件（Q1）。 ② 案件没有破获。 ③ 东山不是罪犯（P2）→西山不是罪犯（Q2）。 ④ 西山不是罪犯（P3）→西山与南山是生死之交（Q3）。 ⑤ 南山根本不认识西山。

解题步骤	
第一步	先将⑤代入④，否定 Q3 推出否定 P3，即"西山是罪犯"；再将"西山是罪犯"代入③可得"东山是罪犯"。
第二步	再将②代入①可得，否定 Q1 推出否定 P1，即：⑥东山不是罪犯 ∨ 西山不是罪犯 ∨ 南山不是罪犯。
第三步	由于"西山是罪犯 ∧ 东山是罪犯"，代入⑥可得"南山不是罪犯"。因此答案选 D。

【题12】答案 C。

题干信息	①学生都具备足够的文学欣赏水平 ∧ 道德自律意识（P）→《红粉梦》和《演艺十八钗》这样的出版物就不可能成为在该校学生中销售最多的书（Q）；②去年在 H 学院的学生中，《演艺十八钗》的销售量仅次于《红粉梦》。 考生注意，"仅次于"说明《演艺十八钗》的销量只比《红粉梦》少，那么就说明《红粉梦》销量第一，而《演艺十八钗》销量第二。

选项	解释	结果
I	《演艺十八钗》和《红粉梦》成了销量最多的书，也不能判断大多数学生都购买了，可能《演艺十八钗》卖了 2 本，而《红粉梦》卖了 3 本，其他书都没卖出去。	可能真
II	《演艺十八钗》和《红粉梦》成了销量最多的书，否定 Q 推出否定 P：学生不具备足够的文学欣赏水平 ∨ 没有足够的道德自律意识。根据"∨"判断为真，不能推出"∧"判断为真，因此该选项可能为真。	可能真
III	《演艺十八钗》和《红粉梦》成了销量最多的书，否定 Q 推出否定 P：有的学生不具备足够的文学欣赏水平 ∨ 没有足够的道德自律意识。	一定真

【题13】答案 D。

解题步骤	
第一步	根据"除非 Q，否则 P=¬ P→Q"。即：可能获得当月绩效工资 ∧ 获得当月奖励工资（¬ P）→每个工作日都出勤（Q）。
第二步	根据"¬ P→Q=¬ Q→P"可得：有的工作日不出勤→必然（不能获得当月绩效工资 ∨ 不能获得当月奖励工资），因此答案选 D。

【题14】答案 D。

题干信息	"如果 M，那么 N，除非 Q"=¬（M→N）→Q=(M ∧ ¬ N)→Q=¬ M ∨ N ∨ Q。由此题干推理可转化为：少于 4 天加班（¬ M）∨ 能获得超额奖（N）∨ 有迟到现象（Q）。

（续）

选项	解析	结果
A	选项=Q∧M→¬N，根据相容选言判断"肯定不确定"的规则，选项可能为真。	淘汰
B	选项=¬M∨¬N∨Q，与题干不相符。	淘汰
C	选项=N→¬Q∧M，根据相容选言判断"肯定不确定"的规则，选项可能为真。	淘汰
D	选项=M∧¬Q→N，根据相容选言判断"否定必肯定"的规则，选项一定为真。	**正确**
E	选项=N→¬Q∧M，根据相容选言判断"肯定不确定"的规则，选项可能为真。	淘汰

【题 15】答案 B。

题干信息	①甲不愿意挤地铁。P1：乙乘公交去→Q1：甲选择乘公交去。 ②乙不在乎堵车。P2：开车比地铁快→Q2：乙就选择开车去。 ③丙时间观念超强。P3：不能提前知道交通路况信息→Q3：丙选择乘地铁去。 ④乙和丙正好住在地铁沿线上。P4：乙和丙想相约而行→Q4：一起乘地铁去。	
选项	解释	结果
A	首先，题干指出地铁、开车、公交车等出行方式，可能存在其他的出行方式，因此根据乙没有乘地铁或开车，无法判定乙是否一定乘公交。再者根据信息①只能得出，如果乙乘公交去，甲会乘公交，但是是否一起去不得而知，甲、乙去东方电气公司的路线未必相同。	淘汰
B	根据信息③，丙开车→丙不乘地铁→能提前知道交通路况信息，而甲不愿意挤地铁，因此可以和丙一起开车，不违背原则。	**正确**
C	选项与信息②相冲突，由乙坐地铁得乙不开车去，可得出开车不比地铁快，可能一样快，并且甲也不愿意挤地铁，因此选项不能得出。	淘汰
D	根据信息③，丙乘地铁肯定 Q3，什么也推不出。	淘汰
E	根据信息③，丙乘公交车→丙不乘地铁→能提前知道交通路况信息，选项不符合题干推理。	淘汰

命题方向 三 形式逻辑——结构相似

考点 11 结构相似解题技巧

○ **方法解读** ○

1. 结构相似题目的一般解题方法（主要应对简单的结构比较题型，此类题目比较简单，现在考试出现的较少）

   解题口诀："命题性质要相同；核心词的位置要一致；否定位置要相同。"

   ① 命题性质要相同：比如，题干是假言判断，正确的选项也应该是假言判断。

   ② 核心词的位置要一致：主语或宾语在每个句子中的位置要一致。

   ③ 否定位置要相同：否定出现在句子的位置要大致一样。

   （**考生注意**：解题口诀没有先后和重要之分，三个要点需共同使用。）

2. 考试三大重点命题方向

   （1）推理一致。主要考查考生对于推理结构一致性的比较，此类题目需要考生对于题干和选项的推理进行一一对照，考试常见的推理一致主要分为因果关系推理一致、假言判断推理一致、三段论推理一致。

   （2）求因果关系一致。主要考查常见的求因果关系方法是否一致，常见的求因果关系方法主要分为求同法、求异法、共变法、类比法、剩余法等，考生可复习"基础篇"相关内容。

   （3）谬误一致。主要考查常见的谬误，考生需要掌握常见的逻辑谬误，从而寻找和题干逻辑谬误一致的选项。考试常见的谬误一致的考点主要有偷换概念、非黑即白、以偏概全、集合体性质误用、不当同一替代、两不可、自相矛盾、循环定义、循环论证、不当类比、诉诸权威、转移论题、强置因果等，考生需要复习"基础篇"相关内容。

庖丁解牛

例题 57　韩国人爱吃酸菜，翠花爱吃酸菜，所以，翠花是韩国人。

以下哪个选项最明确地显示了上述推理的荒谬？

A. 所有的克里特岛人都说谎，约翰是克里特岛人，所以，约翰说谎。

B. 会走路的动物都有腿，桌子有腿，所以，桌子是会走路的动物。

C. 西村爱翠花，翠花爱吃酸菜，所以，西村爱吃酸菜。

D. 所有金子都闪光，所以，有些闪光的东西是金子。

E. 张三热爱学习，所以，张三的同学都热爱学习。

► 【精点解析】

"以下哪个选项最明确地显示了上述推理的荒谬？"解题思路和结构相似是一样的，也就是你所选择的正确选项的推理是错误的，而且错误类型和题干一样。

我们利用口诀，观察核心词的位置，便可以快速选择答案。

题干信息	韩国人爱吃酸菜，翠花爱吃酸菜，所以，翠花是韩国人。	
选项	**解析**	**结果**
A	所有的克里特岛人都说谎，约翰是克里特岛人，所以，约翰说谎。核心词的位置不一致。	淘汰
B	会走路的动物都有腿，桌子有腿，所以，桌子是会走路的动物。核心词的位置和题干一致。	**正确**
C	西村爱翠花，翠花爱吃酸菜，所以，西村爱吃酸菜。核心词的位置不一致。	淘汰
D	句子个数和题干不一致。	淘汰
E	句子个数和题干不一致。	淘汰
答案	**B**	

例题 58　南口镇仅有一中和二中两所中学，一中学生的学习成绩一般比二中的学生好，由于来自南口镇的李明乐在大学一年级的学习成绩是全班最好的，因此，他一定是南口镇一中毕业的。

以下哪项与题干的论述方式最为类似？

A. 如果父母对孩子的教育得当，则孩子在学校的表现一般都较好，由于王征在学校的表现不好，因此他的家长一定教育失当。

B. 如果小孩每天背诵诗歌 1 小时，则会出口成章，郭娜每天背诵诗歌不足 1 小时，因此，她不可能出口成章。

C. 如果人们懂得赚钱的方法，则一般都能积累更多的财富，因此，彭总的财富来源于他的足智多谋。

D. 儿童的心理教育比成年人更重要，张青是某公司心理素质最好的人，因此，他一定在儿童时期获得了良好的心理教育。

E. 北方人个子通常比南方人高，马林在班上最高，因此，他一定是北方人。

► 【精点解析】

解题步骤	
第一步	淘汰 A、B、C 项，因为根据口诀，命题性质要相同，A、B、C 项是假言判断，而题干不是。
第二步	"南口镇仅有一中和二中两所中学。"考生注意"仅"这个词，说明"一中"和"二中"构成南口镇中学的全部，二者是矛盾关系。
第三步	"儿童"和"成年人"并不能够成集合的全部，二者是反对关系，与题干不一致，淘汰 D 项。
第四步	"北方人"和"南方人"构成了集合的全部，二者是矛盾关系，与题干信息一致。答案选 E。

例题 59

甲：己所不欲，勿施于人。

乙：我反对，己所欲，则施于人。

以下哪项与上述对话方式最为相似？

A. 甲：人非草木，孰能无情？乙：我反对，草木无情，但人有情。

B. 甲：人无远虑，必有近忧。乙：我反对，人有远虑，亦有近忧。

C. 甲：不入虎穴，焉得虎子。乙：我反对，如得虎子，必入虎穴。

D. 甲：人不犯我，我不犯人。乙：我反对，人若犯我，我就犯人。

E. 甲：不在其位，不谋其政。乙：我反对，在其位，则行其政。

► **【精点解析】**

题干信息	甲：施于人→己所欲（P→Q） 乙：我反对，己所欲→施于人（Q→P）	
选项	**解析**	**结果**
A	反对者的内容是联言判断，直接排除。	淘汰
B	反对者的内容是联言判断，直接排除。	淘汰
C	甲：得虎子→入虎穴（P→Q）。 乙：得虎子→入虎穴（P→Q）。与题干不一致。	淘汰
D	甲：我犯人→人犯我（P→Q）。 乙：人犯我→我犯人（Q→P）。与题干一致。	**正确**
E	甲：谋其政→在其位（P→Q）。乙：在其位→行其政（Q→M）。 考生注意："谋" ≠ "行"，与题干不一致。	淘汰
答案	**D**	

例题 60

甲：知难行易，知然后行。

乙：不对。知易行难，行然后知。

以下哪项与上述对话方式最为相似？

A. 甲：知人者愚，自知者明。

　　乙：不对。知人不易，知己更难。

B. 甲：不破不立，先破后立。

　　乙：不对。不立不破，先立后破。

C. 甲：想想容易做起来难，做比想更重要。

　　乙：不对。想到就能做到，想比做更重要。

D. 甲：批评他人易，批评自己难；先批评他人后批评自己。

　　乙：不对。批评自己易，批评他人难；先批评自己后批评他人。

E. 甲：做人难做事易，先做人再做事。

　　乙：不对。做人易做事难，先做事再做人。

► **【精点解析】**

题干信息	题干结构：甲：P比Q难，先P后Q。乙：反对，Q比P难，先Q后P。

（续）

选项	解析	结果
A	该项不存在比较，所以结构与题干不一致。	淘汰
B	该项不存在比较，所以结构与题干不一致。	淘汰
C	该项反驳的方式与题干不一致。	淘汰
D	该项是迷惑项，题干比较是先做难的事情，而 D 选项是先做容易的事情，所以与题干不一致。	淘汰
E	该项结构与题干一致。	**正确**
答案	**E**	

例题 61

一艘远洋帆船载着 5 位中国人和几位外国人由中国开往欧洲。途中，除 5 位中国人外，全患上了败血症。同乘一艘船，同样是风餐露宿，漂洋过海，为什么中国人和外国人如此不同呢？原来这 5 位中国人都有喝茶的习惯，而外国人却没有。于是得出结论：喝茶是这 5 位中国人未得败血症的原因。

以下哪个论证最类似题干的论证？

A. 警察锁定了犯罪嫌疑人，但是从目前掌握的事实看，都不足以证明他犯罪。专案组由此得出结论，必有一种未知的因素潜藏在犯罪嫌疑人身后。

B. 在两块土壤情况基本相同的麦地上，对其中一块施氮肥和钾肥，另一块只施钾肥。结果施氮肥和钾肥的那块麦地的产量远高于另一块。可见，施氮肥是麦地产量较高的原因。

C. 孙悟空："如果打白骨精，师父会念紧箍咒；如果不打，师父就会被妖精吃掉。"孙悟空无奈得出结论："我还是回花果山算了。"

D. 天文学家观测到天王星的运行轨道有特征 a、b、c，已知特征 a、b 分别是由两颗行星甲、乙的吸引造成的，于是猜想还有一颗未知行星造成天王星的轨道特征 c。

E. 一定压力下的一定量气体，温度升高，体积增大；温度降低，体积缩小。气体体积与温度之间存在一定的相关性，说明气体温度的改变是其体积改变的原因。

▶ 【精点解析】

题干信息	前提差异：是否喝茶的差异。前提相同：同乘一艘船、同样是风餐露宿、漂洋过海。结论差异：得败血的差异。使用求异法得出结论的方式。	
选项	解析	结果
A	没有指明是何种因素，也没有比较分析，属于排除法。	淘汰
B	结果有差异，产量不同，一个施氮肥和钾肥，一个只施钾肥，条件差异只有氮肥，所以得出结论氮肥是产量不同的原因。与题干推理方式吻合。	**正确**
C	属于两难推理，A 推出 B，非 A 推出 B，所以只有 B。	淘汰
D	题干只涉及两个元素，选项有三个元素的比较，元素个数不同，与题干不符。	淘汰
E	选项只能说明两个元素之间存在相关性，而非求异和排除法。	淘汰
答案	**B**	

例题 62

克鲁特是德国家喻户晓的"明星"北极熊，北极熊是北极名副其实的霸主，因此，克鲁特是名副其实的北极霸主。

以下哪项除外，均与上述论证中出现的谬误相似？

A. 儿童是祖国的花朵，小雅是儿童，因此，小雅是祖国的花朵。

B. 鲁迅的作品不是一天能读完的，《祝福》是鲁迅的作品。因此《祝福》不是一天能读完的。

C. 中国人是不怕困难的，我是中国人。因此，我是不怕困难的。

D. 康怡花园坐落在清水街，清水街的建筑属于违章建筑。因此，康怡花园的建筑属于违章建筑。

E. 西班牙语是外语，外语是普通高等学校招生的必考科目。因此西班牙语是普通高等学校招生的必考科目。

► 【精点解析】

题干信息	题干第一个"北极熊"指的是单独的个体"克鲁特"，是非集合概念，而第二个"北极熊"指的是所有的北极的熊，是集合概念。因此题干显然犯了集合体误用的错误。	
选项	解析	结果
A	第一个儿童指的是所有的儿童，集合概念；第二个儿童指的是小雅，非集合概念。与题干错误一致。	淘汰
B	第一个鲁迅的作品是指鲁迅所有的作品，集合概念；第二个鲁迅的作品指的是《祝福》，非集合概念。与题干错误一致。	淘汰
C	第一个中国人指中国所有的人，集合概念；第二个中国人指的是我，非集合概念。与题干错误一致。	淘汰
D	清水街的建筑属于违章建筑，就意味着清水街的每一栋建筑都违章，因此题干推理正确，没有犯集合体性质误用的错误。	正确
E	第一个外语指的是西班牙语，属于非集合概念；第二个外语指的是全部的外语，属于集合概念。犯了集合体性质误用的错误，与题干错误一致。	淘汰
答案	**D**	

▶ **每课一考（5）**

🕐 时间：35 分钟   得分：

本测试题共有 15 小题，每小题 2 分，共 30 分。请从下面每小题所列的 5 个备选答案中选取出 1 个，多选为错。

【题 01】所有重点大学的学生都是聪明的学生，有些聪明的学生喜欢逃课，小杨不喜欢逃学，所以小杨不是重点大学的学生。

以下除哪项外，均与上述推理的形式类似？

A. 所有经济学家都懂经济，有些懂经济的专家爱投资企业，你不爱投资企业；所以，你不是经济学家。

B. 所有的鹅都吃青菜，有些吃青菜的也吃鱼，兔子不吃鱼；所以，兔子不是鹅。

C. 所有的人都是爱美的，有些爱美的还研究科学，亚里士多德不是普通人；所以，亚里士多德不研究科学。

D. 所有被高校录取的学生都是超过录取分数线的，有些超过录取分数线的是大龄考生，小张不是大龄考生；所以小张没有被高校录取。

E. 所有想当外交官的都需要学外语，有些学外语的重视人际交往，小王不重视人际交往；所以小王不想当外交官。

【题 02】一个产品要想稳固地占领市场，产品本身的质量和产品的售后服务二者缺一不可。空谷牌冰箱质量不错，但售后服务跟不上，因此，很难长期稳固地占领市场。

以下哪项推理的结构和题干的最为类似？

A. 德才兼备是一个领导干部尽职胜任的必要条件。李主任富于才干但疏于品德，因此，他难以尽职胜任。

B. 如果天气晴朗并且风速在三级之下，跳伞训练场将对外开放。今天的天气晴朗但风速在三级以上，所以跳伞场地不会对外开放。

C. 必须有超常业绩或者教龄在 30 年以上，才有资格获得教育部颁发的特殊津贴。张教授获得了教育部颁发的特殊津贴，但教龄只有 15 年，因此，他一定有超常业绩。

D. 如果不深入研究广告制作的规律，则所制作的广告的知名度和信任度不可兼得。空谷牌冰箱的广告既有知名度，又有信任度，因此，这一广告的制作者肯定深入地研究了广告制作的规律。

E. 一个罪犯要作案，必须既有作案动机，又有作案时间。李某既无作案动机，又无作案时间，因此，李某不可能是作案的罪犯。

【题 03】要选修数理逻辑课，必须已修普通逻辑课，并对数学感兴趣。有些学生虽然对数学感兴趣，但并没修过普通逻辑课，因此，有些对数学感兴趣的学生不能选修数理逻辑课。

以下哪项的逻辑结构与题干的最为类似？

A. 据学校规定，要获得本年度的特设奖学金，必须来自贫困地区，并且成绩优秀。有些本年度特设奖学金的获得者成绩优秀，但并非来自贫困地区，因此，学校评选本年度奖学金的规定并没有得到很好的执行。

B. 一本书要畅销，必须既有可读性又经过精心包装。有些畅销书可读性并不强，因此，有些畅销书主要是靠包装。

C. 任何缺乏经常保养的汽车使用了几年之后都需要维修，有些汽车用了很长时间以后还不需要维修，因此，有些汽车经常得到保养。

D. 高级写字楼要值得投资，必须设计新颖，或者能提供大量办公用地。有些新写字楼虽然设计新颖，但不能提供大量的办公用地，因此，有些新写字楼不值得投资。

E. 为初学的骑士训练的马必须强健而且温驯，有些马强健但并不温驯，因此，有些强健的马并不适合于初学的骑手。

【题04】目前，癌症仍然属于不治之症，癌症患者除了接受化疗这种治标疗法外，还无法从根本上治愈癌症。但是，癌症患者只要接受化疗，就会承受很强的副作用，而化疗的副作用会导致癌症患者抵抗力下降，因此抵抗力下降的人容易患癌症。

以下哪项与上文中的推理最接近？

A. 学生只要努力学习，成绩就会有很大提高，而成绩提高了，就能够评上奖学金，所以努力学习就能评上奖学金。

B. 只有物理学家才懂得相对论，只有懂得相对论，才能从事相关研究。王先生是从事相对论相关研究工作的，所以他一定懂得相对论。

C. 老田是小田的爸爸，大田是老田的弟弟，所以，大田是小田的叔叔。

D. 如果卡卡上场，巴西队就一定会赢，巴西队如果赢了，就能够获得高额奖金，巴西队获得高额奖金时，卡卡就一定上场了。

E. 只要甲犯罪，他就有犯罪时间和条件，并且有犯罪动机，现在甲有犯罪时间和条件，但没有犯罪动机，所以，他可能犯罪，也可能没犯罪。

【题05】对同一事物，有的人说"好"，有的人说"不好"，这两种人之间没有共同语言。可见，不存在全民族通用的共同语言。

以下除哪项外，都与题干推理所犯的逻辑错误近似？

A. 甲："厂里规定，工作时禁止吸烟。"乙："当然，可我吸烟时从不工作。"

B. 有的写作教材上讲，写作中应当讲究语言形式的美。我的看法不同，我认为语言就应该朴实，不应该追求那些形式主义的东西。

C. 有意杀人者应处死刑，行刑者是有意杀人者，所以行刑者应处死刑。

D. 象是动物，所以小象是小动物。

E. 这种观点既不属于唯物主义，又不属于唯心主义，我看两者都有点像。

【题06】所有景观房都可以看到山水景致，但是李文秉家看不到山水景致，因此，李文秉家不是景观房。

以下哪项和上述论证方式最为类似？

A. 善良的人都会得到村民的尊重，乐善好施的成公得到了村民的尊重，因此，成公是善良的人。

B. 东墩市场的蔬菜都非常便宜，这篮蔬菜不是在东墩市场买的，因此，这篮蔬菜不便宜。

C. 九天公司的员工都会说英语，林英瑞是九天公司的员工，因此，林英瑞会说英语。

D. 达到基本条件的人都可以申请小额贷款，孙雯没有申请小额贷款，因此，孙雯没有达到基本条件。

E. 进入复试的考生笔试成绩都在160分以上，王离芬的笔试成绩没有达到160分，因此，王离芬没有进入复试。

【题07】公司经理：我们招聘人才时最看重的是综合素质和能力，而不是分数。人才招聘中，高分低能者并不鲜见，我们显然不希望招到这样的"人才"，从你的成绩单可以看出，你的学业分数很高，因此我们有点怀疑你的能力和综合素质。

以下哪项和经理得出结论的方式最为类似？

A. 公司管理者并非都是聪明人，陈然不是公司管理者，所以陈然可能是聪明人。

B. 猫都爱吃鱼，没有猫患近视，所以吃鱼可以预防近视。

C. 人的一生中健康开心最重要，名利都是浮云，张立名利双收，所以可能张立并不开心。

D. 有些歌手是演员，所有的演员都很富有，所以有些歌手可能不富有。

E. 闪光的物体并非都是金子，考古队挖到了闪闪发光的物体，所以考古队挖到的可能不是金子。

【题08】在印度发现了一群不平常的陨石，它们的构成元素表明，它们只可能来自水星、金星和火星。由于水星靠太阳最近，它的物质只可能被太阳吸引而不可能落到地球上，这些陨石也不可能来自金星，因为金星表面的任何物质都不可能摆脱它和太阳的引力而落到地球上，因此，这些陨石很可能是某次巨大的碰撞后从火星落到地球上的。

上述论证方式和以下哪项最为类似？

A. 这起谋杀案或是财杀，或是仇杀，或是情杀。但作案现场并无财物丢失；死者家属和睦，夫妻恩爱，并无情人。因此，最大的可能是仇杀。

B. 如果张甲是作案者，那必有作案动机和作案时间。张甲确有作案动机，但没有作案时间。因此，张甲不可能是作案者。

C. 此次飞机失事的原因，或是人为破坏，或是设备故障，或是操作失误。被发现的黑匣子显示，事故原因确是设备故障。因此，可以排除人为破坏和操作失误。

D. 所有的自然数或是奇数，或是偶数。有的自然数不是奇数，因此，有的自然数是偶数。

E. 任一三角形或是直角三角形，或是钝角三角形，或是锐角三角形。这个三角形有两个内角之和小于90度。因此，这个三角形是钝角三角形。

【题09】使用枪支的犯罪比其他类型的犯罪更容易导致命案。但是，大多数使用枪支的犯罪并没有导致命案。因此，没有必要在刑法中把非法使用枪支作为一种严重刑事犯罪，同其他刑事犯罪区分开来。

上述论证中的逻辑漏洞，与以下哪项中出现的最为类似？

A. 肥胖者比体重正常的人更容易患心脏病。但是，肥胖者在我国人口中只占很小的比例。因此，在我国，医疗卫生界没有必要强调导致心脏病的风险。

B. 不检点的性行为比检点的性行为更容易感染艾滋病。但是，在有不检点性行为的人群中，感染艾滋病的只占很小的比例。因此，没有必要在预防艾滋病的宣传中，强调不检点性行为的危害。

C. 流行的看法是，吸烟比不吸烟更容易导致肺癌。但是，在有的国家，肺癌患者中有吸烟史的人所占的比例，并不高于总人口中有吸烟史的比例。因此，上述流行看法很可能是一种偏见。

D. 高收入者比低收入者更有能力享受生活。但是不乏高收入者宣称自己不幸福。因此，幸福生活的追求者不必关注收入的高低。

E. 高分考生比低分考生更有资格进入重点大学。但是，不少重点大学学生的实际水平不如某些非重点大学的学生。因此，目前的高考制度不是一种选拔人才的理想制度。

【题10】科学离不开测量，测量离不开长度单位。公里、米、分米、厘米等基本长度单位的确立完全是一种人为约定，因此，科学的结论完全是一种人的主观约定，谈不上客观的标准。

以下哪项与题干的论证最为类似？

A. 建立良好的社会保障体系离不开强大的综合国力，强大的综合国力离不开一流的国民教育。因此，要建立良好的社会保障体系，必须有一流的国民教育。

B. 做规模生意离不开做广告。做广告就要有大额资金投入。不是所有人都能有大额资金投入。因此，不是所有人都能做规模生意。

C. 游人允许坐公园的长椅。要坐公园长椅就要靠近它们。靠近长椅的一条路径要踩踏草地。因此，允许游人踩踏草地。

D. 具备扎实的舞蹈基本功必须经过长年不懈地艰苦训练。在春节晚会上演出的舞蹈演员必须具备扎实的基本功。长年不懈的艰苦训练是乏味的。因此，在春节晚会上演出是乏味的。

E. 家庭离不开爱情，爱情离不开信任。信任是建立在真诚基础上的。因此，对真诚的背离是家庭危机的开始。

【题11】化学课上，张老师演示了两个同时进行的教学实验：一个实验是 $KClO_3$ 加热后，有 O_2 缓慢产生，另一个实验是 $KClO_3$ 加热后迅速撒入少量 MnO_2，这时立即有大量的 O_2 产生。张老师由此指出：MnO_2 是 O_2 快速产生的原因。

以下哪项与张老师得出结论的方法类似？

A. 同一品牌的化妆品价格越高卖得越火。由此可见，消费者喜欢价格高的化妆品。

B. 居里夫人在沥青矿物中提取放射性元素时发现，从一定量的沥青矿物中提取的全部纯铀的放射性强度比同等数量的沥青矿物中放射线强度低很多。她据此推断，沥青矿物中还存在其他放射线更强的元素。

C. 统计分析发现，30 岁至 60 岁之间，年纪越大胆子越小，有理由相信：岁月是勇敢的腐蚀剂。

D. 将闹钟放在玻璃罩里，使它打铃，可以听到铃声；然后把玻璃罩里的空气抽空，再使闹钟打铃，就听不到铃声了。由此可见，空气是声音传播的介质。

E. 人们通过对绿藻、蓝藻、红藻的大量观察，发现结构简单、无根叶是藻类植物的主要特征。

【题12】这次新机型试飞只是一次例行试验，既不能算成功，也不能算不成功。

以下哪项对于题干的评价最为恰当？

A. 题干的陈述没有漏洞。

B. 题干的陈述有漏洞，这一漏洞也出现在后面的陈述中：这次关于物价问题的社会调查结果，既不能说完全反映了民意，也不能说一点也没有反映民意。

C. 题干的陈述有漏洞，这一漏洞也出现在后面的陈述中：这次考前辅导，既不能说完全成功，也不能说彻底失败。

D. 题干的陈述有漏洞，这一漏洞也出现在后面的陈述中：人有特异功能，既不是被事实证明的科学结论，也不是纯属欺诈的伪科学结论。

E. 题干的陈述有漏洞，这一漏洞也出现在后面的陈述中：在即将举行的大学生辩论赛中，我不认为我校代表队一定能进入前四名，我也不认为我校代表队可能进不了前四名。

【题13】甲：读书最重要的目的是增长知识、开阔视野。

乙：你只见其一，不见其二。读书最重要的是陶冶性情、提升境界。没有陶冶性情、提升境界，就不能达到读书的真正目的。

以下哪项与上述反驳方式最为相似？

A. 甲：文学创作最重要的是阅读优秀文学作品。

乙：你只见现象，不见本质。文学创作最重要的是观察生活、体验生活。任何优秀的文学作品都来源于火热的社会生活。

B. 甲：做人最重要的是要讲信用。

乙：你说得不全面。做人最重要的是要遵纪守法。如果不遵纪守法，就没法讲信用。

C. 甲：作为一部优秀的电视剧，最重要的是能得到广大观众的喜爱。

乙：你只见其表，不见其里。作为一部优秀的电视剧最重要的是具有深刻寓意与艺术魅力。没有深刻寓意与艺术魅力，就不能成为优秀的电视剧。

D. 甲：科学研究最重要的是研究内容的创新。

乙：你只见内容，不见方法。科学研究最重要的是研究方法的创新。只有实现研究方法的创新，才能真正实现研究内容的创新。

E. 甲：一年中最重要的季节是收获的秋天。

乙：你只看结果，不问原因。一年中最重要的季节是播种的春天，没有春天的播种，哪来秋天的收获？

【题 14】 在所有市内文物区的建筑中，泰勒家族的房屋是最著名的。由于文物区是全市最著名的区，所以，泰勒家族的房屋是全市最著名的。

以下哪项与上述论证中的推理错误最为相似？

A. 在海岸山脉所有的山峰中，威廉峰最高，由于整个地区最高的山峰都集中在海岸山脉，所以，威廉峰是全地区最高的山峰。

B. 吸烟是最容易造成人们患肺癌的行为，由于玉屏县的人所吸的烟比全世界任何地方的都多，所以，玉屏县患肺癌的人数也居世界之首。

C. 张飞是他们家三个孩子中年龄最大的，由于张飞他们家中三个孩子的每一个都比楼里的其他孩子年龄要大，所以，张飞是院子里年龄最大的孩子。

D. 在港口地区所有的鱼店中，钱二平的鱼店鱼类品种最多，由于港口地区的鱼店比城里其他地方的都多，所以，钱二平的鱼店是这个城市中鱼类品种最多的店。

E. 在学校植物园的所有花中，玫瑰是最漂亮的，而学校的植物园是这一地区最漂亮的花园了，所以，学校植物园中的玫瑰就是这一地区最美的花。

【题 15】 李娜说，作为一个科学家，她知道没有一个科学家喜欢朦胧诗，而绝大多数科学家都擅长逻辑思维。因此，至少有些喜欢朦胧诗的人不擅长逻辑思维。

以下哪项的推理结构和题干的推理结构最为类似？

A. 余静说，作为一个生物学家，他知道所有的有袋动物都不产卵，而绝大多数有袋动物都产在澳大利亚。因此，至少有些澳大利亚动物不产卵。

B. 方华说，作为父亲，他知道没有父亲会希望孩子在临睡前吃零食，而绝大多数父亲都是成年人。因此，至少有些希望孩子临睡前吃零食的人是孩子。

C. 王唯说，作为一个品酒专家，他知道，陶瓷容器中的陈年酒的质量，都不如木桶中的陈年酒，而绝大多数中国陈年酒都装在陶瓷容器中。因此，中国陈年酒的质量至少不如装在木桶中的法国陈年酒。

D. 林宜说，作为一个摄影师，他知道，没有彩色照片的清晰度能超过最好的黑白照片，而绝大多数风景照片都是彩色照片。因此，至少有些风景照片的清晰度不如最好的黑白照片。

E. 张杰说，作为一个商人，他知道，没有商人不想发财。因为绝大多数商人都是守法的，因此，至少有些守法的人并不想发财。

🔑 每课一考（5）答案及解析

【题01】答案 C。

题干信息	所有重点大学的学生都是聪明的学生，有些聪明的学生喜欢逃课，小杨不喜欢逃课，所以小杨不是重点大学的学生。考生注意比较核心词位置和否定词位置。	
选项	解析	结果
A	所有经济学家都懂经济，有些懂经济学的爱投资企业，你不爱投资企业；所以，你不是经济学家。核心词位置和否定词位置均相同。	淘汰
B	所有的鹅都吃青菜，有些吃青菜的也吃鱼，兔子不吃鱼；所以，兔子不是鹅。核心词位置和否定词位置均相同。	淘汰
C	所有的人都是爱美的，有些爱美的还研究科学，亚里士多德不是普通人；所以，亚里士多德不研究科学。核心词位置不同。	正确
D	所有被高校录取的学生都是超过录取分数线的，有些超过录取分数线的是大龄考生，小张不是大龄考生；所以小张没有被高校录取。核心词位置和否定词位置均相同。	淘汰
E	所有想当外交官的都需要学外语，有些学外语的重视人际交往，小王不重视人际交往；所以小王不想当外交官。核心词位置和否定词位置均相同。	淘汰

【题02】答案 A。

题干信息	$P \rightarrow M \land N$，因为 $M \land \neg N$，所以 $\neg P$。	
选项	解析	结果
A	与题干一致。	正确
B	$M \land N \rightarrow P$，因为 $M \land \neg N$，所以 $\neg P$。	淘汰
C	$P \rightarrow M \lor N$，因为 $P \land \neg N$，所以 M。	淘汰
D	$P \rightarrow \neg M \lor \neg N$，因为 $M \land N$，所以 $\neg P$。	淘汰
E	$P \rightarrow M \land N$，因为 $\neg M \land \neg N$，所以 $\neg P$。	淘汰

【题03】答案 E。

整理题干信息：要选修数理逻辑课（P），必须已修普通逻辑课（M）并对数学感兴趣（N）。有些（考生需要注意的是"有些"，不是"所有"）学生虽然对数学感兴趣（N），但并没修过普通逻辑课（¬M），因此，有些对数学感兴趣（N）的学生不能选修数理逻辑课（¬P）。

考生可以根据上述结构很容易选出正确答案。

【题 04】答案 **D**。

题干信息	题干推理：癌症→接受化疗→承受副作用→抵抗力下降；所以抵抗力下降→易患癌症。其推理结构为：P→Q→M→N，所以 N→P，题干推理显然将因果关系倒置。	
选项	**解析**	**结果**
A	选项推理结构为：P→Q→M，所以 P→M。与题干推理不一致。	淘汰
B	选项推理结构为：P→Q→M，所以 P→Q。与题干推理不一致。	淘汰
C	选项不是假言推理，是直言推理。与题干判断性质不一致。	淘汰
D	选项推理结构为：P→Q→M，所以 M→P。与题干推理一致。	**正确**
E	选项推理结构为：P→M∧N，M∧¬N→可能 P∨可能¬P。与题干推理不一致。	淘汰

【题 05】答案 **E**。

题干信息	有的人说"好"，有的人说"不好"，这两种人之间没有共同语言（指的是共同意见）。可见，不存在全民族通用的共同语言（指的是共同表达）。前后的概念显然不一致。	
选项	**解析**	**结果**
A	"工作时"与"从不工作"，二者的词性显然都不一致，偷换概念。	淘汰
B	"语言形式"和"形式主义"中的形式，是不同的，显然是偷换概念。	淘汰
C	"有意杀人者应处死刑，行刑者是有意杀人者"，二者概念不同，一个是法律允许，一个法律不允许。	淘汰
D	"小象是小动物"，前者指的是年龄，后者指的是形体，两个"小"是不同的概念。	淘汰
E	"唯物主义"与"唯心主义"是矛盾概念，否定一个必须肯定一个，选项犯了"两不可"错误。	**正确**

【题 06】答案 **E**。

题干信息	题干推理形式为：所有 P 都是 Q，因为非 Q，所以非 P。属于推理一致的考点。	
选项	**解析**	**结果**
A	选项推理形式为：所有 P 都是 Q，因为 Q，所以 P。与题干推理不一致。	淘汰
B	选项推理形式为：所有 P 都是 Q，因为非 P，所以非 Q。与题干推理不一致。	淘汰
C	选项推理形式为：所有 P 都是 Q，因为 P，所以 Q。与题干推理不一致。	淘汰
D	考生注意，选项中的"可以申请"不等于"没有申请"，"可以申请"强调的是有没有权利，"没有申请"强调的是结果是否申请，不要混淆。	淘汰
E	选项推理形式为：所有 P 都是 Q，因为非 Q，所以非 P。与题干一致。	**正确**

【题 07】答案 **E**。

题干信息	高分低能者并不鲜见=有些人高分不是高能。题干结构为"有些 A 不是 B，因为 A，所以可能不是 B"。

（续）

选项	解析	结果
A	公司管理者并非都是聪明人＝有的公司管理者不是聪明人。选项结构为"有些A不是B"，因为不是A，所以B。否定词位置不一致。	淘汰
B	"猫都爱吃鱼"的前提与题干不一致。	淘汰
C	非直言判断为前提，直接淘汰，命题性质不一致。	淘汰
D	选项结构"有些A是B，所有B都是C"，所以"有些A不是C"，结构与题干不一致。	淘汰
E	闪光的物体并非都是金子＝有的闪光的物体不是金子。选项结构是"有些A不是B，因为A，所以可能不是B"，与题干结构一致。	正确

【题08】答案 **A**。

【解题关键】结构相似题中的论证方式一致需要考虑求因果关系的方法是否一致，需理解：①排除法：A∨B∨C，因为非A，因为非B，所以C，论证方式的本质是否定推出肯定。②剩余法：A∧B∧C，因为A，因为B，所以C，论证方式的本质是肯定推出肯定。

题干属于排除法，A选项属于排除法；C选项是肯定提出的否定，不属于排除法。其余选项命题性质与题干均不一致。

【题09】答案 **B**。

题干信息	题干的论证方式：①A比B更容易导致C，②大多数A没有导致C，③因此没有必要强调A。考生须注意A和B属于矛盾关系。	
选项	解析	结果
A	"肥胖者"和"体重正常的人"属于反对关系，与题干不符。	淘汰
B	"不检点的性行为"与"检点的性行为"属于矛盾关系，并且符合题干论证。	正确
C	不涉及大多数的A并没有导致C。	淘汰
D	"高收入者"与"低收入者"属于反对关系，与题干不符。	淘汰
E	"高分考生"与"低分考生"属于反对关系，与题干不符。	淘汰

【题10】答案 **D**。

题干信息	题干论证方式为：M离不开N，N离不开S。S具有一定属性，因此M也一定具有该属性。考生注意，结构相似题目，不要求句子的顺序要严格一致，考生可调换句子顺序进行比较。	
选项	解析	结果
A	选项可化为：M离不开N，N离不开S。要有M，必须要有S。与题干论证方式明显不同。	淘汰
B	选项可化为：M离不开N，N离不开S。不是所有人都能有S，因此不是所有人都能有M。否定词的位置与题干不一致。	淘汰
C	选项可化为：M可以N，N离不开S。N需要P，因此M可以P。与题干论证方式明显不同。"可以"不表示必要，因此与题干不一致。	淘汰

（续）

选项	解析	结果
D	选项可化为：M 离不开 N，N 离不开 S。S 具有一定属性，因此 M 也一定具有该属性。与题干论证方式相同。考生可将第一句话和第二句话调换顺序后再进行比较。	正确
E	选项可化为：M 离不开 N，N 离不开 S。S 需要真诚，因此不真诚是不 M 的开始。最后一句否定的方式与题干不一致。	淘汰

【题 11】答案 D。

题干信息	① 实验对象相同：均是 $KClO_3$。 ② 实验方法不同：一个直接加热，一个加入少量 MnO_2 后再加热。 ③ 实验结果不同：直接加热缓慢放出 O_2，加入少量 MnO_2 后再加热立即产生大量 O_2。 ④ 结论：O_2 快速产生的原因是 MnO_2。 题干属于求异法。	
选项	**解析**	**结果**
A	同一化妆品其他条件均相同，唯一只有价格是变化的，说明价格是导致销售变化的原因，使用共变法得出结论，与题干不符。	淘汰
B	总体放射性相同，除了一个元素，必须还得剩下一些元素才能相等，使用剩余法得出结论。	淘汰
C	只有年纪一个原因在变化，其他条件均相同，说明年龄是岁月勇敢的腐蚀剂，使用共变法得出结论，与题干不符。	淘汰
D	对象相同，方法不同，产生的结果不同，说明方法的不同导致了结果的不同，属于求异法，与题干符合。	正确
E	从前提差异中寻找相同点的方法，属于归纳法。	淘汰

【题 12】答案 E。

题干信息	"成功"和"不成功"是矛盾关系，题干同时否定矛盾关系，犯了"两不可"的错误。	
选项	**解析**	**结果**
A	题干推理有错误。	淘汰
B	"完全反映民意"的矛盾应该是"不完全反映民意"，而不是"完全不反映民意"。	淘汰
C	"完全成功"的矛盾应该是"不完全成功"，而不是"完全失败"。	淘汰
D	"被事实证明的科学结论"矛盾应该是"不是被事实证明的科学结论"，而不是"纯属欺诈的伪科学结论"，还可能存在被事实证明的伪科学结论。	淘汰
E	一定能进入前四和可能进不了前四属于矛盾关系，选项也犯了"两不可"的错误。	正确

【题 13】答案 **C**。

题干信息	题干结构：甲：P 最重要的是 Q。乙：反驳，P 最重要的是 K，没有 K，就没有 P。	
选项	解析	结果
A	选项结构：甲：P 最重要的是 Q。乙：反驳，P 最重要的是 K，没有 K，就没有 Q。与题干不一致（考生注意将"所有 Q 都是 K"转化为：没有 K，没有 Q）。	淘汰
B	选项结构：甲：P 最重要的是 Q。乙：反驳，P 最重要的是 K，没有 K，就没有 Q。与题干不一致。	淘汰
C	选项结构：甲：P 最重要的是 Q。乙：反驳，P 最重要的是 K，没有 K，就没有 P。与题干结构一致。	正确
D	选项结构：甲：P 最重要的是 Q。乙：反驳，P 最重要的是 K，没有 K，就没有 Q。与题干不一致（考生注意将"只有 K，才 Q"转化为：没有 K，没有 Q）。	淘汰
E	选项结构：甲：P 最重要的是 Q。乙：反驳，P 最重要的是 K，没有 K，没有 Q。与题干不一致。	淘汰

【题 14】答案 **E**。

题干信息	由于文物区是全市最著名的区，所以，泰勒家族的房屋是全市最著名的。 题干推理错误在于集合体性质误用，前提中"文物区"是集合概念，它作为整体具有最著名的属性，而结论中的"泰勒家族的房屋"未必具有。	
选项	解析	结果
A	该项推理正确，与题干不一致。	淘汰
B	选项属于典型的不当类比的谬误，吸烟与患肺癌的关系只能纵向比，也就是自己跟自己比，而选项属于横向比。	淘汰
C	该项推理正确，与题干不一致。	淘汰
D	选项属于典型的不当类比的谬误，鱼的品种数量与鱼店数量不具有可比性。	淘汰
E	推理错误与题干一致，由"植物园"这个集合概念具有最漂亮的花园这一属性，推不出"植物园的玫瑰"也具有这个属性。	正确

【题 15】答案 **B**。

题干信息	题干推理：所有 A 都不是 B，而绝大多数 A 都是 C，因此，有的 B 不是 C。	
选项	解析	结果
A	选项推理为：所有 A 都不是 B，而绝大多数 A 都是 C，因此，有的 C 不是 B。与题干推理不一致。	淘汰
B	选项推理为：所有 A 都不是 B，而绝大多数 A 都是 C，因此，有的 B 不是 C。与题干推理一致。选项的结论"是孩子"，实际上等价于"不是成年人"。	正确

（续）

选项	解析	结果
C	选项推理为：所有 A 都不是 B，而绝大多数 C 都是 A，因此，有的 C 不是 B。与题干推理不一致。	淘汰
D	选项推理为：所有 A 都不是 B，而绝大多数 C 都是 A，因此，有的 C 不是 B。与题干推理不一致。	淘汰
E	选项推理为：所有 A 都是 B，而绝大多数 A 都是 C，因此，有的 C 不是 B。与题干推理不一致。	淘汰

分析推理导图

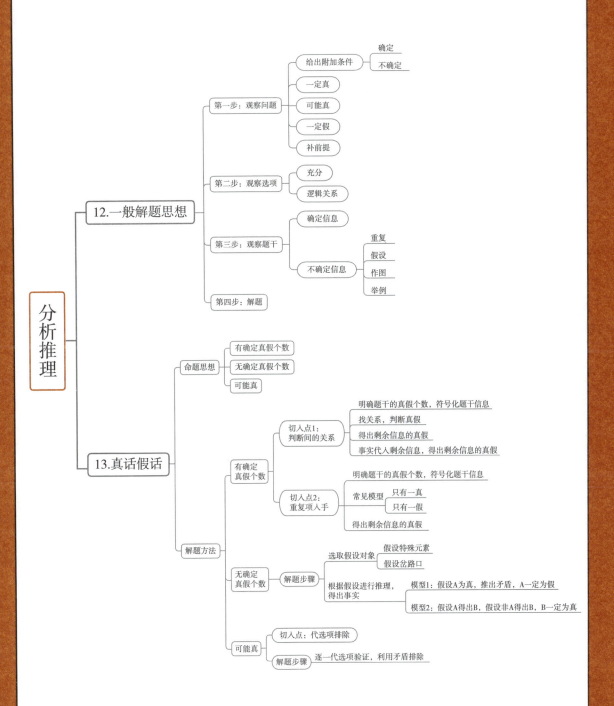

分析推理

12.一般解题思想

- 第一步：观察问题
  - 给出附加条件
    - 确定
    - 不确定
  - 一定真
  - 可能真
  - 一定假
  - 补前提
- 第二步：观察选项
  - 充分
  - 逻辑关系
- 第三步：观察题干
  - 确定信息
  - 不确定信息
    - 重复
    - 假设
    - 作图
    - 举例
- 第四步：解题

13.真话假话

- 命题思想
  - 有确定真假个数
  - 无确定真假个数
  - 可能真
- 解题方法
  - 有确定真假个数
    - 切入点1：判断间的关系
      - 明确题干的真假个数，符号化题干信息
      - 找关系，判断真假
      - 得出剩余信息的真假
      - 事实代入剩余信息，得出剩余信息的真假
    - 切入点2：重复项入手
      - 明确题干的真假个数，符号化题干信息
      - 常见模型
        - 只有一真
        - 只有一假
      - 得出剩余信息的真假
  - 无确定真假个数
    - 解题步骤
      - 选取假设对象
        - 假设特殊元素
        - 假设岔路口
      - 根据假设进行推理，得出事实
        - 模型1：假设A为真，推出矛盾，A一定为假
        - 模型2：假设A得出B，假设非A得出B，B一定为真
  - 可能真
    - 切入点：代选项排除
    - 解题步骤：逐一代选项验证，利用矛盾排除

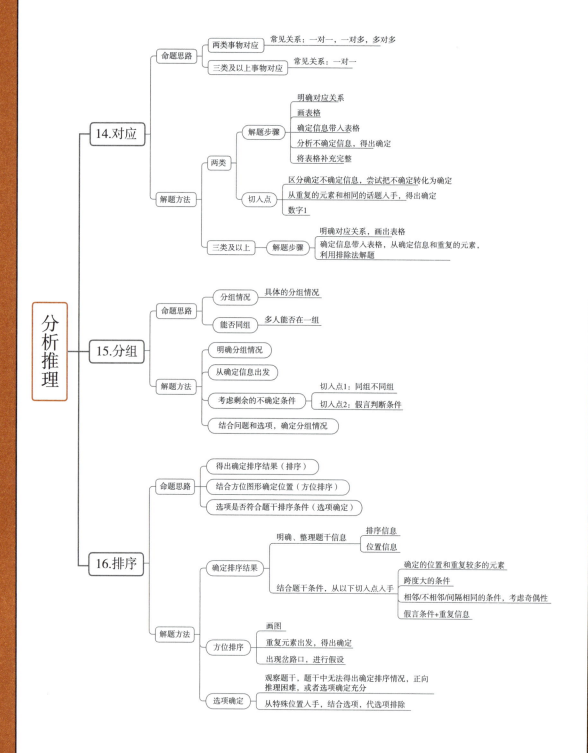

分析推理

14.对应
- 命题思路
  - 两类事物对应 —— 常见关系：一对一，一对多，多对多
  - 三类及以上事物对应 —— 常见关系：一对一
- 解题方法
  - 两类
    - 解题步骤
      - 明确对应关系
      - 画表格
      - 确定信息带入表格
      - 分析不确定信息，得出确定
      - 将表格补充完整
    - 切入点
      - 区分确定不确定信息，尝试把不确定转化为确定
      - 从重复的元素和相同的话题入手，得出确定
      - 数字1
  - 三类及以上
    - 解题步骤 —— 明确对应关系，画出表格
确定信息带入表格，从确定信息和重复的元素，
利用排除法解题

15.分组
- 命题思路
  - 分组情况 —— 具体的分组情况
  - 能否同组 —— 多人能否在一组
- 解题方法
  - 明确分组情况
  - 从确定信息出发
  - 考虑剩余的不确定条件
    - 切入点1：同组不同组
    - 切入点2：假言判断条件
  - 结合问题和选项，确定分组情况

16.排序
- 命题思路
  - 得出确定排序结果（排序）
  - 结合方位图形确定位置（方位排序）
  - 选项是否符合题干排序条件（选项确定）
- 解题方法
  - 确定排序结果
    - 明确、整理题干信息
      - 排序信息
      - 位置信息
    - 结合题干条件，从以下切入点入手
      - 确定的位置和重复较多的元素
      - 跨度大的条件
      - 相邻/不相邻/间隔相同的条件，考虑奇偶性
      - 假言条件+重复信息
  - 方位排序
    - 画图
    - 重复元素出发，得出确定
    - 出现岔路口，进行假设
  - 选项确定
    - 观察题干，题干中无法得出确定排序情况，正向推理困难，或者选项确定充分
    - 从特殊位置入手，结合选项，代选项排除

命题方向 四 分析推理

分析推理部分对应的是大纲中的"综合推理"部分，这个部分的考题近年来有增多的趋势，要求也越来越高，不仅要求正确率，而且对于解题速度也有一定的要求。但经过我们多年来对考试题目的研究发现，分题型学习和分专题训练的方法能够大幅提升考生的解题能力。考生在学习本部分考点时，可先复习基础篇的分析推理一般解题思想，然后再熟练掌握每一类常考题目特定的命题思想、解题切入点以及快速解题技巧。在接下来的内容，我们将为考生详细解读。

考点12 分析推理通用思路及解题技巧

当我们要解一道推理题目时，我们可遵循如下步骤进行解题。

| 第一步：观察问题 | ⇒ | 第二步：浏览选项 | ⇒ | 第三步：分析题干 |

第一步，观察问题，明确题干的目的。

（1）问题中给出了附加条件。

①若附加条件是确定信息。

应对策略：将确定信息代入题干，结合题干中重复的元素和相关话题的条件进行推理（见例题01、例题29）。

②若附加条件属于不确定信息。

应对策略：先寻找重复的话题联合推理，若上述方法不适用，再考虑作假设分情况讨论（见例题02）。

（2）题干提问为一定为真。

应对策略：先观察题干条件进行正向推理；若没有确定信息时，可考虑作假设分情况讨论；若上述方法均不适用，也没有太好的切入点解题时，可尝试反证法，即假设选项为假时，观察是否与题干存在矛盾，若存在矛盾，则该项一定为真。

（3）题干提问为可能为真。

应对策略：可优先考虑代选项排除一定为假的选项，若上述方法不适用，则可从题干正向推理所得结果不唯一，或可举特例来解决（见例题03）。

（4）题干提问为一定为假。

应对策略：可从题干出发，寻找与题干信息矛盾的选项，或代选项验证与题干是否矛盾（见例题04）。

（5）题干提问为补前提。

应对策略：一般考虑"前提+补充选项→结论"的结构，也就是寻找与题干条件能够联合起来进一步推理的选项（见例题05）。

第二步，浏览选项，观察选项特征，寻找切入点。

（1）选项是确定的，穷举了所有可能性。

应对策略：可考虑代选项排除法（见例题 03、例题 13、例题 21）。

（2）选项之间存在一定的逻辑关系。

应对策略：利用选项间的真假关系进行判断（见例题 78）。

【示例 1】以下哪项一定为真？　　A. P　　　　　B. Q　　　　　C. P∨Q

考生注意：由于 P 和 Q 与 P∨Q 属于包含关系，若 P 为真时，P∨Q 一定为真；若 Q 为真时，P∨Q 也一定为真，故此时即便我们不看题干的表述，也可快速排除 A 和 B，一定为真的选项是 C。

【示例 2】以下哪项一定为假？　　A. P　　　　　B. Q　　　　　C. P∧Q

考生注意：由于 P 和 Q 与 P∧Q 属于包含关系，若 P 为假时，P∧Q 一定为假；若 Q 为假时，P∧Q 也一定为假，故此时即便我们不看题干的表述，也可快速排除 A 和 B，一定为假的选项是 C。

【示例 3】以下哪项一定为真？　　A. P→Q　　　B. Q→P　　　C. ￢Q→￢P

考生注意：P→Q=￢Q→￢P，两者属于等价关系，满足同真同假，由于逻辑试题是单选题，此时可快速排除 A 和 C，锁定答案为 B。考生在应试时一定仔细观察选项的特征，可快速找到正确答案。

第三步，分析题干中的条件，快速寻找切入点。

（1）若题干存在确定信息时，此时可优先考虑将确定信息代入题干推理（见"基础篇"第 2 章分析推理入门例题 51-55）。

（2）若题干不存在确定信息时，此时可优先考虑如下切入点：①重复的元素和相同的话题（见"基础篇"第 2 章分析推理入门例题 62-65）；②假设法（见"基础篇"第 2 章分析推理入门例题 66-68）；③列表作图法（见"基础篇"第 2 章分析推理入门例题 70-72）；④数字法，举特殊值，或者是举反例进行验证（见"基础篇"第 2 章分析推理入门例题 74-75）。

（3）结合常考题型的命题思想及切入点，进行推理。

 一般解题步骤是基本的解题思想，考生一定要仔细体会，便可顺利解决考试中的简单推理题目。

 （2019 年管理类联考第 28 题）李诗、王悦、杜舒、刘默是唐诗宋词的爱好者，在唐朝诗人李白、杜甫、王维、刘禹锡中的 4 人各喜爱其中一位，且每人喜爱的唐诗作者不与自己同姓。关于他们 4 人，已知：

（1）如果爱好王维的诗，那么也爱好辛弃疾的词；

（2）如果爱好刘禹锡的诗，那么也爱好岳飞的词；

（3）如果爱好杜甫的诗，那么也爱好苏轼的词。

如果李诗不爱好苏轼和辛弃疾的词，则可以得出以下哪项？

A. 杜舒爱好岳飞的词。　　B. 王悦爱好苏轼的词。　　C. 李诗爱好岳飞的词。

D. 杜舒爱好辛弃疾的词。　　E. 刘默爱好苏轼的词。

▶ 【精点解析】

题干信息	①李诗、王悦、杜舒、刘默各喜欢一位唐朝诗人，每人喜爱的诗人不与自己同姓。 ②爱好王维的诗（P）→爱好辛弃疾的词（Q）。 ③爱好刘禹锡的诗（P）→爱好岳飞的词（Q）。 ④爱好杜甫的诗（P）→爱好苏轼的词（Q）。 ⑤附加条件：李诗不爱好苏轼的词∧李诗不爱好辛弃疾的词（确定信息）。

解题步骤

第一步	观察问题发现，问题中存在"确定信息"，而此时选项也属于确定的表述，故可优先考虑将"确定信息"代入题干进行推理。
第二步	题干条件属于假言推理时，可优先结合肯定P位和否定Q位，根据假言判断推理规则进行推理。故将"李诗不爱好苏轼的词"代入④可知：李诗不爱好杜甫的诗；将"李诗不爱好辛弃疾的词"代入②可知：李诗不爱好王维的诗。再结合①可知，李诗不喜欢李白的诗。由于每个人各喜爱一位唐朝诗人，根据剩余法可知，李诗爱好刘禹锡的诗。
第三步	将上一步的结论"李诗爱好刘禹锡的诗"代入③可知：李诗爱好岳飞的词，故答案选C。其他人缺少条件，无法判断。
答案	**C**

例题
02

某单位拟派遣3名干部到西部山区进行精准扶贫。报名者踊跃，经过考察，最终确定了甲、乙、丙、丁、戊、已6名候选人。根据工作需要，派遣还需要满足以下条件：

（1）若派遣甲，则派遣丁但不派遣已；

（2）若乙、丙至少派遣1人，则不派遣戊。

若要么派遣甲，要么派遣戊，则可以得出以下哪项？

A. 派遣戊。　　　　　B. 派遣丙。　　　　　C. 派遣甲。

D. 派遣乙。　　　　　E. 派遣丁。

▶ 【精点解析】

题干信息	①派遣甲→派遣丁∧不派遣已； ②派遣乙∨派遣丙→不派遣戊； ③6个人派遣3名，不派遣3名（剩下3名）。

解题步骤

第一步	由于已知条件中没有确定信息，而附加条件给了"派遣甲∀派遣戊"（不确定），此时无法寻找重复的话题进行搭桥推理，故可考虑分两种情况进行讨论。
第二步	假设1：派遣甲，不派遣戊。由条件①可知，派遣丁不派遣已；由条件②派遣乙∨派遣丙其中一个；故：派遣甲、丁和乙与丙其中一个。 假设2：派遣戊，不派遣甲。由条件②可知派遣戊，就不派遣乙∧不派遣丙，此时已经满足了剩余3人，故派遣戊、丁和已。
第三步	根据上一步的两个假设可知，一定派遣丁。
答案	**E**

例题 03（2021 年管理类联考第 43 题）为进一步弘扬传统文化，有专家提议将每年的 2 月 1 日、3 月 1 日、4 月 1 日、9 月 1 日、11 月 1 日、12 月 1 日 6 天中的 3 天确定为"传统文化宣传日"。根据实际需要，确定日期必须考虑以下条件：

(1) 若选择 2 月 1 日，则选择 9 月 1 日但不选 12 月 1 日；

(2) 若 3 月 1 日、4 月 1 日至少选择其一，则不选 11 月 1 日。

以下哪项选定的日期与上述条件一致？

A. 9 月 1 日、11 月 1 日、12 月 1 日　　　　B. 4 月 1 日、9 月 1 日、11 月 1 日

C. 3 月 1 日、9 月 1 日、11 月 1 日　　　　D. 2 月 1 日、4 月 1 日、11 月 1 日

E. 2 月 1 日、3 月 1 日、4 月 1 日

▶ **【精点解析】**

题干信息	整理题干信息： ①选择 2 月 1 日→选择 9 月 1 日∧不选 12 月 1 日。 ②选择 3 月 1 日∨选择 4 月 1 日→不选 11 月 1 日。 ③从 6 天中选择 3 天确定为"传统文化宣传日"。
解题步骤	
第一步	根据③可知从 6 天中选定 3 天，选项刚好列出 3 天，故选项是确定的、穷尽的，此时可优先考虑："代选项排除法"。
第二步	根据条件①可推知，有 2 月 1 日就必须要有 9 月 1 日，因此，可排除 D 和 E 选项；根据条件②可知有 3 月 1 日或 4 月 1 日，一定不能有 11 月 1 日，因此，可排除 B 和 C 选项。故答案选 A。（考生注意：代选项排除的方法是近些年考试中的常用方法，考生要识别此类试题的特点，在考场上第一时间采用此方法。）
答案	**A**

要想提高解题的速度与正确率，一定要将"题干条件""问题""选项"三者结合起来，整体去观察，并以问题的目的为导向，即可快速求解出答案。

例题 04 王女士要带两个女儿去参加一个晚会，女儿在选择搭配衣服。两个女儿只能从家中仅有的蓝色短袖衫、粉色长袖衫、绿色短裙和白色长裙这四件中任意选两件。事实上，王女士不喜欢女儿穿长袖衫配短裙。

以下哪种是王女士不喜欢的方案？

A. 姐姐穿粉色衫，妹妹穿短裙。　　　　B. 姐姐穿蓝色衫，妹妹穿短裙。

C. 姐姐穿长裙，妹妹穿短袖衫。　　　　D. 妹妹穿长袖衫和白色裙。

E. 姐姐穿粉色衫，妹妹绿色裙。

▶ **【精点解析】**

解题步骤	
第一步	问题求"王女士不喜欢的方案"，也就是求"一定为假"，故此时可结合题干确定信息，逐一验证选项即可快速得出答案。

（续）

第二步	王女士不喜欢女儿穿长袖衫（粉色）+短裙（绿色），也就是对于任意一个人而言，粉色长袖衫和绿色短裙，不能都不选，也不能都选，只能二选一。逐一验证选项可知。 A 选项姐姐和妹妹均满足二选一，故可能真；B 选项，姐姐两个都没选，而妹妹两个都选了，与题干矛盾，故答案选 B。
答案	**B**

例题 05　一个建筑师选择三种表面材料用于一个建筑物，这些材料将从四种中性颜色的材料 N1、N2、N3 和 N4，两种暖色的材料 W1 和 W2 中选择。材料 N2、N3 和 W2 的表面质地不光滑，而其他材料的表面质地是光滑的，考虑颜色和质地的限制，建筑师的选择如下：

（1）选择的材料不能都是中性颜色的。

（2）N2 不能被选择，假如 N3 被选择。

（3）W1 不能被选择，假如 N4 被选择。

假如每个色调中被选出的材料不会出现相同的质地，那么增加以下哪一项可以使选出的材料得到完全的确定？

A. 选 N2。　　　　　B. 选 W2。　　　　　C. 选 N1。

D. 选 N3 和 N4。　　E. 选 W2 和 N1。

▶ 【精点解析】

解题步骤

第一步	观察问题的问法，发现本题属于"补前提"的题型。故此时可优先考虑验证选项是否可与题干条件联合进行推理的思路。
第二步	整理题干条件： ①选择的材料不能都是中性颜色的（即：暖色材料至少选一个 = W1 ∨ W2）； ②选 N3（P）→不选 N2（Q）； ③选 N4（P）→不选 W1（Q）； ④6 种材料中选 3 种。
第三步	观察发现，选项 D 恰好补充了条件②和③的 P 位，此时便可利用假言推理规则肯定 P 位，推出肯定 Q 位得出事实，故可优先考虑 D 选项。若选 N4 结合③可知，不选 W1，结合①可知选 W2，此时选择的 3 种材料已经凑齐，即：N3，N4，W2，故答案选 D。考生注意，当题干存在假言条件时，可优先考虑补充①肯定 P，②否定 Q 的条件，利用假言推理规则得出确定的结果。
答案	**D**

精点提示　上述题目仅仅针对分析推理中各种问题的设置以及选项的设置作为突破口进行方法选择。至于题干条件的分析和使用，本书将结合考试重点考查的五大题型具体解读和阐述。考生可结合基础篇的一般解题思想以及强化篇接下来的五大题型方法梳理来学习本部分内容，便能更好地运用上述方法。

考点 13　真话假话解题技巧

👉 **命题思路分析**

　　真话假话题是一种基本的分析推理题目，在每年的考试中属于常见题型。主要命题思路有两个：

　　1. 题干中有确定的真假个数（也就是题干信息明确告知有几句真话，有几句假话）。此类题目的解题核心思想是：依据形式逻辑中各个判断间的关系，快速确定题干信息的真假。

　　2. 题干中没有确定的真假个数（也就是题干信息没有明确告知有几句真话，有几句假话）。此类题目的解题核心思想是：从影响真假的要素出发，做假设，然后继续推理。

🔈 **精点提示：**　考生要通过理解这两个命题思想，识别真假话的题型，这是快速解题的关键。

○ **方法解读** ○

●**切入点 1：**寻找形式逻辑中判断间的关系进行解题。

第一类题目：有确定的真假个数的题型	
题干特点	题干中的条件是形式逻辑语言，并且题干给出了明确的真假个数。
解题步骤	
第一步：明确题干的真假个数，符号化题干信息。	（1）题干的真假个数一般会体现在：①题干最后一句话；②问题中的附加条件。 （2）符号化题干信息时，需要将题干信息转化为形式逻辑语言，便于快速识别出真假关系。
第二步：找关系，判断真假。一般存在相同词项的两个判断之间会存在某种关系。	（1）如果题干只有一真，抑或是只有一假，那么只需要寻找一组关系即可；如果题干存在多真多假时，可能就需要寻找多组关系进行解题。 （2）寻找关系时，一般遵循如下顺序： ①先看矛盾关系（两句互为矛盾的话语中，必有一真一假）。 ②再找反对关系（两句互为反对的话语中，必至少一真或至少一假）。 ③最后看包含（A 包含于 B，若 A 真，则 B 一定真；若 B 假，则 A 一定假）。
第三步：做假设，得出事实。	用已知的真假总数减去上一步已确定的真假个数，得出事实。若得到的判断为假，则需利用矛盾规则将信息转化为真。
第四步：将事实代入剩余信息，判断剩余信息的真假，继续推理。	（1）若剩余信息可判断真假，则需将全部的假话都转化为真。 （2）若剩余信息真假无法确定，同时也没找到答案，则需视具体情况假设。

　在无法判断真假的情况下，本部分的题目不能运用形式逻辑的规则进行推理（因为形式逻辑的推理前提都是已告知真假的）。

⊙常考的判断间的关系

关系类别	常见示例	识记要领
Ⅰ. 矛盾关系 （必有一真一假）	①P 和 ¬ P ②"所有 S 都是 P"和"有的 S 不是 P" ③"所有 S 都不是 P"和"有的 S 是 P" ④"必然 P"和"可能不 P" ⑤"P ∨ Q"和"¬ P ∧ ¬ Q" ⑥"P ∧ Q"和"¬ P ∨ ¬ Q" ⑦"P→Q"和"P ∧ ¬ Q"	①矛盾关系 A 与 B，即 A ∧ B 是 空集，A ∨ B 是全集。 ②遇见"P→Q"一般等价变形 为：¬ P ∨ Q。
Ⅱ. 反对关系 （至少一真）	①"有的 S 是 P"和"有的 S 不是 P" ②P 和"¬ P ∨ Q" ③"P ∨ Q"和"¬ P ∨ Q" ④"可能 P"和"可能不 P"	能同时为真，但却不可同时为假 的关系，即至少有一真。
Ⅲ. 反对关系 （至少一假）	①"所有 S 是 P"和"所有 S 不是 P" ②P 和"¬ P ∧ Q" ③"P ∧ Q"和"¬ P ∧ Q" ④"P ∧ Q"和"要么 P，要么 Q" ⑤"必然 P"和"必然不 P"	能同时为假，但却不可同时为真 的关系，即至少有一假。
Ⅳ. 包含关系	①"所有 S 是 P"和"有的 S 是 P" ②P 和"P ∨ Q" ③"P ∧ Q"和"P" ④"P ∧ Q"和"P ∨ Q" ⑤"要么 P，要么 Q"和"P ∨ Q" ⑥"必然 P"和"可能 P" ⑦"中国好青年"和"青年" ⑧"大于 7"和"大于 5"	①A 包含于 B 时，若 A 真，则 B 一定真，故只有一真时，A 一 定不能为真； ②A 包含于 B 时，若 B 假，则 A 一定假，故只有一假时，B 一 定不能为假。

庖丁解牛

例题
06

在某次税务检查后，四个工商管理人员有如下结论：

甲：所有个体户都没纳税。

乙：服装个体户陈老板没纳税。

丙：个体户不都没纳税。

丁：有的个体户没纳税。

如果四人中只有一人的话断定属实，则以下哪项是真的？

A. 甲断定属实，陈老板没有纳税。　　B. 丙断定属实，陈老板纳了税。

C. 丙断定属实，但陈老板没纳税。　　D. 丁断定属实，陈老板未纳税。

E. 甲断定属实，陈老板纳了税。

► 【精点解析】

	解题步骤
第一步	明确题干真假情况：四个判断中只有一个为真，三个为假。
第二步	判断真假： Ⅰ.标准化题干信息： ①甲：所有的个体户都没纳税； ②乙：服装个体户陈老板没纳税； ③丙：有的个体户纳税； ④丁：有的个体户没纳税。 Ⅱ.找关系：①和③属于矛盾关系，必有一真一假。 Ⅲ.做减法：一真三假减去一真一假，可得②和④都为假。
第三步	推出事实：由②为假可知，服装个体户陈老板纳税；由④为假可知，所有个体户都纳税了。
第四步	由上一步可知，服装个体户陈老板纳税，③为真，①为假，由①为假可得：有的个体户纳税。整理可得，甲、乙、丁说假话，丙说真话。
答案	**B**

 在第二步找关系时，也可优先考虑③和④是至少有一真的关系，此时也可以由一真三假减去③和④的一真一假，得出①和②都为假，也就是说：当题干只有一真时，优先考虑"矛盾关系"和"至少有一真"的关系进行解题。

例题 07 关于甲班体育达标测试，三位老师有如下预测：

张老师说："不会所有人都不及格。"

李老师说："有人会不及格。"

王老师说："班长和学习委员都能及格。"

如果三位老师中只有一人的预测正确，则以下哪项一定为真？

A. 班长和学习委员都没及格。　　B. 班长和学习委员都及格了。

C. 班长及格，但学习委员没及格。　　D. 班长没及格，但学习委员及格了。

E. 以上各项都不一定为真。

► 【精点解析】

	解题步骤
第一步	真假情况：三个判断中只有一个为真，两个为假。
第二步	判断真假： Ⅰ.标准化题干信息： ①有的人及格； ②有的人不及格； ③班长及格∧学习委员及格。 Ⅱ.找关系： ①和②属于下反对关系，至少有一真，由于三个判断只有一个为真，故①和②在本题中只能一真一假。 Ⅲ.做减法： 一真两假减去一真一假，可得③一定为假。

（续）

	解题步骤
第三步	由③为假可推出事实：班长不及格∨学习委员不及格。进而可知，②为真，①为假，由此可得：所有人都没及格。很多同学在此会选择 E，这是一个易错点，考生注意当题干信息都能判定真假时，一定要将全部假话转化为真。
答案	**A**

例题 08 古代一位国王率领张、王、李、赵、钱五位将军一起打猎，各人的箭上均刻有自己的姓氏。围猎中，一只鹿中箭倒下，但却不知是何人所射。国王令众将军猜测。

张说："或者是我射中的，或者是李将军射中的。"

王说："不是钱将军射中的。"

李说："如果不是赵将军射中，那么就是王将军射中。"

赵说："既不是我射中的，也不是王将军射中的。"

钱说："既不是李将军射中的，也不是张将军射中的。"

国王令人把射中鹿的箭拿来，看了看，说："你们五位将军的猜测，只有两个人的话是真的。"根据国王的话，可判定以下哪项是真的？

A. 张将军射中此鹿。　　　　　　B. 王将军射中此鹿。　　　　　　C. 李将军射中此鹿。

D. 赵将军射中此鹿。　　　　　　E. 钱将军射中此鹿。

▶ **【精点解析】**

	解题步骤
第一步	真假情况：五个判断中两个为真，三个为假。
第二步	判断真假： Ⅰ．标准化题干信息： 　①张：张∨李　　　　②王：¬钱 　③李：赵∨王（注意，要将假言判断转换为相容选言判断） 　④赵：¬赵∧¬王　　⑤钱：¬李∧¬张 Ⅱ．找关系：①和⑤互为矛盾关系，必有一真一假；③和④互为矛盾关系，必有一真一假。总共找到两真两假。 Ⅲ．做减法：两真三假减去两真两假，剩下一个判断为假，即②为假。
第三步	推出事实：由②为假可知：钱将军射中此鹿。
答案	**E**

例题 09 近日，某集团高层领导研究了发展方向问题。王总经理认为：既要发展纳米技术，也要发展生物医药技术。赵副总经理认为：只有发展智能技术，才能发展生物医药技术；李副总经理认为：如果发展纳米技术和生物医药技术，那么也要发展智能技术。最后经过董事会研究，只有其中一位的意见被采纳。

根据以上陈述，下列哪项符合董事会的研究决定？

A. 发展纳米技术和智能技术，但是不发展生物医药技术。

B. 发展生物医药技术和纳米技术，但是不发展智能技术。

C. 发展智能技术和生物医药技术，但是不发展纳米技术。

D. 发展智能技术，但是不发展纳米技术和生物医药技术。

E. 发展生物医药技术、智能技术和纳米技术。

► **【精点解析】**

解题步骤	
第一步	真假情况：三个判断中一个为真，两个为假。
第二步	判断真假： Ⅰ．标准化题干信息： ①发展纳米技术∧发展生物医药技术（可看作 P）。 ②发展生物医药技术→发展智能技术＝不发展生物医药技术∨发展智能技术。 ③发展纳米技术∧发展生物医药技术→发展智能技术＝（不发展纳米技术∨不发展生物医药技术）∨发展智能技术（可看作¬P∨Q）。 Ⅱ．找关系： ①和③为至少有一真的关系（P 和¬P∨Q 至少有一真），故②一定为假。
第三步	由②一定为假可知，发展生物医药技术∧不发展智能技术为真。由于①和③无法判断具体谁真谁假，因此无法判断发展纳米技术的真假，故最符合题干的选项只能选 B。
提　示	题干问"最符合"，故本题也可采用代入选项排除法进行验证。
答　案	**B**

 例题 10　M 国是个正在改革转型中的发展中国家，国内形势发展不定因素很多。甲、乙、丙、丁四位专家对 M 国未来几年的形势有如下预测：

甲：M 国既能保持环境不受污染，又能实现经济发展。

乙：M 国要么保持环境不受污染，要么实现经济发展，没有其他可能性。

丙：如果 M 国实现经济发展，则人民的生活会有实质性的改善。

丁：M 国人民的生活不会有实质性的改善。

如果以上四个猜测只有一个不成立，则以下哪项一定为真？

A. 甲的猜测不成立，M 国实现了经济发展。

B. 乙的猜测成立，M 国保持环境不受污染。

C. 丙的猜测成立，M 国人民的生活会有实质性的改善。

D. 丁的猜测不成立，M 国没有实现经济发展。

E. 以上结论都不一定为真。

► **【精点解析】**

解题步骤	
第一步	明确题干真假情况：四个判断中只有一个为假，三个为真。
第二步	判断真假： Ⅰ．标准化题干信息： ①甲：M 国能保持环境不受污染∧M 国能实现经济发展； ②乙：M 国保持环境不受污染 ∨ M 国能实现经济发展； ③丙：M 国能实现经济发展→人民的生活会有实质性的改善； ④丁：M 国人民的生活不会有实质性的改善。 Ⅱ．找关系：①和②属于上反对关系，至少有一假，也就是这句假话只可能是①或②，故可得③和④都为真。

（续）

	解题步骤
第三步	联合③和④可知：M国人民的生活不会有实质性的改善→M国没能实现经济发展。
第四步	由"M国没能实现经济发展"可知，①为假，进而可知②为真。由"M国没能实现经济发展"代入②可知，M国保持环境不受污染。观察选项可知，答案选B。
答案	**B**

● 方法解读 ●

● 切入点2：寻找重复的元素，利用重复的元素判定真假。

题干特点	题干中的条件存在重复的元素，已知确定的真假个数。

	解题步骤
第一步：明确题干的真假个数的总数，寻找重复的信息。	（1）常见的一真模型：由于"或"判断有一个肢判断为真时，整个判断即为真，故当题干只有一真时，重复的项不能为真，也就是重复的项一定为假。例如：①A∨B，②B∨C，③C∨D，若上述三个判断只有1个为真时，则重复的B和C都不能为真，一定为假。 （2）常见的一假模型：由于"且"判断有一个肢判断为假时，整个判断即为假，故当题干只有一假时，重复的项不能为假，也就是重复的项一定为真。例如：①A∧B，②B∧C，③C∧D，若上述三个判断只有1个为假时，则重复的B和C都不能为假，一定为真。
第二步：判定真假	通过真假总数减去已经判定出来的真假个数，得出剩余信息的真假。

庖丁解牛

例题
11

甲、乙、丙和丁四人进入某围棋邀请赛半决赛，最后要决出一名冠军。张、王和李三人对结果作了如下预测：

张：冠军不是丙。

王：冠军是乙。

李：冠军是甲。

已知张、王、李三人中恰有一人的预测正确，则以下哪项为真？

A. 冠军是甲。　　　　　　B. 冠军是乙。　　　　　　C. 冠军是丙。

D. 冠军是丁。　　　　　　E. 无法确定冠军是谁。

▶ 【精点解析】

	解题步骤
第一步	明确题干真假情况：三个判断中只有一个为真，两个为假。

（续）

	解题步骤
第二步	标准化题干信息： ①张：冠军不是丙＝冠军是甲∨冠军是乙∨冠军是丁； ②王：冠军是乙； ③李：冠军是甲。 观察重复的元素"冠军是乙"出现了2次，若为真，则①②都真，故"冠军是乙"一定为假；"冠军是甲"出现了2次，若为真，则①③都真，故"冠军为甲"一定为假，由于王、李都说假话，只可能张说真话，故可快速得出冠军是丁。
答案	**D**

例题 12 某公司有甲、乙、丙、丁四人，他们分别为德国人、法国人、葡萄牙人、西班牙人。一日，四人在谈论他们各自的国籍。

甲说："我和乙都不是法国人，丙是葡萄牙人。"

乙说："我是法国人，丙是葡萄牙人，丁不是德国人。"

丙说："甲不是法国人，我是西班牙人，丁是德国人。"

丁说："我和丙都不是德国人，甲是西班牙人。"

假定他们每个人都说了两句真话，一句假话。则以下哪项一定为真？

A. 甲和乙都不是法国人。

B. 甲是西班牙人，乙是法国人，丙是葡萄牙人。

C. 丙和丁都不是德国人。

D. 甲和乙是法国人，丙是葡萄牙人。

E. 甲是德国人，乙和丁都不是法国人。

▶ 【精点解析】

	解题步骤
第一步	明确题干真假情况：甲、乙、丙、丁每个人都是：两个真，一个假。
第二步	标准化题干信息： 甲：甲不是法国人；乙不是法国人；丙是葡萄牙人； 乙：乙是法国人；丙是葡萄牙人；丁不是德国人； 丙：甲不是法国人；丙是西班牙人；丁是德国人； 丁：丁不是德国人；丙不是德国人；甲是西班牙人。 观察条件可知甲和乙的话同时提到了乙和丙两个人，并且存在重复的元素"丙是葡萄牙人"，故可优先考虑从甲和乙的话入手。
第三步	由于甲是2真1假；乙是2真1假，因此甲+乙＝4真2假，此时乙是法国人和乙不是法国人属于矛盾关系（1真1假），故剩余的四句话就只能是3真1假；此时由于重复的元素"丙是葡萄牙人"属于同真同假的关系，此时只能是<u>丙是葡萄牙人</u>为真。
第四步	进而可判定丙的话中的"丙是西班牙人"为假，此时丙的话真假情况为：甲不是法国人（真）；丙是西班牙人（假）；丁是德国人（真）； 进而可判定乙和丁的话中"丁不是德国人"为假，此时乙的话真假情况为：乙是法国人（真）；丙是葡萄牙人（真）；丁不是德国人（假）；丁的话真假情况为：丁不是德国人（假）；丙不是德国人（真）；甲是西班牙人（真）。

（续）

	解题步骤
第四步	进而可判定甲的话中"乙不是法国人"为假，此时甲的话真假情况为：甲不是法国人（真）；乙不是法国人（假）；丙是葡萄牙人（真）。
答案	**B**

○ **方法解读** ○

● 切入点3：利用矛盾关系，逐一代选项排除法。

　　题干特点：

　　（1）题干正向推理困难；

　　（2）问题求"符合""可能为真"；

　　（3）选项是确定的，穷举了所有的可能。

庖丁解牛

例题 13　学校在为失学儿童义捐活动中收到两笔没有署真名的捐款，经过多方查找，可以断定是赵甲、钱乙、孙丙、李丁中的某两个捐的。经询问：

赵甲说："不是我捐的。"

钱乙说："是李丁捐的。"

孙丙说："是钱乙捐的。"

李丁说："我肯定没有捐。"

最后经过详细调查证实四个人中有两个人说的是真话。

根据已知条件，请你判断下列哪项可能为真？

A. 是钱乙和李丁捐的。　　B. 是赵甲和李丁捐的。　　C. 是孙丙和李丁捐的。

D. 是孙丙和钱乙捐的。　　E. 是孙丙和赵甲捐的。

▶ 【精点解析】

	解题步骤
第一步	观察问题发现，求"可能为真"，此时题干存在确定的真假个数，但选项是充分且穷尽的，故可考虑代选项排除。
第二步	A 选项为真时，四个人说的话是三真一假，不满足两真两假，淘汰； B 选项为真时，四个人说的话是三假一真，不满足两真两假，淘汰； C 选项为真时，四个人说的话满足两真两假，正确； D 选项为真时，四个人说的话是三真一假，不满足两真两假，淘汰； E 选项为真时，四个人说的话是三假一真，不满足两真两假，淘汰。
答案	**C**

例题 14　在某次考试中，有 3 个关于北京旅游景点的问题，要求考生每题选择某个景点的名称作为唯一答案。其中 6 位考生关于上述 3 个问题的答案依次如下：

第一位考生：天坛、天坛、天安门。

第二位考生：天安门、天安门、天坛。

第三位考生：故宫、故宫、天坛。

第四位考生：天坛、天安门、故宫。

第五位考生：天安门、故宫、天安门。

第六位考生：故宫、天安门、故宫。

考试结果表明每位考生都至少答对其中 1 道题。

根据以上陈述，可知这 3 个问题的答案依次是？

A. 天坛、故宫、天坛。　　　B. 故宫、天安门、天安门。　　　C. 天安门、故宫、天坛。

D. 天坛、天坛、故宫。　　　E. 故宫、故宫、天坛。

► 【精点解析】

解题步骤	
第一步	快速浏览题目，找到题目的特点：①明显限制条件"每位考生都至少答对其中 1 道题" ②从题干入手正向解题比较困难，而选项罗列了 3 个问题的答案，选项充分且穷尽，故将解题思路锁定为代选项排除法。
第二步	假设 A 选项为真，代入题干发现第六位考生的答案不满足明显的限制条件，矛盾，故排除 A 选项。
第三步	假设 B 选项为真，代入题干发现六位考生的答案全部满足限制条件，故为正确选项。（考生也可以将 C、D、E 选项分别代入验证，必定都不满足限制条件）
答案	**B**

◦ *方法解读* ◦

第二类题目：没有确定真假个数的题型	
解题步骤	
第一步：选取假设对象（从影响真假的要素出发作假设）。	假设对象的选取包含以下几个方面： （1）假设内容（一般为特殊元素、或重复最多的元素）。 （2）假设岔路口（一般需要分情况讨论）。
第二步：根据假设进行推理，进一步得出事实。	①假设模型Ⅰ：假设 A 为真，推理出矛盾，则 A 为假，此时已推出事实。（一般针对假设内容的情况） **考生注意**：假设 A 为真，推理没矛盾，则 A 可能为真，而非一定真。若问一定真时，需要再继续假设，把全部情况考虑全面。 ②假设模型Ⅱ：假设 A 为真可以得到 B，假设非 A 为真也能得到 B，则 B 一定真，此时已推出事实。（一般针对假设岔路口的情况）

例题 **15**
甲、乙、丙、丁四人的车的颜色为白色、银色、蓝色和红色。在问到他们各自车的颜色时，甲说："乙的车不是白色的。"乙说："丙的车是红色的。"丙说："丁的车不是蓝色的。"丁说："甲、乙、丙三人中有一个人的车是红色的。而且只有这个人说的是实话。"如果丁说的是实话，那么以下哪项一定为真？

A. 甲的车是白色的，乙的车是银色的。　B. 乙的车是蓝色的，丙的车是红色的。
C. 丙的车是白色的，丁的车是蓝色的。　D. 丁的车是银色的，甲的车是红色的。
E. 甲的车是红色的，乙的车是白色的。

▶ 【精点解析】

解题步骤	
第一步	观察问题，如果丁的话为真，也就是甲、乙、丙三个人有一个人说的是真话，并且他的车是红的。此时影响真假的特殊元素是"红色的车"，故可优先考虑从这个特殊元素下手进行假设。
第二步	若乙的车是红色，那么乙说丙的车是红色的就为真，此时乙和丙的车均为红色，与题干矛盾，因此乙的车不是红色。（**考生注意**：通过反证法已经得出事实，此时可从该事实出发，进一步进行推理）
第三步	乙的车不是红色，乙说的是假话，也就是丙的车也不是红色，因此丙说的是假话，也就是：丁的车是蓝色。由于甲、乙、丙三个人中有一个人的车是红色，故只能甲的车是红色的，因此甲说了真话，可知：乙的车不是白色，进一步可知：乙的车是银色，结合剩余法可知，丙的车是白色。
答案	**C**

例题 **16**
有甲、乙、丙三人，每人或者是老实人，或者是骗子（骗子说假话，老实人说真话）。甲说："乙是骗子。"乙说："甲和丙是同一种人。"
根据以上条件可以判断下列哪项为真？

A. 甲是老实人。　　　　B. 丙是骗子。　　　　C. 丙是老实人。
D. 乙是老实人。　　　　E. 乙是骗子。

▶ 【精点解析】

解题步骤	
第一步	情景设置：只有两种人，骗子说假话，老实人说真话，可以分析得到说真话的都是老实人，说假话的都是骗子。
第二步	选取假设对象：只有两种身份，可以假设：①甲是骗子，说假话；②甲是老实人，说真话。只有这两种情况。
第三步	①假设甲是骗子，说假话，根据甲所说内容可知乙是老实人，说真话，那么甲和丙就是同一种人，即丙是骗子；②假设甲是老实人，说真话，根据甲所说内容可知乙是骗子说假话，那么甲和丙就不是同一种人，即丙是骗子。此处正是常见假设模型Ⅱ（考生注意这里只有①和②这两种情况，故①和②相当于模型中的 A 和非 A）。
答案	**B**

例题 17 （2011 年管理类联考第 34 题）某集团公司有四个部门，分别生产冰箱、彩电、计算机和手机。根据前三个季度的数据统计，四个部门经理对 2010 年全年的赢利情况作了如下预测：

冰箱部门经理：今年手机部门会赢利。

彩电部门经理：如果冰箱部门今年赢利，那么彩电部门就不会赢利。

计算机部门经理：如果手机部门今年没赢利，那么计算机部门也没赢利。

手机部门经理：今年冰箱和彩电部门都会赢利。

全年数据统计完成以后，发现上述四个预测只有一个符合事实。

关于该公司各部门的全年赢利情况，以下除哪项外，均可能为真？

A. 彩电部门赢利，冰箱部门没赢利。

B. 冰箱部门赢利，计算机部门没赢利。

C. 计算机部门赢利，彩电部门没赢利。

D. 冰箱部门和彩电部门都没赢利。

E. 冰箱部门和计算机部门都赢利。

▶ 【精点解析】

解题步骤	
第一步	明确题干真假情况：四个判断中只有一个为真，三个为假。
第二步	判断真假： Ⅰ. 标准化题干信息： ①手机部门赢利； ②冰箱部门赢利→彩电部门不赢利＝冰箱部门不赢利∨彩电部门不赢利； ③手机部门不赢利→计算机部门不赢利＝手机部门赢利∨计算机部门不赢利； ④冰箱部门赢利∧彩电部门赢利。 Ⅱ. 找关系： ②和④属于矛盾关系，必有一真一假，由于四个判断一真三假，可断定①和③都为假，即手机部门不赢利且计算机部门赢利。但②和④无法判断谁真谁假，因此冰箱部门和彩电部门的赢利状况无法判断，可能为真。
第三步	题干问"除哪项外，均可能为真"，即找一定假。选项 B 说计算机部门没赢利属于一定为假。
答案	**B**

例题 18 （2012 年管理类联考第 31 题）临江市地处东部沿海，下辖临东、临西、江南、江北四个区。近年来，文化旅游产业成为该市的经济增长点。2010 年，该市一共吸引了全国数十万人次游客前来参观旅游。12 月底，关于该市四个区吸引游客人数多少的排名，各位旅游局长作了如下预测：

临东区旅游局长：如果临西区第三，那么江北区第四。

临西区旅游局长：只有临西区不是第一，江南区才是第二。

江南区旅游局长：江南区不是第二。

江北区旅游局长：江北区第四。

最终的统计表明，只有一位局长的预测符合事实，则临东区当年吸引游客人次的排名是？

A. 第一。　　　　　　　B. 第二。　　　　　　　C. 第三。

D. 第四。　　　　　　　E. 在江北区之前。

► 【精点解析】

解题步骤	
第一步	真假情况：四个判断中一个为真，三个为假。
第二步	判断真假： Ⅰ. 标准化题干信息： ①临西区第三→江北区第四＝临西区不是第三∨江北区第四 ②江南区第二→临西区不是第一＝江南区不是第二∨临西区不是第一 ③江南区不是第二。 ④江北区第四。 Ⅱ. 找关系： ②和③为包含关系，③若为真，则②真，由于四个判断中只有一真，所以③必假，可知江南区第二。 ①和④为包含关系，④若为真，则①真，由于四个判断中只有一真，所以④必假，可知江北区不是第四，则江北区是第一或者第三。
第三步	此时①和②的真假不确定，故可作假设。若江北区是第一，则②为真，①为假，可知临西区第三；若江北区是第三，同理可知临西区第一。所以，临东区只能第四。
答案	**D**

 例题 19　（2013 年管理类联考第 42 题）某金库发生了失窃案。公安机关侦查确定，这是一起典型的内盗案，可以断定金库管理员甲、乙、丙、丁中至少有一人是作案者。办案人员对四人进行了询问，四人的回答如下：

甲："如果乙不是窃贼，我也不是窃贼。"

乙："我不是窃贼，丙是窃贼。"

丙："甲或者乙是窃贼。"

丁："乙或者丙是窃贼。"

后来事实表明，他们四人中只有一人说了真话。

根据以上陈述，以下哪项一定为假？

A. 丙说的是假话。　　　B. 丙不是窃贼。　　　C. 乙不是窃贼。

D. 丁说的是真话。　　　E. 甲说的是真话。

► 【精点解析】

解题步骤	
第一步	真假情况：四个判断中一个为真，三个为假。
第二步	判断真假： Ⅰ. 标准化题干信息： ①乙不是窃贼→甲不是窃贼＝乙是窃贼∨甲不是窃贼（即¬P∨Q）

（续）

	解题步骤
第二步	②乙不是窃贼∧丙是窃贼 ③乙是窃贼∨甲是窃贼（即 P∨Q） ④乙是窃贼∨丙是窃贼 Ⅱ．找关系： ①和③为至少有一真的关系（P∨Q 和¬P∨Q 至少有一真），故②④一定为假。
第三步	由②一定为假可知，乙是窃贼∨丙不是窃贼为真；由④为假可知，乙不是窃贼∧丙不是窃贼。观察选项可知，答案选 D。
提　示	考生注意，题干问题问的是一定假，由于甲是否是窃贼无法判断，故无法判断①和③具体哪个为真，哪个为假。
答　案	**D**

（2021 年经济类联考第 50 题）甲、乙、丙、丁、戊、己 6 人被同期安排至山溪乡扶贫，其中一人到该乡最偏远、最贫困的石坝村扶贫。一天，乡里召开扶贫工作会，到访记者询问参会的甲、乙、丁、戊，他们同期 6 人中谁去了石坝村扶贫，4 人的回答如下：

甲：不是丁去了，就是戊去了；

乙：我没有去，丙也没有去；

丁：甲如果没有去，己就去了；

戊：甲和丙中肯定有人去了。

事实上，因为山区的交通通讯不便，他们相互了解不够，上述 4 人的回答只有一个人说的符合实际。

根据以上信息，可以得出上述 6 人中去石坝村扶贫的是？

A. 丁。　　　　B. 乙。　　　　C. 丙。　　　　D. 甲。　　　　E. 己。

▶ 【精点解析】

	解题步骤
第一步	明确题干真假情况：四个判断中只有一个为真，三个为假。
第二步	判断真假： Ⅰ．标准化题干信息： ①丁去∨戊去。 ②乙不去∧丙不去＝甲去∨丁去∨戊去∨己去。 ③甲不去→己去＝甲去∨己去。 ④甲去∨丙去。 事实信息：⑤6 人中只有 1 人去石坝村。 Ⅱ．找关系： 观察题干条件发现，找关系不好切入，题干的关系不好判断，故可优先考虑"寻找重复元素"结合"一真模型"进行解题。

（续）

	解题步骤
第三步	由于或判断一真即为真，因此，要想满足题干只有一真，应当考虑到重复的元素不能为真（考生试想，若让重复项为真，就会不止一个真）。因此，若"甲"去，则②③④为真，与只有一真矛盾，故可知甲不去；若"己"去，则②③为真，与只有一真矛盾，故可知己不去；若"丁"去，则①②为真，与只有一真矛盾，故可知丁不去；若戊去，则①②为真，与只有一真矛盾，故可知戊不去。
第四步	由上一步的结论：甲、己、丁、戊都不去，可知：①②③都为假，只能④为真，因此去的人是丙，答案选 C。
答案	**C**

例题21 （2021 年经济类联考第 39 题）一天中午，快递公司张经理将 12 个快递包裹安排给张平、李安、赵明、王亮 4 位快递员投递。未到傍晚，张经理就发现自己交代的任务完成了，于是问 4 人实际投递的快递数量，4 人的回答如下：

张平：我和李安共送了 5 个；

李安：张平和赵明共送了 7 个；

赵明：我和王亮共送了 6 个；

王亮：我和张平共送了 6 个。

事实上，4 人的回答中只有 1 人说错了，而这位说错的快递员送了 4 个快递。

根据以上信息，可以得出张平、李安、赵明、王亮 4 人送的快递数依次为？

A.3、4、2、3。　　　　　　B.4、1、5、2。　　　　　　C.3、2、4、3。

D.4、3、2、3。　　　　　　E.2、3、4、3。

▶ 【精点解析】

题干信息	①张平：张平+李安=5。 ②李安：张平+赵明=7。 ③赵明：赵明+王亮=6。 ④王亮：王亮+张平=6。 ⑤4 人回答中只有 1 人说错了；说错的快递员送了 4 个快递。

	解题步骤
第一步	题干信息正向推理困难，而选项充分且穷尽，因此优先采用代入选项排除的方法。
第二步	A 选项，若李安送了 4 个快递，根据条件⑤可知，李安说的话为假，其余 3 人说的话均为真；此时根据选项可得，张平+李安=7，与条件①矛盾（张平说真话），因此排除 A 选项。 　B 选项，若张平送了 4 个快递，根据条件⑤可知，张平说的话为假，其余 3 人说的话均为真；此时根据选项可得，张平+赵明=9，与条件②矛盾（李安说真话），因此排除 B 选项。 　C 选项，若赵明送了 4 个快递，根据条件⑤可知，赵明说的话为假，其余 3 人说的话为真。此时，张平+李安=2+3=5，与张平说真话不矛盾。张平+赵明=3+4=7，与李安说真话不矛盾。王亮+张平=3+3=6，与王亮说真话不矛盾，故 C 选项正确。 　D 选项，若张平送了 4 个快递，根据条件⑤可知，张平说的话为假，其余 3 人说的话均为真；此时根据选项可得，张平+赵明=6，与条件②矛盾（李安说真话），因此排除 D 选项。 　E 选项，若赵明送了 4 个快递，根据条件⑤可知，赵明说的话为假，其余 3 人说的话均为真；此时根据选项可得，张平+赵明=6，与条件②矛盾（李安说真话），因此排除 E 选项。
答案	**C**

【例题22-23】（2014年管理类联考第37-38题）基于以下题干：

某公司年度审计期间，审计人员发现一张发票，上面有赵义、钱仁礼、孙智、李信4个签名，签名者的身份各不相同，是经办人、复核、出纳或审批领导之中的一个，且每个签名都是本人所签。询问四位相关人员，得到以下答案：

赵义："审批领导的签名不是钱仁礼。"

钱仁礼："复核的签名不是李信。"

孙智："出纳的签名不是赵义。"

李信："复核的签名不是钱仁礼。"

已知上述每个回答中，如果提到的人是经办人，则该回答为假；如果提到的人不是经办人，则为真。

根据以上信息，可以得出经办人是以下哪位？

A. 赵义　　　　　　　B. 钱仁礼　　　　　　C. 孙智

D. 李信　　　　　　　E. 无法确定

根据以上信息，该公司的复核与出纳分别是？

A. 李信、赵义　　　　B. 孙智、赵义　　　　C. 钱仁礼、李信

D. 赵义、钱仁礼　　　E. 孙智、李信

▶　**【精点解析】**

【例题22】

解题步骤	
第一步	真假情况：真假个数不确定。
第二步	判断真假： 　Ⅰ. 选取假设对象：假设对象选取的关键在这样一句话"如果提到的人是经办人，则该回答为假；如果提到的人不是经办人，则为真"，可知真假情况由"经办人"决定，故假设的内容锁定为"经办人"是谁。 　Ⅱ. 做假设并进行推理：假设"钱仁礼是经办人"，赵义提到的人是经办人，则赵义说假话，即"审批领导的签名不是钱仁礼"为假，可知：审批领导的签名是钱仁礼，此时钱仁礼既是经办人又是审批领导，矛盾，故假设为假，钱仁礼不是经办人。
第三步	推出事实：可以发现后面三句话和第一句的形式完全一致，同理可以断定后面三句提到的人都不是经办人，即经办人不是李信、不是赵义、不是钱仁礼，只能是孙智。（考生可以自己分别假设经办人是李信、赵义来巩固假设的思路）
答案	**C**

　这道题把题目分成两个小题的方式降低了题目的难度，至少在解决第一题时很多同学知道假设的对象应该是"经办人"，但希望大家通过这道题来体会假设对象的选取、假设模型的判断。

【例题23】

解题步骤	
第一步	根据上一题推理出的结果和题干中明显的限制条件，可知四句话都为真。

（续）

	解题步骤
第二步	第二句和第四句中都出现了"复核"，是我们选择的突破口，即复核不是李信、不是钱仁礼，又不是孙智（经办人），所以复核是赵义。再由第一句可知审批领导不是钱仁礼，则出纳肯定是钱仁礼。
答案	**D**

考点 14　对应题目解题技巧

⟲ 命题思路分析

对应题是一种基本的分析推理题目，在每年的考试中属于常见题型，是最近几年命题的重点。主要命题思路有两个：

1. **两类事物对应**（也就是确定两类事物之间的对应关系）。常见的对应关系有：①1 对 1；②1 对多；③多对多，我们需要列出二维表格，利用"√"和"×"表示的具体对应关系，进行推理。

2. **三类及以上事物对应**（也就是确定三类及以上事物之间的对应关系）。常见的对应关系只有 1 对 1，我们一般将相同类型的信息放在同一行、同一列，利用排除法进行推理。

────────○ 方法解读 ○────────

第一类题目：两类事物之间的对应关系（重点）

	解题步骤
第一步	明确需要对应的维度和组度，也就是要明确题干属于 1 对 1，还是 1 对多，还是多对多。
第二步	画出二维表格，将两个维度分别放到横行和竖列。
第三步	先观察题干存在的确定信息，将题干确定信息分别用"√"和"×"表示在表格中，并根据每行每列"√"的个数进行直接推理。
第四步	分析剩余不确定的条件，可尝试：①将重复的元素和相同的话题进行搭桥来获得新的确定信息；②利用形式逻辑中的规则得出新的确定信息；③利用对应关系的总数减去已经确定的对应关系，得出新的确定信息。
第五步	根据已经推理出的信息继续将对应表格补充完整。注意：个别题目可能无法完全推出所有的情况，但并不影响选择正确答案，考生只需结合选项找到答案。

● **切入点 1**：区分确定信息和不确定信息，优先从确定信息入手（尝试将不确定的信息转化为确定）。

示例：已知：甲、乙、丙、丁四个人要去看电影、看话剧、听相声、看演唱会，每个项目都有人参加，每人都要参加项目。

序号	题干表述	条件分析	结论
例 1	甲由于特别喜欢某歌手，不得不去看演唱会。	确定信息	甲一定看演唱会。
例 2	甲非常讨厌相声，不会去听相声。	确定信息	甲一定不听相声。
例 3	甲去看电影，并且去看话剧。	确定信息	①甲去看电影；②甲去看话剧。
例 4	甲或者去看电影，或者去看话剧，并且每人只参加一个项目。	需转化为确定	①甲不去听相声；②甲不去看演唱会。
例 5	甲要么去看电影，要么去看话剧。	需转化为确定	①甲不去听相声；②甲不去看演唱会。

 考试时可能有很多的变形，考生结合上述示例仔细理解"将不确定转化为确定"的思想。

庖丁解牛

例题 24　在编号壹、贰、叁、肆的 4 个盒子中装有绿茶、红茶、花茶和白茶 4 种茶，每只盒子只装一种茶，每种茶只装在一个盒子中。已知：

（1）装绿茶和红茶的盒子在壹、贰、叁号范围之内；

（2）装红茶和花茶的盒子在贰、叁、肆号范围之内；

（3）装白茶的盒子在壹、叁号范围之内。

根据以上陈述，可以得出以下哪项？

A. 绿茶装在壹号盒子中。　　　　　B. 红茶装在贰号盒子中。

C. 白茶装在叁号盒子中。　　　　　D. 花茶装在肆号盒子中。

E. 绿茶装在叁号盒子中。

▶ 【精点解析】

解法一：

	解题步骤
第一步	题干信息均属于不确定信息，故可优先考虑将题干信息转化为确定信息，进而快速解题。
第二步	将信息（1）转化为：绿茶和红茶都不在肆号；（2）转化为：红茶和花茶都不在壹号；（3）转化为：白茶不在贰号，不在肆号；观察发现"肆号"出现了两次，故联合可得：绿茶、红茶和白茶都不在肆号，根据剩余法可得：花茶在肆号。
答案	**D**

解法二：

	解题步骤
第一步	题干属于两类事物对应的 1 对 1 题目，故可考虑基本方法，也就是列表，然后用"√"和"×"进行推理。

（续）

<table>
<tr><th colspan="2">解题步骤</th></tr>
<tr><td rowspan="3">第二步</td><td>将题干信息（1）、（2）、（3）依次代入表格可知：</td></tr>
<tr><td>
<table>
<tr><td></td><td>绿茶</td><td>红茶</td><td>花茶</td><td>白茶</td></tr>
<tr><td>壹号</td><td>?</td><td>×</td><td>×</td><td>?</td></tr>
<tr><td>贰号</td><td>?</td><td>?</td><td>?</td><td>×</td></tr>
<tr><td>叁号</td><td>?</td><td>?</td><td>?</td><td>?</td></tr>
<tr><td>肆号</td><td>×</td><td>×</td><td>√</td><td>×</td></tr>
</table>
</td></tr>
<tr><td>观察第四行发现，只能是花茶对应肆号，打"√"即可得出答案。</td></tr>
</table>

 考生要灵活掌握解法一和解法二，第一个解法通过把不确定信息转化为确定信息能快速得出结果，而第二个解法则是基本方法，训练熟练之后，能够解决考试的两类事物对应的题目。

 例题 25　某公司为员工免费提供菊花茶、绿茶、红茶、咖啡和大麦茶5种饮品。现有甲、乙、丙、丁、戊5位员工，他们每人都只喜欢其中的2种饮品，且每种饮品都只有2人喜欢，已知：

（1）甲和乙喜欢菊花茶，且分别喜欢绿茶和红茶中的一种；

（2）丙和戊分别喜欢咖啡和大麦茶中的一种。

根据上述信息，可以得出以下哪项？

A. 甲喜欢菊花茶和绿茶。　B. 乙喜欢菊花茶和红茶。　C. 丙喜欢红茶和咖啡。

D. 丁喜欢咖啡和大麦茶。　E. 戊喜欢绿茶和大麦茶。

▶ 【精点解析】

<table>
<tr><td rowspan="3">题干
信息</td><td>①每人都只喜欢其中的2种饮品，且每种饮品都只有2人喜欢（二二对应）；</td></tr>
<tr><td>②甲和乙喜欢菊花茶，且分别喜欢绿茶和红茶中的一种；</td></tr>
<tr><td>③丙和戊分别喜欢咖啡和大麦茶一种。</td></tr>
</table>

<table>
<tr><th colspan="2">解题步骤</th></tr>
<tr><td>第一步</td><td>明确题型，本题属于"对应题"，对应关系属于"二二对应"，即每个人对应2种饮品，每个饮品对应2个人，列表的结果即是每行每列都是2个√和3个×。</td></tr>
<tr><td rowspan="3">第二步</td><td>结合信息①②可知，甲和乙都不喜欢喝咖啡，也不喜欢喝大麦茶；结合①③可知，丙和戊只能在咖啡和大麦茶中选一个，此时丙在咖啡和大麦茶这两列一定是1√1×，具体是哪个无法判断，同理可知，戊在咖啡和大麦茶这两列也一定是1√1×。此时列表如下：</td></tr>
<tr><td>
<table>
<tr><td></td><td>菊花茶</td><td>绿茶</td><td>红茶</td><td>咖啡</td><td>大麦茶</td></tr>
<tr><td>甲</td><td>√</td><td></td><td></td><td>×</td><td>×</td></tr>
<tr><td>乙</td><td>√</td><td></td><td></td><td>×</td><td>×</td></tr>
<tr><td>丙</td><td>×</td><td></td><td></td><td colspan="2">1√1×</td></tr>
<tr><td>丁</td><td>×</td><td></td><td></td><td>√</td><td>√</td></tr>
<tr><td>戊</td><td>×</td><td></td><td></td><td colspan="2">1√1×</td></tr>
</table>
</td></tr>
<tr><td>由于咖啡和大麦茶这两列一共是4√6×，减掉已知的2√6×，根据剩余法可知，丁在这两列都是√，也就是丁喜欢喝咖啡和大麦茶。</td></tr>
<tr><td>答案</td><td>**D**</td></tr>
</table>

例题 26 某外国语学校有五名外籍教师,他们分别是:英国人、法国人、德国人、俄罗斯人和西班牙人。这五名教师每天都在英、法、德、俄、西五种外语中教两种语言课程,并且每科外语都由两名教师任教,奇怪的他们每人所教的语言都不是自己本国的语言,此外:

(1) 西班牙籍教师和两名英语教师一起打过扑克;

(2) 俄籍教师的妻子是一位德语教师的妹妹,而俄籍教师的妹妹是另一位德语教师的妻子;

(3) 英籍教师不会法语,法籍教师不懂俄语;

(4) 德籍教师曾利用假期同两位西班牙语教师一起去旅行;

(5) 西班牙籍教师与俄籍教师有相同的外语课;

(6) 两名法语教师的本国语言都不是法籍教师所教的语言;

(7) 学校的法语课和德语课总是在同一时间上课。

以下除了哪项外,都必然为真?

A. 英籍教师教的是德语和西班牙语。   B. 法籍教师并没有既教英语也教法语。

C. 德籍教师教英语和俄语。   D. 俄籍教师教德语和西班牙语。

E. 西班牙籍教师并非既教英语也教俄语。

► 【精点解析】

解法一:

题干信息	(1) 西班牙籍教师和两名英语教师一起打过扑克(即:西班牙籍教师不教英语); (2) 俄籍教师的妻子是一位德语教师的妹妹,而俄籍教师的妹妹是另一位德语教师的妻子(即:俄籍教师不教德语); (3) 英籍教师不会法语,法籍教师不懂俄语; (4) 德籍教师曾利用假期同两位西班牙语教师一起去旅行(即:德籍教师不教西班牙语); (5) 西班牙籍教师与俄籍教师有相同的外语课(即:一个人教西班牙语→不教俄语); (6) 两名法语教师的本国语言都不是法籍教师所教的语言; (7) 学校的法语课和德语课总是在同一时间上课(即:一个人教法语→不教德语)。 (8) 每人所教的语言都不是自己本国语言。

解题步骤

第一步	观察题干第一段话发现,本题属于两类事物对应问题中的**"多对多"**,此时可列二维表格,快速画出"√"和"×"进行推理。 **考生注意**:本题的对应关系是每行应画 2√3×;每列也应画 2√3×。
第二步	根据题干信息填下面表格:(除了条件(6)都可以很容易画出来) 表格

	英语	法语	德语	俄语	西班牙语
英籍	×	×	√	×	√
法籍		×	√	×	
德籍	√	×	×	√	×
俄籍		√	×	×	
西班牙籍	×	√	×	√	×

（续）

| 第三步 | 根据条件（6）：两名法语教师的本国语言是俄罗斯语和西班牙语，由此可知法籍教师不教俄罗斯语和西班牙语，最后的对应关系如下图：

观察选项可知，答案选 D。 |

第三步对应的表格：

	英语	法语	德语	俄语	西班牙语
英籍	×	×	√	×	√
法籍	√	×	√	×	×
德籍	√	×	×	√	×
俄籍	×	√	×	×	√
西班牙籍	×	√	×	√	×

解法二：

解题步骤	
第一步	观察题干问题发现，问题求解"可能真"或"一定假"，而选项恰恰是确定的表述占多数，故此时可考虑从确定信息出发，寻找与题干矛盾的选项。
第二步	由（1）可知，西班牙籍教师不教英语，观察 E 选项不存在矛盾；由（2）可知，俄籍教师不教德语，观察选项 D 发现矛盾，故可快速得出答案选 D。

考生在解题时，一定不要忽视"一般解题思想"的思路，很多时候，利用基本的解题思维也可快速得出答案，考生可结合本书的例题和习题认真体会。

○● **方法解读** ●○

● 切入点2：从重复的元素和相同的话题搭桥得出确定信息

示例：已知：甲、乙、丙、丁四个人要去看电影、看话剧、听相声、看演唱会，每个项目都只有一个人参加，每人都只能参加一个项目。

例1	①甲喜欢喝奶茶，②喜欢喝奶茶的人不去听相声。 分析：结合重复的元素"喜欢喝奶茶"，可联合得出：甲不去听相声。 **精点提示**：考试时遇见"相同话题+1句肯定1句否定"时，可直接联合得出新的确定信息。
例2	①乙不喜欢玩王者，②喜欢玩王者的人不去看电影。 分析：此时完全有可能甲喜欢玩王者但不去看电影，乙不喜欢玩王者，但去看电影，故推不出确定信息。 **精点提示**：考试时遇见"不同话题+2句否定"时，无法得出新的确定信息。
例3	①丙喜欢读书，②喜欢读书的人不喜欢跑步，③只有喜欢跑步的人去看演唱会。 分析：首先结合重复的元素"喜欢读书"联合①和②可得④：丙不喜欢跑步；再结合重复的元素"喜欢跑步"，联合③和④可得：丙不去看演唱会。 **精点提示**：考试时遇见"多个重复元素"时，可分步进行联合推理。
例4	①丁比甲个子矮，②去看话剧的人个子最高。 分析：由①可知，丁不是最高的，此时结合②可得：丁不去看话剧。 **精点提示**：考试时遇见"相同的话题"时，可先将条件转化后，再联合进行推理。

例题 27

甲、乙、丙、丁、戊、己、庚、辛共八人为四对夫妻。已知：

（1）戊曾作为客人参加了丁的结婚典礼；

（2）甲的爱人是辛的表兄；

（3）戊和己性别相同；

（4）甲、乙、戊三人在结婚前，同住一间宿舍；

（5）辛夫妇出国旅行时，乙、丙、戊代表各自的爱人到机场送行。

根据以上信息可以推出以下哪项？

A. 丙和丁是夫妻。　　　　B. 乙和丁不是夫妻。　　　　C. 庚和戊是夫妻。

D. 辛和己不是夫妻。　　　　E. 乙和庚是夫妻。

▶ 【精点解析】

解法一： 观察题干信息重复最多的是"戊"，故优先从"戊"出发。由（1）可知，戊不与丁是夫妻；由（3）可知，戊不与己是夫妻；由（4）可知，戊不与甲、乙是夫妻；由（5）可知，戊不与丙、辛是夫妻，由此根据剩余法可得：戊和庚是夫妻，由此可快速确定答案为 C。

解法二：

解题步骤	
第一步	观察题干信息，题干的确定信息较少，故可优先考虑从"相同的话题"作为切入点。由于（3）和（4）是关于性别的话题，故可知：甲、乙、戊、己是同性；再由（2）可知，甲、乙、戊、己是女性；进而可知：丙、丁、庚、辛是男性。
第二步	题干属于两类事物对应中的"1 对 1"问题，可考虑列表进行推理，逐一将条件（1）（2）（5）代入表格。

第二步表格：

	甲	乙	戊	己
丙	√	×（5）	×（5）	×
丁	×	√	×（1）	×
庚	×	×	√	×
辛	×（2）	×（5）	×（5）	√

由上表可得：甲和丙是夫妻；乙和丁是夫妻；戊和庚是夫妻；己和辛是夫妻。

答案	**C**

 考生要灵活掌握解法一和解法二，第一个解法从观察重复最多的信息入手，能快速得出结果，而第二个解法则是基本方法，训练熟练之后，能够解决考试的两类事物对应的题目。

 例题 28

某社区的甲、乙、丙、丁四人参加一项技能比赛，分别获得了比赛的前四名，每个人都获得了一个名次，每个名次都只有一个人获得。据调查发现：

（1）丙和丁经常相约一起打篮球；

（2）第一名和第三名在这次比赛中刚认识；

（3）第二名不会骑自行车，也不打篮球；

（4）甲的名次比乙的名次靠前；

（5）乙和丁每天一起骑自行车上班。

根据上述陈述，可以得出以下哪项？

A. 第一名是甲。　　　B. 第三名是丁。　　　C. 第四名是乙。

D. 第一名是丙。　　　E. 第二名是丁。

▶ 【精点解析】

解题步骤

第一步	观察题干第一段话发现，本题属于两类事物对应题目中的"1对1"问题，故可考虑列二维表格，从"确定信息"入手。
第二步	但观察题干条件后发现，本题没有确定信息，故此时可优先考虑将"相同的话题"作为切入点。由相同的话题"骑自行车"，联合（3）和（5）可知：乙和丁不是第二名；由相同的话题"打篮球"，联合（1）和（3）可知：丙和丁不是第二名；因此可知甲是第二名。
第三步	此时依然无法确定剩余的对应关系，观察发现条件（1）（2）（5）都涉及话题"是否刚认识"，由于甲是第二名，那么第一名和第三名的组合就只能是以下情况中的一种：①乙和丙；②丙和丁；③乙和丁。结合（1）（2）可知，不是丙和丁的组合（因为经常相约一起打篮球就不可能是刚认识），结合（2）（5）可知，不是乙和丁的组合（因为每天一起上班的人不可能是刚认识）。故可知：第一名和第三名的组合只能是：乙和丙，因此可得：丁是第四名。
第四步	由（4）可得：乙的名次是第三名，丙的名次是第一名。观察发现，答案选 D。
提示	本题的对应关系如下表： 表格中的数字，代表上述推理的步骤，如：②代表第二步得出的结论。
答案	**D**

本题的对应关系如下表：

	甲	乙	丙	丁
第一名	×②	×④	√④	×③
第二名	√②	×②	×②	×②
第三名	×②	√④	×④	×③
第四名	×②	×④	×④	√③

◦ 方法解读 ◦

● **切入点3**：利用假言判断条件的规则，结合"重复出现的元素"以及"数字"的思想，进一步得出确定的事实。

示例：已知：甲、乙、丙、丁四个人要去看电影、看话剧、听相声、看演唱会，每个项目都有人参加，每人都要参加项目。

例1	①如果一个人去看电影，那么也去看话剧。②甲不看话剧。 分析：题干已知看电影（P）→看话剧（Q），此时根据假言判断推理规则可得：甲不看话剧→甲不看电影。即可得出确定的信息：甲不看电影。
例2	①如果一个人去看电影，那么也去看话剧。②甲要去看电影。 分析：题干已知看电影（P）→看话剧（Q），此时根据假言判断推理规则可得：甲看电影→甲看话剧。即可得出确定的信息：甲看话剧。

（续）

例 3	①如果乙去看电影，那么甲去看话剧。②甲去看演唱会。③每人只能参加一个项目。 **分析**：已知③每人只能参加一个项目，由②可知：甲不去看话剧，联合①可得出确定的信息：乙不去看电影。
例 4	①甲和乙选择的项目不相同。②如果甲、乙和丙至少有一个人选择看话剧，那么他们三个人都去听相声。 **分析**：若甲和乙选择的项目不相同，则不可能甲乙丙都去听相声，此时联合②，否定 Q 位推出否定 P 位可知：甲乙丙都不看话剧，因此可得出确定的信息：丁看话剧。 **精点提示**：考试时遇见"假言判断"，可优先考虑从肯定 P 位/否定 Q 位入手，寻找确定信息。如果某个条件针对假言条件的 P 位，则优先考虑"肯定 P 推出肯定 Q"进而得出确定信息；如果某个条件针对假言条件的 Q 位，则优先考虑"否定 Q 推出否定 P"进而得出确定信息，这是现在考试常见的解题思想。
例 5	①如果甲看电影，那么乙也去看电影。②只有一个人去看电影。 **分析**：根据①若甲去看电影，则乙也去看电影，此时就有两个人看电影，与②就产生了矛盾，故可得出确定的信息：甲一定不去看电影。
例 6	①如果甲看电影，那么乙也去看电影。②只有一个人不去看电影。 **分析**：根据①若乙不去看电影，则甲也不去看电影，此时就有两个人不看电影，与②就产生了矛盾，故可得出确定的信息：乙一定去看电影。
例 7	①去看电影的人有 2 个。②如果甲去看电影，则乙和丙也去看电影。 **分析**：根据②若甲去看电影，看电影的人数就是 3 人，与①产生了矛盾，故可得出确定的信息：甲一定不去看电影。 **精点提示**：考试时遇见"数字类条件"，可优先考虑结合假言判断，利用"反证法思想"构造矛盾，进行推理，进而得出事实。

庖丁解牛

 例题 29　住在学校宿舍的同一房间的四个学生甲、乙、丙、丁正在听一首流行歌曲，她们当中有一个人考会计硕士，一个人考审计硕士，一个人考金融硕士，另一个人考税务硕士。并且已知：

（1）甲不考会计硕士，也不考税务硕士；

（2）乙没有考金融硕士，也没有考会计硕士；

（3）如果甲没有考金融硕士，那么丁没有考会计硕士；

（4）丙既没有考税务硕士，也没有考会计硕士。

下面关于四个学生的说法正确的一项是？

A. 甲考税务硕士。　　　B. 乙考审计硕士。　　　C. 丙考金融硕士。

D. 丙考审计硕士。　　　E. 甲考审计硕士。

▶ **【精点解析】**

解法一：

观察题干信息重复最多的元素是"会计硕士"，故可优先从"会计硕士"出发，由（1）

（2）（4）可知，"会计硕士"不是甲，不是乙，不是丙，只能是丁。进而代入（3）可得，甲考金融硕士；结合（4）可知，丙不考"税务硕士"，那么丙就只能考"审计硕士"，进而可得答案选 D。

解法二：

第一步：确定需要对应的维度和组度。

2维4组，甲、乙、丙、丁四个学生对应四个专业。

第二步：画出相应的表格并将题干信息转移到表格中。

	考会计硕士	考审计硕士	考金融硕士	考税务硕士
甲	×			×
乙	×		×	
丙	×			×
丁				

可以发现"考会计硕士"这一列已经有三个"×"，所以正在考会计硕士的只能是丁，所以与"丁考会计硕士"同一行同一列的其他位置应该画"×"。

根据条件"（3）如果甲没有考金融硕士，那么丁不考会计硕士"可得甲考金融硕士，所以与"甲考金融硕士"同一行同一列的其他位置应该画"×"，此时表格为：

	考会计硕士	考审计硕士	考金融硕士	考税务硕士
甲	×	×	√	×
乙	×		×	
丙	×		×	×
丁	√	×	×	×

依次将表格补充完整即可，结果如下图：

	考会计硕士	考审计硕士	考金融硕士	考税务硕士
甲	×	×	√	×
乙	×	×	×	√
丙	×	√	×	×
丁	√	×	×	×

答案选 **D**。

例题 30　甲、乙、丙、丁四个同学猜测他们之中谁被评为三好学生。甲说："如果我被评上，那么乙也被评上。"乙说："如果我被评上，那么丙也被评上。"丙说："如果丁没评上，那么我也没评上。"实际上他们之中至少有两人没被评上三好学生，并且甲、乙、丙说的都是正确的。

下列说法除哪项外一定为真？

A. 甲没有被评上三好学生。　　　　B. 乙没有评上三好学生。

C. 丙没有评上三好学生。　　　　　D. 不知道丙是否被评上三好学生。

E. 不知道丁是否被评上三好学生。

▶ 【精点解析】

<table>
<tr><td colspan="2" align="center">解题步骤</td></tr>
<tr><td>第一步</td><td>整理题干信息，题干出现了多个假言判断，因此可先将题干的假言判断联合起来，故可得：甲被评上→乙被评上→丙被评上→丁被评上。</td></tr>
<tr><td>第二步</td><td>考生试想，若只有一个人评上，则可知丁一定评上（若丁没评上，此时甲、乙、丙都没评上，评上的人数是 0，矛盾）。同样的道理，若只有一个人没评上，则可知甲一定没评上（若甲评上，此时乙、丙、丁都评上了，没评上的人数是 0，矛盾）。</td></tr>
<tr><td>第三步</td><td>由上一步可知，若至少有两个人没评上，则可知，甲和乙都没评上（甲评上时，只有 0 个人没评上，矛盾；乙评上时，只有 1 个人没评上，矛盾），丙、丁是否评上不得而知。</td></tr>
<tr><td>提示</td><td>出现假言判断和"数字"时，可考虑"反证法"，通过构造矛盾，得出确定的事实。</td></tr>
<tr><td>答案</td><td>**C**</td></tr>
</table>

李娜、叶楠和赵芳三位女性符合下面的条件：
（1）恰有两位学识渊博，恰有两位十分善良，恰有两位爱好健身，恰有两位有文学功底；
（2）每位女性的特点不超过三个；
（3）对于李娜来说，如果她学识渊博，那么她也有文学功底；
（4）对于叶楠和赵芳来说，如果她十分善良，那么她也爱好健身；
（5）对于李娜和赵芳来说，如果她有文学功底，那么她也爱好健身。
根据以上条件，可以得出以下哪项？
A. 李娜不爱好健身。　　　　　B. 叶楠十分善良。
C. 赵芳有文学功底。　　　　　D. 李娜学识不渊博。
E. 赵芳不十分善良。

▶ 【精点解析】

<table>
<tr><td>题干
信息</td><td>①恰有两位学识渊博，恰有两位十分善良，恰有两位爱好健身，恰有两位有文学功底；
②每位女性的特点不超过三个；
③李娜学识渊博→李娜有文学功底；
④叶楠十分善良→叶楠爱好健身；赵芳十分善良→赵芳爱好健身；
⑤李娜有文学功底→李娜爱好健身；赵芳有文学功底→赵芳爱好健身。</td></tr>
<tr><td colspan="2" align="center">解题步骤</td></tr>
<tr><td>第一步</td><td>观察条件①和②可知，本题属于两类事物对应中的"多对多"问题，先明确对应关系。共有 8 个特点，3 位女士，由于每个人满足的特点不超过 3 个，因此可知这三个人分别满足的特点数量为：3 个、3 个、2 个。</td></tr>
<tr><td>第二步</td><td>观察条件③④⑤可知，先将题干信息整理如下：
③李娜：学识渊博→有文学功底→爱好健身。
④叶楠：十分善良→爱好健身。
⑤赵芳：十分善良→爱好健身；有文学功底→爱好健身。</td></tr>
</table>

（续）

	解题步骤
第三步	由于题干没有确定信息，此时可优先考虑从重复的元素"爱好健身"入手。由于爱好健身属于Q位，故优先考虑否定Q推出否定P，再结合题干的"数字类"条件，由于每个人至少满足2个特点，至多满足3个特点，也就意味着每个人至多有2个特点不满足。对于李娜而言，如果李娜不爱好健身→没有文学功底→学识不渊博，此时李娜不满足的特点有3个，矛盾，故可得出确定信息：李娜一定爱好健身。对于赵芳而言，如果赵芳不爱好健身→没有文学功底∧不十分善良，此时赵芳不满足的特点有3个，矛盾。故可得出确定信息：赵芳一定爱好健身。
第四步	由上一步可知，由于每个特点只有2个人满足，故叶楠一定不爱好健身，进而联合④可知：叶楠不十分善良。此时的对应关系如下表： |	学识渊博（2√1×）	十分善良（2√1×）	爱好健身（2√1×）	有文学功底（2√1×）
---	---	---	---	---
李娜			√	
叶楠	√	×	×	√
赵芳			√		
第五步	由上一步可知李娜一定满足3个特点，也就意味着只有1个特点不满足，结合"假言判断+数字"的思想，联合条件③可知，如果李娜没有文学功底→李娜学识不渊博，此时李娜满足2个特点，矛盾，故可得出确定信息：李娜有文学功底。补齐表格信息如下： |	学识渊博（2√1×）	十分善良（2√1×）	爱好健身（2√1×）	有文学功底（2√1×）
---	---	---	---	---
李娜（3√）	×	√	√	√
叶楠（2√）	√	×	×	√
赵芳（3√）	√	√	√	×	
答案	**D**

◦ **方法解读** ◦

● **切入点4**：没有很好的切入点时，可考虑作假设分情况讨论。

庖丁解牛

> **例题 32**
>
> 赵、钱、孙、李四个人家里要么养了植物要么养了宠物，且为猫、狗、玫瑰花和百合花中的一种（顺序不一定）。赵和孙养的同是宠物或同是植物，钱和李养的同是宠物或同是植物。
>
> 已知：（1）赵没有养猫；（2）钱没有养狗；（3）孙没有养玫瑰；（4）李没有养百合。
> 根据以上陈述，以下哪项一定为真？
> A. 李养了玫瑰。　　　　B. 钱没有养猫。　　　　C. 孙没有养百合。
> D. 赵没有养狗。　　　　E. 赵没有养百合。

▶ **【精点解析】**

题干信息	①赵没有养猫；②钱没有养狗；③孙没有养玫瑰；④李没有养百合。

（续）

			解题步骤	

第一步	观察题干发现，本题属于"1 对 1"的对应问题，但题干条件没有确定信息，没有重复的元素，也不涉及假言条件，故此时只能考虑作假设分情况讨论。

第二步

假设 1：赵和孙养的是宠物，结合（1）、（2）、（3）、（4）可得对应关系如下：

	赵	钱	孙	李
猫	×	×	√	×
狗	√	×	×	×
玫瑰	×	×	×	√
百合	×	√	×	×

假设 2：赵和孙养的是植物，结合（1）、（2）、（3）、（4）可得对应关系如下：

	赵	钱	孙	李
猫	×	√	×	×
狗	×	×	×	√
玫瑰	√	×	×	×
百合	×	×	√	×

答案	**E**

● **方法解读** ●

第二类题目：三类及以上事物之间的对应关系（考试较少涉及）

	解题步骤
第一步	明确需要对应的维度和组度，将每一类事物放在同一列，列出表格。
第二步	将题干信息对应到表格里，从"确定信息"和"重复的元素"出发，利用排除法进行解题。

庖丁解牛

【例题33-34】基于以下题干：

山楂牧场住着 3 位百岁老人，并已知以下信息：

（1）王以前是位农场工人，搬来山楂牧场前他一直生活在竹庄。

（2）李善经营着一家乡村邮局。

（3）在 1995 年搬家的人叫美，但不姓张。

姓氏为：张、王、李。

名字为：真、善、美。

村庄为：松庄、竹庄、梅庄。

搬家时间为：1985 年、1990 年和 1995 年。

例题 33 王是哪一年搬的家？

A. 1985 年。　　　　　　　B. 比 1990 年早。　　　　　　C. 1990 年。

D. 1995 年。　　　　　　　E. 无法判断。

例题 34 如果名叫真的住户搬到山楂牧场的时间，比曾住在梅庄的那个人迟，那么关于 3 个百岁老人的说法正确的一项是？

A. 张真是 1995 年搬的家。　　B. 王善之前住在竹庄。　　C. 李善之前住在梅庄。

D. 1985 年搬来的是张。　　　　E. 张之前不住在松庄。

▶ 【精点解析】

【例题 33】

第一步：明确维度和组度。

4 类事物：姓氏、名字、村庄、搬家时间

3 个组度：张、王、李

第二步：画出对应表格，并将题干信息转移到表格中。

姓氏	名字	村庄	搬家时间
王		竹	
李	善		
不是张	美		1995

观察可以发现名字为"美"的不姓李、不姓张所以一定姓王，所以可得王美 1995 年从竹庄搬来。

答案选 **D**。

【例题 34】

附加条件"名叫真的比曾住在梅庄的人搬来时间迟"，所以名叫真的人 1990 年从松庄搬来，姓张。剩下的一组信息是李善 1985 年从梅庄搬来。

姓氏	名字	村庄	搬家时间
王	美	竹	1995
李	善	梅	1985
张	真	松	1990

答案选 **C**。

沙场点兵

例题 35 （2013 年管理类联考第 46 题）

在东海大学研究生会举办的一次中国象棋比赛中，来自经济学院、管理学院、哲学学院、数学学院和化学学院的 5 名研究生（每学院 1 名）相遇在一起。有关甲、乙、丙、丁、戊 5 名研究生之间的比赛信息满足以下条件：

①甲仅与 2 名选手比赛过；

②化学学院的选手和 3 名选手比赛过；

③乙不是管理学院的，也没有和管理学院的选手对阵过；

④哲学学院的选手和丙比赛过；

⑤管理学院、哲学学院、数学学院的选手相互都交过手；

⑥丁仅与 1 名选手比赛过。

根据以上条件，请问丙来自哪个学院？

扫一扫，听名师讲解

A. 经济学院。　　　　　　B. 管理学院。　　　　　　C. 哲学学院。

D. 化学学院。　　　　　　E. 数学学院。

▶ 【精点解析】

第一步：确定题干需要对应的维度，画出相应的表格并将题干确定信息③④转移到表格中，如下：

	经济	管理	哲学	数学	化学
甲					
乙		×			
丙			×		
丁					
戊					

第二步：将重复出现的词项或话题搭桥来获取新的确定信息，表示在表格中并进行推理。

③和⑤重复出现"管理学院"可搭桥得"乙不来自管理学院、不来自哲学学院、不来自数学学院"。

①和②重复出现"比赛几次"的话题，可搭桥得"甲不是化学学院的"。

⑤中这三个学院相互交手，每个学院比赛两次；②⑤⑥重复出现"比赛几次"的话题，可搭桥得"丁不来自化学学院、不来自管理学院、不来自哲学学院、不来自数学学院"，故丁来自经济学院。

将新的确定信息表示在表格中并进行推理，如下：

	经济	管理	哲学	数学	化学
甲	×				×
乙	×	×	×	×	√
丙	×		×		×
丁	√	×	×	×	×
戊	×				×

第三步：重复第二步的过程。

上一步推理出了一个新的确定信息"乙来自化学学院"，提到乙和化学学院的条件有②和③，搭桥可得"化学学院的选手乙和除了管理学院之外的哲学学院、数学学院、经济学院选手都比赛过"。结合⑤可知哲学学院和数学学院都比赛过三次以上，故甲不来自哲学学院和数学学院。

继续将表格补充如下：

	经济	管理	哲学	数学	化学
甲	×	√	×	×	×

（续）

	经济	管理	哲学	数学	化学
乙	×	×	×	×	√
丙	×	×	×	√	×
丁	√	×	×	×	×
戊	×	×	√	×	×

答案选 **E**。

例题 36（2019年管理类联考第41题）某地人才市场招聘保洁、物业、网管、销售等4种岗位的从业者，有甲、乙、丙、丁4位年轻人前来应聘。事后得知，每人只能选择一种岗位应聘，且每种岗位都有其中一人应聘。另外，还知道：

（1）如果丁应聘网管，那么甲应聘物业；
（2）如果乙不应聘保洁，那么甲应聘保洁且丙应聘销售；
（3）如果乙应聘保洁，那么丙应聘销售，丁也应聘保洁。

根据以上陈述，可以得出以下哪项？

A. 甲应聘物业岗位。　　　B. 丁应聘销售岗位。　　　C. 丙应聘保洁岗位。

D. 甲应聘网管岗位。　　　E. 乙应聘网管岗位。

▶ 【精点解析】

题干信息	①每人只选择一种岗位应聘∧每种岗位都有其中一人应聘（一一对应） ②丁应聘网管→甲应聘物业 ③乙不应聘保洁→甲应聘保洁∧丙应聘销售 ④乙应聘保洁→丙应聘销售∧丁应聘保洁

解题步骤	
第一步	观察题干信息可知，题干没有确定的信息。故可优先考虑从"数字1"出发。由于每个岗位都只能有一个人应聘，因此可考虑从④入手。若乙应聘保洁，则可知丁也应聘保洁，此时便有2个人应聘保洁，矛盾，故可得：乙不应聘保洁。考生注意：对应题目必须首先要有确定的信息才能进行推理，故这个思路很重要，是最近几年考试命题的重点。
第二步	将"乙不应聘保洁"这个确定的信息代入③可得，甲应聘保洁，同时丙应聘销售。
第三步	甲应聘保洁，也就是甲不应聘物业，代入②可得，丁不应聘网管，进而可知，丁应聘物业，最后只剩乙应聘网管。
提　示	本题的对应关系比较简单，重点是假言推理过程，故可列表，也可不列表。
答案	E

【例题 37-38】（2020年管理类联考第46-47题）

37-38题基于以下题干：

某公司甲、乙、丙、丁、戊5人爱好出国旅游。去年，在日本、韩国、英国和法国4国中，他们每人都去了其中的两个国家旅游，且每个国家总有他们中的2~3人去旅游。已知：

（1）如果甲去韩国，则丁不去英国；
（2）丙与戊去年总是结伴出国旅游；
（3）丁和乙只去欧洲国家旅游。

例题 37　根据以上信息，可以得出以下哪项？

A. 甲去了韩国和日本。　　B. 乙去了英国和日本。　　C. 丙去了韩国和英国。

D. 丁去了日本和法国。　　E. 戊去了韩国和日本。

例题 38　如果 5 人去欧洲国家旅游的总人次与去亚洲国家的一样多，则可以得出以下哪项？

A. 甲去了日本。　　B. 甲去了英国。　　C. 甲去了法国。

D. 戊去了英国。　　E. 戊去了法国。

▶ 【精点解析】

题干 信息	①每人都去了其中的两个国家旅游，且每个国家总有他们中的 2~3 人去旅游； ②甲去韩国→丁不去英国； ③丙与戊年总是结伴出国旅游； ④丁和乙只去英国和法国（确定信息）。

解题步骤

第一步	观察 37 题的问题中没有给出附加条件，说明此时可结合已知条件推理得出结论。将确定信息④代入②可得，甲不去韩国。由于本题属于"对应"题，此时可将题干确定信息列表如下：

	甲	乙	丙	丁	戊
日本		×		×	
韩国	×	×		×	
英国		√		√	
法国		√		√	

第二步	结合条件①可得：每列 2√3×，有两行 2√3×，有两行 3√2×，此时可知丙和戊一定去韩国。再结合③，丙和戊总是结伴出国旅游，由于每行至多有 3√，因此观察上表可知，丙和戊一定不去英国和法国，进而可得：丙和戊一定去日本。此时的对应关系如下表：

	甲	乙	丙	丁	戊
日本		×	√	×	√
韩国	×	×	√	×	√
英国		√	×	√	×
法国		√	×	√	×

观察选项可知，37 题答案选 E。

第三步	38 题给出了附加条件，去欧洲国家旅游的总人次与去亚洲国家的一样多，由上一步可知，去英国和法国的有 4 人次，去日本和韩国的有 4 人次，要想满足人数一样多，只能是分别去了5 人次，此时甲只能选择去日本，此时才满足共去了 5 人次。观察选项可知 38 题答案选 A。

答案	37. **E**　　38. **A**

考点 15　分组题目解题技巧

◯▸ **命题思路分析**

分组题是一种基本的分析推理题目，在每年的考试中属于常见题型。主要命题思路有三个：

1. **分组情况**（也就是题干信息要求分两组或者是分三组及以上）。我们需要首先确定分组情况，明确每个组有几个事物。

考生注意：剩余元素组合的考量，也就是当剩余要素组成一组时，需满足题干分组条件的要求，通常有两个或两个以上的选项满足分组条件时，需重点考虑该思路。

2. **能否互相同组**（也就是题干信息会强调某些事物必须同组，或者是某些事物必须互相不能同组）。我们需要去分情况讨论，也可以通过剩余法得出确定的信息。

3. **假言条件**（也就是可利用假言条件的规则，结合选项进行优选）。

● 方法解读 ●

解题步骤	
第一步	明确题干的分组情况，也就是一共几个元素，需要分成几个组，每个组分别有几个元素。**考生注意**：此时可正向推理，考虑每个组共几个元素，把每个组元素的个数凑齐；也可以采取逆向思维（剩余法思想），考虑哪些元素一定不能在某个组，进而得出哪些元素一定要在某个组。
第二步	先从题干确定条件入手，将确定信息代入到分组的表格中（必要时可画出相应表格）。
第三步	考虑剩余的不确定条件，常见的切入点：①同组与不同组的条件；②假言判断条件。
第四步	结合问题和选项，根据已经得出来的分组情况选择答案。

● **切入点1**：利用基本分组情况，结合剩余思想进行解题。

例1	甲、乙、丙、丁、戊五个人至少要选四个人参加某项比赛，甲、乙、丙三个人至多有两个人参加。 分析：五个人至少选四个人，也就意味着至多有一个人不参加；而甲、乙、丙三个人至多有两个人参加，也就意味着甲、乙、丙三个人至少有一个人不参加，也就是不参加的人只可能是甲、乙、丙中的一人，故可知，丁和戊都要参加。
例2	甲、乙、丙、丁、戊五个人选三个人参加某项比赛，如果甲参加，那么乙也参加；丙和丁至少有一个人不参加。 分析：五个人选三个人，也就意味着有两个人不参加，此时丙和丁至少有一个人不参加，那么甲、乙、戊三个人中至多只能有一个人不参加，若乙不参加，则甲也不参加，此时便出现了矛盾，故可知乙一定参加。

庖丁解牛

【例题39-40】 基于以下题干：

天南大学准备选派两名研究生、三名本科生到山村小学支教，经过个人报名和民主评议，最终人选将在研究生赵婷、唐玲、殷情3人和本科生周艳、李环、文琴、徐昂、朱敏5人中产生。按规定，同一学院或者同一社团至多选派一人。已知：

（1）唐玲和朱敏均来自数学学院；

（2）周艳和徐昂均来自文学院；

（3）李环和朱敏均来自辩论协会。

例题 39 根据上述条件，以下必定入选的是?

A. 唐玲　　　　B. 赵婷　　　　C. 周艳　　　　D. 殷倩　　　　E. 文琴

例题 40 如果唐玲入选，那么以下必定入选的是?

A. 李环　　　　B. 徐昂　　　　C. 周艳　　　　D. 赵婷　　　　E. 殷倩

► 【精点解析】

	解题步骤
第一步	明确题干的情景设置: ① 3 名研究生（赵婷、唐玲、殷倩）选派 2 名去支教，必须有一个人不选派；5 名本科生（周艳、李环、文琴、徐昂、朱敏）选派 3 名去支教，必须有两个人不选派。 ② 唐玲和朱敏至多选派一人=不选派唐玲∨不选派朱敏（至少有一个人不选派）； ③ 周艳和徐昂至多选派一人=不选派周艳∨不选派徐昂（至少有一个人不选派）； ④ 李环和朱敏至多选派一人=不选派李环∨不选派朱敏（至少有一个人不选派）。
第二步	由条件③和④可知五名本科生中周艳、徐昂有一人不入选，李环、朱敏有一人不入选，故已达到两人不入选，则剩下的文琴一定入选，（注：考生注意思考"剩余法"），故 39 题答案为 E。
第三步	根据 40 题的附加条件"唐玲入选"，联合条件②可知朱敏不入选，又由条件③知周艳、徐昂中至少一人不入选，则此时本科生已有至少两人不入选，由于本科生只能有两人不入选，因此剩下的李环、文琴一定入选，故 40 题答案为 A。
答案	39. **E**　　　　40. **A**

【例题 41-42】基于以下题干:

某公司有 F、G、H、I、M 和 P 六位总经理助理，三个部门，每一部门恰由三个总经理助理分管。每个总经理助理至少分管一个部门。以下条件必须满足:

（1）有且只有一位总经理助理同时分管三个部门。

（2）F 和 G 不分管同一部门。

（3）H 和 I 不分管同一部门。

例题 41 以下哪项一定为真?

A. 有的总经理助理恰分管两个部门。　　　　B. 任一部门由 F 或 G 分管。

C. M 和 P 只分管一个部门。　　　　　　　　D. 没有部门由 F、M 和 P 分管。

E. P 分管的部门 M 都分管。

例题 42 如果 F 和 M 不分管同一部门，则以下哪项一定为真?

A. F 和 H 分管同一部门。　　　　　　　　　B. F 和 I 分管同一部门。

C. I 和 P 分管同一部门。　　　　　　　　　D. M 和 G 分管同一部门。

E. M 和 P 不分管同一部门。

► 【精点解析】

题干 信息	①每个总经理助理至少分管一个部门； ②有且只有一位总经理助理同时分管三个部门； ③F 和 G 不分管同一个部门； ④H 和 I 不分管同一个部门。

（续）

	解题步骤
例题41	首先明确分组情况，本题是 9 个岗位（3 个部门，每个部门三个人分管）分给 6 个总经理助理，每个总经理助理至少分管一个部门。分组情况有如下两种可能：3、2、1、1、1、1；2、2、2、1、1、1。由于题干信息②指出，有且只有一个总经理助理分管三个部门，因此可知分组情况只可能是 3、2、1、1、1、1，进而可知一定也有人分管两个部门，因此本题答案选 A。
例题42	分管 3 个部门的人和任意其他人同时分管一个部门。F 和 G 不分管同一部门，H 和 I 不分管同一部门，又根据附加条件已知 F 和 M 不分管同一部门，故同时分管 3 个部门的人不是 F、G、H、I、M 中的任意一个，故只能是剩余的 P。对应选项只需要选择 P 和某人分管同一部门即可，因此本题答案选 C。
答案	41.**A**　　　　42.**C**

○ **方法解读** ○

● **切入点 2**：从同组/不同组条件入手，利用"占位思想"+"剩余思想"，快速得出确定的分组情况。

例1	**已知**：①甲、乙、丙、丁、戊五个人分三组。②甲、乙、丙三人互不同组。 **分析**：由于五个人分三组，恰好有三个人互不同组，此时只能是甲、乙、丙三个人分别在不同的组。 **精点提示**：考试时遇见某 N 个元素互不同组，而恰好"组数=元素个数"时，可直接得出分组情况：这 N 个元素分别每个组一个，这是考试常考的命题点，考生一定认真体会。
例2	**已知**：①甲、乙、丙、丁、戊、己六个人分三组，其中，第一组 3 人，第二组 2 人，第三组 1 人。②甲和乙必须同组。③丙、丁、戊三人互不同组。 **分析**：由于六个人分三组，恰好有三个人互不同组，此时只能是丙、丁、戊三个人分别在不同的组。采用占位法，每个组都分别被占了 1 个位置，此时第一组还剩 2 个位置，第二组还剩 1 个位置，第三组还剩 0 个位置，又由于甲乙必须同组，此时便只能占第一组（第二组和第三组剩余位置不够），那么剩下的己一定在第二组。 **精点提示**：考试时遇见某 N 个元素同组时，先把能确定的位置先占上，然后根据剩余的位置个数，分情况讨论。

庖丁解牛

【例题43-44】 基于以下题干：

某次画展中，有奔马、仙鹤、猛虎、雄鸡、牡丹、腊梅、苍松、荷花 8 幅画，同时有 1 号、2 号、3 号、4 号 4 间展室。已知：1 号展室展出 3 幅画，2 号展室展出 2 幅画，3 号展室展出 2 幅画，4 号展室展出 1 幅画。另外还有如下要求：

（1）奔马和仙鹤应在同一展室展出；

（2）猛虎和雄鸡不在同一展室展出；

（3）牡丹在 2 号展室展出；

（4）仙鹤或腊梅在 4 号展室展出。

例题 43 如果猛虎、苍松、荷花在互不相同的三个展室展出，则以下哪项一定为真？
A. 猛虎在 1 号展室展出。　　　　B. 猛虎在 2 号展室展出。
C. 猛虎在 3 号展室展出。　　　　D. 雄鸡在 3 号展室展出。
E. 荷花在 3 号展室展出。

例题 44 如果苍松在 2 号展室展出，则以下哪项一定为假？
A. 雄鸡在 1 号展室展出。　　　　B. 荷花在 1 号展室展出。
C. 猛虎在 1 号展室展出。　　　　D. 猛虎在 3 号展室展出。
E. 腊梅在 4 号展室展出。

► **【精点解析】**

题干信息	①1 号 3 幅画、2 号 2 幅画、3 号 2 幅画、4 号 1 幅画； ②奔马和仙鹤在同一展室展出； ③猛虎和雄鸡不在同一展室展出； ④牡丹在 2 号展室展出； ⑤仙鹤或腊梅在 4 号展室展出。

解题步骤

第一步	明确分组情况，8 个元素分为 4 个组，分组情况为：3、2、2、1。此时考虑到奔马和仙鹤同组，而 4 号展室只能有 1 幅画，可知仙鹤不可能在 4 号展室，结合⑤可得：腊梅在 4 号展室。此时先将确定信息填入表格中。

1 号（3 幅）	2 号（2 幅）	3 号（2 幅）	4 号（1 幅）
	牡丹		腊梅

第二步	43 题的附加条件给出了"3 个元素互不同组"的条件，此时除了牡丹和腊梅剩下的 6 幅画要分 3 组，此时恰好符合某 N 个元素互不同组时，"组数＝元素个数"的特殊情况，故可得：猛虎、苍松、荷花分别占据 1 号、2 号和 3 号展室的 1 个位置，此时 1 号展室还剩 2 个位置，2 号展室还剩 0 个位置，3 号展室还剩 1 个位置。结合条件②，由于奔马和仙鹤必须同组，那么两者只能在第 1 号展室，进而剩余的雄鸡就只能在 3 号展室。此时的分组情况如下表：

1 号（3 幅）	2 号（2 幅）	3 号（2 幅）	4 号（1 幅）
奔马、仙鹤	牡丹	雄鸡	腊梅

观察选项可知，43 题答案选 D。

第三步	44 题的附加条件给出了确定的信息"苍松在 2 号展室"，结合第一步的分析可知，此时不确定的是 5 幅画，要分 2 组，分组情况为 3、2，结合③可知，猛虎和雄鸡互不同组，此时恰好符合某 N 个元素互不同组时，"组数＝元素个数"的特殊情况，故可得：猛虎和雄鸡一定是一个在 1 号展室，一个在 3 号展室。此时 1 号展室还剩 2 个位置，3 号展室还剩 1 个位置。结合条件②，由于奔马和仙鹤必须同组，那么只能在第 1 号展室，进而剩余的荷花就只能在 3 号展室。此时的分组情况如下表：

1 号（3 幅）	2 号（2 幅）	3 号（2 幅）	4 号（1 幅）
奔马、仙鹤（猛虎/雄鸡）	牡丹、苍松	荷花（猛虎/雄鸡）	腊梅

观察选项可知，44 题答案选 B。

答案	43. **D**　　　　44. **B**

方法解读

- **切入点3：** 从假言条件入手，利用形式逻辑的推理规则，考虑优选的思想。

优选思想（1）	已知如果P，那么Q为真时，题干问哪项一定为真时，优先考虑从肯定Q和否定P的选项入手。 分析：由于假言判断P→Q为真时，P的范围小于等于Q，故若P为真时，Q一定为真，若P为假时，Q也可能为真，也就是说Q为真的概率更大，故求解一定为真时，可优先考虑含有"Q"的选项。同理，若Q为假时，P一定为假，若Q为真时，P也可能为假，也就是说非P为真的概率更大，故求解一定为真时，可优先考虑含有"非P"的选项。
优选思想（2）	已知如果P，那么Q为真时，题干问哪项一定为假时，优先考虑从肯定P和否定Q的选项入手。 分析：假言判断P→Q的矛盾是P∧¬Q，故此时要想构造矛盾关系，满足一定假，必须要满足的便是"肯定P"和"否定Q"的信息。
优选思想（3）	题干问补充哪项能得出确定结论时（此时为补前提），优先考虑从肯定P和否定Q的选项入手。 分析：由于假言判断只能由肯定P位推出肯定Q位，故从前提出发时，只能考虑肯定P位的信息；假言判断逆否等价，否定Q位推出否定P位，故从前提出发时，只能考虑否定Q位的信息。

庖丁解牛

【例题45-48】 基于以下题干：

甲、乙、丙、丁、戊、己和庚共7名大学生被北京冬奥会志愿者协会聘为志愿者，其中有一人需要分配到安保服务组，有三人需要分配到交通服务组，另外三人需要分配到技术服务组。这7名志愿者的人事分配必须满足以下条件：

（1）丙和庚必须分配在同一部门；

（2）甲和乙不能分配在同一部门；

（3）如果己分配在技术服务组，则戊分配在交通服务组；

（4）甲必须分配在交通服务组。

例题45 如果己和甲被分配到同一部门，以下哪项陈述不可能为真？
A. 乙被分配到技术服务组。　B. 丙被分配到交通服务组。　C. 丁被分配到技术服务组。
D. 戊被分配到安保服务组。　E. 丙被分配到技术服务组。

例题46 如果戊和己被分配到同一部门，则以下哪项一定为真？
A. 丙被分配到技术服务组。　B. 庚被分配到交通服务组。　C. 戊被分配到技术服务组。
D. 戊被分配到交通服务组。　E. 己被分配到技术服务组。

例题47 以下哪项列出的一对志愿者不可能分配到技术服务组？
A. 乙和丁。　　B. 乙和己。　　C. 乙和庚。　　D. 丙和戊。　　E. 丙和庚。

例题48 如果以下哪项陈述为真，能使7名志愿者的分配得到完全的确定？
A. 甲和戊分配到交通服务组。　　B. 乙和庚分配到技术服务组。

C. 丁和戊分配到技术服务组。　　　D. 丁和戊分配到交通服务组。

E. 乙和庚分配到交通服务组。

▶ 【精点解析】

	解题步骤
第一步	明确题干的分组情况：7 名志愿者分为 3 组，安保服务组（1 人）、交通服务组（3 人）、技术服务组（3 人）。
第二步	分析题干的条件： ①丙和庚必须分配在同一部门（丙和庚不能在安保服务组）。 ②甲和乙不能分配在同一部门。 ③己在技术服务组（P）→戊在交通服务组（Q）。 ④甲在交通服务组（确定信息）。
例题 45	由于附加信息给出了确定信息"甲和己在同一部门"，结合④可知，甲和己都只能在交通服务组；此时安保服务组剩余 1 个位置，交通服务组剩余 1 个位置，技术服务组剩余 3 个位置，那么丙和庚同组的话就一定不可能在交通服务组，只可能在技术服务组，故答案选 B。 **考生注意**：本题有确定信息，此时将确定信息代入题干，利用占位思想即可快速解题。
例题 46	附加信息给出了戊和己被分配到同一部门，此时只知道不可能在安保服务组，具体是在技术服务组，还是在交通服务组，不得而知。此时可结合③，若己在技术服务组，那么戊就得在交通服务组，故己不可能在技术服务组，进而己和戊就只能在交通服务组。故答案选 D。 **考生注意**：此时也可考虑采用反证法，优先验证条件③的 Q 位，利用假言优选的思想也可快速解题。
例题 47	问题没有给出附加的确定信息，问题问"一定为假"，故此时可优先考虑假言优选的思想，考虑肯定 P，或者否定 Q 的选项，即 B 选项（己在技术服务组满足肯定 P）。若乙和己在技术服务组，结合③可知，戊在交通服务组，由于甲在交通服务组，此时技术服务组剩余 1 个位置，交通服务组剩余 1 个位置，安保服务组剩余 1 个位置，丙和庚就没有办法在同一部门了，矛盾。因此 B 选项一定为假。 **考生注意**：求解一定为假时，可优先考虑利用假言优选思想，结合选项进行验证，进而快速得出答案。
例题 48	问题求"补前提得出确定的结论"，此时可优先考虑假言优选的思想，优先考虑含有"P"和"非 Q"的选项，观察选项发现 C 选项指出戊在技术服务组，也就是戊不在交通服务组（非 Q），故可优先考虑代入验证。若丁和戊在技术服务组，结合③可知己不在技术服务组，由于甲在交通服务组，此时技术服务组只剩 1 个位置，交通服务组剩余 2 个位置，那么丙和庚就只能在交通服务组。此时交通服务组剩余 0 个位置，由于己不在技术服务组，那么己只能在安保服务组。剩余的乙只能在技术服务组。此时的分组情况只有唯一的可能，即： | 技术服务组	交通服务组	安保服务组 | |---|---|---|
丁、戊、乙	甲、丙、庚	己	 答案选 C。 **考生注意**：求解补前提时，可优先考虑利用假言优选思想，优先验证肯定 P/否定 Q 的选项。
答案	45.**B**　　　46.**D**　　　47.**B**　　　48.**C**

考生注意，假言判断的优选思想不限于解分组题，而是一种通用的思路，考生可认真体会上述题目的解题思想，将之运用到做分析推理时，便能提升解题的速度和正确率。

【例题49-50】（2018年管理类联考第40-41题）49-50题基于以下题干：

某海军部队有甲、乙、丙、丁、戊、己、庚7艘舰艇，拟组成两个编队出航，第一编队编列3艘舰艇，第二编队编列4艘舰艇，编列需满足以下条件：

（1）舰艇己必须编列在第二编队；

（2）戊和丙至多有一艘编列在第一编队；

（3）甲和丙不在同一编队；

（4）如果乙编列在第一编队，则丁也必须编列在第一编队。

例题 49 如果甲在第二编队，则下列哪项中的舰艇一定也在第二编队？
A. 乙　　　B. 丙　　　C. 丁　　　D. 戊　　　E. 庚

例题 50 如果丁和庚在同一编队，则可以得出以下哪项？
A. 甲在第一编队。　　　B. 乙在第一编队。　　　C. 丙在第一编队。
D. 戊在第二编队。　　　E. 庚在第二编队。

▶ **【精点解析】**

【例题49】

解题步骤	
第一步	问题中的附加条件"甲在第二编队"为确定条件，此时解题思路很简单，直接将确定信息代入题干，结合重复词项依次推理即可。
第二步	将确定条件"甲在第二编队"代入条件（3）可得：丙一定在第一编队。
第三步	将上一步结果代入条件（2）可得：戊一定在第二编队。
答案	**D**

【例题50】

解题步骤	
第一步	附加条件为丁和庚在同一编队，但并不确定同在哪一编队，需要分情况讨论。
第二步	假设丁和庚都在第二编队，代入条件（4）可得：乙在第二编队。根据条件（3）可知甲和丙一个在第一编队，一个在第二编队，这样第二编队至少5艘：丁、庚、乙、己、甲或丙，与题干条件矛盾。所以丁和庚只可能在第一编队。
第三步	根据条件（3）可知甲、丙之间有一艘在第一编队，此时第一编队的三艘已满，所以乙、戊一定在第二编队。此时可以确定第一编队有丁、庚；第二编队有乙、己、戊；甲、丙之间有一艘在第一编队，一艘在第二编队，具体情况不确定。
答案	**D**

 考生在考场上没有足够时间时，也可以使用假言优选思想，求解一定为真时，优先考虑Q为真的概率更大，也就是丁在第一编队，那么丁和戊都在第一编队。

考点 16　方位排序题解题技巧

☞ 命题思路分析

方位排序题是一种基本的分析推理题目，在每年的考试中属于常见题型。主要命题思路有三个：

1. 从已知条件得出几个事物排序的结果。我们需要从确定的位置、特殊的位置以及限制条件多的位置寻找切入点。

2. 结合方位图形确定顺序。我们需要从题干给出的确定的位置出发，结合条件得出排序结果。

3. 判断选项是否符合题干排序的限定条件。我们需要从题干给出的确定信息出发，用代选项排除法得出结果。

◇ **方法解读** ◇

第一类题目：排序推理题目

第一步：明确有几个元素进行排序，梳理位置信息及排序信息，符号化题干条件。

第一类条件：位置信息条件。

常见位置信息条件			
条件表述	示例	分析	符号化
某个元素确定在某个位置。	已知，A、B、C、D、E 五个元素进行排序，A 在第二位。	确定信息	$A = 2$
某个元素确定不在某个位置。	已知，A、B、C、D、E 五个元素进行排序，A 不在第二位。	确定信息	$A \neq 2$
某个元素可能在某些位置。	已知 A、B、C、D、E 五个人排序，若 A 要么早于 B，要么早于 C，则 A?	A 不能同时在 B 和 C 之前，也不能同时在 B 和 C 之后，此时 A 只能是在 B 和 C 中间。	（B）A（C）
	已知 A、B、C、D、E 五个人排序，若 A 只与 1 个人相邻，则 A?	A 只与 1 个人相邻，此时便只能在首尾的特殊位置。	$A = 1 \lor A = 5$
某个元素前面有若干个元素。	已知 A、B、C、D、E、F、G 七个人排序，A 前面至少有 3 个人，则 A?	某元素前面有 N 个元素，此时该元素至少在 N+1 位	$A \geq 4$
某个元素后面有若干个元素。	已知 A、B、C、D、E、F、G 七个人排序，A 后面至少有 3 个人，则 A?	某元素后面有 N 个元素，此时该元素至多在（总数-N）位	$A \leq 4$

 考生注意，考试时不限于上述条件描述，考生可参考上述条件的符号化灵活处理。

第二类条件：排序信息条件。

常见排序信息条件		
条件表述	分析	符号化
A 在 B 之前。	A 和 B 的前后顺序是确定的。	A＜B
A 与 B 相邻，且 A 在 B 之前。	相邻条件，A 和 B 的先后顺序是确定的。	A｜B
A 与 B 相邻。	A 和 B 的前后顺序不确定。	(A｜B)
A 与 B 不相邻，且 A 在 B 之前。	A 和 B 中间间隔了若干个元素，A 和 B 的前后顺序是确定的。	A＿＿＿＿B
A 与 B 不相邻。	A 和 B 中间间隔了若干个元素。	(A＿＿＿＿B)
A 和 B 之间有 3 个对象，且 A 在 B 之前。	A 和 B 中间间隔了 3 个元素，A 和 B 的前后顺序是确定的。	A□□□B
A 和 B 之间有 3 个对象。	A 和 B 中间间隔了 3 个元素。	(A□□□B)
A 在 B 前面的第 3 个位置。	A 和 B 中间间隔了 2 个元素。	A□□B

 考生注意，考试时不限于上述条件描述，考生可参考上述条件的符号化灵活处理。

第二步：结合题干条件表述，考虑从如下切入点入手，得出最终的排序信息：（1）确定的位置和重复较多的元素；（2）跨度大的条件；（3）相邻/不相邻条件；（4）假言条件；（5）代选项排除法。

● **切入点 1**：从确定的位置条件入手，结合重复的元素进行推理。

庖丁解牛

例题 51 甲、乙、丙、丁、戊和己一起在某剧场买话剧票，售票员发现他们六个人的位置信息满足如下条件：

（1）丙既不排在队伍的前端，也不排在队伍的末尾。

（2）己不在队伍的最后面，在她和队伍末尾之间有两个人，位于队伍末尾的不是戊。

（3）丁没有排在队伍的最前面，他前面和后面都至少各有两个人。

（4）甲前面至少有 4 个人，但甲也不在队伍的最后面。

根据上述条件，乙排在第几位？

A. 第一。　　　　B. 第二。　　　　C. 第四。　　　　D. 第五。　　　　E. 第六。

▶ 【精点解析】

	解题步骤
第一步	观察题干发现，本题属于排序题，题干给出的条件都是位置信息和排序信息，故可先将题干条件符号化： ①丙≠1∧丙≠6（确定位置）；

（续）

	解题步骤
第一步	②己＝3（确定位置）； ③戊≠6（确定位置）； ④丁≠1∧3≤丁≤4； ⑤甲≠6∧甲≥5。
第二步	由于题干存在确定信息，故可从确定信息做切入点。由②可知：己＝3；由⑤可知：甲＝5；此时结合④可知，丁＝4；此时由①可知，丙＝2，又由于戊≠6，所以戊＝1，乙＝6。此时排序情况如下表：

1	2	3	4	5	6
戊	丙	己	丁	甲	乙

答案	**E**

○ **方法解读** ○

● **切入点 2**：将重复的元素进行串联，构建长序列，优先从跨度大的条件入手。

常见示例		
条件表述	**分析**	**符号化**
A、B、C、D、E 五个人排序，已知 A 在 B 之前，B 在 C 之前，则？	联合重复的元素是 B，可构建长序列。	A<B<C
A、B、C、D、E 五个人排序，已知 A 与 B 相邻，B 与 C 相邻，则？	若某元素与两个元素都相邻，则一定在这两个元素中间。	(A)｜B｜(C)
A、B、C、D、E 五个人排序，已知 A 在 B 之前，B 与 C 相邻，则？	若某元素小于某元素，一定小于与之相邻的元素。	A<(B｜C)
A、B、C、D、E 五个人排序，已知 A 是 B 前面第 3 个，A 不能在第一位，则？	A 和 B 中间隔 2 个元素，此时 A 和 B 的跨度是 4，那只能是 1-4，或者是 2-5，由于 A≠1，那么只能是 A=2，B=5。	A=2，B=5
A、B、C、D、E 五个人排序，若 A 在 B 之前，B 在 C 之前，C 在 D 之前，C 和 E 相邻，则？	由于 A 和 B 小于 C，则一定小于与之相邻的 E；由于 D 大于 C，则一定大于与之相邻的 E。故题干条件转化为：A<B<(C｜E)<D。	A=1，B=2，D=5

【例题52-54】 基于以下题干：

一家剧院计划在秋季的 7 周上演 7 个剧目，他们是 F、G、J、K、O、R、S。每周上演一个剧目，每个剧目恰好演出一周，剧目的安排必须满足以下条件：

（1）G 必须在第三周上演。

（2）O 和 S 不能连续演出。

（3）K 必须安排在 J 和 S 之前上演。

（4）F 和 J 必须安排在连续的两周中演出。

例题 52 对于任何一种可接受的安排，以下哪项一定为真？

A.F 被安排在 K 之后的某一周。　　　B.G 恰好安排在 O 之前的那一周。

C.J 被安排在第一周。　　　　　　　D.R 被安排在第二周或第七周。

E.S 被安排在 O 之前的某一周。

例题 53 如果把 S 安排在第六周，那么必须把 R 安排在哪一周？

A. 第七周。　　　　　　B. 第五周。　　　　　　C. 第四周。

D. 第二周。　　　　　　E. 第一周。

例题 54 如果 O 恰好被安排在 J 之前的那一周，以下哪项一定为真？

A. 把 F 安排在 O 之前。　　　　　　B.K 被安排在 G 之前的某一周。

C.R 被安排在第一周或第二周。　　　D.S 恰好被安排在 K 之后的那一周。

E.R 被安排在 K 之前的某一周。

► 【精点解析】

	解题步骤
第一步	本题属于排序推理题目，首先将题干信息符号化： ①G 必须在第三周上演，即：G＝3。 ②O 和 S 不能连续演出，即：(O _____ S)。 ③K 必须安排在 J 和 S 之前上演，即：K＜(J _____ S)。 ④F 和 J 必须安排在连续的两周中演出，即：(F∣J)。
第二步	52 题没有给出任何的附加信息，故可优先考虑将题干重复的元素进行联合，故可联合③和④可得：K＜((F∣J) _____ S)，也就是 K 一定在 F 之前上演，故答案选 A。
第三步	53 题给出了确定的附加信息"S＝6"，此时联合③和④可得：K＜((F∣J) _____ S)，也就是 K、F、J、S 至少占 4 个位置，K 后面至少有三个元素，故观察可得：K 只能在前两周，F 和 J 占据第四周和第五周，又由于 O 和 S 不相邻，故 O 只能在前两周，此时 R 就只能在第七周，故答案选 A。此时的排序情况如下表： | 第一周	第二周	第三周	第四周	第五周	第六周	第七周 | |---|---|---|---|---|---|---|
(O)	(K)	G	(F)	(J)	S	R	 考生注意，"（）"表示位置不确定。
第四步	54 题给出了额外的附加信息"O∣J"，故可优先考虑从重复的条件入手，构建长序列条件。结合④可得，O、J、F 三个的顺序应该是：O∣J∣F，再由重复的"J"结合③可得：K＜(O∣J∣F_____S)，此时 K、O、J、F、S 至少占据五个位置，K 后面至少有四个元素，故 K 只能在前两周，也就是 K 一定在 G 之前的某一周，故答案选 B。
答案	52.**A**　　　53.**A**　　　54.**B**

○ **方法解读** ○

- **切入点 3**：结合相邻/不相邻/间隔相同等条件，考虑奇偶数位置。

常见示例		
条件表述	**分析**	**符号化**
已知 A、B、C、D、E 五个人排序，若 A 与 B 相邻，C 与 D 相邻，则 E？	5 个元素共占据 3 个奇数位，2 个偶数位；A 和 B 相邻，一定占据 1 个奇数位，1 个偶数位；C 和 D 相邻，一定占据 1 个奇数位，一个偶数位，此时 E 只能占据剩余的 1 个奇数位。	E = 1、3、5
已知 A、B、C、D、E 五个人排序，若 A 与 B 间隔的数量与 C 与 D 间隔的数量相同，则 E？	无论间隔 0、1、2，A、B、C、D 四个位置相加一定占据 2 个奇数位，2 个偶数位，由于 5 个元素是三个奇数位，2 个偶数位，故此时剩余的 E 只能占据奇数位。	E = 1、3、5
已知 A、B、C、D、E 共五个人排序，三个男生 A、B、C，两个女生 D、E，若同性别的人互不相邻，则？	同性别的人互不相邻，由于只有两种性别，那么同性别的人只能都占据奇数位，或者都占据偶数位，由于 5 个元素一共有 3 个奇数位，2 个偶数位，故 3 个男生应占据 3 个奇数位，2 个女生应占据 2 个偶数位。	男生 = 1、3、5 女生 = 2、4

【例题 55-56】 基于以下题干：

H 市医院安排耳鼻喉科医生 A 和 B，口腔科医生 C 和 D，内科医生 E、F 和 G，外科医生 H、I 和 J 在周一至周五值班，每天安排两人值班，并且每个人都必须值班一天。已知：
（1）每天值班的两名医生不能来自于同一科室。
（2）耳鼻喉科医生与内科医生不在同一天值班。
（3）E、F 值班两天的间隔数等于 A、B 值班两天的间隔数。

例题 55 根据上述信息，以下各项都可能为真，除了？
A. A 和 D 一起在周一值班。　　　　　　B. E 和 J 一起在周五值班。
C. B 和 D 一起在周一值班。　　　　　　D. C 和 H 一起在周一值班。
E. F 和 I 一起在周五值班。

例题 56 根据上述信息，以下哪项可能是 G 值班的日子？
A. 周一和周二都可能。　B. 周三和周四都可能。　C. 周一和周三都可能。
D. 周四和周一都可能。　E. 周四和周五都可能。

▶ **【精点解析】**

题干信息	①每天值班的两名医生不能来自于同一科室。 ②耳鼻喉科医生与内科医生不在同一天值班。 ③E、F 值班两天的间隔数等于 A、B 值班两天的间隔数。

(续)

	解题步骤
第一步	本题属于排序+分组结合的试题，属于综合考法，是最近几年考试命题的热点。 首先明确分组情况可得，10个医生，分成5天值班，每天两个医生值班，也就是十个人分成五个组。
第二步	观察条件①和②属于相同的话题，由①可得 A、B 不能同组；E、F、G 不能同组；由②可得，A、B、E、F、G 不能同组，因此可得：A、B、E、F、G 互相不同组，恰好符合互不同组时，人数=组数，故可得：A、B、E、F、G 周一至周五，每人一天。剩余的 C 和 D 以及 H、I 和 J 也只能周一至周五，每人一天，故可快速选出 55 题答案为 D。
第三步	由于 E、F 间隔与 A、B 间隔相等，可能是 0、1、2。则有如下可能： 若间隔 0 天，则相邻，则 G 的位置应该是奇数位，位于周一、周三、周五。 若间隔 1 天，则 A、B、E、F 只能交替排序，G 只可能是位于周一和周五。 | 周一	周二	周三	周四	周五 | |---|---|---|---|---| | A | E | B | F | G | | G | A | E | B | F | 若间隔 2 天，则只能是一种可能。 | 周一 | 周二 | 周三 | 周四 | 周五 | |---|---|---|---|---| | A | E | G | B | F | 综合可得，G 的位置只能是奇数位，故 56 题答案选 C。
答案	55. **D**　　　56. **C**

 例题57　某剧院计划在六周内上演 6 个剧目，分别是：《托儿》《戏台》《阳台》《日出》《阿斗》《老宅》。由于场地限制，演出顺序必须符合以下要求：

(1)《托儿》在第 3 周演出。

(2)《阿斗》在《阳台》之前的某一周演出。

(3)《老宅》在《日出》之前的某一周演出。

(4)《阿斗》和《老宅》之间间隔的剧目数，与《阳台》和《日出》之间间隔的剧目数相等。

根据以上信息，以下哪项是不可能为真的？

A.《老宅》在第 2 周演出。　　　B.《老宅》在第 4 周演出。

C.《阳台》在第 4 周演出。　　　D.《戏台》在第 4 周演出。

E.《戏台》在第 5 周演出。

▶【精点解析】

	解题步骤
第一步	本题属于排序推理题目，首先将题干信息符号化： ①《托儿》=第 3 周。 ②《阿斗》<《阳台》。 ③《老宅》<《日出》。 ④《阿斗》和《老宅》之间间隔=《阳台》和《日出》之间间隔。

（续）

	解题步骤
第二步	由于一共有 6 个剧目，则此时一共占据的就位置是 3 个奇数位，3 个偶数位，结合条件④可知，在总数只有 6 个的前提下，《阿斗》和《老宅》以及《阳台》和《日出》只可能占据 2 个奇数位，2 个偶数位，由于《托儿》在第 3 周，那么剩余的《戏台》，就只能占据偶数位，因此一定不可能是奇数位。
答案	**E**

○ **方法解读** ○

- **切入点 4**：利用假言判断的规则，结合重复的元素推理得出确定信息。

【例题58–59】 基于以下题干：

　　有来自三所学校的甲、乙、丙、丁、戊、己、庚共七位同学参加"全国数学竞赛"，其中甲、乙、丙来自北清中学；丁、戊、己来自西京中学；庚来自南山中学。竞赛结束后，组委会将七位同学的成绩由高到低进行排名后发现，这七位同学的成绩不仅没有并列的，而且还满足如下情况：

（1）来自北清中学的三位同学的排名分别不连续，来自西京中学的三位同学的排名也分别不连续。

（2）除非第三名是丁，否则己不可能排名在丁之前。

（3）己排名必须在庚之前。

（4）丙必须排名在甲之前，甲必须排名在戊之前。

例题 58 　如果丙排名第三，且甲在庚之前，则以下哪项一定为真？
A. 戊排名第七。　　　　B. 丁排名第一。　　　　C. 乙排名第二。
D. 甲排名第五。　　　　E. 庚排名第六。

例题 59 　如果庚排名第四，以下哪项陈述必然为真？
A. 丁排名是第一。　　　B. 丙排名是第二。　　　C. 丁排名是第三。
D. 丙排名是第三。　　　E. 甲排名是第三。

▶ **【精点解析】**
　　【例题 58】

	解题步骤
第一步	符号化题干信息： ①（甲＿＿乙＿＿丙）；（丁＿＿戊＿＿己）。 ②己＜丁→丁＝3； ③己＜庚； ④丙＜甲＜戊； ⑤丙＝3∧甲在庚之前（确定信息）。

(续)

	解题步骤
第二步	题干存在假言条件，故可优先考虑联合⑤和②，由于丙＝3，则丁≠3，代入②可知，丁<己，此时联合③可得：丁<己<庚，又由于丁、戊、己的排名不连续，故可得：丁＿＿＿<己<庚（至少占4个位置）；同理条件④也可转化为：丙＿＿＿<甲<戊（至少占4个位置）。
第三步	由于丙＝3，丙后面有4个位置，减去被甲和戊占据的2个确定位置，此时至多还剩2个位置，由于丁后面至少有3个人，故己和庚只能在4-7位，剩下的乙和丁在前两位。由于乙和丙的排名不能连续，故只能是丁＝2，乙＝1。此时的排序情况只可能是： 若丁＝2，则己≠2，己只能在4-7位，由于甲和丙不能相邻，甲在戊和庚之前，故甲只能在第5位，则排序情况只能是： | 1	2	3	4	5	6	7
---	---	---	---	---	---	---
乙	丁	丙	己	甲	（庚）	（戊）	 由于乙＝1，丁＝2，排除B和C选项；由于庚和戊的位置不确定，排除A和E选项，故答案选D。
答案	**D**

【例题 59】

	解题步骤
第一步	符号化题干信息： ① （甲＿＿＿乙＿＿＿丙）；（丁＿＿＿戊＿＿＿己）； ②己<丁（P）→丁＝3（Q）； ③己<庚； ④丙<甲<戊； ⑤庚＝4（确定信息）。
第二步	题干附加条件给出了"确定位置"，故可结合③可知，己在前三名。
第三步	此时没有确定信息时，可结合重复的元素构建长序列，此时可结合①和④可得：丙＿＿＿<甲<戊（至少占4个位置），也就是丙只能在前三。
第四步	此时只剩条件②没有使用，由于没有确定信息，故可考虑假设分情况讨论得出答案。 若己<丁，结合②，肯定P位推出肯定Q位，可知：丁＝3，由于丁和己不连续，故可知己＝1，此时丙只能等于2； 若丁>己，由于己在前三，故丁也一定在前三，由于丁和己不连续，故可知丁＝1，己＝3，此时丙只能等于2。
答案	**B**

◦ *方法解读* ◦

第二类题目：方位排序题目	
第一步	结合题干描述的条件，画出相应的方位图，从确定位置作为切入点。
第二步	利用重复的元素，从方位条件（如某两个元素相邻、某元素在某元素左手边第二个位置、某元素和某元素位于面对面、某元素位于某元素的东南方向）出发，得出新的确定信息。
第三步	若无法得出答案，则继续重复利用上述步骤即可，出现岔路口时，可适当作假设。

【例题60-61】 基于以下题干：

美好的大学生活转瞬即逝，3206 宿舍的 6 名同学计划拍摄一组有纪念意义的毕业照，已知 6 人分别穿着红色、黄色、绿色、蓝色、白色和黑色的上衣围成一圈，还知道：

（1）穿黑色上衣的人与穿蓝色上衣的人相邻；
（2）穿红色上衣的人与穿绿色上衣的人不相邻；
（3）穿黄色上衣的人与穿绿色上衣、穿蓝色上衣的人中至少一人相邻；
（4）若穿白色上衣的人与穿黑色上衣的人相邻，则穿白色上衣的人与穿绿色上衣的人不相邻。

例题 60 若穿黄色上衣的人与穿黑色上衣的人相邻，则穿以下哪两种颜色上衣的人一定相邻？
A. 红色、白色。　　　　B. 黄色、蓝色。　　　　C. 红色、黑色。
D. 绿色、蓝色。　　　　E. 黄色、白色。

例题 61 若穿黄色上衣的人与穿蓝色上衣的人相邻，则下面哪一项陈述一定错误？
A. 穿红色上衣的人与穿白色上衣的人相邻。
B. 穿黄色上衣的人与穿绿色上衣的人相邻。
C. 穿白色上衣的人与穿黑色上衣的人相邻。
D. 穿蓝色上衣的人在穿黄色上衣的人与穿黑色上衣的人中间。
E. 穿黑色上衣的人与穿红色上衣的人相邻。

► **【精点解析】**
【例题 60】

题干信息	①黑色与蓝色相邻。 ②红色与绿色不相邻。 ③黄色与绿色和蓝色至少一人相邻。 ④白色与黑色相邻→白色与绿色不相邻。 ⑤黄色与黑色相邻。
解题步骤	
第一步	本题属于方位排序题，可先将题干的方位条件作图如下： （圆圈图，位置1在顶部，顺时针为2、3、4、5，6在左侧）
第二步	题干给出了附加条件"黄色与黑色相邻"，故可优先从重复的元素"黑色"和"黄色"入手，由于题干没有标记出具体的位置，也没有区分左右，故可假设黄色在 4 号，黑色在 3 号，蓝色只能在 2 号。此时可知蓝色和黄色不相邻，结合③可知黄色和绿色相邻，也就是绿色在 5 号，再结合重复的信息"绿色"和②可知，红色在 1 号，那么剩余的白色只能在 6 号。 （圆圈图：1（红）、2（蓝）、3（黑）、4（黄）、5（绿）、6（白））
答案	**A**

【例题 61】

题干信息	①黑色与蓝色相邻。 ②红色与绿色不相邻。 ③黄色与绿色和蓝色至少一人相邻。 ④白色与黑色相邻→白色与绿色不相邻。 ⑤黄色与蓝色相邻。

解题步骤

第一步	本题属于方位排序题，可先将题干的方位条件作图如下：
第二步	题干给出了附加条件"黄色与蓝色相邻"，故可优先从重复的元素"黄色"和"蓝色"入手，由于题干没有标记出具体的位置，也没有区分左右，故可假设黄色在 4 号，蓝色在 3 号，黑色只能在 2 号。此时剩余红色、绿色、白色无法确定，结合②可知，红色和绿色不相邻，则只可能是 1 个在 1 号，1 个在 5 号（具体在哪个位置不确定），由此可知白色一定在 6 号。 　观察选项可知，白色和黑色一定不相邻。 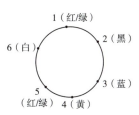
答案	**C**

● 方法解读 ●

第三类题目：信息比照题目	
第一步	观察题干特征，从题干中无法得出确定的排序情况，正向推理困难。
第二步	优先从特殊位置入手，结合选项，利用代选项排除的方法快速解题。

庖丁解牛

例题 62
上海迪士尼乐园有"米奇大街""奇想花园""探险岛""宝藏湾""明日世界""梦幻世界" 6 个主题园区。为方便游人，景区提示如下：
（1）只有先游"奇想花园"，才能游"米奇大街"。
（2）必须先游"明日世界"，才能游"探险岛"。
（3）如果游"宝藏湾"，就要先游"米奇大街"。
（4）"梦幻世界"应第四个游览，之后才可游览"探险岛"。
张先生按照上述提示，带着一家人顺利游览了上述 6 个园区。
根据上述信息，关于张先生的游览顺序，以下哪项不可能为真？
A. 第一个游览"奇想花园"。　　　B. 第二个游览"明日世界"。
C. 第三个游览"宝藏湾"。　　　　D. 第五个游览"米奇大街"。
E. 第六个游览"探险岛"。

【精点解析】

解题步骤	
第一步	本题属于排序题，因此可根据先后顺序将题干信息翻译如下： （1）奇想花园<米奇大街 （2）明日世界<探险岛 （3）米奇大街<宝藏湾 （4）梦幻世界＝4<探险岛
第二步	本题问的是以下哪项不可能为真，也就是问以下哪项一定为假，故可优先考虑从题干确定的条件出发代入选项排除。由于第 4 个游览梦幻世界，因此特殊的位置便是第 5 个和第 6 个，因此优先考虑代入 D 和 E 选项进行排除。
第三步	代入 D 选项，若第五个是米奇大街，结合（3）可知，宝藏湾在第 6 个；结合（4）可知探险岛也应该在第 6 个，此时出现矛盾，故米奇大街不可能是第 5 个。
提　示	当题干要求排序时，我们原则上要以"位置关系"作为优先突破口。
答案	**D**

【例题63-64】（2017 年管理类联考第 33-34 题）基于以下题干：

丰收公司邢经理需要在下个月赴湖北、湖南、安徽、江西、江苏、浙江、福建 7 省进行市场需求调研，各省均调研一次，他的行程需满足如下条件：

（1）第一个或最后一个调研江西省；

（2）调研安徽省的时间早于浙江省，在这两省的调研之间调研除了福建省的另外两省；

（3）调研福建省的时间安排在调研浙江省之前或刚好调研完浙江省之后；

（4）第三个调研江苏省。

例题 63　如果邢经理首先赴安徽省调研，则关于他的行程，可以确定以下哪项？
A. 第二个调研湖北省。　　B. 第二个调研湖南省。　　C. 第五个调研福建省。
D. 第五个调研湖北省。　　E. 第五个调研浙江省。

例题 64　如果安徽省是邢经理第二个调研的省份，则关于他的行程，可以确定以下哪项？
A. 第一个调研江西省。　　B. 第四个调研湖北省。　　C. 第五个调研浙江省。
D. 第五个调研湖南省。　　E. 第六个调研福建省。

▶ **【精点解析】**
【例题 63】

解题步骤							
第一步	从确定的附加信息"邢经理首先赴安徽省调研"入手，代入条件（2）可知第四个调研浙江省。						
第二步	由条件（2）可知，福建省的时间无法安排在调研浙江省之前，再根据条件（3）可知第五个调研福建省。情况如下：						

1	2	3	4	5	6	7
安徽省		江苏省	浙江省	福建省		江西省

答案	**C**

【例题 64】

	解题步骤
第一步	从确定附加信息"安徽省是邢经理第二个调研的省份"入手，代入条件（2）可知第五个调研浙江省。
第二步	E 选项可能为真，因为福建省还可能在第一，考生注意，不要把可能为真的结论与一定为真的结论混淆。
答案	**C**

 （2012 年 MBA 联考第 35 题）某乡镇进行新区规划，决定以市民公园为中心，在东南西北分别建设一个特色社区。这四个社区分别定位为：文化区、休闲区、商业区和行政服务区。已知，行政服务区在文化区的西南方向，文化区在休闲区的东南方向。

根据以上陈述，可以得出以下哪项？

A. 市民公园在行政服务区的北面。　　　B. 休闲区在文化区的西南方向。

C. 文化区在商业区的东北方向。　　　　D. 商业区在休闲区的东南方向。

E. 行政服务区在市民公园的西南方向。

▶ **【精点解析】**

	解题步骤
第一步	整理题干方位信息：①行政服务区在文化区的西南方向；②文化区在休闲区的东南方向。
第二步	此时可将方位信息转化如下：①文化区≠西；文化区≠南；②文化区在休闲区的东南方向＝休闲区在文化区的西北方向，即：文化区≠西；文化区≠北。故可得：文化区在东方。此时可得四个区域的方位信息如下： 　　　　　　　　　　　休闲区 商业区　　[市民公园]　　文化区 　　　　　　　　　　　行政服务区
答案	**A**

 （2019 年管理类联考第 46 题）我国天山是垂直地带性的典范，已知天山的植被形态分布具有如下特点：

（1）从低到高有荒漠、森林带、冰雪带等；

（2）只有经过山地草原，荒漠才能演变成森林带；

（3）如果不经过森林带，山地草原就不会过渡到山地草甸；

（4）山地草甸的海拔不比山地草甸草原的低，也不比高寒草甸高。

根据以上信息，关于天山植被状态，按照由低到高排列，以下哪项是不可能的？

A. 荒漠、山地草原、山地草甸草原、森林带、山地草甸、高寒草甸、冰雪带。

B. 荒漠、山地草原、山地草甸草原、高寒草甸、森林带、山地草甸、冰雪带。

C. 荒漠、山地草甸草原、山地草原、森林带、山地草甸、高寒草甸、冰雪带。

D. 荒漠、山地草原、山地草甸草原、森林带、山地草甸、冰雪带、高寒草甸。

E. 荒漠、山地草原、森林带、山地草甸草原、山地草甸、高寒草甸、冰雪带。

► 【精点解析】

题干信息	天山植被由低到高依次是： ①荒漠<森林带<冰雪带 ②荒漠<山地草原<森林带 ③山地草原<森林带<山地草甸 ④山地草甸草原<山地草甸<高寒草甸

解题步骤	
第一步	确定做题方法。观察题干"以下哪项是不可能的"，可知要找与题干矛盾的选项。由于选项是确定的信息，满足"选项是充分"的，所以将题干条件逐一代入排除的解题方法最快。（考生注意，近年来"排除法"是分析推理常用思维方式）
第二步	条件①各选项均符合；条件②说明由低到高是荒漠、山地草原、森林带，各选项均符合；条件③说明由低到高是山地草原、森林带、山地草甸，各选项都满足；条件④说明由低到高是山地草甸草原、山地草甸、高寒草甸，这样 B 选项不符合题干信息。
提　示	当题干要求排序时，我们原则上要以"位置关系"作为优先突破口。
答案	**B**

考点 17　数据分析题目解题技巧

数据题目常见的题型有数据划分、相容问题求总数、比例、平均数、倍数等，虽然会涉及数学知识，但都是一些简单的数学计算，更侧重考查的是逻辑思维能力。这类题目每年考题数量不会多于两道，却是考生容易丢分的地方，所以想拿分的同学还是要系统掌握常考的一些逻辑思路。

1. 数据划分题目解题技巧

○ *方法解读* ○

解题步骤	解题思想及突破口
第一步：确定划分对象及涉及的划分标准。	①可以根据相应的标志词"中、其中"来确定划分对象，各划分标准之间不能重叠，也不能有遗漏； ②"男""女"经常作为隐含划分标准。
第二步：根据划分对象和划分标准画出相应表格。	列出二维表格，设字母表示。
第三步：计算得出答案。	结合问题和选项寻找突破口。

庖丁解牛

例题 67

某综合性大学只有理科与文科，理科学生多于文科学生，女生多于男生。如果上述断定为真，则以下哪项关于该大学学生的断定也一定为真？

Ⅰ．文科的女生多于文科的男生。

Ⅱ．理科的男生多于文科的男生。

Ⅲ．理科的女生多于文科的男生。

A．只有Ⅰ和Ⅱ。　　　　B．只有Ⅲ。　　　　　C．只有Ⅱ和Ⅲ。

D．Ⅰ、Ⅱ和Ⅲ。　　　　E．Ⅰ、Ⅱ和Ⅲ都不一定是真的。

► 【精点解析】

第一步：明确划分对象及划分标准。

划分对象：综合性大学的学生。划分标准：①男生、女生；②文科生、理科生。

第二步：画出如下二维表格，其中 A 代表文科男生的数量，B 代表理科男生的数量，C 代表文科女生的数量，D 代表理科女生的数量。

	文科	理科
男	A	B
女	C	D

第三步：用字母表示题干中的已知信息。

①理科学生多于文科学生：B+D>A+C。

②女生多于男生：C+D>A+B。

第四步：观察得出结论。

①+②得：B+C+2D>B+C+2A。化简得 D>A，即理科女生多于文科男生。答案选 B。

沙场点兵

例题 68　(2016 年经济类联考第 7 题) 某国有黄种人、白种人、黑种人，人口统计显示男女比例相当，但黄种人比黑种人多很多。在白种人中，男性比例大于女性。

根据以上表述，下面说法正确的是？

A．黑种女性少于黄种男性。　　　B．黄种女性多于黑种男性。

C．黑种男性少于黄种男性。　　　D．黑种女性少于黄种女性。

E．黄种女性少于黑种男性。

► 【精点解析】

题干信息	①某国有黄种人、白种人、黑种人； ②人口统计显示男女比例相当； ③黄种人比黑种人多很多； ④在白种人中，男性比例大于女性。

解题步骤

第一步	根据题干交代画出表格，如下：

	黄种人	白种人	黑种人
男	A	B	C
女	D	E	F

（续）

	解题步骤
第二步	根据题干信息列式子： ①A+B+C＝D+E+F； ②A+D＞C+F； ③B＞E。
第三步	结合①③可得：④A+C＜D+F。
第四步	结合②④可得：A+2C+F＜A+2D+F，即 C＜D。
答案	**B**

 例题 69 （2013 年管理类联考第 47 题）据统计，去年在某校参加高考的 385 名文、理科考生中，女生 189 人，文科男生 41 人，非应届男生 28 人，应届理科考生 256 人。

由此可见，去年在该校参加高考的考生中：

A. 非应届文科男生多于 20 人。　　B. 应届理科女生少于 130 人。

C. 应届理科男生多于 129 人。　　D. 应届理科女生多于 130 人。

E. 非应届文科男生少于 20 人。

扫一扫，听名师讲解

► 【精点解析】

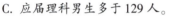

	解题步骤
第一步	明确划分对象及划分标准。 ①划分对象：参加高考的 385 名学生。 ②划分标准：文科、理科；男生、女生；应届、非应届。
第二步	画出对应表格： |	应届文科	应届理科	非应届文科	非应届理科 | |---|---|---|---|---|
男	A	B	C	D
女	E	F	G	H	 注：A 代表应届文科男生的数量。
第三步	用字母表示题干信息。 ① A+B+C+D+E+F+G+H＝385 ② E+F+G+H＝189；A+B+C+D＝196 ③ A+C＝41，可得：B+D＝155 ④ C+D＝28，可得：A+B＝168 ⑤ B+F＝256
第四步	计算结果如下： F＝256−B（⑤） F＝256−（155−D）（③） F＝256−［155−（28−C）］（④） F＝129−C。 因此可知，F＜130。
答案	**B**

2. 概念相容问题解题技巧

方法解读

【示例1】大熊老师说，这群学生中精通文学的男同学有10人，精通化学的女同学有20人。问：大熊老师提到的人共有几人？

分析：尽管有可能同时精通化学和文学，但不可能既是男同学，又是女同学，故二者不可能有交集，此时精通文学的男同学和精通化学的女同学两个概念是不相容关系，求总数应该直接相加，故总人数是30人。

精点提示：如果概念间是不相容关系，那么求总数应该是各个概念直接相加。

【示例2】大熊老师说，这群学生中精通文学的女同学有10人，精通化学的女同学有20人，问：大熊老师提到的人共有几人？

分析：此时，可能出现既精通文学又精通化学的女同学，可能有交集，故此时精通文学的女同学和精通化学的女同学两个概念是相容关系，此时无法确定究竟有多少同学，但可以确定，最少有20人、最多有30人。

精点提示：如果概念间是相容关系，那么无法确定总数是多少，只能得到一个范围。这个范围就是：［取较大值，取相加的和］。

庖丁解牛

例题 70 某个饭店中，一桌人边用餐边谈生意。其中，1个是哈尔滨人，2个是北方人，1个是广东人，2个人只做电脑生意，3个人只做服装生意。假设以上的介绍涉及这餐桌上所有的人，那么，这一餐桌上最少可能是几个人？最多可能是几个人？

A. 最少可能是3人，最多可能是8人。　　B. 最少可能是5人，最多可能是8人。

C. 最少可能是5人，最多可能是9人。　　D. 最少可能是3人，最多可能是9人。

E. 无法确定。

▶ **【精点解析】**

第一步：明确划分对象和划分标准。

划分对象：边用餐边谈生意的一桌人。

划分标准：①地域：北方（2人），广东（1人），共3人。

②生意：只做电脑生意（2人），只做服装生意（3人），共5人。

第二步：划分对象人数不确定，但可知：两个划分标准最少重叠，划分对象人数最多；两个划分标准最大重叠，划分对象人数最少。

第三步：人数最多可能8人，人数最少可能5人。

答案选 **B**。

沙场点兵

例题 71 （2015年管理类联考第31题）某次讨论会共有18名参会者。已知：

（1）至少有5名青年教师是女性；

（2）至少有 6 名女教师已过中年；

（3）至少有 7 名女青年是教师。

根据上述信息，关于参会人员可以得出以下哪项？

A. 有些青年教师不是女性。　　　B. 有些女青年不是教师。

C. 青年教师至少有 11 名。　　　D. 女青年至多有 11 名。

E. 女教师至少有 13 名。

▶ 【精点解析】

题干 信息	①至少有 5 名青年教师是女性； ②至少有 6 名女教师已过中年； ③至少有 7 名女青年是教师。
解题步骤	
第一步	分析题干所对应的概念间的关系。考生掌握以下技巧，把概念按照（性别、职业、年龄段）三个维度按顺序排列，一个共同点是都是教师，因此可将题干信息转化为： ①青年女教师≥5 名；②中年女教师≥6 名；③青年女教师≥7 名。
第二步	观察可知，①和③为相容关系，若③为真，则①一定为真，此时便可只考虑②和③，由于②和③为不相容关系，则可得女教师至少有 6+7＝13 人。
答案	**E**

3. 比例问题解题技巧

●── **方法解读** ──●

比例问题主要考查考生对于分数比值关系的理解，考生可结合数学思维进行梳理。常考的角度有：

（1）分数比值各自指代的内容，比如 $Z=\dfrac{X}{Y}$，此时 Z 属于比值，一般属于相对量，需要基数才能求出绝对的数量；X 和 Y 分别指代的内容也是需要考生注意区分的。

（2）注意区分类比方向是横向比（不同事物之间比）还是纵向比（同一个事物现在和过去比）。

**例题
72** 如果比较全日制学生的数量，东江大学的学生数是西海大学学生数的 70%，如果比较学生总数量（全日制学生加上成人教育学生），则东江大学的学生数是西海大学的 120%。由上文最能推出以下哪项结论？

A. 东江大学比西海大学更注重教学质量。

B. 东江大学成人教育学生数量所占总学生数的比例比西海大学的高。

C. 西海大学的成人教育学生比全日制学生数多。

D. 东江大学的成人教育学生数比西海大学的少。

E. 东江大学的全日制学生比成人教育学生多。

► 【精点解析】

<table>
<tr><td colspan="2" align="center">解题步骤</td></tr>
<tr><td rowspan="1">第一步</td><td>加上成人教育学生后东江大学学生人数有了一个逆转，说明东江大学成人教育学生数量占比大。若考生不理解可考虑下面解题思路：
根据题干信息画表如下：
<table><tr><td></td><td>东江</td><td>西海</td></tr><tr><td>全日制</td><td>0.7X</td><td>X</td></tr><tr><td>全日制+成人</td><td>1.2Y</td><td>Y</td></tr></table></td></tr>
<tr><td>第二步</td><td>此时计算：全日制学生所占的比例，东江大学全日制学生占所有学生比例为 $\dfrac{0.7X}{1.2Y}$，而西海大学全日制学生占所有学生比例为 $\dfrac{X}{Y}$，显然东江大学该比例小于西海大学。</td></tr>
<tr><td>第三步</td><td>由上一步可计算，东江大学成人教育学生所占比例为 $\dfrac{1.2Y-0.7X}{1.2Y}$，也就是 $1-\dfrac{0.7X}{1.2Y}$，而西海大学成人教育学生所占比例为 $\dfrac{Y-X}{Y}$，也就是：$1-\dfrac{X}{Y}$。由于 $\dfrac{0.7X}{1.2Y}$ 小于 $\dfrac{X}{Y}$，故可得：$1-\dfrac{0.7X}{1.2Y}$ 大于 $1-\dfrac{X}{Y}$，也就是东江大学成人教育学生所占比例大于西海大学。</td></tr>
<tr><td>答案</td><td>**B**</td></tr>
</table>

沙场点兵

例题 73 （2014年管理类联考第33题）近10年来，某电脑公司的个人笔记本电脑的销量持续增长，但其增长率低于该公司所有产品总销量的增长率。

以下哪项关于该公司的陈述与上述信息相冲突？

A. 近10年来，该公司个人笔记本电脑的销量每年略有增长。

B. 近10年来，该公司产品总销量增长率与个人笔记本电脑的销量增长率每年同时增长。

C. 个人笔记本电脑的销量占该公司产品总销量的比例近10年来由68%上升到72%。

D. 近10年来，该公司个人笔记本电脑的销量占该公司产品总销量的比例逐年下降。

E. 个人笔记本电脑的销量占该公司产品总销量的比例近10年来由64%下降到49%。

► 【精点解析】

<table>
<tr><td colspan="2" align="center">解题步骤</td></tr>
<tr><td>第一步</td><td>分析题干。由题干中涉及的个人笔记本销量的增长率低于该公司所有产品总销量的增长率，可以了解到个人笔记本电脑销量增加得慢，而所有产品总销量增加得快。
①个人笔记本电脑占所有产品销量的百分比 $=\dfrac{笔记本销量↑}{所有产品销量↑↑}$（"↑"表示销量增加，"↑↑"表示比"↑"增加的速度快）
因而①是在逐渐减小的。</td></tr>
<tr><td>第二步</td><td>分析选项。由上述分析显然可知C选项是与题干相冲突的。</td></tr>
<tr><td>答案</td><td>**C**</td></tr>
</table>

例题
74

（2018 年管理类联考第 44 题）中国是全球最大的卷烟生产国和消费国，但近年来政府通过出台禁烟令、提高卷烟消费税等一系列公共政策努力改变这一形象。一项权威调查数据显示，在 2014 年同比上升 2.4% 之后，中国卷烟消费量在 2015 年同比下降了 2.4%，这是 1995 年来首次下降。尽管如此，2015 年中国卷烟消费量仍占全球的 45%，但这一下降对全球卷烟总消费量产生巨大影响，使其同比下降了 2.1%。

根据以上信息，可以得出以下哪项？

A. 2015 年发达国家卷烟消费量同比下降比率高于发展中国家。

B. 2015 年世界其他国家卷烟消费量同比下降比率低于中国。

C. 2015 年世界其他国家卷烟消费量同比下降比率高于中国。

D. 2015 年中国卷烟消费量大于 2013 年。

E. 2015 年中国卷烟消费量恰好等于 2013 年。

▶ 【精点解析】

解题步骤	
第一步	2013 年中国烟草消费总量如果是 P，那么 2014 年为 P（1+2.4%），2015 年 P（1+2.4%）（1−2.4%），所以 D、E 选项错误。
第二步	题干并未涉及到发达国家的烟草销量，所以 A 选项错误。
第三步	根据 2015 年中国烟草销量下降 2.4%，而全世界烟草同比下降只有 2.1%，从而可断定 2015 年全世界其他国家的烟草销量下降比率低于中国，所以 B 选项正确，C 选项错误。
答案	**B**

4. 平均数问题解题技巧

○─ *方法解读* ─○

● 平均数题目解题技巧

1. 算术平均数。算术平均数是对样本整体的估计，存在极差，也就是存在极大值和极小值之分。

2. 加权平均数。加权平均数主要考虑各部分权重对均值的影响。

例题
75

如果一个用电单位的日均耗电量超过所在地区 80% 用电单位的水平，则称其为该地区的用电超标单位。近三年来，湖州地区的用电超标单位的数量逐年明显增加。

如果以上断定为真，并且湖州地区的非单位用电忽略不计，则以下哪项断定也必定为真？

Ⅰ. 近三年来，湖州地区不超标的用电单位的数量逐年明显增加。

Ⅱ. 近三年来，湖州地区日均耗电量逐年明显增加。

Ⅲ. 今年湖州地区任一用电超标单位的日均耗电量都高于全地区的日均耗电量。

A. 只有Ⅰ。　　　　　B. 只有Ⅱ。　　　　　C. 只有Ⅲ。

D. 只有Ⅱ和Ⅲ。　　　E. Ⅰ、Ⅱ和Ⅲ。

► 【精点解析】

题干信息	①超标单位：用电单位的日均耗电量超过所在地区 80% 用电单位的水平 ②近三年来湖州地区的用电超标单位逐年明显增加	
选项	解析	结果
Ⅰ	超标单位的数量＝用电单位总数×20%，不超标单位的数量＝用电单位总数×80%。由题干可知，超标单位的数量上升，即可得：用电单位总数上升，进而可知：用电单位总数×80%也会上升，也就是不超标单位数量也上升。	**一定真**
Ⅱ	题干的超标单位是同一个年度内，不同用电单位用电量之间的比较，可能去年超标单位用电 100 度，而不超标的用电 80 度；今年超标单位用电 10 度，而不超标用电 8 度，故选项可能假。	可能假
Ⅲ	例如，假设该地区共有 10 个用电单位，其中 8 个不超标单位分别日均耗电 1 度，2 个超标单位中，一个日均耗电 2 度，另一个日均耗电 30 度。这个假设完全符合题干的条件，但日均耗电 2 度的超标单位，其日均耗电量并不高于全地区的日均耗电量：(8+2+30)／10＝4（度）。（考生应掌握"特殊值"法在考试中的运用）	可能假
答案	**A**	

例题 76
最近南方某保健医院进行为期 10 周的减肥试验，参加者平均减肥 9 公斤。男性参加者平均减肥 13 公斤，女性参加者平均减肥 7 公斤。医生将男女减肥差异归结为男性参加者减肥前体重比女性参加者重。

从上文可推出以下哪个结论？

A. 女性参加者减肥前体重都比男性参加者轻。　　B. 所有参加者体重均下降。

C. 女性参加者比男性参加者多。　　D. 男性参加者比女性参加者多。

E. 男性参加者减肥后体重都比女性参加者轻。

► 【精点解析】

解析	参加者平均减肥 9 公斤，男性参加者平均减肥 13 公斤，女性参加者平均减肥 7 公斤。如果男性参加者和女性参加者的数量相同则全部参加者的平均减肥值应该是 10 公斤，而此时平均减肥值是 9 公斤，更接近女性参加者，远离男性参加者，说明女性参加者的权重更大，即女性参加者比男性参加者多。
提示	考生如不理解，可设：男同学有 X 人，女同学有 Y 人，那么可得：13X+7Y＝9（X+Y），进而可得 Y＝2X，也就是女性比男性多。
答案	**C**

沙场点兵

例题 77
（2012 年经济类联考第 14 题）公司规定，将全体职工按工资数额从大到小排序。只有排在最后 5% 的人，才提高工资，只有排在最前 5% 的人，才降低工资。小王的工资数额高于全体职工的平均工资，小李的工资数额低于全体职工的平均工资。

如果严格执行公司规定，以下哪种情况是不可能的？

Ⅰ. 小王和小李都提高了工资。

Ⅱ. 小王和小李都降低了工资。

Ⅲ. 小王提高了工资；小李降低了工资。

Ⅳ. 小王降低了工资；小李提高了工资。

A. Ⅰ、Ⅱ、Ⅲ和Ⅳ。　　　　　B. 仅Ⅰ、Ⅱ和Ⅲ。　　　　　C. 仅Ⅰ、Ⅱ、和Ⅳ。

D. 仅Ⅲ　　　　　E. 仅Ⅳ。

► 【精点解析】

题干信息	①排在最后 5% 的人才提高工资，排在最前 5% 的人才降低工资；②小王的工资数额高于全体职工的平均工资；③小李的工资数额低于全体职工的平均工资。	
选项	解释	结果
Ⅰ	当小王的工资略高于全体职工，而小李的工资非常低，并且小王和小李的工资都排在最后 5%。排在前 95% 的员工工资都只是略高于全体员工平均工资时，即有 4%~5% 的人工资极端低时，选项可能为真。	可能真
Ⅱ	选项可能真，当排在前 5% 的大部分人工资属于极值，都远远高于平均数就行。	可能真
Ⅲ	若小王提高，结合①可知，小王在后 5%。若小李降低，结合①可知，小李在前 5%，此时小李>小王，与③、④得出的结果小王>小李矛盾。	一定假
Ⅳ	由题干信息①②③可得，小王的工资比小李高，那么小王有可能处在前 5%，而小李有可能处在后 5%，那么小王就可能降低工资，小李提高工资，因此选项可能为真。	可能真
答案	**D**	

例题 78　（2014 年管理类联考第 52 题）现有甲、乙两所学校，根据上年度的经费实际投入统计，若仅仅比较在校本科生的学生人均投入经费，甲校等于乙校的 86%；但若比较所有学生（本科生加上研究生）的人均经费投入，甲校是乙校的 118%。各校研究生的人均经费投入均高于本科生。

根据以上信息，最可能得出以下哪项？

A. 上年度，甲校学生总数多于乙校。

B. 上年度，甲校研究生人数少于乙校。

C. 上年度，甲校研究生占该校学生的比例高于乙校。

D. 上年度，甲校研究生人均经费投入高于乙校。

E. 上年度，甲校研究生占该校学生的比例高于乙校，或者甲校研究生人均经费投入高于乙校。

► 【精点解析】

	解释
解法一	本题可以从加权平均数的角度进行思考，只比较本科生的人均经费，甲校低于乙校；而比较所有学生（本科生加研究生）的人均经费，则甲校高于乙校，此时最可能得出的结果便是：①甲校的研究生比例高于乙校；②甲校的研究生人均经费高于乙校；①和②至少有一个要满足。

（续）

解法二	考生也可借助数学方法进行解题。 $人均经费 = \dfrac{本科生人均经费 × 本科生总数 + 研究生人均经费 × 研究生总数}{总人数}$ $= \dfrac{本科生人均经费 × 本科生总数}{总人数} + \dfrac{研究生人均经费 × 研究生总数}{总人数}$ ＝本科生人均经费×本科生比例+研究生人均经费×研究生比例 即　人均经费＝本科生人均经费×（1－研究生比例）＋研究生人均经费×研究生比例 　　　　　　＝本科生人均经费+（研究生人均经费－本科生人均经费）×研究生比例
答案	**E**

5. 倍数问题解题技巧

○ **方法解读** ○

● **倍数问题基本解题思想**

结合最小公倍数和特殊值法，可快速解题。

庖丁解牛

例题 79　甲和乙是在一家健身俱乐部首次相遇并相互认识的。

① 甲是在一月份的第一个星期一那天开始去健身俱乐部的。

② 此后，甲每隔四天（即第五天）去一次。

③ 乙是在一月份的第一个星期二那天开始去健身俱乐部的。

④ 此后，乙每隔三天（即第四天）去一次。

在一月份的 31 天中，只有一天甲和乙都去了健身俱乐部，正是那一天他们首次相遇。

请问：甲和乙是在一月份的哪一天相遇的？

A. 7 号。　　　　B. 13 号。　　　　C. 17 号。　　　　D. 21 号。　　　　E. 27 号。

▶ 【精点解析】

<table>
<tr><td colspan="2" align="center">解题步骤</td></tr>
<tr><td>第一步</td><td>本题属于最小公倍数的问题，由于甲每隔四天去一次，也就意味着每五天去一次，循环是 5；乙每隔三天去一次，也就意味每四天去一次，循环是 4，因此甲乙最小相遇的周期就应该是 4×5＝20 天，因此可排除 A、D、E 三个选项。（因为如果是 7 号相遇，那么 20+7＝27 号也一定会相遇；如果 21 号相遇，那么 21－20＝1 号也一定会相遇）</td></tr>
<tr><td>第二步</td><td>根据条件①③可知，甲、乙第一次去间隔的天数，有两种可能：
可能性 1：乙－甲＝1 天，也就是乙正好在甲之后那一天去。
可能性 2：甲－乙＝6 天，也就是乙第一次去的时候正好是星期二，甲在乙之后的下个星期一去。</td></tr>
<tr><td>第三步</td><td>若首次相遇是 13 号，那么甲去的日子是 8、3，第一次去是 3 号；乙去的日子是 9、5、1，第一次去是 1 号。第一次去的日子不间隔 1 天，也不间隔 6 天，排除 B。</td></tr>
</table>

（续）

	解题步骤
提　示	考生可验证 C 选项，若首次相遇是 17 号，则甲去的日子是 12、7、2；乙第一次去的日子是 13、9、5、1；此时满足间隔 6 天的，只能是甲 1 月 7 号去，当天为星期一，乙 1 月 1 号去，1 月 1 号恰好是星期二。
答案	**C**

 例题80　（2016 年管理类联考 29 题）古人以干支纪年。甲乙丙丁戊己庚辛壬癸为十干，也称天干。子丑寅卯辰巳午未申酉戌亥为十二支，也称地支。顺次以天干配地支，如甲子、乙丑、丙寅、……、癸酉、甲戌、乙亥、丙子等，六十年重复一次，俗称六十花甲子。根据干支纪年，公元 2014 年为甲午年，公元 2015 年为乙未年。

根据以上陈述，可以得出以下哪项？

A. 21 世纪会有甲丑年。

B. 现代人已不用干支纪年。

C. 干支纪年有利于农事。

D. 根据干支纪年，公元 2087 年为丁未年。

E. 根据干支纪年，公元 2024 年为甲寅年。

▶ 【精点解析】

题干信息	天干每 10 年重复，地支每 12 年重复，干支纪年每 60 年重复（最小公倍数是 60）。	
选项	**解析**	**结果**
A	已知 2014 年为甲午年，每隔 10 年天干都为甲，想要知道是否有甲丑，则在每 10 年重复时，判定地支是否会遇到丑年。将地支 12 年标号可以发现，午年在奇数"7"的位置，因此，每隔 10 年进行重复，地支年一定会落在奇数位上，而丑年在偶数"2"的位置，因此，在 21 世纪不会有甲丑年。	淘汰
B	根据题干信息，无法得出该项。	淘汰
C	根据题干信息，无法得出该项。	淘汰
D	干支纪年每 60 年重复，因此 2074 年为甲午年（2014+60），2075 则为乙未年。2087＝2075+12，依旧为未年，天干向后推 2 个，则 2087 年为丁未年。	正确
E	2024＝2014+10，天干不变，地支向前推 2 个，所以 2024 年为甲辰年。	淘汰
答案	**D**	

每课一考（6）

时间：40分钟　　　　　　　　　　　　　　　　　　　　　得分：

　　本测试题共有 15 小题，每小题 2 分，共 30 分。请从下面每小题所列的 5 个备选答案中选取出 1 个，多选为错。

【题01】某总公司欲从下属 A、B 两间分公司中选拔一位人选担任总经理助理。经挑选，一共有 5 名员工符合标准，其中 3 名来自 A 分公司，2 名来自 B 分公司；5 人中有 2 位男士；小马和小林来自同一家分公司；小张和小杨来自不同的分公司；小赵和小杨的性别相同；小林和小张的性别不同；最后，一位来自 B 分公司的男员工获得了这个职位。

根据以上信息，谁获得了总经理助理的职位？

A. 小马　　　　　B. 小林　　　　　C. 小张　　　　　D. 小杨　　　　　E. 小赵

【题02】电视剧《都挺好》热播，剧中人物性格鲜明，剧情紧凑，看点十足。其中剧中有一个情节是关于苏家老宅是否出售，四位看过电视剧的观众对剧中苏家人是否会同意出售老宅的态度问题展开了如下讨论：

观众甲："如果妹妹苏明玉同意出售，那么二哥苏明成就不同意。"

观众乙："我觉得苏家的人会一致同意出售老宅。"

观众丙："我看苏家人至少有一个人不同意出售。"

观众丁："我觉得苏明玉一定不会同意出售老宅。"

如果其中只有两句话是真话，那么以下哪项为真？

A. 猜对的两个人是甲和乙。　　　　B. 猜对的两个人是甲和丙。

C. 猜对的两个人是乙和丙。　　　　D. 猜对的两个人是乙和丁。

E. 猜对的两个人是丙和丁。

【题03】在超市购物后，张林把七件商品放在超市的传送带上，肉松后面紧跟着蛋糕，酸奶后面接着放的是饼干，可口可乐汽水紧跟在水果汁后面，方便面后面紧跟着酸奶，肉松和饼干之间有两件商品，方便面和水果汁之间有两件商品，最后放上去的是一只蛋糕。

如果上述陈述为真，那么，以下哪项也为真？

Ⅰ. 水果汁在倒数第三的位置上。

Ⅱ. 酸奶放在第二。

Ⅲ. 可口可乐汽水放在中间。

A. 只有Ⅰ。　　　B. 只有Ⅱ。　　　C. 只有Ⅰ和Ⅱ。　　　D. 只有Ⅰ和Ⅲ。　　　E. 只有Ⅲ。

【题04】学校组织教师旅游，4 个老教师老赵、老钱、老孙、老李和 4 个年轻教师小赵、小钱、小孙、小李一起参加。在旅馆里，他们 8 人住 4 个房间，满足以下条件：

（1）每个房间住一老一少。

（2）同姓人不住同一个房间。

（3）如果老孙不和小李住一个房间，则老钱也不和小孙住一个房间。

（4）老李不和小赵住一个房间。

那么以下哪种安排是不合条件的？

A. 老钱和小孙住一个房间。　　　　B. 老赵和小钱住一个房间。

C. 老孙和小李住一个房间。　　　　D. 老孙和小钱住一个房间。

E. 老赵不和小李住一个房间。

【题 05】 甲、乙、丙、丁和戊进入某围棋邀请赛半决赛，最后要决出一名冠军。张、王、李、赵四人对结果作了如下预测：

　　张：冠军不是丙，也不是戊。

　　王：冠军是乙或戊。

　　李：冠军是甲。

　　赵：冠军是丙或丁。

　　已知张、王、李、赵四人中恰有一人的预测正确，以下哪项一定为真？

　　A. 冠军不是甲，也不是丙。　　　　B. 冠军不是乙，也不是丙。

　　C. 冠军不是乙，也不是戊。　　　　D. 冠军不是甲，也不是乙。

　　E. 冠军不是丙，也不是戊。

【题 06】 某市优化投资环境，2010 年累计招商引资 10 亿元。其中外资 5.7 亿元，投资第三产业 4.6 亿元，投资非第三产业 5.4 亿元。

　　根据以上陈述，可以得出以下哪项结论？

　　A. 投资第三产业的外资大于投资非第三产业的内资。

　　B. 投资第三产业的外资小于投资非第三产业的内资。

　　C. 投资第三产业的外资等于投资非第三产业的内资。

　　D. 投资第三产业的外资和投资非第三产业的内资无法比较大小。

　　E. 投资第三产业的外资为 4.3 亿元。

【题 07】 某银行保险柜被撬，巨额现金和证券失窃。警察局经过侦破，拘捕了三名重大的嫌疑犯：施辛格、赖普顿和安杰士。通过审讯，查明了以下的事实：

　　① 保险柜是用专门的作案工具撬开的，使用这种工具必须受过专门的训练。

　　② 只有施辛格作案，安杰士才作案。

　　③ 赖普顿没有受过使用作案工具的专门训练。

　　④ 罪犯就是这三个人中的一个或一伙。

　　以下结论，哪项是正确的？

　　A. 施辛格是罪犯，赖普顿和安杰士情况不明。

　　B. 施辛格和赖普顿是罪犯，安杰士情况不明。

　　C. 安杰士是罪犯，施辛格和赖普顿情况不明。

　　D. 赖普顿是罪犯，施辛格和安杰士情况不明。

　　E. 三人情况不明。

【题 08】 全国运动会举行女子 5000 米比赛，辽宁、山东、河北各派了三名运动员参加。比赛前，四名体育爱好者在一起预测比赛结果。甲说："辽宁队训练就是有一套，这次的前三名非他们莫属。"乙说："今年与去年可不同了，金银铜牌辽宁队顶多拿一个。"丙说："据我估计，山东队或者河北队会拿牌的。"丁说："第一名如果不是辽宁队的，就该是山东队的了。"比赛结束后，发现以上四人只有一人言中。

　　以下哪项最可能是该项比赛的结果？

　　A. 第一名辽宁队，第二名辽宁队，第三名辽宁队。

　　B. 第一名辽宁队，第二名河北队，第三名山东队。

　　C. 第一名山东队，第二名辽宁队，第三名河北队。

　　D. 第一名河北队，第二名辽宁队，第三名辽宁队。

　　E. 第一名河北队，第二名辽宁队，第三名山东队。

【题09】猴子局长到森林警局提审某案嫌犯甲与乙，从而判断谁是主谋。嫌犯甲说：我不是主谋。嫌犯乙说：我和嫌犯甲只有一人说的话是真的。请问哪个选项为真？

A. 甲说的话是真的。　　　　　　B. 乙说的话是真的。　　　　　　C. 甲是主谋。

D. 乙是主谋。　　　　　　　　　E. 两个嫌犯都不是主谋。

【题10】某市为了减少交通堵塞，采取如下限行措施：周一到周五的工作日，非商用车按尾号0、5、1、6、2、7、3、8、4、9分五组顺序分别限行一天，双休日和法定假日不限行。对违反规定者要罚款。

关于该市居民出行的以下描述中，除哪项外，都可能不违反限行规定？

A. 赵一开着一辆尾数为1的商用车，每天都在路上跑。

B. 钱二有两台私家车，尾号都不相同，每天都开车。

C. 张三与邻居共有三台私家车，尾号都不相同，他们合作每天有两台车开。

D. 李四张三与两邻居共有五台私家车，尾号都不相同，他们合作每天有四台车开。

E. 王五与仁邻居共有六台私家车，尾号都不相同，他们合作每天有五台车开。

【题11】张、王、李、赵4人分别会钢琴、竖琴、长笛、小号四种乐器中的两种，他们有3个人擅长钢琴，但没有一种乐器是4人都擅长的，并且知道：

①张吹小号，而王不擅长，但能演奏同一种乐器。

②李不吹长笛。

③没有人既会小号又会竖琴。

④没有一种乐器是王、李、赵都擅长的。

根据题干条件，以下哪项是4人分别擅长的两种乐器？

A. 张擅长钢琴、小号，王擅长钢琴、竖琴，李擅长钢琴、长笛，赵擅长竖琴、长笛。

B. 张擅长钢琴、小号，王擅长钢琴、长笛，李擅长钢琴、竖琴，赵擅长竖琴、长笛。

C. 张擅长钢琴、长笛，王擅长钢琴、小号，李擅长钢琴、竖琴，赵擅长竖琴、长笛。

D. 张擅长钢琴、长笛，王擅长钢琴、竖琴，李擅长竖琴、长笛，赵擅长钢琴和小号。

E. 张擅长钢琴、竖琴，王擅长钢琴、长笛，李擅长钢琴、小号，赵擅长竖琴、长笛。

【题12】某登山旅游小组成员互相帮助，建立了深厚的友谊。后加入的李佳已经获得了其他人3次救助，但是她尚未救助过任何人；救助过李佳的人均曾被王玥救助过；赵欣救助过小组的所有成员；王玥救助过的人也曾被陈蕃救助过。

根据以上陈述，可以得出以下哪项结论？

A. 陈蕃救助过赵欣。　　　　　　B. 王玥救助过李佳。　　　　　　C. 王玥救助过陈蕃。

D. 陈蕃救助过李佳。　　　　　　E. 王玥没有救助过李佳。

【题13】小西、小白、小玉、小高和小红住在同一个村落。他们家的菜地里分别种有西瓜、白菜、玉米、高粱和红豆五种作物中的一种。已知：

（1）每个人的名字与家中种的作物不同音。

（2）小西和小玉家里不种高粱。

（3）小白家里不能种玉米或红豆。

（4）小高家里不能种西瓜或白菜。

（5）小红家里不能种白菜或西瓜。

（6）除非小西家里种高粱，小白家才种高粱。

（7）小西家种玉米，则小玉家种高粱。

根据以上信息可以得出以下哪项？

A. 小西家里种白菜。　　　　B. 小白家里种高粱。　　　　C. 小玉家里种红豆。

D. 小高家里种玉米。　　　　E. 小红家里种玉米。

题 14-15 基于以下题干：

某大学文学院语言学专业 2014 年毕业的 5 名研究生孔智、孟睿、荀慧、庄聪、墨灵分别被三家用人单位天枢、天机、天璇中的一家录用，并且各单位至少录用了其中的一名。已知：

(1) 荀慧被天枢录用；

(2) 荀慧和庄聪没有被同一家单位录用；

(3) 墨灵和庄聪被同一家单位录用；

(4) 如果孔智被天璇录用，那么孟睿也被天璇录用。

【题 14】 下列哪项正确，则可以确定每个毕业生的录用单位？

A. 荀慧被天枢录用。　　　　B. 孔智被天璇录用。　　　　C. 孔智被天枢录用。

D. 墨灵被天机录用。　　　　E. 孟睿被天机录用。

【题 15】 如果墨灵被天璇录用，则以下哪项一定是错误的？

A. 天璇录用了 3 人。　　　　B. 录用荀慧的单位只录用了他一人。

C. 孟睿被天璇录用。　　　　D. 天机只录用了其中的一人。

E. 孔智被天璇录用。

🔑 每课一考（6）答案及解析

【题 01】 答案 **C**。

由条件"小马和小林来自同一家分公司，小张和小杨来自不同的分公司"可得小马和小林一定来自 A 公司；（考生注意，在这里只有两家公司，所以小张和小杨必然有一个和小马、小林来自同一个公司）

同理，由条件"小赵和小杨的性别相同；小林和小张的性别不同"可得小赵和小杨是女士。

获得了这个职位的是自 B 分公司的男员工，所以排除小马、小林、小赵和小杨。

【题 02】 答案 **B**。

题干信息	①观众甲：苏明玉同意→苏明成不同意＝苏明玉不同意∨苏明成不同意。
	②观众乙：所有人都同意。
	③观众丙：有的人不同意。
	④观众丁：苏明玉不同意。

	解题步骤
第一步	由于题干中有确定的真假个数，故优先考虑"找关系"进行快速解题。 观察可知，②和③互为矛盾，必一真一假；又由于一共只有两句话是真话，因此，①和④中，也必一真一假。
第二步	在①和④中，若④为真，则①也为真，矛盾，因此④为假，可得苏明玉同意，再由①为真可得苏明成不同意。进而可判断③是真，②是假。因此，答案选 B。

【题03】 答案 **B**。

第一步：整理题干信息可知有以下相邻顺序：

① 肉松、蛋糕

② 酸奶、饼干

③ 水果汁、可口可乐

④ 方便面、酸奶

第二步：寻找解题突破口。

（1）酸奶重复出现，故②④连接为方便面、酸奶、饼干。

（2）最后放上去的为蛋糕，故七件商品的顺序为下表：

1	2	3	4	5	6	7
					肉松	蛋糕

（3）由"肉松和饼干之间有两件商品"可确定饼干位置如下：

1	2	3	4	5	6	7
方便面	酸奶	饼干			肉松	蛋糕

（4）将剩余两件商品按顺序补全即可：

1	2	3	4	5	6	7
方便面	酸奶	饼干	水果汁	可口可乐	肉松	蛋糕

第三步：答案为 B。

【题04】 答案 **A**。

解题步骤

第一步	根据题干中确定的已知条件，可以列表如下：				

	小赵	小钱	小孙	小李
老赵	×（2）			
老钱		×（2）		
老孙			×（2）	
老李	×（4）			×（2）

第二步

本题属于推出一定为假的题型，题干中存在假言判断条件，故一定假时可优先考虑从"肯定 P"和"否定 Q"出发，观察选项 A 恰好符合"否定 Q"，故可优先考虑代入验证，此时列表如下：

	小赵	小钱	小孙	小李
老赵	×（2）		×	
老钱	×	×（2）	√	×
老孙	×	×	×（2）	√
老李	×（4）		×	×（2）

若老钱和小孙住一个房间，根据（3）则老孙和小李住一个房间，则可得小赵无法安排，说明假设不成立。因此答案选 A。

【题 05】 答案 **D**。

解题步骤	
第一步	明确题干真假情况：四个判断中只有一个为真，三个为假。
第二步	判断真假： Ⅰ. 标准化题干信息： ①冠军不是丙 ∧ 冠军不是戊 = 冠军是甲 ∨ 冠军是乙 ∨ 冠军是丁； ②冠军是乙 ∨ 冠军是戊； ③冠军是甲； ④冠军是丙 ∨ 冠军是丁。 Ⅱ. 找关系： 观察重复的元素"冠军是甲"出现了 2 次，一定为假，即冠军不是甲；"冠军是乙"出现了 2 次，一定为假，即冠军不是乙，观察可知，答案选 D。

【题 06】 答案 **A**。

第一步：明确划分对象及划分标准。

① 划分对象：招商引资 10 亿元。

② 划分标准：内资、外资；第三产业、非第三产业。

第二步：画出对应表格：

	第三产业	非第三产业
内资	A	B
外资	C	D

注：A 代表投资第三产业内资的金额；B 代表投资非第三产业内资的金额。

第三步：用字母表示题干信息。

① A+B+C+D = 10 亿元

② C+D = 5.7 亿元

③ A+B = 4.3 亿元

④ A+C = 4.6 亿元

⑤ B+D = 5.4 亿元

②-④得：D-A = 1.1 亿元，故 D>A，同理，④-③得：C-B = 0.3 亿元，故 C>B。即非第三产业外资大于第三产业内资，第三产业外资大于非第三产业内资。故答案为 A。

【题 07】 答案 **A**。

解题步骤	
第一步	整理题干信息： ①保险柜是用专门的作案工具撬开的，使用这种工具必须受过专门的训练。 ②安杰士作案→施辛格作案。 ③赖普顿没有受过使用作案工具的专门训练。 ④罪犯就是这三个人中的一个或一伙。

（续）

	解题步骤
第二步	将条件③代入到条件①中可知，赖普顿没有用专门的作案工具将保险柜撬开，联合条件④可推知，用专业工具撬开保险柜的至少是安杰士和施辛格中的一人，即罪犯至少是安杰士和施辛格中的一人，无法判断赖普顿是否是罪犯（可能是从犯）。
第三步	根据条件②，联合上一步得到的信息可知，若施辛格不作案，则安杰士不作案，此时便没有人撬开保险柜，与题干信息矛盾，因此施辛格一定作案，安杰士是否作案情况不知，因此答案选 A。

【题 08】答案 D。

题干信息	①甲：辽宁队第一∧辽宁队第二∧辽宁队第三 ②乙：金银铜牌辽宁至多拿一个（可能拿 0 个，可能拿 1 个） ③丙：山东队拿牌∨河北队拿牌 ④丁：辽宁队不是第一→山东队第一 ⑤甲乙丙丁四人中一人说真话，三人说假话

	解题步骤
第一步	分析题干，丙的话可转化为：辽宁队不是第一∨辽宁队不是第二∨辽宁队不是第三，此时条件①③为矛盾关系，必一真一假，则②④一定为假。
第二步	④为假可得：辽宁队不是第一∧山东队不是第一，由此可知：河北队是第一，②为假可得：辽宁队拿到的金银铜牌不少于两个，进而可得：辽宁队是第二和第三，因此可得答案选 D。

【题 09】答案 C。

	解题步骤
第一步	观察题干，甲和乙的话没有给出确定的真假，故可优先考虑"假设法"进行解题。由于"乙"的话涉及两个人，故可优先考虑从乙下手。
第二步	①若乙说的是真话，则两人中只有一人说的话是真的，即甲说假话，甲是主谋； ②若乙说的是假话，则甲也说假话（因为若乙假甲真，符合乙所说"只有一真"，乙说的就是真话，与原假设矛盾），即甲是主谋。
第三步	综上可知，甲是主谋，甲说假话，乙可能说真话，也可能说假话。故答案选 C。

【题 10】答案 E。

问题要求选择违反规定的一项，题干范围锁定在"非商用车"，故快速排除 A 选项。

B 选项中钱二的两台私家车不在同一天限行，则周一到周五有两天只有一台车可以开，其余三天有两台车可以开。

以此类推，C 选项中三台私家车不在同一天限行，则周一到周五三天只有两台车可以开，其余两天有三台车可以开。D 选项中五台私家车不在同一天限行，则周一到周五每天都只有四台私家车可以开。

E 选项中六台私家车必然有两台会在同一天限行，这天只有四台车可以开。

故答案为 E 选项，考生还需注意，涉及递推思路的题目快速将答案锁定在两头，即本题中答案会在 B、E 中。

【题 11】答案 **B**。

	解题步骤
第一步	该题似乎复杂，但观察选项发现选项信息充分，运用代入排除法，简单易行。
第二步	将题干已知条件代入选项分析： 根据①"张吹小号，而王不擅长"排除 C、D 和 E； 根据②"李不吹长笛"排除选项 A； 因此答案选 B。

【题 12】答案 **A**。

为了方便解题，我们用"→"代表"救助"，"赵欣→所有人"表示赵欣救助过所有人。则题干信息可以表示为：

① 李佳→空集

② 王玥→[赵欣]→李佳　陈蕃→

③ 赵欣→所有人

由赵欣救助过所有人可得赵欣救助过李佳，可以快速得到"陈蕃救助过赵欣"，故答案为 A。

【题 13】答案 **D**。

	解题步骤
第一步	（1）小西不种西瓜，小白不种白菜，小玉不种玉米，小高不种高粱，小红不种红豆； （2）小西和小玉不种高粱； （3）小白不能种玉米或红豆＝小白不种玉米且不种红豆； （4）小高不能种西瓜或白菜＝小高不种西瓜且不种白菜； （5）小红不能种白菜或西瓜＝小红不种白菜且不种西瓜； （6）小白种高粱→小西种高粱，结合条件（2）可知，小白不种高粱； （7）小西种玉米→小玉种高粱，结合条件（2）可知，小西不种玉米。 考生注意，不能 A 或 B＝非 A∧非 B，这个知识点最近几年考试中常考，要重视。如本题的（3）（4）（5）。
第二步	一一对应题目，将名字和作物对应上，故画出二维表格如下，并将已知信息标示在表格中： |	西瓜	白菜	玉米	高粱	红豆
---	---	---	---	---	---
小西	×		×	×	
小白	√	×	×	×	×
小玉	×		×	×	
小高	×	×	√	×	×
小红	×	×	×	√	×	 因此答案为 D。

【题14】答案 **B**。

题干信息	①荀慧被天枢录用； ②荀慧和庄聪没有被同一家单位录用； ③墨灵和庄聪被同一家单位录用； ④孔智被天璇录用→孟睿也被天璇录用； ⑤5人分别被三家用人单位天枢、天机、天璇中的一家录用，并且各单位至少录用了其中的一名。

解题步骤	
第一步	根据题干问题："选项正确，使得题干确定。"可知此类问法属于常见"补前提"的问法。要想提高考试解题速度，我们应选择将优选项代入验证。此时，题干中有假言判断，我们应考虑补前提的优选项为：假言判断 P 和非 Q。
第二步	观察题干信息可知，只有条件④是假言判断，选项 B 孔智被天璇录用，刚好是假言条件的 P 位，因此考虑 B 为优选项，将选项 B 优先代入条件④可得：孔智被天璇录用→孟睿也被天璇录用。根据条件①可知荀慧被天枢录用。只有墨灵和庄聪没有确定，结合③⑤可知，墨灵和庄聪要被同一家单位录用，并且每个单位要至少录用一名，只有天机没有人，因此，墨灵和庄聪只能被天机录用。综上，所有人都得到确定，满足题干，因此，答案为 B。

【题15】答案 **E**。

题干信息	①荀慧被天枢录用； ②荀慧和庄聪没有被同一家单位录用； ③墨灵和庄聪被同一家单位录用； ④孔智被天璇录用→孟睿也被天璇录用； ⑤5人分别被三家用人单位天枢、天机、天璇中的一家录用，并且各单位至少录用了其中的一名； ⑥墨灵被天璇录用。

解题步骤	
第一步	题目中"⑥墨灵被天璇录用"是确定信息，因此，有确定信息优先考虑从确定信息出发代入推理，将墨灵被天璇录用代入条件③可得：庄聪也被天璇录用。结合条件①⑤可知荀慧被天枢录用，并且每个单位都要有人，天机要有人，因此，剩下孔智和孟睿没有确定的人中一定有人要在天机，即孔智和孟睿至少有一人要在天机。
第二步	结合条件④孔智被天璇录用→孟睿也被天璇录用；与上一步得出至少有一人要在天机矛盾，因此，孔智不被天璇录用。题干问一定假，综上答案选 E。

▶ **每课一考**（7）

🕐 时间：45 分钟　　　　　　　　　　　　　　　　　　　　　　　　得分：

本测试题共有 15 小题，每小题 2 分，共 30 分。请从下面每小题所列的 5 个备选答案中选取出 1 个，多选为错。

【题 01】某大学辩论协会和围棋协会两个学生社团各自对外招聘 3 名干事。报名的人有甲、乙、丙、丁、戊、己六人。事后得知：

（1）每个社团均各招到 3 名干事；

（2）至少有 1 位报名者被两个社团同时录用；

（3）甲、丁两人分别被不同的社团录用；

（4）乙、丙两人均没有被两个社团同时录用；

（5）如果丁被录用，则戊一定会被录用，且两人都只能在围棋协会。

如果两社团都没有录用乙，可以得出以下哪个选项？

A. 甲被围棋协会录用。　　　　　B. 丙被围棋协会录用。　　　　　C. 戊被辩论协会录用。

D. 己被辩论协会录用。　　　　　E. 丁被辩论协会录用。

【题 02】甲、乙、丙、丁是四位投资人，他们在一次会议中讨论下半年的投资方向，在制药、电子、教育、建筑四个行业中，他们有如下共识：

（1）如果甲投资制药行业，那么丙也投资制药行业。

（2）如果乙投资制药行业或电子行业，那么在制药、电子和建筑行业中，丁至多投资一个行业。

（3）如果丙投资制药行业，那么他也投资电子行业和教育行业。

（4）要么丁、要么丙投资教育行业。

最终，每个行业都恰有两人投资，每人至少投资了两个行业。

根据上述信息，以下哪项一定是正确的？

A. 甲投资电子行业。　　　　　B. 甲投资教育行业。　　　　　C. 乙投资电子行业。

D. 丙投资建筑行业。　　　　　E. 丁投资建筑行业。

【题 03】某商店失窃，职员赵甲、钱乙、孙丙、赵丁四人涉嫌被调查，经调查发现作案者就是这四人中的一人。

赵甲说：除非我没有作案，钱乙才作案。

钱乙说：我和孙丙都没作案。

孙丙说：除非赵甲作案，否则钱乙不会作案。

赵丁说：赵甲和孙丙两人至少有一人作案。

已知赵甲、钱乙、孙丙、赵丁四人只有一人说真话，那么作案者是？

A. 赵甲。　　　　B. 钱乙。　　　　C. 孙丙。　　　　D. 赵丁。　　　　E. 无法判断。

【题 04】小张、小王、小赵、小李坐在一个圆形的桌子旁开会，四个人分别坐在东、西、南、北四个位置，均面向桌子中心。他们担任的职位分别是公司董事长、人力资源总监、财务总监和技术总监。小张对面的人不是人力资源总监，小李坐在小赵的右手方向。小李对面的人是董事长。董事长跟小张穿的衣服颜色相近。小李比人力总监大 2 岁。财务总监坐在董事长的左边或者右边。

根据以上信息，能够推出以下哪个选项？

A. 小李是董事长。　　　　　B. 小张是人力资源总监。　　　　C. 小赵是技术总监。

D. 小王是财务总监。　　　　　E. 以上信息均不能确定。

题05-06 基于以下题干：

某公司有赵凯、钱明、孙智、李辉、周坤、吴伯6位高管，现要去福建、山东、吉林督查工作。其中福建需要3人，山东需要2人，吉林需要1人。已知：

（1）钱明或李辉去山东；

（2）赵凯、钱明、孙智去的省份互不相同；

（3）孙智不去山东；

（4）赵凯或李辉去福建。

【题05】 根据以上信息，以下哪项一定为真？

A. 钱明去山东。　　　　　　　B. 钱明去福建。　　　　　　　　C. 赵凯去福建。

D. 赵凯去山东。　　　　　　　E. 赵凯去吉林。

【题06】 若李辉和吴伯不去同一省份，则以下哪项一定为真？

A. 李辉去福建。　　　　　　　B. 李辉去山东。　　　　　　　　C. 周坤去福建。

D. 周坤去吉林。　　　　　　　E. 周坤去山东。

题07-08 基于以下题干：

三个男人（甲，乙，丙）和三个女人（赵，钱，孙）从周一到周六每个人工作一天。这六天中每天都有人工作。六个人中的任何两个都不在同一天工作。并且已知下面的信息：

（1）在乙工作的那一天与孙工作的那一天之间恰好有两个完整的工作日，且在一个工作周内，乙总是在孙之前工作；

（2）要么赵在星期三工作，要么甲在星期三工作；

（3）若丙在星期六工作，则钱在星期一工作，若钱在星期一工作，则丙在星期六工作；

（4）若钱在星期六工作，则甲在星期三工作，若甲在星期三工作，则钱在星期六工作。

【题07】 若赵在星期二工作，则谁在星期五工作？

A. 甲　　　　B. 乙　　　　C. 丙　　　　D. 钱　　　　E. 孙

【题08】 若钱在星期五工作，则丙在星期几工作？

A. 星期一　　　B. 星期二　　　C. 星期三　　　D. 星期四　　　E. 星期六

【题09】 小刑和小民都参加了上一年的司法考试，且二人中至多有一人通过了该次考试。小刑说："小民说的是事实，并且我通过了去年的司法考试。"小民说："小刑说的是假话，并且小刑通过了去年的司法考试。"

根据以上信息，以下哪项是真的？

A. 小刑通过了去年的司法考试。

B. 小刑没有通过去年的司法考试。

C. 小民通过了去年的司法考试。

D. 小民没有通过去年的司法考试。

E. 小刑和小民都没有通过去年的司法考试。

【题10】 大唐股份有限公司由甲、乙、丙、丁四个子公司组成。每个子公司承担的上缴利润份额与每年该子公司员工占公司总员工数的比例相等。例如，如果某年甲公司员工占总员工的比例是20%，则当年总公司计划总利润的20%须由甲公司承担上缴。但是去年该公司的财务报告却显示，甲公司在员工数量增加的同时向总公司上缴利润的比例却下降了。

如果上述财务报告为真，则以下哪项一定为真？

A. 甲公司员工增长的比例比前一年小。

B. 乙、丙、丁公司员工增长的比例都超过了甲公司员工增长的比例。

C. 甲公司员工增长的比例至少比其他三个子公司的一个小。

D. 在四个子公司中，甲公司的员工增长数量是最少的。

E. 在四个子公司中，甲公司的员工数量最少。

题 11-13 基于以下题干：

7 个孩子坐在一排从西到东排列的 7 把椅子上。所有这 7 个孩子都面向北坐。其中有 4 个是男孩：赵，钱，孙和李；3 个是女孩：张，周和陈。这些孩子按以下条件就座：

(1) 每个孩子坐一把椅子；

(2) 所有的男孩都不相邻；

(3) 孙在这排座位中紧靠着第 4 个孩子的东边坐；

(4) 周坐在孙的东边；

(5) 赵与张相邻。

【题 11】 若陈与孙相邻，赵与陈相邻，则下面哪项陈述可能错误？

A. 赵和孙坐在张的东边。　　　　B. 赵和张坐在陈的西边。

C. 赵和周坐在张的东边。　　　　D. 赵和张坐在李的西边。

E. 陈和孙坐在周的西边。

【题 12】 若赵不与和孙相邻的所有孩子相邻，则下面哪一项陈述可能正确？

A. 钱坐在赵的西边。　　　　B. 李坐在孙的西边。　　　　C. 张坐在赵的西边。

D. 陈坐在赵的西边。　　　　E. 周坐在孙的西边。

【题 13】 若赵坐在张的东边，则下面哪一对孩子不可能相邻？

A. 赵，陈。　　B. 钱，张。　　C. 钱，周。　　D. 孙，张。　　E. 周，李。

题 14-15 基于以下题干：

王刚、赵虎与李亮是某企业新招聘的员工，招聘结束后，关于三人的基本情况公示如下：

(1) 三人中，两人有注册会计师证书，两人爱好中国古代文学，两人是物流工程硕士，两人是健身俱乐部会员。

(2) 三人中每人最多只有 3 个上述特征。

(3) 如果王刚和李亮都是健身俱乐部会员，那么他们也都是物流工程硕士。

(4) 如果赵虎和李亮都爱好中国古代文学，那么他们也都是物流工程硕士。

(5) 如果王刚是物流工程硕士，那么他也有注册会计师证书。

【题 14】 根据以上公示信息，可以得出以下哪项？

A. 王刚有注册会计师证书。　　　B. 王刚不是健身俱乐部会员。

C. 李亮是物流工程硕士。　　　　D. 王刚爱好中国古代文学。

E. 赵虎是健身俱乐部会员。

【题 15】 如果王刚是物流工程硕士，则可以得出以下哪项？

A. 王刚不是健身俱乐部会员。　　B. 赵虎不爱好中国古代文学。

C. 李亮没有注册会计师证书。　　D. 赵虎不是物流工程硕士。

E. 李亮不爱好中国古代文学。

每课一考（7）答案及解析

【题01】答案 **D**。

题干信息	①每个社团均各招到3名干事。 ②至少有1位报名者被两个社团同时录用。 ③甲和丁被不同社团录用。 ④乙和丙均没有被两个社团同时录用。 ⑤丁录用→戊录用∧丁和戊都只能在围棋协会。 ⑥乙不被录用。

解题步骤	
第一步	由条件③可知，甲和丁一个围棋协会、一个辩论协会，因此，丁一定被录用（确定信息），将其代入到条件⑤中，可知戊被录用且此时丁和戊"只能"在围棋协会。即：甲、丁、戊都只被一个协会录用。
第二步	根据条件②可知，至少有一个报名者被两个社团录用，根据上一步可知被两个社团录用的不是甲、丁、戊，结合条件④可知不是乙，不是丙。因此，一定是己被两个社团录用，因此，围棋协会和辩论协会都会有己。综上，答案选D。

【题02】答案 **D**。

题干信息	①甲投资制药→丙投资制药。 ②乙投资制药∨电子→丁在制药∨电子∨建筑中至多投资一个行业。 ③丙投资制药→丙投资电子行业∧教育行业。 ④丁投资教育 ∀ 丙投资教育。 ⑤每个行业都恰有两人投资，每人至少投资了两个行业。

解题步骤	
第一步	明确本题题型为分组+对应题，根据条件⑤可知，此时只能是2，2，2，2的分组形式。结合条件③，如果丙投资制药，此时丙就投资了三个行业，与每人只投资2个行业矛盾，故丙不投资制药，再联合条件①，可知甲不投资制药；因此只能乙和丁投资制药。
第二步	由上一步结论再结合条件②，由于乙投资制药，那么丁在制药、电子、建筑三个中至多只能选一个，由于丁已经选了制药，因此丁不能投资电子和建筑，此时可知丁投资教育。
第三步	由上一步结论再结合条件④，可知丙不投资教育，又由于丙不投资制药，因此丙投资电子和建筑，此时能确定的对应关系如下表： |	制药	电子	教育	建筑 | |---|---|---|---|---| | 甲 | × | | | | | 乙 | √ | | | | | 丙 | × | √ | × | √ | | 丁 | √ | × | √ | × | 观察选项可知，答案选D。

【题 03】 答案 **B**。

题干 信息	①赵甲说：钱乙作案→赵甲没有作案＝钱乙没有作案∨赵甲没有作案。 ②钱乙说：钱乙没作案∧孙丙没作案。 ③孙丙说：钱乙作案→赵甲作案＝钱乙没有作案∨赵甲作案。 ④赵丁说：赵甲作案∨孙丙作案。 ⑤四个人只有一个人说真话。

解题步骤

第一步	题干属于有确定的真假个数的真话假话题，故优先考虑"找关系"进行解题。
第二步	观察题干可得：①和③属于至少一真的反对关系，由于题干只有一真，故②④都为假，由②假得⑥"钱乙作案∨孙丙作案"，由④为假可得⑦"孙丙不作案"，结合⑥⑦可知钱乙作案。因此答案选 B。

【题 04】 答案 **B**。

题干 信息	①小张对面的人不是人力资源总监。 ②小李坐在小赵的右手方向。 ③小李对面的人是董事长。 ④董事长跟小张穿的衣服颜色相近。 ⑤小李比人力总监大 2 岁。 ⑥财务总监坐在董事长的左边或者右边。

解题步骤

第一步	本题属于"方位排序题"，由于题干没有确定的信息，故优先从重复最多的信息入手。观察题干，"董事长"出现了 3 次，因此优先从"董事长"出发。联合信息②③④可得，董事长不是小李、小赵和小张，因此董事长是小王。
第二步	由⑤可得：小李不是人力总监；由⑥（财务总监在小王的左边或右边）和③（小李在小王对面）可知：小李不是财务总监，由上一步可知：小李不是董事长，故可得小李是技术总监。
第三步	再结合信息①，可知小张是人力资源总监，小赵是财务总监。 再结合信息②，此时的排序关系如下图： 小李/技术总监 小张/人力总监　　　　小赵/财务总监 小王/董事长 观察选项可知，答案选 B。

【题 05】答案 **A**。

题干信息	①钱明去山东∨李辉去山东。 ②赵凯、钱明、孙智去的省份互不相同。 ③孙智不去山东。 ④赵凯去福建∨李辉去福建。 ⑤福建 3 人，山东 2 人，吉林 1 人。

解题步骤

第一步	本题属于"分组"题型。根据条件⑤可知，6 人分三组，分组情况为 3-2-1。
第二步	联合条件②和⑤，由于"赵凯、钱明、孙智去的省份互不相同"，满足分组情况 N 个人互不同组，N 刚好等于组数，因此，这 N 个人分别每组一个人，即：赵凯、钱明、孙智一个福建、一个山东、一个吉林。(考生若对此仍留有疑惑，可学习《逻辑精点》强化篇分组题解题技巧)。而"吉林只能去 1 人"，因此赵凯、钱明和孙智一定有 1 人去吉林；此时剩下的李辉、周坤和吴伯只能选择去福建或山东（其中 2 人去福建；1 人去山东）。李辉重复的最多，故可以考虑从李辉入手，即：李辉去山东和福建中的一省。
第三步	假设李辉去山东，即李辉不去福建，代入条件④可知赵凯去福建，结合条件②和③，山东要有"钱明和孙智"中的一个+孙智不去山东，即可得钱明去山东。山东已经满足 2 人，即：剩下的周坤和吴伯只能去福建。 假设李辉去福建，即李辉不去山东，代入条件①可推知钱明去山东，即：剩下的周坤和吴伯只能一个去福建，一个去山东。 此时，李辉去山东→钱明去山东，李辉不去山东→钱明去山东，根据"两难推理"得出钱明去山东一定为真。故答案选 A。

【题 06】答案 **C**。

题干信息	①钱明去山东∨李辉去山东。 ②赵凯、钱明、孙智去的省份互不相同。 ③孙智不去山东。 ④赵凯去福建∨李辉去福建。 ⑤福建 3 人，山东 2 人，吉林 1 人。

解题步骤

第一步	根据条件⑤可知，吉林只有 1 人，结合条件②可知，去吉林的一定是赵凯、钱明、孙智中的一人，因此，剩下的吴伯、李辉、周坤只能是 1 人去山东，2 人去福建。
第二步	由于"李辉和吴伯不去同一省份"，因此李辉和吴伯一个去福建，一个去山东，现只有福建还有 1 人的位置，由上一步可推知，周坤一定去福建，答案选 C。

【题 07】答案 **C**。

【题 08】答案 **B**。

题干 信息	本题属于排序推理题目，首先将题干信息符号化： ①乙□□孙 ②赵在星期三工作 ∀ 甲在星期三工作 ③丙在星期六工作 ↔ 钱在星期一工作 ④钱在星期六工作 ↔ 甲在星期三工作

解题步骤

<table>
<tr><td rowspan="4">题 07</td><td>由于附加信息给出了确定信息"赵在星期二工作"，结合②可知，甲在星期三工作，再结合④进一步可推知，钱在星期六工作，将所得信息填入如下表格：</td></tr>
<tr><td>

星期一	星期二	星期三	星期四	星期五	星期六
	赵	甲			钱

</td></tr>
<tr><td>观察上表，星期一和星期四之间间隔两个元素，结合①可知，乙在星期一工作，孙在星期四工作，剩余的 1 人在星期五工作，即丙在星期五工作。
此时的排序关系如下表：</td></tr>
<tr><td>

星期一	星期二	星期三	星期四	星期五	星期六
乙	赵	甲	孙	丙	钱

故第 07 题答案选 C。

</td></tr>
<tr><td rowspan="2">题 08</td><td>由于附加信息给出了确定信息"钱在星期五工作"，结合④可得，甲不在星期三工作，再结合②进一步可推知，赵在星期三工作，将所得信息填入如下表格：</td></tr>
<tr><td>

星期一	星期二	星期三	星期四	星期五	星期六
		赵		钱	

观察上表，在空余的天数中，只有星期一和星期四之间间隔两个元素，结合①可知，乙在星期一工作，孙在星期四工作。此时空余的天数仅剩下星期二和星期六，将附加信息"钱在星期五工作"代入到③中可知，丙不在星期六工作，故丙只能在星期二工作，故 08 题答案选 B。

</td></tr>
</table>

【题 09】答案 B。

解题步骤

第一步	①小刑说：小民说的是真话 ∧ 小刑通过了去年的司法考试。 ②小民说：小刑说的是假话 ∧ 小刑通过了去年的司法考试。
第二步	假设小刑说的是真话，则根据其内容可知，小民说的是真话，进一步可得小刑说的是假话，与原假设矛盾，因此原假设不成立，即小刑说的是假话。 小邢说假话，意味着小民所说前半句为真，那不妨接着假设小民后半句的真假性。 假设小刑通过了去年的司法考试（①），则小民的前后句都为真，即小民说的是真话（②），根据①②可得小刑说的是真话，矛盾，因此原假设不成立，即小刑没有通过去年的司法考试。 因此答案选 B。
提示	没有明显的矛盾，反对关系，可采取假设的方法。

【题 10】答案 C。

整理题干信息：

① 每个子公司承担的上缴利润份额与每年该子公司员工占公司总员工数的比例相等。

② 甲公司向总公司上缴利润的比例下降了。

③ 甲公司员工数量增加。

由①②知甲公司员工占公司总员工数的比例下降，即④甲／（甲+乙+丙+丁）值下降。

由③④可知甲公司员工增长的比例比乙、丙、丁整体增长的比例小，进一步可得甲公司员工增长的比例至少比其他三个子公司的一个小（考生注意，这里得不出甲比乙、丙、丁都小，存在乙、丙、丁中某一个增幅极大，而另外两个不变，甚至下降的情况）。

【题 11–题 12】

步骤 1：画出座位表

1	2	3	4	5	6	7

（西）　　　　　　　　　　　　　　　　　　　　　　　　　　（东）

① 由所有的男孩都不相邻，可知：赵、钱、孙、李可选 1、3、5、7；

② 由孙在这排座位中紧靠着第 4 个孩子的东边坐，可知：孙排 5；

③ 周坐在孙的东边；

④ 赵与张相邻。

步骤 2：分析推理

⑤ 所有的男孩都不相邻，所以赵，钱，孙和李只能占据 1、3、5 和 7 号位置；

⑥ 张，周和陈则只能占据 2、4 和 6 号位置；

⑦ 根据②、③可知周在 6 位置；

⑧ 根据赵与张相邻可得赵不占据 1 号位置，就得占据 3 号位置。

1	2	3	4	5	6	7
				孙	周	

（西）　　　　　　　　　　　　　　　　　　　　　　　　　　（东）

步骤 3：问题解答

【题 11】答案 D。

陈与孙相邻，赵与陈相邻时，陈为 4，赵为 3，张为 2，这时几个孩子的占位情况如下表所示：

1	2	3	4	5	6	7
钱/李	张	赵	陈	孙	周	李/钱

（西）　　　　　　　　　　　　　　　　　　　　　　　　　　（东）

由上表中的信息可知，钱和李的位置是不确定的，因此赵和张都坐在李的西边的说法是可能错误的。

【题 12】答案 B。

若赵不和与孙相邻的所有孩子相邻时，赵只能坐在 1 号位置，张坐在 2 号位置，陈将坐在 4 号位置，这时 7 个孩子的占位情况如下表所示：

1	2	3	4	5	6	7
赵	张	钱/李	陈	孙	周	李/钱

（西）　　　　　　　　　　　　　　　　　　　　　　　　　　　　　　　　（东）

根据上表中的信息，很容易发现李坐在孙的西边是可能正确的。

【题 13】答案 D。

因为张只能占据 2 号位或 4 号位，加上赵与张相邻并在张的东边，所以赵只能占据 3 号位置，此时张坐在 2 号位置，陈坐在 4 号位置。7 个孩子的占位情况如下表所示：

1	2	3	4	5	6	7
钱/李	张	赵	陈	孙	周	李/钱

（西）　　　　　　　　　　　　　　　　　　　　　　　　　　　　　　　　（东）

根据上表中的信息，很容易发现孙和张是不可能相邻的。

【题 14】答案 E。

题干信息	①3 人中，2 人有注册会计师证书，2 人爱好中国古代文学，2 人是物流工程硕士，2 人是健身俱乐部会员。 ②3 人中每人最多只有 3 个上述特征。 ③王刚是健身俱乐部会员∧李亮是健身俱乐部会员→王刚是物流工程硕士∧李亮是物流工程硕士。 ④赵虎爱好中国古代文学∧李亮爱好中国古代文学→赵虎是物流工程硕士∧李亮是物流工程硕士。 ⑤王刚是物流工程硕士→王刚有注册会计师证书。

解题步骤	
第一步	本题属于"对应+分组"题型。先讨论分组情况，根据条件①②，8 个特征分给 3 个人，每人不超过 3 个特征，因此分组情况为 3-3-2。
第二步	由于题干没有确定的信息，因此优先从重复的信息入手，关于"王刚"的信息重复最多，因此优先从③⑤入手。 　假设"王刚是健身俱乐部会员∧李亮是健身俱乐部会员"为真，代入条件③可得"王刚是物流工程硕士∧李亮是物流工程硕士"，即"王刚是物流工程硕士"，代入条件⑤可得"王刚有注册会计师证书"。
第三步	由于物流工程硕士一共只有两个人，结合王刚和李亮是物流工程硕士，故可知"赵虎不是物流工程硕士"，代入条件④可得"赵虎不爱好中国古代文学∨李亮不爱好中国古代文学"，由于要满足两个人爱好文学，只能是王刚爱好文学。 　此时，王刚有 4 个特征，根据②每个人最多有 3 个特征，因此矛盾。即："王刚不是健身俱乐部会员∨李亮不是健身俱乐部会员"，由于要满足健身俱乐部会员有 2 人，故只能赵虎是健身俱乐部会员。因此，答案选 E。

【题 15】答案 A。

题干信息	①3 人中，2 人有注册会计师证书，2 人爱好中国古代文学，2 人是物流工程硕士，2 人是健身俱乐部会员。 ②3 人中每人最多只有 3 个上述特征。 ③王刚是健身俱乐部会员∧李亮是健身俱乐部会员→王刚是物流工程硕士∧李亮是物流工程硕士。 ④赵虎爱好中国古代文学∧李亮爱好中国古代文学→赵虎是物流工程硕士∧李亮是物流工程硕士。 ⑤王刚是物流工程硕士→王刚有注册会计师证书。 ⑥王刚是物流工程硕士。

解题步骤

第一步	题干有确定信息，因此从确定信息出发，即从条件⑥王刚是物流工程硕士出发，代入条件⑤可得：王刚有注册会计师证书。
第二步	结合条件①⑥可知，王刚是物流工程硕士+物流工程硕士有 2 人，因此李亮和赵虎只能有一人是物流工程硕士，即"李亮不是物流工程硕士∨赵虎不是物流工程硕士"，代入条件④可推出"赵虎不爱好中国古代文学∨李亮不爱好中国古代文学"，结合条件①爱好中国古代文学的要有 2 人，即：王刚一定爱好中国古代文学。
第三步	综合前两步得，王刚是物流工程硕士、有注册会计师证书、爱好中国古代文学，满足 3 个特征，根据条件②可知：最多只有 3 个上述特征。即：王刚不是健身俱乐部会员。故答案选 A。

▶ 每课一考（8）

🕐 时间：50 分钟　　　　　　　　　　　　　　　　　　得分：

本测试题共有 15 小题，每小题 2 分，共 30 分。请从下面每小题所列的 5 个备选答案中选取出 1 个，多选为错。

【题 01】甲、乙、丙、丁和戊 5 人到赵村、李村、陈村、王村 4 村驻村考察，每人只去一个村，每个村至少去 1 人。已知：

（1）若甲或乙至少有 1 人去赵村，则丁去王村且戊不去王村；

（2）若乙去赵村或丁去王村，则戊去王村而甲不去陈村；

（3）若丁、戊并非都去王村，则甲去赵村。

根据以上陈述，可以得出以下哪项？

A. 甲去李村，乙去赵村。　　　　B. 乙去陈村，丙去赵村。

C. 丙去赵村，丁去李村。　　　　D. 丁去赵村，戊去王村。

E. 甲去李村，戊去赵村。

【题 02】曙光研究所为了加强与合作单位的科研合作，需要派出若干科技人员前往合作单位开展工作。根据工作要求，研究所领导决定：

（1）在甲和乙两人中至少要派出一人。

（2）在乙和丙两人中至多能派出一人。

（3）如果派出丁，则丙和戊两人都要派出。

（4）在甲、乙、丙、丁和戊 5 人中至少应派出 3 人。

如果上述断定都是真的，则可以确定以下哪项？

A. 派甲和乙。　　B. 派乙和丙。　　C. 派丙和戊。　　D. 派丙和丁。　　E. 派甲和戊。

题 03-04 基于以下题干：

宋朝某时期从 8 名候选人中选拔一名御前带刀侍卫。让 8 名候选人 F、G、H、J、K、L、N、O 参加 3 项比赛——射箭、大刀和千斤闸，每个人必须恰好表演一项。比赛必须遵循以下原则：

（1）每项表演的人数不能少于 2 人，但也不能超过 3 人。

（2）H 表演射箭。

（3）K 和 O 都不在大刀组。

（4）K 和 N 都不与 J 同一组。

（5）G 在射箭组时，N 和 O 同在千斤闸组。

【题 03】若 G 和 K 是表演射箭的 3 个选手中的 2 个，则下面哪一项不可能正确？

A. L 表演大刀。　　　　　　　B. F 表演大刀。　　　　　　　C. J 表演千斤闸。

D. K 表演射箭。　　　　　　　E. L 表演千斤闸。

【题 04】若 J 和 O 表演的项目相同，则下面哪一项不可能正确？

A. F 表演射箭。　　　　　　　B. G 表演射箭。　　　　　　　C. K 表演千斤闸。

D. L 表演千斤闸。　　　　　　E. J 表演千斤闸。

【题 05】某市举办民间文化艺术展演活动，展演的项目有剪纸、苏绣、白局和昆曲，小李、小张、小赵和小钱将分别作为这些项目的传承人进行现场展演。关于具体的演出细节，主办方做出了如下安排：

（1）每人只能展演其中一项，并且展演按顺序1、2、3、4依次进行。

（2）小钱的展演要排在剪纸和苏绣的后面。

（3）白局、昆曲展演时小李只能观看。

（4）小赵的展演要排在剪纸前面。

（5）小张的展演要排在昆曲和小钱展演前面。

根据上述安排，可以得出以下哪项？

A. 小李展演剪纸，排在第1位。　　　　　B. 小赵展演苏绣，排在第2位。

C. 小张展演昆曲，排在第3位。　　　　　D. 小钱展演白局，排在第4位。

E. 小李展演苏绣，排在第1位。

【题06】 张老师、赵老师（女老师）、周老师、王老师（女老师）四位老师围成一桌一起吃午饭。已知：

（1）张老师坐在物理老师对面。

（2）数学老师在赵老师右边。

（3）周老师在王老师对面。

（4）语文老师在英语老师右边。

（5）周老师右边是女老师。

根据上述信息，这几位老师分别教哪门课？

A. 张老师教英语，赵老师教物理，周老师教语文，王老师教数学。

B. 张老师教物理，赵老师教英语，周老师教语文，王老师教数学。

C. 张老师教物理，赵老师教数学，周老师教语文，王老师教英语。

D. 张老师教数学，赵老师教物理，周老师教英语，王老师教语文。

E. 张老师教数学，赵老师教语文，周老师教物理，王老师教英语。

【题07】 某校组建足球队，需要从甲、乙、丙、丁、戊、己、庚、辛等8名候选者中选出5名球员，为求得球队最佳组合，选拔需满足以下条件：

（1）甲、乙、丙3人中必须选出来2人；

（2）丁、戊、己3人中必须选出来2人；

（3）甲与丙不能都被选上；

（4）如果丁被选上，则乙不能被选上；

（5）如果庚被选上，则辛也被选上。

根据以上陈述，可以得出以下哪项？

A. 甲和乙能被选上。　　　B. 丁和戊能被选上。　　　C. 乙和庚能被选上。

D. 己和辛能被选上。　　　E. 丁和庚能被选上。

【题08】 有13个女孩子，其中有5个女孩是理性而且内向的，理性的或者城府很深的女孩子有8个。城府不深，而且内向的女孩子有5个。不理性城府不深不内向的女孩有3个。那么理性的并且城府深而且内向的女孩有几个呢？

A.5个　　　　B.3个　　　　C.2个　　　　D.1个　　　　E.8个

【题09】 某机关精简机构，计划减员25%，撤销三个机构，这三个机构的人数正好占全机关的25%。计划实施后，上述三个机构被撤销，全机关实际减员15%。此过程中，机关内部人员有所调动，但全机关只有减员，没有增员。

如果上述断定为真，以下哪项一定为真？

Ⅰ. 上述计划实施后，有的机构调入新成员。

Ⅱ. 上述计划实施后，没有一个机构调入的新成员的总数超出机关原总人数的10%。

Ⅲ. 上述计划实施后，被撤销机构中的留任人员不超过机关原总人数的10%。

A. 只有Ⅰ。　　　B. 只有Ⅱ。　　　C. 只有Ⅲ。　　　D. 只有Ⅰ和Ⅱ。　　　E. Ⅰ、Ⅱ和Ⅲ。

【题10】 五行八卦代表了早期中国的哲学思想，其中五行包括金、木、水、火、土，八卦包括乾、坤、震、艮、离、坎、兑、巽。已知八卦中的每一卦都必须对应五行中的某一行，每一行都至少只对应八卦中的某一卦。另外，还需要满足以下要求：

（1）坤和艮对应五行中的同一行；

（2）乾和离对应的不是五行中的同一行；

（3）金仅对应八卦中的两卦；

（4）如果坎不对应水，则土对应坤，艮和乾；

（5）如果乾不对应金，则坎不对应水；

（6）离要么对应金，要么对应火。

已知木对应的是震和巽，则下列哪项一定为真？

A. 坤和艮对应金。　　　　　B. 离和坎对应水。　　　　　C. 离对应水。

D. 坤和艮对应土。　　　　　E. 坎和离对应金。

【题11】 赵、钱、孙、李、周五家都有兄妹两个年轻人。哥哥都称作大赵、大钱等，妹妹都称作小孙、小李等。有一天他们10人在一起跳舞，每家的哥哥都不和自己的妹妹跳舞，又已知：

（1）大赵和某个女孩子跳舞而这个女孩子的哥哥和小周跳舞。

（2）大钱和小赵跳舞。

（3）和小李跳舞的小伙子是和大孙跳舞的女孩子的哥哥。

问大李和谁跳舞？

A. 小赵。　　　B. 小钱。　　　C. 小孙。　　　D. 小李。　　　E. 小周。

题12-13基于以下题干：

春节前，公司要将8件礼物装袋，共3个袋子，每个袋子中至多装3件礼物。这8件礼物是：笔记本、红包、购物卡、巧克力、果脯、优惠券、陀螺、飞行棋。

装袋时有如下要求：

（1）笔记本和陀螺必须在一个袋子里；

（2）如果巧克力和果脯不在一个袋子里，那么飞行棋和购物卡必须在一个袋子里；

（3）红包不能和购物卡在一个袋子里。

【题12】 如果陀螺和巧克力在一个袋子里，则以下哪项一定为真？

A. 红包和笔记本在一个袋子里。

B. 红包和飞行棋不在一个袋子里。

C. 红包和优惠券不在一个袋子里。

D. 红包和果脯不在一个袋子里。

E. 红包和优惠券在一个袋子里。

【题13】 如果红包和飞行棋在一个袋子里，则以下哪项不可能为真？

A. 笔记本和优惠券在一个袋子里。

B. 购物卡和优惠券在一个袋子里。

C. 购物卡和巧克力在一个袋子里。

D. 购物卡和果脯在一个袋子里。

E. 红包和优惠券在一个袋子里。

题 14~15 基于以下题干：

上海迪士尼乐园是中国内地首座迪士尼主题乐园，并且有许多全球首发游乐项目、精彩的现场演出和多种奇妙体验，包括六大主题园区：米奇大街、奇想花园、探险岛、宝藏湾、明日世界、梦幻世界。阿宝、娇虎、大龙准备去游览上海迪士尼乐园，去之前约定如下：

(1) 由于时间限制，每个人只能参观 2~3 个园区。

(2) 如果参观探险岛，一定要参观米奇大街。

(3) 娇虎不参观这个园区，除非阿宝参观。

(4) 只有一个人参观明日世界园区，且这个人没有参观奇想花园园区。

(5) 如果娇虎参观宝藏湾园区，那么也参观明日世界园区。

(6) 除非娇虎参观明日世界园区，否则大龙参观明日世界园区。

【题 14】如果只有一个人参观奇想花园园区，那么可以得出以下哪项？

A. 娇虎参观奇想花园园区。　　　　　B. 阿宝参观奇想花园园区。

C. 大龙参观米奇大街园区。　　　　　D. 阿宝参观探险岛园区。

E. 娇虎参观宝藏湾园区。

【题 15】如果三个人都参观 3 个园区，那么可以得出以下哪项？

A. 娇虎参观奇想花园园区。　　　　　B. 娇虎参观梦幻世界园区。

C. 阿宝参观探险岛园区。　　　　　　D. 大龙参观探险岛园区。

E. 阿宝参观米奇大街园区。

🔑 每课一考（8）答案及解析

【题 01】答案 **B**。

	解题步骤
第一步	①甲去赵村∨乙去赵村→丁去王村∧戊不去王村； ②乙去赵村∨丁去王村→戊去王村∧甲不去陈村； ③丁不去王村∨戊不去王村→甲去赵村； ④每人只去一个村，每个村至少去一个人。
第二步	题干信息中没有确定信息，故此时优先从"重复"信息入手，此时"丁"重复的最多，可优先考虑从丁出发，结合③和①可得：丁不去王村→甲去赵村→丁去王村，矛盾，故可得丁一定去王村。再代入②可得：戊去王村，甲不去陈村。
第三步	再观察重复信息"乙"，此时①和②的重复信息是"乙去赵村"，故联合①"乙去赵村→戊不去王村"和②"乙去赵村→戊去王村"，根据两难推理的结构，可知：乙不去赵村。

（续）

解题步骤	
第四步	此时再将"戊去王村"代入①可得，甲不去赵村。 此时的对应关系如下表： 此时的对应关系表 观察选项可知，答案选 B。

此时的对应关系表：

	甲	乙	丙	丁	戊
赵村	×	×	√	×	×
王村	×	×	×	√	√
陈村	×	√	×	×	×
李村	√	×	×	×	×

【题 02】 答案 **E**。

题干信息	①在甲和乙两人中至少要派出一人。 ②在乙和丙两人中至多能派出一人。（即：在乙和丙中至少剩下一人） ③如果派出丁，则丙和戊两人都要派出。 ④在甲、乙、丙、丁和戊 5 人中至少应派出 3 人。

解题步骤	
第一步	结合信息②和④可得：⑤在甲、丁和戊中至多剩下一人。
第二步	由信息③得，如果戊被剩下，那么丁也被剩下，此时与⑤矛盾，故戊一定被派出。
第三步	选项中只有 E 选项含有戊，故答案为 E。

【题 03】 答案 **C**。

根据问题中的附加信息"G 和 K 表演射箭"代入条件（5）可知 N 和 O 同在千斤闸这一组，结合条件（4）可知 J 不表演千斤闸，故答案为 C。

【题 04】 答案 **B**。

注意：由于本题问题中附加信息并不是确定信息，不可以直接代入到题干的条件中，故应考虑做假设的思路解题。逐一假设选项显然耗费时间，而题干中条件（5）是明显的假言判断，故可以考虑优先假设含有"P"（充分条件）的选项，即 B 选项。假设 G 表演射箭，根据（5）可知 N、O 同时表演千斤闸，由附加信息"J 和 O 表演的项目相同"可以推出 J、N 同组，和条件（4）矛盾，故 B 选项一定为假。

【题 05】 答案 **D**。

题干信息	①每人只能展演其中一项，并且展演按顺序 1、2、3、4 依次进行。 ②剪纸/苏绣……小钱（"/"表示顺序可换）。 ③小李不展演白局 ∧ 小李不展演昆曲。 ④小赵……剪纸。 ⑤小张……昆曲/小钱。

（续）

	解题步骤
第一步	本题属于"排序+对应"题型，可优先考虑通过画表找出题干的对应关系。
第二步	根据②可知，小钱不展演剪纸，不展演苏绣；根据条件③可知小李不展演白局，不展演昆曲；根据条件④可知小赵不展演剪纸；根据条件⑤可知昆曲不由小张展演、不由小钱展演。将确定信息代入如下表格可得：

第二步表格：

	小李	小张	小赵	小钱
剪纸			×	×
苏绣			×	×
白局	×	×	×	√
昆曲	×	×	√	×

根据上表可得：小赵=昆曲、小钱=白局；可将得到的对应关系代入位置关系中。

将小赵=昆曲代入条件⑤可得小张后面要有小赵（昆曲）和小钱（白局），可得三个人的位置如下：小张……小赵/小钱。结合条件④可知剪纸在小赵后面，一定在小张后面，因此小张不是剪纸，且小张后面有小赵（昆曲）、小钱（白局）、剪纸，即：小张只能排在第一。

第三步：根据上一步可将对应表格补充完整：

	小李	小张	小赵	小钱
剪纸	√	×	×	×
苏绣	×	√	×	×
白局	×	×	×	√
昆曲	×	×	√	×

小张（苏绣）第一，结合条件②④可知：小赵（昆曲）……剪纸……小钱，因此小钱前面有三个人，即小钱（白局）第四。四个人的位置关系如下图：

排序	1	2	3	4
人	小张	小赵	小李	小钱
项目	苏绣	昆曲	剪纸	白局

根据上表可知，小钱=白局，排在第4位，答案选D。

【题06】答案A。

题干信息	①男老师：张、周。女老师：赵、王。 ②张老师坐在物理老师对面。 ③数学老师在赵老师右边。 ④周老师在王老师对面。 ⑤语文老师在英语老师右边。 ⑥周老师右边是女老师。

	解题步骤
第一步	本题属于"位置关系+对应"题型，由于没有确定信息，因此优先从"重复多的信息"入手。

（续）

	解题步骤
第二步	观察题干条件可知，关于"周老师"的信息重复了 3 次，因此优先从关于"周老师"的信息入手。 　　根据条件①④，由于女老师为赵和王，此时王老师坐在周老师的对面，结合条件⑥可知，周老师右边的女老师只能是赵老师，周老师左边的老师为张老师，见右图： 　　根据条件②可得赵为物理老师，根据条件③可得王为数学老师，根据条件⑤可知张为英语老师，周为语文老师。如图所示： 　　答案选 A。

（图示：
上方方框：王（女）在上，赵（女）在右，张在左，周在下。
下方方框：王（数学老师）在上，赵（物理老师）在右，张（英语老师）在左，周（语文老师）在下。）

【题 07】答案 D。

题干信息	①8 名球员中，选 5 名，剩 3 名； ②甲、乙、丙 3 人中选 2 人，剩 1 人； ③丁、戊、己 3 人中选 2 人，剩 1 人； ④不选甲∨不选丙（甲和丙至少剩 1 人）； ⑤选丁→不选乙＝不选丁∨不选乙（乙和丁至少剩 1 人）； ⑥选庚→选辛。

	解题步骤
第一步	本题属于典型的"分组题+剩余法"的综合推理题。由于题干条件中没有确定信息，故优先考虑从"重复信息"出发。联合②④可知，甲、乙、丙 3 人中选 2 人，只能有"1 人"不选，根据条件④甲和丙至少有一人不选，因此，乙一定选。将选乙代入条件⑤中可知不选丁。再结合条件③可知，丁、戊、己 3 人中选 2 人，只能有"1 人"不选，此时丁不选，戊和己一定选。
第二步	根据上一步可知，一定选的为：乙、戊、己、甲和丙其中一个。不选的有：甲和丙其中一个、丁，联合条件①可知，从 8 名球员选 5 人，不选 3 人，因此，剩下的庚和辛一定是选一个，剩一个，结合条件⑥，若选庚，则一定要选辛，矛盾，故一定不选庚，选辛。观察选项可得：答案选 D。

【题 08】答案 C。

可以判断这是一道划分题目，做表格如下：

	理性且内向	理性且不内向	不理性且内向	不理性且不内向
城府深	A	B	C	D
城府不深	E	F	G	H

用表格中的字母表示题干信息，如下：

①A＋B＋C＋D＋E＋F＋G＋H＝13；

②A＋E＝5；

③A+B+C+D+E+F＝8；
④E+G＝5；
⑤H＝3；
问题要求的理性的并且城府深而且内向的女孩＝A。
①-③可得：⑥G+H＝5；结合④⑤⑥可得 H＝E＝3；代入②可得 A＝2。

【题09】答案 A。

题干信息	①计划撤销三个机构，这三个机构的人数正好占全机关的 25%，但全机关实际减员 15%； ②全机关只有减员，没有增员。

解题步骤

第一步	本题属于数据题中的易错题。考生首先要明确：撤销的是三个机构，未必要裁撤这三个机构的人，比如一共有 5 个机构：甲、乙、丙、丁、戊，甲和乙两个机构人员占 75%；而丙、丁、戊三个机构的人员占 25%，此时可以把丙、丁、戊三个机构都撤销，而把人员都留下，裁撤甲和乙两个机构的人。
第二步	由于全机关实际减员 15%，而且没有增员，只有减员，那么此时就可能存在两种极端的情况：其一，将丙、丁、戊三个机构的人都留下，此时这些人只能调入甲和乙两个机构，而从甲和乙两个机构中裁撤 15% 的人，这时，被撤销机构留任人员的极大值就是 25%；其二，将丙、丁、戊三个机构的人裁撤 15%，留下 10% 的人调入甲和乙两个机构，这时，被撤销机构留任人员的极小值就是 10%。
第三步	分析选项，选项Ⅰ一定为真，其对立面为"所有的机构都没有调入新成员"，此时三个机构的人员便有一部分无处可去，矛盾。选项Ⅱ、Ⅲ均可能为真，而不是一定为真。

【题10】答案 D。

题干信息	①八卦中的每一卦都对应五行中的某一行； ②坤和艮对应五行中的同一行； ③乾和离对应的不是五行中的同一行； ④金仅对应八卦中的两卦； ⑤坎不对应水→土对应坤，艮和乾； ⑥乾不对应金→坎不对应水； ⑦离对应金 ∀ 离对应火； ⑧木对应的是震和巽。

解题步骤

第一步	本题属于"对应+分组"结合的试题，属于综合考法，是最近几年考试命题的热点。首先明确分组情况，八卦对应五行，即：8 个分 5 组，此时有 3 种分组情况（4，1，1，1，1）、（3，2，1，1，1）、（2，2，2，1，1），结合题干信息④⑧可得，至少两个 2，因此，确定分组情况只能为：2，2，2，1，1。

（续）

解题步骤	
第二步	明确分组情况后，结合上一步和①可知，每列一个√；有三行两个√（结合④⑧可知，金对应的行 2 个√，木对应的行 2 个√），剩余两行一个√。因此，此时将题干确定信息填入表中： （见下表）

	乾	坤	震	艮	离	坎	兑	巽
金			×					×
木	×	×	√	×	×	×	×	√
水			×					×
火			×					×
土			×					×

第三步	由分组情况可知，每一行最多只能对应 2 种卦，此时结合信息⑤可知，土不可能对应三种（¬Q）→坎对应水（¬P），代入⑥可得：乾对应金（即：离不能对应金），再联合条件⑦可得：离对应火，将上述信息，补充到上一步的表中，可得：

	乾	坤	震	艮	离	坎	兑	巽
金	√		×		×	×		×
木	×	×	√	×	×	×	×	√
水	×		×		×	√		×
火	×		×		√	×		×
土	×		×		×	×		×

第四步	结合条件②可知，坤和艮对应五行中的同一行；由分组情况可知，每行最多只能有 2 个√，现表中有√的都不能是坤和艮（因为代入后就至少有 3 个√，与每行最多 2 个√矛盾），因此，坤和艮不能是金，不能是木，不能是水，不能是火，故坤和艮只能对应土。此时，剩余的火和水只能对应 1 个√，将表格补齐如下：

	乾	坤	震	艮	离	坎	兑	巽
金	√	×	×	×	×	×	√	×
木	×	×	√	×	×	×	×	√
水	×	×	×	×	×	√	×	×
火	×	×	×	×	√	×	×	×
土	×	√	×	√	×	×	×	×

观察选项可知，答案选 D。

【题 11】 答案 **B**。

解题步骤	
第一步	首先明确题干的对应关系，本题属于两类事物对应问题中的"**1 对 1**"对应问题，由于题干中的确定信息（2）无法代入题干继续推理，故可优先考虑将题干信息转化为确定信息，进而快速解题。

（续）

	解题步骤
第二步	首先，确定条件中的小伙子和女孩子分别是谁。 假设（1）中出现的女孩子为小X，则有（1）大赵和小X跳舞；大X和小周跳舞。 假设（3）中出现的小伙子为大Y，则有（3）大Y和小李跳舞；大孙和小Y跳舞。 又已知（2）大钱和小赵跳舞。 联合（1）（2）可知X不姓赵、不姓钱、不姓周。 联合（2）（3）可知Y不姓李、不姓孙、不姓钱、不姓赵；所以Y姓周。 由（3）中"大孙和小周跳舞"和（1）中"大X和小周跳舞"可知X为孙。
第三步	将上一步得到的确定信息填入到如下表格中： 表格 观察可以发现大李应和小钱跳舞，故答案选B。

第三步表格：

	大赵	大钱	大孙	大李	大周
小赵	×	√	×	×	×
小钱	×	×	×	√	×
小孙	√	×	×	×	×
小李	×	×	×	×	√
小周	×	×	√	×	×

【题12】答案B。

题干信息	①8件礼物装袋，共3个袋子，每个袋子中至多装3件礼物； ②笔记本和陀螺必须在一个袋子里； ③巧克力和果脯不在一个袋子里（P）→飞行棋和购物卡必须在一个袋子里（Q）； ④红包不能和购物卡在一个袋子里。

	解题步骤
第一步	首先明确分组情况，8个礼物分3组，每组至多3件礼物，因此，分组情况为3，3，2。
第二步	题干给出确定的附加条件"陀螺和巧克力同组"，结合条件②可得：陀螺、巧克力、笔记本为一组，也就意味着巧克力不能跟果脯同组，结合条件③，可得：飞行棋和购物卡同组。
第三步	由④可知，红包不能和购物卡同组。也就意味着：飞行棋不能跟红包同组。观察选项可知答案选B。

【题13】答案B。

题干信息	①8件礼物装袋，共3个袋子，每个袋子中至多装3件礼物； ②笔记本和陀螺必须在一个袋子里； ③巧克力和果脯不在一个袋子里（P）→飞行棋和购物卡必须在一个袋子里（Q）； ④红包不能和购物卡在一个袋子里。

	解题步骤
第一步	首先明确分组情况，8个礼物分3组，每组至多3件礼物，因此，分组情况为3，3，2。然后明确做题方法，题干问题求"不可能为真"，故应优先考虑寻找矛盾来解题。

（续）

解题步骤	
第二步	附加条件指出"红包和飞行棋在一个袋子里"，观察与题干条件④存在重复信息"红包"，故联合可得：购物卡不和飞行棋在一个袋子里，此时就满足条件③中的否定 Q，根据假言判断否定 Q 位推出否定 P 位的推理规则可知，巧克力和果脯在一个袋子里。
第三步	此时的分组情况如下：红包和飞行棋同组；巧克力和果脯同组；笔记本和陀螺同组，结合剩余法思想和分组情况可知：购物卡和优惠券一定不可能在一个袋子里，故答案选 B。

【题 14】答案 **B**。

【题 15】答案 **E**。

题干 信息	①由于时间限制，每个人只能参观 2~3 个园区 ②参观探险岛→参观米奇大街 ③娇虎参观→阿宝参观 ④只有一个人参观明日世界园区，且这个人不参观奇想花园园区 ⑤娇虎参观（宝藏湾园区）→娇虎参观（明日世界园区） ⑥娇虎不参观（明日世界园区）→大龙参观（明日世界园区）	 扫一扫，听名师讲解

解题步骤	
第一步	观察题干信息可知，题干出现了"假言判断+数字"，因此可优先考虑从"数字 1"出发。结合③和④可得：娇虎参观（明日世界园区）→阿宝参观（明日世界园区）+只有一个人参观明日世界园区，进而可得事实：娇虎不参观（明日世界园区）。
第二步	将"娇虎不参观（明日世界园区）"代入⑤可得：娇虎不参观（宝藏湾园区）；将"娇虎不参观（明日世界园区）"代入⑥可得：大龙参观（明日世界园区）。再结合④可知：大龙参观（明日世界园区）且大龙不参观（奇想花园园区）。
第三步	14 题给出附加条件"只有一个人参观奇想花园园区"，只涉及了景点，但不涉及人，故可结合③娇虎参观（奇想花园园区）→阿宝参观（奇想花园园区），由此可知：娇虎不参观（奇想花园园区）。加上上一步结论：大龙不参观（奇想花园园区），根据剩余法可知：阿宝参观（奇想花园园区），故答案选 B。
第四步	15 题只给出了附加条件"数字"，因此可优先考虑从"数字 1"出发，由第二步可知：娇虎不参观（宝藏湾园区）；娇虎不参观（明日世界园区）。此时娇虎只能再有 1 个不参观，参考上一步的思路，结合②"娇虎不参观（米奇大街园区）→娇虎不参观（探险岛园区）"可知：娇虎一定参观（米奇大街园区）。再结合③可得：娇虎参观（米奇大街园区）→阿宝参观（米奇大街园区）。因此答案选 E。

论证逻辑思维导图

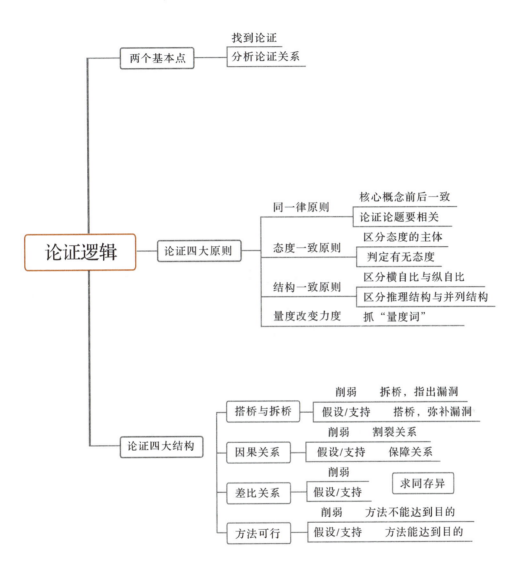

命题方向 五 论证逻辑——论证与论证评价

考点 18　确定论证结构

　　论证就是引用论据来证明论点的过程和方法，由前提、论证过程和结论三部分组成。评价论证的前提是明确论证关系，方法如下：其一，通过结构词确定前提和结论；其二，在没有结构词的情况下，利用"事实"与"评价"来确定前提与结论。

一、 利用结构词确定论证结构

庖丁解牛

例题 01

　　超市中销售的苹果常常留有一定的油脂痕迹，表面显得油光滑亮。牛师傅认为，这是残留在苹果上的农药所致，水果在收摘之前都喷洒了农药，因此，消费者在超市购买水果后，一定要清洗干净方能食用。

以下哪项最可能是牛师傅看法所依赖的假设？

A. 除了苹果，其他许多水果运至超市时也留有一定的油脂痕迹。

B. 超市里销售的水果并未得到彻底清洗。

C. 只有那些在水果上能留下油脂痕迹的农药才可能被清洗掉。

D. 许多消费者并不在意超市销售的水果是否清洗过。

E. 在水果收摘之前喷洒的农药大多数会在水果上留下油脂痕迹。

▶ 【精点解析】

　　步骤 1：根据本题提问找到牛师傅的看法，借助结构词确定牛师傅看法的理由，由此确定论证关系。

　　步骤 2：发现结构词①"认为"和②"因此"，根据结构词确定论证关系。

　　步骤 3：分析题干论证关系。题干存在以下论证关系：①苹果留有油脂痕迹→残留在苹果上的农药所致；②水果收摘前喷洒农药→购买水果后一定要清洗干净。考生注意这两个论证关系，主语不一致，一个是苹果，一个是水果，分析选项时不要混淆。

　　步骤 4：分析选项。

选项	解释	结果
A	观察论证关系①，可以发现题干构建的是"苹果"与"油脂痕迹"的关系，选项构建是"水果"与"油脂痕迹"的关系，显然扩大了论证范围。	淘汰
B	观察论证关系②，该项保证结论的必要性，即："一定要清洗"，是必要假设。	**正确**
C	题干的论证是"喷洒农药→需要清洗"，该项的论证是"什么样的农药→可以清洗掉"与题干不是同一话题。选项有意将论证①②混为一体，干扰考生。	淘汰
D	消费者是否在意，属于主观判断，与题干"水果一定要清洗干净"这一客观事实属于两个不同话题，故选项属于无关选项。	淘汰
E	观察论证关系①，同 A 选项，选项扩大了题干论证范围，没必要假设。	淘汰
答案	**B**	

二、利用"事实"与"评价"确定论证结构

例题 02　某西方国家高等院校的学费急剧上涨，其增长率几乎达到通货膨胀率的两倍。2008～2018 年，中等家庭的收入只提高了 82%，而公立大学的学费的涨幅比家庭收入的涨幅几乎大了 3 倍，私立院校的学费在家庭收入中所占的比例几乎是 2008 年的 2 倍。高等教育的费用已经令中产阶级家庭苦恼不堪。

以下除哪项外都为上文的观点进一步提供了论据？

A. 尽管 2008～2018 年间，消费价格指数缓慢增长了 79%，公立四年制大学的学费上涨了 260%。

B. 私立学校的学费上涨比公立学校慢，2008～2018 年上涨了 219%。

C. 如果学费继续保持过去的增长速度，2018 年新手父母的子女将来上私立大学每年的学费和食宿费总额将多达 9 万美元。

D. 政府对公立学校每个学生的补贴在学校收入中的比例从 2000 年的 66% 下降到 2008 年的 51%，而同一时期，学费在学校收入中所占比例从 16% 上升到 24%。

E. 高教市场已开始显露竞争迹象。几家私立学校和公立学校已通过缩短读学位时间的办法来间接地降低学习费用。

▶ **【精点解析】**

题干没有结构词，可利用"事实"（客观数据、状况等）与"评价"（建议、观点、主张、态度等）来确定前提与结论。

题干信息	**前提：** 事实①：学费增长率几乎达到通货膨胀率的两倍。 事实②：学费的涨幅比家庭收入的涨幅几乎大了 2～3 倍。 **结论：** 评价：高等教育的费用已经令中产阶级家庭苦恼不堪。

（续）

解题步骤	
第一步	由选项 E 可以得出"学习费用在降低"的结论，与题干的观点"高等教育的费用已经令中产阶级家庭苦恼不堪"不符，明显不能为题干的观点进一步提供论据。因此，答案选 E。
第二步	选项 A 指出公立大学的学费上涨大大超过消费价格指数的增长率；选项 B 指出私立学校的学费上涨率也大大超过家庭收入的增长率；选项 D 说明学费补贴下降，而学费将上涨。这几个选项都用数字为题干的观点进一步提供了直接证据。选项 C 用学费和食宿费总额的庞大数字增强题干的论点。
提示	考生注意：题干要求选择"除了哪项"，即"不能提供支持的选项"。
答案	**E**

某单位检验科需大量使用玻璃烧杯。一般情况下，普通烧杯和精密刻度烧杯都易于破损，前者的破损率稍微高些，但价格便宜得多。如果检验科把下年度计划采购烧杯的资金全部用于购买普通烧杯，就会使烧杯数量增加，从而满足检验需求。

以下哪项如果为真，最能削弱上述论证？

A. 如果把资金全部用于购买普通烧杯，可能会将其中部分烧杯挪为他用。

B. 下年度计划采购烧杯的数量不能用现在的使用量来衡量。

C. 某些检验人员喜欢使用精密刻度烧杯而不喜欢使用普通烧杯。

D. 某些检验需要精密刻度烧杯才能完成。

E. 精密刻度烧杯使用更加方便，易于冲洗与保存。

► 【精点解析】

题干信息	前提：①普通烧杯**价格要低得多**；②全部购买普通烧杯替代精密刻度烧杯。结论：使烧杯数量增加，满足检验需求。（结构词："就"，"从而"）	
选项	解释	结果
A	选项论证无法判断能否满足检验需求，故无关。	淘汰
B	同 A 选项。	淘汰
C	题干目的是"满足检验需求"（客观事实），而非"检验人员的喜好"（主观态度），故无关。	淘汰
D	该选项说明精密刻度烧杯的不可替代性，直接割裂了题干论证关系。	**正确**
E	说明精密刻度烧杯的好处，但不具备"不可替代性"，削弱力度较弱。	淘汰
答案	**D**	

考点 19　分析论证关系

▶ 论证分析的基本技巧 ◀

1. 单句分析要注意主语和宾语的关系。例如：

张三通过努力考上北大。

单句主要分析主语和宾语的关系，而主语与宾语的关系由谓语展现。如果张三考上了北大，说明该判断为真，如果张三没有考上北大，则说明该判断为假。

2. 论证首要分析的是前提中主语和结论中主语、前提中主语和宾语、前提中宾语和结论中宾语的关系。

3. 分析论证时，还需要注意题干中的限定词（定语和状语）。限定词通常限定了论证范围，有时对限定词的考虑甚至要优先于主语和宾语。

4. 分析论证时，还需要注意题干中的动词。主语与宾语的关系由谓语展现，如张三"是"好人，和张三"爱"好人，是两个不同的判断。利用动词，能够快速准确选择正确答案。

5. 分析论证时，还需要注意题干中的"转折词"和"绝对化"的词。

提示：以上技巧是论证逻辑应试的关键准则，考生使用以上技巧时，可在题目旁作标注，有意识巩固对以上技巧的认知。

考点 20　论证评价的力度辨别

　　命题者通常要求考生从逻辑的角度评估一个论证。如：概念特别是核心概念的界定和使用上是否准确并前后一致，有无各种明显的逻辑错误，该论证的论据是否支持结论，论据成立的条件是否充分，论证的前提和结论是否相关等。

　　实际上，论证逻辑的难点在于辨识选项的评价的力度，也就是应对"最能削弱（支持）……"的题型时，如何在多个迷惑项中迅速排除干扰，是解题的关键点。其中一个重要的突破口就是正确判断论证评价的力度。

　　论证评价的力度通常如图所示：

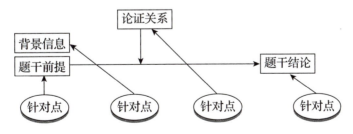

　　通常，针对论证关系的选项评价的力度最大；针对结论的选项评价的力度其次；针对前提的选项评价的力度再次；针对背景信息的选项评价的力度最弱。

例题 04　赵青一定是一位出类拔萃的教练。她调到我们大学执教女排才一年，球队的成绩突飞猛进。

以下哪项如果为真，最有可能削弱上述论证？

A. 赵青以前曾经入选过国家青年女排，后来因为伤病提前退役。

B. 赵青之前的教练一直是男性，对于女运动员的运动生理和心理了解不够。

C. 调到大学担任女排教练之后，赵青在学校领导那里立下了军令状，一定要拿全国大学生联赛的冠军，结果只得了一个铜牌。

D. 女排队员尽管是学生，但是对于赵青教练的指导都非常佩服，并自觉地加强训练。

E. 大学准备建设高水平的体育代表队，因此，从去年开始，就陆续招收一些职业队的退役队员。女排只招到了一个二传手。

▶ **【精点解析】**

该题主要帮助考生清晰地理解题干的 论证关系：

当我们构建论证关系"前提（X）→结论（Y）"时，不要和形式逻辑"P→Q"混为一谈。形式逻辑中"→"表示"充分"，论证逻辑中的"→"很少表示充分，大多仅仅表示存在论证关系。通常我们可以有以下理解思路：

① 论证仅仅表示 X 与 Y 有关（具体方向不明确，甚至不明确谁为"自变量"，谁为"因变量"）

② 论证 X 对 Y 有影响（此时，X 是自变量，Y 是因变量）

③ 论证 X 与 Y 成正相关（X 促进、上升、提高……Y）

④ 论证 X 与 Y 成负相关（X 降低、减少……Y）

分析题干论证关系	通过观察前提主语和结论主语，前提宾语和结论宾语，我们不难得出如下两个关系： ①成绩与赵青有关（即：主语→主语）； ②成绩能证明是出类拔萃的教练（即：宾语→宾语）； 我们在削弱时，从以上两个关系进行削弱即可。针对①削弱：即成绩与赵青无关，如 E 选项。针对②削弱：仅仅根据成绩无法证明是出类拔萃教练，评价一个教练是否出类拔萃还应构建多因素的指标体系。

选项	解析	结果
A	即便赵青曾是国家女排队员，也无法证明或否认她是"出类拔萃的教练"，更不能支持或削弱题干论证关系。	淘汰
B	赵青情况呢？选项未能针对题干论证关系作出评价。	淘汰
C	"突飞猛进"是一个相对的结果，是当前与以往成绩比较的结果；而"铜牌"是一个绝对的、静态的结果。在缺少以前成绩信息的情况下无法判断是否"突飞猛进"。选项对题干的论证关系作用有限。	淘汰
D	说明赵青指导有方，部分支持了题干"赵青是出类拔萃的教练"。	淘汰

（续）

选项	解析	结果
E	选项指出：球队成绩突飞猛进的原因可能与赵青的执教无关。而是招收了一些职业队的退役队员的结果。尽管只招到了一个二传手，但也说明了这个问题。该选项针对的是关系①，说明"结论"另有"他因"。	**正确**
答案	**E**	

 例题 05

食用某些食物可降低体内自由基，达到排毒、清洁血液的作用。研究者将大鼠设定为实验动物，分为两组，A 组每天喂养含菌类、海带、韭菜和绿豆的混合食物，B 组喂养一般饲料。研究观察到，A 组大鼠的体内自由基比 B 组显著降低。科学家由此得出结论：人类食入菌类、海带、韭菜和绿豆的混合食物同样可以降低体内自由基。

以下哪项最可能是上述论证所假设的？

A. 一般人都愿意食入菌类、海带、韭菜和绿豆的混合食物。

B. 不含菌类、海带、韭菜和绿豆的混合食物将增加体内自由基。

C. 除食用菌类、海带、韭菜和绿豆的混合食物外，一般没有其他的途径降低体内自由基。

D. 体内自由基的降低有助于人体的健康。

E. 人对菌类、海带、韭菜和绿豆的混合食物的吸收和大鼠相比没有实质性的区别。

▶ **【精点解析】**

该题主要帮助考生清晰地理解题干论证的限定词。

对于题干"前提（X）→结论（Y）"，我们应注意限定词，认真区分以下三个不同论证关系：

① X→Y（没有其他限制词时），**B 选项无因无果的假设**（"无因无果"的评价作用，在假设部分有详细讲解），可保证该论证成立。

② 只有 X→Y（该论证限定为"只有"），观察 C 选项 **"除……没有其他＝只有"**，即：C 选项保证该论证限定"只有"。

③ 同样 X→Y（该论证限定为"同样"），**E 选项 "无实质性区别＝同样"**，即：保证该论证限定"同样"。

题干信息	前提：人类食入菌类等混合食物 → 结论：同样可以降低体内自由基	
选项	解析	结果
A	"愿不愿意"，主观意愿不影响食用后"可降低自由基"的客观事实。可参考例题 01 的 D 选项。	淘汰
B	选项针对①X→Y 没有限定情况下的论证关系。	淘汰
C	选项针对②只有 X→Y，"只有"限定下的论证关系。	淘汰
D	题干 X→Y，而选项 Y→人体健康，即选项没有针对题干论证关系作出评价，而是进一步推出结论，可视为推出结论而非评价论证关系。	淘汰
E	选项针对③同样 X→Y，"同样"限定下的论证关系。	**正确**
答案	**E**	

（2008 年 MBA 联考第 39 题）临床试验显示，对偶尔食用一定量的牛肉干的人而言，大多数品牌牛肉干的添加剂并不会导致动脉硬化。因此，人们可以放心食用牛肉干而无需担心对健康的影响。

以下哪项如果为真，最能削弱上述论证？

A. 食用大量牛肉干不利于动脉健康。

B. 动脉健康不等于身体健康。

C. 肉类都含有对人体有害的物质。

D. 喜欢吃牛肉干的人往往也喜欢食用其他对动脉健康有损害的食品。

E. 题干所述临床试验大都是由医学院的实习生在医师指导下完成的。

► 【精点解析】

步骤 1：根据结构词"因此"，锁定题干论证关系。

前提：品牌牛肉干的添加剂并不会导致动脉硬化。→结论：可以放心食用牛肉干而无需担心对健康的影响。

步骤 2：分析题干论证关系。

	主语	宾语
前提	大多数品牌牛肉干（添加剂）	动脉硬化
结论	牛肉干	健康

考生根据上表可以轻松分析。首先，结论中的主语显然与前提中的主语不一致。由"大多数品牌牛肉干"推出"牛肉干"，显然有以偏概全的嫌疑。如若支持，我们需假设"大多数品牌牛肉干"占有"牛肉干"市场的全部。如若削弱，我们需指出"大多数品牌牛肉干"并没有占有"牛肉干"市场的主要部分。当然有关主语的分析在选项中并没有涉及。其次，结论中的宾语与前提中的宾语明显不一致。如支持，我们需假设"动脉健康"就等于"健康"；反之，则削弱。

步骤 3：分析选项。

选项	解释	结果
A	选项针对前提，力度较弱。	淘汰
B	选项针对论证关系，割裂了由"宾语（前提）→宾语（结论）"构建的关系，评价力度很强。	**正确**
C	看到"肉类"，迅速淘汰，选项已经偷换了论证主体。	淘汰
D	"其他"对动脉健康有损害的食品，"其他"关牛肉干何事？	淘汰
E	针对的是背景信息。考生注意，凡是此类，做如下处理。研究显示（背景信息）：X（前提）→Y（结论）。只要选项针对所谓"研究设计"，均可视为针对背景信息。	淘汰
答案	**B**	

例题 07（2012年管理类联考第46题）葡萄酒中含有白藜芦醇和类黄酮等对心脏有益的抗氧化剂。一项新研究表明，白藜芦醇能防止骨质疏松和肌肉萎缩。由此，有关研究人员推断，那些长时间在国际空间站或宇宙飞船上的宇航员或许可以补充一下白藜芦醇。

以下哪项如果为真，最能支持上述研究人员的推断？

A. 研究人员发现由于残疾或者其他因素而很少活动的人会比经常活动的人更容易出现骨质疏松和肌肉萎缩等症状，如果能喝点葡萄酒，则可以获益。

B. 研究人员模拟失重状态，对老鼠进行试验，一个对照组未接受任何特殊处理，另一组则每天服用白藜芦醇。结果对照组的老鼠骨头和肌肉的密度都降低了，而服用白藜芦醇的一组则没有出现这些症状。

C. 研究人员发现由于残疾或者其他因素而很少活动的人，如果每天服用一定量的白藜芦醇，则可以改善骨质疏松和肌肉萎缩等症状。

D. 研究人员发现，葡萄酒能对抗失重所造成的负面影响。

E. 某医学博士认为，白藜芦醇或许不能代替锻炼，但它能减缓人体某些机能的退化。

▶ 【精点解析】

步骤1：根据研究人员的推断，发现研究人员仅仅提出了一个观点，并没有提供相应的理由，也就是说推断处没有构建论证关系。此时需结合"研究表明"的事实，补齐论证关系。

论证对象：长时间在国际空间站或宇宙飞船上的宇航员。

论证关系：前提：补充白藜芦醇→结论：防止骨质疏松和肌肉萎缩。

步骤2：根据题干的论证关系，分析选项。

选项	解释	结果
A	如果喝葡萄酒可以获益，则对题干的论证起削弱作用。因为葡萄酒中含白藜芦醇和类黄酮等其他物质，即可能是其他因素起作用，存在他因削弱的可能性。	淘汰
B	选项指出"模拟失重状态下的老鼠"，试图构建与题干论证对象"长时间在国际空间站或宇宙飞船上的宇航员"二者之间具有可比性，此时选项便不能轻易排除。其二，选项通过综合法构建了白藜芦醇"防止"骨质疏松和肌肉萎缩之间的论证关系，直接支持了题干论证关系。考生注意题干论证关系中的动词"防止"。	正确
C	题干论证的是白藜芦醇能够有效"防止"肌肉萎缩，选项论证的是白藜芦醇能够"改善"肌肉萎缩，显然"动词"与题干不一致。	淘汰
D	题干论证关系由"白藜芦醇"与"骨质疏松"构建，选项则由"葡萄酒"与"失重所造成的负面影响"构建，显然无关。	淘汰
E	（1）考生注意"某些机能的退化"不能替代"骨质疏松"（扩大了论证范围）；（2）"减缓"不同于"防止"；（3）某医学博士（个人观点，通常支持力度有限）。	淘汰
答案	**B**	

命题方向　六　论证逻辑——假设

考点 21　假设题型解题技巧

> **假设题型的提问方式**
>
> "上述推论基于以下哪项假设？"
>
> "以下都可能是上述论证所假设的，除了哪项？"
>
> "上述陈述隐含着下列哪项前提？"
>
> "上述论断是建立在以下哪项假设的基础上？"
>
> "以下哪项是上述论证成立所依赖的假设？"

假设题型的题干往往给出前提和结论，要求寻找到另一个前提将题干中的前提和结论联结起来。

假设是使题干论证得以成立的必要条件。一般地说，如果题干论证在没有某一个条件时，这个论证就必然不成立，那么这个条件就是题干论证的假设。但是，必要条件不同于充分条件，即使有了该选项作为补偿前提，题干论证也未必成立。但是没有这个选项作为前提，即如果该选项不成立，那么题干论证肯定是不成立的。假设的结构如下：

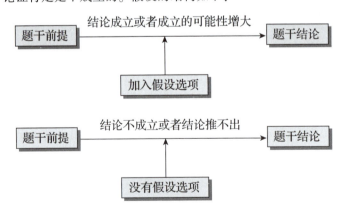

考生注意，假设题型正确选项的特点是：① 假设的作用是支持题干论证，而且是力度很大的支持；② 方法是必要条件支持；③ 可使用"加非验证"，判断选项是否为必要假设。

 "加非验证"的具体步骤如下：

题干：X→Y

Z 是其中的一个选项，我们判断 Z 是不是题干一个假设的方法就是：否定整个选项，即并非Z，再将"并非Z"代入题干X→Y，如果"并非Z"导致题干不能成立，说明Z是本题的一个假设，也就是没有Z不行，说明Z是X→Y成立的必要条件。

为了理解假设要点，考生思考以下两个问题。

例1 "我们中午吃米饭"，上述断定基于以下哪项假设？

① 我们中午吃饭。

② 我们中午自己做米饭。

答案：①是必要假设。我们否定①＝我们中午不吃饭，这样题干"我们中午吃米饭"便不成立了。考生注意，如果①成立，题干未必成立，"我们中午吃饭"并不意味"我们中午吃米饭"。也就是说①项成立题干未必成立（非充分），①项不成立题干一定不成立（必要）。

②不是必要假设。我们否定②＝我们中午自己不做米饭，题干依旧成立，因为我们还可以用其他方式吃米饭，如去餐厅。加非代入题干验证后，题干没有受到任何影响。

例2 要使P∨Q为真，以下哪项是必须假设的？

Ⅰ. P为真；

Ⅱ. Q为真；

Ⅲ. 如果¬P，那么Q为真。

A. 仅仅Ⅰ。　　　　　　B. 仅仅Ⅱ。　　　　　　C. 仅仅Ⅲ。

D. 仅仅Ⅰ和Ⅱ。　　　　E. Ⅰ、Ⅱ和Ⅲ。

答案：C。Ⅰ和Ⅱ都不是必要假设，我们否定Ⅰ发现，即便P为假，如果Q为真，P∨Q依旧为真，同理Ⅱ亦然。Ⅲ是必要假设。我们否定Ⅲ，发现"如果¬P，那么Q为假"，则¬P∧¬Q为真，此时P∨Q为假。

例题08 （2003年MBA联考第59题）欧几里得几何系统的第五条公理断定：在同一平面上，过直线外一点可以并且只可以作一条直线与该直线平行。在数学发展史上，有许多数学家对这条公理是否具有无可争议的真理性表示怀疑和担心。

要使数学家的上述怀疑成立，以下哪项是必须假设的？

Ⅰ. 在同一平面上，过直线外一点可能无法作一条直线与该直线平行。

Ⅱ. 在同一平面上，过直线外一点作多条直线与该直线平行是可能的。

Ⅲ. 在同一平面上，如果过直线外一点不可能作多条直线与该直线平行，那么，也可能无法只作一条直线与该直线平行。

A. 仅仅Ⅰ。　　　　　　B. 仅仅Ⅱ。　　　　　　C. 仅仅Ⅲ。

D. 仅仅Ⅰ和Ⅱ。　　　　E. Ⅰ、Ⅱ和Ⅲ。

▶ **【精点解析】**

本题目的是让考生更好地掌握假设的定义，能够使用"加非验证"。假设是使论证成立的一个必要条件，结合例1、例2及本题，希望考生能够充分理解假设的含义：无之不行，有之未必行。

步骤 1：找到数学家的上述怀疑："在同一平面上，过直线外一点可以并且只可以作一条直线与该直线平行"，数学家怀疑该公理，那数学家的意思是：并非"可以作并且只可以作一条"＝"或者不可以作（P），或者可作多条（Q）"。

步骤 2：分析选项。

选项	解释	结果
I	不必要，因为数学家的意思是"或者 P 或者 Q"，二者有一个就行，但是未必一定是 P，Q 为真时也可以，也能支持数学家的怀疑。	淘汰
II	不必要，因为 P 正确也可以。这就是假设，当 P 或者 Q 都可以支持命题时，则 Q 就不是必要的，因为没有 Q，P 也可以支持命题。	淘汰
III	III 是必要的，考生根据前面的知识想想为什么。考生可以使用"加非验证"方法分析该选项。	**正确**
答案	**C**	

<hr>

▶ 应对策略 1 ◀

搭桥与补漏

　　假设搭桥的思路是近几年命题的热点，每年的试题中都有涉及。假设搭桥的思路是做论证逻辑优先考虑的思路，因为其实质就是"建立论证关系"。主要的解题思想如下：

　　1. 题干前提和结论中的核心词之间缺乏联系，需要建立论证关系。

　　2. 题干前提推向结论存在缺陷与漏洞，需弥补论证关系的缺陷与漏洞使前提推向结论更充分。

庖丁解牛

例题 09　《循环经济》是环保部门宣传环保主义的一份刊物，据统计，上个月《循环经济》的订户又增加了 2000 个，环保部门的发言人据此宣布，上个月又有 2000 人加入了环保主义者的阵营。

以下哪项是环保部门发言人的推断必须假设的？

A. 所有上个月的《循环经济》的新订户在此之前不是环保主义者。

B. 所有环保主义者都订阅了《循环经济》。

C. 每个《循环经济》的订阅者都是环保部门的工作人员。

D. 环保部门的工作主要是致力于环境保护。

E. 有一些《循环经济》的订阅者并不是环保主义者。

▶【精点解析】

步骤 1：利用结构词"据此"确定论证关系。

前提：《循环经济》的订户又增加了 2000 个。→结论：又有 2000 人加入了环保主义者的阵营。

步骤 2：为了保证题干论证关系，可作以下"搭桥"：

I．《循环经济》的订户都是环保主义者。（考生思考，为什么用"都是"）

Ⅱ.《循环经济》的新订户在此前都不是环保主义者。

提示：考生在初始学习时，不要急功近利，急于找"技巧"应对考试。应从论证关系入手，先不要急于看选项，如同步骤2，尽可能多利用"搭桥"建立论证关系，强化个人的论证思维。

步骤3：利用"搭桥"Ⅰ可迅速淘汰B、E选项，而C、D项与论证无关。

答案选 **A**。

例题 10 很多自称是职业足球运动员的人，尽管日常生活中的很多时间都在进行足球训练和比赛，但其实他们并不真正属于这个行业，因为足球比赛和训练并不是他们主要的经济来源。

上面这段话在推理过程中作了以下哪项假设？

A. 职业足球运动员的技术水准和收入水平都比业余足球运动员要高得多。

B. 经常进行足球训练和比赛是成为职业球员的必由之路。

C. 一个运动员除非他的大部分收入来自比赛和训练，否则不能称为职业运动员。

D. 运动员希望成为职业运动员的动力来自于想获得更高的经济收入。

E. 有一些经常进行足球训练和比赛的人们并不真正属于职业运动员行业。

▶ **【精点解析】**

步骤1：利用题干结构词"因为"，构建论证关系。前提：足球比赛和训练<u>不是主要的经济来源</u>。→结论：进行足球比赛和训练的足球运动员<u>不属于职业足球运动员</u>。

步骤2：分析题干论证关系。采用"搭桥"思路，将"前提"和"结论"通过关联词建立关系，此时题干的论证结构如下：

前提：不是主要经济来源。

搭桥：不是主要经济来源→不属于职业足球运动员 = <u>职业足球运动员→主要经济来源</u>（即答案C）。

结论：不属于职业足球运动员。

答案选 **C**。

 精点提示：本题的结构属于假言三段论的结构，考生可熟记假言三段论的常考模型。

假言三段论模型					
模型Ⅰ		∵ P	模型Ⅱ		∵ ﹁ Q
		又∵ P→Q（搭桥，即假设）			又∵ ﹁ Q→﹁ P = P→Q（搭桥，即假设）
		∴ Q			∴ ﹁ P

例题 11 根据一种心理学理论，一个人要想快乐，就必须和周围的人保持亲密的关系。但是，世界上伟大的画家往往在孤独中度过了他们大部分时光，并且没有亲密的人际关系。所以，这种心理学理论是不成立的。

以下哪项最可能是上述论证所假设的？

A. 世界上伟大的画家都喜欢逃避亲密的人际关系。

B. 有亲密的人际关系的人几乎没有孤独的时候。

C. 孤独对于伟大的画家来说是必需的。

D. 几乎没有著名的画家有亲密的人际关系。

E. 世界上伟大的画家都是快乐的。

▶ **【精点解析】**

步骤 1："一个人要想快乐，就必须和周围的人保持亲密的关系"，考生注意，看到形式逻辑的踪迹时，可借用形式逻辑的思路解题。

步骤 2：锁定结构词，"所以"。

步骤 3：分析题干结构：

前提①：心理学理论：一个人要想（P）快乐，就必须（Q）和周围的人保持亲密的关系（假言命题）。

前提②：画家是孤独的。

结论：心理学理论不成立。

步骤 4：如果心理学理论不成立，即前提①的矛盾命题 = 快乐 ∧ ¬ 和周围的人保持亲密的关系。已知前提②画家是孤独的，只需要补充前提（即假设）"画家都是快乐的"即可。

答案选 **E**。

例题 **12**　（2007 年 MBA 联考第 31 题）张华是甲班学生，对围棋感兴趣，该班学生或者对国际象棋感兴趣，或者对军棋感兴趣；如果对围棋感兴趣，则对军棋不感兴趣，因此，张华对中国象棋感兴趣。

以下哪项可能是上述论证的假设？

A. 如果对国际象棋感兴趣，则对中国象棋感兴趣。

B. 甲班对国际象棋感兴趣的学生都对中国象棋感兴趣。

C. 围棋和中国象棋比军棋更具挑战性。

D. 甲班学生感兴趣的棋类只限于围棋，国际象棋，军棋和中国象棋。

E. 甲班所有学生都对中国象棋感兴趣。

▶ **【精点解析】**

步骤 1：根据结构词"因此"，快速锁定题干论证关系。

前提：①甲班张华对围棋感兴趣；②甲班学生，对国际象棋感兴趣 ∨ 对军棋感兴趣；③对围棋感兴趣 → 对军棋不感兴趣。

结论：张华对中国象棋感兴趣。

步骤 2：题干有多个形式逻辑表达的前提，此时可优先根据形式逻辑的规则将题干前提联合可得：甲班张华对围棋感兴趣 → 对军棋不感兴趣 → 对国际象棋感兴趣。

步骤 3：分析题干论证可知，要想得出结论：张华对中国象棋感兴趣，必须要建立"对国际象棋感兴趣"和"对中国象棋感兴趣"的关系，由此可将答案确定在 A、B、E 三个选项中。

步骤 4：对比三个选项可知，三个选项的区别在于限定范围不同，A 选项限定范围是所有人，"含甲班及除了甲班之外的人"，B 选项限定范围是"甲班对国际象棋感兴趣的学生"，E 选项限定范围是"甲班所有学生（包括对国际象棋感兴趣的和对国际象棋不感兴趣的学生）"，此时便需要把握假设时，优先考虑范围与题干一致的选项，因此可排除 A，因为没必要保证其他人；E 选项属于过度假设，因为不需要保证对国际象棋不感兴趣的人，对中国象棋也感兴趣。由此可知必须假设 B 选项。

答案选 **B**。

考生通过这道真题一定要仔细体会做假设的时候论证范围要"准",也就是论证范围要与题干保持一致,即:核心词、限定词、动词等需保持一致。

例题13 (2021年管理类联考第26题)哲学是关于世界观、方法论的学问,哲学的基本问题是思维和存在的关系问题,它是在总结各门具体科学知识基础上形成的,并不是一门具体科学。因此,经验的个案不能反驳它。

以下哪项如果为真,最能支持以上论述?

A. 哲学可以对具体科学提供指导。

B. 经验的个案只能反驳具体科学。

C. 具体科学不研究思维和存在的关系问题。

D. 任何科学都要接受经验的检验。

E. 哲学并不能推演出经验的个案。

► **【精点解析】**

解释	整理题干论证,题干属于假言三段论(切入思路,注意前提"不是"与结论"不能",是明显的假言判断标志词)。 前提:哲学**不是**一门**具体科学**。 补前提:只有具体科学,才能被经验的个案反驳。(即B选项) 结论:哲学**不能被经验的个案反驳**。

答案选 **B**。

◆ 应对策略2 ◆

保障因果

保障因果的思路是考试的难点,当题干存在因果关系时,我们应遵循如下步骤去解题。

第一步:通过常见的结构词和求因果关系的方法,判定题干存在因果关系,并找到题干的因果关系。

1. 常见的表示因果关系的结构词有:因为……;所以……;因此……;引起……;导致……;造成……;保护……;影响……;有利于……;有助于……;得益于……;越……越……。

2. 常见的求因果关系的方法:①求同法;②求异法;③综合法;④排除法;⑤共变法等。不熟悉的考生可学习基础篇"知识点29 求因果关系五法"相关知识点。

第二步:结合因果关系的特点,我们可将因果关系的方法归纳如下:

1. 因果不倒置,即保证果不导致因。如果存在"果→因"(即因果倒置),则说明"因果"位置确认错误,即原有的因果关系不成立。

2. 排除他因,即没有其他原因导致果,或者不是其他的原因导致果。如果存在"其他原因"导致"果",则原有的因果关系被削弱,此时原有的因果关系便不能成立。(相当于"排除法"确定因果关系,考生认真理解。)

3. 无因无果,即没有这个原因,就没有这个结果。题干是"因→果",即"有因有果",补充"无因无果",保证了因果相关。(相当于"综合法"确定因果关系,考生认真理解。)

第三步:考生可根据具体的题干表述,结合上述三种假设的思路快速找到正确的假设。

> **例题 14**　长时间以来，英国的医生认为戴墨镜的病人更易于消沉并患上忧郁症。对因诸如心脏疼痛和消化不良等身体不适而住院的病人进行的心理测试证实了这一联系。或许觉得周围的一切使得心理上痛苦的人选择这样的墨镜去减少视觉刺激，视觉刺激被认为是令人易发怒的。不管怎么说，人们可以得出结论，如果人们戴上这样的墨镜，这是因为戴墨镜者有消沉或患有忧郁症的倾向。
>
> 上述论述作了下面哪一个假设？
>
> A. 在某些情况下消沉不是由身体的有机条件造成的。
>
> B. 戴墨镜者认为墨镜不是一种把自己与别人疏远开来的方法。
>
> C. 消沉有很多原因，包括任何人消沉都合乎情理的真实条件。
>
> D. 对于戴墨镜的忧郁症患者来说，眼镜可以作为让别人看来戴镜者的健康不佳的视觉信号。
>
> E. 墨镜没有把光线变得如此暗淡以致使戴镜者的心情急剧消沉。

▶ **【精点解析】**

步骤 1： 锁定转折词 "不管怎么说"（说明前面的都是白说，一般只需要看转折词后面的论证），将注意力转移到 "如果人们戴上这样的墨镜，这是因为戴墨镜者有消沉或患有忧郁症的倾向"。

步骤 2： 锁定结构词 "因为"，确定题型——"保障因果"。观察选项，没有直接重复前提和结论项，淘汰 "搭桥" 思路。

步骤 3： 找到 "因"：戴墨镜者有消沉或患有忧郁症的倾向，"果"：人们戴上这样的墨镜。

步骤 4： 先不要分析选项，直接按照我们的思路做出三个假设（这是训练思路的方法，初始考生可能感觉麻烦，随后能够大幅度提升做题速度，其目的是让大家更好地揣测出题人的意图）。

① "因果不倒置"：人们戴上这样的墨镜不会导致消沉或患有忧郁症。

② "没有他因"：人们不会因为别的原因戴墨镜。

③ "无因无果"：戴墨镜者如果没有消沉或患有忧郁症的倾向就不会戴上这样的墨镜。

步骤 5： 按照我们假设好的思路对应选项，能够很好地选择正确答案。考生不要用常识判断因果，而应顺着题干的因果关系来分析。

戴墨镜者，消沉或者忧郁	⟶	戴墨镜
选项	解析	结果
A	"在某些情况下" 缩小了论证范围，通常不是优选项。该选项实际上在解释原因（前提），而没有针对论证关系。	淘汰
B	考生注意：题干中 "戴墨镜者" 是客观存在；选项中 "戴墨镜者认为" 则是主观判断，其实质、话题都不一致，请认真理解。	淘汰
C	该选项实际上在解释原因（前提），而没有针对论证关系。	淘汰
D	"对于戴墨镜的忧郁症患者" 与题干 "戴墨镜者" 论证对象不一致（缩小论证范围），"消沉或患有忧郁症" ≠ "健康不佳"（扩大论证范围）。	淘汰

（续）

选项	解析	结果
E	考生应该迅速抓住选项的主谓宾，即墨镜没有致使戴镜者的消沉，显然是保证题干因果关系，即因果不倒置。	正确
答案	**E**	

例题15 没有风沙的年份，琥珀的颜色会十分亮丽。在马来西亚，由于这些琥珀形成的时候，风沙可能十分严重。因此，马来西亚发现的琥珀中没有颜色亮丽的。

上述论证基于以下哪项假设？

A. 在马来西亚，有些琥珀还算亮丽。

B. 海边的琥珀都是暗淡的。

C. 琥珀在形成的过程中颜色不会改变。

D. 近代形成的琥珀更容易变色。

E. 一般而言，琥珀在形成过程中，颜色不会减少亮度。

▶ 【精点解析】

步骤1：根据结构词"由于""因此"可判定题干属于因果关系型假设题，此时锁定题干论证关系。

因：琥珀形成的时候风沙十分严重→果：马来西亚发现的琥珀中没有颜色亮丽的。

步骤2：沿用保障因果的三个思路可得：

①因果不倒置：琥珀颜色不亮丽不会导致琥珀形成的时候产生严重的风沙。考生注意，我们沿用保障因果的思路解题时，存在这种论证不合理的可能，此时需要结合具体的题干表述进行判定。

②排除他因：不是其他原因造成的琥珀颜色不亮丽。

③无因无果：琥珀形成的时候如果风沙不是十分严重，那么琥珀的颜色就会亮丽。

步骤3：分析选项。

选项	解释	结果
A	选项直接削弱题干结论，不是假设。	淘汰
B	题干不限于"海边"，故选项显然缩小论证范围，实际选项支持题干结论。	淘汰
C	选项过度假设，题干论证的仅仅是琥珀的亮度，而不需要假设颜色不会改变。考生试想，即便颜色会改变，只要亮度不变，题干因果关系仍可成立。考生注意：颜色高度≠颜色。	淘汰
D	题干不限于"近代"，故选项显然缩小论证范围。	淘汰
E	选项使用排除他因的思路，保证题干论证成立。加非验证，如果是由于形成过程中自身亮度减少，就说明未必是风沙严重导致的颜色不亮丽，此时题干因果关系便无法成立，故选项符合题干的假设。	正确
答案	**E**	

例题16 工业革命期间，有两种植物的病害在污染严重的英国工业城市消失了，一种是黑斑病，会感染玫瑰；另一种是焦油斑点病，会感染梧桐。生物学家认为，有可能是空气污染消

除了这两种病害。

以下哪项是生物学家观点成立所依赖的假设？

A. 黑斑病和焦油斑点病在城市空气污染减轻时便会复发。

B. 空气污染对许多植物种类的影响是有利还是有害，科学家还不清楚。

C. 有预防感染黑斑病和焦油斑点病的方法，可是一旦感染就很难根除。

D. 有些植物能够对空气污染产生较强的抵抗力。

E. 工业革命期间，产生了更有效的治疗这两种病害的药剂。

► **【精点解析】**

步骤 1：根据专家结论确定"因果关系"。"因"：空气污染消除，"果"：两种病害。

步骤 2：分析选项。

A 选项使用的是无因（空气污染减轻）无果（两种病害复发）的思路，这也属于确认因果关系，即"综合法"的思路。B、D 项不涉及"两种病害"；C、E 项不涉及"病害"与"空气污染"的关系，题干论证是"空气污染"和"两种病害"的关系，而非如何防治两种病害，故选项与论证无关。

答案选 **A**。

 （2017 年经济类联考第 3 题）看电视的儿童需要在屏幕闪现的时间内处理声音和图像，这么短的时间仅仅可以使眼睛和耳朵能够接受信息；读书则不同，儿童可以以自己想要的速度阅读。电视图像出现的速度如此机械而无情，它阻碍了而不是提高了儿童的想象力。上述观点最可能基于下面哪个选项？

A. 当被允许选择一种娱乐时，儿童会更喜欢读书而不是看电视。

B. 儿童除非可以接触到电视和书，否则其想象力不会得到适当的激发。

C. 当儿童可以控制娱乐的速度时，他的想象力可以得到更完全的发展。

D. 儿童刚刚能理解电视上的内容时，就应教他们读书。

E. 由于每个孩子都是不同的，因此孩子对不同感官刺激的反应是不可预测的。

► **【精点解析】**

题干信息	题干观点：电视图像出现的速度机械而无情（因，强调的是无法控制），它阻碍了儿童的想象力（果）。	
选项	**解释**	**结果**
A	选项不涉及"想象力"与"图像出现的速度"的关系，因此与题干论证无关。	淘汰
B	题干论证的关系是"电视图像出现速度"对"儿童想象力"的影响，选项将电视和图书并列比较，无法支持题干的论证关系。	淘汰
C	选项属于无因无果的假设。当儿童可以控制娱乐的速度时（无因，说明不是无法控制的），儿童的想象力可以得到更完全的发展（无果，说明没有阻碍儿童的想象力）。	正确
D	选项不涉及论证对象"儿童想象力"。	淘汰

（续）

选项	解释	结果
E	选项削弱了题干的论证关系，说明电视图像的速度不一定会阻碍儿童想象力的发展。	淘汰
答案	**C**	

应对策略 3

求同存异

若题干涉及两个论证主体的比较关系，我们需要根据题干论证的需要，"求同"或者"存异"，基本思路如下：

前提比	结论比	假设（解释）
差	差	**求同**（若保证"前提差"→"结论差"，必须保证没有"他差"，也就是补同）
同	差	**找差**（"前提同"一般不会导致"结论差"，该论证显然存在漏洞，因此我们必须找一个"差"来使论证成立）
顺差（优）	逆差（劣）	找逆差（劣）（"前提优势"一般不会导致"结论劣势"，该论证显然存在漏洞，因此我们必须找一个"劣势"来使论证成立）

考生注意，上述分析并没有穷举考试中可能出现的所有情况，但希望考生认真揣摩思路，认真理解"求同存异"一词，以不变应万变。

庖丁解牛

例题 18 在当前的音像市场上，正版的激光唱盘和影视盘销售不佳，而盗版的激光唱盘和影视盘却屡禁不绝，销售异常火爆。有的分析人员认为这主要是因为在价格上盗版盘更有优势，所以在市场上更有活力。

以下哪项是这位分析人员在分析中隐含的假定？

A. 正版的激光唱盘和影视盘往往内容呆板，不适应市场的需要。

B. 与价格的差别相比，正版与盗版盘在质量上的差别不大。

C. 盗版的激光唱盘和影视盘比正版的盘进货渠道畅通。

D. 正版的激光唱盘和影视盘不如盗版的盘销售网络完善。

E. 加强对知识产权的保护和对盗版行为的打击使得盗版盘的价格上涨。

▶【精点解析】

步骤 1：题干涉及"正版的……盘"和"盗版的……盘"二者的比较，确定题型——"求同存异"。随后，我们需要找出前提和结论中的"同"和"异"来，并弄清它们之间的关系。

步骤 2：前提：价格上盗版盘更有优势（价格差），结论：盗版盘在市场上更有活力（销售差），也就是题干论证：价格差→销售差。

步骤 3：我们做假设，需要保证"前提差"导致了"结论差"，也就是其他方面都是相同的（"求同"的思想），否则就会出现"其他差"导致"结论差"的情况，原有的论证关系就不存在了。

步骤 4：要保证"正版"和"盗版"由于价格差导致销售差，必须保证在其他方面，比如：质量方面是一致的。这就是正确答案 B。

选项	解析	结果
A	正版与盗版二者销售的差异在于"内容"而非"价格"，选项利用"他差"削弱了题干的论证关系。	淘汰
B	没有他差，从而保证了题干的"差比关系"。	正确
C	正版与盗版二者销售的差异在于"渠道"而非"价格"，选项利用"他差"削弱了题干的论证关系。	淘汰
D	正版与盗版二者销售的差异在于"销售网络"而非"价格"，选项利用"他差"削弱了题干的论证关系。	淘汰
E	与题干的论证关系无关。	淘汰
答案	**B**	

例题 19　通常的高山反应是由高海拔地区空气中缺氧造成的，当缺氧条件改变时，症状可以很快消失。急性脑血管梗阻也具有脑缺氧的病症，如不及时恰当处理会危及生命。由于急性脑血管梗阻的症状和普通高山反应相似，因此，在高海拔地区，急性脑血管梗阻这种病特别危险。

以下哪项最可能是上述论证所假设的？

A. 普通高山反应和急性脑血管梗阻的医疗处理是不同的。

B. 高山反应不会诱发急性脑血管梗阻。

C. 急性脑血管梗阻如及时恰当处理不会危及生命。

D. 高海拔地区缺少抢救和医治急性脑血管梗阻的条件。

E. 高海拔地区的缺氧可能会影响医生的工作，降低其诊断的准确性。

▶ 【精点解析】

步骤 1：题干涉及"普通高山反应"和"急性脑血管梗阻"二者的比较，确定题型为"求同存异"。随后，我们需要找出前提和结论中的"同"和"异"来，并弄清它们之间的关系。

步骤 2：前提：症状反应相似（同）。结论：急性脑血管梗阻这种病特别危险（差）。

步骤 3："同"→"差"，论证显然是不合理的。此时，我们需要"补差"，A 选项正是"补差"。考生需要注意的是"求同存异"题型的正确选项通常要含有比较的双方，如本题"普通高山反应"和"急性脑血管梗阻"，根据这个思路可以快速选择正确选项。

选项	解析	结果
A	本题的论证结构可以简化为"二者症状相似"→"急性脑血管梗阻特别危险"，也就是由于二者相似性，可能导致"急性脑血管梗阻"误诊为"高山反应"。因此，"急性脑血管梗阻"很危险。 实际考试中，根本没有那么多时间去使用阅读理解方式解题，最好的方式就是抓到论证后，利用论证结构去解题。"同"→"差"，为使论证成立，前提补差。	正确
B	题干在"高山反应"和"急性脑梗阻"间进行比较，即"并列"关系，而非选项的"推导"关系，选项不构成题干假设。	淘汰

（续）

选项	解析	结果
C	"及时恰当处理不会危及生命"推不出题干是"如不及时处理会危及生命"（违背了假言判断的规则）。故选项不能成为题干必要前提。	淘汰
D	选项为结论提供了另外的解释，实质是提供了"他差"，削弱了题干论证，考生结合 A 选项的解释想一想。	淘汰
E	与题干论证关系无关，降低了诊断的准确性对"高山反应"和"急性脑血管梗阻"而言都是危险的，等于二者之间补了一个新的"同"，这样就无法保证题干的论证成立。	淘汰
答案	**A**	

例题 20　作为市电视台的摄像师，最近国内电池市场的突然变化让我非常头疼。由于进口高能量的电池缺货，我只能用国产电池来代替作为摄像的主要电源。尽管每单位的国产电池要比进口电池便宜，但我估计如果持续用国产电池替代进口电池的话，我支付在电源上的费用将会提高。

该摄像师在上面这段话中隐含了以下哪项假设？

A. 以每单位电池提供的电能来计算，国产电池要比进口电池提供得少。

B. 每单位的进口电池要比国产电池价格贵。

C. 生产国产电池要比生产进口电池成本低。

D. 持续使用国产电池，摄像的质量将无法得到保障。

E. 国产电池的价格会超过进口电池，厂家将大大盈利。

▶【精点解析】

步骤 1：题干涉及"国产电池"和"进口电池"二者的比较，确定题型——"求同存异"。随后，我们需要找出前提和结论中的"同"和"异"来，并弄清它们之间的关系。

步骤 2：前提：国产电池价格低于进口电池价格（顺差），结论：使用国产电池的费用高于使用进口电池的费用（逆差）。

步骤 3：前提是一个顺差，结论却是一个逆差，因此必须补一个逆差。和费用有关的就是价格和数量（和单位电池提供的电能有关）。

选项	解析	结果
A	利用一个"劣势"完善和加强了论证。	正确
B	仅仅支持了前提，没有涉及论证关系。	淘汰
C	仅仅支持了前提，没有涉及论证关系。	淘汰
D	与题干论证无关。	淘汰
E	与题干论证无关。	淘汰
答案	**A**	

沙场点兵

例题 **21**

（2005 年管理类联考第 29 题）宏达山钢铁公司由五个子公司组成。去年，其子公司火龙公司试行与利润挂钩的工资制度。其他子公司则维持原有的工资制度。结果，火龙公司的劳动生产率比其他子公司的平均劳动生产率高出 13%。因此，在宏达山钢铁公司实行与利润挂钩的工资制度有利于提高该公司的劳动生产率。

以下哪项最可能是上述论证所假设的？

A. 火龙公司与其他各子公司分别相比，原来的劳动生产率基本相同。

B. 火龙公司与其他各子公司分别相比，原来的利润率基本相同。

C. 火龙公司的职工数量，和其他子公司的平均职工数量基本相同。

D. 火龙公司原来的劳动生产率，与其他子公司相比不是最高的。

E. 火龙公司原来的劳动生产率，和其他各子公司原来的平均劳动生产率基本相同。

▶ **【精点解析】**

步骤 1：题干涉及"火龙公司"和"其他子公司"的比较。可确定题型——求同存异。

步骤 2：找到差比关系："工资制度（差）"→"劳动生产率"（差）。

步骤 3：选项均有"无他差"的思想，紧扣"平均劳动生产率"这一核心概念，选择 E。

答案选 **E**。

精点提示	最佳的选项通常是与题干话题、核心概念最接近的选项，这也是"同一律"的基本要求。

▶ **应对策略 4** ◀

方法可行

若题干涉及"解决某个问题""达到某个目的"时，我们一般将题干理解为"方法可行类"问题，解题时主要遵循以下步骤：

第一步：找到论证关系。方法→目的。一般"为了……""目的是……"等后面的内容表示目的；"计划……""建议……""通过……""提议……"等后面的内容表示方法。

第二步：采用以下两个思路，结合选项进行假设。① 方法找得到，即存在能实现目的的方法；② 方法有效果，即方法能够达到目的。

庖丁解牛

例题 **22**

学校董事会决定减少员工中教师的数量。学校董事会计划首先解雇效率较低的教师，而不是简单地按照年龄的长幼决定解雇哪些教师。

校董事会的这个决定假定了以下哪项？

A. 存在能比较准确地判定教师效率的方法。

B. 一个人的效率不会与另一个人的相同。

C. 最有教学经验的教师就是最好的教师。

D. 报酬最高的教师通常是最称职的。

E. 每个教师都有某些教学工作是自己的强项。

► 【精点解析】

步骤1：分析题干论证，可以看到题型标志词"计划"，进而分析可以找到，目的"减少员工中教师的数量"，方法"解雇效率较低的教师"。可确定题目类型——"方法可行"型。

步骤2：基于"方法可行"型题目，本题可选择以下假设方式：

① 解决问题的方法可以找得到。

② 方法可以达到效果，也就是能够解决问题。

步骤3：正确答案A，意思就是要首先保证解决问题的方法能够找到。

有些考生会被B选项迷惑。我们可以使用"加非验证"的方法来检查选项。否定选项后，即便"一个人效率会与另一个人效率相同"也不能否定题干方法的可行性。比如，有10个教师，我们要淘汰3个，恰好这3个人效率相同但是较低，直接淘汰，校董事会的目的也就达到了。可见选项B非必要。

答案选 **A**。

 例题 23

尽管有关法律越来越严厉，盗猎现象并没有得到有效遏制，反而有愈演愈烈的趋势，特别是对犀牛的捕杀。一只没有角的犀牛对盗猎者是没有价值的，野生动物保护委员会为了有效地保护犀牛，计划将所有的犀牛角都切掉，以使它们免遭厄运。

野生动物保护委员会的计划假设了以下哪项？

A. 盗猎者不会杀害对他们没有价值的犀牛。

B. 犀牛是盗猎者为获得其角而猎杀的唯一动物。

C. 无角的犀牛比有角的对包括盗猎者在内的人威胁都小。

D. 无角的犀牛仍可成功地对人类以外的敌人进行防卫。

E. 对盗猎者进行更严格的惩罚并不会降低盗猎者猎杀犀牛的数量。

► 【精点解析】

步骤1：分析题干论证，可以看到题型标志词"为了""计划"等，进而分析可以找到，目的"有效地保护犀牛"，方法"将所有的犀牛角都切掉"。可确定题目类型——"方法可行"型。

步骤2：为了达到效果，必须假设A，否则方法无意义。

选项	解析	结果
A	必须假设，否则"将所有的犀牛角都切掉"就没有意义。	正确
B	不必要假设，完全有可能还有其他有角动物，只不过犀牛的角更有价值。	淘汰
C	不必假设，题干论证的是保护犀牛，不是保护人，论证对象要清楚。	淘汰
D	不必假设，根据题干信息，计划保护的是"被盗猎者"猎杀的犀牛，能否防卫人类以外的敌人，与题干论证无关。	淘汰
E	该选项有较大迷惑性。其原本要表达：除了"将所有的犀牛角都切掉"，没有其他方法能够防止盗猎，就论证思维而言，可作为备选项。淘汰原因是：即便降低数量，也没有保护"所有"被盗猎的犀牛。考生注意题干论证关系中的量词"计划将*所有的*犀牛角切掉"。	淘汰
答案	**A**	

例题24

为了提高运作效率，H 公司即将实行灵活工作日制度，也就是充分考虑雇员的个人意愿，来决定他们每周的工作与休息日。研究表明，这种灵活工作日制度，能使企业员工保持良好的情绪和饱满的精神。

上述论证依赖以下哪项假设？

Ⅰ. 那些希望实行灵活工作日的员工，大都是 H 公司的业务骨干。

Ⅱ. 员工良好的情绪和饱满的精神，能有效提高企业的运作效率。

Ⅲ. H 公司不实行周末休息制度。

A. 只有Ⅰ。　　　　B. 只有Ⅱ。　　　　C. 只有Ⅲ。

D. 只有Ⅱ和Ⅲ。　　E. Ⅰ、Ⅱ和Ⅲ。

▶ **【精点解析】**

步骤1： 分析题干。题干含有两层论证关系。

①由"为了……应当……"确定方法可行论证结构："灵活工作日制度（方法）"→"提高运作效率（目的）"；

②由"……使……"确定方法可行论证结构："灵活工作日制度（方法）"→"员工良好的情绪和包满的精神（目的）"。

步骤2： 分析选项。

选项	解释	结果
Ⅰ	灵活工作日制度是针对每个员工的，并不是针对业务骨干的，故该选项没必要假设。	不必假设
Ⅱ	该项采用"搭桥"的思路，将论证②与①相联系。由"研究表明"，可以确定论证②是论证①的前提，考生认真思考一下。	**必须假设**
Ⅲ	加非验证，如果实行周末休息制度，即固定休息制度，H 公司就不能实行灵活的工作日制度，说明题干论证的方法不可行。	**必须假设**
答案	**D**	

沙场点兵

 例题25

（2011年管理类联考第55题）有医学研究显示，行为痴呆症患者大脑组织中往往含有过量的铝，同时有化学研究表明，一种硅化合物可以吸收铝，陈医生据此认为，可以用这种硅化合物治疗行为痴呆症。

以下哪项是陈医生最可能依赖的假设？

A. 行为痴呆症患者大脑组织的含铝量通常过高，但具体数量不会变化。

B. 该硅化合物在吸收铝的过程中不会产生副作用。

C. 用来吸收铝的硅化合物的具体数量与行为痴呆症患者的年龄有关。

D. 过量的铝是导致行为痴呆症的原因，患者脑组织中的铝不是痴呆症引起的结果。

E. 行为痴呆症患者脑组织中的铝含量与病情的严重的程度有关。

▶ **【精点解析】**

步骤1： 找到陈医生的观点，陈医生采用方法：硅化合物吸收铝，来实现目的：治疗行为痴呆症。

步骤2：要保证陈医生采用的方法能实现目的，必须保证过量的铝是导致行为痴呆症的原因才行，进而根据此原因解决这个问题。题干依赖的因果关系是：过量的铝（因）→行为痴呆症（果）。

步骤3：沿用保障因果的三个思路可得：

①因果不倒置：行为痴呆症不会导致患者大脑中产生过量的铝。

②排除他因：不是其他原因造成的行为痴呆症。

③无因无果：如果没有过量的铝，那么就不会产生行为痴呆症。

步骤4：分析选项。

选项	解释	结果
A	加强前提，但并没有涉及论证关系。考生注意这也是"假设"选项和"支持"选项的区别。	淘汰
B	产生副作用亦可，只要不比"痴呆症"对人的影响更严重便可。	淘汰
C	考生注意题干论证在于建立方法是否可行，而非具体怎么做。	淘汰
D	强调因果不倒置，保障题干因果关系。	正确
E	题干构建的是"铝→行为痴呆症"之间关系，选项构建"铝含量→行为痴呆症病情"关系，属于不同话题，考生认真体会。	淘汰
答案	**D**	

 考生注意，"方法可行"本身也属于"因果关系"，方法针对"因"，而目的则是因带来的"果"。当选项没有涉及方法可行的选项时，考生应将思路转为"因果关系"，并考查选项。

 例题26 （2010年管理类联考第40题）黑脉金蝴蝶幼虫先折断含毒液的乳草属植物的叶脉，使毒液外流，再食入整片叶子。一般情况下，乳草属植物叶脉被折断后其内的毒液基本完全流掉，即便有极微量的残留，对幼虫也不会构成威胁。黑脉金蝴蝶幼虫就是采用这样方式以有毒的乳草属植物为食物来源直到它们发育成熟。

以下哪项最可能是上文所作的假设？

A. 幼虫有多种方法对付有毒植物的毒液，因此，有毒植物是多种幼虫的食物来源。

B. 除黑脉金蝴蝶幼虫外，乳草属植物不适合其他幼虫食用。

C. 除乳草属植物外，其他有毒植物已经进化到能防止黑脉金蝴蝶幼虫破坏其叶脉的程度。

D. 黑脉金蝴蝶幼虫成功对付乳草属植物毒液的方法不能用于对付其他有毒植物。

E. 乳草属植物的叶脉没有进化到黑脉金蝴蝶幼虫不能折断的程度。

▶ **【精点解析】**

步骤1：分析题干。论证涉及对象：①黑脉金蝴蝶幼虫；②有毒的乳草属植物。论证关系：方法：先折断含毒液的乳草属植物的叶脉，使毒液外流，再食入整片叶子。→目的：以有毒的乳草属植物为食物来源直到它们发育成熟。

步骤2：分析选项。

选项	解释	结果
A	选项过度假设，不需要保证有毒的乳草属植物是多种幼虫的食物来源，只要是黑脉金蝴蝶幼虫的食物即可。	淘汰

（续）

选项	解释	结果
B	选项过度假设，不需要保证不适合其他幼虫的食物来源，只要是黑脉金蝴蝶幼虫能食用即可。	淘汰
C	选项过度假设，不需要保证其他有毒植物能否被黑脉金蝴蝶幼虫破坏，只需要保证乳草属植物能被折断即可。	淘汰
D	选项过度假设，不需要保证不能用于对付其他有毒植物，只需要保证能对付有毒的乳草属植物即可。	淘汰
E	若黑脉金蝴蝶幼虫不能折断含毒液的乳草属植物的叶脉，则论证无法成立，也就是"折脉取食"的方法不可行，因此本项是必要的假设。选项分析使用了"加非验证"的思路。	**正确**
答案	**E**	

例题 27 （2014 年 MBA 联考第 47 题）某学会召开的国家性学术会议，每次都收到近千篇的会议论文。为了保证大会交流论文的质量，学术会议组委会决定，每次只从会议论文中挑选出 10% 的论文作为会议交流论文。

学术会议组委会的决定最可能基于以下哪项假设？

A. 每次提交的会议论文中总有一定比例的论文质量是有保证的。
B. 今后每次收到的会议论文数量将不会有大的变化。
C. 90% 的会议论文达不到大会交流论文的质量。
D. 学术会议组委会能够对论文质量做出准确判断。
E. 学会有足够的经费保证这样的学术会议能继续举办下去。

▶ 【精点解析】

步骤 1：分析题干。题干的论证关系为：方法：每次只从会议论文中挑选出 10% 的论文作为会议交流论文。→目的：保证大会交流论文的质量。

步骤 2：分析选项。

选项	解释	结果
A	必要的假设，保证方法找得到。如果会议提交的有质量的论文没有足够比例的量，则挑选出 10% 论文的方法便不可行。	**正确**
B	不是必要假设，即便论文数量有较大变化，也不能说明"挑出 10% 的论文作为会议交流论文"方法是否可行。该选项中"论文数量"是绝对量，题干中挑选 10% 的论文，强调的是相对量。	淘汰
C	选项加非验证，即便 90% 甚至 100% 达不到大会要求，也可以优中取优选出 10%。加非验证后没有削弱题干论证，故不是必要假设。	淘汰
D	这是一道细节题，考生可以从中积累经验。组委会决定挑选会议论文，并不意味着由组委会亲自挑选，故选项不是必要假设。若题干限定条件为"组委会决定亲自从会议论文中挑选出 10%"，则选项为必要假设。	淘汰
E	不涉及题干中的方法和目的，为无关选项。	淘汰
答案	**A**	

▶ **每课一考（9）**

⏱ 时间：30分钟

得分：

本测试题共有 15 小题，每小题 2 分，共 30 分。请从下面每小题所列的 5 个备选答案中选取出 1 个，多选为错。

【题01】 某中学自 2010 年起试行学生行为评价体系。最近，校学生处调查了学生对该评价体系的满意程度。数据显示，得分高的学生对该评价体系的满意度都很高。学生处由此得出结论：表现好的学生对这个评价体系很满意。

该校学生处的结论基于以下哪一项假设？

A. 得分低的学生对该评价体系普遍不满意。

B. 表现好的学生都是得分高的学生。

C. 并不是所有得分低的学生对该评价体系都不满意。

D. 得分高的学生受到该评价体系的激励，自觉改进了自己的行为方式。

E. 对评价体系满意的同学会不由自主地争取更好的表现。

【题02】 只要待在学术界，小说家就不能变伟大。学院生活的磨炼所积累起来的观察和分析能力，对小说家非常有用。但是，只有沉浸在日常生活中，才能靠直觉把握生活的种种情感，而学院生活显然与之不相容。

以下哪项陈述是上述论证所依赖的假设？

A. 伟大的小说家都有观察和分析能力。

B. 对日常生活中情感的把握不可能只通过观察和分析来获得。

C. 没有对日常生活中情感的直觉把握，小说家就不能成就其伟大。

D. 伴随着对生活的投入和理智的观察，会使小说家变得伟大。

E. 只有拥有对日常生活中情感的直觉把握，一个人才能成就其伟业。

【题03】 一种对偏头痛有明显疗效的新药正在推广。不过服用这种药可能加剧心脏病。但是只要心脏病患者在服用该药物时严格遵从医嘱，它的有害副作用完全可以避免。因此，关于这种药物副作用的担心是不必要的。

上述论证基于以下哪项假设？

A. 药物有害副作用的产生都是因为患者在服用时没有严格遵从医嘱。

B. 有心脏病的偏头痛患者在服用上述新药时不会违背医嘱。

C. 大多数服用上述新药的偏头痛患者都有心脏病。

D. 上述新药有多种副作用，但其中最严重的是会加剧心脏病。

E. 上述新药将替代目前其他治疗偏头痛的药物。

【题04】 在 H 国前年出版的 50000 部书中，有 5000 部是小说。H 国去年发行的电影中，恰有 25 部电影都是由这些小说改编的，因为去年 H 国共发行了 100 部电影，因此，由前年该国出版的书改编的电影，在这 100 部电影中所占的比例不会超过四分之一。

基于以下哪项假设能使上述推理成立？

A. H 国去年发行电影的剧本，都不是由专业小说作家编写的。

B. 由小说改编的电影的制作周期不短于 1 年。

C. H 国去年发行的电影中，至少 25 部是国产片。

D. H 国前年出版的小说中，适合于改编成电影的不超过 0.5%。

E. H 国去年发行的电影，没有一部是基于小说以外的书改编的。

【题 05】 因为照片的影像是通过光线与胶片的接触形成的，所以每张照片都具有一定的真实性。但是，从不同角度拍摄的照片总是反映了物体某个侧面的真实而不是全部的真实，在这个意义上，照片又是不真实的。因此，在目前的技术条件下，以照片作为证据是不恰当的，特别是在法庭上。

以下哪项是上述论证所假设的？

A. 不完全反映全部真实的东西不能成为恰当的证据。

B. 全部的真实性是不可把握的。

C. 目前的法庭审理都把照片作为重要物证。

D. 如果从不同角度拍摄一个物体，就可以把握它的全部真实性。

E. 法庭具有判定任一证据真伪的能力。

【题 06】 由工业垃圾掩埋带来的污染问题在中等发达国家中最为突出，而在发达国家与不发达国家中反而不突出。不发达国家是因为没有多少工业垃圾可以处理。发达国家或者是因为有效地减少了工业垃圾，或者是因为有效地处理了工业垃圾。H 国是中等发达国家，因此，它目前面临的由工业垃圾掩埋带来的污染在五年后会有实质性的改变。

以下哪项最可能是上述论证所假设的？

A. H 国将在五年内成为发达国家。

B. H 国不会在五年后倒退回不发达状态。

C. H 国将在五年内有效地处理工业垃圾。

D. H 国五年内保持其发展水平不变。

E. H 国将在五年内有效地减少工业垃圾。

【题 07】 "俏色"指的是一种利用玉的天然色泽进行雕刻的工艺。这种工艺原来被认为最早始于明代中期，然而，在商代晚期的妇好墓中出土了一件俏色玉龟，工匠将玉的深色部分做了龟的背壳，用白玉部分做了龟的头尾和四肢。这件文物表明，"俏色"工艺最早始于商代晚期。

以下哪一项陈述是上述论证的结论所依赖的假设？

A. "俏色"是比镂空这种透雕工艺更古老的雕刻工艺。

B. 妇好墓中的俏色玉龟不是更古老的朝代留传下来的。

C. 因势象形是"俏色"和根雕这两种工艺的共同特征。

D. 周武王打败商纣王时，从殷都带回了许多商代玉器。

E. "俏色"的工艺制作需要非常成熟的冶铁技术。

【题 08】 W 公司制作的正版音乐光盘每张售价 25 元，赢利 10 元。而这样的光盘的盗版制品每张仅售价 5 元。因此，这样的盗版光盘如果销售 10 万张，就会给 W 公司造成 100 万元的利润损失。

为使上述论证成立，以下哪项是必须假设的？

A. 每个已购买各种盗版制品的人，若没有盗版制品可买，都仍会购买相应的正版制品。

B. 如果没有盗版光盘，W 公司的上述正版音乐光盘的销售量不会少于 10 万张。

C. 上述盗版光盘的单价不可能低于 5 元。

D. 与上述正版光盘相比，盗版光盘的质量无实质性的缺陷。

E. W 公司制作的上述正版光盘价格偏高是造成盗版光盘充斥市场的原因。

【题09】自从有皇帝以来，中国的正史都是皇帝自己家的日记，那是皇帝的标准形象，从中不难看出皇帝的真实形态来。要了解皇帝的真面目，还必须读野史，那是皇帝的生活写照。

以下哪项陈述是上述论证所依赖的假设？

A. 所有正史记述的都是皇帝家私人的事情。

B. 只有读野史，才能知道皇帝那些鲜为人知的隐私。

C. 只有将正史和野史结合起来，才能看出皇帝的真面目。

D. 正史记述的是皇帝治国的大事，野史记述的则是皇帝日常的小事。

E. 不读野史，就很难知道皇帝情感生活的真实形态。

【题10】市妇联对本市8100名9到12岁的少年儿童进行了问卷调查，统计显示：75%的孩子"愿意写家庭作业"，只有12%的孩子认为"写作业挤占了玩的时间"。对于这些"乖孩子"的答卷，一位家长的看法是：要么孩子们没有说实话，要么他们爱玩的天性已经被扭曲了。

以下哪一项陈述是这位家长的推论所依赖的假设？

A. 要是孩子们能实话实说，就不会有那么多的孩子表示"愿意写家庭作业"，而只有很少的孩子认为"写作业挤占了玩的时间"。

B. 在学校和家庭的教育下，孩子们已经认同了"好学生、乖孩子"的心理定位，他们已经不习惯于袒露自己的真实想法。

C. 与写家庭作业相比，天性爱玩的孩子们更喜欢玩，而写家庭作业肯定会减少他们玩的时间。

D. 过重的学习压力使孩子们整天埋头学习，逐渐习惯了缺乏娱乐的生活，从而失去了爱玩的天性。

E. 孩子们经过家庭和学校的教育，已经可以实现既不压抑自己爱玩的天性，同时也能很好地完成作业。

【题11】希望自己撰写的书评获得著名的"宝言教育学评论奖"提名的教育学家，他们所投稿件不应评论超过三本著作。这是因为，如果一篇书评太长阅读起来过于费力，那它肯定不会被《宝言教育学评论》的编辑选中发表。在该期刊投稿指南中，编辑明确写道，每次讨论涉及超过三本书的书评都将被视为太长而阅读费力。

以下哪项表达了上述论证所依赖的一个假设？

A. 讨论涉及著作最多的书评毕竟是最长的，读起来最费力的。

B. 如果一篇书评在《宝言教育学评论》发表了，则它将获得著名的"宝言教育学评论奖"。

C. 所有发表在《宝言教育学评论》上的文章必定被编辑限制在一定的篇幅以内。

D. 相比讨论两本书的书评，《宝言教育学评论》的编辑通常更喜欢涉及一本书的书评。

E. 书评想要获得"宝言教育学评论奖"提名，就必须发表在《宝言教育学评论》上。

【题12】在世界市场上，日本生产的冰箱比其他国家生产的冰箱耗电量要少。因此，其他国家的冰箱工业将失去相当部分的冰箱市场，而这些市场将被日本冰箱占据。

以下哪项是上述论证所要假设的？

Ⅰ. 日本的冰箱比其他国家的冰箱更为耐用。

Ⅱ. 电费是冰箱购买者考虑的重要因素。

Ⅲ. 日本冰箱与其他国家冰箱的价格基本相同。

A. Ⅰ、Ⅱ和Ⅲ。   B. 仅Ⅰ和Ⅱ。   C. 仅Ⅱ。

D. 仅Ⅱ和Ⅲ。   E. 仅Ⅲ。

【题 13】 为了提高管理效率，跃进公司打算更新公司的办公网络系统。如果在白天安装此网络系统，将会中断员工的日常工作；如果夜晚安装此网络系统，则要承担高得多的安装费用。跃进公司的陈经理认为：为了省钱，跃进公司应该白天安装此网络系统。

以下哪项最可能是陈经理所作的假设？

A. 安装新的网络系统需要的费用白天和夜晚是一样的。

B. 在白天安装网络系统导致误工损失的费用，低于夜晚与白天安装费用的差价。

C. 白天安装网络系统所需要的人数比夜晚安装网络系统的人要少。

D. 白天安装网络系统后公司员工可以立即使用，可提高工作效率。

E. 当白天安装网络系统时，公司员工的工作积极性和效率最高。

【题 14】 英国科学家在 2010 年 11 月 11 日出版的《自然》杂志上撰文指出，他们在苏格兰的岩石中发现了一种可能生活在约 12 亿年前的细菌化石，这表明，地球上的氧气浓度增加到人类进化所需的程度这一重大事件发生在 12 亿年前，比科学家以前认为的要早 4 亿年。新研究有望让科学家重新理解地球大气以及依靠其为生的生命演化的时间表。

以下哪项是科学家上述发现所假设的？

A. 先前认为，人类进化发生在大约 8 亿年前。

B. 这种细菌在大约 12 亿年前就开始在化学反应中使用氧气，以便获取能量维持生存。

C. 氧气浓度的增加标志着统治地球的生物已经由简单有机物转变为复杂的多细胞有机物。

D. 只有大气中的氧气浓度增加到一个关键点，某些细菌才能生存。

E. 如果没有细胞，也就是不可能存在人类这样的高级生命。

【题 15】 在过去的五年中，W 市的食品价格平均上涨了 25%。与此同时，居民购买食品的支出占该市家庭月收入的比例却仅仅上涨了约 8%。因此，过去两年间 W 市家庭的平均收入上涨了。

以下哪项最有可能是上述论证的假设？

A. 在过去五年中，W 市的家庭生活水平普遍有所提高。

B. 在过去五年中，W 市除了食品外，其他商品平均价格上涨了 25%。

C. 在过去五年中，W 市居民购买食品数量增加了 8%。

D. 在过去五年中，W 市每个家庭年购买的食品数量没有变化。

E. 在过去五年中，W 市每个家庭年购买的食品数量减少了。

🔑 每课一考（9）答案及解析

【题01】答案 B。

题干信息	题干的论证为：得分高的学生对评价体系满意→表现好的学生对评价体系很满意。	
选项	**解释**	**结果**
A	选项看似构造了得分低（无因），对该评价体系普遍不满意（无果），但选项仅针对前提，没有针对论证关系，故不是结论的假设。	淘汰
B	根据题干的论证关系，采取"补漏"的方法，使"得分高"与"表现好"建立联系。因为二者并非同一概念，若没有 B 选项，题干则存在"偷换概念"的嫌疑，"补漏"的思想便是弥补论证漏洞。	正确
C	选项=有的得分低的同学对评价体系满意，直接削弱了题干前提。	淘汰
D	选项可看做"得分高→表现好"，但选项推理方向与题干显然不一致。题干重复的概念"对评价体系满意"右对齐，此时应该补"下→上"。（分析思路使用直言三段论）	淘汰
E	选项属于因果倒置的削弱。	淘汰

【题02】答案 C。

	解题步骤
第一步	整理题干论证如下： 前提：只有沉浸在日常生活中，才能直觉地把握生活中的种种情感，而学院生活显然与之不相容。（学院生活不能靠直觉把握生活中的种种情感）。 结论：只要呆在学术界，小说家就不能变伟大。
第二步	分析题干论证。 前提："不能靠直觉把握生活中的种种情感（可理解为非 Q）"。 补前提：只有 Q，才 P（C 选项） 结论："小说家不能变伟大（可理解为非 P）"。
提示	B 选项只是保证题干前提成立，却不保证题干论证关系成立，因此不能选；E 选项干扰性很大，考生注意，E 选项没提到论证对象"小说家"，"一个人"扩大了论证对象的范围，且"伟大"≠"伟业"，不符合假设的原则。

【题03】答案 B。

题干信息	前提：只要心脏病患者在服用该药物时严格遵从医嘱，副作用可以完全避免。→结论：不必要担心药物的副作用。	
选项	**解释**	**结果**
A	考生易将该选项作为"无因无果"，但注意该选项扩大了论证主体，"这种药物"（对偏头疼有疗效的新药）≠"药物"，故不必假设。	淘汰

（续）

选项	解释	结果
B	该项采用"补漏"的假设思想。前提：严格遵守医嘱→有害副作用避免。结论：不必要担心药物副作用。利用假言三段论思想，补充该项。即：∵P→Q，欲得到Q，∴则补充P。	正确
C	注意题干背景信息中的关键概念：新药→对偏头疼有明显疗效；新药对心脏病患者→加剧病情，论证关系见题干信息说明，选项显然曲解背景信息，亦未针对论证关系。	淘汰
D	与题干论证无关。	淘汰
E	与题干论证不符，题干论证如何避免新药副作用，无需假设是否将替代目前的药物。	淘汰

【题04】答案 E。

	解题步骤
第一步	整理题干论证。前提：H国去年发行的100部电影中，恰有25部都是由这些小说改编的。小说改编的占全部电影发行的1/4。 结论：H国去年发行的电影中，由该国出版图书改编的电影占全部发行电影的比例，不超过1/4。
第二步	分析题干论证。题干显然要假设的是H国去年发行的电影中，没有由其他书改编的。如果有，那么由该国出版图书改编的电影的比例显然会超过1/4。即题干论证需假设"小说改编"="图书改编"，否则前提得不出结论。考生注意前提中"小说改编"到结论中"出版图书改编"这一概念变化导致了论证的漏洞，故该题的假设思想是补漏。答案选 E。

【题05】答案 A。

	解题步骤
第一步	前提：照片不是全部的真实。 结论：照片作为证据是不恰当的。 需建立前提、结论之间的联系。
第二步	本题使用假言三段论搭桥的思路。 前提：照片不是全部的真实。 搭桥：不是全部的真实→不能成为恰当证据。（即 A 选项） 结论：照片作为证据是不恰当的。

【题06】答案 A。

	解题步骤
第一步	整理题干论证。前提：①工业垃圾污染问题在中等发达国家中最为突出，而在发达国家与不发达国家中不突出；②H国是中等发达国家。→结论：H国目前面临的由工业垃圾掩埋带来的污染在五年后会有实质性的改变。

（续）

第二步	分析题干论证。若得出"H 国会有实质性改变"的结论，需假设 H 国或者在五年后退回不发达国家，或者发展成为发达国家，任选一个条件为真补入前提，结论即为真，答案选 A。考生注意：①+②→③，则②是①→③的假设，请认真思考。

【题 07】答案 **B**。

题干信息	前提：商代晚期的妇好墓出土了一件"俏色"玉龟→结论："俏色"工艺最早始于商代晚期。	
选项	解释	结果
A	题干不涉及"镂空"这种工艺的起源时间，不必假设。	淘汰
B	选项必须假设，如果是更古老的朝代留传下来的，那么就不能说明最早始于商代晚期。该项解析采用"加非验证"的思路。	正确
C	题干论证强调的是"俏色"工艺的起源时间，不涉及"俏色"具体的工艺特征，不必假设。	淘汰
D	选项不涉及"俏色"工艺起源时间，与论证无关。	淘汰
E	题干论证强调的是"俏色"工艺的起源时间，不涉及"俏色"工艺方法，故不必假设。	淘汰

【题 08】答案 **B**。

题干信息	前提：盗版光盘如果销售 10 万张。→结论：给 W 公司造成 100 万元的利润损失。	
选项	解释	结果
A	考生会受本项的困扰，但须注意一下细节：①"盗版制品"并非"盗版光盘"；② 即便"没有盗版制品可买，都会买相应的正版制品"，也未必就会买 W 公司的，这样，对于 W 公司而言，何来损失？考生注意：考查细节是近年来命题的一个重要趋势。	淘汰
B	指控给 W 公司造成 100 万损失的前提是 W 公司自身能赚到 100 万，考生请理解。	正确
C	盗版低于 5 元也可以，只要影响正版光盘销售 10 万张就可以了，考生注意题干论证关系。	淘汰
D	即便盗版光盘质量没有问题，人们在购买的时候是否会只考虑质量呢？盗版光盘对正版光盘销量的影响如何呢？显然不得而知。	淘汰
E	选项与题干论证无关。	淘汰

【题 09】答案 **C**。

	解题步骤
第一步	整理题干论证如下： 前提：正史能看出皇帝的真实形态；野史是皇帝的生活写照。 结论：要了解皇帝的真实面目，还必须读野史。

（续）

第二步	题干论证要想成立，紧扣核心词"还必须"，需要保证两个假设，其一，了解真实形态和生活写照才能了解皇帝的真实面目；其二，将正史和野史结合起来才能了解皇帝的真实面目，因此 C 选项必须假设。
提示	A 选项与题干无关；B 选项容易错选，考生注意，题干是为了了解皇帝的真实面目，不是去了解那些鲜为人知的隐私；D 选项不涉及了解皇帝的真实面目，无关；E 选项易错选，题干指出野史是了解皇帝的"生活写照"，而不仅仅是"情感生活的真实形态"，选项只针对部分生活形态，缩小了论证范围，不是题干的假设。考生注意，抓住论证核心真实面目可以快速选出答案。

【题 10】 答案 **C**。

题干信息	前提：75%的孩子表示"愿意写家庭作业"，12%的孩子认为"写作业挤占了玩的时间"。→结论：要么孩子们没有说实话，要么爱玩的天性已经被扭曲。	
选项	**解释**	**结果**
A	选项指出孩子们没有实话实说，支持了家长的论证，但不是假设。考生试想，要么 P，要么 Q 为真时，不需要假设 P 为真，Q 假，因为 Q 真，P 假亦可。（考生注意，要么 P，要么 Q 成立，P、Q 必须一真一假。）	淘汰
B	选项指出孩子们没有实话实说，支持了家长的论证，同 A 选项。	淘汰
C	选项必须假设，选项直接指出爱玩和写作业是不能相容的关系，就保证了要么……要么……为真。如果爱玩和写作业能够共存，那么就削弱了题干论证。	正确
D	选项指出孩子们失去了爱玩的天性，支持了家长的论证，同 A 选项。	淘汰
E	选项削弱了题干的论证关系，指出爱玩和写作业能够共存。	淘汰

【题 11】 答案 **E**。

	解题步骤
第一步	整理题干论证。前提：①一篇书评太长阅读起来过于费力→不会被《宝言教育学评论》的编辑选中发表；②每次讨论涉及超过三本书的书评→将被视为太长而阅读费力。结论：书评想要获得"宝言教育学评论奖"提名→书评不应评论超过三本。
第二步	分析题干前提。联合信息①和②可得：书评超过三本书→不会被《宝言教育学评论》的编辑选中发表。
第三步	分析题干结论。书评超过三本→书评不想要获得"宝言教育学评论奖"提名。
第四步	本题考查三段论补前提的思路，重复的项"书评超过三本"左对齐，补"上推下"，即： 前提：书评超过三本书→不会被《宝言教育学评论》的编辑选中发表。 补前提：不会被《宝言教育学评论》的编辑选中发表→书评不想要获得"宝言教育学评论奖"提名＝想要获得"宝言教育学评论奖"提名→被《宝言教育学评论》的编辑选中发表。（E 选项） 结论：书评超过三本→书评不想要获得"宝言教育学评论奖"提名。

【题 12】答案 D。

题干信息	前提：日本冰箱比其他国家生产的冰箱**耗电量少**（差）→结论：日本冰箱比其他国家生产的冰箱**销量好**（差）。	
选项	解释	结果
Ⅰ	选项指出有他差，即"更耐用的差"导致"销量好的差"，削弱题干论证关系。	不必假设
Ⅱ	选项直接搭桥建立关系，保证了"耗电量"与"销量"二者的关系。	**必须假设**
Ⅲ	选项直接补"同"，保证没有其他差异导致销量的差异。考生注意，选项中强调的"基本相同"应该理解为"没有明显差异"。	**必须假设**

【题 13】答案 B。

	解题步骤
第一步	整理题干论证。前提：白天装，中断日常工作；晚上装，安装费用更高→结论：白天比晚上安装更省钱。
第二步	分析题干论证。题干前提强调的是白天和晚上安装带来的两个结果，结论强调的是白天安装和晚上安装的费用比较，因此只需要搭桥即可，也就是白天中断工作的损失比安装费用的差价小，故答案选 B。

【题 14】答案 D。

题干信息	前提：12 亿年前的细菌化石。→结论：地球上的氧气浓度增加到人类进化所需的程度发生在 12 亿年前。	
选项	解释	结果
A	选项有一定的迷惑性，考生试想，题干论证的是"氧气浓度进化到人类所需的程度"≠"人类进化"，假设时一定紧扣核心词。	淘汰
B	选项有一定的迷惑性，考生试想，题干强调的是"氧气浓度"，而非单单只是"使用氧气"，故与题干论证关系不一致，不需要假设。	淘汰
C	题干论证的核心词是"细菌"而不等于"复杂的多细胞有机物"，况且题干仅仅强调"氧气浓度达到了人类进化的程度"≠"人类已经进化"，更不等于"统治地球的生物"，假设时要考虑量度要准。	淘汰
D	选项属于"假设搭桥"的思路，直接建立了"细菌"和"氧气浓度"的关系，支持了题干论证关系。	正确
E	选项与题干论证无关。	淘汰

【题 15】答案 D。

题干信息	前提：W 市的**食品价格**平均上涨了 25%。与此同时，居民**购买食品的支出**占该市家庭**月收入**的比例却仅仅上涨了约 8%。 结论：过去两年间 W 市家庭的平均收入上涨了。

（续）

选项	解释	结果
A	"生活水平"与食品单价和购买食品总支出之间关系不确定。	淘汰
B	"其他商品价格"与题干论证无关。	淘汰
C	过度假设，食品数量没必要增加 8%，考生注意假设选项中出现具体数据很可能是过度假设。	淘汰
D	食品价格上涨幅度与购买食品支出占月收入比例上涨幅度之间的比较是<u>单价</u>与<u>总支出</u>的比较，必须保证食品购买数量没有变化，否则比较没有意义，因此选项符合题干隐含的假设。	**正确**
E	削弱题干论证，若每个家庭购买的食品数量减少，那么即使食品平均价格上涨，购买食品的总支出也可能下降，而购买食品支出占月收入比例却上涨，这样能够说明平均收入下降。	淘汰

命题方向 论证逻辑——削弱与支持部分

考点 22 削弱和支持题型解题技巧

削弱的特点是题干中给出一个完整的论证或者表达某种观点，要求从备选项中寻找到最能反驳或削弱题干的选项。削弱的结构如下：

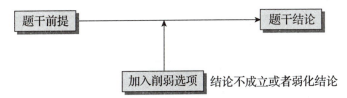

削弱题型的提问方式

"以下哪项如果为真，最能削弱上述论证？"

"以下哪项如果为真，能够最有力地削弱上述论证的结论？"

"以下哪项如果为真，最可能削弱上述推断？"

"以下哪项如果为真，最不可能削弱上述论证的结论？"

"以下哪项如果为真，最不可能质疑上述推断？"

"以下各项都是对上述看法的质疑，除了？"

支持是在题干中给出一个推理或论证，但由于前提的条件不足以推出结论，或者由于论证的论据不足以得出其论题，因此需要用某个选项去补充其前提或论据，使推理或论证成立的可能性增大。支持的结构如下：

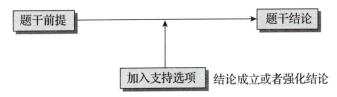

支持题型的提问方式

"以下哪项如果为真，最能加强上述断定？"

"下述哪项如果为真，最能支持上述观点？"

"下述哪项如果为真，最能支持上述论证？"

考生注意，削弱和支持题型解题的难点是关于力度大小的判断，考生注意理解考点 20 "论证评价的力度辨别"内容，熟悉并掌握，能够轻松应对相关题目。

假设，是针对论证关系的。从假设的思路出发的选择，往往是力度最强的选项，可以这么说，假设题型过关了，削弱和支持题型也基本过关了。

▶ **应对策略 1** ◀

假设、支持和削弱的区别与联系

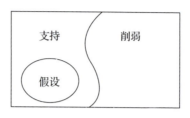

假设、支持与削弱解题思路比较

解题思路	假设	支持	削弱
完善推理	补漏	补漏	指出漏洞
	搭桥	搭桥	断桥
因果关系	因果不倒置	因果不倒置	因果倒置
	没有他因	没有他因	存在他因
	无因就无果	无因就无果	有因无果/有果无因
方法可行	方法找得到	方法找得到	方法找不到
	方法有效果	方法有效果	方法无效果
前提		加强前提	削弱前提
结论		加强结论	削弱结论

 例题 28

即使最有经验的珠宝收藏家，也不会凭他们的肉眼鉴定来购买钻石，他们担心自己的眼睛会被赝品欺骗。既然最有经验的珠宝收藏家都无法凭肉眼将一件赝品和真的钻石区分开，赝品就与真品具有同样的审美享受，这两件珠宝就具有同样的价值。

如果以下哪项陈述为真，最强地支持了上述论证？

A. 最有经验的珠宝收藏家也不能将赝品与真钻石区分开来。

B. 最有经验的珠宝收藏家只收藏那些更有审美享受的珠宝。

C. 一件珠宝的价值在很大程度上取决于市场的需要。

D. 一件珠宝的价值应该完全由它提供的审美享受来决定。

E. 一件珠宝的价值更依赖于人们对它们的喜好及辨识能力。

▶ 【精点解析】

步骤1：整理题干论证。

前提：赝品与真品具有同样的审美享受。

结论：这两件珠宝就具有同样的价值。

步骤2：分析题干论证，本题属于近年来重点考查的"搭桥"的思路，题干论证若成立，需要建立审美享受和价值的关系，也就是：

前提：赝品与真品具有同样的审美享受。

补前提：一件珠宝的价值就应该完全由它的审美享受来决定。（D选项）

结论：这两件珠宝就具有同样的价值。

考生注意，假设是力度较强的支持，假设的思路可用来做支持题目。

答案选 **D**。

例题 29

社会成员的幸福感是可以运用现代手段精确量化的。衡量一项社会改革措施是否成功，要看社会成员的幸福感总量是否增加，S市最近推出的福利改革明显增加了公务员的幸福感总量，因此，这项改革措施是成功的。

以下哪项如果为真，最能削弱上述论证？

A. 上述改革措施并没有增加S市所有公务员的幸福感。

B. S市公务员只占全市社会成员很小的比例。

C. 上述改革措施在增加公务员幸福感总量的同时，减少了S市民营企业人员的幸福感总量。

D. 上述改革措施在增加公务员幸福感总量的同时，减少了S市全体社会成员的幸福感总量。

E. 上述改革措施已经引起S市市民的广泛争议。

▶ 【精点解析】

题干信息	①社会改革措施成功的标准：社会成员的幸福感总量的增加。②增加了公务员的幸福感总量→改革是成功的。题干论证隐含的假设是"社会成员"幸福感总量的增加等同于"公务员"幸福感总量的增加。	
选项	解释	结果
A	削弱论证②的前提。	淘汰
B	S市公务员占的比例小，并不意味着无法代表社会成员，削弱力度有限。	淘汰
C	减少民营企业人员的幸福感总量并不意味着社会人员幸福感总量的减少，选项即便能够削弱，力度也较弱。	淘汰
D	直接割裂题干论证假设。如果支持使用的是"搭桥"，则削弱的思路恰好与其相反——拆桥。	**正确**
E	广泛争议不是判断成功的标准，与题干论证无关。	淘汰
答案	**D**	

例题 30　（2018 年管理类联考第 41 题）有研究发现，冬季在公路上撒盐除冰，会让本来要成为雌性的青蛙变成雄性，这是因为这些路盐中的钠元素会影响青蛙的受体细胞并改变原可能成为雌性青蛙的性别。有专家据此认为，这会导致相关区域青蛙数量的下降。

以下哪项如果为真，最能支持上述专家的观点？

A. 大量的路盐流入池塘可能会给其他水生物造成危害，破坏青蛙的食物链。

B. 如果一个物种以雄性为主，该物种的个体数量就可能受到影响。

C. 在多个盐含量不同的水池中饲养青蛙，随着水池中盐含量的增加，雌性青蛙的数量不断减少。

D. 如果每年冬季在公路上撒很多盐，盐水流入池塘，就会影响青蛙的生长发育过程。

E. 雌雄比例会影响一个动物种群的规模，雌性数量的充足对物种的繁衍生息至关重要。

▶ **【精点解析】**

题干信息	专家观点：撒盐除冰→雌性青蛙变雄性→青蛙数量下降。	
选项	解释	结果
A	削弱，说明可能存在其他因素导致青蛙数量下降。	淘汰
B	选项支持题干，但"可能"降低了其力度。	淘汰
C	选项没有涉及题干论证关系。	淘汰
D	影响了生长发育，对性别影响如何？该项无法支持题干。	淘汰
E	该项直接支持了专家的观点，"至关重要"这个量度词也表明选项支持的力度强于 B 项。	正确
答案	**E**	

 例题 31　（2012 年管理类联考第 41 题）有关部委负责人表示，今年将在部分地区进行试点，为全面清理"小产权房"做制度和政策准备。要求各地对农村集体土地进行确权登记发证，凡是小产权房均不予确权登记，不受法律保护。因此，河西村的这片新建房屋均不受法律保护。

以下哪项如果为真，最能削弱上述论证？

A. 河西村的这片新建房屋已经得到相关部门的默许。

B. 河西村的这片新建房屋都是小产权房。

C. 河西村的这片新建房屋均建在农村集体土地上。

D. 河西村的这片新建房屋有些不是建在农村集体土地上。

E. 河西村的这片新建房屋有些不是小产权房。

▶ **【精点解析】**

解题步骤	
第一步	整理题干论证关系，前提：凡是小产权房不受法律保护。→结论：河西村的这片新建房屋均不受法律保护。

（续）

第二步	分析题干论证发现，此时题干隐含的论证关系是：河西村的新建房屋都是小产权房，削弱时直接指出这个关系不成立就是最强的削弱。故答案选 E。
答案	E

▶ **应对策略2** ◀

态度

根据题干的要求，针对题干的态度，选择一致或不一致选项，支持或削弱题干的论证。考生注意，假设没有此类题目，因为假设针对的是论证关系，"态度"题往往针对的是结论和建议。

庖丁解牛

例题 **32**

现在越来越多的人拥有了自己的轿车，但明显地缺乏汽车保养的基本知识，这些人会按照维修保养手册或 4S 店售后服务人员的提示做定期保养。可是，某位有经验的司机会告诉你，每行驶 5000 公里做一次定期检查，只能检查出汽车可能存在问题的一小部分，这样的检查是没有意义的，是浪费时间和金钱。

以下哪项不能削弱该司机的结论？

A. 每行驶 5000 公里做一次定期检查是保障车主安全所需要的。

B. 每行驶 5000 公里做一次定期检查能发现引擎的某些主要故障。

C. 在定期检查中所做的常规维护是保证汽车正常运行所必须的。

D. 赵先生的新车未作定期检查，行驶到 5100 公里时出了问题。

E. 某公司新购的一批汽车未作定期检查，均安全行驶了 7000 公里以上。

▶ 【精点解析】

解题步骤	
第一步	找到司机的结论：每行驶 5000 公里做一次定期检查没有意义。观察司机的结论发现，本题属于典型的"态度题"，主要结合检查有没有意义即可快速找到答案。
第二步	问题求"不能削弱"，也就是要寻找每行驶 5000 公里做一次定期检查没有意义的选项，也就是 E 选项。A 选项指出"安全保障所必需"，说明检查有意义；B 选项指出"能发现某些引擎的主要故障"，说明检查有意义；C 选项指出"保证汽车运行必须的"，说明检查有意义；D 选项指出"没做检查 5100 公里时出了问题"，说明检查有意义。
答案	E

例题 **33**

3D 立体技术代表了当前电影技术的尖端水准，由于使电影实现了高度可信的空间感，它可能成为未来电影的主流。3D 立体电影中的荧屏角色虽然由计算机生成，但是那些包括动作和表情的电脑角色的"表演"，都以真实演员的"表演"为基础，就像数码时代的化妆技术一样。这也引起了某些演员的担心：随着计算机技术的发展，未来计算机生产的图像和动画会替代真人表演。

以下哪项如果为真，最能减弱上述演员的担心？

A. 所有电影的导演只能和真人交流，而不是和电脑交流。

B. 任何电影的拍摄都取决于制片人的选择，演员可以跟上时代的发展。

C. 3D 立体电影目前的高票房只是人们一时图新鲜的结果，未来尚不可知。

D. 掌握 3D 立体技术的动画专业人员不喜欢去电影院看 3D 电影。

E. 电影故事只能用演员的心灵、情感来表现，其表现形式与导演的喜欢无关。

▶ 【精点解析】

步骤 1：确定题型——态度。这类题考的频率很高，得分非常容易。主要观察提问"以下哪项如果为真，最能减弱上述演员的担心？"这类题的提问往往针对结论、建议和意见等等。

步骤 2：分析问题点：某些演员的担心"随着计算机技术的发展，未来计算机生产的图像和动画会替代真人表演"。题目要求是"减弱上述演员的担心"，我们就寻找和这个"态度"一致的选项。

步骤 3：选项中涉及论证对象"演员"的只有选项 B 和 E。有的考生容易被 A 项迷惑，注意和"真人交流"未必非得是"演员"（题干中的"真人"在特定语境下指的是演员，而选项并非如此），比如，我们要拍有关"汽车司机"的电影，导演只需要找到一个司机，交流一下角色体验，然后由计算机生成人物形象，还有演员何事？其实，只要严格掌握我们前面所讲的论证主体不变，便可快速淘汰。B 选项淘汰，"演员是否跟上时代的发展"和"演员是否被淘汰"无关，E 选项则保证演员必定无法被淘汰，注意"只能"一词。

答案选 **E**。

沙场点兵

例题 34 （2013 年 MBA 联考第 53 题）某网络论坛将最近一年与 5 年前网友曾经发布的有关社会问题的帖子进行了统计比较，发现：像拾金不昧、扶贫急难、见义勇为这样的帖子增加了 50%。而与为非作歹、作恶逃匿、杀人越货有关的帖子却增加了 90%。由此可见，社会风气正在迅速恶化。

以下哪项如果为真，最能削弱上述论证？

A. "好事不出门，坏事传千里"。古往今来，都是如此。

B. 最近 5 年上网的用户翻了两番。

C. 最近几年，有些人在网上用造谣的方式达到营利的目的。

D. 最近一年，通过网络举报清查出一批贪污腐败分子。

E. 该网络论坛是一个法制论坛。

▶ 【精点解析】

题干信息	前提：最近一年与 5 年前比较：见义勇为这样的帖子增加了 50%；而与为非作歹有关的帖子却增加了 90%。→结论：社会风气正在恶化。	
选项	**解释**	**结果**
A	考生易把选项作为"他因"理解，即"好事不出门"（好事帖子增加少），"坏事传千里"（坏事帖子增加多），这一"传播规律"导致题干现象发生，从而削弱了结论：社会风气的恶化。但考生注意：这一"传播规律"古往今来都是如此，而题干所列现象在最近一年和 5 年前发生了变化，故选项不能作为"他因"（因果没发生变化）。选项为无关选项。	淘汰

（续）

选项	解释	结果
B	上网的"人数"增加，合理推理各类帖子应同步变化，对题干论证关系作用不大。更何况是否涉及该论坛情况？	淘汰
C	"有些人"，量不足；"在网上造谣"，是否涉及该论坛？选项未能很好针对题干论证，即便有削弱作用，力度亦很小。	淘汰
D	选项与题干论证无关，未针对该论坛，"贪污腐败"与题干中社会现象关联度不大。	淘汰
E	法治论坛，其发帖内容、发帖子数量变化的趋势，未必具有代表性，也就是法治论坛的现状不能说明当前社会风气。选项割裂题干的论证关系，暗指论证"以偏概全"。	正确
答案	**E**	

例题 35（2020年管理类联考第48题）1818年前后，纽约市规定，所有买卖的鱼油都需要经过检查，同时缴纳每桶25美元的检查费。一天，一名鱼油商人买了三桶鲸鱼油，打算把鲸鱼油制成蜡烛出售。鱼油检查员发现这些鲸鱼油根本没经过检查，根据鱼油法案，该商人需要接受检查并缴费。但该商人声称鲸鱼不是鱼，拒绝缴费，遂被告上法庭。陪审团最后支持了原告，判决该商人支付75美元检查费。

以下哪项如果为真，最能支持陪审团所作的判决？

A. 纽约市相关法律已经明确规定，"鱼油"包括鲸鱼油和其他鱼类的油。

B. "鲸鱼不是鱼"是和中国古代公孙龙的"白马非马"类似，两者都是违反常识的诡辩。

C. 19世纪的美国虽有许多人认为鲸鱼是鱼，但也有许多人认为鲸鱼不是鱼。

D. 当时多数从事科学研究的人都肯定鲸鱼不是鱼，而律师和政客持反对意见。

E. 古希腊有先哲早就把鲸鱼归类到胎生四足动物和卵生四足动物之下，比鱼类更高一级。

▶ 【精点解析】

题干信息	本题属于典型的态度题，陪审团支持原告（纽约市检查员）的决定，那么最直接的考虑便是纽约市检查员的决定是否合法。	
选项	解释	结果
A	选项直接说明纽约市检查员的决定符合法律规定，最能支持。（考生思考，公民社会认识问题的逻辑顺序：法→理→情）	正确
B	是否符合常识是"理"之争，法院判决依据是是否"合法"，而非"合理"。	淘汰
C	选项指出人们针对"鲸鱼是否是鱼"进行争辩，好比公说公有理，婆说婆有理，合理不是依法判决的依据。	淘汰
D	"鲸鱼是不是鱼"是理之争，而非法之争。	淘汰
E	古希腊先哲的观点是否可以当作法律依据，不得而知。	淘汰
答案	**A**	

▶ **应对策略 3** ◀

保障因果及割裂因果

若题干涉及因果关系，我们根据题目的要求"保障因果"或者"割裂因果"关系，达到支持或削弱题干论证的目的。

例题 36
一位长期从事醉酒及酒精中毒研究的医生发现，一般情况下，醉酒者的暴力倾向远远高于未饮酒者或适度饮酒者。据此，该医生断定，具有暴力倾向的人容易喝醉酒。

以下哪项最严重地削弱了这位医生的断定？

A. 一些从未喝过酒的人也具有很强的暴力倾向。

B. 在喝酒上瘾并醉酒时，人们往往会行为失控并出现暴力行为。

C. 该医生研究的对象除了暴力倾向外，还有一些其他的不良嗜好。

D. 当人们喝醉酒时经常会采用暴力行为发泄心中的不满。

E. 当一个人醉酒程度很高时，已经无法控制自己的行为，即使有暴力行为发生，也不会造成严重后果。

▶ **【精点解析】**

题干信息	该医生断定：具有暴力倾向（因）→喝醉酒（果）。	
选项	**解释**	**结果**
A	选项属于有因无果的削弱，但是"一些"降低了削弱力度。	淘汰
B	题干论证是"暴力倾向"和"醉酒"之间的关系。选项是"上瘾"且"醉酒"，虽有他因"上瘾"出现，但并不能完全割裂"醉酒"与"暴力"的关系，故力度较弱。	淘汰
C	即便有其他不良嗜好，选项亦不能割裂题干的论证关系。	淘汰
D	说明题干论证是因果倒置，削弱力度最强，完全割裂关系，也就是"喝醉→暴力"，而非"暴力→喝醉"。	正确
E	是否造成严重后果与题干论证无关。	淘汰
答案	**D**	

例题 37
1985 年，W 国国会降低了单身公民的收入税收比率，这对有两份收入的已婚夫妇十分不利，因为他们必须支付比分别保持单身更多的税。从 1985 年到 1995 年，未婚同居者的数量上升了 205%，因此，国会通过修改单身公民的收入税收比率，可使更多的未婚同居者结婚。

以下哪项如果为真，将最有力地削弱上述论证？

A. 从 1985 年至 1995 年，W 国的离婚率上升了 185%，高离婚率对当事者特别是单亲子女造成的伤害，成为受到普遍关注特别是受到婚龄段青年人关注的社会问题。

B. 在 H 国，国会并未降低单身公民的收入税收比例，但在 1985 年至 1995 年期间，未婚同居者的数量也有上升。

C. W 国的税收率在相同发展水平的国家中并不算高。

D. 从 1985 年至 1995 年，W 国的未婚同居者的数量并不呈直线上升，而是在 1990 年有所回落。

E. W 国的未婚同居现象，并不像在有些国家中那样受到道义上的指责。

▶ 【精点解析】

步骤 1：分析题干。

1985年，W国国会降低了单身公民的收入税收比率，这对有两份收入的已 ——→前提（因）
婚夫妇十分不利，因为他们必须支付比分别保持单身更多的税。 从1985年到

1995年，未婚同居者的数量上升了205%，因此，国会通过修改单身公民的收入 ——→结论（果）
税收比率，可使更多的未婚同居者结婚。 ——→结论（目的）
——→前提（方法）

步骤 2：确定题型——"保障因果" + "方法可行"。［考生注意，题干论证结构是方法可行，但有时这类题的选项会设计出按照因果关系思路，方法（因）→目的（果）］

步骤 3：分析选项。

选项	解析	结果
A	不是由于税收的原因，而是离婚对当事者特别是单亲子女造成的伤害影响未婚同居者不愿结婚。这就是"存在他因"的削弱思路。	正确
B	H 国的实际情况，很难起到削弱 W 国的实际情况。一般用另外主体（地区、国家、人物）削弱，力度都很小，其本身存在"类比不当"的嫌疑。	淘汰
C	削弱前提（因）——税收比率，力度不如针对论证关系。	淘汰
D	削弱结论（果）——未婚同居数量，力度不如针对论证关系。	淘汰
E	选项构建他因"不受道义上指责"削弱题干，但选项采用与"有些国家"作比较的方式，真实状态无法判断（如，我比 A 高，我的个子真实值高还是不高无法确定），故选项力度有限。	淘汰
答案	**A**	

例题 38

一位医生给一组等候手术的前列腺肿瘤患者服用他从西红柿中提取的番茄红素制成的胶囊，每天两次，每次 15 毫克。3 周后发现这组病人的肿瘤明显缩小，有的几乎已经消除。医生由此推测：番茄红素有缩小前列腺肿瘤的功效。

以下哪项如果为真，最能支持医生的结论？

A. 服用番茄红素的前列腺肿瘤患者的年龄在 45-65 岁之间。

B. 服用番茄红素的前列腺肿瘤患者中有少数人的病情相当严重。

C. 另一组相似的等候手术的前列腺肿瘤患者，没有服用番茄红素胶囊，他们的肿瘤没有缩小。

D. 番茄红素不仅存在于西红柿中，也存在于西瓜、葡萄等水果中。

E. 服用番茄红素的前列腺肿瘤患者和没服用番茄红素的前列腺肿瘤患者的病情差不多。

▶ 【精点解析】

题干信息	番茄红素（因）→缩小前列腺肿瘤（果）。	
选项	**解释**	**结果**
A	若实验对象仅限 45－65 岁之间，这说明医生推测可能不具有普遍性，略微削弱。	淘汰
B	选项支持医生推测，加强番茄红素功效，但并非必要。考生可结合选项 C 理解。	淘汰
C	无因（没有服用番茄红素胶囊）无果（肿瘤没缩小），是题干论证成立的必要条件。如果说 B 项是"锦上添花"，C 项则是"雪中送炭"。C 项最能支持题干论证。	正确
D	具体哪些水果或蔬菜存在番茄红素，与番茄红素的作用无关。	淘汰
E	题干论证并没有"差比设计"，即便二者病情不一样，也不能否认医生推测。更何况肿瘤的缩小是个人"纵向比"，而非与其他人"横向比"。	淘汰
答案	**C**	

例题 39

近年来，立氏化妆品的销量有了明显的增长，同时，该品牌用于广告的费用也有同样明显的增长。业内人士认为，立氏化妆品销量的增长，得益于其广告的促销作用。

以下哪项如果为真，最能削弱上述结论？

A. 立氏化妆品的广告费用，并不多于其他化妆品。

B. 立氏化妆品的购买者中，很少有人注意到该品牌的广告。

C. 注意到立氏化妆品广告的人中，很少有人购买该产品。

D. 消协收到的对立氏化妆品的质量投诉，多于其他化妆品。

E. 近年来，化妆品的销售总量有明显增长。

▶ 【精点解析】

题干信息	根据结构词"得益于"，将题干锁定为"因果关系"。"因"：广告的促销→"果"：立氏化妆品销量的增长。	
选项	**解释**	**结果**
A	选项不能削弱题干论证，立氏化妆品的广告费用不多于其他化妆品，并不意味着立氏化妆品广告费不高（考生理解一下），更不能削弱广告促销对产品销量的影响。	淘汰
B	选项是无因有果，但是"很少有人注意到广告"≠"广告没作用"，削弱力度有限。	淘汰
C	选项直接割裂了因果关系，说明广告并没有多大的作用（有因无果），力度最强。考生比较一下"有因无果"和"无因无果"，即 C、B 两项削弱力度。	正确
D	选项指出质量投诉多于其他化妆品，不意味着立氏化妆品的质量投诉就很多，也不能削弱广告促销对产品销量的影响。	淘汰

（续）

选项	解释	结果
E	他因削弱，"化妆品销量总量增长"，不排除本因"广告促销"作用，不如 C 选项割裂关系力度更强。未排除本因的他因，力度弱于割裂因果的 C 项：有因无果。	淘汰
答案	**C**	

例题 40

母亲：这学期冬冬的体重明显下降，我看这是因为他的学习负担太重了。

父亲：冬冬体重下降和学习负担没有关系。医生说冬冬营养不良，我看这是冬冬体重下降的原因。

以下哪项如果是真的，则最能对父亲的意见提出质疑？

A. 学习负担过重，会引起消化紊乱，妨碍对营养的正常吸收。

B. 隔壁松松和冬冬在一个班，但松松是个小胖墩，正在减肥。

C. 由于学校的重视和努力，这学期冬冬和同学们的学习负担比上学期有所减轻。

D. 现在学生的普遍问题是过于肥胖，而不是体重过轻。

E. 冬冬所在的学校承认学生的负担偏重，并正在采取措施解决。

▶ 【精点解析】

步骤 1：确定题型—"保障因果"。

步骤 2：锁定因果。"因"：营养不良。"果"：体重下降。

步骤 3：分析因果。正确答案 A，学习负担过重→消化紊乱→妨碍对营养的吸收→体重下降。这正是"间接因果"的削弱思路。

答案　**A**

> **提示**：以下是几种常见的间接因果的削弱思路。
> (1) 题干：A 是 B 的原因，所以 A 不是 C 的原因。
> 　　削弱的方法就是 A→B→C，所以 A 是 C 的原因。
> (2) 题干：A 是 C 的原因，则 B 就不是 C 的原因。
> 　　削弱的方法就是 B→A→C，所以 B 是 C 的原因。
> (3) 题干：A 没有导致 B。
> 　　削弱的方法就是 A→C，而 C→B
> (4) 题干：A 总是伴随 B 现象，所以 A 是 B 的原因。
> 　　削弱的方法就是 A、B 都是 C 的结果，这样 A、B 间就没有因果关系了。

沙场点兵

例题 41

（2013 年管理类联考第 52 题）某国研究人员报告说，与心跳速度每分钟低于 58 次的人相比，心跳速度每分钟超过 78 次者心脏病发作或者发生其他心血管问题的概率高出 39%，死于这类疾病的风险高出 77%，其整体死亡率高出 65%。研究人员指出，长期心跳过快导致了心血管疾病。

以下哪项如果为真，最能对该研究人员的观点提出质疑？

A. 各种心血管疾病影响身体的血液循环机能，导致心跳过快。

B. 在老年人中，长期心跳过快的不到 39%。

C. 在老年人中，长期心跳过快的超过 39%。

D. 野外奔跑的兔子心跳很快，但是很少发现它们患心血管疾病。

E. 相对老年人，年轻人生命力旺盛，心跳较快。

► 【精点解析】

题干信息	长期心跳过快 → 心血管疾病	
选项	解释	结果
A	心血管疾病 → 心跳过快，因果倒置削弱，此选项削弱力度最强。	正确
B	题干中调查对象并不特指老年人，与题干结论无关。	淘汰
C	题干中调查对象并不特指老年人，与题干结论无关。	淘汰
D	有因无果削弱，但选项未排除类比，本身存在逻辑缺陷，其力度小于 A。	淘汰
E	与题干结论无关。	淘汰
答案	A	

例题 42　（2020 年经济类联考第 8 题）具有大型天窗的百货商场的经验表明，商场内射入的阳光可增加销售额。某百货商场的大天窗使得商场的一半地方都有阳光射入（从而可以降低灯光照明的需要），商场的另一半地方只能采用灯光照明。从该商场两年前开张开始，天窗一边的各部门的销售额要远高于另一边各部门的销售额。

以下哪项如果正确，最能支持上述结论？

A. 除了天窗，商场两部分的建筑之间还有一些明显的差别。

B. 在阴天里，商场天窗下面的部分需要更多的灯光来照明。

C. 位于商场天窗下面部分的各部门，在该商场的一些其他连锁店中也是销售额最高的部门。

D. 商场另一半地方的灯光照明强度并不比阳光照明强度低。

E. 在商场夜间开放的时间里，天窗一边的各部门的销售额不比另一边各部门的销售额高。

► 【精点解析】

题干信息	有阳光照射（因）→销售额高（果）	
选项	解释	结果
A	另有他因，选项有削弱题干论证关系的作用。	淘汰
B	考生注意，本题的因果关系由差比关系构成，选项则抹去前提阳光与灯光的差异，即都用灯光照明，起削弱作用。	淘汰
C	选项并没有指出其他连锁店阳光照射情况。	淘汰

（续）

选项	解释	结果
D	选项排除他因，但不如 E 项支持力度大，因为 E 项在前提和结论间构建了关系，本项并未保证结果的发生。	淘汰
E	选项指出没有阳光差就没有原有的销售量差，属于无因无果最强支持，力度很强。	正确
答案	**E**	

例题 43（2016 年经济类联考第 8 题）巴西赤道雨林的面积每年以惊人的比例减少，引起了全球的关注。但是，卫星照片数据显示，去年巴西雨林面积的缩小比例明显低于往年。去年，巴西政府支出数百万美元用以制止滥砍滥伐和防止森林火灾。巴西政府宣称，上述卫星照片的数据说明巴西政府保护赤道雨林的努力取得了显著成效。

以下哪项如果为真，最能削弱巴西政府的结论？

A. 去年巴西用以保护赤道雨林的财政投入明显低于往年。

B. 与巴西毗邻的阿根廷国的赤道雨林面积并未缩小。

C. 去年巴西的旱季出现了异乎寻常的大面积持续降雨。

D. 巴西用于雨林保护的费用只占年度财政支出的很小比例。

E. 森林面积的萎缩是全球性的环保问题。

▶【精点解析】

题干信息	由保护一词可判断本题属于因果关系型题目。"因"政府保护赤道雨林的努力；"果"去年雨林面积缩小。	
选项	解释	结果
A	削弱前提，说明保护力度在减少，力度较弱。	淘汰
B	列举阿根廷的例子属于例证削弱，虽然也能削弱，但力度较弱。	淘汰
C	旱季出现的大面积持续降雨导致了雨林面积缩小的比例明显低于往年，而并非是政府的努力，存在他因，是较强的削弱。	正确
D	削弱前提，质疑政府财政支出的作用，但力度较弱。	淘汰
E	与题干论证无关，题干中针对的是巴西热带雨林问题。	淘汰
答案	**C**	

例题 44（2014 年管理类联考第 30 题）随着互联网的飞速发展，足不出户购买自己心仪的商品已经成为现实。即使在经济发展水平较低的国家和地区，人们也可以通过网络购物来满足自己对物质生活的追求。

以下哪项最能质疑上述观点？

A. 随着网购销售额的增长，相关税费也会随之增加。

B. 即使在没有网络的时代，人们一样可以通过实体店购买心仪的商品。

C. 网络上的商品展示不能完全反映真实情况。

D. 便捷的网络购物可能耗费人们更多的时间和精力，影响人际间的交流。

E. 人们对物质生活追求的满足仅仅取决于所在地区的经济发展水平。

▶ 【精点解析】

题干信息	人们可以通过<u>网络购物</u>来<u>满足自己对物质生活的追求</u>。	
选项	**解释**	**结果**
A	选项指出网络购物存在弊端，但不涉及满足自己对物质生活的追求。	淘汰
B	无因有果削弱，但没有完全割裂题干论证关系，考生体会。	淘汰
C	同 A 选项，选项指出网络购物的一个其他方面弊端，不涉及<u>满足自己对物质生活的追求</u>。	淘汰
D	同 A 选项，选项指出网络购物的一个其他方面弊端，不涉及<u>满足自己对物质生活的追求</u>。考生注意 A、B、C 选项是典型的无态度选项，即没有涉及题干结论。	淘汰
E	人们对物质生活追求的满足<u>仅仅</u>取决于所在地区的经济发展水平，说明网络购物和满足自己对物质生活的追求无关，直接削弱关系，削弱力度最大。	**正确**
答案	**E**	

例题 45　（2013 年管理类联考第 26 题）某公司自去年初开始实施一项"办公用品节俭计划"，每位员工每月只能免费领用限量的纸笔等各类办公用品。年末统计发现，公司用于各类办公用品的支出较上年度下降了 30%。在未实施该计划的过去 5 年间，公司年均消耗办公用品 10 万元。公司总经理由此得出：该计划去年已经为公司节约了不少经费。

以下哪项如果为真，最能构成对总经理推论的质疑？

A. 另一家与该公司规模及其他基本情况均类似的公司，未实施类似的节俭计划，在过去的 5 年间办公用品消耗额年均也为 10 万元。

B. 在过去的 5 年间，该公司大力推广无纸办公，并且取得很大成效。

C. "办公用品节俭计划"是控制支出的重要手段，但说该计划为公司"一年内节约不少经费"，没有严谨的数据分析。

D. 另一家与该公司规模及其他基本情况均类似的公司，未实施类似的节俭计划，但过去的 5 年间办公用品人均消耗额越来越低。

E. 去年，该公司在员工困难补助、交通津贴等方面的开支增加了 3 万元。

▶ 【精点解析】

题干信息	前提：年初实施"办公用品节俭计划" → 年末办公用品支出较上年度下降 30%。 结论：该计划去年为公司节约了不少经费。	
选项	**解释**	**结果**
A	未实施计划（无因），年均也是 10 万元（无果，去年无下降），选项支持题干。考生注意，其他情况均类似，该项若无此前提，则存在类比不当，支持力度有限。	淘汰
B	选项对总经理的推论不起作用，有考生误认为他因削弱。假设前 4 年，有因（无纸办公）无果（无节约经费）；第 5 年，有因（无纸办公）有果（节约经费），说明无纸办公与节约经费间没有因果关系，构不成他因。	淘汰
C	题干结论恰恰是在数据分析下得出，选项本身针对的是背景信息。	淘汰

（续）

选项	解释	结果
D	没有"办公用品节俭计划"，公司办公用品消耗额仍然下降。说明节俭计划与办公用品消耗下降没有共变，不具有因果关系。	正确
E	其他方面开支增加，与题干中"办公用品节俭计划"节约了不少经费并不矛盾，无法削弱结论。	淘汰
答案	**D**	

▶ **应对策略 4** ◀

求同存异

若题干涉及二者的比较关系，我们需要根据题干论证的需要，"求同"或者"存异"，达到支持或削弱题干论证的目的。

庖丁解牛

例题 46

新西兰奥克兰大学的研究人员与来自英国和美国的研究小组在 4 年内共同对将近 1.2 万名老人进行了 11 项调查。其中一半的老人服用钙片，而另一半则服用没有药物成分的安慰剂。结果显示，前一组当中每 1000 人中突发心肌梗塞、中风甚至死亡的案例比后一组分别多 14 起、10 起和 13 起。因此服用钙片更容易诱发心肌梗塞、中风和其他心血管疾病。

以下哪项最能反驳上述结论？

A. 诱发心肌梗塞、中风和其他心血管疾病的因素很复杂，不能简单地归结为服用钙片。
B. 选择服用钙片的老人大都身体较弱，并且患有程度不同的心血管疾病。
C. 有的老人把发给他们的钙片偷偷扔掉了，并没有全都服用。
D. 没有充分的证据证明钙片会增加患心脏病的风险。
E. 选择服用安慰剂组的另一半老人平均年龄比服用钙片组老人要年轻近 2 岁。

▶ 【精点解析】

题干信息	老年人是否服用钙片（前提差）→患心肌梗塞等疾病（结论差）。	
选项	解释	结果
A	考生注意，"不能简单归结"并不意味着"不能归结"，无论支持还是削弱，其力度较弱。	淘汰
B	指出是自身身体素质的差异（他差）导致了结果差异，同时指出服用钙片与心血管疾病是并列关系非因果关系。强力削弱题干论证。	正确
C	"有的"削弱力度较弱。	淘汰
D	没有证据证明，并不意味着因果关系并不存在。考生认真体会，还有：X 不是 Y 直接原因，并不意味着 X 不是 Y 的原因。	淘汰

（续）

选项	解释	结果
E	"年龄"作为他差，具有削弱作用，但与 B 选项相比，身体与疾病的关系则更为相关。	淘汰
答案	**B**	

 硕鼠通常不患血癌。在一项实验中发现，给 300 只硕鼠同等量的辐射后，将它们平均分为两组，第一组可以不受限制地吃食物，第二组限量吃食物。结果第一组 75 只硕鼠患血癌，第二组 5 只硕鼠患血癌。因此，通过限制硕鼠的进食量，可以控制由实验辐射导致的硕鼠血癌的发生。

以下哪项如果为真，最能削弱上述实验结论？

A. 硕鼠与其他动物一样，有时原因不明就患有血癌。

B. 第一组硕鼠的食物易于使其患血癌，而第二组的食物不易使其患血癌。

C. 第一组硕鼠体质较弱，第二组硕鼠体质较强。

D. 对其他种类的实验动物，实验辐射很少导致患血癌。

E. 不管是否控制进食量，暴露于实验辐射的硕鼠都可能患有血癌。

▶【精点解析】

步骤 1：整理题干论证关系。前提：硕鼠的进食量（差）。→结论：实验辐射导致的硕鼠血癌的发生（差）。

步骤 2：分析题干论证关系。前提差异导致结果差异的"差比关系"，在削弱时一般有两个思路：一是前提差异不存在；二是前提差异不唯一，也就是有他差。

步骤 3：分析选项。

选项	解释	结果
A	原因不明就患血癌，无法得出原因，不能削弱。	淘汰
B	选项指出了前提有他差，直接涉及题干话题"患血癌"，削弱力度最强。	**正确**
C	选项指出了前提有他差，但是体质的差异是否会导致患血癌呢？显然不如 B 选项更针对题干论证关系。	淘汰
D	其他种类的实验动物≠硕鼠，故力度不强。	淘汰
E	选项看似是"割裂关系"的选项，但考生注意，该项态度不明确。如果限制进食量的硕鼠患血癌的数量多于没有限制进食量的，此时便是支持；如果限制进食量的硕鼠血癌的数量少于没有限制进食量的，此时便是削弱。	淘汰
答案	**B**	

沙场点兵

 （2013 年管理类联考第 34 题）人们知道鸟类能感觉到地球磁场，并利用它们导航。最近某国科学家发现，鸟类其实是利用右眼"查看"地球磁场的。为检验该理论，当鸟类开始迁徙的时候，该国科学家把若干知更鸟放进一个漏斗形状的庞大的笼子里，并给其中部分知更鸟的一只眼睛戴上一种可屏蔽地球磁场的特殊金属眼罩。笼壁上涂着标记性物质，鸟要通过笼子细口才能飞出去。如果鸟碰到笼壁，就会黏上标记性物质，以此判断鸟能否找到方向。

以下哪项如果为真，最能支持研究人员的上述发现？

A. 没戴眼罩的鸟顺利从笼中飞了出去；戴眼罩的鸟，不论左眼还是右眼，朝哪个方向飞的都有。

B. 没戴眼罩的鸟和左眼戴眼罩的鸟顺利从笼中飞了出去，右眼戴眼罩的鸟朝哪个方向飞的都有。

C. 没戴眼罩的鸟和左眼戴眼罩的鸟朝哪个方向飞的都有，右眼戴眼罩的鸟顺利从笼中飞了出去。

D. 没戴眼罩的鸟和右眼戴眼罩的鸟顺利从笼中飞了出去，左眼戴眼罩的鸟朝哪个方向飞的都有。

E. 戴眼罩的鸟，不论左眼还是右眼，顺利从笼中飞了出去；没戴眼罩的鸟朝哪个方向飞的都有。

▶ 【精点解析】

题干信息	研究人员发现：鸟类其实是利用右眼"查看"地球磁场的。（考生注意核心概念）	
选项	解释	结果
A	能说明鸟类的眼有"查看"地球磁场的作用，但是无法证明是利用右眼"查看"的，即无法证明结论。	淘汰
B	通过求异法，验证了"右眼"同时也验证了"地球磁场"。	正确
C	右眼戴眼罩能顺利飞出，即鸟类并非是用右眼"查看"地球磁场，与结论矛盾。	淘汰
D	选项得出鸟类用左眼"查看"地球磁场的结论，与题干的结论矛盾。	淘汰
E	选项说明没有地球磁场信号，鸟才能判断方向，与结论相矛盾。	淘汰
答案	**B**	

例题 49

（2013年MBA联考第28题）在一项研究中，51名中学生志愿者被分成测试组和对照组，进行同样的数学能力培训。在为期5天的培训中，研究人员使用一种称为经颅随机噪声刺激的技术对25名测试组成员脑部被认为与运算能力有关的区域进行轻微的电击。此后的测试结果表明，测试组成员的数学运算能力明显高于对照组成员。而令他们惊讶的是，这一能力提高的效果至少可以持续半年时间。研究人员由此认为，脑部微电击可提高大脑运算能力。

以下哪项如果为真，最能支持上述研究人员的观点？

A. 这种非侵入式的刺激手段成本低廉，且不会给人体带来任何痛苦。

B. 对脑部轻微电击后，大脑神经元间的血液流动明显增强，但多次刺激后又恢复常态。

C. 在实验之前，两个组学生的数学成绩相差无几。

D. 脑部微电击的受试者更加在意自己的行为，测试时注意力更集中。

E. 测试组和对照组的成员数量基本相等。

▶ 【精点解析】

题干 信息	本题属于典型用求异法得出因果关系的问题。前提相同：同样的数学能力培训。前提差异： 脑部微电击的差异。结果差异：数学运算能力的差异。因果关系：脑部微电击可提高大脑运算 能力。	
选项	**解释**	**结果**
A	与题干数学运算能力的结果无关，不能支持。	淘汰
B	与题干数学运算能力的结果无关，不能支持。	淘汰
C	保证前提相同，如果之前的数学能力差不多，那么数学运算能力的提高就只能 是脑部微电击的作用，最强的支持。	正确
D	削弱题干论证，存在其他差异，即注意力更集中的差异。	淘汰
E	测试人员的数量与数学运算能力的结果关系较小，支持力度有限。	淘汰
答案	**C**	

▶ 应对策略 5 ◀

方法可行

　　若题干涉及"解决某个问题""达到某个目的"时，我们根据题目要求使"方法可行"
或"方法不可行"，达到支持或削弱题干论证的目的。

庖丁解牛

例题
50

　　也许令许多经常不刷牙的人感到意外的是，这种不良习惯已使他们成为易患口腔癌的高
危人群。为了帮助这部分人早期发现口腔癌，市卫生部门发行了一个小册子，教人们如
何使用一些简单的家用照明工具，如台灯、手电等，进行每周一次的口腔自检。
　　以下哪项如果为真，最能对上述小册子的效果提出质疑？
　　A. 有些口腔疾病的病症靠自检难以发现。
　　B. 预防口腔癌的方案因人而异。
　　C. 经常刷牙的人也可能患口腔癌。
　　D. 口腔自检的可靠性不如在医院所作的专门检查。
　　E. 经常不刷牙的人不大可能作每周一次的口腔自检。

▶ 【精点解析】

　　步骤 1：锁定题型标志词"为了"，进而分析可以找到，目的：帮助这部分人早期发现口腔癌，
方法：教人们进行每周一次的口腔自检。可确定题目类型——"方法可行"型。
　　步骤 2：基于"方法可行"型题目分析思路，分析如下：正确选项是 E。说明小册子方法根
本不可能有效实施。注意 A 选项，"有些"量度过小，一般削弱的力度也很小，支持和削弱项通常
不选。"有些口腔疾病的病症靠自检难以发现"，"有些"难发现，"有些"可以发现就能说明方
法有效了，另"口腔癌"≠"口腔疾病"，选项扩大论证范围。选项 B、C 都不能质疑题干的方
法是否有效，D 选项也不能说明方法的无效，题干不涉及二者比较。
　　答案选 **E**。

例题 51

2013年伊始，北京就遭遇了持续多日的灰霾天气，空气污染引发的"北京咳"成为人们热议的话题之一。为了破解灰霾困境，有专家建议：从公交车、出租车和市政公用车辆开始，用电动车代替燃油车，以后再逐步推广到其他社会车辆。

如果以下陈述为真，哪一项最有力地质疑了上述专家的建议？

A. 对英美两国电动车减排效果的研究表明，使用煤电的电动车总体上会导致更多的污染物排放。

B. 从车辆购置和使用成本看，目前电动车相对于燃油车没有竞争优势。

C. 治理大气环境污染是一项复杂的工程，单一的治理措施很难奏效。

D. 北京的电动车使用的是煤电，电动车用电会增加周边供电省份的电煤消耗和颗粒物排放，从而导致灰霾天气。

E. 由于动力有限，充电费时费电等诸多不利因素使得电动车在短期内很难完全替代燃油汽车。

► 【精点解析】

<table>
<tr><td colspan="2" align="center">解题步骤</td></tr>
<tr><td>第一步</td><td>根据"建议"可判定题干为"方法可行"类题目。
目的：破解灰霾困境；方法：用电动车代替燃油车。</td></tr>
<tr><td>第二步</td><td>A选项类比到"英美两国"，虽然可以削弱，但力度较弱；B选项考虑的是成本问题，而题干的目的是破解灰霾困境，故"成本问题"并不能说明方法无效；C选项未能针对题干论证；D选项指出方法无效果；E选项中"短期内很难完全替代"并没有否定可以替代，削弱力度有限。</td></tr>
<tr><td>答案</td><td>D</td></tr>
</table>

沙场点兵

 例题 52

（2014年MBA联考第39题）与矿泉水相比，纯净水缺乏矿物质，而其中有些矿物质是人体必需的。所以营养专家老张建议那些经常喝纯净水的人改变习惯，多饮用矿泉水。

以下哪项最能削弱老张的建议？

A. 人们需要的营养大多数不是来源于饮用水。

B. 人体所需的不仅仅是矿物质。

C. 可以饮用纯净水和矿泉水以外的其他水。

D. 有些矿泉水也缺少人体必需的矿物质。

E. 人们可以从其他食物中得到人体必需的矿物质。

► 【精点解析】

<table>
<tr><td>题干
信息</td><td colspan="2">前提：矿物质是人体必需的。
结论（老张建议）：经常喝纯净水的人改变习惯，多饮用矿泉水。</td></tr>
<tr><td>选项</td><td align="center">解释</td><td>结果</td></tr>
<tr><td>A</td><td>"营养"一词扩大了题干的核心词"矿物质"。</td><td>淘汰</td></tr>
<tr><td>B</td><td>无关选项。</td><td>淘汰</td></tr>
</table>

（续）

选项	解释	结果
C	"其他水"中是否有矿物质并不确定，故为无关选项。	淘汰
D	说明喝矿泉水也不一定保证人体所需的矿物质，针对结论削弱，力度较弱。	淘汰
E	指出虽然矿物质是人体必需的，但矿泉水却不是获得矿物质所必须的，削弱了老张的建议。	正确
答案	**E**	

例题 53　（2016 年经济类联考第 3 题）研究发现，市面上金顶啤酒中的 Y 成分可以抑制 alpha 病毒。实证发现，alpha 病毒可以导致胃癌，因此经常喝金顶啤酒的人将减少患胃癌的风险。

以下哪项如果为真，最能削弱上述论证？

A. 已经患有胃癌的患者喝金顶啤酒后并未发现病情好转。

B. Y 成分可以抑制 alpha 病毒，也可以对人的免疫系统产生负面作用。

C. 不同条件下的实验，可以得出类似结论。

D. 经常喝金顶啤酒会加强 Y 成分对 alpha 的抑制作用。

E. Y 成分的作用可以被金顶啤酒中的 Z 成分中和。

▶ **【精点解析】**

题干信息	前提：①市面上金顶啤酒中的 Y 成分可以抑制 alpha 病毒。②alpha 病毒可以导致胃癌。（考生注意：结合信息①②可得市面上金顶啤酒中的 Y 成分可以减少患胃癌的风险） 结论：经常喝金顶啤酒的人将减少患胃癌的风险。	
选项	解释	结果
A	无关选项，该选项讨论的是喝金顶啤酒是否可以治疗胃癌，而题干论证的是喝金顶啤酒是否可以减少患胃癌的风险，即预防胃癌。	淘汰
B	Y 成分可以抑制 alpha 病毒，部分支持前提，对人的免疫系统产生负面作用，部分削弱结论，但力度较弱。考生注意一般不选既有支持又有削弱的选项。	淘汰
C	不同条件下的实验，可以得出类似结论，支持结论。	淘汰
D	只涉及前提信息①，支持前提。	淘汰
E	针对关系削弱，如果 Y 成分的作用可以被金顶啤酒中的 Z 成分中和那么 Y 成分就不能抑制 alpha 病毒，说明即便 Y 成分可以减少患胃癌的风险，金顶啤酒也不能减少患胃癌的风险。	正确
答案	**E**	

▶ **应对策略 6** ◀

矛盾削弱

根据题干的要求，利用形式逻辑的矛盾命题削弱题干论证。

例题 54　和平基金会决定中止对 S 研究所的资助,理由是这种资助可能被部分地用于武器研究。对此,S 研究所承诺:和平基金会全部资助,都不会用于任何与武器相关的研究。和平基金会因此撤销了上述决定,并得出结论:只要 S 研究所遵守承诺,和平基金会的上述资助就不再会有利于武器研究。

以下哪项最为恰当地概括了和平基金会上述结论中的漏洞?

A. 忽视了这种可能性:S 研究所并不遵守承诺。

B. 忽视了这种可能性:S 研究所可以用其他来源的资金进行武器研究。

C. 忽视了这种可能性:和平基金的资助使 S 研究所有能力把其他资金改用于武器研究。

D. 忽视了这种可能性:武器研究不一定危害和平。

E. 忽视了这种可能性:和平基金会的上述资助额度有限,对武器研究没有实质性意义。

▶ **【精点解析】**

步骤 1:关注提问:"以下哪项最为恰当地概括了和平基金会上述结论中的漏洞?"将注意力转到结论:"只要 S 研究所遵守承诺,和平基金会的上述资助就不再会有利于武器研究。"

步骤 2:矛盾命题是削弱力度最大的选项。"只要 S 研究所遵守承诺,和平基金会的上述资助就不再会有利于武器研究"的结构是"如果 P,那么 Q",相应的矛盾命题是"P∧¬Q"。C 选项正是该命题的矛盾命题,和平基金的资助,使 S 研究所有能力进行武器研究。考生需要注意的是形式逻辑的思路在论证逻辑的题目中一样可以使用。

答案选 **C**。

例题 55　莫大伟到吉安公司上班的第一天,就被公司职工自由散漫的表现所震惊,莫大伟由此得出结论:吉安公司是一个管理失效的公司,吉安公司的员工都缺乏工作积极性和责任心。

以下哪项为真,最能削弱上述结论?

A. 当领导不在时,公司的员工会表现出自由散漫。

B. 吉安公司的员工超过 2 万,遍布该省十多个城市。

C. 莫大伟大学刚毕业就到吉安公司,对校门外的生活不适应。

D. 吉安公司的员工和领导的表现完全不一样。

E. 莫大伟上班这一天刚好是节假日后的第一个工作日。

▶ **【精点解析】**

步骤 1:关注提问:"以下哪项为真,最能削弱上述结论?"我们将注意力转到结论:"吉安公司是一个管理失效的公司,吉安公司的员工都缺乏工作积极性和责任心。"

步骤 2:"吉安公司的员工都缺乏工作积极性和责任心","所有 S 都是 P"的矛盾命题是"有些 S 不是 P",正确答案 B 表述的正是矛盾命题的含义。有的同学认为答案是 D,需要注意的是选项中"领导"概念在结论中没有出现,一般情况下不作考虑。如果题干结论改为"吉安公司的员工任何时候都缺乏工作积极性和责任心",正确答案就是 E 了,想想,为什么?

答案选 **B**。

例题 56　（2015 年管理类联考第 33 题）当企业处于蓬勃上升时期，往往紧张而忙碌，没有时间和精力去设计和修建"琼楼玉宇"；当企业所有的重要工作都已经完成，其时间和精力就开始集中在修建办公大楼上。所以，如果一个企业的办公大楼设计得越完美，装饰得越豪华，则该企业离解体的时间就越近；当某个企业的大楼设计和建造趋向完美之际，它的存在就逐渐失去意义。这就是所谓的"办公大楼法则"。

以下哪项如果为真，最能质疑上述观点？

A. 某企业的办公大楼修建得美轮美奂，入住后该企业的事业蒸蒸日上。

B. 一个企业如果将时间和精力都耗在修建办公大楼上，则对其他重要工作就投入不足了。

C. 建造豪华的办公大楼，往往会加大企业的运营成本，损害其实际收益。

D. 企业的办公大楼越破旧，该企业就越有活力和生机。

E. 建造豪华办公大楼并不需要企业投入太多的时间和精力。

▶ 【精点解析】

解题步骤	
第一步	找到题干观点，P：企业的办公大楼设计得越完美，装饰得越豪华→Q：该企业离解体的时间就越近。
第二步	考生注意，假言判断的削弱，矛盾（P∧¬Q）削弱力度最强，因此答案选 A。考生注意 B 选项的"则"，D 选项中的"就"，这两个词表示假言推理关系，不能质疑（假言判断的矛盾判断为联言判断）；C 选项属于"P∧Q"的形式，支持；E 选项只涉及"P"，不涉及"Q"，不能削弱。
答案	**A**

▶ 应对策略 7 ◀

针对"前提"或"结论"

　　根据题干的要求，针对题干"前提"和"结论"，支持或削弱题干论证。

例题 57　一种虾常游弋于高温的深海间歇泉附近，在那里生长有它爱吃的细菌类生物。由于间歇泉发射一种暗淡的光线，因此，科学家们认为这种虾背部的感光器官是用来寻找间歇泉，从而找到食物的。

下列哪项对科学家的结论提出质疑？

A. 实验表明，这种虾的感光器官对间歇泉发出的光并不敏感。

B. 间歇泉的光线十分暗淡，人类肉眼难以察觉。

C. 间歇泉的高温足以杀死这附近的细菌。

D. 大多数其他品种的虾的眼睛都位于眼柄的末端。

E. 其他虾身上的感热器官同样能起到发现间歇泉的作用。

► 【精点解析】

步骤 1：关注提问："下列哪项对科学家的结论提出质疑？"我们将注意力转到结论："科学家们认为这种虾背部的感光器官是用来寻找间歇泉，从而找到食物的。"这道题很容易选出答案，A 项的态度和结论不一致，而且是直接削弱结论中的论证关系。这道题将详细讲一下，希望考生理解削弱的力度。

步骤 2：分析题干。

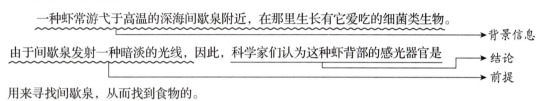

步骤 3：分析选项。

选项	解析	结果
A	直接削弱结论中的论证关系。	正确
B	人眼能否看到，与虾无关。	淘汰
C	削弱了背景信息，力度较弱，也不符合题目提问要求。	淘汰
D	"其他品种的虾"，与题干论证主体有何相干？赶快淘汰。	淘汰
E	同上。	淘汰
答案	**A**	

例题 58 （2017 年管理类联考第 32 题）通识教育重在帮助学生掌握尽可能全面的基础知识，即帮助学生了解各个学科领域的基本常识；而人文教育则重在培育学生了解生活世界的意义，并对自己及他人行为的价值和意义做出合理的判断，形成"智识"。因此有专家指出，相比较而言，人文教育对个人未来生活的影响会更大一些。

以下哪项如果为真，最能支持上述专家的断言？

A. 当今我国有些大学开设的通识教育课程要远远多于人文教育课程。

B. "知识"是事实判断，"智识"是价值判断，两者不能相互替代。

C. 没有知识就会失去应对未来生活挑战的勇气，而错误的价值观可能会误导人的生活。

D. 关于价值和意义的判断事关个人的幸福和尊严，值得探究和思考。

E. 没有知识，人依然可以活下去；但如果没有价值和意义的追究，人只能成为没有灵魂的躯壳。

▶ 【精点解析】

题干信息	专家的断言：相较于通识教育，人文教育对未来影响更大。（考生注意：专家断言体现了"通识教育"与"人文教育"间的比较）	
选项	解析	结果
A	大学开设课程数量多少和对个人未来生活影响大小没有必然的关系。	淘汰
B	选项强调两者均重要，无法支持专家的断言。	淘汰
C	选项指出两者对生活均有影响，但未对两者进行比较，故无法支持专家的断言。	淘汰
D	选项只强调了人文教育的重要性，没有涉及与通识教育比较，对专家的断言支持力度较弱。	淘汰
E	选项指出人文教育比通识教育更加重要，支持了专家的断言。（考生注意："但"表示转折，强调的是后者。）	**正确**
答案	**E**	

例题59　（2015年管理类联考第53题）某研究人员在 2014 年对一些 12~16 岁的学生进行了智商测试，测试得分为 77~135 分。4 年之后再次测试，这些学生的智商得分为 87~143 分。仪器扫描显示，那些得分提高了的学生，其脑部比此前呈现更多的灰质（灰质是一种神经组织，是中枢神经的重要组成部分）。这一测试表明，个体的智商变化确实存在，那些早期在校表现并不突出的学生未来仍有可能成为佼佼者。

以下除哪项外，都能支持上述实验结论？

A. 随着年龄的增长，青少年脑部区域的灰质通常也会增加。
B. 有些天才少年长大后智力并不出众。
C. 学生的非言语智力表现与他们大脑结构的变化明显相关。
D. 部分学生早期在校表现并不突出与其智商有关。
E. 言语智商的提高伴随着大脑左半球运动皮层灰质的增多。

▶ 【精点解析】

题干信息	实验结论：①个体的智商变化确实存在；②脑部灰质结构变化→个体的智商变化。	
选项	解析	结果
A	选项支持结论②，脑部灰质随年龄增长而增加。	淘汰
B	选项支持结论①，说明个体的智商变化确实存在。	淘汰
C	选项支持结论②，说明个体智商变化与大脑结构变化（脑部灰质增加）相关。	淘汰
D	选项不能支持。选项论证的是"学生早期表现"与"智商"有关，并没有指出"脑部灰质结构"与"智商变化"的关系（结论②），也没有指出个体智商存在变化（结论①）。	**正确**
E	选项支持题干结论②，说明个体智商变化与脑部灰质结构变化有关。	淘汰
答案	**D**	

▶ **每课一考（10）**

⏱ 时间：30分钟　　　　　　　　　　　　　　　　　　　　得分：

　　本测试题共有 15 小题，每小题 2 分，共 30 分。请从下面每小题所列的 5 个备选答案中选取出 1 个，多选为错。

【题01】某网络公司通过问卷对登录"心理医生之窗"网站寻求心理帮助的人群进行调查。结果显示：持续登录"心理医生之窗"网站 6 个月或更长时间的人群中，46% 声称与"心理医生之窗"网站的沟通与交流使他们心情变得好多了。因此，更长时间登录"心理医生之窗"网站比短期登录会更有效改善人们的心理状态。

　　以下哪项如果为真，最能削弱上述论断？

　　A. 持续登录该网站 6 个月以上的人群中，10% 的人反映登录后心情变得更糟了。

　　B. 持续登录该网站 6 个月以上的人比短期登录的人更愿意回答问卷调查的问题。

　　C. 对"心理医生之窗"网站不满意的人往往是那些没有耐心的人，他们对问卷调查往往持消极态度。

　　D. 登录网站获得良好心情的人会更积极地登录，而那些感觉没有效果的人往往会离开。

　　E. 登录"心理医生之窗"网站不足半年的人多于登录该网站 6 个月以上的人。

【题02】最近实施的一项历史上最严格的禁止吸烟的法律，虽然尚未禁止人们在其家中吸烟，却禁止人们在一切公共场所和工作地点吸烟。如果这项法律得到严格执行，就会彻底保护上班人员免受二手烟的伤害。

　　如果以下哪项陈述为真，最有力地削弱了上述论证？

　　A. 上下班的人员吸入的汽车尾气要比吸二手烟的危害大得多。

　　B. 诸如家教、护士、小时工等人员都在雇主的家里上班。

　　C. 任何一项立法及其实施都不能完全实现立法者的意图。

　　D. 这项控制吸烟的法律过高地估计了吸二手烟的危害。

　　E. 有的场所需要吸烟，因此无法完全避免受二手烟的伤害。

【题03】挣更多的钱能让人更快乐，至少在某种程度上是这样的。但是新的研究表明，反过来也是如此，快乐的人能挣更多的钱。伦敦大学的研究人员在对一万多名美国人进行研究后发现，那些情绪积极、在成长过程中对生活感到更满意的人，在达到 29 岁的年龄时其收入也较高。

　　以下哪项最能对上述研究结论提出质疑？

　　A. 在比较富裕的家庭中成长起来的年轻人对生活大都持消极态度。

　　B. 除了情绪，专业化程度和工作能力也会直接影响收入水平。

　　C. 对生活感到更满意的年轻人大都出生于比较富裕的家庭，而且都具有良好的职业背景。

　　D. 应该比较一下被调查对象的职业分布情况。

　　E. 如果调查人们 22 岁时对自己的人生满意度，结果可能会有所不同。

【题04】"净菜进万家"是目前"巧媳妇综合服务公司"正在大力开展的一项促销活动。他们在市场分析人员的建议下，选择了格物和致知这两所本城最著名的大学作为主攻方向。市场分析人员提交给他们的报告认为，格物和致知这两所大学，汇聚了众多国家级高级知识分子。提供洗净包好的"净菜"能够为他们节省大量的家务时间，更好地做好教学科研工作，因此会受到他们的欢迎。

以下哪项如果为真，能最为有力地对上述推论构成质疑？

A. 净菜的价格只比一般市场上卖的蔬菜略高。

B. 格物和致知这两所大学的大部分家庭都雇用了钟点工做各种家务，付给钟点工的报酬比买净菜所增加的开支还少一些。

C. 对于净菜的卫生标准教师们还是信得过的，而且"巧媳妇"净菜还能提供上门送货服务。

D. 净菜的花样品种比一般市场卖的蔬菜要少一些，恐怕不能满足格物和致知两所大学这么多老师的口味。

E. 买净菜对很多格物和致知大学的老师来说还是一件新鲜事，恐怕要有一个适应过程。

【题 05】 直立人大约于 200 万年前起源于非洲，并且扩散到了欧亚大陆；现代人约在 20 万年前出现。这两种人类的化石在中国均有分布。比如北京周口店古老地层出土的"北京人"属于直立人；年轻地层中的"山顶洞人"属于现代人。对中国当代人群的研究发现，父系遗传的 Y 染色体均源自非洲，起源时间在 8.9 万年至 3.5 万年前；母系遗传的线粒体 DNA 均源自非洲，起源时间在 10 万年以内；没有检测到直立人的遗传成分。

如果以上陈述为真，最能支持以下哪个假说？

A. "北京人"的后代可能灭绝了，中国当代人的祖先是大约 10 万年前从非洲来到亚洲的。

B. 中国的直立人和现代人分别来自非洲大陆，他们杂交的后代是中国当代人的祖先。

C. 北京周口店的"山顶洞人"是从"北京人"进化而来的。

D. 中国当代人是 200 万年前从非洲扩散到欧亚大陆的直立人的后代。

E. 早期的直立人是从不同的物种进化而来的，不存在明显的共同点。

【题 06】 在检测一种很严重的疾病时，一个错误的阳性结果指出人们患了这种病而实际上他们没有，一个错误的阴性结果指出人们没有患这种病而实际上他们患有。因此，为更为准确地检测这种疾病，医生应采用产生错误的阳性结果比例最低的实验室测试手段。

以下哪一项如果是正确的，为以上建议提供了最有力的支持？

A. 这种病的病人接受的治疗没有损害性的副作用。

B. 产生错误的阳性结果比例最低的实验室测试手段与用来检测这种病的其他实验室手段一样会产生轻微的副作用。

C. 在治疗这种病人时，尽可能早地开始治疗非常重要，因为即使一周的耽误也会导致病人失去生命。

D. 无法得出确定的测试结果的比例对所有用来检测这种病的实验室测试手段都是一样的。

E. 所有的检测这种病的实验室测试手段都有相同的出现错误的阴性结果的比例。

【题 07】 利兹鱼生活在距今约 1.65 亿年前的侏罗纪中期，是恐龙时代一种体型巨大的鱼类。利兹鱼在出生后 20 年内可长到 9 米长，平均寿命 40 年左右的利兹鱼，最大的体长甚至可达到 16.5 米。这个体型与现代最大的鱼类鲸鲨相当，而鲸鲨的平均寿命约为 70 年，因此利兹鱼的生长速度很可能超过鲸鲨。以下哪项如果为真，最能反驳上述论证？

A. 利兹鱼和鲸鲨都以海洋中的浮游生物、小型动物为食，生长速度不可能有大的差异。

B. 利兹鱼和鲸鲨尽管寿命相差很大，但是它们均在 20 岁左右达到成年，体型基本定型。

C. 鱼类尽管寿命长短不同，但其生长阶段基本上与其幼年、成年、中老年相应。

D. 侏罗纪时期的鱼类和现代鱼类其生长周期没有明显变化。

E. 远古时期的海洋环境和今天的海洋环境存在很大的差异。

【题08】 土卫二是太阳系中迄今观测到存在地质喷发活动的 3 个星体之一，也是天体生物学最重要的研究对象之一。德国科学家借助卡西尼号土星探测器上的分析仪器发现，土卫二发射的微粒中含有钠盐。据此可以推测，土卫二上存在液态水，甚至可能存在"地下海"。

以下哪项如果为真，最能支持上述推测？

A. 只有存在"地下海"，才可能存在地质喷发活动。

B. 在土卫二上液态水不可能单独存在，只能以"地下海"的方式存在。

C. 土卫二没有地质喷发活动，就不可能发现钠盐。

D. 土星探测器上的分析仪器得出的数据是确切可信的。

E. 只有存在液态水，才可能存在钠盐微粒。

【题09】 有些纳税人隐瞒实际收入逃避交纳所得税时，一个恶性循环就出现了，逃税造成了年度总税收量的减少，总税收量的减少迫使立法者提高所得税率，所得税率的提高增加了合法纳税者的税金，这促使更多的人设法通过隐瞒实际收入逃税。

以下哪项如果为真，上述恶性循环将可以打破？

A. 提高所得税率的目的之一是激励纳税人努力增加税前收入。

B. 能有效识别逃税行为的金税工程即将实施。

C. 年度税收总量不允许因逃税原因而减少。

D. 所得税率必须有上限。

E. 纳税人的实际收入基本持平。

【题10】 维护个人利益是个人行为的唯一动机。因此维护个人利益是影响个人行为的主要因素。

以下哪项为真，最能削弱上述论证？

A. 维护个人利益是个人行为的唯一动机，值得讨论。

B. 有时动机不能成为影响个人行为的主要因素。

C. 个人利益之间既有冲突，也有一致。

D. 维护个人利益的行为也能有利于公共利益。

E. 个人行为不能完全脱离群体行为。

【题11】 研究发现，昆虫是通过它们身体上的气孔系统来"呼吸"的。气孔连着气管，而且由上往下又附着更多层的越来越小的气孔，由此把氧气送到全身。在目前大气的氧气含量水平下，气孔系统的总长度已经达到极限；若总长度超过这个极限，供氧的能力就会不足。因此，可以判断，氧气含量的多少可以决定昆虫的形体大小。

以下哪项如果为真，最能支持上述论证？

A. 对海洋中的无脊椎动物的研究也发现，在更冷和氧气含量更高的水中，那里的生物的体积也更大。

B. 石炭纪时期地球大气层中氧气的浓度高达 35%，比现在的 21% 要高很多，那时地球上生活着许多巨型昆虫，蜻蜓翼展接近一米。

C. 小蝗虫在低含氧量环境中尤其是氧气浓度低于 15% 的环境中就无法生存，而成年蝗虫则可以在 2% 的氧气含量环境下生存下来。

D. 在氧气含量高、气压也高的环境下，接受试验的果蝇生活到第五代，身体尺寸增长了 20%。

E. 在同一座山上，生活在山脚下的动物总体上比生活在山顶的同种动物要大。

【题 12】借助动物化石和标本中留存的 DNA，运用日益先进的克隆和基因技术，人类已经能够"复活"一些早已灭绝的动物，如猛犸象、渡渡鸟、恐龙等。与此同时，科学界对"人类是否应该复活灭绝动物"也展开一场大讨论。支持者们相信，复活动物有望恢复某些地区被破坏的生态环境。例如，猛犸象生活在西伯利亚广阔草原上，其排泄物是滋养草原的绝佳肥料。猛犸象灭绝后，缺少肥料的草原逐渐被苔原取代。如果能让猛犸象复活，重回西伯利亚，将有助于缩小苔原面积，逐渐恢复草原生态系统。

以下哪项如果为真，最能反驳上述支持者的观点？

A. 如果投入大量时间、精力和成本去复活已经消失的生物，势必牵制和削弱对现存濒危动物的保护，结果得不偿失。

B. 仅仅克隆出某种灭绝动物的个体，并不等于人类有能力复活整个种群。

C. 即便灭绝动物能够成批复活，适宜它们生长的栖息地或许早已消失，如果不能给与重生物种一个适宜生存的环境，一切努力都是徒劳。

D. 这些动物绝大多数是在人类发展过程中逐渐消失的，正是人类活动才导致了它们的灭绝。

E. 地球资源有限，复活灭绝了的动物势必对现存生物造成威胁。

【题 13】绝大部分植物在长期进化过程中产生出了抵御寄生生物的化学物质。人类常用的植物含有大约 40 种自然药物，即抗细菌、真菌和其他寄生生物的复合的化学毒素。人每天都摄取这些毒素却没有中毒，因此，喷洒在作物上的人工合成农药所导致的新增危害是非常小的。

如果以下陈述为真，除哪项外，都能削弱上述论证？

A. 植物所含自然药物的浓度远远低于喷洒在作物上的人工合成农药的浓度。

B. 人类在几千年里都在摄取这些植物所含的自然药物，有适应它们的时间。

C. 人工合成农药的化学结构通常比植物所含自然药物的化学结构更简单。

D. 植物所含自然药物通常只适合抵御特定的生物，而人工合成的农药通常对多种生物有害。

E. 单独的自然药物大多对人体无害，而人工合成农药时将它们混合提取就可能产生有毒成分。

【题 14】化石燃料主要包括煤炭、石油和天然气等，它们有一个共同特征是燃烧后会释放二氧化碳。这引起人们的担心，即过度依赖化石燃料会导致温室效应——即全球平均温度的上升。这种担心是不必要的。因为如果二氧化碳的供应量上升，植物就会更大量地消耗该气体，所以它们会长得更茂盛，繁殖得更快，那么大气中二氧化碳的浓度终将保持稳定。

下面哪项如果正确，将最严重地削弱这一结论，即：化石燃料燃烧所释放的大量二氧化碳不会引起温室效应？

A. 预计的全球平均温度的上升还没有被观察到。

B. 当大气中二氧化碳的浓度上升时，海水就会更多地吸收二氧化碳。

C. 从工业革命开始时起，大气中二氧化碳浓度的上升引起了农业生产率的提高。

D. 植物腐烂时会产生甲烷，这是另一种能显著地产生温室效应的气体。

E. 二氧化碳含量在地球的历史中多次上升和下降的事实说明有一些能逆转温室效应的生物作用。

【题 15】一脸"萌"相的康恩·莱维，看似与其他新生儿并无两样。但因为是全球首例经新一代基因测序技术筛查后的试管婴儿，他的问世，受到了专家学者的关注。前不久，英国伦敦召开的"欧洲人类生殖和胚胎学会年会"上，这则新闻引爆全场。而普通人也由此认为，人类或许迎来了"定制宝宝"的时代。

以下哪项如果为真，最能反驳上述普通人的观点？

A. "人工"的基因筛查不排除会有漏洞；自然受孕中，大自然优胜劣汰准则似乎更为奥妙、有效。

B. 从近代科技发展史可见，技术发展往往快于人类认知，有时技术会走得更远，偏离人类认知的轨道。

C. 筛查基因主要是避免生殖缺陷，这一技术为人类优生优育带来契机；至于"定制宝宝"，更多涉及克隆概念，两者不能混淆。

D. "定制宝宝"在全球范围内尚无尝试，这一概念也挑战最具有争议的人类生殖伦理。

E. 生物技术飞速发展，"定制宝宝"的时代可能尚未热身就已经被别的时代所取代。

每课一考（10）答案及解析

【题01】答案 **D**。

题干信息	前提：更长时间登录网站→结论：更有效改善人们的心理状态。	
选项	**解释**	**结果**
A	有因无果，但10%的人心情变得更糟了，量度较小，削弱力度较弱。	淘汰
B	"更愿意回答" ≠ "良好的心理状态"，该项对题干论证关系作用有限。	淘汰
C	选项论证是"什么导致对网站不满"，题干论证是"登录网站会导致什么"，选项显然没针对题干论证。	淘汰
D	因果倒置，不是"长期登录"而使"心情变好"，而是因为"心情好"更"愿登录"。	正确
E	没有涉及"登录"对于"心情改变"之间关系，没有针对题干论证。	淘汰

【题02】答案 **B**。

题干信息	论证关系：未禁止在家吸烟∧禁止公共场所和工作地点吸烟→保护上班人员免受二手烟的伤害。	
选项	**解释**	**结果**
A	选项显然无关。	淘汰
B	题干论证关系隐藏假设："在家"与"上班场所"不一致。选项割裂其假设的论证关系，说明"未在家吸烟"并不能"保护上班人员免受伤害"。	正确
C	题干结论形式化"如果P，那么Q"，选项相当于否定P，Q亦可推出，其削弱力度很弱。	淘汰
D	题干论证的是"免受二手烟的伤害"，而非"严重伤害"，选项对题干作用有限。	淘汰
E	"有的场所"未必是"工作场所"，对题干作用有限。	淘汰

【题 03】答案 C。

题干信息	前提：那些情绪积极、在成长过程中对生活感到更满意的人，在达到 29 岁的年龄时其收入也较高。（即快乐和收入高共存） 结论：快乐的人能挣更多的钱。	
选项	**解释**	**结果**
A	选项没有提及年轻人收入的情况，故选项没有指出态度和收入之间的关系，淘汰。	淘汰
B	选项属于典型的干扰项，考生注意，"除了情绪"说明情绪也能起到一定的作用，属于未排除本因的他因，削弱力度较弱。	淘汰
C	说明"家庭富裕""良好的职业背景"可能是"生活满意"的原因，指出题干可能"因果倒置"，削弱力度较强。	正确
D	若职业分布不同，则存在他因削弱，但选项仅仅提出应当调查，并未涉及调查结果，实际并没有指出职业不同。（考生体会一下）	淘汰
E	选项有削弱作用，年龄可视为"他因"，但"可能"降低了削弱力度。	淘汰

【题 04】答案 B。

题干信息	整理题干论证，前提："净菜"能够节省高级知识分子的家务时间→结论："净菜"会受到高级知识分子的欢迎。	
选项	**解释**	**结果**
A	选项对题干有一定支持，"净菜"与一般蔬菜价格没有较大差异，而"净菜"又有其他优势，因此可能会受到欢迎。	淘汰
B	直接削弱题干论证。选项推翻题干"净菜"受欢迎的理由，即"节约家务时间"非目标顾客选择的理由，起到割裂题干论证关系作用。	正确
C	选项支持题干论证，说明"净菜"有优势。	淘汰
D	选项削弱题干论证，但力度较弱。虽不能满足所有人的口味，但即便部分人愿意选择，有一定的消费量，项目亦可实施。	淘汰
E	"有一个适应的过程"，并不意味着不接受项目。	淘汰

【题 05】答案 A。

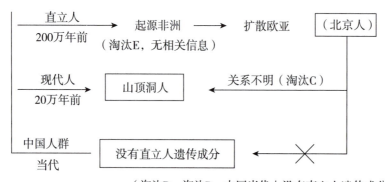

（淘汰 D，淘汰 B，中国当代人没有直立人遗传成分）

【题 06】答案 **E**。

题干信息	准确地检测这种病→建议：采用产生错误的阳性结果比例最低的实验室测试手段。	
选项	解释	结果
A	与题干论证无关，题干涉及的是检测问题，而并非是治疗问题。	淘汰
B	与题干论证无关，题干涉及的是检测问题，而并非是检测的副作用。即便是副作用相同，也说明不了检测手段就更好。	淘汰
C	选项暗示对于没有更早检测出来的病人应该尽早发现，意指应当把错误的阴性结果比率最低的作为测试手段，削弱题干建议。	淘汰
D	无法得出具体测试手段的区别，就说明选用比率最低的方法可能找不到，削弱题干建议。	淘汰
E	考生注意，检测疾病可能发生的情况一共有四种，第一种检测患病实际患病，第二种检测患病其实没有（错误阳性），第三种检测没患病实际没患病，第四种检测没患病实际上患病（错误阴性）。第一种和第三种说明检测是准确的，不影响结论，要想保证以错误阳性比例最低来判定实验结果，只需要保证错误阴性的比例大致相等就行，因此 E 选项是题干论证成立必须的假设，最能支持。	正确

【题 07】答案 **B**。

题干信息	前提：①利兹鱼体型与鲸鲨相当；②寿命差：利兹鱼的平均寿命为 40 年左右，而鲨鲸的平均寿命约为 70 年。→结论：生长速度差：利兹鱼的生长速度很可能超过鲸鲨。	
选项	解释	结果
A	选项直接削弱题干结论，说明利兹鱼和鲸鲨的生长速度大致相同，其力度弱于 B 选项割裂关系。	淘汰
B	由利兹鱼用了 40 年就长到了与鲸鲨 70 年一样的体型，可知利兹鱼的生长速度更快。题干论证要想成立，必须保证寿命（生存时间）与体型大小存在比例关系，选项直接削弱隐含的假设，在 20 岁以后体型基本定型，说明寿命（生存时间）与体型无比例关系，故削弱力度最强。	正确
C	选项支持题干论证，说明寿命与体型之间存在正相关关系。	淘汰
D	选项支持题干论证，与 C 选项作用相同。	淘汰
E	选项与题干论证无关。	淘汰

【题 08】答案 **E**。

题干信息	题干的推理形式为：如果有钠盐，那么就有液态水，甚至是"地下海"。钠盐是有液态水的充分条件。	
选项	解释	结果
A	与题干推测无关，题干论证是"钠盐与液态水之间的关系"。	淘汰
B	与题干推测不符，推测液态水存在，补充推测可能以"地下海"形式存在，并不意味只能以"地下海"方式存在。考生认真体会题干"甚至"的含义。	淘汰

（续）

选项	解释	结果
C	与题干推测无关，题干论证是"钠盐子与液态水之间的关系"，而非"钠盐"如何产生。	淘汰
D	支持前提，即研究方法正确，但对论证关系作用有限。	淘汰
E	选项说明有钠盐是有液态水的充分条件，说明由钠盐推测液态水的必然性，最强的支持。	正确

【题 09】答案 **B**。

题干信息	有的纳税人隐瞒实际收入→年度税收总量减少→立法者提高所得税率→增加合法纳税人的负担→更多纳税人隐瞒实际收入。解决循环问题需要从源头入手，本题即从解决"有的纳税人隐瞒实际收入"出发。	
选项	解释	结果
A	并没有提出解决恶性循环的方法。	淘汰
B	金税工程能够识别逃税，使得逃税的情况减少进而从源头上解决恶性循环。	正确
C	没解决根源问题，反而有可能加剧恶性循环。	淘汰
D	与题干无关，并没有解决根源问题。	淘汰
E	没必要，个人实际收入高低并非是逃税的原因。	淘汰

【题 10】答案 **B**。

题干信息	前提：维护个人利益是个人行为的唯一动机→结论：维护个人利益是影响个人行为的主要因素。本题使用的是形式逻辑直言判断中三段论补前提的思想。前提和结论重复的项：维护个人利益，显然要想保证论证成立，必要的假设是：个人行为的动机是影响个人行为的主要因素。削弱时，直接质疑假设的力度最强，即 B 选项。	
选项	解释	结果
A	考生注意，"值得讨论"等类似表达都属于态度不明确选项，既没有表达支持，也没有表达反对。	淘汰
B	选项削弱了题干隐含的假设，削弱了论证关系。	正确
C	题干论证同一个体利益与行为关系，而非不同个体间的利益关系。	淘汰
D	题干论证没有涉及公共利益。	淘汰
E	题干论证没有涉及群体行为。	淘汰

【题 11】答案 **B**。

题干信息	题干论证：大气中氧气含量的多少→决定昆虫形体的大小。	
选项	解释	结果
A	选项属于多因一果（因：更冷∧氧气含量高→果：生物体积更大），此时无法判断是哪个因导致果，可能两个因对于果都能起到很大作用。考生注意，这是命题中比较典型的干扰项。	淘汰

（续）

选项	解释	结果
B	选项属于因果共变法支持，直接指出氧气含量更高导致昆虫体型更大，支持力度最强。	正确
C	选项论证的是"氧气含量的多少"与"昆虫生存"之间的关系，与题干论证无关。	淘汰
D	选项也属于多因一果，与 A 选项类似，不能支持。	淘汰
E	选项干扰性很大，考生试想，山顶上和山脚下除了氧气浓度有差异，还存在"气压""气温"等影响生物生长的因素差异，不能支持。其实，使用"就近原则"可快速排除选项。题干论证对象是"昆虫"，而选项是"动物"，明显不一致。	淘汰

【题 12】答案 C。

题干信息	支持者的观点：目的：恢复某些地区被破坏的生态环境；方法：复活动物。	
选项	解释	结果
A	题干论证的是"复活动物"对"生态环境"的影响，而不涉及"复活动物"对"其他物种"的影响，选项无法判定方法是否有效。	淘汰
B	题干方法是"复活动物"，而非"复活种群"，故选项未能反驳题干论证。考生需再次体味"核心概念"在论证中的作用。	淘汰
C	选项直接说明方法不可行，复活动物没有存活的环境，就没法恢复被破坏的生态环境。	正确
D	选项构建关系：人类活动→动物灭绝，与题干论证不同。	淘汰
E	选项指出"复活动物"有不良影响，并不能否认其恢复生态环境的作用。	淘汰

【题 13】答案 C。

	题目解析
第一步	整理题干论证，前提：人每天都摄取这些毒素（自然药物）却没有中毒→结论：喷洒在作物上的人工合成农药所导致的新增危害非常小。
第二步	A、B、D、E 选项均指出了自然药物和人工合成农药之间的不同点，且都指出人工合成农药对人的伤害更大，属于直接拆桥的方式来削弱题干论证。C 选项虽然也指出了两者的不同点，但人工合成农药的化学结构更简单不能说明它比自然药物对人的伤害更大。

【题 14】答案 D。

题干信息	因：植物大量地消耗二氧化碳→果：大气中的二氧化碳的浓度将保持稳定→化石燃料不会引起温室效应。	
选项	解释	结果
A	"温度的上升"没有被观察到，无法判断选项作用。	淘汰

（续）

选项	解释	结果
B	"海水"吸收二氧化碳量如何？无法判断能否引起温室效应。	淘汰
C	不涉及对温室效应的影响，属无关选项。	淘汰
D	该项指出了能导致温室效应的另一个气体，即植物腐烂时会产生的甲烷。而这一点是题干的论证所没有考虑的，属于他因削弱，针对关系，力度最强。	正确
E	该项说明二氧化碳含量可以逆转温室效应，支持。	淘汰

【题 15】答案 **C**。

题干信息	普通人的观点：前提：新一代基因测序技术筛查后的试管婴儿问世→结论：人类或许迎来了"定制宝宝"的时代。
解题步骤	
第一步	分析普通人的观点。前提强调"基因筛查技术后的试管婴儿"，结论强调"定制宝宝"，考生试想，要想保证普通人的观点成立，必须建立假设：基因筛查的技术可以完全达到定制宝宝的要求。直接针对隐含的假设进行削弱力度最强。
第二步	分析选项。C 选项直接说明基因筛查的技术更多的是避免缺陷，有很大的局限性，根本不可能达到定制宝宝的要求，直接削弱假设，力度最强。A 选项直接针对普通人观点的前提进行削弱，力度较弱；B 选项与题干论证无关；D 和 E 选项只针对普通人观点的结论进行削弱，力度较弱，并且"具有争议""可能"等词削弱力度也有限，因此答案选 C。

命题方向 八 论证逻辑——解释与评价

考点 23　解释题型解题技巧

解释型试题的一般特征是，题干给出关于某些事实或现象的客观描述，通常是给出一个似乎矛盾实际上并不矛盾的现象，要求从备选项中寻找到能够解释的选项。

> **解释题型的提问方式**
>
> "以下哪项如果为真，能最好地解释上面的矛盾？"
>
> "以下哪项如果为真，能最好地解释上述现象？"
>
> "以下哪项如果为真，最无助于解释上述现象？"

该类试题在题干中描述了事物现象间表面上的矛盾或差异，而本质上这种矛盾是不存在的。这种表面上的矛盾或者是同一个事物的两个不同方面，或者所探讨的是两个不同的对象。但是，题干中为何又显得很矛盾呢？原因可能是还有某方面的细节没有考虑到。

解释型试题也可能需要解释一个事件发生的原因，也可能需要解释一个行为的目的等，都和解释题干论证中存在的表面性矛盾现象有关。

▶ **应对策略 1** ◀

解释现象

可用话题相关、态度一致、寻找合理的原因等思路和方法解决。

庖丁解牛

 例题 60　随着文化知识越来越重要，人们花在读书上的时间越来越多，文人学子中近视患者的比例越来越高。即便在城里工人、乡镇农民中，也能看到不少人戴近视眼镜。然而，在中国古代很少发现患有近视的文人学子，更别说普通老百姓了。

以下除哪项外，均可以解释上述现象？

A. 古时候，只有家庭条件好或者有地位的人才读得起书。即便读书，用在读书上的时间也很少，那种头悬梁、锥刺股的读书人更是凤毛麟角。

B. 古时交通工具不发达，出行主要靠步行、骑马，足量的运动对于预防近视有一定的作用。

C. 古人生活节奏慢，不用担心交通安全，所以即使患了近视，其危害也非常小。

D. 古代自然科学不发达，那时学生读的书很少，主要是四书五经，一本《论语》要读好几年。

E. 古人书写用的是毛笔，眼睛和字的距离比较远，写的字也相对大些。

▶ 【精点解析】

题干信息	找到要解释的现象：古代近视的人少，现在近视的人多（近视的人数量差异的原因）。	
选项	**解析**	**结果**
A	古代读书的人少，读书时间少，因此患近视的可能性小，解释了现象。	淘汰
B	古代运动多有利于预防近视，解释了现象。	淘汰
C	题干论证有关"患近视"人数量多少的原因，而不是患近视的危害，因此无法解释。	正确
D	读书少，读的时间少，不容易患近视，解释了现象。	淘汰
E	眼睛和字的距离比较远，字也相对较大，有益于防止近视，解释了现象。	淘汰
答案	C	

例题61 （2012年管理类联考第36题）乘客使用手机及便携式电脑等电子设备会通过电磁波谱频繁传输信号，机场的无线电话和导航网络等也会使用电磁波谱，但电信委员会已根据不同用途把电磁波谱分成了几大块。因此，用手机打电话不会对专供飞机通讯系统或全球定位系统使用的波段造成干扰。尽管如此，各大航空公司仍然规定，禁止机上乘客使用手机等电子设备。

以下哪项如果为真，能解释上述现象？

Ⅰ. 乘客在空中使用手机等电子设备可能对地面导航网络造成干扰。

Ⅱ. 乘客在起飞和降落时使用手机等电子设备，可能影响机组人员工作。

Ⅲ. 便携式电脑或者游戏设备可能导致自动驾驶仪出现断路或仪器显示发生故障。

A. 仅Ⅰ。　　　　B. 仅Ⅱ。　　　　C. 仅Ⅰ、Ⅱ。

D. 仅Ⅱ、Ⅲ。　　E. Ⅰ、Ⅱ和Ⅲ。

▶ 【精点解析】

题干信息	题干现象：用手机打电话不会对专供飞机通讯系统或全球定位系统使用的波段造成干扰。但禁止机上乘客使用手机等电子设备。	
选项	**解释**	**结果**
Ⅰ	能对"对地面导航网络"造成干扰，合理的他因解释。	能解释
Ⅱ	影响机组人员工作，合理的他因解释。	能解释

（续）

选项	解释	结果
III	"自动驾驶仪出现断路或仪器显示发生故障"，合理的他因解释。本选项有一定干扰性，考生注意解释的对象是"手机等电子设备"，而题干指出"便携式电脑"也属于电子设备。	能解释
答案	**E**	

例题 62

（2011 年管理类联考第 35 题）随着数字技术的发展，音频、视频的播放形式出现了革命性转变。人们很快接受了一些新形式，比如 MP3、CD、DVD 等。但是对于电子图书的接受并没有达到专家所预期的程度，现在仍有很大一部分读者喜欢捧着纸质出版物。纸质书籍在出版业中依然占据重要地位。因此有人说，书籍可能是数字技术需要攻破的最后一个堡垒。

以下哪项最不可能对上述现象提供解释？

A. 人们固执地迷恋着阅读纸质书籍时的舒适体验，喜欢纸张的质感。

B. 在显示器上阅读，无论是笨重的阴极射线管显示器还是轻薄的液晶显示器，都会让人无端的心浮气躁。

C. 现在仍有一些怀旧爱好者喜欢收藏经典图书。

D. 电子书显示设备技术不够完善，图像显示速度较慢。

E. 电子书和纸质书籍的柔软沉静相比，显得面目可憎。

▶ 【精点解析】

解题步骤	
第一步	锁定解释的现象：数字技术得到人们接受，但纸质书籍在出版业仍占重要地位。
第二步	针对现象有两种解释：①数字技术有弊端；②纸质图书有优势。A、E 符合解释②，B、D 符合解释①。
第三步	C 选项不能解释，考生注意"经典图书"无法判断是纸质还是电子图书，无法比较二者的优劣势。
答案	**C**

▶ 应对策略 2 ◀

解释矛盾

通过转折词，找到矛盾双方；寻找矛盾产生的原因（通常利用找他因的思路）；不能支持也不能削弱矛盾的任何一方，这点很重要，需要考生在后续的题目中认真体味。

庖丁解牛

例题 63

成品油生产商的利润很大程度上受国际市场原油价格的影响，因为大部分原油是按国际市场价购进的。今年来，随着国际原油市场价格的不断提高，成品油生产商的运营成本大幅度增加，但某国成品油生产商的利润并没有减少，反而增加了。

以下哪项如果为真，最有助于解释上述看似矛盾的现象？

A. 原油成本只占成品油生产商运营成本的一半。

B. 该国成品油价格根据市场供需确定，随着国际原油市场价格的上涨，该国政府为成品油生产商提供相应的补贴。

C. 在国际原油市场价格不断上涨期间，该国成品油生产商降低了个别高新雇员的工资。

D. 在国际原油市场价格上涨之后，除进口成本增加外，成品油生产的其他成本也有所提高。

E. 该国成品油生产商的原油有一部分来自国内，这部分受国际市场价格波动影响较小。

▶ 【精点解析】

题干信息	题干矛盾："国际原油价格提高，运营成本大幅增加"与"利润上升"之间的矛盾。	
选项	解释	结果
A	原油成本只占运营成本的一半也会导致总成本增加，加剧了矛盾。	淘汰
B	由"收入-成本=利润"的关系可知，成本上升，利润也上升时，最好的解释便是指出另有其他收入增加，选项指出"补贴"恰好就属于其他收入增加。合理地解释了矛盾。	正确
C	考生注意：解释矛盾的前提是矛盾存在。选项存在削弱矛盾一方的可能（虽力度小），不符合题干要求。	淘汰
D	运营成本增加，利润减少，加剧了矛盾。	淘汰
E	一部分来自国内，具体的数量多大？若量足够大，也仅仅说明"国际原油价格提高"未必导致"运营成本增加"，削弱了矛盾一方，不能解释矛盾。	淘汰
答案	**B**	

 （2011 年管理类联考第 31 题）2010 年某省物价总水平仅上涨 2.4%，涨势比较温和，涨幅甚至比 2009 年回落了 0.6 个百分点。可是，普通民众觉得物价涨幅较高，一些统计数据也表明，民众的感觉有据可依。2010 年某月的统计报告显示，该月禽蛋类商品价格涨幅 12.3%，某些反季节蔬菜的涨幅甚至超过 20%。

以下哪项如果为真，最能解释上述看似矛盾的现象？

A. 人们对数据的认识存在偏差，不同来源的统计数据会产生不同的结果。

B. 影响居民消费品价格总水平变动的各种因素互相交织。

C. 虽然部分日常消费品涨幅很小，但居民感觉很明显。

D. 在物价指数体系中占相当权重的工业消费品价格持续走低。

E. 不同的家庭，其收入水平、消费偏好、消费结构都有很大的差异。

► 【精点解析】

	解题步骤
第一步	题干矛盾："物价总水平涨势温和"与"居民感觉物价指数涨幅较高"。
第二步	分析解释对象间的关系，居民感觉到的物价指数是**部分**，物价总指数是**整体**，显然存在别的因素影响物价总指数，而居民却感觉不到。D选项指出"工业消费品"（居民感觉不到）"持续走低"拉低了物价总指数，恰好符合。选项使用的便是他因（工业消费品价格）来进行解释。
答案	**D**

例题65

（2018年管理类联考第39题）我国中原地区如果降水量比往年偏低，该地区河流水位会下降，流速会减缓。这有利于河流中的水草生长，河流中的水草总量通常也会随之增加。不过，去年该地区在经历了一次极端干旱之后，尽管该地区某河流的流速十分缓慢，但其中的水草总量并未随之而增加，只是处于一个很低的水平。

以下哪项如果为真，最能解释上述看似矛盾的现象？

A. 经过极端干旱之后，该河流中以水草为食物的水生动物数量大量减少。

B. 我国中原地区多平原，海拔差异小，其地表河水流速比较缓慢。

C. 该河流在经历了去年极端干旱之后干涸了一段时间，导致大量水生物死亡。

D. 河水流速越慢，其水温变化就越小，这有利于水草的生长和繁殖。

E. 如果河中水草数量达到一定的程度，就会对周边其他物种的生存产生危害。

► 【精点解析】

题干信息	题干矛盾点①：河流流速减缓，有利于水草生长；矛盾点②但该地区经历极端干旱后，尽管河流流速十分缓慢，水草总量并未增加。	
选项	解释	结果
A	该项增加矛盾，以水草为生的动物数量减少应该会导致水草数量增加。	淘汰
B	该项是无关项。	淘汰
C	利用矛盾点②中新的因素，极端干旱对水草影响，解释矛盾，亦即他因解释。	**正确**
D	该项支持了矛盾点①，但不能解释矛盾，反而增加了矛盾。	淘汰
E	选项脱离了题干现象，并不能解释题干矛盾。	淘汰
答案	**C**	

► 应对策略3 ◄

解释差异

可从对象间的差异入手，利用寻找合理的差异导致结果差的思路解决。

庖丁解牛

例题66

在十九世纪，法国艺术学会是法国绘画及雕塑的主要赞助部门，当时个人赞助者已急剧减少。由于该艺术学会并不鼓励艺术创新，十九世纪的法国雕塑缺乏新意；然而，同一时期的法国绘画却表现出很大程度的创新。

以下哪项如果为真，最有助于解释十九世纪法国绘画与雕塑之间创新的差异？

A. 在十九世纪，法国艺术学会给予绘画的经费支持比雕塑多。

B. 在十九世纪，雕塑家比画家获得更多的来自于艺术学会的支持经费。

C. 由于颜料和画布价格比雕塑用的石料便宜，十九世纪法国的非赞助绘画作品比非赞助雕塑作品多。

D. 十九世纪极少数的法国艺术家既进行雕塑创作，也进行绘画创作。

E. 尽管艺术学会仍对雕塑家和画家给予赞助，十九世纪的法国雕塑家和画家得到的经费支持明显下降。

▶【精点解析】

解题步骤	
第一步	找到解释的差异：绘画与雕塑创新的差异。
第二步	题干强调"艺术学会并不鼓励艺术创新"，故 A 选项的解释与题干现象相反。
第三步	要解释差异，需要指出"绘画"与"雕塑"之间的差异，排除 D、E 两项。
第四步	B、C 选项都能解释矛盾，但 C 选项指出是由于非赞助作品数量差异导致的创新的差异。而 B 项，没有提及作品，无法判断创新或无创新。
答案	**C**

（2011 年管理类联考第 26 题）巴斯德认为，空气中的微生物浓度与环境状况、气流运动和海拔高度有关。他在山上的不同高度分别打开装着煮过的培养液的瓶子，发现海拔越高，培养液被微生物污染的可能性越小。在山顶上，20 个装了培养液的瓶子，只有一个长出了微生物。普歇另用干草浸液做材料重复了巴斯德的实验，却得出不同的结果：即使在海拔很高的地方，所有装了培养液的瓶子都很快长出了微生物。

以下哪项如果为真，最能解释普歇和巴斯德实验所得到的不同结果？

A. 只要有氧气的刺激，微生物就会从培养液中自发地生长出来。

B. 培养液在加热消毒、密封、冷却的过程中会被外界细菌污染。

C. 普歇和巴斯德的实验设计都不够严密。

D. 干草浸液中含有一种耐高温的枯草杆菌，培养液一旦冷却，枯草杆菌的孢子就会复活，迅速繁殖。

E. 普歇和巴斯德认为，虽然他们用的实验材料不同，但是经过煮沸，细菌都能被有效地杀灭。

▶【精点解析】

解题步骤	
第一步	寻找结果差异。普歇与巴斯德实验结果的差异：是否长出微生物。
第二步	寻找前提差异。巴斯德：使用一般培养液。普歇：干草浸液。

（续）

第三步	显而易见是前提差异导致结果差异，说明是由于干草浸液导致了实验结果不同，只有D选项解释了干草浸液对于实验结果的影响。
答案	**D**

例题 68 （2013年管理类联考第37题）若成为白领的可能性无性别差异，按正常男女出生率102：100计算，当这批人中的白领谈婚论嫁时，女性与男性数量应当大致相等。但实际上，某市妇联近几年举办的历次大型白领相亲活动中，报名的男女比例约为3：7，有时甚至达到2：8。这说明，文化越高的女性越难嫁，文化低的反而好嫁；男性则正好相反。

以下除哪项外，都有助于解释上述分析与实际情况的不一致？

A. 男性因长相身高、家庭条件等被女性淘汰者多于女性因长相身高、家庭条件等被男性淘汰者。

B. 与男性白领不同，女性白领要求高，往往只找比自己更优秀的男性。

C. 大学毕业后出国的精英分子中，男性多于女性。

D. 与本地女性竞争的外地优秀女性多于与本地男性竞争的外地优秀男性。

E. 一般来说，男性参加大型相亲会的积极性不如女性。

► **【精点解析】**

题干信息	分析：当白领谈婚论嫁时，女性与男性数量应当大致相等； 实际：某市妇联近几年举办的历次大型白领相亲活动中，女性报名比例比男性大很多。 考生注意：题干中"这说明"后面内容不属于题干需要解释的不一致。	
选项	**解释**	**结果**
A	题干中的不一致是报名比例差。A选项解释的是"淘汰者"，即相亲结果差异，未能针对题干差异，因此不能解释。	正确
B	因为白领女性要求高，所以剩余的未婚女性多，报名相亲的人数就多，能够解释。	淘汰
C	大学毕业后出国的精英分子中，男性比女性多，因此男性人数减少，相亲报名人数就少了，能够解释。	淘汰
D	与本地女性竞争的外地优秀女性多于与本地男性竞争的外地优秀男性，因此女性总人数就多，报名人数较多，能够解释。	淘汰
E	男性参加大型相亲会的积极性不如女性，因此报名人数少，能够解释。	淘汰
答案	**A**	

考点24　评价题型解题技巧

评价型试题要求对题干的论证有效性、论证方式和方法、论证意图和目的等进行评价和说明。该类试题的答案方向一般是针对题干论证的隐含前提。当选项为一般疑问句时，对这个问句通常有"是"和"否"两方面的回答。如果对这个问句回答"是"，则对题干起到了支持作用，如果回答"否"，则对题干起到了削弱作用。于是，这个问句就对题干论证具有评价作用。总的来说，能够评价题干论证的选项就是对题干论证的正确性具有判定性作用的选项。

评价题型的提问方式

"以下哪项如果为真，最能对题干论证的有效性进行评价？"

"以下哪项是对上述论证方法最为恰当的概括？"

"要想使上述论证成立，最重要的是回答下面哪个问题？"

▷ **应 对 策 略** ◁

直接评价题解题技巧

评价型试题主要考查考生评价论证（支持或削弱）的能力。

① 由于评价在很多情况下是针对段落推理成立的隐含假设起作用，所以审题时要注意体会段落推理的隐含假设（考生应该再次认识到"假设"思路的重要性），然后去寻找一个能对段落推理起到正反两方面作用的选项。

②当选项为一般疑问句时，对这个问句有两方面的回答——"是"和"否"。若对这个问句回答"是"，能对段落推理起到支持作用；若对这个问句回答"否"，能对段落推理起到驳斥作用（或正好相反）。这样，我们就可以说，这个问题对段落推理有评价作用。

庖丁解牛

例题 69 在上个打猎季节，在人行道上行走时被汽车撞伤的人数是在树林中的打猎事故中受伤的人数的 2 倍。因此，在上个打猎季节，人们在树林里比在人行道上行走时安全。

为了评价上段陈述，最重要的是要知道以下哪项？

A. 下个打猎季节，在树林中打猎受伤的人数较上个季节减少的可能性。

B. 上个打猎季节，马路上的行人和树林中人数的比例。

C. 在上个打猎季节中，打猎事故中受伤的人有多少在过去类似的事故中也受过伤。

D. 如果汽车司机和开枪的猎手都小心点儿，有多少事故可以免于发生。

E. 平均来讲，在非狩猎季节，有多少人在打猎事故中受伤。

▶ **【精点解析】**

题干信息	前提差：在上个打猎季节，在人行道上行走时被汽车撞伤的人数是在树林中打猎事故中受伤的人数的 2 倍。 结论差：在上个打猎季节，人们在树林里比在人行道上行走时安全。
解题步骤	
第一步	分析题干论证，考生注意，比较"更安全"需要涉及受伤的比例，即比较不安全事件发生概率而非仅仅比较受伤的人数，因此还需要知道在树林里和在人行道上行走的总人数，才能由此推出发生事故的概率，从而进行比较（正如：左撇子比右撇子更善于学数学，不在于左撇子中数学好与右撇子中数学好的总人数相比，而是左撇子中数学好的人占左撇子总数之比同右撇子进行比较，即数学好的在该类人群中存在概率的比较。）。因此 B 选项，上个打猎季节，马路上的行人和树林中人数的比例，就给出了总人数的基数，这样就能进行评价，答案选 B。

（续）

第二步	对于 A、D 和 E，考生注意，题干的论证范围是"在上个打猎季节"，因此可快速被淘汰。而 C 选项，也可快速淘汰，题干是"树林里比在人行道上"，属于横向比；而选项是"树林里现在比以前"，属于纵向比。
答案	**B**

沙场点兵

例题 70（2012 年经济类联考第 19 题）据最近一次调查，婚姻使人变胖。作为证据的是一项调查结果：13 年的婚姻生活中，女性平均胖了 23 斤，男性平均胖了 18 斤。

对下列哪一个问题的回答可能对评价上面调查中所展现的推理最有帮助？

A. 为什么调查中研究的时间是 13 年，而不是 12 年或 14 年？

B. 在结婚的时间里，有一些男性体重增加少于 18 斤吗？

C. 与调查中的年龄相当的单身汉在 13 年中的体重增加或减少了多少？

D. 调查中的女性和调查中的男性在调查中一样积极吗？

E. 报道中的体重获得将维系一生吗？

▶ **【精点解析】**

	解题步骤
第一步	整理题干论证，前提：结婚的男人和女人都变胖了→结论：婚姻使人变胖。
第二步	题干使用求同法（有因有果）方式构建因果关系，评价因果关系是否成立，我们借助假设思想①因果是否不倒置；②是否排除他因；③无因是否无果（因果求异法）来进行评价。选项 C 显然是利用③来评价。
答案	**C**

例题 71（2017 年管理类联考第 42 题）研究者调查了一组大学毕业即从事有规律的工作正好满 8 年的白领，发现他们的体重比刚毕业时平均增加了 8 公斤。研究者由此得出结论，有规律的工作会增加人们的体重。

关于上述结论的正确性，需要询问的关键问题是以下哪项？

A. 和该组调查对象其他情况相仿且经常进行体育锻炼的人，在同样的 8 年中体重有怎样的变化？

B. 该组调查对象的体重在 8 年后是否会继续增加？

C. 为什么调查关注的时间段是对象在毕业工作后 8 年，而不是 7 年或者 9 年？

D. 该组调查对象中男性和女性的体重增加是否有较大差异？

E. 和该组调查对象其他情况相仿但没有从事有规律工作的人，在同样的 8 年中体重有怎样的变化？

► **【精点解析】**

题干 信息	结论：因：有规律的工作；果：增加人们的体重。
解题步骤	
第一步	题干根据一项对从事有规律工作的白领的调查便简单得到因果关系，显然是草率归因。正如我们不能由"优秀的企业都有办公楼"而得出"办公楼"与"企业的优秀"间有因果关系。为更好地评价题干因果关系，我们可以增加一个对照组，即对没有从事有规律工作的人的调查，来增强因果关系的说服力。
第二步	答案为 E。题干论证"有规律的工作"与"增加人们体重"之间的关系，我们需要对这两个因素的因果进行评价。A 项增加了"经常锻炼"这一因素，可能存在他因。B、C、D 分别评价的是"时间""性别"与"增加人们的体重"之间的关系，显然无法评价研究者的结论。
答案	**E**

考点 25　对话焦点题解题技巧

应对策略

对话焦点题解题技巧

　　对话焦点题主要考查考生分析甲、乙二者论证结构的能力。考生可从以下两个角度进行分析：

　　1. 找到甲、乙二者论证的态度，明确甲、乙二者支持、反对的焦点。

　　2. 分析甲、乙双方二者论证的结构。考试一般有如下三种结构：

（1）	甲：$X \rightarrow Y$	乙支持甲的前提，反驳甲的结论。
	乙：$X \rightarrow Z$	（乙在甲前提基础上得出不同结论）
（2）	甲：$X \rightarrow Y$	乙支持甲的结论，反驳甲的前提。
	乙：$Z \rightarrow Y$	（乙对甲的结论提出新的解释，指出有他因）
（3）	甲：$X \rightarrow Y$ （隐含假设或论证关系 Z）	乙反驳甲的假设或论证关系。
	乙：非 Z	

庖丁解牛

例题 72　甲：从互联网上人们可以获得任何想要的信息和资料。因此，人们不需要听取专家的意见，只要通过互联网就可以很容易地学到他们需要的知识。

　　乙：过去的经验告诉我们：随着知识的增加，对专家的需求也相应地增加。因此，互联网反而会增加我们咨询专家的机会。

　　以下哪项是上述论证的焦点？

A. 互联网是否能有助于信息在整个社会的传播。

B. 互联网是否能增加人们学习知识时请教专家的可能性。

C. 互联网是否能使更多的人容易获得更多的资料。

D. 专家在未来是否将会更多地依靠互联网。

E. 互联网知识与专家的关系以及两者的重要性。

► 【精点解析】

解题步骤	
第一步	找到甲的态度：互联网并未增加人们听取专家的意见的可能。
第二步	找到乙的态度：互联网增加了人们咨询专家的机会。因此二者争论的焦点是：互联网是否会增加人们对专家的需求。答案选 B。
答案	**B**

例题 73

郑女士：衡远市过去十年的 GDP（国内生产总值）增长率比易阳市高，因此衡远市的经济前景比易阳市好。

胡先生：我不同意你的观点。衡远市的 GDP 增长率虽然比易阳市高，但易阳市的 GDP 数值却更大。

以下哪项最为准确地概括了郑女士和胡先生争议的焦点？

A. 易阳市的 GDP 数值是否确实比衡远市大？

B. 衡远市的 GDP 增长率是否确实比易阳市高？

C. 一个城市的 GDP 数值大，是否经济前景一定好？

D. 一个城市的 GDP 增长率高，是否经济前景一定好？

E. 比较两个城市的经济前景，GDP 数值与 GDP 增长率哪个更重要？

► 【精点解析】

解题步骤	
第一步	整理二者论证。 郑女士：GDP 增长率高→经济前景好。 胡先生：GDP 数值大→经济前景好。
第二步	分析二者论证。二者争论的焦点显然是 GDP 的增长率和 GDP 的数值哪个更能反映城市的经济前景。因此答案选 E。
答案	**E**

例题 74

（2018 年经济类联考第 15 题）陈先生：未经许可侵入别人的计算机，就好像开偷来的汽车撞伤了人，这些都是犯罪行为。但后者性质更严重，因为它既侵占了有形财产，又造成了人身伤害，而前者只是在虚拟世界中捣乱。

林女士：我不同意。例如，非法侵入医院的计算机，有可能扰乱医疗数据，甚至危及病人的生命。因此，非法侵入计算机同样会造成人身伤害。

以下哪项最为准确地概括了两人争论的焦点？

A. 非法侵入别人计算机和开偷来的汽车是否同样会危及人的生命？

B. 非法侵入别人计算机和开偷来的汽车伤人是否同样构成犯罪？

C. 非法侵入别人计算机和开偷来的汽车伤人是否是同样性质的犯罪？

D. 非法侵入别人计算机犯罪性质是否和开偷来的汽车伤人一样的严重？

E. 是否只有侵占有形财产才构成犯罪？

▶ 【精点解析】

解题步骤	
第一步	整理陈先生的论证，前提：非法侵入计算机（没人身伤害）∧开偷来的汽车撞伤了人（有人身伤害）→结论：开偷来的汽车撞伤了人比非法侵入计算机伤害性质更严重。
第二步	林女士通过指出陈先生的前提差不存在，进而削弱陈先生的观点。林女士的论证，前提：非法侵入计算机（有人身伤害）∧开偷来的汽车撞伤了人（有人身伤害）→结论：开偷来的汽车撞伤了人与非法侵入计算机伤害性质一样严重。
第三步	分析二者的论证可得，林女士通过指出陈先生的前提差不存在，进而反驳陈先生的观点，因此二者争论的焦点在于"性质是否一样严重"。答案选 D。
答案	**D**

例题 75 （2016 年管理类联考第 30 题）赵明与王洪都是某高校辩论协会成员，在为今年华语辩论赛招募新队员问题上，两人发生了争执。

赵明：我们一定要选拔喜爱辩论的人。因为一个人只有喜爱辩论，才能投入精力和时间研究辩论并参加辩论赛。

王洪：我们招募的不是辩论爱好者，而是能打硬仗的辩手。无论是谁，只要能在辩论赛中发挥应有的作用，他就是我们理想的人选。

以下哪项最可能是两人争论的焦点？

A. 招募的标准是对辩论的爱好还是辩论的能力。

B. 招募的标准是从现实出发还是从理想出发。

C. 招募的目的是为了集体荣誉还是满足个人爱好。

D. 招募的目的是为了培养新人还是赢得比赛。

E. 招募的目的是研究辩论规律还是培养实战能力。

▶ 【精点解析】

解题步骤	
第一步	整理题干信息，可知两人论证中的结论： 赵明：我们一定要选拔喜爱辩论的人。 王洪：我们一定要选拔辩论赛中能发挥作用的人，即有能力的人。
第二步	根据题干信息可知，两人争论的焦点在于选拔的标准不同。因此，答案选 A。
答案	**A**

⏱ 时间：30分钟　　　　　　　　　　　　　　　　　　　　得分：

本测试题共有 15 小题，每小题 2 分，共 30 分。请从下面每小题所列的 5 个备选答案中选取出 1 个，多选为错。

【题 01】 随着年龄的增长，人体对卡路里的日需求量逐渐减少，而对维生素和微量元素的需求却日趋增多。因此，为了摄取足够的维生素和微量元素，老年人应当服用一些补充维生素和微量元素的保健品，或者应当注意比年轻时食用更多的含有维生素和微量元素的食物。

为了对上述断定作出评价，回答以下哪个问题最为重要？

A. 对老年人来说，人体对卡路里需求量的减少幅度，是否小于对维生素和微量元素需求量的增加幅度？

B. 保健品中的维生素和微量元素，是否比日常食品中的维生素和微量元素更易被人体吸收？

C. 缺乏维生素和微量元素所造成的后果，对老年人是否比对年轻人更严重？

D. 一般地说，年轻人的日常食物中的维生素和微量元素含量，是否较多地超过人体的实际需要？

E. 保健品是否会产生危害健康的副作用？

【题 02】 由于石油价格上涨，国家上调了汽油等成品油的销售价格，这导致出租车运营成本增加，司机收入减少。调查显示，北京市 95% 以上的出租车司机反对出租车价上涨，因为涨价将导致乘客减少，但反对涨价并不意味着他们愿意降低收入。

以下哪项如果为真，最能解释北京出租车司机的这种看似矛盾的态度？

A. 出租车司机希望减少向出租车公司缴纳的月租金，由此消除油价上涨的影响。

B. 调查显示，所有的消费者都反对出租车涨价。

C. 北京市公交车的月票价格上调了，但普通车票的价格保持不变。

D. 出租车涨价使得油价上升的成本全部由消费者承担。

E. 滴滴、优步等打车软件使得很多个体户也开始承担出租运营业务，即使不涨价乘客也会减少。

【题 03】 陈先生：有的学者认为，蜜蜂飞舞时发出的嗡嗡声是一种交流方式，例如蜜蜂在采花粉时发出的嗡嗡声，是在给同一蜂房的伙伴传递它们正在采花粉位置的信息。但事实上，蜜蜂不必通过这样费劲的方式来传递这样的信息。它们从采花粉处飞回蜂房时留下的气味踪迹，足以引导同伴找到采花粉的地方。

贾女士：我不完全同意你的看法。许多动物在完成某种任务时都可以有多种方式。例如，有些蜂类可以根据太阳的位置，也可以根据地理特征来辨别方位，同样，对于蜜蜂来说，气味踪迹只是它们的一种交流方式，而不是唯一的交流方式。

以下哪项最为恰当地概括了陈先生和贾女士所争论的问题？

A. 关于动物行为方式的一般性理论，是否能只基于对某种动物的研究？

B. 蜜蜂飞舞时发出的嗡嗡声，是否可以有多种不同的解释？

C. 是否只有蜜蜂才有能力向同伴传递位置信息？

D. 蜜蜂在采花粉时发出的嗡嗡声，是否在给同一蜂房的伙伴传递所在位置的信息？

E. 气味踪迹是否为蜜蜂的主要交流方式？

【题04】研究表明，严重失眠者中 90%爱喝浓茶。老张爱喝浓茶，因此，他很可能严重失眠。

以下哪项最为恰当地指出了上述论证的漏洞？

A. 忽视了这种可能性：老张属于喝浓茶中 10%不严重失眠的那部分人。

B. 忽视了引起失眠的其他原因。

C. 忽视了喝浓茶还可能引起其他不良后果。

D. 依赖的论据并不涉及爱喝浓茶的人中严重失眠者的比例。

E. 低估了严重失眠对健康的危害。

【题05】海龟在人工饲养的条件下会感染一系列致命的疾病，野生的海龟不会感染这些疾病。但事实上，人工饲养的海龟达到最长生命年限的可能性和野生海龟没什么区别。

以下哪项如果为真，最能解释上述看似矛盾的情况？

A. 大多数野生海龟主要是死于天敌鲨鱼的捕杀。

B. 和野生海龟相比，人工饲养的海龟只占极小的比例。

C. 人类在治疗人工饲养海龟感染的疾病方面并非束手无策。

D. 在所有的海洋动物中，海龟的自然寿命是最长的。

E. 海龟有不同的种类，不同种类海龟的自然寿命不尽相同。

【题06】某位经营者投入巨资修建了一条连通市区和机场的高速公路，这条公路比原来市区通往机场的高速公路路程短且路况好。当然，这条私营高速公路是要收费的。运行一段时间后，这条高速公路的经营者发现车流量比预期要少得多，这条期望中的"招财路"并没有立即招财。

以下各项如果为真，则哪项最不可能解释上述看似矛盾的现象？

A. 人们宁可多花时间也不愿支付额外的"过路费"。

B. 绝大多数去机场的人还不知道新的高速公路已经开通。

C. 金融危机影响了当地居民的收入，外出乘飞机的人减少。

D. 与在一般公路上开车相比，在高速公路上开车更具危险性。

E. 该市外出乘飞机人员一般都是坐出租车去机场，而出租车司机一般又都是通过绕行来多挣钱。

【题07】达里湖是由火山喷发而形成的高原堰塞湖，生活在半咸水湖里的华子鱼——瓦氏雅罗鱼，像生活在海中的鲑鱼一样，必须洄游到淡水河的上游产卵繁育。尽管目前注入达里湖的 4条河流都是内陆河，没有一条河流通向海洋，科学家们仍然确信：达里湖的华子鱼最初是从海洋迁徙来的。

以下哪一项陈述为真，对科学家的信念提供了最佳的解释？

A. 科研人员将达里湖华子鱼的鱼苗放入远隔千里的柒盖淖，养殖成功。

B. 冰川融化形成达里湖，溢出的湖水曾与流入海洋的辽河相连。

C. 捕捞出的华子鱼放入海水或淡水中只能存活一两天，死后迅速腐坏。

D. 生活在黑龙江等水域的雅罗鱼比达里湖的瓦氏雅罗鱼个头大一倍。

E. 达里湖水域的自然环境在数千年内没有显著变化。

【题08】大约 20 亿年前的太阳比现在的太阳要暗 30%。如果现在的太阳像那时的太阳一样暗淡，地球上的海洋就会完全冻结成冰。然而，有化石证据表明：早在 38 亿年前，液态水和生命就在地球上存在了。

如果以下陈述为真，哪一项最有助于消除以上描述中明显的不一致？

A. 大约 20 亿年前，一个强大的并非来自太阳的热源使得地球上大块的冰融化。

B. 38 亿年前地球上出现的液态水后来又冻结了，大约在 20 亿年前才重新融化。

C. 38 亿年前地球大气层所能保持的热量明显地多于现在大气层所能保持的热量。

D. 有证据表明，海洋的某些区域一直冻结到比 20 亿年前更晚的时期。

E. 有证据表明有些单细胞生物可以存活在冰里，但大多存活时间很短。

【题 09】 任何一篇译文都带有译者的行文风格。有时，为了及时地翻译出一篇公文，需要几个笔译人员同时工作，每人负责翻译其中一部分。在这种情况下，译文的风格往往显得不协调。与此相比，用于语言翻译的计算机程序显示出优势：其准确率不低于人工笔译，但速度比人工笔译快得多，并且能保持译文风格的统一。所以，为及时译出那些长的公文，最好使用机译而不是人工笔译。

为对上述论证作出评价，回答以下哪个问题最不重要？

A. 是否可以通过对行文风格的统一要求，来避免或至少减少合作译文在风格上的不协调？

B. 根据何种标准可以准确地判定一篇译文的准确率？

C. 机译的准确率是否同样不低于翻译家的笔译？

D. 日常语言表达中是否存在由特殊语境决定的含义，这些含义只有靠人的头脑，而不能靠计算机程序把握？

E. 不同的计算机翻译程序，是否也和不同的人工译者一样，会具有不同的行文风格？

【题 10】 胡萝卜、西红柿和其他一些蔬菜含有较丰富的 β-胡萝卜素，β-胡萝卜素具有防止细胞癌变的作用。近年来提炼出的 β-胡萝卜素被制成片剂并建议吸烟者服用，以防止吸烟引起的癌症。然而，意大利博洛尼亚大学和美国德克萨斯大学的科学家发现，经常服用 β-胡萝卜素片剂的吸烟者反而比不常服用 β-胡萝卜素片剂的吸烟者更易于患癌症。

以下哪项如果为真，最能够解释上述矛盾？

A. 有些 β-胡萝卜素片剂含有不洁物质，其中有致癌物质。

B. 意大利博洛尼亚大学和美国德克萨斯大学地区的居民吸烟者中癌症患者的比例都较其他地区高。

C. 经常服用 β-胡萝卜素片剂的吸烟者有其他许多易于患癌症的不良习惯。

D. β-胡萝卜素片剂不稳定，易于分解变性，从而与身体发生不良反应，易于致癌。而自然 β-胡萝卜素性质稳定，不会致癌。

E. 吸烟者吸入体内烟雾中的尼古丁与 β-胡萝卜素发生作用，生成一种比尼古丁致癌作用更强的有害物质。

【题 11】 据一项由几个大城市所做的统计显示，餐饮业的发展和瘦身健身业的发展呈密切正相关。从 2000 年到 2005 年，餐饮业的网点增加了 18%，同期在健身房正式注册参加瘦身健身的人数增加了 17.5%；从 2005 年到 2010 年，餐饮业的网点增加了 25%，同期参加瘦身健身的人数增加了 25.6%；从 2010 年到 2015 年，餐饮业的网点增加了 20%，同期参加瘦身健身的人数也正好增加了 20%。

如果上述统计真实无误，则以下哪项对上述统计事实的解释最可能成立？

A. 餐饮业的发展，扩大了肥胖人群体，从而刺激了瘦身健身业的发展。

B. 瘦身健身运动，刺激了参加者的食欲，从而刺激了餐饮业的发展。

C. 在上述几个大城市中，最近 15 年来，主要从事低收入重体力工作的外来人口的逐年上升，刺激了各消费行业的发展。

D. 在上述几个大城市中，最近 15 年来，城市人口收入的逐年提高，刺激了包括餐饮业和健身业在内的各消费行业的发展。

E. 高收入阶层中，相当一批人既是餐桌上的常客，又是健身房内的常客。

【题 12】《都市青年报》准备在 5 月 4 日青年节的时候推出一种订报有奖的促销活动。如果你在 5 月 4 日到 6 月 1 日之间订了下半年的《都市青年报》，就可以免费获赠下半年的《都市广播电视导报》。推出这个活动之后，报社每天都在统计新订户的情况，结果非常失望。

以下哪项如果为真，最能够解释这项促销活动没能成功的原因？

A. 根据邮局发行部门的统计，《都市广播电视导报》并不是一份十分有吸引力的报纸。

B. 根据一项调查的结果，《都市青年报》的订户中有些已经同时订了《都市广播电视导报》。

C.《都市广播电视导报》的发行渠道很广，据统计，订户比《都市青年报》的还要多一倍。

D.《都市青年报》没有考虑很多人的订阅习惯。大多数报刊订户在去年底已经订了今年一年的《都市广播电视导报》。

E.《都市青年报》推出这个活动，伤害了那些《都市青年报》老订户的感情，影响了它的发行工作。

【题 13】张教授：如果一件艺术作品的复制品和其真品看起来没有差别，那么复制品应与其真品等值。毕竟，如果两件作品看起来没有差别，那么它们具有相同的质量；如果它们拥有相同的质量，价格应该相等。

李研究员：你对艺术的理解真是井底之蛙！即使某个人可以复制视觉上不能与其真品区分开来的完美的复制品，但复制品有一个不同的历史，因此，就不会与真品有相同的质量。

下面哪一个是张教授和李研究员争论的焦点？

A. 一件艺术作品的复制品是否视觉上与真品区分不开。

B. 对一件艺术作品的再创造是否会比真品更值钱。

C. 一件艺术作品的复制品是否会被误认为是真品。

D. 一件艺术作品的复制品是否在质量上与真品的所有方面都一样。

E. 独创性是否是艺术作品拥有的唯一有价值的属性。

【题 14】科学家：已经证明，采用新耕作方法可以使一些经营管理良好的农场在不明显降低产量、甚至在提高产量的前提下，减少化肥、杀虫剂和抗生素的使用量。

批评家：并非如此。你们选择的农场是使用这些新方法最有可能取得成功的农场。为什么不提那些尝试了新方法却最终失败的农场呢？

以下哪项陈述最恰当地评价了批评家的反驳？

A. 批评家认为，新耕作方法应该能够普遍推广。

B. 批评家的反驳文不对题，因为科学家旨在表明某种情况可能发生，这与被研究对象是否有代表性无关。

C. 批评家毫无理由地假定，有些农场失败不是因其土壤质量引起的。

D. 批评家表明，如果大大增加被研究农场的数量，就会得到不同的研究结果。

E. 批评家的反驳没有证明除了新耕作方法，是否还存在其他导致农场失败的原因。

【题 15】在经历了全球范围股市暴跌的冲击以后，T 国政府宣称，它所经历的这场股市暴跌的冲击，是由于最近国内一些企业过快的非国有化造成的。

以下哪项如果事实上是可操作的，最有利于评价 T 国政府的上述宣称？

A. 在宏观和微观两个层面上，对 T 国一些企业最近的非国有化进程的正面影响和负面影响进行对比。

B. 把 T 国受这场股市暴跌的冲击程度，和那些经济情况和 T 国类似，但最近没有实行企业非国有化的国家所受到的冲击程度进行对比。

C. 把 T 国受这场股市暴跌的冲击程度，和那些经济情况和 T 国有很大差异，但最近同样实行了企业非国有化的国家所受到的冲击程度进行对比。

D. 计算出在这场股市风波中 T 国的个体企业的平均亏损值。

E. 运用经济计量方法预测 T 国的下一次股市风波的时间。

🔑 每课一考（11）答案及解析

【题 01】答案 D。

步骤 1：锁定提问："为了对上述断定作出评价"。

步骤 2：锁定断定："为了摄取足够的维生素和微量元素，老年人应当服用一些补充维生素和微量元素的保健品，或者应当注意比年轻时食用更多的含有维生素和微量元素的食物。"

步骤 3：评价点①老年人应当服用一些补充维生素和微量元素的保健品，我们需要了解保健品是否能够被吸收以及量是否足够？评价点②应当注意比年轻时食用更多的含有维生素和微量元素的食物，我们需要了解年轻时食用的量，如果年轻时食用量过大，现在只需要持平或者减少而非增加。

步骤 4：分析选项。

选项	解释	结果
A	与结论评价点不相干。	淘汰
B	迷惑选项，将两个评价点混在一起，考生仔细分析一下，两个评价点各侧重什么？	淘汰
C	选项没有涉及题干中评价点。考生注意题干中老年人、年轻人比什么？	淘汰
D	对应了评价点②。	正确
E	与题干评价点无关。	淘汰

【题 02】答案 A。

	解题步骤
第一步	找到题干矛盾双方： ①出租车司机反对出租车价上涨。 ②出租车司机不愿意降低收入。
第二步	解释矛盾态度的关键是在"出租车价不上涨，司机又不愿意降低收入"，司机一定会有其他意图（他因）。A 选项出租车司机希望减少向出租车公司缴纳的月租金，由此消除油价上涨的影响。说明了不涨出租车价，用其他方式抵消油价的上涨，从而不降低收入。能解释矛盾。

【题 03】答案 **D**。

	解题步骤
第一步	整理二者论证。 陈先生：前提：蜜蜂通过气味传递信息。结论：蜜蜂不是通过嗡嗡声传递信息。 贾女士：蜜蜂通过气味踪迹传递信息只是一种交流方式，并不是唯一的交流方式，即存在通过嗡嗡声传递信息的可能。
第二步	分析二者结构可得，二者的分歧点在于导致相同结论的前提是否相同。因此二者争论的焦点是蜜蜂通过发出嗡嗡声是否传递信息，答案选 D。

【题 04】答案 **D**。

	解题步骤
第一步	考生需体会"严重失眠者中 90%爱喝浓茶" ≠ "爱喝浓茶者中 90%严重失眠"，如图： A=严重失眠 B=爱喝浓茶 题干显然把"严重失眠者中 90%爱喝浓茶"理解成了"爱喝浓茶者中 90%严重失眠"，因此答案选 D。
第二步	干扰项分析。考生想想，如果题干改成"爱喝浓茶者 90%严重失眠。老张爱喝浓茶，因此，他一定严重失眠"，这时才应该选 A（此时题干的漏洞是从可能推出了必然）。

【题 05】答案 **C**。

	解题步骤
第一步	矛盾双方：①海龟在人工饲养的条件下会感染一系列致命的疾病，野生的海龟不会感染这些疾病（两者差）。②人工饲养的海龟达到最长生命年限的可能性和野生海龟没什么区别（两者同）。
第二步	要解释矛盾，只要补因或将①中两者差变成同即可。C 选项说明虽然两者感染情况不同但由于可以治疗，所以是否感染对最长生命年限影响不大，即差变同。B 选项中两者的数量比例与最长生命年限无关，排除。A、D、E 选项不涉及人工饲养的海龟和野生的海龟之间的比较，为无关选项。

【题 06】答案 **D**。

题干信息	题干矛盾的现象：新修的高速公路比原有高速公路的路程短且路况好，要收费（X）与车流量比预期要少得多（Y）之间的矛盾。	
选项	解释	结果
A	他因解释，说明路程短和路况好并不能抵消费用产生的成本。	淘汰
B	他因解释，说明由于人们不知道这条路的存在，进而导致车流量少。	淘汰
C	他因解释，由于经济原因乘飞机的人数减少，因此去机场的车流量减少。	淘汰

（续）

选项	解释	结果
D	选项不能解释，题干涉及比较对象是新修的高速公路与原有的高速公路之间的比较，并非高速公路与一般公路的比较。	正确
E	他因解释，说明路程短并非是这条新修高速公路的优势。	淘汰

【题 07】答案 **B**。

	解题步骤
第一步	要解释的信息：达里湖的华子鱼最初是从海洋迁徙来的。
第二步	分析可得，解释需要建立"达里湖的华子鱼"和"海洋"之间的关系，因此答案选 B。

【题 08】答案 **C**。

	解题步骤
第一步	简化题干信息： ①20 亿年前的太阳暗，如果现在太阳暗，地球上的海洋就会完全冻结成冰。 ②在 38 亿年前，液态水和生命就在地球上存在了。
第二步	C 选项利用热量，抓住了转折前后的关键区别，引入新的论据说明前后差异的原因，能解释。

【题 09】答案 **E**。

题干信息	锁定评价点。"①准确率不低于人工笔译，②速度比人工笔译快得多，③能保持译文风格的统一"。	
选项	解释	结果
A	针对评价点③。	淘汰
B	针对评价点①。	淘汰
C	针对评价点①。考生注意，翻译家亦代表人类。X 若大于 Y，则需 X 大于 Y 中的最大值。	淘汰
D	针对评价点①。	淘汰
E	完全可以只选择同一计算机、同一程序进行翻译。	正确

【题 10】答案 **E**。

	解题步骤
第一步	锁定矛盾点。"经常服用 β-胡萝卜素片剂的吸烟者反而比不常服用 β-胡萝卜素片剂的吸烟者更易于患癌症"，考生注意，本题的矛盾点其实是一个差异，即：服用 β-胡萝卜素"片剂"与没服用 β-胡萝卜素"片剂"的差异，但这个差异还有一个限定条件"吸烟者"。
第二步	尼古丁本身致癌，若"片剂"致癌性小于尼古丁，则吸烟者是否服用"片剂"区别不大。E 选项指出"片剂"与尼古丁发生作用，致癌性强于尼古丁，能够解释题干差异。C、D 选项均无法解释片剂在吸烟者间的差异。可解释一般人（非吸烟者）使用片剂和不使用片剂间的区别，考生认体会。

【题 11】答案 D。

题干信息	统计事实：在上述几个大城市中，近 15 年来，餐饮业的发展和瘦身健身业的发展呈密切正相关。	
选项	**解释**	**结果**
A	选项不能解释，考生注意题干中的"同期"，说明二者无明显的时间先后顺序，可能是"餐饮消费增加"导致要去"瘦身健身"，也可能是"瘦身健身"导致要去"增加餐饮消费"，因此选项不能解释。	淘汰
B	同 A 选项。	淘汰
C	各行各业的发展，未必是"餐饮业"和"瘦身健身业"的发展。	淘汰
D	选项能解释，指出是由于合理的他因——"城市人口收入提高"，进而导致"餐饮业"和"瘦身健身业"的发展。	正确
E	选项不涉及"上述几个大城市的近 15 年"，范围不确定，解释力度弱。	淘汰

【题 12】答案 D。

题干信息	题干现象：促销活动没能增加《都市青年报》的订户数量。	
选项	**解释**	**结果**
A	选项迷惑性很大，考生注意《都市广播电视导报》是赠送的，即便没有吸引力，也总比什么也不赠送要好，一定看清楚对象是《都市青年报》。	淘汰
B	选项不能解释，促销活动吸引的是新订户，与现有订户无关。	淘汰
C	选项对象是《都市广播电视导报》，与题干解释对象不一致。	淘汰
D	选项能解释，大多数订户都已拥有《都市广播电视导报》，因此促销措施对预期订户没有吸引力，所以活动没成功。	正确
E	选项不能解释，仅仅是"影响了发行工作"，未必会影响"人们的订阅行为"。	淘汰

【题 13】答案 D。

	解题步骤
第一步	整理二者的论证。 张教授，前提：如果一件艺术作品的复制品和其真品看起来没有差别→结论：复制品应与其真品等值。 李研究员，前提：虽然视觉上一样，但复制品有一个不同的历史→结论：复制品不会与真品有相同的质量。
第二步	分析二者论证。张教授隐含的假设，复制品和其真品在视觉上看起来一样就是质量一样；而李研究员的假设，视觉上一样，不等于质量一样，质量还与其他因素比如时代有关，因此二者争论的焦点是复制品的质量能不能完全等同于真品，答案选 D。

【题 14】答案 B。

题干 信息	科学家：新的耕作方法可以使一些农场减少化肥、杀虫剂和抗生素的使用量。 批评家：为何不提尝试了新方法却失败的农场。

解题步骤	
第一步	可以看出批评家的反驳旨在指出科学家的以偏概全。然而，准确把握科学家的论述可以发现，科学家认为新的耕作方法对"一些"农场有效，仅仅是对一事实的陈述而未夸大事实，故没有犯以偏概全的错误。
第二步	B 选项是对批评家论证准确的评价，其余选项均不相关。

【题 15】答案 B。

解题步骤	
第一步	T 国政府的宣称：它所经历的这场股市暴跌的冲击，是由于最近国内一些企业过快的非国有化造成的。
第二步	分析题干论证。T 国政府的宣称可以通过将 T 国 "受这场股市暴跌的冲击程度" 与 "那些经济情况与 T 国类似，但最近没有实行企业非国有化的国家所受到的冲击程度" 进行对比而得到。如果那些经济情况与 T 国类似但最近没有实行企业非国有化的国家，并没有受到这场股市暴跌的冲击或者所受到的冲击程度较小，就可以说明 T 国政府的宣称是成立的了。答案选 B。
第三步	分析选项。选项 C 说要将 T 国受这场股市暴跌的冲击程度和那些 "经济情况与 T 国有很大差异并且最近同样实行了企业非国有化的国家所受到的冲击程度" 进行对比，这只可能说明经济情况的差异是造成受这场股市暴跌冲击的原因，考生注意回顾 "求同存异" 的解题思路。选项 A、D、E 都不能说明题干中 T 国政府的宣称。

冲刺模拟篇

2023精点教材 MBA、MPA、MPAcc、MEM联考与经济类联考逻辑精点

管理类联考（199科目）模拟测试

经济类联考（396科目）模拟测试

管理类联考（199科目）模拟测试

扫描二维码，发送"逻辑精点01"，查看本套模拟试卷的完整视频解析。

参考答案见本书P303。

本测试题共30小题，每小题2分，共60分，从下面每小题所列的5个备选答案中选取出一个，多选为错。

1. 一家石油公司进行了一项关于石油泄漏对环境影响的调查，并作出结论说：石油泄漏区域水鸟的存活率为95%。这项对水鸟的调查委托给了最近一次石油泄漏地区附近的一家动物医院，据调查称，受污染的20只水鸟中只有1只死掉了。

   如果以下陈述为真，哪一项将对该调查的结论提出最严重的质疑？

   A. 许多幸存的被污染的水鸟受到了严重伤害。

   B. 大部分受影响的水鸟是被浮在水面上的石油所污染的。

   C. 极少数受污染的水鸟在再次被石油污染后被重新送回动物医院。

   D. 只有那些看起来还能活下去的受污染水鸟才会被送进动物医院。

   E. 很少有水鸟能够成活。

2. 中国民营企业家陈光标在四川汶川大地震发生后，率先带着人员和设备赶赴灾区实施民间救援。他曾经说过："如果你有一杯水，你可以独自享有；如果你有一桶水，你可以存放家中；如果你有一条河流，你就要学会与他人分享。"

   以下哪项陈述与陈光标的断言发生了最严重的不一致？

   A. 如果你没有一条河流，你就不必学会与他人分享。

   B. 我确实拥有一条河流，但它是我的，我为什么要学会与他人分享？

   C. 或者你没有一条河流，或者你要学会与他人分享。

   D. 如果你没有一桶水，你也不会拥有一条河流。

   E. 或者你没有一桶水，或者你和别人分享。

3. 相对论的创立者爱因斯坦是左撇子，发明家富兰克林和科学家牛顿是左撇子，达·芬奇、米开朗基罗、毕加索和贝多芬也都是左撇子。这表明，创造性研究是左撇子独特的天然禀赋。

   以下哪项陈述是上述论证所依赖的假设？

   A. 自福特以来的美国总统，除少数几位外都是左撇子。

   B. 左撇子突出的创新研究能力并不是由教育和环境等后天因素决定的。

   C. 20世纪初，中国的父母还在煞费苦心地矫正孩子惯用左手的"坏毛病"。

   D. 左撇子具有一定的遗传性，例如，英国女王伊丽莎白和她的母亲都是左撇子。

   E. 左撇子独特的优势是右撇子不具备的。

4. 甲、乙、丙、丁、戊要么是女足运动员，要么是女排运动员。她们相互知道各自的身份，但其他人却不知道。一次联欢会上，她们请大家推理。甲对乙说："你是女排队员。"乙对丙说："你和丁都是女排队员。"丙对丁说："你和乙都是女足队员。"丁对戊说："你和乙都是女排队员。"戊对甲说："你和丙都不是女排队员。"

如果规定同一个队的人之间说真话，不同队的人之间说假话，那么下面哪项必为真？

A. 甲说真话，女排队员是甲、乙、丁。

B. 甲说真话，女排队员是甲、乙、丙。

C. 丙说真话，女排队员是丙、丁、戊。

D. 丁说假话，女排队员是甲、丙、丁。

E. 乙说真话，女排队员是乙、丙、丁。

5. 旧式的美国汽车被认为是空气的严重污染者，美国所有的州都要求这种车通过尾气排放标准检查，不合格的车辆禁止使用，其车主被要求购买新车驾驶。所以，这种旧式美国汽车对全球大气污染的危害在未来将会消失。

以下哪项如果为真，能够对上述论证构成最严重的质疑？

A. 我们不可能把一个州或一个国家的空气分隔开来，因为空气污染是个全球问题。

B. 由于技术的革新，现在的新车开出后不会像以前的旧车那样造成严重的空气污染。

C. 在非常兴旺的旧车市场上，旧式的美国汽车被出口到没有尾气排放限制的国家。

D. 在美国，要求汽车通过尾气检查的法令在个别州的执行情况不尽如人意。

E. 尽管旧式汽车被停止使用，但空气污染仍然会因为汽车总数的增加而加重。

6. "羡慕嫉妒恨"是今年的网络流行语，它正好刻画了嫉妒的生长轨迹：始于羡慕终于恨。对一个人来说，被人嫉妒等于领受了嫉妒者最真诚的恭维，是一种精神上的优越和快感。而嫉妒别人，则或多或少透露出自己的自卑、懊恼、羞愧和不甘。忌恨优者、能者和强者，既反映自己人格的卑污，也不会有任何好结果。因此，_____。

以下哪一项陈述可以最合逻辑地完成上文的论述？

A. 羡慕嫉妒恨是一种有害无益的心理情绪。

B. 与其羡慕嫉妒恨，不如知耻而后勇，尽力把自己的事情做好。

C. 我们应该用祝福的心态看待他人，用他人的成功激励自己。

D. 我们应该保持一种"比上不足，比下有余"的心态，学会宽慰自己。

E. 不忌恨，才有人格的高尚，获得人生好的结果。

7. 有以下几个条件成立：

（1）如果小王是工人，那么小张不是医生。

（2）或者小李是工人，或者小王是工人。

（3）如果小张不是医生，那么小赵不是学生。

（4）或者小赵是学生，或者小周不是经理。

以下哪项如果为真，可得出"小李是工人"的结论？

A. 小周不是经理。　　　　B. 小王是工人。　　　　C. 小赵不是学生。

D. 小周是经理。　　　　　E. 小张不是医生。

8. 在一所公寓里有一个人被杀害了，在现场有三个人：A、B 和 C，已知这三个人之中有一人是主犯，一人是从犯，另一人与案件无关。警察从在现场的人的口中得到了如下的证词：

（1）A 不是主犯。

（2）B 不是从犯。

（3）C 不是与案件无关的人。

关于这三条证词，只知道：

第一：证词中提到的名字都非说话者本人。

第二：其中至少有一句是与案件无关的人讲的。

第三：只有与案件无关的说了实话。但不知各证词分别出自何人之口。

试问主犯究竟是谁？

A. 主犯是 A。　　　　　B. 主犯是 B。　　　　　C. 主犯是 C。

D. 主犯是 A 和 B。　　　E. 主犯是 A 和 C。

9. 上海是一座国际性大都市，有众多的外资企业，在其中工作的外企白领很引人注目。她们往往穿着得体入时、举止斯文潇洒，并且经常在说话时夹杂一些英文单词。唐俊杰穿着十分得体，举止也很斯文，并且经常在说话时夹杂英文单词，因此，唐俊杰一定是外企白领阶层中的一员。

下列哪项陈述最准确地指出了上述判断在逻辑上的缺陷？

A. 有些外企白领阶层的人穿着也很普通，举止并不潇洒，并且说话没有夹杂英语单词。

B. 有些穿着得体、举止斯文、说话夹杂英文单词的人并没有在外资企业工作。

C. 穿着举止和说话习惯是人的爱好、习惯，也与工作性质有一定关系。

D. 唐俊杰的穿着举止和说话方式受社会时尚的影响很大。

E. 外企白领的工作性质决定了他们应当穿着得体、举止斯文，并且话说以英文表达居多。

10. 根据诺贝尔经济学奖获得者、欧元之父蒙代尔的理论，在开放经济条件下，一国的独立货币政策、国际资本流动、货币相对稳定的汇率，不能三者都得到，即存在所谓的"不可能三角关系"。

我国经济已经对外开放，如果蒙代尔的理论正确，以下哪项陈述一定为真？

A. 我国坚持独立的货币政策并保持人民币相对稳定的汇率，同时不让国际资本流入中国。

B. 我国坚持独立的货币政策并保持人民币相对稳定的汇率，但无法阻止国际资本流入中国。

C. 虽然国际资本流动的趋势不可逆转，我国仍坚持独立的货币政策，但无法保持人民币相对稳定的汇率。

D. 如果我国坚持独立的货币政策并且国际资本流动的趋势不可逆转，则无法保持人民币相对稳定的汇率。

E. 我国可以做到独立货币政策并且国际资本流动的同时保持货币相对稳定的汇率。

11. 如果高级管理者本人不参与经营政策的制定，企业最后确定的经营政策就不会成功。另外，如果有更多的管理者参与经营政策的制定，告诉企业他们认为重要的经营政策，企业最后确定的经营政策将更加有效。

以上陈述如果为真，以下哪项陈述不可能假？

A. 除非有更多的管理者参与经营政策的制定，否则，企业最后确定的经营政策不会成功。

B. 或者高级管理者本人参与经营政策的制定，或者企业最后确定的经营政策不会成功。

C. 如果高级管理者本人参与经营政策的制定，企业最后确定的经营政策就会成功。

D. 如果有更多的管理者参与经营政策的制定，企业最后确定的经营政策会更加有效。

  E. 如果企业最后确定的经营政策没有成功，说明高级管理者没有参与经营政策的制定。

12. 对进口造纸产品施加配额限制将不会有助于我国的大型造纸厂。实际上，配额有助于"小型厂"在我国的繁荣发展，那些国内的小型厂将从我国大型造纸厂那里抢走比在没有配额时外国造纸厂抢走的更多的生意。

  以下哪一项如果是正确的，将对以上最后一句所作的宣称提出最严重的质疑？

  A. 在决定用于某种特殊用途时的造纸种类时，质量而不是价格是一个主要因素。

  B. 外国造纸厂长时间以来生产的造纸等级与我国大型造纸厂生产的造纸质量相当。

  C. 我国对进口商品的配额经常引起其他国家对我国商品施加类似的配额。

  D. 国内"小型厂"生产的造纸等级，一贯来说比我国大型厂生产的好。

  E. 国内"小型厂"生产规模较小，生产我国大型造纸厂生产的特种新闻纸。

13-14 题基于以下题干：

  北华大学图书馆预算委员会，必须从下面 8 个学科领域 G、L、M、N、P、R、S 和 W 中，削减恰好 5 个领域的经费，其条件如下：

  如果 G 和 S 被削减，则 W 也被削减；

  如果 N 被削减，则 R 和 S 都不会被削减；

  如果 P 被削减，则 L 不被削减；

  在 L、M 和 R 这三个学科领域中，恰好有两个领域被削减。

13. 如果 R 未被削减，下面哪一个选项必定是真的？

  A. P 被削减。   B. N 未被削减。   C. G 被削减。

  D. S 被削减。   E. L 未被削减。

14. 如果 M 和 R 同被削减，下面哪一个选项列出了经费不可能被削减的两个领域？

  A. G、L   B. L、N   C. L、P

  D. P、S   E. G、L

15. 由于政府和私人公司的工资差别很大，从而使得许多有经验和有能力的政府管理人员离开了他们的岗位到私人公司去就职。政府只有把薪水提高到和私人公司同样的水平，才能使那些很有能力的管理人员重新回到他们原来的岗位。只有这样，政府的管理工作才能得到改善。

  以下哪项是上述论证的预先假设？

  A. 从私人公司中得到的管理经验对政府管理工作有很大的价值。

  B. 决定政府管理水平的重要因素是管理者是否具有大量经验。

  C. 除非政府采取行动，否则，政府和私人公司的工资差距将继续加大。

  D. 那些已经从政府部门转移到私人公司工作的人将会重新选择他们的职业。

  E. 如果政府和私人公司的工资差距加大，那么大量的管理者将到政府部门工作。

16. 如果你在银行存有大量的钱，你的购买力就会很大。如果你的购买力很大，你就会幸福。所以，如果你在银行有大量存款，你就会幸福。

  以下哪项中的推理形式与上述推理最相似？

  A. 如果你身体健康，你就能挣很多钱。如果你能挣很多钱，你就可以买一所昂贵的房子。因此，如果你身体健康，你就能过舒适的生活。

B. 如果你喝太多的酒，你就会呕吐。如果你喝太多的酒，你就不会有剩余的钱。因此，如果你没有剩余的钱，你就会呕吐。

C. 如果你奋力地游泳，你的心率就会加速。如果你的心率加速，你就会过度地兴奋。因此，如果你奋力地游泳，你就会过度地兴奋。

D. 如果你大量地锻炼，你就会非常强健。如果你大量锻炼，你就会很疲惫。因此，如果你非常强健，你就会很疲惫。

E. 如果你在银行有大量存款，你就会对前途充满信心。如果你是个天生乐观的人，你也会对前途充满信心。因此，如果你在银行有大量存款，你就会是个天生乐观的人。

17-18 题基于以下题干：

在出租车公司外面的停车场停着 5 辆顾客预订的车，并已知以下的线索：

(1) 罗孚停在位置 5。

(2) 红色汽车停在福特旁边，福特不是停在位置 4。

(3) 菲亚特是黄色的，在位置 3 的车是白色的。

(4) 中间 3 辆车的生产商名字都不是沃尔沃。

(5) 丰田不是停在位置 2，棕色汽车在丰田的相邻位置，且停在其左面。（从左到右依次为位置 1、2、3、4、5）

颜色：棕色，绿色，红色，白色，黄色

牌子：罗孚，菲亚特，丰田，福特，沃尔沃

17. 沃尔沃的位置是？

 A. 1   B. 2   C. 3

 D. 4   E. 5

18. 下面关于五辆车的说法不正确的一项是？

 A. 1 号位置是红色的车。   B. 2 号位置是福特。

 C. 3 号位置是白色的车。   D. 4 号位置是丰田。

 E. 5 号位置是绿色的。

19. 一位研究嗜毒者的研究人员发现，平均而言嗜毒者倾向于操纵其他人的程度比不嗜毒者高出很多。该研究人员得出结论认为，经常操纵别人的人容易吸毒上瘾。

以下哪项如果为真，最严重地削弱了这位研究人员的结论？

A. 在对吸毒上瘾之后，除非他们操纵别人，否则他们不能获得毒品。

B. 当被关入监狱时，嗜毒者经常运用他们操纵别人的能力来获得更好的生活条件。

C. 一些不嗜毒者比一些嗜毒者更多地表现为经常操纵别人。

D. 可能成为嗜毒者的人除了经常操纵别人外，还表现出其他不正常的行为模式。

E. 研究人员研究的嗜毒者在操纵人时通常不能成功地获得他们所想要的。

20. 甘肃天水的苹果农场的产量一年比一年高。苹果的产量太高，以至于市场无法吸收它们生产的所有产品，供过于求导致苹果价格下降。如果让苹果农场不加限制地种植苹果，那么苹果的价格还将进一步下跌。市政府为了提高苹果价格，让果农将 25% 苹果田闲置不生产，并为这些农民提供直接的支持金。当然，每个农场的支付额有一个明确的最高限额。

该市政府的计划如果成功实施，不会给财政带来净负担。下面哪个如果正确，是解释之所以这样的最佳依据？

A. 苹果价格一路走低意味着苹果农场的经营损失，而市政府会损失依靠向农场利润征税而取得的收入。

B. 在甘肃天水支持支付计划正式实施的当年，甘肃天水以外的一些地区苹果产量有轻微下降。

C. 支持支付计划实施的第一年，甘肃天水的苹果园比该计划的基期年份水平低了 5%。

D. 对每个农场确定的最高支付额意味着对非常大的苹果农场来说，退出生产的那些田地每亩得到的支持支付额要小于较小的农场所得到的。

E. 想获得市政府支持金的农民不能利用退出生产的苹果园种植其他任何作物。

21. 有经验的电影剧本作者在创作 120 页的电影剧本时，通常会交上 135 页的初稿。正如一位电影剧本作者所说："这样使那些负责电影的人在接到剧本后有一个机会进行创造，他们至少可以删掉 15 页。"

以上引用的这位电影剧本作者的论述表达了下面哪个观点？

A. 除了提供剧本外，通常电影剧本作者并不涉及电影制作的任何方面。

B. 熟练的作者容忍和允许由审核人修改剧本草稿。

C. 真正富有创意的电影剧本作者极易冲动因而不能固守规定的页数。

D. 要想认识到剧本哪部分最适合保留下来，需要特殊的创造力。

E. 即使最有经验的作者也不能写出自始至终质量都是上乘的剧本。

22. 如果要安排所有专家参加座谈会，必须定在周六或周日。由于某些专家周日另有安排，所以，要保证所有专家都来参加座谈会，座谈会就必须在周六举行。

以下哪项中的推理形式与上文中的最相似？

A. 如果演员在演唱会上发挥得好，必须在演唱前喝菊花茶和冰糖水。由于某些演员在演唱前没喝冰糖水，所以，这些演员在演唱会上肯定发挥不好。

B. 如果运动员在大赛前有胆怯心理，比赛中即使不受伤，也不会取得好成绩。由于教练能想办法使运动员克服胆怯心理，所以他们有时能带伤取得好成绩。

C. 要让想参观的人都看上展览，就必须延长每日的开放时间或者延长展出的日期。由于开放时间已经足够长了，所以，要保证想参观的人都能看上展览，就必须延长展出日期。

D. 若要增加电影院的门票收入，必须提高票价或者增加观众的座位。由于增加座位不是即刻能做到的，而提高票价又会失去很多观众，所以，电影院的收入可能会减少。

E. 如果地球围绕太阳公转但不围绕自己的轴自转，地球上就没有白天和黑夜。因为事实是地球上有白天和黑夜，所以，或者地球不公转，或者地球既公转又自转。

23. 语言学家多年来一直在指责英语短语 "between you and I" 的用法是不合乎语法的，他们坚持认为正确的用法是 "between you and me"，即在介词后接宾格。然而，这样的批评显然是没有根据的，因为莎士比亚自己在《威尼斯商人》中写到 "All debts are cleared between you and I"。

下面哪项如果成立，最严重地削弱了以上论述？

A. 在莎士比亚的戏剧中，他有意让一些角色使用他认为不合语法的短语。

B. "between you and I" 这样的短语很少出现在莎士比亚的作品中。

C. 越是现代的英语词组或短语，现代的语言学家越认为它们不适合在正式场合使用。

D. 现代说英语的人有时说"between you and I"，有时说"between you and me"。

E. 许多把英语作为母语的人选择说"between you and I"是因为他们知道莎士比亚也用这个短语。

24. 由于中国代表团没有透彻地理解奥运会的游戏规则，因此在伦敦奥运会上，无论是对赛制赛规的批评建议，还是对裁判执法的质疑，前后几度申诉都没有取得成功。

为使上述推理成立，必须补充以下哪一项作为前提？

A. 在奥运舞台上，中国还有许多自己不熟悉的东西需要学习。

B. 有些透彻理解奥运会游戏规则的代表团，在赛制赛规等方面的申诉中取得了成功。

C. 奥运会上在赛制赛规等方面的申诉中取得成功的代表团都透彻理解了奥运会的游戏规则。

D. 奥运会上透彻理解奥运会游戏规则的代表团都能在赛制赛规等方面的申诉中取得成功。

E. 有些在赛制赛规等方面的申诉中取得成功的代表团透彻理解奥运会游戏规则。

25. 近年来，专家呼吁禁止在动物饲料中添加作为催长素的联苯化合物，因为这种物质对人体有害。近十多年来，人们发现许多牧民饲养的荷兰奶牛的饲料中有联苯残留物。

如果以下哪项陈述为真，最有力地支持了专家的观点？

A. 近两年来，奶牛乳制品消费者中膀胱癌的发病率特别高。

B. 在许多荷兰奶牛的尿液中已经发现了联苯残留物。

C. 荷兰奶牛乳制品生产地区的癌症发病率居全国第一。

D. 荷兰奶牛的不孕不育率高于其他奶牛的平均水平。

E. 近年荷兰奶牛乳制品消费者中肾结石的发病率特别高。

26. 汽车发动机在燃烧时会产生苯，而苯是一种致癌物质。为了应对人类面临的这一威胁，环境保护主义者建议用甲醇来替代汽油，其理由是：燃烧单位数量的甲醇所产生的苯，只是汽油的1/10。

以下哪项如果为真，能构成对上述环境保护主义者建议的质疑？

Ⅰ. 燃烧甲醇时会产生甲醛，而甲醛同样是一种致癌物质。

Ⅱ. 燃烧单位数量的甲醇所产生的能量，大约只是汽油的1/10。

Ⅲ. 就应用前景而言，甲醇的价格大约只是汽油的1/10。

A. 仅仅Ⅰ。 　　　　　　B. 仅仅Ⅱ。 　　　　　　C. 仅仅Ⅲ。

D. 仅仅Ⅰ和Ⅱ。 　　　　E. Ⅰ、Ⅱ和Ⅲ。

27. 众所周知，每一位活着的或者曾经生存过的人都有父母双亲。因此，3000年前的人口数量要比现在多。

以下哪项最能指出上述论证中存在的漏洞？

A. 上述推理忽略了在过去3000年间没留下后代的那些人。

B. 上述推理没有考虑饥荒、瘟疫和战争等灾难对人口数量增长的影响。

C. 上述推理没有考虑到，对3000年前人口数量进行精确估计是不可能的。

D. 上述推理对于人口数量呈算术级数增加的效应估计过高。

E. 上述推理没有考虑到，同一父母可能有多位子女。

28~30 题基于以下共同题干：

在一项庆祝活动中，一名学生依次为 1、2、3 号旗座安插彩旗，每个旗座只插一杆彩旗，这名学生有三杆红旗、三杆绿旗和三杆黄旗。安插彩旗必须符合下列条件：

如果 1 号安插红旗，则 2 号安插黄旗。

如果 2 号安插绿旗，则 1 号安插绿旗。

如果 3 号安插红旗或者黄旗，则 2 号安插红旗。

28. 如果 1 号安插黄旗，以下哪一项陈述不可能真？

　　A. 3 号安插绿旗。　　　　B. 2 号安插红旗。　　　　C. 2 号安插绿旗。

　　D. 3 号安插红旗。　　　　E. 2 号安插黄旗。

29. 以下哪一项陈述为真，能确定唯一的安插方案？

　　A. 1 号安插红旗。　　　　B. 2 号安插红旗。　　　　C. 2 号安插黄旗。

　　D. 3 号安插黄旗。　　　　E. 3 号安插红旗。

30. 如果安插的旗子的颜色各不相同，以下哪一项陈述可能真？

　　A. 1 号安插绿旗并且 2 号安插黄旗。

　　B. 1 号安插绿旗并且 2 号安插红旗。

　　C. 1 号安插红旗并且 3 号安插黄旗。

　　D. 1 号安插黄旗并且 3 号安插红旗。

　　E. 2 号安插绿旗并且 3 号安插红旗。

经济类联考（396 科目）模拟测试

扫描二维码，发送"逻辑精点 02"，查看本套模拟试卷的完整视频解析。

参考答案见本书 P303。

本测试题共 20 小题，每小题 2 分，共 40 分，从下面每小题所列的 5 个备选答案中选取出一个，多选为错。

1. 烟斗和雪茄比香烟对健康的危害明显要小。吸香烟的人如果戒烟的话，则可以免除对健康的危害，但是如果改吸烟斗或雪茄的话，对健康的危害和以前差不多。

   如果以上的断定为真，则以下哪项断定不可能为真？

   A. 香烟对所有吸烟的人的健康危害基本相同。

   B. 烟斗和雪茄对所有吸烟斗或雪茄的人的健康危害基本相同。

   C. 同时吸香烟、烟斗和雪茄所受到的健康危害，并不大于只吸香烟。

   D. 吸烟斗和雪茄的人戒烟后如果改吸香烟，则所受到的健康危害比以前大。

   E. 烟斗对健康的危害比雪茄要大。

2. 许多种类的蜘蛛都会随着它们所在的花的颜色改变而变色。与我们人类不同，被那些蜘蛛捕食的昆虫拥有敏锐的颜色分辨能力，它们能够容易地识别出经过伪装的蜘蛛。于是很清楚，蜘蛛颜色的改变肯定是有利于它们逃避自己的天敌的缘故。

   以下哪一项如果为真，最能加强上述论证？

   A. 有些以变色蜘蛛为食的鸟的颜色分辨能力还不如我们人类。

   B. 在动物界，只有几种蝙蝠以变色蜘蛛为食，它们通过回声来发现捕食对象。

   C. 有些以变色蜘蛛为食的动物在捕食变色蜘蛛时是非常谨慎的，以免吸进一定量有害的蜘蛛毒液。

   D. 比起缺乏变色能力的蜘蛛，变色蜘蛛拥有更敏锐的颜色分辨能力。

   E. 变色蜘蛛编织的网更容易被它们的天敌看见。

3. 具有听觉的不足 6 个月的婴儿能迅速分辨相似的语音，不仅仅是那些抚养这些婴儿的人使用的语言的声音。而年轻人只能在他们经常使用的语言中迅速地分辨出这种声音。人们知道，生理上的听觉能力在出生后开始退化。所以，在婴儿与年轻人之间观察到的听觉上辨别相似语音能力的这种差别是由于听觉的生理退化所导致的。

   以下哪项最准确地概括了上文中的逻辑缺陷？

   A. 设立了一个荒谬的截止点，即年龄低于 6 个月的婴儿能分辨相似的语音。

   B. 以事件存在的证据不足为根据证明这一事件不可能存在。

   C. 在仅有表面的相关之处假定有一种因果联系。

   D. 把可以作为对观察到的差别的一种解释当做对这种差别的充足解释。

   E. 把一组对象中的个体特征归因于这组对象的整体特征。

4. 对于在大学中保护职业聘用的"终身职位制度"的最好评论是，它允许老资格的教员雇用比他们聪明的人，并且使他们能够保持安全感。因为他们了解：除非在他们自己的道德卑鄙行为被抓住（一个在目前情况下几乎无法定义的概念）的情况下，年轻的成员并不能取代并解雇他们。然而这一制度在工业领域中却不存在。

下列哪一个最可能是上文推理的作者所作出的假设？

A. 工业领域应当学习大学的例子，通过建立终身职位制度来保护管理人员的工作。

B. 假如没有终身职位制度的存在，老资格的教员可能不情愿雇用可能威胁他们自己工作的新雇员。

C. 传统上那种认为终身职位制度保护大学中的学者因信仰不因循守旧或不庸俗而被开除的说法不再有说服力了。

D. 假如有一个更强的关于什么构成道德卑鄙的定义存在的话，大学中的终身职位制度可能会扩展。

E. 老资格的教员通常雇用和提拔学术研究比自己更能跟得上时代的新成员。

5. 干旱和森林大火导致俄罗斯今年粮食歉收，国内粮价快速上涨。要想维持国内粮食价格稳定，俄罗斯必须禁止粮食出口。如果政府禁止粮食出口，俄出口商将避免损失，因为他们此前在低价位时签署出口合同，若在粮价大幅上涨时履行合同将会亏本。但是，如果俄政府禁止出口粮食，俄罗斯奋斗多年才获得的国际市场将被美国和法国所占有。

如果以上陈述为真，以下哪项陈述一定为真？

A. 如果俄罗斯今年不遭遇干旱和森林大火，俄政府就不会禁止粮食出口。

B. 如果今年俄罗斯维持国内粮食价格稳定，就会失去它的国际粮食市场。

C. 俄罗斯粮食出口商为避免损失会积极游说政府，促使其制定粮食出口禁令。

D. 如果俄罗斯禁止粮食出口，其国内的粮食价格就不会继续上涨。

E. 如果俄政府不禁止粮食出口，俄罗斯的国际市场份额不会被美国和法国占领。

6. 英语标题中的关键词及第一个词和最后一个词是大写的。但是，在标题中出现的冠词、介词或连词，如果少于五个字母，则不是大写的。

如果上述断定为真，则以下哪项一定为真？

A. 一个冠词、介词或连词要大写，则这个词一定是英语标题的第一个或最后一个词。

B. 如果一个大写的词出现于英语标题中，则这个词一定不少于五个字母，或者不是冠词、介词或连词。

C. 任何在英语文章中出现的冠词、介词或连词，如果少于五个字母，则一定不是大写的。

D. 如果一个词不是英语标题的关键词，也不是该标题的第一个或最后一个词，则这个词一定不是大写的。

E. 英语标题中多于五个字母的冠词、介词或连词一定是大写的。

7. 研究生入学考试结束后，西北大学的几位同学对参加考试的几位同学的考试情况进行了推测：

甲说：如果赵瑛没有考上计算机系，那一定会考上软件学院。

乙说：汪兵一定会考上机械系。

丙说：如果刘云没有考上通信工程系，那么邱丽会考上材料系。

丁说：赵瑛考不上计算机系，也考不上软件学院。

戊说：汪兵能考上自动化系。

己说：邱丽考不上材料系。

录取工作结束后发现，两个人的推测与事实不符。

根据上述情况，以下哪项必定是正确的？

A. 赵瑛没有考上计算机系，但是考上了软件学院。

B. 汪兵考上了自动化系，但没有考上机械系。

C. 刘云考上了通信工程系，赵瑛可能考上了计算机系。

D. 赵瑛没有考上软件学院，刘云考上了通信工程系。

E. 邱丽没考上材料系，刘云没考上通信工程系。

8. 火烈鸟经常停留在柔软泥泞的河床上。在这种河床上，淤泥越柔软，东西就越快地沉入其中并且被困住。为了避免被困住，火烈鸟一只脚站立。假如那只脚开始下沉，火烈鸟可以放下另一只脚来帮助把它拔出。

假如上面的信息是正确的，下列哪一个基于此最好地被支持？

A. 当火烈鸟站在坚实的河床上，它们经常一只脚站立，即使它们没有被困住的危险。

B. 河床越柔软，站于其上的火烈鸟越频繁地转换它们站在河床上的脚。

C. 河床越硬，火烈鸟越经常地在河床上走动而不是站在一个地方。

D. 在火烈鸟的栖息地，大多数河流有柔软、泥泞的河床。

E. 火烈鸟不能很长时间单脚站立而不转换它们站立的脚。

9. 如果医学研究者放弃他们那种在将自己的重大发现发表之前先等待漫长的同仁复查结果的习惯，新的医学发现就能更早地为公众健康服务。因为将新的医学发现向公众解禁会使其使用者受益，而同仁复查的过程却总是漫长的。

以下哪项是上述论证所必须依赖的假设？

A. 在他们自己的研究到了关键阶段时，医学研究者不愿做同仁复查组的成员。

B. 有些医学期刊的复查人员本身并不是研究人员。

C. 人们会采用新的医学信息，尽管这些信息不是首次在同仁复查的期刊上发表。

D. 同仁复查的过程可以加速到能明显改善公众健康的程度。

E. 首次发表在同仁复查的期刊上的新的医学信息并不总是受到公众的重视。

10. 五四晚会上，《英雄赞歌》唱出了我们对革命战士的缅怀和追忆，"晴天响雷敲金鼓，大海扬波作和声，人民战士驱虎豹，舍生忘死保和平"。我们必须牢记历史，珍爱和平，当陷入可能威胁自身生命安全的险境时，必须将集体的团结置于自身利益之上，否则，就不是真正的社会主义接班人。

以下哪项最符合题干断定？

A. 如果是真正的社会主义接班人，那么他或者没有陷入可能威胁自身生命安全的险境，或者将集体的团结置于自身利益之上。

B. 如果真正的社会主义接班人陷入了可能威胁自身生命安全的险境，那么就不会将集体的团结置于自身利益之上。

C. 如果没有陷入可能威胁自身生命安全的险境，也没有将集体的团结置于自身利益之上，那么就一定不是真正的社会主义接班人。

D. 真正的社会主义接班人在没有陷入可能威胁自身生命安全的险境时，一定会将集体的团结置于自身利益之上。

E. 真正的社会主义接班人在没有陷入可能威胁自身生命安全的险境时，一定没有将集体的团结置于自身利益之上。

11. 春风、夏雨、秋露、冬霜四个人是某个俱乐部的成员，他们四人有着不同的职业和爱好，他们的职业分别是快递员、程序员、淘宝店主、医生，他们的爱好分别是钓鱼、养花、跑步、遛狗。

目前已知的是：

（1）春风不是淘宝店主，春风也不喜欢钓鱼和养花。

（2）淘宝店主喜欢遛狗。

（3）医生喜欢养花，但医生不是夏雨。

（4）夏雨和冬霜都不是淘宝店主。

（5）程序员喜欢玩跑步。

根据上述断定，以下哪项关于四个人身份的说法是正确的？

A. 春风的爱好是养花。　　　B. 秋露的爱好是钓鱼。

C. 快递员的爱好是跑步。　　D. 夏雨的职业是快递员。

E. 医生的爱好是遛狗。

12. 地壳中的沉积岩随着层状物质的聚集以及上层物质的压力使下层物质变为岩石而硬化。某一特定的沉积岩中有异常数量的钇元素被认为是 6000 万年前一块陨石撞击地球的理论的有力证据。与地壳相比，陨石中富含钇元素。地质学家创立的理论认为，当陨石与地球相撞时，会升起巨大的富钇灰尘云。他们认为那些灰尘最后将落到地球上，并与其他的物质相混。当新层在上面沉积时，就形成了富含钇的岩石层。

下述哪一点如果正确的话，能反对短文中所声称的富含钇的岩石层是陨石撞击地球的证据？

A. 短文中所描述的巨大灰尘云将会阻止太阳光的传播，从而使地球的温度降低。

B. 一层沉积岩的硬化要花上几千万年的时间。

C. 不管沉积岩中是否含有钇元素，它们都被用来确定史前时代事件发生的日期。

D. 6000 万年前，地球上发生了非常剧烈的火山爆发，这些火山喷发物形成了巨大的钇灰尘云。

E. 大约在钇沉积的同时，许多种类的动物灭绝了。所以一些科学家提出了恐龙灭绝起因于陨石与地球撞击的理论。

13. 人生最遗憾的事莫过于与所爱擦肩而过。就如当你喜欢橱窗里的一件漂亮的衣服，却嫌它太贵而离去，当你做梦都梦到这件衣服，匆匆再去那家商店时，却被告知已经卖完了，你会多么的遗憾啊。所以对于爱情与婚姻来说，当我们看到自己一见钟情的人，就应该主动与之恋爱和结婚。

以下哪项如果为真，最能反驳以上论证？

A. 与所爱之人擦肩而过比与一件所爱的衣服擦肩而过所引起的遗憾要大很多。

B. 有研究表明，一见钟情而结婚的夫妻的幸福感与非一见钟情而结婚的夫妻的幸福感并无明显差异。

C. 事实证明，只有长久地了解和认识，才能清楚地知道对方是否为你所爱。

D. 伴侣不是衣服，不能进行类比。

E. 有些"一见钟情"的婚姻不稳定，容易离婚。

14-15题基于以下题干：

为了合理使用场地，学校决定将选修网球、跆拳道、体操和羽毛球的同学分别安排在操场的东、南、西、北处进行学习。具体安排如下：

(1) 如果将选修网球课的同学安排在东边或西边，那么就将选修羽毛球课的同学安排在南边或北边。

(2) 选修体操的同学安排在东边或北边。

(3) 南边只能安排选修羽毛球或跆拳道的同学。

14. 根据上述安排，如果选修羽毛球的同学安排在西边，则以下哪项为真？

    A. 选修网球的同学安排在东边。   B. 选修网球的同学安排在南边。

    C. 选修体操的同学安排在南边。   D. 选修跆拳道的同学安排在东边。

    E. 选修体操的同学安排在东边。

15. 根据上述安排，如果选修体操的同学不被安排在操场的东边，那么除了哪项其余各项一定为真？

    A. 北边安排选修体操的同学。   B. 体操的对面安排羽毛球。

    C. 羽毛球的对面不是跆拳道。   D. 西边安排选修跆拳道的同学。

    E. 跆拳道的对面是网球。

16. 如果豫剧团今晚来村里演出，则全村的人不会都外出。只有村长今晚去县里，才能拿到化肥供应计划。只有拿到化肥供应计划，村里庄稼的夏收才有保证。事实上，豫剧团今晚来村里演出了。

如果上述断定都是真的，则下列各项都可能是真的，除了：

A. 村长没有拿到化肥计划。

B. 村长今晚去了县里。

C. 虽然拿到化肥计划，但村里庄稼的夏收仍没保证。

D. 全村人都没外出，但村里庄稼的夏收还是有了保证。

E. 村长没有外出。

17. 核电站所发生的核泄漏严重事故的最初起因，没有一次是设备故障，都是人为失误所致。这种失误，和小到导致交通堵塞，大到导致仓库失火的人为失误，没有实质性的区别。从长远的观点看，交通堵塞和仓库失火几乎是不可避免的。

上述断定最能支持以下哪项结论？

A. 核电站的设备不可能因故障而导致事故。

B. 核电站的设备管理并不比指挥交通、管理仓库复杂。

C. 核电站如果持续运作，那么发生核泄漏严重事故几乎是不可避免的。

D. 人们通过严格规章制度以试图杜绝安全事故的努力是没有意义的。

E. 核电站应当停办。

18. 有三户人家，每家都有一个孩子。孩子的名字分别是小萍（女）、小红（女）和小虎。孩子的爸爸分别是老王、老张和老陈；妈妈分别是刘蓉、李玲和方丽。对于这三家人，已知：

(1) 老王家和李玲家的孩子都参加了少年女子游泳队。

(2) 老张的女儿不是小红。

(3) 老陈和方丽不是一家。

依据以上条件，下面哪项判断是正确的？
A. 老王、刘蓉和小萍是一家。　　B. 老张、李玲和小红是一家。
C. 老陈、方丽和小虎是一家。　　D. 老王、方丽和小红是一家。
E. 老陈、刘蓉和小红是一家。

19. 有确凿证据表明，偏头痛（严重的周期性头痛）不是由于心理上的原因引起的，而完全是由于生理上的原因引起的。然而，研究数据表明，那些因为偏头痛受到专业治疗的人患有标准心理尺度的焦虑症的比率比那些没有经过专业治疗的偏头痛患者高。

下面哪一点如果正确，最有助于解决上述论述中的明显矛盾？
A. 那些患有偏头痛的人，倾向于有患有偏头痛的亲戚。
B. 那些患有偏头痛的人，在心情紧张时经常头痛。
C. 那些患有标准心理尺度的焦虑症且发作率较高的人追求专业治疗的可能性要比那些同样尺度上发作率较低的人大。
D. 在许多有关偏头痛的起因的研究中，大多数认为偏头痛是由像焦虑这样的心理因素引起的研究已经被广泛宣传。
E. 不管他们的医生认为偏头痛的起因是心理方面的，还是生理方面的，大多数患有偏头痛且追求专业治疗的人在他们停止患有偏头痛后仍坚持治疗。

20. 据《科学日报》消息，1998 年 5 月，瑞典科学家在有关领域的研究中首次提出，一种对防治老年痴呆症有特殊功效的微量元素，只有在未经加工的加勒比椰果中才能提取。

如果《科学日报》的上述消息是真实的，那么，以下哪项不可能是真实的？
Ⅰ. 1997 年 4 月，芬兰科学家在相关领域的研究中提出过，对防治老年痴呆症有特殊功效的微量元素，除了未经加工的加勒比椰果，不可能在其他对象中提取。
Ⅱ. 荷兰科学家在相关领域的研究中证明，在未经加工的加勒比椰果中，并不能提取对防治老年痴呆症有特殊功效的微量元素，这种微量元素可以在某些深海微生物中提取。
Ⅲ. 著名的苏格兰医生查理博士在相关的研究领域中证明，该微量元素对防治老年痴呆症并没有特殊功效。
A. 只有Ⅰ。　　　　　　B. 只有Ⅱ。　　　　　　C. 只有Ⅲ。
D. 只有Ⅱ和Ⅲ。　　　　E. Ⅰ、Ⅱ和Ⅲ。

模拟测试答案

199 模拟试卷参考答案

题号	1	2	3	4	5	6
答案	D	B	B	A	C	A
题号	7	8	9	10	11	12
答案	D	B	B	D	B	E
题号	13	14	15	16	17	18
答案	C	B	D	C	A	D
题号	19	20	21	22	23	24
答案	A	A	B	C	A	C
题号	25	26	27	28	29	30
答案	E	D	E	C	A	B

396 模拟试卷参考答案

题号	1	2	3	4	5
答案	B	A	D	B	B
题号	6	7	8	9	10
答案	B	C	B	C	A
题号	11	12	13	14	15
答案	D	D	C	E	D
题号	16	17	18	19	20
答案	D	C	D	C	A